工 程 力 学

（静力学与材料力学）

（修订本）

主　编　祝　瑛　蒋永莉
副主编　梁小燕　税国双　邹翠荣
主　审　汪越胜

清华大学出版社
北京交通大学出版社
·北京·

内容简介

本书根据“教育部高等学校理工科非力学专业力学基础课程教学基本要求”编写。

全书分静力学和材料力学两篇，共14章。静力学篇有：第1章静力学基本概念及物体的受力分析，第2章力系的简化，第3章力系的平衡方程及其应用。材料力学篇：自第4章至第14章，内容包括材料力学基础，轴向拉伸、压缩与剪切，扭转，弯曲内力，平面图形的几何性质，弯曲应力，弯曲变形，应力状态、强度理论，组合变形，压杆的稳定性问题，交变应力、动荷应力。本书语言叙述及公式推导简明、易懂，注重概念和实际应用。

本书适合各高等院校、高职、成人教育等非土、非机专业少学时工程力学课程教学用书，也可供有关工程技术人员参考。

图书在版编目（CIP）数据

工程力学/祝瑛，蒋永莉主编. —北京：清华大学出版社；北京交通大学出版社，2010.8（2021.8重印）

ISBN 978－7－5121－0219－4

Ⅰ.①工…　Ⅱ.①祝…　②蒋…　Ⅲ.①工程力学-高等学校-教材　Ⅳ.①TB12

中国版本图书馆CIP数据核字（2010）第151487号

责任编辑：赵彩云

出版发行：清 华 大 学 出 版 社　　邮编：100084　　电话：010－62776969
　　　　　北京交通大学出版社　　邮编：100044　　电话：010－51686414

印 刷 者：北京时代华都印刷有限公司

经　　销：全国新华书店

开　　本：185×260　　印张：23.75　　字数：593千字

版　　次：2018年7月第1次修订　　2021年8月第10次印刷

书　　号：ISBN 978－7－5121－0219－4/TB·22

定　　价：49.00元

本书如有质量问题，请向北京交通大学出版社质监组反映。对您的意见和批评，我们表示欢迎和感谢。
投诉电话：010－51686043，51686008；传真：010－62225406；E-mail：press@bjtu.edu.cn。

前 言

“工程力学”是一门理论与实践紧密相关的课程，本课程研究了物体受力的平衡问题，包括物体的受力分析、力系的等效替换及各种力系的平衡条件，揭示了构件在外力作用下变形的基本规律，为构件提供了强度、刚度、稳定性分析的理论和计算方法，是工程设计的理论基础。通过本课程的学习，可以使学生具备基本的力学概念，初步学会应用本课程所介绍的理论分析方法解决一些简单的工程实际问题；同时结合本课程的特点，可培养学生科学的思维方式和正确的世界观，使学生在分析问题、解决问题、自学及理论联系实际等方面的能力得到训练和提高。

本教材是根据教育部高等学校力学教学指导委员会、力学基础课程教学指导分委会编制的《理工科非力学专业力学基础课程教学基本要求（试行）》（2008 年版）编写的。

本书内容共有两篇 14 章：第 1 篇为静力学，自第 1 章至第 3 章；第 2 篇为材料力学，自第 4 章至第 14 章。静力学内容根据“理论力学课程教学基本要求（B 类）”（静力学）部分编写；材料力学内容根据“材料力学课程教学基本要求（B 类）”编写，包括材料力学的基础部分和专题部分的相关内容，如各基本变形的简单超静定问题、非圆截面杆扭转切应力的概念、弯曲中心的概念、应变能的概念、动载荷和疲劳等。书中标注“*”号的章节为“基本要求中”的专题内容。

静力学篇划分章节时，不拘于传统，重新将内容整合，精简为 3 章，这更有利于读者对概念的深刻理解和实际应用。

本书语言精练、信息量大，在论述中，力求公式推导过程严谨且简明；在例题的选择方面，注重结合工程实际，并具有一定的代表性；在每一章最后配有与本章内容相关的思考题和习题，便于学生自学。

本教材适合少学时工程力学课程教学用书，也可供工程技术人员参考。

本教材由北京交通大学力学课程组组织编写，第 1 章至第 3 章由税国双负责执笔，第 5 章和第 10 章由蒋永莉负责执笔，第 6 章至第 9 章由邹翠荣负责执笔，第 11 章和第 12 章由梁小燕负责执笔，第 4 章、第 13 章和第 14 章由祝瑛负责执笔，全书由祝瑛负责统稿，由汪越胜教授负责审稿。本教材在编写过程中，采纳了课程组多位老师的意见和建议，集多年教学经验之成果，但由于编写经验不足、水平有限，书中难免会出现一些错误，希望广大读者给予批评指正，在此表示衷心的感谢。

编　者

2010 年 8 月

目　录

工程力学概述

1. 工程力学的研究内容

工程力学从宏观的角度研究物体的平衡规律和物体的承载能力。它涵盖了静力学和材料力学两部分，是工程结构设计中不可或缺的理论依据。从物理学中已经知道，力是物体之间的相互机械作用，力可以改变物体的运动状态，也可以改变物体的形状和尺寸，力的第一个作用效应称为力的运动效应，第二个作用效应称为力的变形效应。根据牛顿运动定律，当物体所受合外力为零时，物体处于平衡状态。静力学正是基于这一理论研究物体的平衡规律的。从变形效应方面来看，当力使物体发生了足够大的变形，超过了材料的承受极限，那么，物体将发生断裂等破坏现象，无法继续受力。因此，材料力学理论将从力与物体的变形关系方面研究物体的承载能力。物体的承载能力主要指物体受力后能够维持正常的、稳定的平衡状态，不发生破坏或过大变形的能力，须从强度、刚度和稳定性三方面进行分析计算。

2. 工程力学的研究模型

工程力学主要研究工程结构或机械设备、装置中所有受力物体，工程力学中通常将这些物体称为构件。静力学旨在分析各构件的平衡规律，利用构件受力的平衡条件分析计算未知力的大小和方向；材料力学主要分析构件的强度、刚度和稳定性。

静力学中研究的物体都是静止状态的，而且构件受力后发生的变形一般很小，忽略以后也不会对构件的平衡产生影响，因此，在静力学计算中，将物体作为刚体，即认为所有物体在受力后不会发生变形。材料力学则不同。例如，如果图 0－1 所示石材细长梁 AB 在力 $\boldsymbol{F}$ 作用下发生断裂，众所周知，梁在断裂时并不会有太大的变形。所以，在研究构件的承载能力时，即使非常微小的变形也不能忽略，因此，材料力学将所研究的物体均视作变形体，即认为构件受力后，都会发生变形。

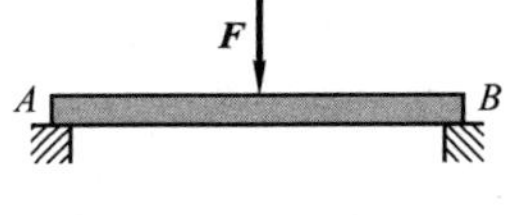

图 0－1　细长梁 AB 受到 $\boldsymbol{F}$ 的作用

3. 工程力学的研究方法

工程力学着重于工程和日常生活中的实际问题。因此，研究方法既来源于实践，又服务于实践、应用于实践。经过人们长期的实践活动，总结出工程力学的研究方法是：实践—理论—实践的循环往复。具体地说，就是先从实践中发现问题，提出问题，将其综合、归纳、抽象为力学分析的理论模型；然后根据抽象后的模型，选择相应的理论，建立数学模型（即方程）；经过一番数学的演绎和逻辑推理后，得到理论性的结论，最后将此结论应用于实践中并经过实践来验证它的正确性。力学的研究方法是符合辩证唯物主义的科学的、有效的方法。从实践到实践不是简单地重复，而是实践的升华。

工程力学首先以伽利略、牛顿所创立的古典力学为理论基础，对物体的受力情况加以正确的分析和计算；其次，对于某些无法用理论来分析的内容，如材料的力学性质等，需要通过实验的方法来确定，因此，实验也是工程力学的研究方法之一；再次，随着社会的发展、科技的进步，为数值模拟计算方法提供了必要的条件，从而诞生了计算机分析方法。我们可以利用计算机强大快速的计算功能，对复杂受力构件的受力、变形进行数值计算，并模拟出构件的实际工作状态，从而设计出更加安全、实用、经济、完美的产品，为人们服务。

总之，工程力学将理论分析与实验方法和计算机处理很好地结合，来解决工程技术中的实际问题。

静　力　学

第1章　静力学基本概念及物体的受力分析

第2章　力系的简化

第3章　力系的平衡方程及其应用

第 1 章 静力学基本概念及物体的受力分析

1.1 刚体和力的概念

1.1.1 刚体的概念

实际物体受力时，其内部各点间的相对距离会发生改变，这种改变称为**位移**。各点位移累加的结果，使物体的形状和尺寸改变，这种改变称为**变形**。所谓刚体，是指这样的物体，在力的作用下，其内部任意两点之间的距离始终保持不变。这是一个理想化的力学模型。实际物体在力的作用下，都会产生程度不同的变形。但是，这些微小的变形，对研究物体的平衡问题不起主要作用，可以略去不计，这样可使问题的研究大为简化。例如，在图 1-1 中，吊车梁的弯曲变形幅度 δ 一般不超过跨度（A、B 间距离）的 1/500，水平方向变形更小。因此，研究吊车梁的平衡规律时，变形是次要因素，可略去不计。

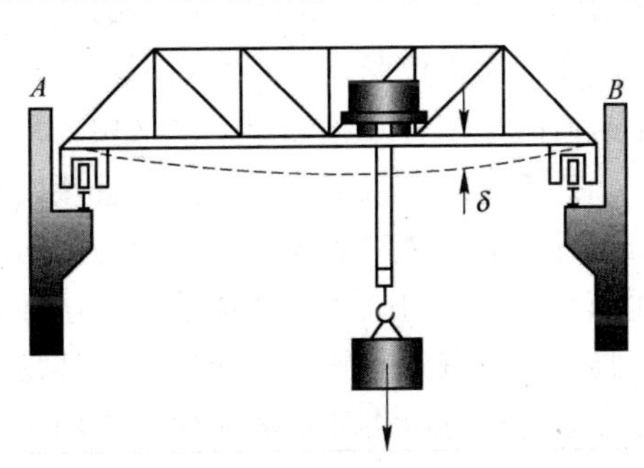

图 1-1　吊车梁的弯曲变形

但是不应该把刚体的概念绝对化。例如，在研究飞机的平衡问题或飞行规律时，可以把飞机看作刚体；可是在研究飞机的颤振问题时，机翼等的变形虽然非常微小，但必须把飞机看作弹性体。还有，在计算某些工程结构时，如果不考虑它们的变形，而仍使用刚体的概念，则问题将成为不可解的。

静力学中研究的物体只限于刚体，故又称刚体静力学，它是研究变形体力学的基础。

1.1.2 力的概念

力的概念是从劳动中产生的。人们在生活和生产中，由于肌肉紧张收缩的感觉，逐渐产生了对力的感性认识。随着生产的发展，又逐渐认识到：物体的机械运动状态的改变（包括变形），都是由于其他物体对该物体施加力的结果。这样，逐步由感性到理性，建立了抽象的力的概念。

力是物体间相互的机械作用，这种作用使物体的机械运动状态发生变化。物体之间的机械作用，大致可分为两类：一类是接触作用，例如，机车牵引车厢的拉力，物体之间的挤压力等；另一类是“场”对物体的作用，例如，地球引力场对物体的引力，电场对电荷的引力或斥力等。尽管各种物体间相互作用力的来源和性质不同，但在力学中将撇开力的物理本质，只研究各种力的共同表现，即力对物体产生的效应。力对物体产生的效应一般可分为两个方面：一是物体运动状态的改变；另一个是物体形状的改变。通常把前者称为力的运动效应，后者称为力的变形效应。静力学中把物体都视为刚体，因而只研究力的运动效应，即研究力使刚体的移动或转动状态发生改变这两方面的效应。材料力学则研究的是力的变形效应。

实践表明，力对物体的作用效果应决定于三个要素：①力的大小；②力的方向；③力的作用点。我们可用一个矢量来表示力的三个要素，如图 1-2 所示。矢量的长度（AB）按一定的比例尺表示力的大小；矢量的方向表示力的方向；矢量的始端（点 A）表示力的作用点；矢量$\overrightarrow{AB}$沿着的直线（虚线）表示力的作用线。我们常用黑体字母 $\boldsymbol{F}$ 或矢量符号 $\vec{F}$ 表示力的矢量，而用普通字母 F 表示力的大小。

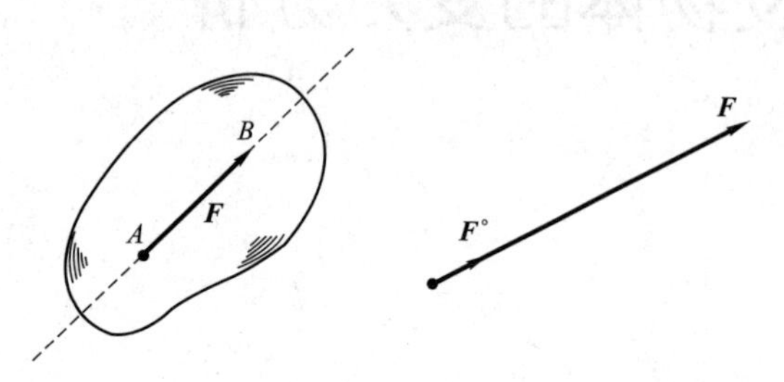

图 1-2 用矢量表示力的三要素

若以 $\boldsymbol{F}^{\circ}$表示沿矢量 $\boldsymbol{F}$ 方向的单位矢，则力矢 $\boldsymbol{F}$ 可写成

$$\boldsymbol{F}=F\boldsymbol{F}^{\circ}$$

即力的矢量可以用它的模（即力的矢量大小）和单位矢量的乘积表示。

在国际单位制（SI）中，以“N”作为力的单位符号，称作牛（顿）。有时也以“kN”作为力的单位符号，称作千牛（顿）。

物体受力一般是通过物体间直接或间接接触进行的。接触处多数情况下不是一个点，而是具有一定尺寸的面积。因此无论是施力体还是受力体，其接触处所受的力都是作用在接触面积上的**分布力**。在很多情形下，这种分布力比较复杂。例如，人之脚掌对地面的作用力以及脚掌上各点处受到的地面支撑力都是不均匀的。当分布力作用面积很小时，为了分析计算方便起见，可以将分布力简化为作用于一点的合力，称为**集中力**。例如，静止的汽车通过轮胎作用在桥面上的力，当轮胎与桥面接触面积较小时，即可视为集中力；而桥面施加在桥梁上的力则为分布力（见图 1-3）。

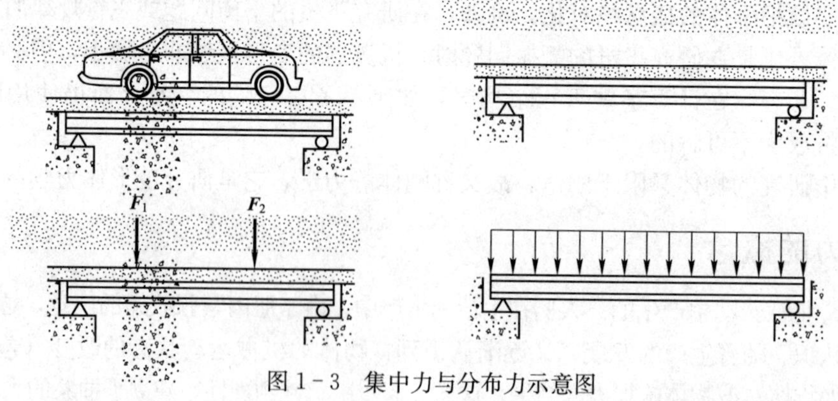

图 1-3 集中力与分布力示意图

1.1.3 力系

力系是指作用在物体上的一群力。按力系作用线的空间位置，可将力系分为：**平面力系**

和**空间力系**。

1. 平面力系

力的作用线分布在同一平面内的力系称为**平面力系**。**平面力系**还可分为**平面汇交力系**、**平面平行力系**和**平面一般（任意）力系**。力的作用线相交于平面内一点的力系称为**平面汇交力系**；力的作用线相互平行的力系称为**平面平行力系**（见图1-4（a））；力的作用线既不相交于平面内一点，也不相互平行的力系称为**平面一般（任意）力系**（见图1-4（b））。

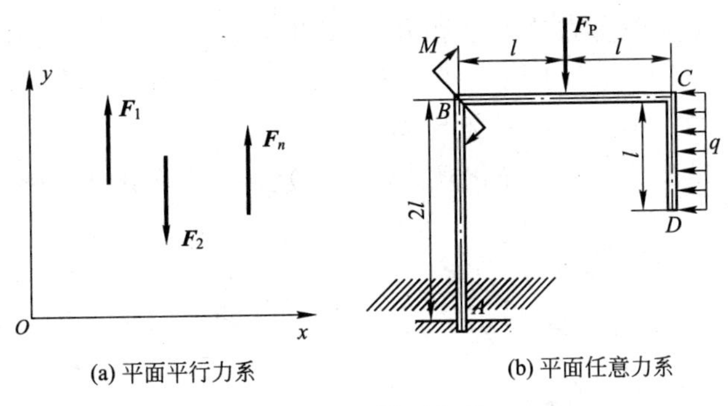

(a) 平面平行力系　(b) 平面任意力系

图1-4　平面力系

2. 空间力系

力的作用线不在同一平面内的力系称为**空间力系**。空间力系是物体受力最普遍和最一般的情形。**空间力系**还可进一步分为**空间汇交力系**、**空间平行力系**和**空间一般（任意）力系**（见图1-5）。

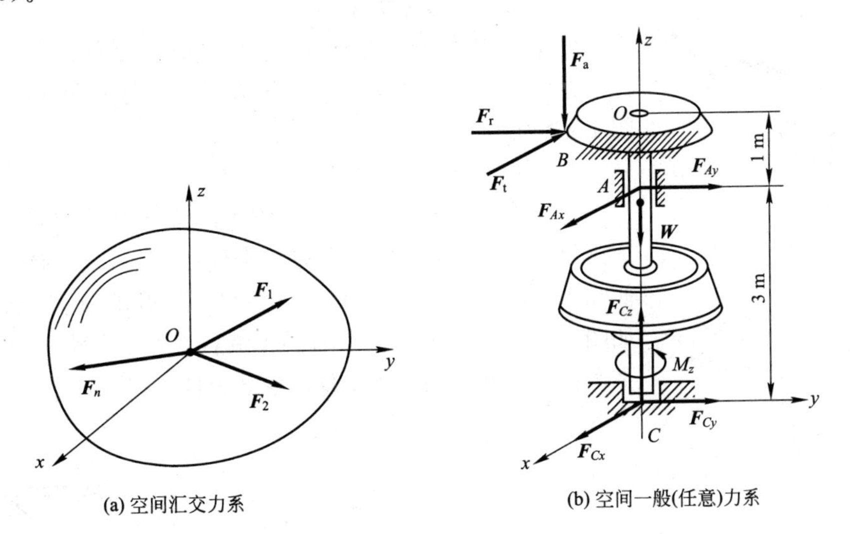

(a) 空间汇交力系　(b) 空间一般(任意)力系

图1-5　空间力系

1.2　静力学公理

公理是人们在生活和生产实践中长期积累的经验总结，又经过实践反复检验，被确认是符合客观实际的最普遍、最一般的规律。

公理 1　力的平行四边形法则

作用在物体上同一点的两个力，可以合成为一个合力。合力的作用点也在该点，合力的大小和方向，由这两个力为边构成的平行四边形的对角线确定，如图 1-6（a）所示。或者说，合力矢等于这两个力矢的几何和，即

$$\boldsymbol{F}_R=\boldsymbol{F}_1+\boldsymbol{F}_2 \tag{1-1}$$

应用此公理求两汇交力合力的大小和方向（即合力矢）时，可由任一点 O 起，另作一力三角形，如图 1-6（b）、（c）所示。力三角形的两个边分别为力矢 $\boldsymbol{F}_1$ 和 $\boldsymbol{F}_2$，第三边 $\boldsymbol{F}_R$ 即代表合力矢，而合力的作用点仍在汇交点 A。

这个公理表明了最简单力系的简化规律，它是复杂力系简化的基础。

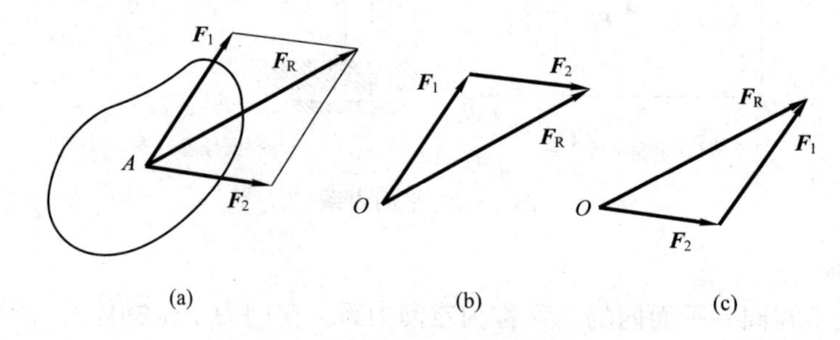

图 1-6　力的平行四边形法则

公理 2　二力平衡条件

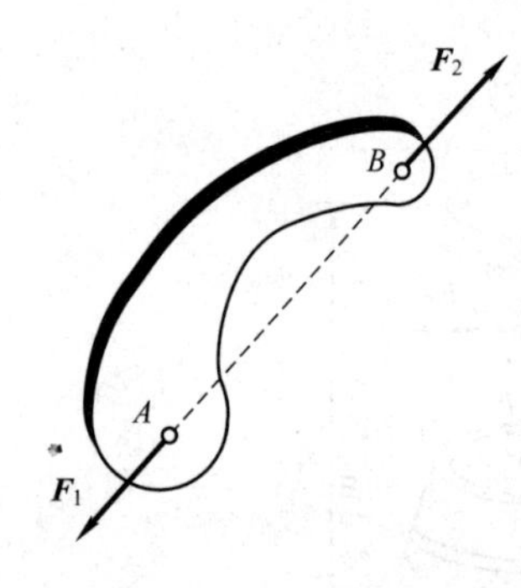

图 1-7　二力平衡条件

作用在刚体上的两个力，使刚体保持平衡的必要和充分条件是这两个力的大小相等、方向相反，且在同一直线上。如图 1-7 所示，即

$$\boldsymbol{F}_1=-\boldsymbol{F}_2 \tag{1-2}$$

这个公理表明了作用于刚体上的最简单的力系平衡时所必须满足的条件。作用有二力的刚体又称为**二力构件**或**二力杆**。如图 1-8 所示的平衡结构，若不计 CD 杆的自重，则受力情况如图 1-9 所示。CD 杆仅有两个端点受力，因此，CD 杆为二力平衡杆件，其受力沿着 CD 的连线方向。

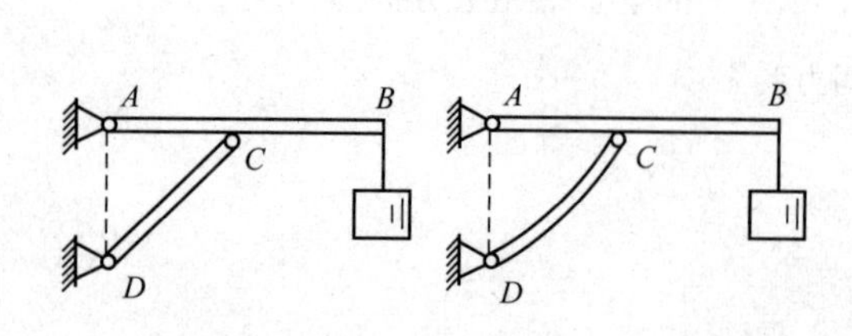

图 1-8　平衡结构

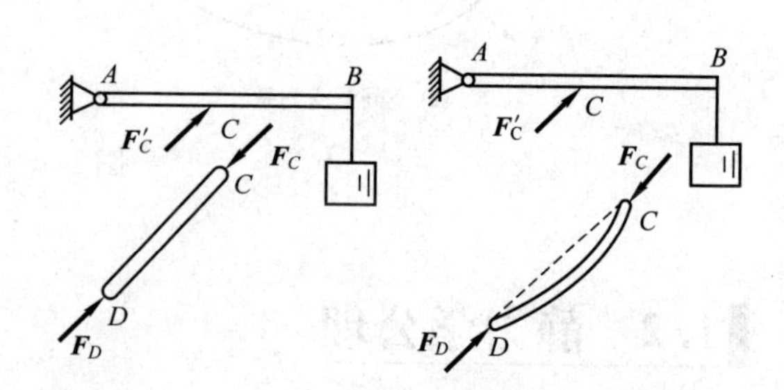

图 1-9　二力构件 CD 的受力情况

公理3　加减平衡力系原理

在已知力系上加上或减去任意的平衡力系，并不改变原力系对刚体的作用效应。就是说，如果两个力系只相差一个或几个平衡力系，则它们对刚体的作用是相同的，因此可以等效替换。这个公理是研究力系等效变换的重要依据。

根据上述公理可以导出下列推论。

推论1　力的可传性

作用于刚体上某点的力，可以沿着它的作用线移到刚体内任意一点，并不改变该力对刚体的作用。

证明： 设有力 $\boldsymbol{F}$ 作用在刚体上的点 A，如图1-10（a）所示。根据加减平衡力系原理，可在力的作用线上任取一点 B，并加上两个相互平衡的力 $\boldsymbol{F}_1$ 和 $\boldsymbol{F}_2$，使 $\boldsymbol{F}=\boldsymbol{F}_2=-\boldsymbol{F}_1$，如图1-10（b）所示。由于力 $\boldsymbol{F}$ 和 $\boldsymbol{F}_1$ 也是一个平衡力系，故可除去；这样只剩下一个力 $\boldsymbol{F}_2$，如图1-10（c）所示。于是，原来的这个力 $\boldsymbol{F}$ 与力系（$\boldsymbol{F}$、$\boldsymbol{F}_1$、$\boldsymbol{F}_2$）以及力 $\boldsymbol{F}_2$ 均等效，即原来的力 $\boldsymbol{F}$ 沿其作用线移到了点 B。

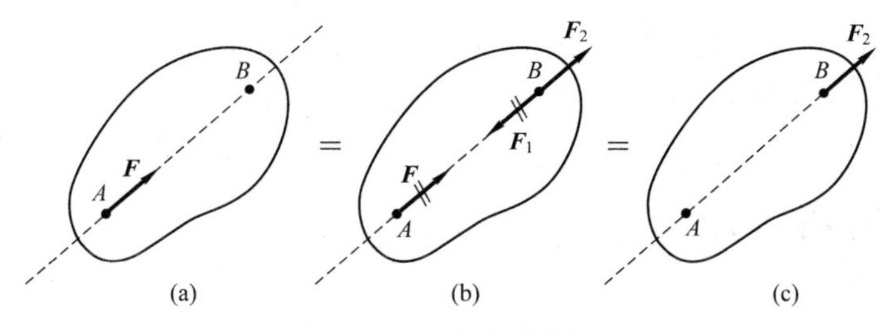

图1-10　力的可传性

由此可见，对于刚体来说，力的作用点已不是决定力的作用效应的要素，它已被作用线所代替。因此，作用于刚体上的力的三要素是力的大小、方向和作用线。

作用于刚体上的力可以沿着作用线移动，这种矢量称为滑动矢量。

推论2　三力平衡汇交定理

作用于刚体上三个相互平衡的力，若其中两个力的作用线汇交于一点，则此三力必在同一平面内，且第三个力的作用线通过汇交点。

证明： 如图1-11所示，在刚体的 A、B、C 三点上，分别作用三个相互平衡的力 $\boldsymbol{F}_1$、$\boldsymbol{F}_2$、$\boldsymbol{F}_3$。根据力的可传性，将力 $\boldsymbol{F}_1$ 和 $\boldsymbol{F}_2$ 移到汇交点 O，然后根据力的平行四边形法则，得合力 $\boldsymbol{F}_{12}$。则力 $\boldsymbol{F}_3$ 应与 $\boldsymbol{F}_{12}$ 平衡。由于两个力平衡必须共线，所以力 $\boldsymbol{F}_3$ 必定与力 $\boldsymbol{F}_1$ 和 $\boldsymbol{F}_2$ 共面，且通过力 $\boldsymbol{F}_1$ 与 $\boldsymbol{F}_2$ 的交点 O。于是定理得证。

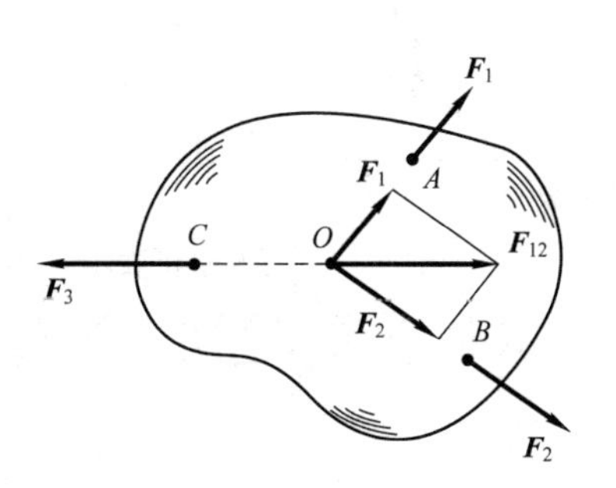

图1-11　三力平衡汇交

公理4　作用力和反作用力定律

作用力和反作用力总是同时存在，两力的大小相等、方向相反，沿着同一直线，分别作用在两个相互作用的物体上。这个公理概括了物体间相互作用的关系，表明作用力和反作用力总是成对出现的。必须强调指出，由于作用力与反作用力分别作用在两个物体上，因此，不能认为作用力与反作用力相互平衡。

公理 5　刚化原理

变形体在某一力系作用下处于平衡，如将此变形体刚化为刚体，其平衡状态保持不变。这个公理提供了把变形体看作为刚体模型的条件。如图 1-12 所示，绳索在等值、反向、共线的两个拉力作用下处于平衡，如将绳索刚化成刚体，其平衡状态保持不变。而绳索在两个等值、反向、共线的压力作用下并不能平衡，这时绳索就不能刚化为刚体。但刚体在上述两种力系的作用下都是平衡的。

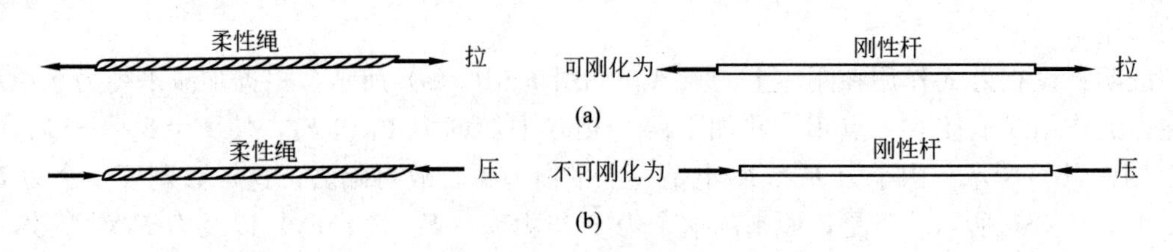

图 1-12　刚化原理

由此可见，刚体的平衡条件是变形体平衡的必要条件，而非充分条件。在刚体静力学的基础上，考虑变形体的特性，可进一步研究变形体的平衡问题。

1.3　力的解析表示

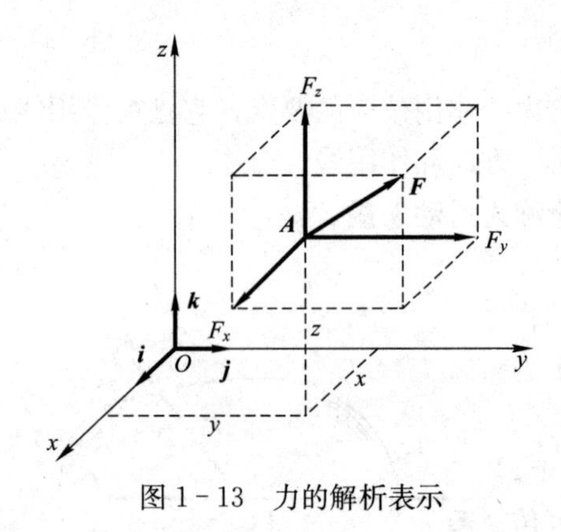

图 1-13　力的解析表示

如图 1-13 所示，在直角坐标系中，力矢量可以用它在坐标轴上的投影表示为

$$\boldsymbol{F}=\boldsymbol{i}F_x+\boldsymbol{j}F_y+\boldsymbol{k}F_z \tag{1-3}$$

其中，$\boldsymbol{i}$、$\boldsymbol{j}$、$\boldsymbol{k}$分别为沿 x、y、z 轴的单位矢量，F_x、F_y、F_z 分别为力矢量在坐标轴 x、y、z 上的投影。用解析的表示法，n 个力的合力就可表示为

$$\begin{aligned}\boldsymbol{F}_{\mathrm{R}} &= \sum_{i=1}^{n}\boldsymbol{F}_i = \sum_{i=1}^{n}(\boldsymbol{i}F_{ix}+\boldsymbol{j}F_{iy}+\boldsymbol{k}F_{iz}) \\ &= \boldsymbol{i}\sum_{i=1}^{n}F_{ix}+\boldsymbol{j}\sum_{i=1}^{n}F_{iy}+\boldsymbol{k}\sum_{i=1}^{n}F_{iz}\end{aligned} \tag{1-4}$$

式中，$\sum F_{ix}$、$\sum F_{iy}$、$\sum F_{iz}$ 分别为合力 $\boldsymbol{F}_{\mathrm{R}}$ 在 x、y、z 轴上的投影，即

$$\left.\begin{aligned}F_{Rx} &= \sum F_{ix} \\ F_{Ry} &= \sum F_{iy} \\ F_{Rz} &= \sum F_{iz}\end{aligned}\right\} \tag{1-5}$$

式（1-5）称为合力投影定理，即力系的合力在一轴上的投影，等于力系中各分力在该轴上投影的代数和。

若已知力 $\boldsymbol{F}$ 与正交坐标系 $Oxyz$ 三轴间的夹角分别为 α、β、γ，如图 1-14 所示，则力

在三个轴上的投影等于力 **F** 的大小乘以与各轴夹角的余弦，即

$$\begin{cases}F_x=F\cos\alpha\\F_y=F\cos\beta\\F_z=F\cos\gamma\end{cases}\tag{1-6}$$

当力 **F** 与坐标轴 Ox、Oy 间的夹角不易确定时，可把力 **F** 先投影到坐标平面 Oxy 上，得到力 $\boldsymbol{F}_{xy}$，然后再把这个力投影到 x、y 轴上。在图1-15中，已知角 γ 和 φ，则力 **F** 在三个坐标轴上的投影分别为

$$\begin{cases}F_x=F\sin\gamma\cos\varphi\\F_y=F\sin\gamma\sin\varphi\\F_z=F\cos\gamma\end{cases}\tag{1-7}$$

这种求投影的方法称为二次投影法。

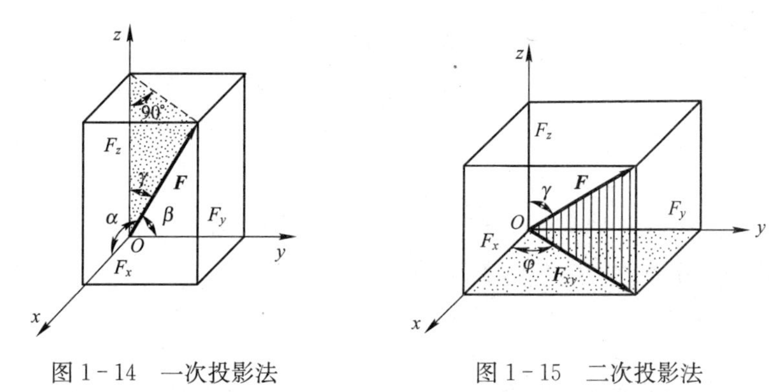

图1-14　一次投影法　　　　图1-15　二次投影法

如果已知力 **F** 在正交轴系 $Oxyz$ 的三个投影，则力 **F** 的大小和方向余弦分别为

$$F=\sqrt{F_x^2+F_y^2+F_z^2}\tag{1-8}$$

$$\cos(\boldsymbol{F},\ \boldsymbol{i})=\frac{F_x}{F},\quad \cos(\boldsymbol{F},\ \boldsymbol{j})=\frac{F_y}{F},\quad \cos(\boldsymbol{F},\ \boldsymbol{k})=\frac{F_z}{F}\tag{1-9}$$

例1-1　半径为 r 的斜齿轮，其上作用力 **F**，如图1-16（a）所示。求力 **F** 在坐标轴上的投影。

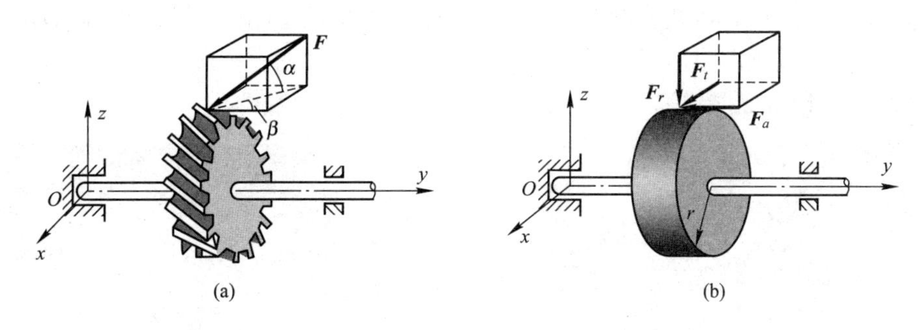

图1-16　例1-1图

解：用二次投影法求解。由图1-16（b）得

$$F_x=F_t=F\cos\alpha\sin\beta \qquad （圆周力）$$

$$F_y=F_a=-F\cos\alpha\cos\beta \quad （轴向力）$$

$$F_z=F_r=-F\sin\alpha \qquad (径向力)$$

例 1-2 已知力沿直角坐标轴的解析式为$\boldsymbol{F}=3\boldsymbol{i}+4\boldsymbol{j}-5\boldsymbol{k}$（kN），试求这个力的大小和方向，并作图表示。

解： 因为，$F_x=3$，$F_y=4$，$F_z=-5$，根据公式（1-8）、（1-9）可求得

$$F=\sqrt{F_x^2+F_y^2+F_z^2}=5\sqrt{2}(\text{kN})$$

$$\cos(\boldsymbol{F},\ \boldsymbol{i})=\frac{3}{5\sqrt{2}}=0.424\ 3$$

$$\cos(\boldsymbol{F},\ \boldsymbol{j})=\frac{4}{5\sqrt{2}}=0.565\ 7$$

$$\cos(\boldsymbol{F},\ \boldsymbol{k})=\frac{-5}{5\sqrt{2}}=-0.707\ 1$$

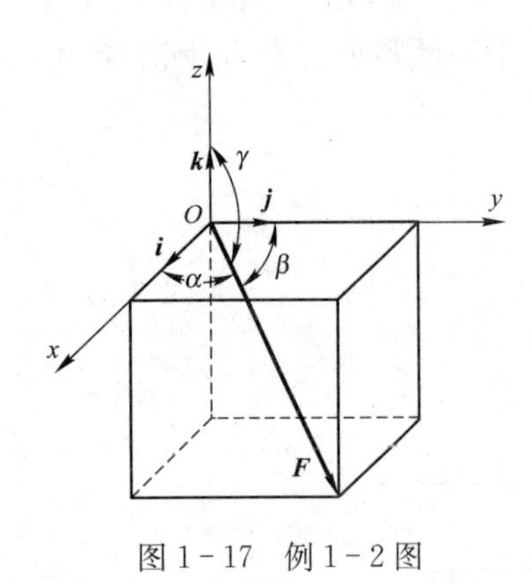

图 1-17 例 1-2 图

则 $\boldsymbol{F}$ 的方位角为

$$(\boldsymbol{F},\ \boldsymbol{i})=\alpha=64.9°,\quad (\boldsymbol{F},\ \boldsymbol{j})=\beta=55.55°,$$

$$(\boldsymbol{F},\ \boldsymbol{k})=\gamma=180°-45°=135°$$

如图 1-17 所示。

1.4 刚体及刚体系的受力分析

1.4.1 关于约束的基本概念

有些物体，例如，飞行的飞机、炮弹和火箭等，它们在空间的位移不受任何限制。位移不受限制的物体称为**自由体**（见图 1-18）。相反有些物体在空间的位移却要受到一定的限制。如在地面上行驶的车辆受到地面的制约、桥梁受到桥墩的制约、各种机械中的轴受到轴承的制约等，这类物体称为**非自由体**或**受约束体**。如图 1-19 所示的列车，只能沿轨道行驶，其运动位移方向受轨道的限制，列车即为非自由体。**对非自由体的某些位移起限制作用的周围物体称为约束**。约束的作用是对与之接触的物体的运动施加一定的限制条件。如地面限制车辆在地面上运动；桥墩限制桥梁的运动，使之保持固定的位置；轴承限制轴只能在轴承中转动，轨道限制列车只能沿轨道方向行驶等。因此，地面、桥墩、轴承、轨道等物体对它们所限制的物体构成了约束。

图 1-18 自由体实例

图 1-19 非自由体实例

既然约束阻碍着物体的位移，也就是约束能够起到改变物体运动状态的作用，所以**约束对物体的作用，实际上就是力，这种力称为约束反力，简称反力**。因此，约束反力的方向必与该约束所能够阻碍的位移方向相反。应用这个准则，可以确定约束反力的方向或作用线的位置。至于约束反力的大小则是未知的。在静力学问题中，约束反力和物体受的其他已知力（称主动力）组成平衡力系，因此可用平衡条件求出未知的约束反力。在工程实际中，为了求出未知的约束反力，需要根据已知力，应用平衡条件求解。为此，首先要确定构件受了几个力，每个力的作用位置和力的作用方向，这种分析过程称为物体的受力分析。

作用在物体上的力可分为两类：**一类是主动力**，例如，物体的重力、风力、气体压力等，一般是已知的；**另一类是约束对于物体的约束反力**，为未知的被动力。

为了清晰地表示物体的受力情况，我们把需要研究的物体（称为受力体）从周围的物体（称为施力体）中分离出来，单独画出它的简图，这个步骤叫作取研究对象或取分离体。然后把施力物体对研究对象的作用力（包括主动力和约束反力）全部画出来。**这种表示物体受力的简明图形，称为受力图**。画物体受力图是解决静力学问题的一个重要步骤。下面举例说明。

例 1-3　用力 $\boldsymbol{F}$ 拉动碾子以压平路面，重为 $\boldsymbol{P}$ 的碾子受到一石块的阻碍，如图 1-20（a）所示。试画出碾子的受力图。

解：

（1）取碾子为研究对象（即取分离体），并单独画出其简图（见图 1-20（b））。

（2）画主动力。有地球的引力 $\boldsymbol{P}$ 和杆对碾子中心的拉力 $\boldsymbol{F}$。

（3）画约束反力。因碾子在 A 和 B 两处受到石块和地面的约束，如不计摩擦，均为光滑表面接触，故在 A 处受石块的法向反力 $\boldsymbol{F}_{NA}$ 的作用，在 B 处受地面的法向反力 $\boldsymbol{F}_{NB}$ 的作用，它们都沿着碾子上接触点的公法线而指向圆心。

这里，路面是碾子的约束，约束反力沿着碾子上接触点的公法线而指向圆心。

但是，图 1-21 中的这两个结构的约束反力应该怎么分析呢？

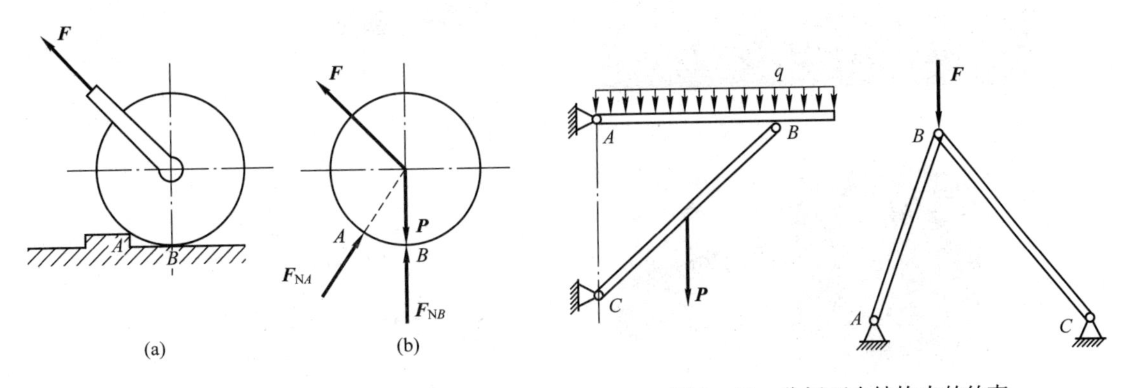

图 1-20　例 1-3 图　　　　图 1-21　分析两个结构中的约束

这就要求我们了解更多有关约束的知识。下面介绍几种在工程中常遇到的简单的约束类型和确定约束反力方向的方法。

1.4.2 工程上几种常见约束介绍

1. 具有光滑接触表面的约束

如图 1-22 所示，支承物体的固定面、啮合齿轮的齿面、机床中的导轨等，当摩擦忽略不计时，都属于这类约束。

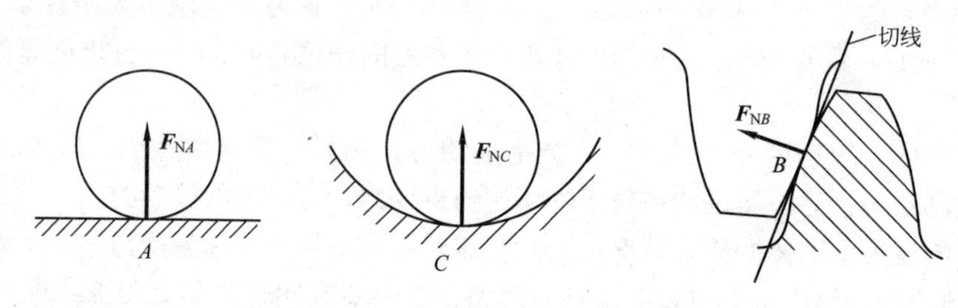

图 1-22 具有光滑接触表面的约束

这类约束不能限制物体沿约束表面切线的位移，只能阻碍物体沿接触表面法线并向约束内部的位移。因此，光滑支承面对物体的约束反力，作用在接触点处，方向沿接触表面的公法线，并指向受力物体。**这种约束反力称为法向反力，通常用 $\boldsymbol{F}_N$ 表示**，如图中的 $\boldsymbol{F}_{NA}$、$\boldsymbol{F}_{NC}$ 和 $\boldsymbol{F}_{NB}$ 等。

2. 柔性约束——由柔软的绳索、链条或胶带等构成的约束

缆索、工业带、链条等统称为柔性约束（见图 1-23）。这种约束的特点是：其所产生的约束力沿柔索轴线方向，且只能是拉力，不能是压力（见图 1-24）。

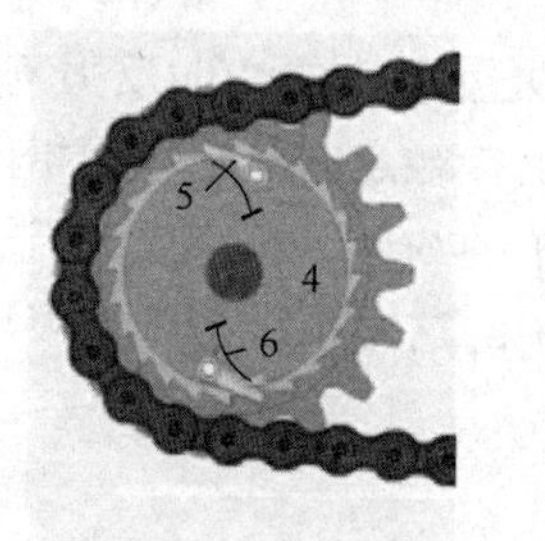

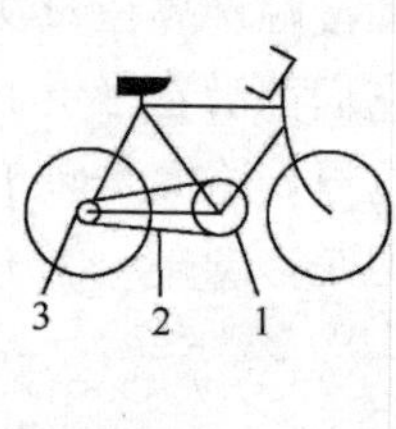

图 1-23 工程中常见的柔性约束

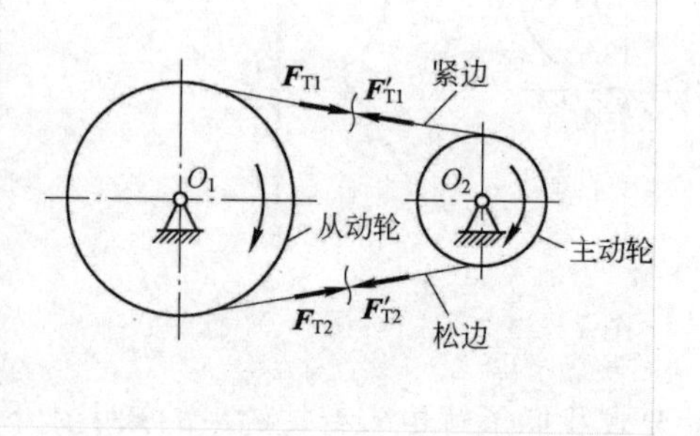

图 1-24 胶带的约束力分析

3. 光滑圆柱铰链约束

光滑圆柱铰链又称为圆柱铰，或者简称为铰链，如图1－25（a）所示。它是由圆柱形状的销钉将两个钻有同样大小孔的构件连接在一起而成。铰链约束限制物体沿销钉径向的位移，故其约束力在垂直于销钉轴线的平面内并通过销钉中心（见图1－25b）。由于该约束接触点位置不能预先确定，约束力方向也不能确定，常以两个正交分量 $\boldsymbol{F}_x$ 和 $\boldsymbol{F}_y$ 表示，如图1－25（c）所示。

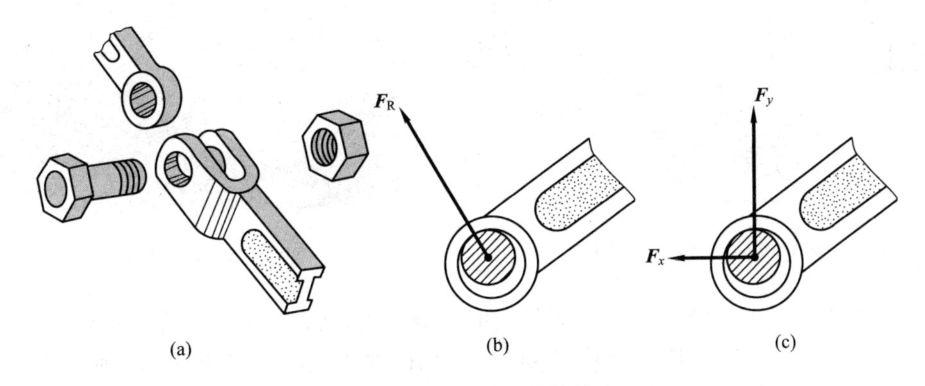

图1－25　光滑圆柱铰链约束

向心轴承和固定铰链支座等约束也可属于此类约束。

1）向心轴承（径向轴承）

图1－26（a）所示的滚动轴承装置，轴颈可在轴承孔内任意转动，也可沿孔的中心线移动；但是，轴承阻碍着轴沿径向向外的位移，图1－26（b）所示的滑动轴承亦如此。若忽略摩擦，当轴和轴承在某点 A 光滑接触时，轴承对轴的约束反力 $\boldsymbol{F}_A$ 作用在接触点 A，且沿公法线指向轴心。

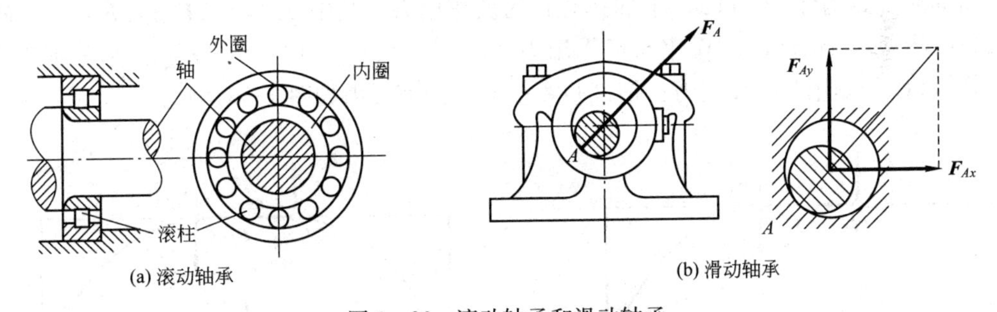

图1－26　滚动轴承和滑动轴承

但是，随着轴所受的主动力不同，轴和孔的接触点的位置也随之不同。所以，当主动力尚未确定时，约束反力的方向预先不能确定。然而，无论约束反力朝向何方，它的作用线必垂直于轴线并通过轴心。这样一个方向不能预先确定的约束反力，通常可用通过轴心的两个大小未知的正交分力 $\boldsymbol{F}_{Ax}$、$\boldsymbol{F}_{Ay}$ 来表示，$\boldsymbol{F}_{Ax}$、$\boldsymbol{F}_{Ay}$ 的指向暂可任意假定。

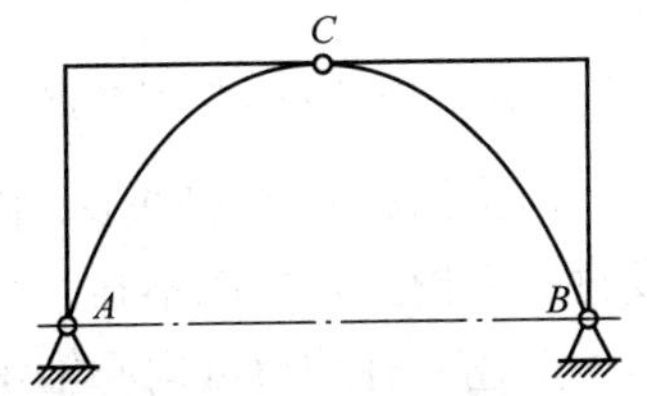

图1－27　三铰拱桥

2）固定铰链支座

图1－27所示的拱形桥，它是由两个拱形构件通过圆柱

铰链 C 以及固定铰链支座 A 和 B 连接而成（见图 1－28）。如果铰链连接中有一个构件固定在地面或机架上作为支座（见图 1－29），则这种约束称为固定铰链支座，简称固定铰支座。

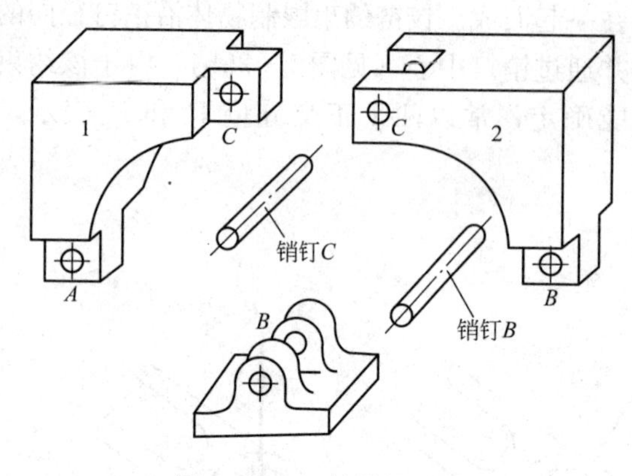

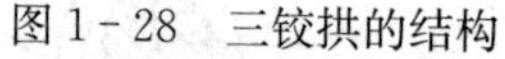
图 1－28　三铰拱的结构

图 1－29　固定铰链支座

在分析图 1－27 中铰链 C 处的约束反力时，通常把销钉 C 固连在其中任意一个构件上。如图 1－30 所示，将销钉 C 固定在构件 BC 上，则构件 AC、BC 互为约束。显然，当忽略摩擦时，构件 BC 上的销钉与构件 AC 的结合，实际上是轴与光滑孔的配合问题。因此，它与轴承具有同样的约束性质，即约束反力的作用线不能预先定出，但约束反力垂直轴线并通过铰链中心，故也可用两个大小未知的正交分力 $\boldsymbol{F}_{Cx}$、$\boldsymbol{F}_{Cy}$ 和 $\boldsymbol{F}'_{Cx}$、$\boldsymbol{F}'_{Cy}$ 来表示。其中，$\boldsymbol{F}_{Cx}=-\boldsymbol{F}'_{Cx}$，$\boldsymbol{F}_{Cy}=-\boldsymbol{F}'_{Cy}$，表明它们互为作用与反作用关系。

同理，把销钉固连在 A 或 B 支座上，则固定铰支 A、B 对构件 AC、BC 的约束反力分别为 $\boldsymbol{F}_{Ax}$、$\boldsymbol{F}_{Ay}$ 与 $\boldsymbol{F}_{Bx}$、$\boldsymbol{F}_{By}$。

如图 1－31 所示，当需要分析销钉 C 的受力时，才把销钉分离出来单独研究。这时，销钉 C 将同时受到构件 AC 和 BC 上的孔对它的反作用力。其中 $\boldsymbol{F}_{C1x}=-\boldsymbol{F}'_{C1x}$，$\boldsymbol{F}_{C1y}=-\boldsymbol{F}'_{C1y}$，分别为构件 AC 与销钉 C 的作用与反作用力；$\boldsymbol{F}_{C2x}=-\boldsymbol{F}'_{C2x}$，$\boldsymbol{F}_{C2y}=-\boldsymbol{F}'_{C2y}$，则分别为构件 BC 与销钉 C 的作用与反作用力；销钉 C 所受到的约束反力如图 1－31 所示。

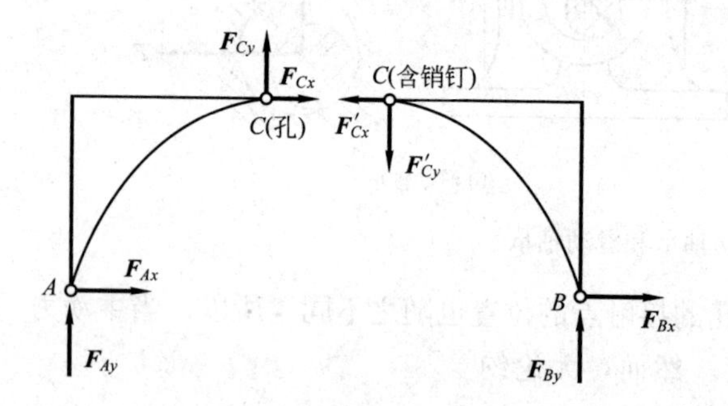

图 1－30　BC 拱含销钉 C 时的受力图

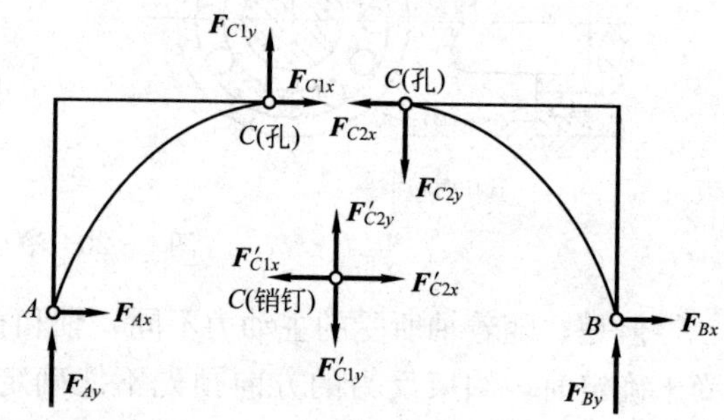

图 1－31　左、右拱均不含销钉 C 时的受力图

当将销钉 C 与构件 BC 固连为一体时，$\boldsymbol{F}_{C2x}$ 与 $\boldsymbol{F}'_{C2x}$、$\boldsymbol{F}_{C2y}$ 与 $\boldsymbol{F}'_{C2y}$ 为作用在同一刚体上的成对的平衡力，可以不画。

上述三种约束（向心轴承、铰链和固定铰链支座），其具体结构虽然不同，但构成约束的性质是相同的，都可表示为光滑铰链，此类约束的特点是只限制两物体径向的相对移动，而不限制两物体绕铰链中心的相对转动及沿轴向的位移。

4. 其他约束

1）滚动支座

在桥梁、屋架等结构中经常采用滚动支座约束。这种支座是在铰链支座与光滑支承面之间，装有几个辊轴而构成的，又称辊轴支座，如图1-32（a）所示，其简图如图1-32（b）所示。它可以沿支承面移动，允许由于温度等因素变化而引起结构跨度的自由伸长或缩短。显然，滚动支座的约束性质与光滑面约束相同，其约束反力必垂直于支承面，且通过铰链中心。通常用$\boldsymbol{F}_N$表示其法向约束反力，如图1-32（c）所示。

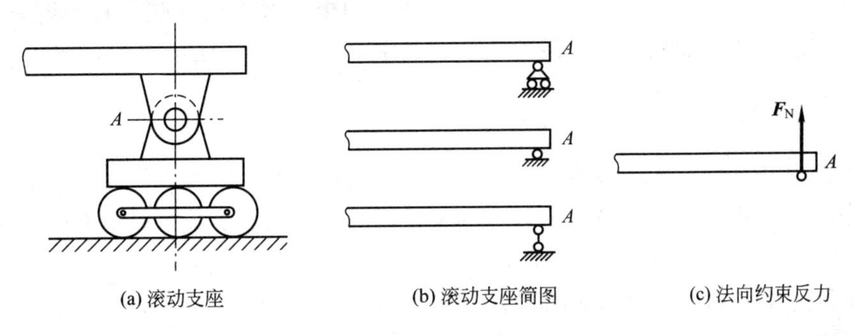

(a) 滚动支座　(b) 滚动支座简图　(c) 法向约束反力

图1-32　滚动支座

2）球铰链

图1-33（a）所示的球形体与杆件组成的约束关系称为球铰链约束，简称球铰约束。其结构如图1-33（b）所示，受约束的构件末端为球形，用固定于基础的球壳将圆球包裹，使得两个构件连接在一起，该约束使构件的球心A不能有任何径向位移（见图1-33c），但构件可绕球心任意转动。若忽略摩擦，与圆柱铰链分析相似，其约束力应是通过球心但方向不能预先确定的一个空间力，可用三个正交分力$\boldsymbol{F}_{Ax}$、$\boldsymbol{F}_{Ay}$、$\boldsymbol{F}_{Az}$表示，其简图及约束反力如图1-33（d）所示。

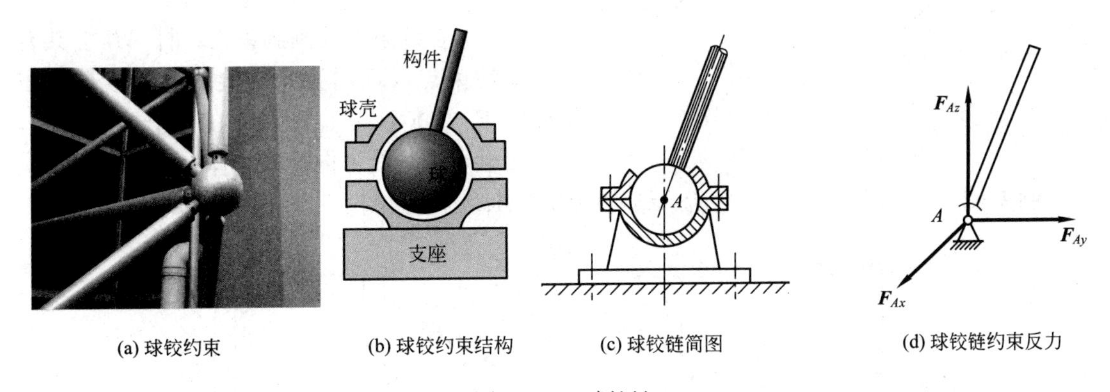

(a) 球铰约束　(b) 球铰约束结构　(c) 球铰链简图　(d) 球铰链约束反力

图1-33　球铰链

3）止推轴承

止推轴承与径向轴承不同，它除了能限制轴的径向位移以外，还能限制轴沿轴向的位移。因此，它比径向轴承多一个沿轴向的约束力，即其约束反力有三个正交分量$\boldsymbol{F}_{Ax}$、$\boldsymbol{F}_{Ay}$、$\boldsymbol{F}_{Az}$。止推轴承的简图及其约束反力如图1-34所示。

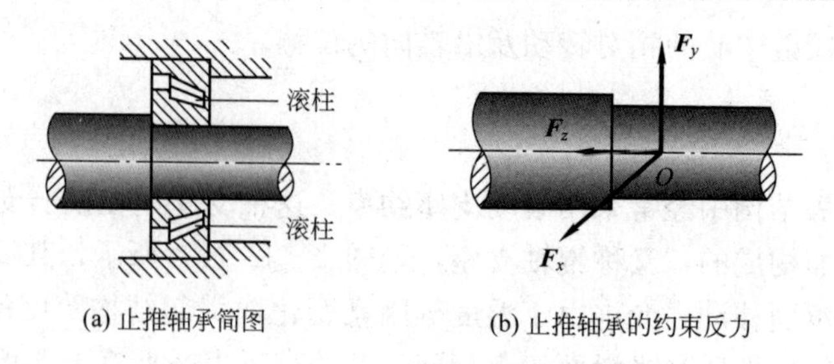

(a) 止推轴承简图　(b) 止推轴承的约束反力

图 1-34　止推轴承

以上只介绍了几种简单约束，在工程中，约束的类型远不止这些，有的约束比较复杂，分析时需要加以简化或抽象，在以后的某些章节中，我们再作介绍。

1.4.3　受力图

了解了约束及其反力的形成特点及表示方法，就可以对受力体进行受力分析、画受力图了。画受力图是工程力学中力系平衡计算的关键，画受力图的步骤可概括为以下几步：

（1）确定研究对象，解除约束，取出分离体；

（2）在分离体上画上主动力或已知力；

（3）在分离体的原约束点处根据约束的类型画上约束力。

如果构件所受力系是二力或三力，则需要根据静力学公理 2 与公理 3 的推论 2 进行受力图的正确性验证。

例 1-4　画出图 1-35（a）中重量为 $\boldsymbol{F}_{\mathrm{P}}$ 的 AB 杆的受力图。所有接触处均为光滑接触。

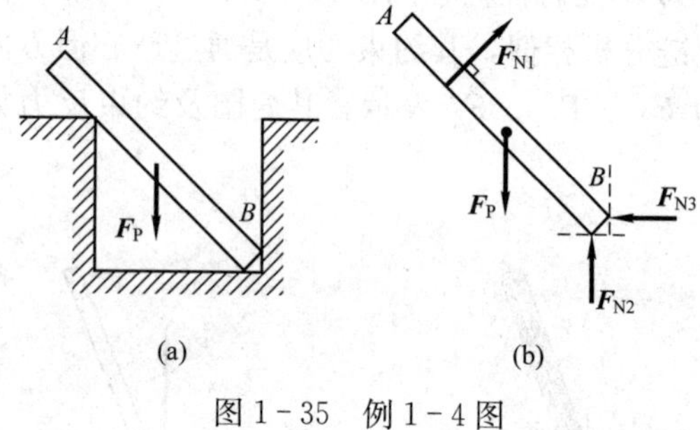

(a)　(b)

图 1-35　例 1-4 图

解：（1）将杆 AB 作为研究对象，从原图中分离出来，画出其外形图，称为分离体或隔离体，如图 1-35（b）所示；

（2）在分离体上画上主动力 $\boldsymbol{F}_{\mathrm{P}}$；

（3）在约束点处画约束力：杆 AB 上共有三个约束点，且均为光滑接触，故三个约束反力 $\boldsymbol{F}_{\mathrm{N1}}$、$\boldsymbol{F}_{\mathrm{N2}}$、$\boldsymbol{F}_{\mathrm{N3}}$ 分别画在三个接触点处，沿接触点公法线方向指向物体。

例 1-5　画出图 1-36（a）所示结构中构件 AB 的受力图。不计杆重和摩擦。

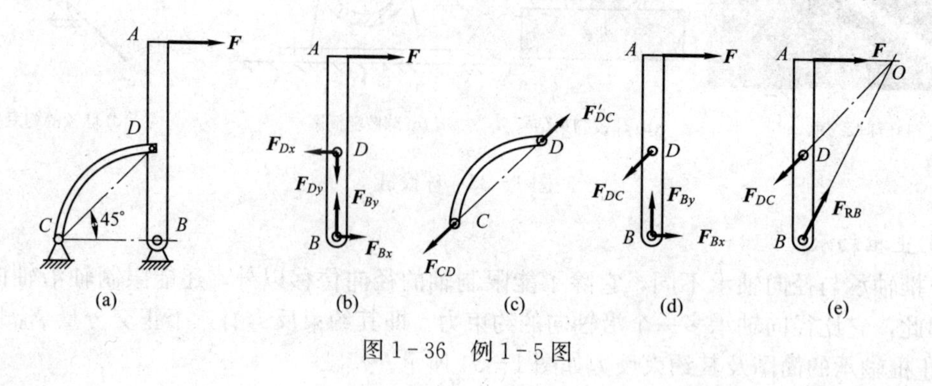

(a)　(b)　(c)　(d)　(e)

图 1-36　例 1-5 图

解：(1) 取构件 AB 为研究对象，根据 B、D 处铰链约束的性质，可画出构件 AB 的受力，如图 1-36 (b) 所示。但还可进一步分析。

(2) 如果注意到构件 CD 为二力构件，作用力 $\boldsymbol{F}_{CD}$ 和 $\boldsymbol{F}'_{DC}$ 应沿 CD 连线（见图 1-36 (c)）。通过作用力和反作用力的关系，可知 $\boldsymbol{F}_{Dx}$ 和 $\boldsymbol{F}_{Dy}$ 可合成 $\boldsymbol{F}_{DC}$（它是 $\boldsymbol{F}'_{DC}$ 的反作用力），于是可画出如图 1-36 (d) 所示的受力图。

(3) 更进一步讨论，B 点的约束反力 $\boldsymbol{F}_{Bx}$ 和 $\boldsymbol{F}_{By}$ 也可以合成为一个力，那么，AB 杆实际受力只有三个，根据三力平衡汇交定理，这三个力必共面、共点。如图 1-36 (e) 所示，B 点约束力为 $\boldsymbol{F}_{RB}$，O 点为三力作用线的汇交点。

要点及讨论：

(1) 进行受力分析时，首先选择研究对象，复杂问题需顺次分析多个对象，画出它们的受力图。本题研究对象是构件 AB，因其上作用已知载荷 $\boldsymbol{F}$，其余未知约束力均与力 $\boldsymbol{F}$ 有关。

(2) 进行受力分析，画研究对象受力图时，要按照前面所述的三个要点全面地思考、推敲，最后综合地画出如图 1-36 (e) 所示的构件 AB 的受力图。也就是说，本题所画的图 1-36 (b)、(c) 和 (d)，只是为了将思考过程具体地展现于读者面前，读者在实际画图时无必要画出。

例 1-6　如图 1-37 (a) 所示，水平梁 AB 用斜杆 CD 支撑，A、C、D 三处均为光滑铰链连接。均质梁重 P_1，其上放置一重为 P_2 的电动机。如不计杆 CD 的自重，试分别画出杆 CD 和梁 AB（包括电动机）的受力图。

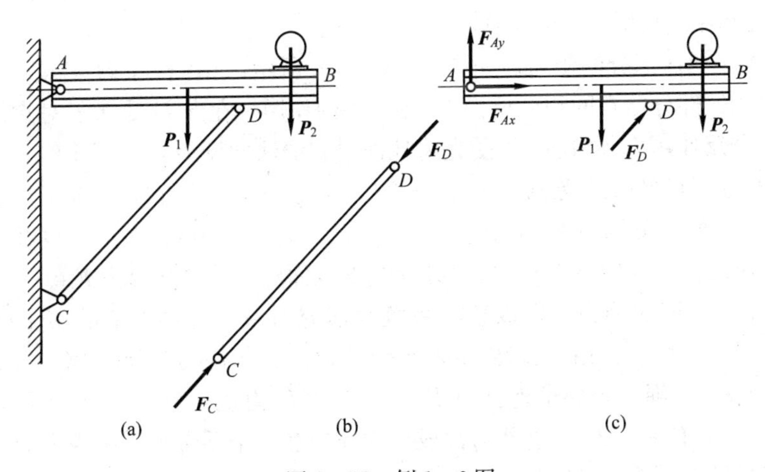

图 1-37　例 1-6 图

解：

(1) 先分析斜杆 CD 的受力。由于斜杆的自重不计，因此杆只在铰链 C、D 处受有两个约束反力 $\boldsymbol{F}_C$ 和 $\boldsymbol{F}_D$。根据光滑铰链的特性，这两个约束反力必定通过铰链 C、D 的中心，方向暂不确定。考虑到杆 CD 只在 $\boldsymbol{F}_C$、$\boldsymbol{F}_D$ 二力作用下平衡，根据二力平衡公理，这两个力必定沿同一直线，且等值、反向。由此可确定 $\boldsymbol{F}_C$ 和 $\boldsymbol{F}_D$ 的作用线应沿铰链中心 C 与 D 的连线，由经验判断，此处杆 CD 受压力，其受力图如图 1-37 (b) 所示。一般情况下，$\boldsymbol{F}_C$ 与 $\boldsymbol{F}_D$ 的指向不能预先判定，可先任意假设杆受拉力或压力。若根据平衡方程求得的力为正值，说明原假设力的指向正确；若为负值，则说明实际杆受力与原假设指向相反。

(2) 取梁 AB（包括电动机）为研究对象。它受有 $\boldsymbol{P}_1$、$\boldsymbol{P}_2$两个主动力的作用。梁在铰链 D 处受有二力杆 CD 给它的约束反力 $\boldsymbol{F}'_D$的作用。根据作用和反作用定律，$\boldsymbol{F}'_D=-\boldsymbol{F}_D$。梁在 A 处受固定铰支给它的约束反力的作用，由于方向未知，可用两个大小未定的正交分力 $\boldsymbol{F}_{Ax}$ 和 $\boldsymbol{F}_{Ay}$ 表示（见图 1－37（c））。

例 1－7　如图 1－38（a）所示，梯子的两部分 AB 和 AC 在点 A 铰接，又在 D、E 两点用水平绳连接。梯子放在光滑水平面上，若其自重不计，但在 AB 的中点 H 处作用一铅直载荷 $\boldsymbol{F}$。试分别画出绳子 DE 和梯子的 AB、AC 部分以及整个系统的受力图。

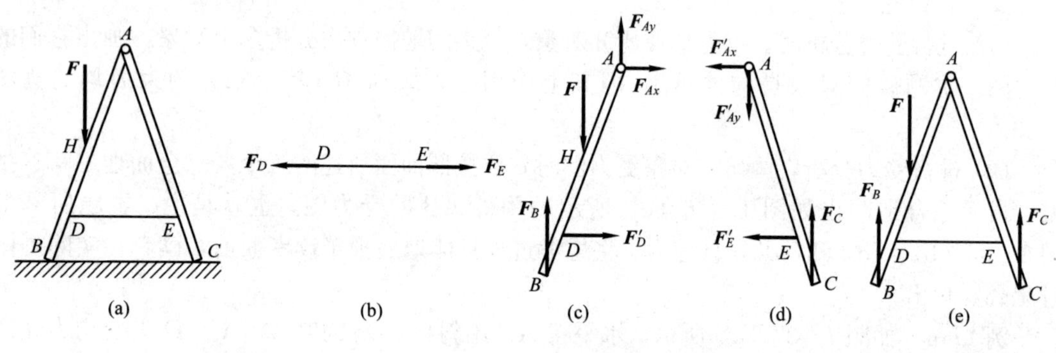

图 1－38　例 1－7 图

解：(1) 分析绳子 DE 的受力。分离绳子 DE，在绳子两端 D、E 分别受到梯子对它的拉力 $\boldsymbol{F}_D$、$\boldsymbol{F}_E$的作用（见图 1－38（b））。

(2) 分析梯子 AB 部分的受力。如图 1－38（c）所示，AB 杆在 H 处受载荷 $\boldsymbol{F}$ 的作用，在铰链 A 处受 AC 部分给它的约束反力 $\boldsymbol{F}_{Ax}$ 和 $\boldsymbol{F}_{Ay}$ 的作用。在点 D 受绳子对它的拉力 $\boldsymbol{F}'_D$（与 $\boldsymbol{F}_D$互为作用力和反作用力）。在点 B 受光滑地面对它的法向反力 $\boldsymbol{F}_B$的作用。

(3) 分析梯子 AC 部分的受力。如图 1－38（d）所示，AC 杆在铰链 A 处受 AB 部分对它的作用力 $\boldsymbol{F}'_{Ax}$ 和 $\boldsymbol{F}'_{Ay}$（分别与 $\boldsymbol{F}_{Ax}$ 和 $\boldsymbol{F}_{Ay}$ 互为作用力和反作用力）。在点 E 受绳子对它的拉力 $\boldsymbol{F}'_E$（与 $\boldsymbol{F}_E$互为作用力和反作用力）。在 C 处受光滑地面对它的法向反力 $\boldsymbol{F}_C$。

(4) 分析整个系统的受力。选取整个系统为研究对象，可将平衡的整个结构刚化为刚体。如图 1－38（e）所示，由于铰链 A 处所受的力互为作用力与反作用力关系，即 $\boldsymbol{F}_{Ax}=-\boldsymbol{F}'_{Ax}$，$\boldsymbol{F}_{Ay}=-\boldsymbol{F}'_{Ay}$；绳子与梯子连接点 D 和 E 所受的力也分别互为作用力与反作用力关系，即 $\boldsymbol{F}_D=-\boldsymbol{F}'_D$，$\boldsymbol{F}_E=-\boldsymbol{F}'_E$，这些力都成对地作用在整个系统内，称为内力。内力对系统的作用效应相互抵消，因此可以除去，并不影响整个系统的平衡。故内力在受力图上不必画出。在受力图上只需画出系统以外的物体给系统的作用力，这种力称为外力。这里，载荷 $\boldsymbol{F}$ 和约束反力 $\boldsymbol{F}_B$、$\boldsymbol{F}_C$都是作用于整个系统的外力。

应该指出，内力与外力的区分不是绝对的。例如，当我们把梯子的 AC 部分作为研究对象时，$\boldsymbol{F}'_{Ax}$、$\boldsymbol{F}'_{Ay}$ 和 $\boldsymbol{F}'_E$ 均属外力，但取整体为研究对象时，$\boldsymbol{F}'_{Ax}$、$\boldsymbol{F}'_{Ay}$ 和 $\boldsymbol{F}'_E$ 又成为内力。可见，内力与外力的区分，只有相对于某一确定的研究对象才有意义。

例 1－8　画出图 1－39（a）所示结构中各构件的受力图。不计各构件重力，所有约束处均为光滑约束。

解：B 点是连接 AB 杆和 BC 杆的中间铰链，当结构有中间铰时，受力图有两种画法。

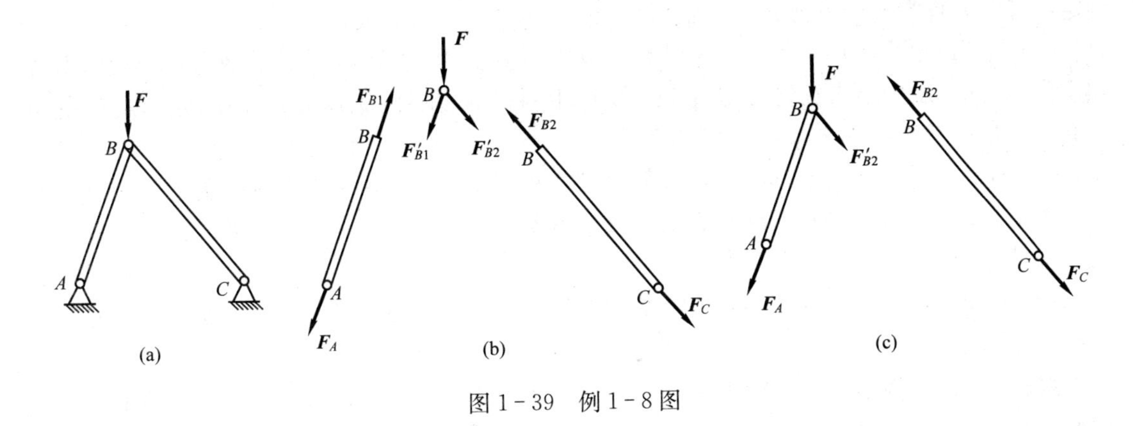

图 1-39　例 1-8 图

(1) 将中间铰单独取出（见图 1-39（b））

这时将结构分为三部分：杆 AB、销钉 B、杆 BC，其中杆 AB、BC 都是二力杆，所以杆两端的约束力均沿杆两端点的连线；销钉 B 处除受主动力 $\boldsymbol{F}$ 作用外，还受杆 AB、BC 在 B 处的反力 $\boldsymbol{F}'_{B1}$ 和 $\boldsymbol{F}'_{B2}$ 的作用。

(2) 将中间铰置于任意一杆上

可将中间铰 B 固连在杆 AB 上，结构分为杆 AB（带销钉 B）、杆 BC 两部分，受力分析结果如图 1-39（c）所示。

例 1-9　画出图 1-40（a）所示结构中构件 AO、AB 和 CD 及整体的受力图。各杆重力均不计，所有接触处均为光滑接触。

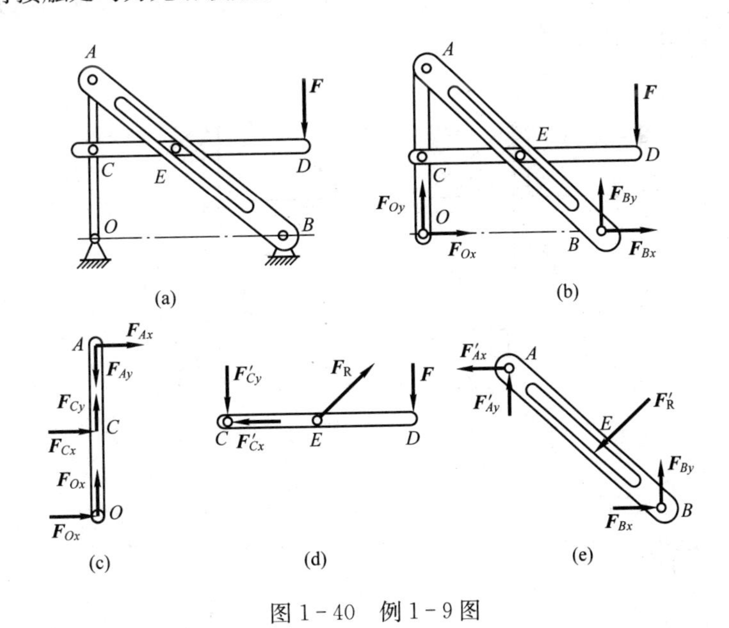

图 1-40　例 1-9 图

解： (1) 整体受力如图 1-40（b）所示。D 处作用有主动力 $\boldsymbol{F}$；O、B 二处为固定铰链约束，约束反力方向不可确定，可表示为两正交分力；其余各处的约束力均为内力，不画出来。

(2) 杆 AO 受力如图 1-40（c）所示。其中 C、A 两处为中间铰链，约束反力方向不能确定，可以分解为两个正交分力。

(3) 杆 CD 受力如图 1-40 (d) 所示。其中 C 处受力与 AO 在 C 处的受力，互为作用力和反作用力；CD 上所带销钉 E 处受到 AB 杆中斜槽光滑面约束反力 $\boldsymbol{F}_{R}$；D 处作用有主动力 $\boldsymbol{F}$。

(4) 杆 AB 受力如图 1-40 (e) 所示。其中 A 处受力与杆 AO 在 A 处的受力互为作用力和反作用力；E 处受力与杆 CD 在 E 处的受力互为作用力和反作用力；B 处的约束力分解为两个分量。

例 1-10 画出图 1-41 (a) 所示结构中各构件及整体的受力图。不计各构件重力，所有约束处均为光滑约束。

解：(1) 画整体受力图。如图 1-41 (b) 所示，A 处为固定铰链，约束力方向未知，可用两个分力 $\boldsymbol{F}_{Ax}$、$\boldsymbol{F}_{Ay}$ 表示；K 处为辊轴支承，只有铅垂方向约束力 $\boldsymbol{F}_{K}$；H 处为柔索，约束力为拉力 $\boldsymbol{F}_{T}$。D、C、I、B 处未解除约束，约束力无须画出。

(2) 画杆 CID 受力图。如图 1-41 (c) 所示，因 CB 为二力杆（图 1-41 (d)），所以 C 处 $\boldsymbol{F}_{CB}$ 方向沿 CB；I 处为中间铰链，约束力方向不能确定，可用两个分力 $\boldsymbol{F}_{Ix}$、$\boldsymbol{F}_{Iy}$ 表示；同理 D 处中间铰链的约束力也可用两个分力 $\boldsymbol{F}_{Dx}$、$\boldsymbol{F}_{Dy}$ 表示。

(3) 杆 CB 为二力杆，受力如图 1-41 (d) 所示。其 C 端约束力与杆 CID 上 C 端的约束力互为作用与反作用力。

(4) 杆 AB 受力如图 1-41 (e) 所示。I 处的约束力与杆 CID 上 I 处的约束力互为作用力和反作用力；B 处的约束力与杆 CB 上 B 处的约束力互为作用力和反作用力。

(5) 画轮 D 与重物组成的系统受力图。如图 1-41 (f) 所示，D 处约束力与杆 CD 上 D 处的约束力互为作用力与反作用力。

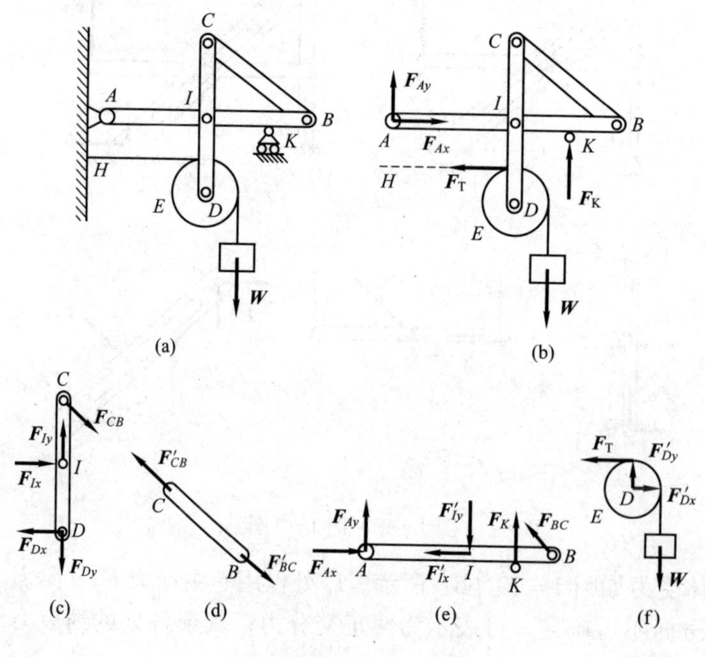

图 1-41 例 1-10 图

讨论： 如果以杆 CD 和轮 D 组成的系统作为研究对象，请画出其受力图。

正确地画出物体的受力图，是分析、解决力学问题的基础。画受力图时必须注意如下几点。

(1) **必须明确研究对象。** 根据求解需要，可以取单个物体为研究对象，也可以取由几个物体组成的系统为研究对象。不同的研究对象的受力图是不同的。

(2) **正确确定研究对象受力的数目。** 由于力是物体之间相互的机械作用，因此，对每一个力都应明确它是哪一个施力物体施加给研究对象的，决不能凭空产生。同时，也不可漏掉一个力。一般可先画已知的主动力，再画约束反力；凡是研究对象与外界接触的地方，都一定存在约束反力。

(3) **正确画出约束反力。** 一个物体往往同时受到几个约束的作用，这时应分别根据每个约束本身的特性来确定其约束反力的方向，而不能凭主观臆测。

(4) **当分析两物体间相互的作用力时，应遵循作用、反作用关系。** 若作用力的方向一经假定，则反作用力的方向应与之相反。当画整个系统的受力图时，由于内力成对出现，组成平衡力系，因此不必画出，只需画出全部外力。

思考题

1-1　"分力一定小于合力"。这种说法对不对？为什么？

1-2　试将作用于 A 点的力 $\boldsymbol{F}$（见图 1-42）按照下列条件分解为两个力：(a) 沿 AB、AC 方向；(b) 已知分力 $\boldsymbol{F}_1$；(c) 一分力沿已知方位 MN，另一分力量数值最小。

1-3　如图 1-43 所示，当求铰链 C 的约束反力时，可否将作用于杆 AC 上 D 点的力 $\boldsymbol{F}$ 沿其作用线移动，变成作用于杆 BC 上 E 点的力 $\boldsymbol{F}'$，为什么？

1-4　一台电机放在地上。$\boldsymbol{P}$ 是电机的重力，$\boldsymbol{F}_N$ 是电机对地面的压力，$\boldsymbol{F}'_N$ 是地面对电机的支承力。哪一对力是作用力与反作用力？哪一对力是组成平衡的二力？（见图 1-44）。

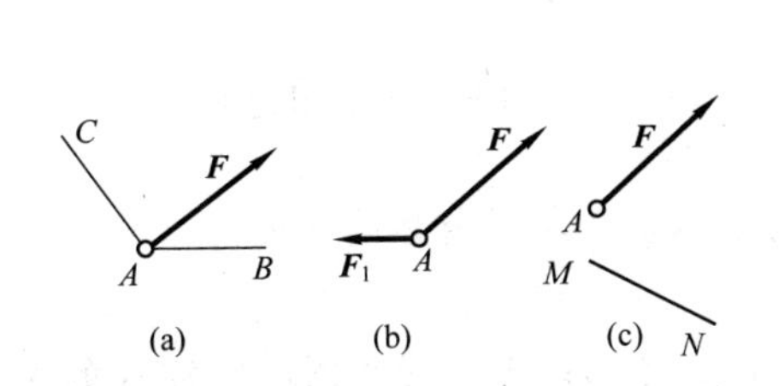

图 1-42　思考题 1-2 图

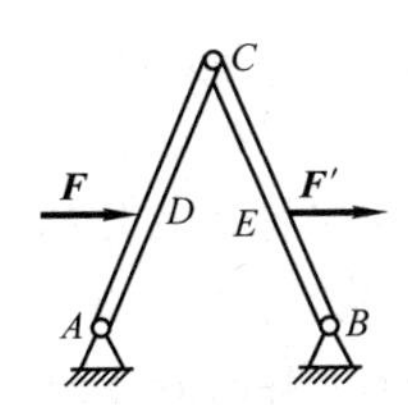

图 1-43　思考题 1-3 图

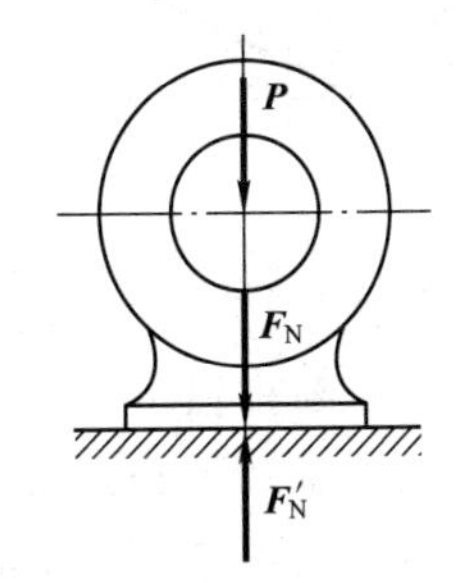

图 1-44　思考题 1-4 图

习题

1-1　若作用在 A 点的两个大小不等的力 $\boldsymbol{F}_1$ 和 $\boldsymbol{F}_2$，沿同一直线但方向相反，如图 1-45 所示，则其合力可以表示为__________。

① $\boldsymbol{F}_1-\boldsymbol{F}_2$；

② $\boldsymbol{F}_2-\boldsymbol{F}_1$；

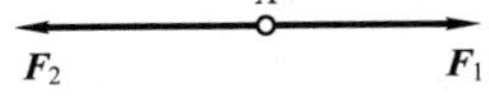

图 1-45　习题 1-1 图

③ $\boldsymbol{F}_1+\boldsymbol{F}_2$；

1-2　三力平衡定理是__________。

① 共面不平行的三个力互相平衡必汇交于一点；

② 共面三力若平衡，必汇交于一点；

③ 三力汇交于一点，则这三个力必互相平衡。

1-3　在下述原理、法则、定理中，只适用于刚体的有__________。

① 二力平衡原理；　　② 力的平行四边形法则；

③ 加减平衡力系原理；　　④ 力的可传性原理；

⑤ 作用与反作用定理。

1-4　F=100 N，方向如图1-46所示。若将$\boldsymbol{F}$沿图示x、y方向分解，则x方向分力的大小F_x=__________N，y方向分力的大小F_y=__________N。

① 86.6　　② 70.0　　③ 136.6　　④ 25.9

1-5　如图1-47所示，已知一正方体，各边长均为a，沿对角线BH作用一个力$\boldsymbol{F}$，则该力在x_1轴上的投影为__________。

① 0；　　② $F/\sqrt{2}$；　　③ $F/\sqrt{6}$；　　④ $-F/\sqrt{3}$。

1-6　如图1-48所示，已知F=100 N，则其在三个坐标轴上的投影分别为：F_x=__________；F_y=__________；F_z=__________。

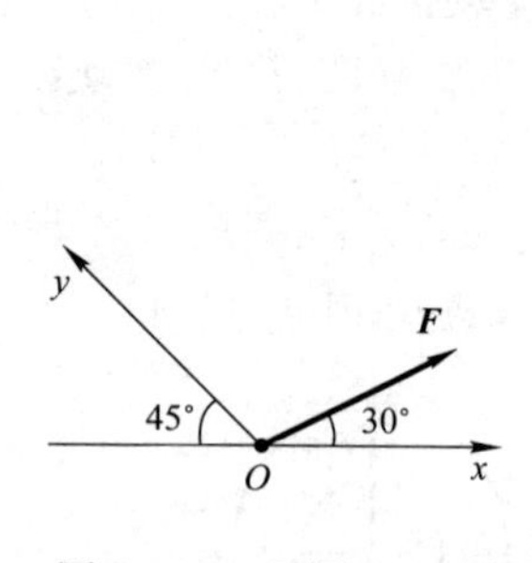

图1-46　习题1-4图

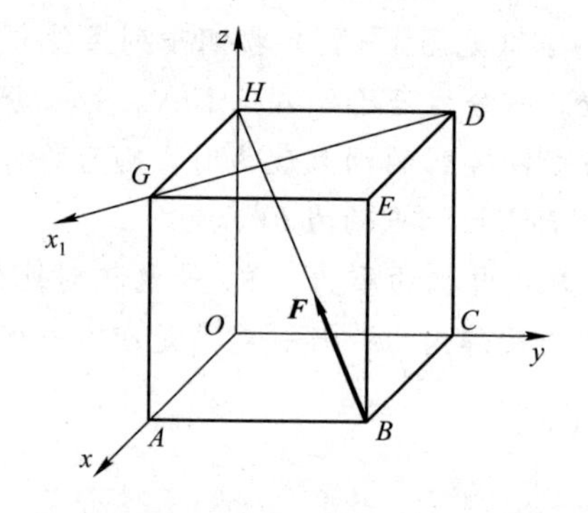

图1-47　习题1-5图

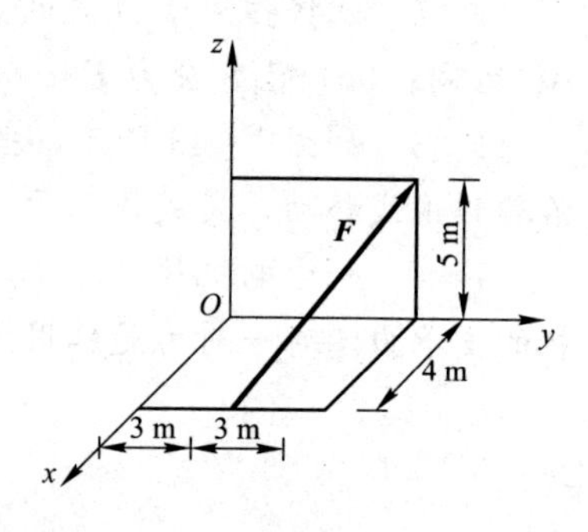

图1-48　习题1-6图

1-7　画出图1-49中每个标注字符的物体的受力图以及各图的整体受力图。未画重力的物体的重量均不计，所有接触处均为光滑接触。

1-8　画出图1-50中每个标注字符的物体的受力图、各图的整体受力图及销钉A的受力图。未画重力的物体的重量均不计，所有接触处均为光滑接触。

1-9　管道支架如图1-51 (a) 所示，其计算简图如图1-51 (b) 所示，试画出横梁ABC的受力图。

1-10　厂房房架如图1-52所示，由两个刚架AC、BC组成，用中间铰链C连接。A和B为固定铰链，吊车梁安装在刚架的突出部分D和E上。试分别画出吊车梁DE、刚架AC和BC的受力图。

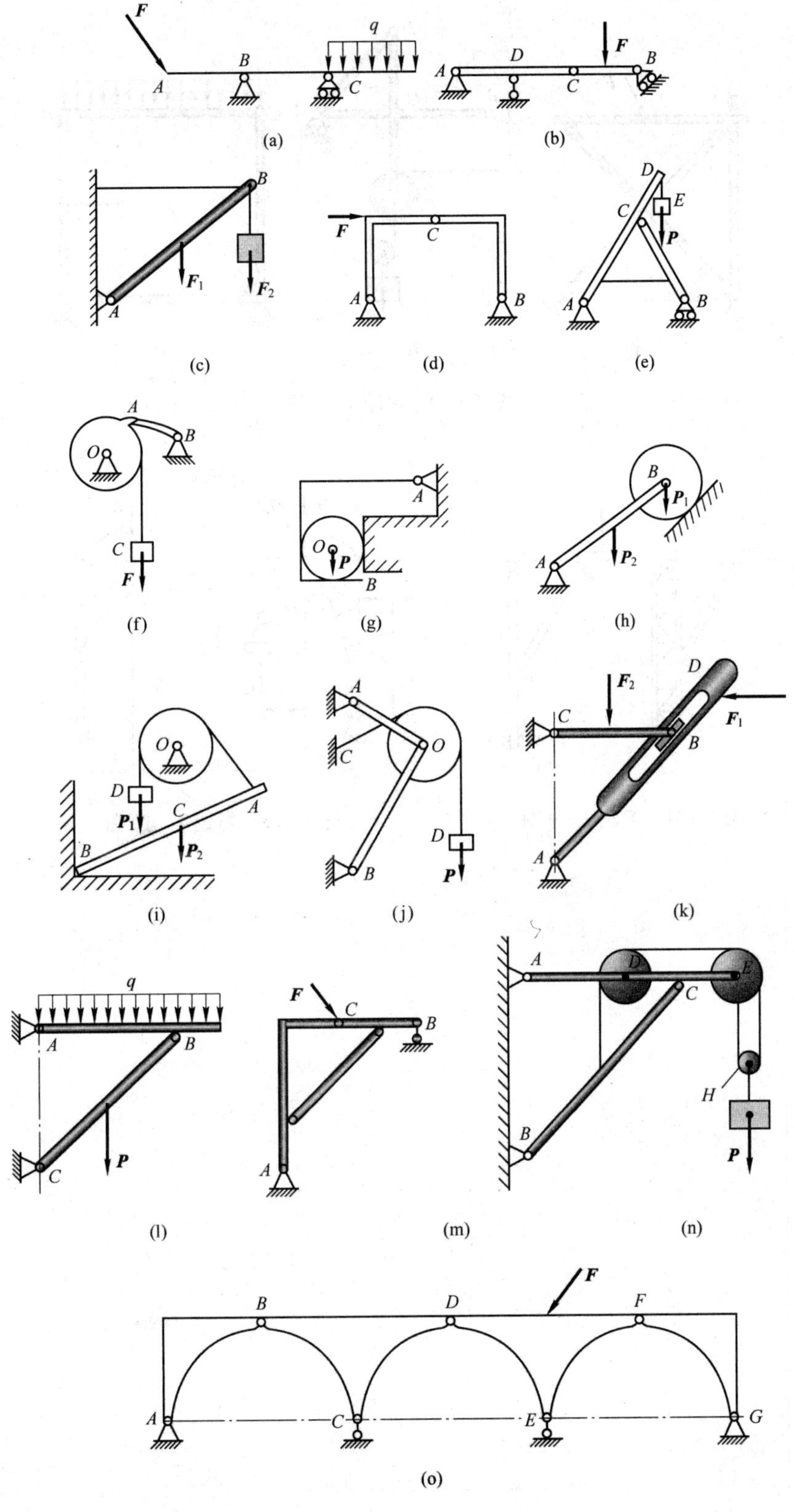
F
q
B
A
C
(a)
D
F
B
A
C
(b)
B
F1
F2
A
(c)
F
C
A
B
(d)
D
E
C
P
A
B
(e)
A
B
O
C
F
(f)
A
O
P
B
(g)
B
P1
A
P2
(h)
O
D
P1
C
A
B
P2
(i)
A
C
O
D
B
P
(j)
D
F2
C
B
F1
A
(k)
q
A
B
C
P
(l)
F
C
B
A
(m)
A
D
E
C
H
B
P
(n)
F
B
D
F
A
C
E
G
(o)

图 1-49　习题 1-7 图

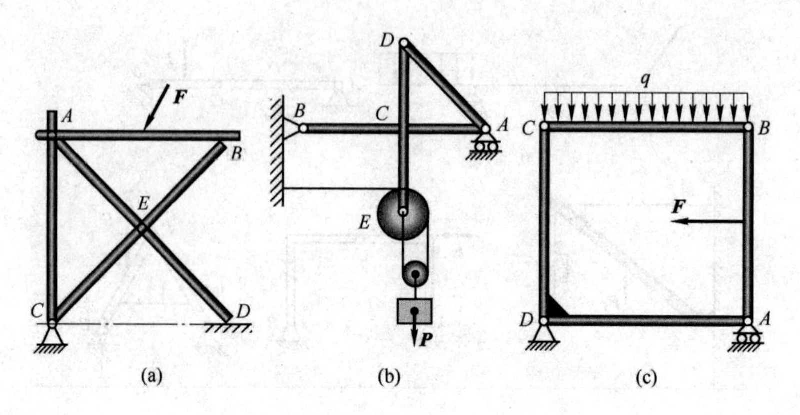

图 1-50　习题 1-8 图

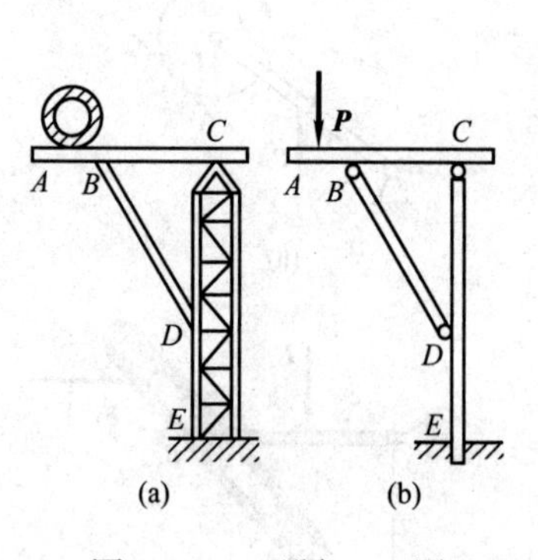

图 1-51　习题 1-9 图

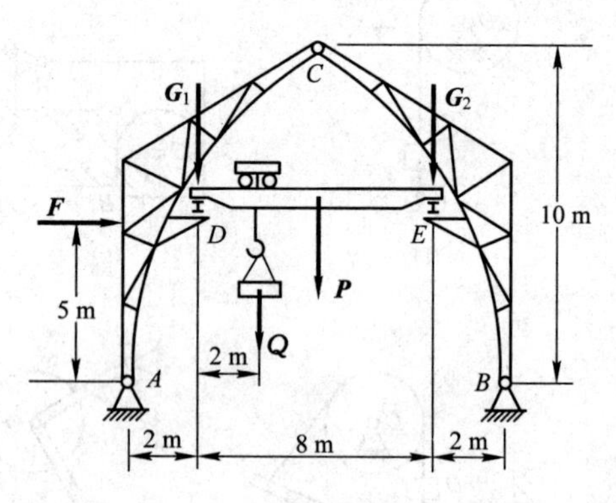

图 1-52　习题 1-10 图

第 2 章

力系的简化

2.1 力矩的计算

2.1.1 平面力对点之矩的概念及计算

力对刚体的作用效应使刚体的运动状态发生改变（包括移动与转动），其中力对刚体的移动效应可用力矢来度量；而力对刚体的转动效应可用力对点的矩（简称力矩）来度量，即力矩是度量力对刚体转动效应的物理量。

如图 2-1 所示，平面上作用一力 $\boldsymbol{F}$，在同平面内任取一点 O，点 O 称为矩心，点 O 到力的作用线的垂直距离 h 称为力臂，则在平面问题中力对点的矩的定义如下。

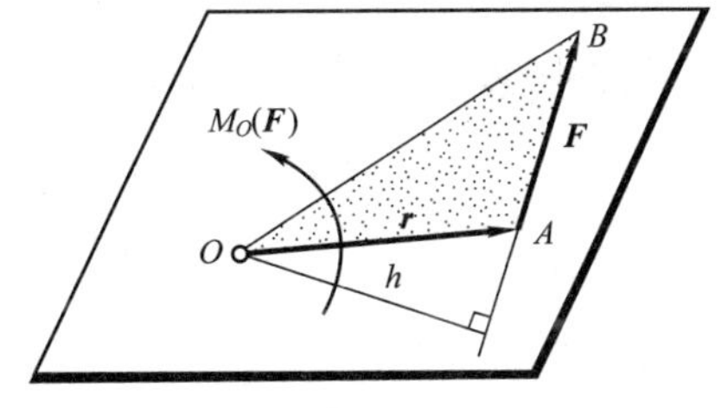

图 2-1　力对点之矩

力对点之矩是一个代数量，它的绝对值等于力的大小与力臂的乘积，它的代数符号规定为：力使物体绕矩心逆时针转向转动时取正号，反之为负号。

力 $\boldsymbol{F}$ 对于点 O 的矩以记号 $M_O(\boldsymbol{F})$ 表示。于是，计算公式为

$$M_O(\boldsymbol{F}) = \pm Fh \tag{2-1}$$

由图 2-1 容易看出，力 $\boldsymbol{F}$ 对点 O 的矩的大小也可用三角形 OAB 面积的两倍表示，即

$$M_O(\boldsymbol{F}) = \pm 2\triangle OAB$$

显然，当力的作用线通过矩心，即力臂等于零时，它对矩心的力矩等于零。力矩的单位常用 N·m 或 kN·m。

2.1.2 力对点的矩的矢量表示（空间力对点的矩）

对于平面力系，用代数量表示力对点的矩足以概括它的全部要素。但是在空间的情况下，不仅要考虑力矩的大小、转向，而且还要注意力与矩心所组成的平面的方位。方位不同，即使力矩大小一样，作用效果也完全不同。例如，作用在飞机尾部铅垂舵和水平舵上的力，对飞机绕重心转动的效果不同，前者能使飞机转弯，而后者则能使飞机发生俯仰。因此，在研究空间力系时，必须引入力对点的矩这个概念；除了包括力矩的大小和转向外，还

应包括力的作用线与矩心所组成的平面的方位。这三个因素可以用一个矢量来表示：矢量的模等于力的大小与矩心到力作用线的垂直距离 h（力臂）的乘积；矢量的方位和该力与矩心组成的平面的法线的方位相同；矢量的指向按以下方法确定：从这个矢量的末端来看，物体由该力所引起的转动是逆时针转向，如图 2-2 所示。也可由右手螺旋法则来确定。

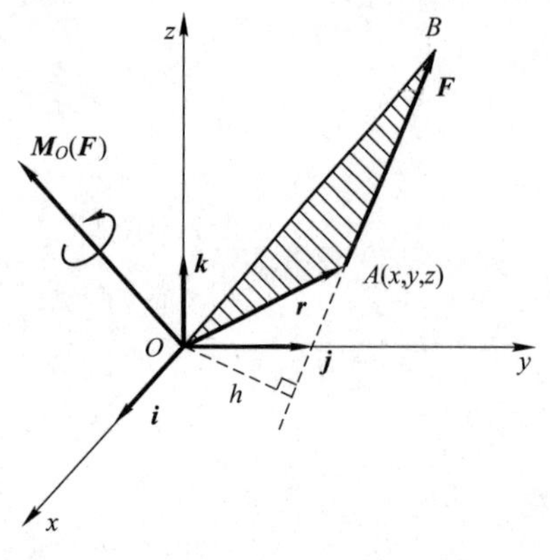

图 2-2 力对点的矩的矢量表示

力 $\boldsymbol{F}$ 对点 O 的矩的矢量记作 $\boldsymbol{M}_O(\boldsymbol{F})$，即力矩的大小为

$$|\boldsymbol{M}_O(\boldsymbol{F})| = Fh = 2\triangle OAB$$

式中 $\triangle OAB$ 为三角形 OAB 的面积。

由图易见，以 $\boldsymbol{r}$ 表示力作用点 A 的矢径，则矢积 $\boldsymbol{r}\times\boldsymbol{F}$ 的模等于三角形 OAB 面积的两倍，其方向与力矩矢 $\boldsymbol{M}_O(\boldsymbol{F})$ 一致。因此可得

$$\boldsymbol{M}_O(\boldsymbol{F}) = \boldsymbol{r}\times\boldsymbol{F} \tag{2-2}$$

上式为力对点的矩的矢积表达式，即：**力对点的矩矢等于矩心到该力作用点的矢径与该力的矢量积。**

若以矩心 O 为原点，作空间直角坐标系 $Oxyz$，令 $\boldsymbol{i}$、$\boldsymbol{j}$、$\boldsymbol{k}$ 分别为坐标轴 x、y、z 方向的单位矢量。设力作用点 A 的坐标为 $A(x, y, z)$，力在三个坐标轴上的投影分别为 F_x、F_y、F_z，则矢径 $\boldsymbol{r}$ 和力 $\boldsymbol{F}$ 分别为

$$\boldsymbol{r} = \boldsymbol{i}x + \boldsymbol{j}y + \boldsymbol{k}z, \quad \boldsymbol{F} = \boldsymbol{i}F_x + \boldsymbol{j}F_y + \boldsymbol{k}F_z$$

代入 $\boldsymbol{M}_O(\boldsymbol{F}) = \boldsymbol{r}\times\boldsymbol{F}$，并采用行列式形式，得

$$\boldsymbol{M}_O(\boldsymbol{F}) = \boldsymbol{r}\times\boldsymbol{F} = \begin{vmatrix} \boldsymbol{i} & \boldsymbol{j} & \boldsymbol{k} \\ x & y & z \\ F_x & F_y & F_z \end{vmatrix} = \boldsymbol{i}M_{Ox} + \boldsymbol{j}M_{Oy} + \boldsymbol{k}M_{Oz} \tag{2-3}$$

其中，M_{Ox}，M_{Oy}，M_{Oz} 分别称为 $\boldsymbol{M}_O(\boldsymbol{F})$ 在过 O 点的 x、y、z 轴上的投影，且

$$M_{Ox} = yF_z - zF_y, \quad M_{Oy} = zF_x - xF_z, \quad M_{Oz} = xF_y - yF_x \tag{2-4}$$

由于力矩矢量 $\boldsymbol{M}_O(\boldsymbol{F})$ 的大小和方向都与矩心 O 的位置有关，故力矩矢的始端必须在矩心，不可任意挪动，这种矢量称为定位矢量。

2.1.3 合力矩定理

定理：汇交力系的合力对任一点之矩等于各分力对该点之矩的矢量和（或代数和）。

如图 2-3 所示，$\boldsymbol{F}_R$ 是 $\boldsymbol{F}_1$，$\boldsymbol{F}_2$，…，$\boldsymbol{F}_n$ 的合力，根据式（1-4）有

$$\boldsymbol{F}_R = \boldsymbol{F}_1 + \boldsymbol{F}_2 + \cdots + \boldsymbol{F}_n$$

所以有

$$\boldsymbol{r}\times\boldsymbol{F}_R = \boldsymbol{r}\times(\boldsymbol{F}_1 + \boldsymbol{F}_2 + \cdots + \boldsymbol{F}_n)$$

即

$$\boldsymbol{M}_O(\boldsymbol{F}_R) = \boldsymbol{M}_O(\boldsymbol{F}_1) + \boldsymbol{M}_O(\boldsymbol{F}_2) + \cdots + \boldsymbol{M}_O(\boldsymbol{F}_n) = \sum \boldsymbol{M}_O(\boldsymbol{F}_i) \tag{2-5}$$

例 2-1 如图 2-4（a）所示，$AB=a$，$OA=b$。求力 $\boldsymbol{F}$ 对 O 点之矩。

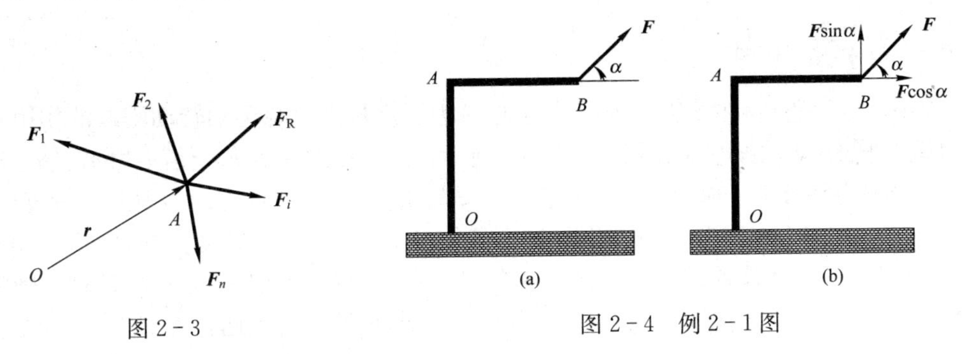

图 2-3

图 2-4 例 2-1 图

解： 解法一 按力矩定义求解。

由图 2-4（a）可得 $\boldsymbol{r}=a\boldsymbol{i}+b\boldsymbol{j}$， $\boldsymbol{F}=\boldsymbol{i}F\cos\alpha+\boldsymbol{j}F\sin\alpha$

所以

$$\boldsymbol{M}_O(\boldsymbol{F})=\boldsymbol{r}\times\boldsymbol{F}=(a\boldsymbol{i}+b\boldsymbol{j})\times(\boldsymbol{i}F\cos\alpha+\boldsymbol{j}F\sin\alpha)=(Fa\sin\alpha-Fb\cos\alpha)\boldsymbol{k}$$

$\boldsymbol{M}_O(\boldsymbol{F})$ 垂直于折杆 OAB 所在的平面。

解法二 利用合力矩定理求解。

如图 2-4（b）所示，现将力 $\boldsymbol{F}$ 在 B 点处分解为 $\boldsymbol{F}_x=\boldsymbol{i}F\cos\alpha$ 和 $\boldsymbol{F}_y=\boldsymbol{j}F\sin\alpha$。因为 $\boldsymbol{F}_x$ 和 $\boldsymbol{F}_y$ 与折杆 OAB 在同一平面内，所以，力 $\boldsymbol{F}$ 对 O 点的矩等于 $\boldsymbol{F}_x$ 和 $\boldsymbol{F}_y$ 对 O 点之矩的代数和，即

$$M_O(\boldsymbol{F})=M_O(\boldsymbol{F}_x)+M_O(\boldsymbol{F}_y)=-bF\cos\alpha+aF\sin\alpha$$

例 2-2 三角形分布载荷作用在水平梁 AB 上，如图 2-5 所示。最大载荷强度为 q_m，梁长 l。试求该力系的合力。

解：（1）先求合力的大小。

在梁上距 A 端为 x 处取一微段 $\mathrm{d}x$，其上作用力为 $q'\mathrm{d}x$，由图 2-5 可知，$\mathrm{d}x$ 段上平均载荷强度 q' 为

$$q'=\frac{x}{l}q_m$$

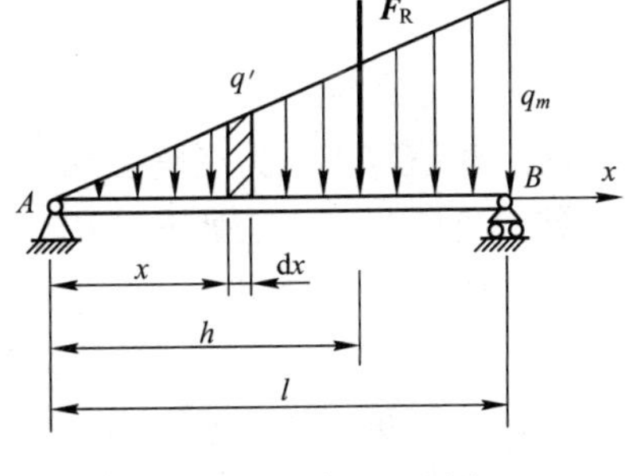

图 2-5 例 2-2 图

于是，根据合力投影定理（式（1-5））可求得合力的大小为

$$F_R=\int_0^l q'\mathrm{d}x=\frac{1}{2}q_m l$$

结果表明：**合力的大小等于分布载荷图形（三角形）的面积。**

（2）再求合力作用线位置。

设合力 $\boldsymbol{F}_R$ 的作用线距 A 端的距离为 h，在微段 $\mathrm{d}x$ 上的作用力对点 A 的矩为 $q'\mathrm{d}x\cdot x$，由合力矩定理，力系对点 A 的矩大小为

$$M_A(\boldsymbol{F}_R)=F_R h=\int_0^l q'x\mathrm{d}x$$

将 q' 和 F_R 的值代入，得

$$h=\frac{2}{3}l$$

结果表明：**合力作用线通过分布载荷图形（三角形）的几何中心。**

2.1.4 力对轴的矩

工程中，经常遇到刚体绕定轴转动的情形，为了度量力对绕定轴转动刚体的作用效果，必须了解力对轴的矩的概念。如图 2-6 (a) 所示，门上作用一力 $\boldsymbol{F}$，使门绕固定轴 z 转动。现将力 $\boldsymbol{F}$ 分解为平行于 z 轴的分力 $\boldsymbol{F}_z$ 和垂直于 z 轴的分力 $\boldsymbol{F}_{xy}$（此力即为力 $\boldsymbol{F}$ 在垂直于 z 轴的平面 α 上的投影）。由经验可知，分力 $\boldsymbol{F}_z$ 不能使静止的门绕 z 轴转动，故力 $\boldsymbol{F}_z$ 对 z 轴的矩为零；只有分力 $\boldsymbol{F}_{xy}$ 才能使静止的门绕 z 轴转动。现用符号 $M_z(\boldsymbol{F})$ 表示力 $\boldsymbol{F}$ 对 z 轴的矩，点 O 为平面 α 与 z 轴的交点，d 为点 O 到力 $\boldsymbol{F}_{xy}$ 作用线的距离。因此，力 $\boldsymbol{F}$ 对 z 轴的矩只等于分力 $\boldsymbol{F}_{xy}$ 对点 O 的矩。又由于分力 $\boldsymbol{F}_{xy}$ 和点 O 同属于平面 α，所以

$$M_z(\boldsymbol{F})=M_O(\boldsymbol{F}_{xy})=\pm F_{xy}d=\pm 2\triangle OAB \tag{2-6}$$

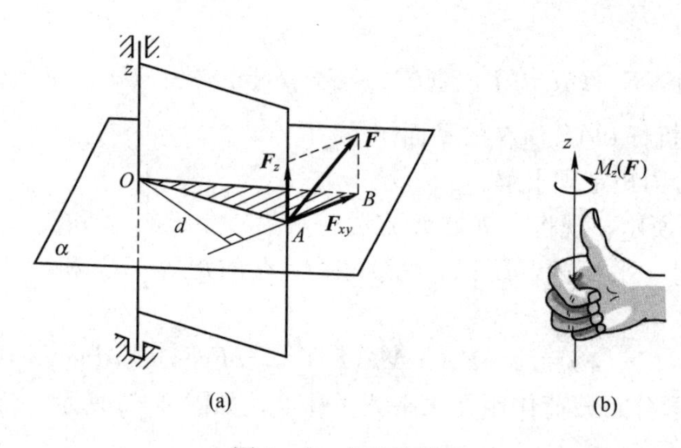

图 2-6 力对轴的矩

即力对轴的矩的定义为：**力对轴的矩是力使刚体绕该轴转动效果的度量，是一个代数量，其绝对值等于该力在垂直于该轴的平面上的投影对于这个平面与该轴的交点的矩的大小**。其正负号确定方法如下：从轴的正端向负端看过去，若力的这个投影使物体绕该轴按逆时针转向转动，则取正号，反之取负号。也可按右手螺旋法则确定其正负号：四指平行于投影面 α，握住转轴 z，指尖方向表示力矩的转向，此时，若拇指指向与 z 轴正向一致时力矩为正，反之为负（见图 2-6 (b)）。

力对轴的矩等于零的情形：

(1) 当力与轴相交时（此时 $d=0$）；

(2) 当力与轴平行时（此时 $|\boldsymbol{F}_{xy}|=0$）。

这两种情形可以合起来说：当力与轴在同一平面时，力对该轴的矩等于零。

力对轴的矩的单位为 N·m。

力对轴的矩也可用解析式表示。如图 2-7 所示，设力 $\boldsymbol{F}$ 在三个坐标轴上的投影分别为 F_x、F_y、F_z，力作用点 A 的坐标为 x、y、z。根据力对轴的矩的定义及合力矩定理，得

$$M_z(\boldsymbol{F})=M_O(\boldsymbol{F}_{xy})=M_O(\boldsymbol{F}_x)+M_O(\boldsymbol{F}_y)$$

即

$$M_z(\boldsymbol{F})=xF_y-yF_x$$

同理可得其余二式。将此三式合写为

$$M_x(\boldsymbol{F})=yF_z-zF_y,\quad M_y(\boldsymbol{F})=zF_x-xF_z,\quad M_z(\boldsymbol{F})=xF_y-yF_x \tag{2-7}$$

以上三式是计算力对轴之矩的解析式。

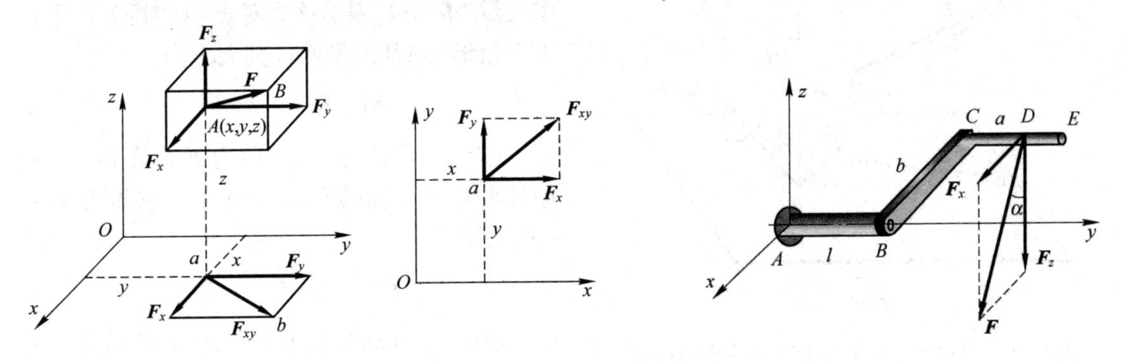

图 2-7　力对轴的矩的解析表示　　　　图 2-8　例 2-3 图

例 2-3　如图 2-8 所示，手柄 $ABCE$ 在平面 Axy 内，在 D 处作用一个力 $\boldsymbol{F}$，它在垂直于 y 轴的平面内，偏离铅直线的角度为 α。杆 BC 平行于 x 轴，杆 CE 平行于 y 轴，如果 $CD=a$，$AB=l$，$BC=b$。试求力 $\boldsymbol{F}$ 对 x、y 和 z 三轴的矩。

解： 解法一

将力 $\boldsymbol{F}$ 沿坐标轴分解为 $\boldsymbol{F}_x$ 和 $\boldsymbol{F}_z$ 两个分力，其中 $F_x=F\sin\alpha$，$F_z=F\cos\alpha$。根据合力矩定理，力 $\boldsymbol{F}$ 对轴的矩等于分力 $\boldsymbol{F}_x$ 和 $\boldsymbol{F}_z$ 对同一轴的矩的代数和。注意到力与轴平行或相交时的矩为零，于是有

$$M_x(\boldsymbol{F})=M_x(\boldsymbol{F}_z)=-F_z(AB+CD)=-F(l+a)\cos\alpha$$

$$M_y(\boldsymbol{F})=M_y(\boldsymbol{F}_z)=-F_zBC=-Fb\cos\alpha$$

$$M_z(\boldsymbol{F})=M_z(\boldsymbol{F}_z)=-F_x(AB+CD)=-F(l+a)\sin\alpha$$

解法二　本题也可用力对轴之矩的解析表达式（2-7）计算。

力 $\boldsymbol{F}$ 在 x、y、z 轴上的投影为

$$F_x=F\sin\alpha,\quad F_y=0,\quad F_z=-F\cos\alpha$$

力作用点 D 的坐标为

$$x=-b,\quad y=l+a,\quad z=0$$

因此

$$M_x(\boldsymbol{F})=yF_z-zF_y=(l+a)(-F\cos\alpha)-0=-F(l+a)\cos\alpha$$

$$M_y(\boldsymbol{F})=zF_x-xF_z=0-(-b)(-F\cos\alpha)=-Fb\cos\alpha$$

$$M_z(\boldsymbol{F})=xF_y-yF_x=0-(l+a)(F\sin\alpha)=-F(l+a)\sin\alpha$$

两种计算方法结果相同。

2.1.5　力对点的矩与力对通过该点的轴的矩的关系

对比式（2-4）和式（2-7），可得

$$[\boldsymbol{M}_O(\boldsymbol{F})]_x=M_x(\boldsymbol{F}),\quad [\boldsymbol{M}_O(\boldsymbol{F})]_y=M_y(\boldsymbol{F}),\quad [\boldsymbol{M}_O(\boldsymbol{F})]_z=M_z(\boldsymbol{F}) \tag{2-8}$$

上式说明：**力对点的矩矢在通过该点的某轴上的投影，等于力对该轴的矩。**

上述结论也可利用力矩的几何意义来证明。

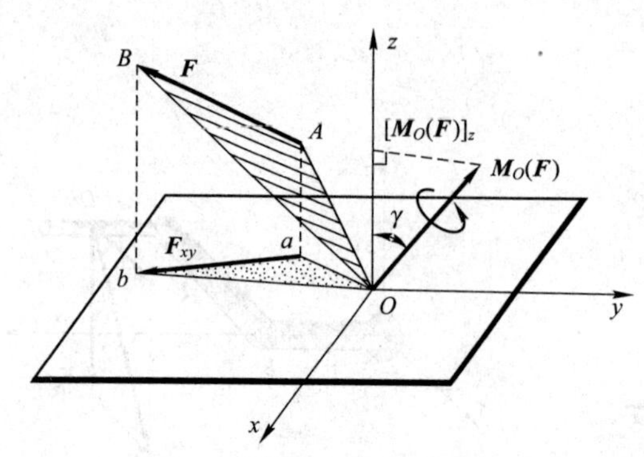

图 2-9 力对点的矩矢与力对轴的矩的几何关系

设有力 $\boldsymbol{F}$ 和任意点 O，如图 2-9 所示，作矢量 $\boldsymbol{M}_O(\boldsymbol{F})$ 表示该力对点 O 的矩矢，垂直于三角形 OAB 的平面，其大小为

$$|\boldsymbol{M}_O(\boldsymbol{F})|=2\triangle OAB$$

过点 O 作任意轴 z，将力 $\boldsymbol{F}$ 投影到通过 O 点且垂直于 z 轴的平面 Oxy 上，求得力 $\boldsymbol{F}$ 对 z 轴的矩为

$$M_z(\boldsymbol{F})=M_O(\boldsymbol{F}_{xy})=2\triangle Oab$$

而$\triangle Oab$ 是$\triangle OAB$ 在平面 Oxy 上的投影。根据几何学中的定理，Oab 的面积等于$\triangle OAB$ 的面积乘以这两三角形所在平面之间夹角的余弦。这两平面的夹角等于这两平面法线之间的夹角 γ，也就是矢量 $\boldsymbol{M}_O(\boldsymbol{F})$ 与 z 轴之间的夹角，故

$$\triangle OAB\cos\gamma=\triangle Oab$$

则

$$|\boldsymbol{M}_O(\boldsymbol{F})|\cos\gamma=M_z(\boldsymbol{F})$$

此式左端就是力矩矢 $\boldsymbol{M}_O(\boldsymbol{F})$ 在 z 轴上的投影，可用$[\boldsymbol{M}_O(\boldsymbol{F})]_z$ 表示。于是上式可写为

$$[\boldsymbol{M}_O(\boldsymbol{F})]_z=M_z(\boldsymbol{F})$$

同理，可证得式（2-8）的另外两个等式。

如果力对通过点 O 的直角坐标轴 x、y、z 的矩是已知的，则可求得该力对点 O 的矩的大小和方向余弦分别为

$$|\boldsymbol{M}_O(\boldsymbol{F})|=\sqrt{[M_x(\boldsymbol{F})]^2+[M_y(\boldsymbol{F})]^2+[M_z(\boldsymbol{F})]^2}$$

$$\cos\alpha=\frac{M_x(\boldsymbol{F})}{|\boldsymbol{M}_O(\boldsymbol{F})|},\quad \cos\beta=\frac{M_y(\boldsymbol{F})}{|\boldsymbol{M}_O(\boldsymbol{F})|},\quad \cos\gamma=\frac{M_z(\boldsymbol{F})}{|\boldsymbol{M}_O(\boldsymbol{F})|}$$

式中，α、β、γ 分别为矩矢 $\boldsymbol{M}_O(\boldsymbol{F})$ 与 x、y、z 轴间的夹角。

例 2-4 利用力对点的矩矢与力对轴之矩的关系求解例 2-3。

解： 由力对点的矩矢计算式（2-3），可求得

$$\boldsymbol{M}_A(\boldsymbol{F})=\boldsymbol{r}_D\times\boldsymbol{F}=\begin{vmatrix}\boldsymbol{i} & \boldsymbol{j} & \boldsymbol{k}\\ x_D & y_D & z_D\\ F_x & F_y & F_z\end{vmatrix}=\begin{vmatrix}\boldsymbol{i} & \boldsymbol{j} & \boldsymbol{k}\\ -b & l+a & 0\\ F\sin\alpha & 0 & -F\cos\alpha\end{vmatrix}$$
$$=-F(l+a)\cos\alpha\boldsymbol{i}-Fb\cos\alpha\boldsymbol{j}-F(l+a)\sin\alpha\boldsymbol{k}$$

再根据式（2-8）可知，结果中的三个单位矢量 $\boldsymbol{i}$、$\boldsymbol{j}$、$\boldsymbol{k}$ 前面的系数即分别为力 $\boldsymbol{F}$ 对 x、y 和 z 三轴的矩。

例 2-5 托架 OA 套在转轴 z 上，一力 $\boldsymbol{F}$ 作用于点 A。已知 $F=12$ kN，托架尺寸及点 A

的位置如图 2-10 所示，求 $\boldsymbol{F}$ 对 x、y 和 z 三轴的矩及对坐标原点 O 的矩。(图中尺寸单位：cm)

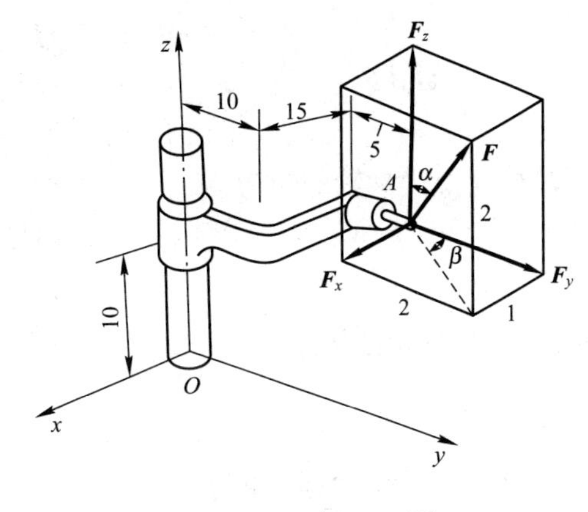

图 2-10　例 2-5 图

解：力 $\boldsymbol{F}$ 作用点 A 的坐标为

$$x_A=-0.15\ \text{m},\quad y_A=0.15\ \text{m},\quad z_A=0.1\ \text{m}$$

力 $\boldsymbol{F}$ 在坐标轴上的投影为

$$F_x=F\sin\alpha\sin\beta=12\cdot\frac{\sqrt{5}}{3}\cdot\frac{1}{\sqrt{5}}\ \text{kN}=4\ \text{kN}$$

$$F_y=F\sin\alpha\cos\beta=12\cdot\frac{\sqrt{5}}{3}\cdot\frac{2}{\sqrt{5}}\ \text{kN}=8\ \text{kN}$$

$$F_z=F\cos\alpha=12\cdot\frac{2}{3}\text{kN}=8\ \text{kN}$$

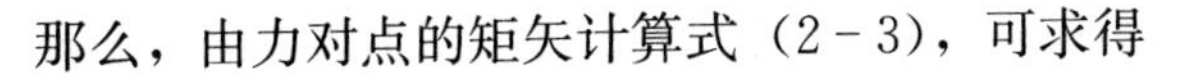

那么，由力对点的矩矢计算式（2-3），可求得

$$\boldsymbol{M}_O(\boldsymbol{F})=\boldsymbol{r}_A\times\boldsymbol{F}=\begin{vmatrix}\boldsymbol{i} & \boldsymbol{j} & \boldsymbol{k}\\ x_A & y_A & z_A\\ F_x & F_y & F_z\end{vmatrix}=\begin{vmatrix}\boldsymbol{i} & \boldsymbol{j} & \boldsymbol{k}\\ -0.15 & 0.15 & 0.1\\ 4 & 8 & 8\end{vmatrix}=0.4\boldsymbol{i}+1.6\boldsymbol{j}-1.8\boldsymbol{k}\ (\text{kN}\cdot\text{m})$$

于是

$$M_x(\boldsymbol{F})=0.4\ \text{kN}\cdot\text{m},\quad M_y(\boldsymbol{F})=1.6\ \text{kN}\cdot\text{m},\quad M_z(\boldsymbol{F})=-1.8\ \text{kN}\cdot\text{m}$$

$\boldsymbol{M}_O(\boldsymbol{F})$ 的大小和方向余弦分别为

$$M_O(\boldsymbol{F})=\sqrt{M_x^2(\boldsymbol{F})+M_y^2(\boldsymbol{F})+M_z^2(\boldsymbol{F})}=2.44\ \text{kN}\cdot\text{m}$$

$$\cos(\boldsymbol{F},\boldsymbol{i})=\frac{M_x(\boldsymbol{F})}{M_O(\boldsymbol{F})}=0.164$$

$$\cos(\boldsymbol{F},\boldsymbol{j})=\frac{M_y(\boldsymbol{F})}{M_O(\boldsymbol{F})}=0.656$$

$$\cos(\boldsymbol{F},\boldsymbol{k})=\frac{M_z(\boldsymbol{F})}{M_O(\boldsymbol{F})}=-0.738$$

例 2-6　计算力 $\boldsymbol{F}$ 对 Q 点之矩及对过 Q 点的三个坐标轴之矩。已知 $F=260$ N，$\boldsymbol{F}$ 的方位及 Q 点的坐标如图 2-11 所示，图中尺寸单位为 cm。

解：按定义式（2-3）计算力 $\boldsymbol{F}$ 对 Q 点之矩，有

$$\boldsymbol{M}_Q(\boldsymbol{F})=\boldsymbol{r}_{QA}\times\boldsymbol{F}$$

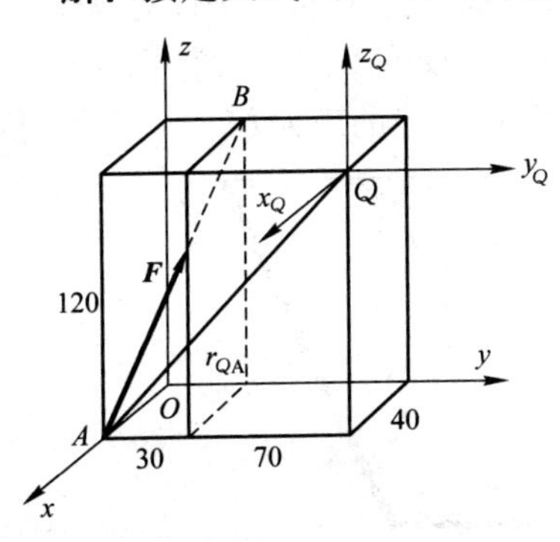

图 2-11　例 2-6 图

为此，应先计算力 $\boldsymbol{F}$ 及矢量 $\boldsymbol{r}_{QA}$ 在图示坐标系 $Qx_Qy_Qz_Q$ 中的投影。由图可知，力 $\boldsymbol{F}$ 在长方体对角线 AB 的位置上，三个投影的大小比值为

$$|F_x|:|F_y|:|F_z|=\frac{F}{130}(40:30:120)$$

根据 $\boldsymbol{F}$ 的指向，可确定各投影的正、负，因而得到

$$\boldsymbol{F}=-80\boldsymbol{i}+60\boldsymbol{j}+240\boldsymbol{k}\ (\text{N}),\quad \boldsymbol{r}_{QA}=0\boldsymbol{i}-1\boldsymbol{j}-1.2\boldsymbol{k}\ (\text{m})$$

所以

$$M_Q(F)=r_{QA}\times F=\begin{vmatrix} i & j & k \\ 0 & -1 & -1.2 \\ -80 & 60 & 240 \end{vmatrix}=-168i+96j-80k\ (\text{N}\cdot\text{m})$$

力 F 对 Q 点坐标轴的矩为

$$M_{Qx}=-168\ \text{N}\cdot\text{m},\quad M_{Qy}=96\ \text{N}\cdot\text{m},\quad M_{Qz}=-80\ \text{N}\cdot\text{m}$$

2.2 力偶理论

2.2.1 平面力偶理论

1. 力偶与力偶矩

实践中，我们常常见到汽车司机用双手转动驾驶盘（图 2-12（a））、电动机的定子磁场对转子作用电磁力使之旋转（图 2-12（b））、开关水龙头（图 2-12（c））、钳工用丝锥攻螺纹（图 2-12（d））等。在驾驶盘、电机转子、水龙头、丝锥等物体上，都作用了成对的等值、反向且不共线的平行力。等值反向平行力的矢量和显然等于零，但是由于它们不共线而不能相互平衡，它们能使物体改变转动状态。这种由两个大小相等、方向相反且不共线的平行力组成的力系，称为力偶，记作（F，F'），如图 2-13 所示，力偶的两力之间的垂直距离 d 称为力偶臂，力偶两力的作用线组成的平面称为力偶的作用面。

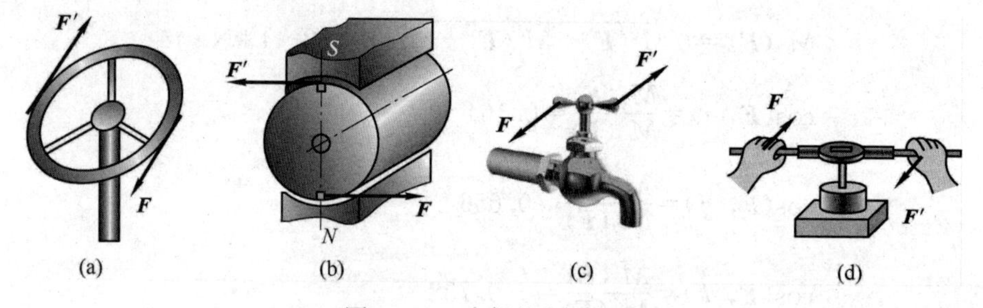

图 2-12 力偶的实际应用

力偶不能合成为一个力或用一个力来等效替换；力偶也不能用一个力来平衡。因此，力和力偶是静力学的两个基本要素。

力偶是由两个力组成的特殊力系，它的作用只改变物体的转动状态。因此，力偶对物体的转动效应，可用力偶矩来度量，即用力偶的两个力对其作用面内某点的矩的代数和来度量。

如图 2-14 所示，设有力偶（F，F'），其力偶臂为 d。力偶对点 O 的矩为 $M_O(F, F')$，则

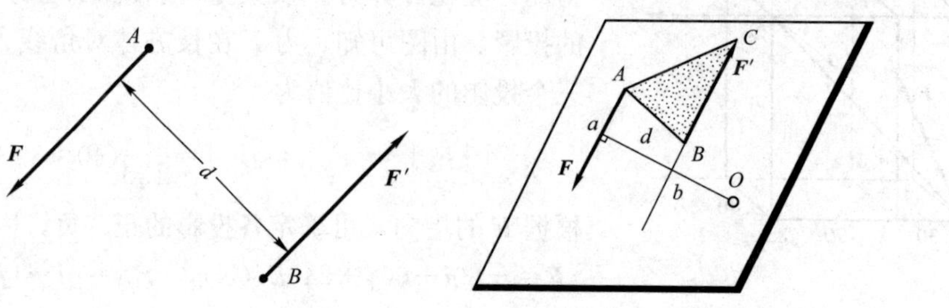

图 2-13 力偶的概念　　图 2-14 力偶矩的计算

$$M_O(\boldsymbol{F},\ \boldsymbol{F}')=M_O(\boldsymbol{F})+M_O(\boldsymbol{F}')=F\cdot|aO|-F'\cdot|bO|=F(|aO|-|bO|)=Fd$$

矩心 O 是任意选取的，由此可知，力偶的作用效应决定于力的大小和力偶臂的长短，与矩心的位置无关。力与力偶臂的乘积称为力偶矩，记作 $M(\boldsymbol{F},\ \boldsymbol{F}')$，简记为 M。

力偶在平面内的转向不同，其作用效应也不相同。因此，平面力偶对物体的作用效应，由以下两个因素决定：

① 力偶矩的大小；

② 力偶在作用平面内的转向。

因此力偶矩可视为代数量，即

$$M=\pm Fd \tag{2-9}$$

于是可得结论：**力偶矩是一个代数量，其绝对值等于力的大小与力偶臂的乘积，正负号表示力偶的转向**。一般以逆时针转向为正，反之则为负。力偶矩的单位与力矩相同，也是 N·m。

2. 同平面内力偶的等效定理

定理：在同平面内的两个力偶，如果力偶矩相等，则两力偶彼此等效。

证明：如图 2-15 所示，设在同平面内有两个力偶（$\boldsymbol{F}_O$，$\boldsymbol{F}_O'$）和（$\boldsymbol{F}$，$\boldsymbol{F}'$）作用，它们的力偶矩相等，且力的作用线分别交于点 A 和 B，现证明这两个力偶是等效的。将力 $\boldsymbol{F}_O$和$\boldsymbol{F}_O'$分别沿它们的作用线移到点 A 和 B；然后分别沿连线 AB 和力偶（$\boldsymbol{F}$，$\boldsymbol{F}'$）的两力的作用线方向分解，得到 $\boldsymbol{F}_1$、$\boldsymbol{F}_2$ 和 $\boldsymbol{F}_1'$、$\boldsymbol{F}_2'$四个力，显然，这四个力与原力偶（$\boldsymbol{F}_O$，$\boldsymbol{F}_O'$）等效。由于两个力平行四边形全等，于是力 $\boldsymbol{F}_1'$与 $\boldsymbol{F}_1$大小相等，方向相反，并且共线，是一对平衡力，可以除去；剩下的两个力 $\boldsymbol{F}_2$与 $\boldsymbol{F}_2'$大小相等，方向相反，组成一个新力偶（$\boldsymbol{F}_2$，$\boldsymbol{F}_2'$），并与原力偶（$\boldsymbol{F}_O$，$\boldsymbol{F}_O'$）等效。连接 CB 和 DB，有：

$M(\boldsymbol{F}_O,\ \boldsymbol{F}_O')=-2\triangle ACB$，　$M(\boldsymbol{F}_2,\ \boldsymbol{F}_2')=-2\triangle ADB$

因为 CD 平行 AB，$\triangle ACB$ 和$\triangle ADB$ 同底等高，面积相等，于是得

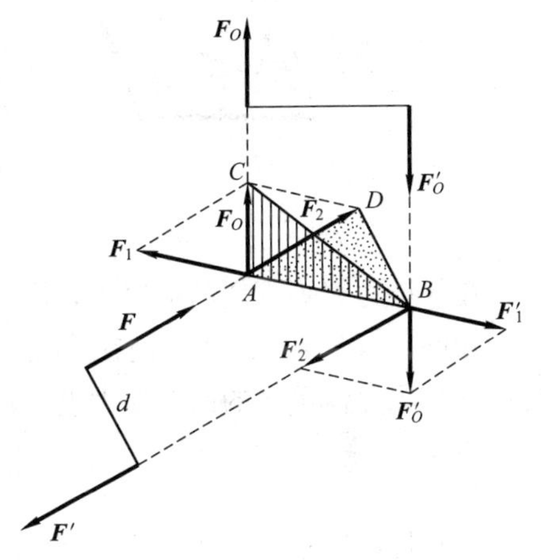

图 2-15　同平面内力偶等效定理的证明

$$M(\boldsymbol{F}_O,\ \boldsymbol{F}_O')=M(\boldsymbol{F}_2,\ \boldsymbol{F}_2')$$

即力偶（$\boldsymbol{F}_O$，$\boldsymbol{F}_O'$）与（$\boldsymbol{F}_2$，$\boldsymbol{F}_2'$）等效时，它们的力偶矩相等。由假设知

$$M(\boldsymbol{F}_O,\ \boldsymbol{F}_O')=M(\boldsymbol{F},\ \boldsymbol{F}')$$

因此有

$$M(\boldsymbol{F}_2,\ \boldsymbol{F}_2')=M(\boldsymbol{F},\ \boldsymbol{F}')$$

由图可见，力偶（$\boldsymbol{F}_2$，$\boldsymbol{F}_2'$）和（$\boldsymbol{F}$，$\boldsymbol{F}'$）有相等的力偶臂 d 和相同的转向，于是得

$$\boldsymbol{F}_2=\boldsymbol{F},\quad \boldsymbol{F}_2'=\boldsymbol{F}'$$

可见力偶（$\boldsymbol{F}_2$，$\boldsymbol{F}_2'$）与（$\boldsymbol{F}$，$\boldsymbol{F}'$）完全相等。又因为力偶（$\boldsymbol{F}_2$，$\boldsymbol{F}_2'$）与（$\boldsymbol{F}_O$，$\boldsymbol{F}_O'$）等效，所以力偶（$\boldsymbol{F}$，$\boldsymbol{F}'$）与（$\boldsymbol{F}_O$，$\boldsymbol{F}_O'$）等效。定理得到证明。

上述定理给出了在同一平面内力偶等效的条件。由此可得推论：

① 任一力偶可以在它的作用面内任意移转，而不改变它对刚体的作用效应，因此，力偶对刚体的作用与力偶在其作用面内的位置无关；

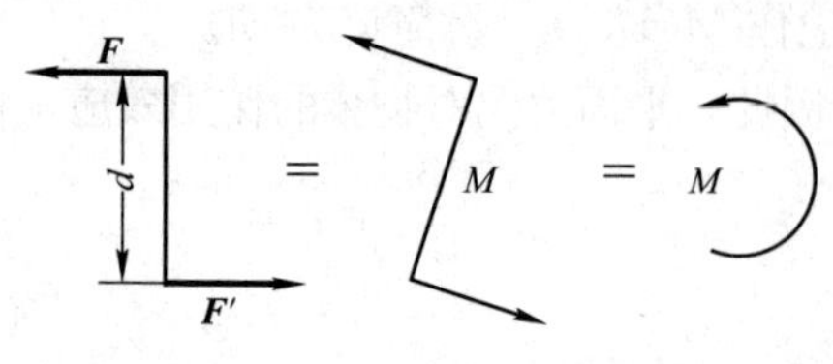

图 2－16　力偶矩的表示方法

② 只要保持力偶矩的大小和力偶的转向不变，可以同时改变力偶中力的大小和力偶臂的长短，而不改变力偶对刚体的作用效应。

由此可见，力偶的臂和力的大小都不是力偶的特征量，只有力偶矩是力偶作用的唯一量度。今后常用图 2－16 所示的符号表示力偶。M 为力偶的矩。

2.2.2　平面力偶系的合成和平衡条件

1. 平面力偶系的合成

设在同一平面内有两个力偶（$\boldsymbol{F}_1$，$\boldsymbol{F}_1'$）和（$\boldsymbol{F}_2$，$\boldsymbol{F}_2'$），它们的力偶臂各为 d_1 和 d_2，如图 2－17（a）所示。这两个力偶的矩分别为 M_1 和 M_2，求它们的合成结果。

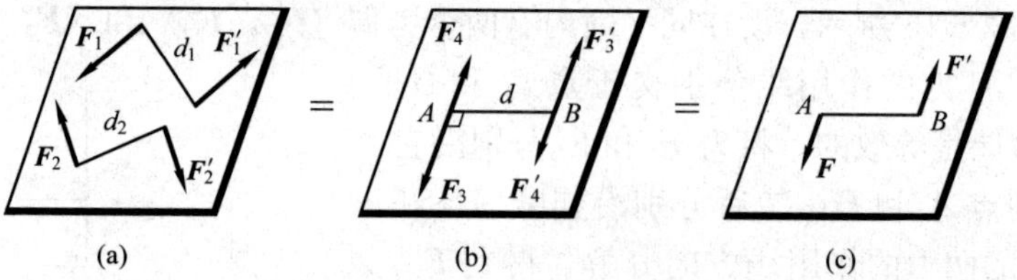

(a)　(b)　(c)

图 2－17　平面力偶系的合成

在保持力偶矩不变的情况下，同时改变这两个力偶的力的大小和力偶臂的长短，使它们具有相同的臂长 d，并将它们在平面内移转，使力的作用线重合，如图 2－17（b）所示。于是得到与原力偶等效的两个新力偶（$\boldsymbol{F}_3$，$\boldsymbol{F}_3'$）和（$\boldsymbol{F}_4$，$\boldsymbol{F}_4'$）。$\boldsymbol{F}_3$ 和 $\boldsymbol{F}_4$ 的大小分别为

$$F_3=\frac{M_1}{d},\quad F_4=\frac{M_2}{d}$$

分别将作用在点 A 和 B 的力合成（设 $F_3>F_4$），得

$$F=F_3-F_4,\quad F'=F_3'-F_4'$$

由于 F 与 F' 是相等的，所以构成了与原力偶系等效的合力偶（$\boldsymbol{F}$，$\boldsymbol{F}'$），如图 2－17（c）所示，以 M 表示合力偶的矩，得

$$M=F\cdot d=(F_3-F_4)\cdot d=F_3\cdot d-F_4\cdot d=M_1-M_2$$

如果有两个以上的力偶，可以按照上述方法合成，便得到**平面合力偶矩定理：在同平面内的任意个力偶可合成为一个合力偶，合力偶矩等于各个力偶矩的代数和**，可写为

$$M=\sum_{i=1}^{n}M_i \tag{2-10}$$

2. 平面力偶系的平衡条件

由合成结果可知，力偶系平衡时，其合力偶的矩等于零。因此，**平面力偶系平衡的必要和充分条件是：力偶中各分力偶矩的代数和等于零**，即

$$\sum_{i=1}^{n}M_i=0 \tag{2-11}$$

例 2-7　如图 2-18（a）所示的工件上作用有三个力偶。已知三个力偶的矩分别为：$M_1=M_2=10\ \text{N}\cdot\text{m}$，$M_3=20\ \text{N}\cdot\text{m}$；固定螺柱 A 和 B 的距离＝200 mm。求两个光滑螺柱所受的水平力。

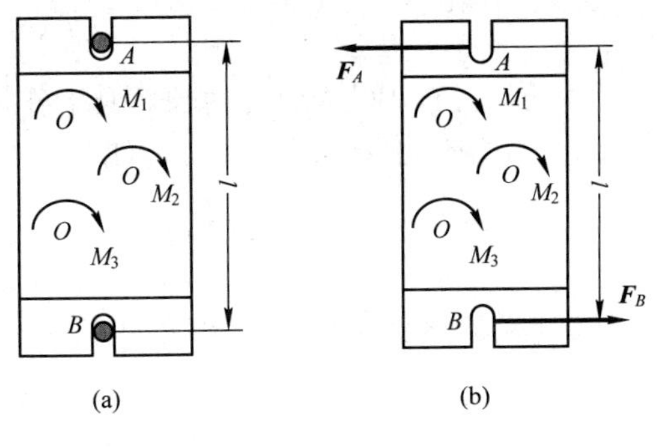

图 2-18　例 2-7 图

解： 选工件为研究对象。工件在水平面内受三个力偶和两个螺柱的水平反力的作用。根据力偶系的合成定理，三个力偶合成后仍为一力偶，如果工件平衡，必有一反力偶与它相平衡。因此，螺柱 A 和 B 的水平反力 $\boldsymbol{F}_A$ 和 $\boldsymbol{F}_B$ 必组成一力偶，它们的方向如图 2-18（b）所示，则 $F_A=F_B$。由力偶系的平衡条件知

$$\sum M=0,\quad F_A l-M_1-M_2-M_3=0$$

得

$$F_A=\frac{M_1+M_2+M_3}{l}$$

代入已知条件，得

$$F_A=200\text{N}$$

因为 $\boldsymbol{F}_A$ 和 $\boldsymbol{F}_B$ 为构件受力，故螺柱 A、B 所受的力则应与构件受力 $\boldsymbol{F}_A$、$\boldsymbol{F}_B$ 大小相等，方向相反。

例 2-8　图 2-19（a）所示机构的自重不计。圆轮上的销子 A 放在摇杆 BC 上的光滑导槽内。圆轮上作用一力偶，其力偶矩为 $M_1=2\ \text{kN}\cdot\text{m}$，$OA=r=0.5\ \text{m}$。图示位置时 OA 与 OB 垂直，$\alpha=30°$，且系统平衡。求作用于摇杆 BC 上力偶的矩 M_2 及铰链 O、B 处的约束反力。

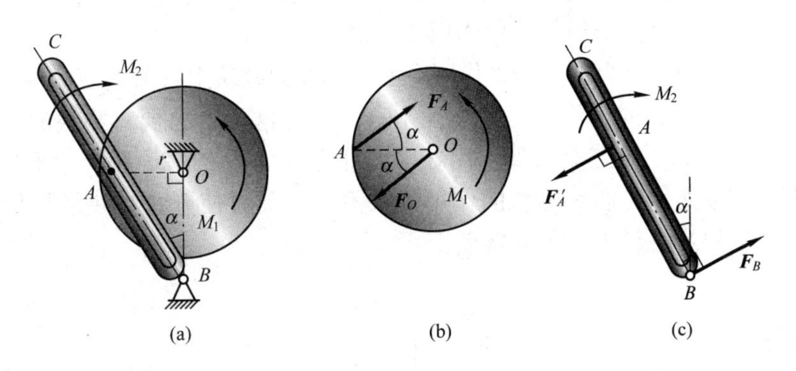

图 2-19　例 2-8 图

解：（1）先取圆轮为研究对象，其上受有矩为 M_1 的力偶及光滑导槽对销子 A 的作用力 $\boldsymbol{F}_A$ 和铰链 O 处约束反力 $\boldsymbol{F}_O$ 的作用。由于力偶必须由力偶来平衡，因而 $\boldsymbol{F}_O$ 与 $\boldsymbol{F}_A$ 必定组成一力偶；力偶矩方向与 M_1 相反，由此定出 $\boldsymbol{F}_A$ 指向如图 2-19（b）所示。而 $\boldsymbol{F}_O$ 与 $\boldsymbol{F}_A$ 等值且反向。由力偶平衡条件

$$\sum M=0,\quad M_1-F_A r\sin\alpha=0$$

解得

$$F_A = \frac{M_1}{r\sin 30°} \tag{2-12}$$

（2）再以摇杆 BC 为研究对象，其上作用有矩为 M_2 的力偶及力 $\boldsymbol{F}'_A$ 与 $\boldsymbol{F}_B$，如图 2-19（c）所示。同理，$\boldsymbol{F}'_A$ 与 $\boldsymbol{F}_B$ 必组成力偶，由平衡条件

$$\sum M = 0, \quad -M_2 + F'_A \frac{r}{\sin\alpha} = 0 \tag{2-13}$$

其中 $F'_A = F_A$，将式（2-12）代入式（2-13），得

$$M_2 = 4M_1 = 8\ \text{kN}\cdot\text{m}$$

$\boldsymbol{F}_O$ 与 $\boldsymbol{F}_A$ 组成力偶，$\boldsymbol{F}_B$ 与 $\boldsymbol{F}'_A$ 组成力偶，则有

$$F_O = F_B = F_A = \frac{M_1}{r\sin 30°} = 8\ \text{kN}$$

方向如图 2-19（b）、（c）所示。

2.2.3 空间力偶理论

1. 力偶矩的矢量表示

由平面力偶理论知道，只要不改变力偶矩的大小和力偶的转向，力偶可以在它的作用面内任意移转；只要保持力偶矩的大小和力偶的转向不变，也可以同时改变力偶中力的大小和力偶臂的长短，却不改变力偶对刚体的作用。实践经验还告诉我们，力偶的作用面也可以平移。例如，用螺丝刀拧螺钉时，只要力偶矩的大小和力偶的转向保持不变，用长螺丝刀或短螺丝刀的效果是一样的。即力偶的作用面可以垂直于螺丝刀的轴线平行移动，而并不影响拧螺钉的效果。由此可知，空间力偶的作用面可以平行移动，而不改变力偶对刚体的作用效果。反之，如果两个力偶的作用面不相互平行（即作用面的法线不相互平行），即使它们的力偶矩大小相等，这两个力偶对物体的作用效果也不同。

如图 2-20 所示的三个力偶，分别作用在三个同样的物块上，力偶矩都等于 200 N·m。因为前两个力偶的转向相同，作用面又相互平行，因此这两个力偶对物块的作用效果相同（见图 2-20（a）、（b））。第三个力偶作用在平面Ⅱ上（见图 2-20（c）），虽然力偶矩的大小相同，但是它与前两个力偶对物块的作用效果不同，前者使静止物块绕平行于 x 的轴转动，而后者则使物块绕平行于 y 的轴转动。

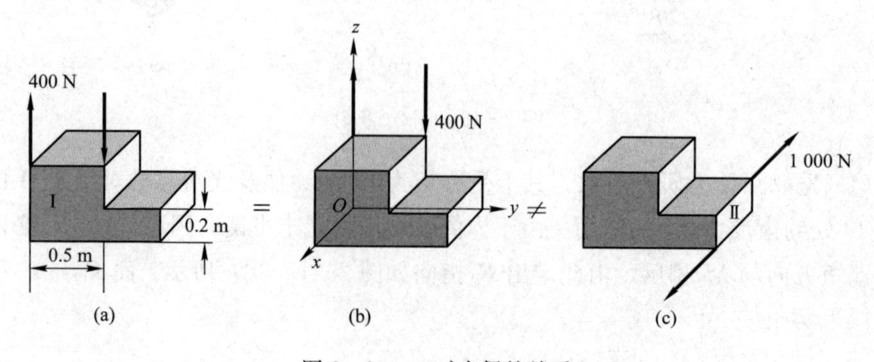

图 2-20　三对力偶的关系

综上所述，空间力偶对刚体的作用除了与力偶矩大小有关外，还与其作用面的方位及力偶的转向有关。

由此可知，空间力偶对刚体的作用效果决定于下列三个因素：

① 力偶矩的大小；

② 力偶作用面的方位；

③ 力偶的转向。

空间力偶的三个因素可以用一个矢量表示，矢的长度表示力偶矩的大小，矢的方位与力偶作用面的法线方位相同，矢的指向与力偶转向的关系服从右手螺旋法则。即如以力偶的转向为右手螺旋的转动方向，则螺旋前进的方向即为矢的指向（见图 2－21（b））；或从矢的末端看去，应看到力偶的转向是逆时针转向（见图 2－21（a））。这样，这个矢就完全包括了上述三个因素，我们称它为力偶矩矢，记作 $\boldsymbol{M}$。由此可知，力偶对刚体的作用完全由力偶矩矢所决定。

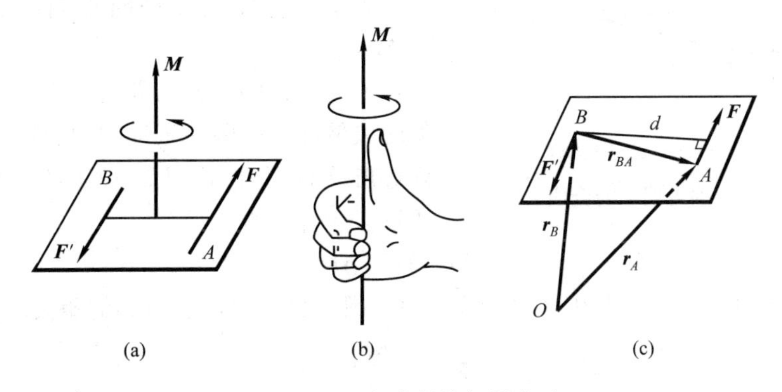

图 2－21　空间力偶的矢量表示

应该指出，由于力偶可以在同平面内任意转移，并可搬移到平行平面内，而不改变它对刚体的作用效果，故力偶矩矢也可以平行搬移，且不需要确定矢的初端位置。这样的矢量称为自由矢量。

为进一步说明力偶矩矢为自由矢量，显示力偶的等效特性，可以证明：力偶对空间任一点 O 的矩都是相等的，都等于力偶矩。

如图 2－21（c）所示，组成力偶的两个力 $\boldsymbol{F}$ 和 $\boldsymbol{F}'$ 对空间任一点 O 之矩的矢量和为

$$\boldsymbol{M}_O(\boldsymbol{F}, \boldsymbol{F}')=\boldsymbol{M}_O(\boldsymbol{F})+\boldsymbol{M}_O(\boldsymbol{F}')=\boldsymbol{r}_A\times\boldsymbol{F}+\boldsymbol{r}_B\times\boldsymbol{F}'$$

式中 $\boldsymbol{r}_A$ 与 $\boldsymbol{r}_B$ 分别为由点 O 到二力作用点 A、B 的矢径。因 $\boldsymbol{F}'=-\boldsymbol{F}$，故上式可写为

$$\boldsymbol{M}_O(\boldsymbol{F}, \boldsymbol{F}')=\boldsymbol{r}_A\times\boldsymbol{F}+\boldsymbol{r}_B\times\boldsymbol{F}'=(\boldsymbol{r}_A-\boldsymbol{r}_B)\times\boldsymbol{F}=\boldsymbol{r}_{BA}\times\boldsymbol{F} \tag{2-14}$$

显然，$\boldsymbol{r}_{BA}\times\boldsymbol{F}$ 的大小等于 Fd，方向与力偶（$\boldsymbol{F}$，$\boldsymbol{F}'$）的力偶矩矢 $\boldsymbol{M}$ 一致。由此可见，力偶对空间任一点的矩矢都等于力偶矩矢，与矩心位置无关。

综上所述，**力偶的等效条件可叙述为：两个力偶的力偶矩矢相等，则它们是等效的**。

2. 空间力偶系的合成与平衡条件

1）空间力偶系的合成

可以证明，n 个空间任意分布的力偶可合成为一个合力偶，合力偶矩矢等于各分力偶矩

矢的矢量和，即

$$\boldsymbol{M}=\boldsymbol{M}_1+\boldsymbol{M}_2+\cdots+\boldsymbol{M}_n=\sum_{i=1}^{n}\boldsymbol{M}_i \tag{2-15}$$

证明： 设有矩为 $\boldsymbol{M}_1$ 和 $\boldsymbol{M}_2$ 的两个力偶分别作用在相交的平面Ⅰ和Ⅱ内，如图 2-22 所示。首先证明它们合成的结果为一力偶。为此，在这两平面的交线上取任意线段 $AB=d$，利用同平面内力偶的等效条件，将两力偶各在其作用面内移转和变换，使它们的力偶臂与线段 AB 重合，而保持力偶矩的大小和力偶的转向不变。这时，两力偶分别为 $(\boldsymbol{F}_1, \boldsymbol{F}_1')$ 和 $(\boldsymbol{F}_2, \boldsymbol{F}_2')$，它们的力偶矩矢分别为 $\boldsymbol{M}_1$ 和 $\boldsymbol{M}_2$。将力 $\boldsymbol{F}_1$ 与 $\boldsymbol{F}_2$ 合成为力 $\boldsymbol{F}_R$，又将力 $\boldsymbol{F}_1'$ 与 $\boldsymbol{F}_2'$ 合成为力 $\boldsymbol{F}_R'$。由图显然可见，力 $\boldsymbol{F}_R$ 与 $\boldsymbol{F}_R'$ 等值而反向，组成一个力偶，即为合力偶，它作用在平面Ⅲ内，令合力偶矩矢为 $\boldsymbol{M}$。

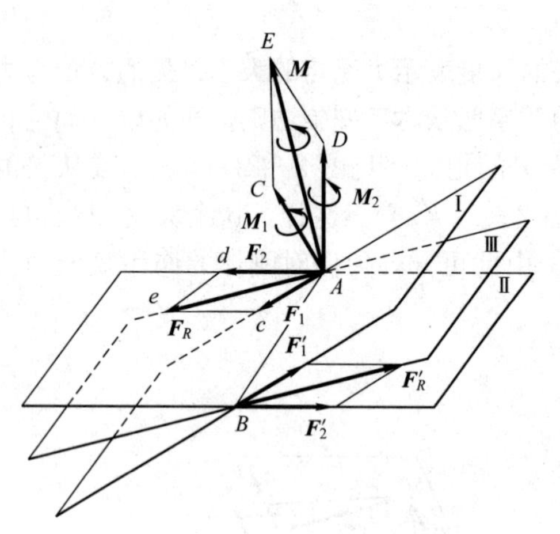

图 2-22 空间力偶系的合成

下面再证明：合力偶矩矢等于原有两力偶矩矢的矢量和。由图易于证明四边形 $ACED$ 与平行四边形 $Aced$ 相似，因而 $ACED$ 也是一个平行四边形。于是可得

$$\boldsymbol{M}=\boldsymbol{M}_1+\boldsymbol{M}_2$$

如有 n 个空间力偶，按上法逐次合成，最后得一合力偶，合力偶的矩矢应为

$$\boldsymbol{M}=\sum_{i=1}^{n}\boldsymbol{M}_i$$

合力偶矩矢的解析表达式为

$$\boldsymbol{M}=M_x\boldsymbol{i}+M_y\boldsymbol{j}+M_z\boldsymbol{k}$$

其中，M_x、M_y、M_z 为合力偶矩矢在 x、y、z 轴上的投影，分别为

$$\left.\begin{aligned}M_x&=M_{1x}+M_{2x}+\cdots+M_{nx}=\sum_{i=1}^{n}M_{ix}\\M_y&=M_{1y}+M_{2y}+\cdots+M_{ny}=\sum_{i=1}^{n}M_{iy}\\M_z&=M_{1z}+M_{2z}+\cdots+M_{nz}=\sum_{i=1}^{n}M_{iz}\end{aligned}\right\} \tag{2-16}$$

即合力偶矩矢在 x、y、z 轴上的投影等于各分力偶矩矢在相应轴上投影的代数和。

算出合力偶矩矢的投影后，合力偶矩矢的大小和方向余弦可用下列公式求出，即

$$\begin{gathered}M=\sqrt{\left(\sum M_{ix}\right)^2+\left(\sum M_{iy}\right)^2+\left(\sum M_{iz}\right)^2}\\\cos(\boldsymbol{M},\boldsymbol{i})=\frac{M_x}{M},\quad\cos(\boldsymbol{M},\boldsymbol{j})=\frac{M_y}{M},\quad\cos(\boldsymbol{M},\boldsymbol{k})=\frac{M_z}{M}\end{gathered} \tag{2-17}$$

例 2-9 工件如图 2-23（a）所示，在它的四个面上需同时钻五个孔，每个孔所受的切削力偶矩均为 80 N·m。求工件所受合力偶的矩在 x、y、z 轴上的投影 M_x、M_y、M_z，并求合力偶矩矢的大小和方向。

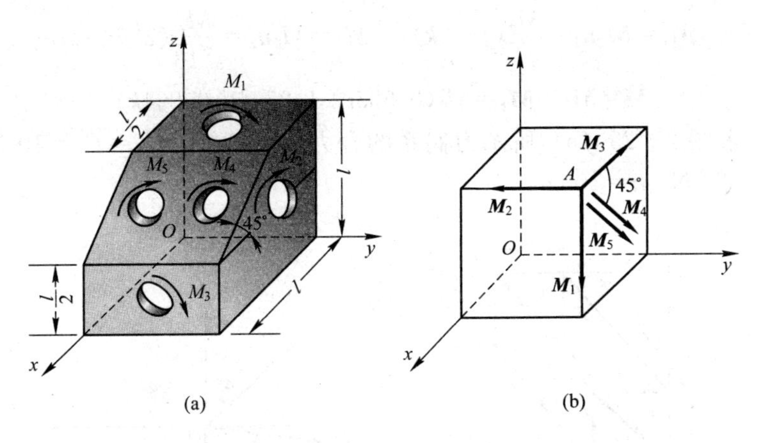

图 2-23　例 2-9 图

解：将作用在四个面上的力偶用力偶矩矢量表示，并将它们平行移到点 A，如图 2-23（b）所示，于是

$$M_x = \sum M_{ix} = -M_3 - M_4\cos 45^\circ - M_5\cos 45^\circ = -193.1\ \text{N} \cdot \text{m}$$

$$M_y = \sum M_{iy} = -M_2 = -80\ \text{N} \cdot \text{m}$$

$$M_z = \sum M_{iz} = -M_1 - M_4\sin 45^\circ - M_5\sin 45^\circ = -193.1\ \text{N} \cdot \text{m}$$

合力偶矩矢的大小和方向余弦为

$$M=\sqrt{M_x^2+M_y^2+M_z^2}=284.6\ \text{N} \cdot \text{m}$$

$$\cos(\boldsymbol{M},\ \boldsymbol{i})=\frac{M_x}{M}=-0.6785,\quad \cos(\boldsymbol{M},\ \boldsymbol{j})=\frac{M_y}{M}=-0.2811,\quad \cos(\boldsymbol{M},\ \boldsymbol{k})=\frac{M_z}{M}=-0.6785$$

例 2-10　四棱锥的 ABC 和 ACD 面上分别作用有力偶 $\boldsymbol{M}_1$ 和 $\boldsymbol{M}_2$，如图 2-24 所示。已知：$M_1=M_2=M_0$，试求作用在刚体上的合力偶。

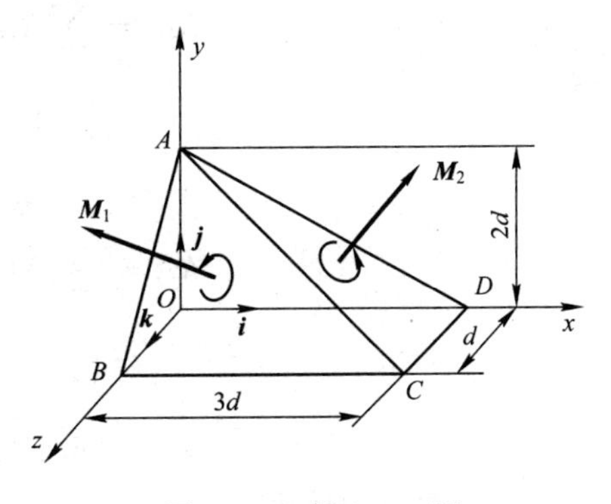

图 2-24　例 2-10 图

解：首先描述力偶 $\boldsymbol{M}_1$ 和 $\boldsymbol{M}_2$。设 $\boldsymbol{r}_1$ 和 $\boldsymbol{r}_2$ 分别为二力偶作用面的法线矢量，$\boldsymbol{n}_1$ 和 $\boldsymbol{n}_2$ 分别为二力偶作用面的单位法线矢量，那么

$$\boldsymbol{n}_1=\frac{\boldsymbol{r}_1}{|\boldsymbol{r}_1|},\quad \boldsymbol{n}_2=\frac{\boldsymbol{r}_2}{|\boldsymbol{r}_2|}$$

因为

$$\boldsymbol{r}_1=\boldsymbol{r}_{CA}\times\boldsymbol{r}_{CB}=(-3d\boldsymbol{i}+2d\boldsymbol{j}-d\boldsymbol{k})\times(-3d\boldsymbol{i})$$
$$=3d^2\boldsymbol{j}+6d^2\boldsymbol{k}$$

$$\boldsymbol{r}_2=\boldsymbol{r}_{CD}\times\boldsymbol{r}_{DA}=(-d\boldsymbol{k})\times(-3d\boldsymbol{i}+2d\boldsymbol{j})=2d^2\boldsymbol{i}+3d^2\boldsymbol{j}$$

所以

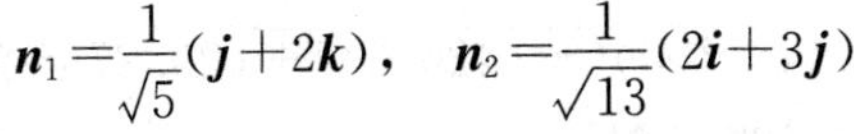

$$\boldsymbol{n}_1=\frac{1}{\sqrt{5}}(\boldsymbol{j}+2\boldsymbol{k}),\quad \boldsymbol{n}_2=\frac{1}{\sqrt{13}}(2\boldsymbol{i}+3\boldsymbol{j})$$

因此

$$\boldsymbol{M}_1=M_1\boldsymbol{n}_1=\frac{M_0}{\sqrt{5}}(\boldsymbol{j}+2\boldsymbol{k}),\quad \boldsymbol{M}_2=M_2\boldsymbol{n}_2=\frac{M_0}{\sqrt{13}}(2\boldsymbol{i}+3\boldsymbol{j})$$

$$\boldsymbol{M}=\boldsymbol{M}_1+\boldsymbol{M}_2=M_0(0.555\boldsymbol{i}+1.279\boldsymbol{j}+0.894\boldsymbol{k})$$

例 2-11 求图 2-25（a）所示力偶系的合力偶。已知：$F_1=F_1'=10$ N，$F_2=F_2'=16$ N，$F_3=F_3'=20$ N，$a=10$ cm。

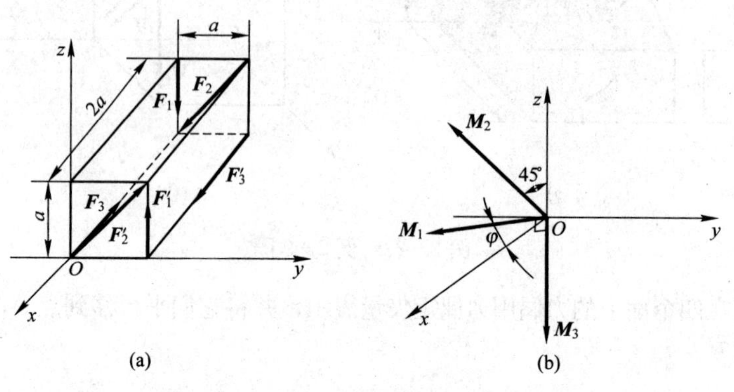

图 2-25 例 2-11 图

解：(1) 计算合力偶矩的投影。

将各力偶用矢量表示，并平移至 O 点，如图 2-25（b）所示，根据式（2-16）可求得合力偶矩矢的各个分量为

$$M_x=\sum M_{ix}=M_1\cos\varphi=M_1\times\frac{a}{\sqrt{5}a}$$

$$=10\times\sqrt{5}a\times\frac{a}{\sqrt{5}a}\text{N}\cdot\text{cm}=100\ \text{N}\cdot\text{cm}$$

$$M_y=\sum M_{iy}=-M_1\sin\varphi-M_2\sin 45°$$

$$=\left(-10\times\sqrt{5}a\times\frac{2a}{\sqrt{5}a}-16\times 2a\times\frac{\sqrt{2}}{2}\right)\text{N}\cdot\text{cm}$$

$$=-426.3\ \text{N}\cdot\text{cm}$$

$$M_z=\sum M_{iz}=M_2\cos 45°-M_3$$

$$=\left(16\times 2a\times\frac{\sqrt{2}}{2}-20\times a\right)\text{N}\cdot\text{cm}$$

$$=26.27\ \text{N}\cdot\text{cm}$$

(2) 计算合力偶矩。

由式（2-17）可求得

合力偶矩的大小为

$$M=\sqrt{M_x^2+M_y^2+M_z^2}$$

$$=\sqrt{(100)^2+(426.3)^2+(26.27)^2}\ \text{N}\cdot\text{cm}$$

$$=438.6\ \text{N}\cdot\text{cm}$$

方向余弦和方位角为

$$\cos(\boldsymbol{M},\boldsymbol{i})=\frac{M_x}{M}=\frac{100}{438.6}=0.228,\qquad (\boldsymbol{M},\boldsymbol{i})=76°49'$$

$$\cos(\boldsymbol{M},\boldsymbol{j})=\frac{M_y}{M}=\frac{-426.3}{438.6}=-0.972,\qquad (\boldsymbol{M},\boldsymbol{j})=166°24'$$

$$\cos(\boldsymbol{M},\boldsymbol{k})=\frac{M_z}{M}=\frac{26.27}{438.6}=0.0599,\qquad (\boldsymbol{M},\boldsymbol{k})=86°34'$$

2）空间力偶系的平衡

由于空间力偶系可以用一个合力偶来代替，因此，空间力偶系平衡的必要和充分条件是：该力偶系的合力偶矩等于零，亦即所有力偶矩矢的矢量和等于零，即

$$\sum_{i=1}^{n}\boldsymbol{M}_i=\boldsymbol{0} \tag{2-18}$$

再根据式（2-17），则有

$$M=\sqrt{\left(\sum M_{ix}\right)^2+\left(\sum M_{iy}\right)^2+\left(\sum M_{iz}\right)^2}=0$$

欲使上式成立，必须同时满足

$$\sum_{i=1}^{n}M_{ix}=0,\quad \sum_{i=1}^{n}M_{iy}=0,\quad \sum_{i=1}^{n}M_{iz}=0 \tag{2-19}$$

式（2-19）称为空间力偶系的平衡方程。即空间力偶系平衡的必要和充分条件为：**该力偶系中所有分力偶矩矢在三个坐标轴上投影的代数和同时等于零**。上述三个独立的平衡方程可求解三个未知量。

2.3　力系的简化

2.3.1　平面任意力系向作用面内一点简化

力系向一点简化是一种较为简便并具有普遍性的力系简化方法。此方法的理论基础是力的平移定理。

1. 力的平移定理

定理：可以把作用在刚体上点 A 的力 F 平行移到刚体上的任一点 B，但必须同时附加一个力偶，这个附加力偶的矩等于原来的力 F 对新作用点 B 的矩。

证明： 如图2-26（a）所示，力 $\boldsymbol{F}$ 作用于刚体的点 A。在刚体上任取一点 B，并在点 B 加上两个等值反向的力 $\boldsymbol{F}'$ 和 $\boldsymbol{F}''$，使它们与力 $\boldsymbol{F}$ 平行，且 $\boldsymbol{F}=\boldsymbol{F}'=-\boldsymbol{F}''$，如图2-26（b）所示。

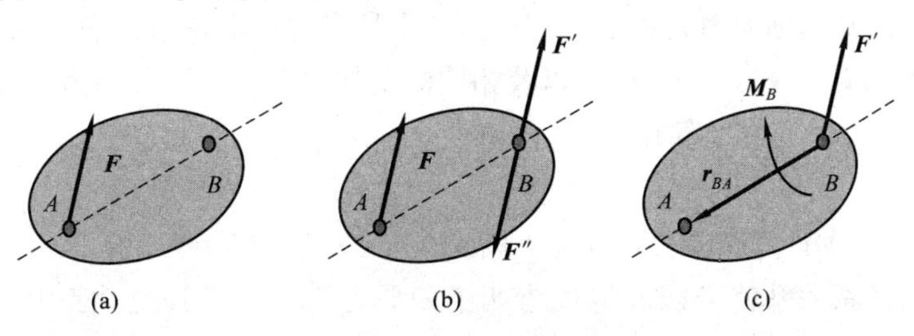

图2-26　力的平移定理

显然，三个力$\boldsymbol{F}$、$\boldsymbol{F}'$、$\boldsymbol{F}''$组成的新力系与原来的一个力$\boldsymbol{F}$等效。但是，这三个力可看作是一个作用在点B的力$\boldsymbol{F}'$和一个力偶（$\boldsymbol{F}$，$\boldsymbol{F}''$）。这样，就把作用于点A的力$\boldsymbol{F}$平移到另一点B，但同时附加上一个相应的力偶，这个力偶称为附加力偶（见图2-26（c））。显然，附加力偶的矩为

$$\boldsymbol{M}_B=\boldsymbol{r}_{BA}\times\boldsymbol{F} \tag{2-20}$$

反过来，根据力的平移定理，也可以将平面内的一个力和一个力偶用作用在平面内另一点的力来等效替换。

力的平移定理不仅是力系向一点简化的依据，而且可用来解释一些实际问题。例如，攻丝时，必须用两手握扳手，而且用力要相等。为什么不允许用一只手扳动扳手呢（见图2-27（a））？因为作用在扳手AB一端的力$\boldsymbol{F}$，与作用在点C的一个力$\boldsymbol{F}'$和一个矩为M的力偶（见图2-27（b））等效。这个力偶使丝锥转动，而这个力$\boldsymbol{F}'$却往往使攻丝不正，甚至折断丝锥。

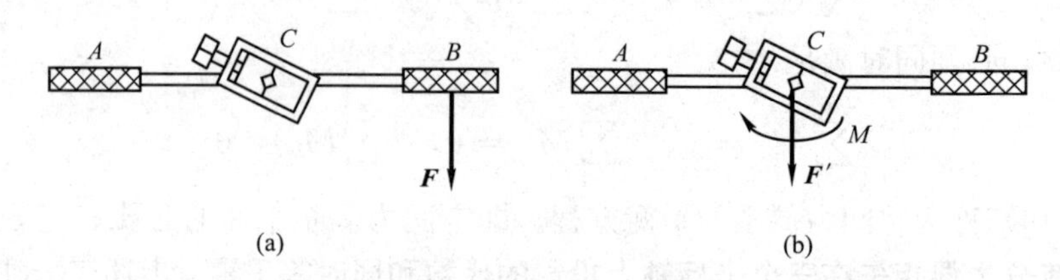

图2-27　力的平移定理应用一

又例如，打乒乓球时，若球拍给球施加一个切向力$\boldsymbol{F}$（见图2-28（a）），将$\boldsymbol{F}$平移至球心O点（见图2-28（b）），便有一个力$\boldsymbol{F}'=\boldsymbol{F}$，以及一个矩为$Fr$的力偶$M$。将力$\boldsymbol{F}'$和力偶$M$分解作用（见图2-28（c）），不难看出，力$\boldsymbol{F}'$的作用是推动小球向前方平移，力偶$M$的作用是使小球绕球心转动，这样，打出来的球就是旋转球。

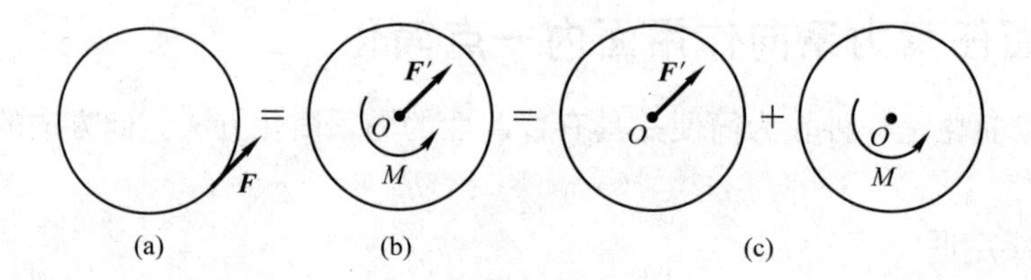

图2-28　力的平移定理应用二

2. 平面任意力系向作用面内一点简化

设物体上作用有n个力$\boldsymbol{F}_1$，$\boldsymbol{F}_2$，…，$\boldsymbol{F}_n$组成的平面任意力系，如图2-29（a）所示。在平面内任取一点O，称为**简化中心**；应用力的平移定理，把各力都平移到点O。这样，得到作用于点O的力$\boldsymbol{F}_1'$，$\boldsymbol{F}_2'$，…，$\boldsymbol{F}_n'$，以及相应的附加力偶，其矩分别为M_1，M_2，…，M_n，如图2-29（b）所示。这些力偶作用在同一平面内，它们的矩分别等于力$\boldsymbol{F}_1$，$\boldsymbol{F}_2$，…，$\boldsymbol{F}_n$对点O的矩，即

$$M_1=M_O(\boldsymbol{F}_1),\quad M_2=M_O(\boldsymbol{F}_2),\quad \cdots,\quad M_n=M_O(\boldsymbol{F}_n)$$

这样，平面任意力系就可以分解成为两个简单力系：平面汇交力系和平面力偶系。然后，再分别合成这两个力系。平面汇交力系$\boldsymbol{F}_1'$，$\boldsymbol{F}_2'$，…，$\boldsymbol{F}_n'$可合成为作用线通过点O的一

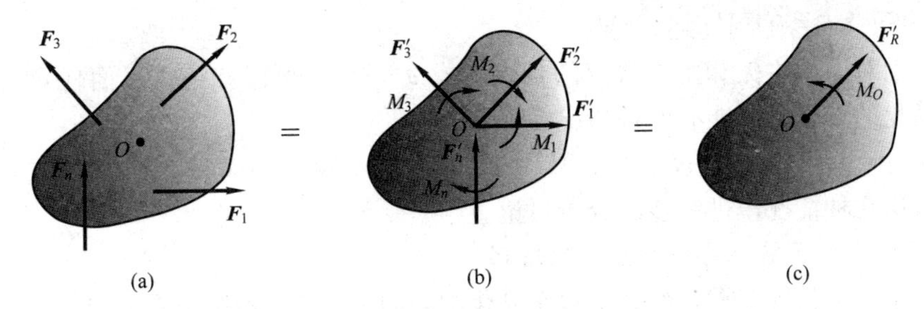

图 2－29　平面任意力系向作用面内一点简化

个力矢 $\boldsymbol{F}_R'$，如图 2－29（c）所示。因为各力矢 $\boldsymbol{F}_1'$，$\boldsymbol{F}_2'$，…，$\boldsymbol{F}_n'$分别与原力矢 $\boldsymbol{F}_1$，$\boldsymbol{F}_2$，…，$\boldsymbol{F}_n$ 相等，所以

$$\boldsymbol{F}_R'=\boldsymbol{F}_1'+\boldsymbol{F}_2'+\cdots+\boldsymbol{F}_n'=\boldsymbol{F}_1+\boldsymbol{F}_2+\cdots+\boldsymbol{F}_n$$

即力矢 $\boldsymbol{F}_R'$等于原来各力的矢量和。

矩为 M_1，M_2，…，M_n的平面力偶系可合成为一个合力偶，这个力偶的矩 M_O 等于各附加力偶矩的代数和。由于附加力偶矩等于力对简化中心的矩，所以

$$M_O=M_1+M_2+\cdots+M_n=M_O(\boldsymbol{F}_1)+M_O(\boldsymbol{F}_2)+\cdots+M_O(\boldsymbol{F}_n)$$

即该力偶的矩等于原来各力对点 O 的矩的代数和。

综上所述，即有

$$\boldsymbol{F}_R'=\sum_{i=1}^{n}\boldsymbol{F}_i,\quad M_O=\sum_{i=1}^{n}M_O(\boldsymbol{F}_i) \tag{2-21}$$

平面任意力系中所有各力的矢量和 $\boldsymbol{F}_R'$，称为该力系的**主矢**；而这些力对于任选简化中心 O 的矩的代数和 M_O，称为该力系对于简化中心的**主矩**。

于是，得到平面任意力系向平面内任意一点简化的结果为：

在一般情形下，平面任意力系向作用面内任选一点 O 简化，可得一个力和一个力偶，这个力等于该力系的主矢，作用线通过简化中心 O；这个力偶的矩等于该力系对于点 O 的主矩。

由于主矢等于各力的矢量和，所以，它与简化中心的选择无关。而主矩等于各力对简化中心的矩的代数和，当取不同的点为简化中心时，各力的力臂将有改变，各力对简化中心的矩也有改变，所以在一般情况下主矩与简化中心的选择有关。以后说到主矩时，必须指出是力系对于哪一点的主矩。

取坐标系 Oxy，$\boldsymbol{i}$、$\boldsymbol{j}$ 为沿 x、y 轴的单位矢量，则力系主矢的解析表达式为

$$\boldsymbol{F}_R'=\boldsymbol{F}_{Rx}'+\boldsymbol{F}_{Ry}'=\sum F_{ix}\boldsymbol{i}+\sum F_{iy}\boldsymbol{j}$$

于是，主矢 $\boldsymbol{F}_R'$的大小和方向余弦为

$$F_R'=\sqrt{\left(\sum F_{ix}\right)^2+\left(\sum F_{iy}\right)^2}$$

$$\cos(\boldsymbol{F}_R',\boldsymbol{i})=\frac{\sum F_{ix}}{F_R'},\quad \cos(\boldsymbol{F}_R',\boldsymbol{j})=\frac{\sum F_{iy}}{F_R'}$$

力系对点 O 的主矩的解析表达式为

$$M_O=\sum_{i=1}^{n}M_O(\boldsymbol{F}_i)=\sum_{i=1}^{n}(x_iF_{iy}-y_iF_{ix})$$

其中 x_i、y_i为力 $\boldsymbol{F}_i$作用点的坐标。

3. 平面任意力系的简化结果分析

根据前面对力系主矢和主矩数值的分析（式 2-21），可以知道，平面任意力系向作用面内一点简化的结果，可能有四种情况，即

$$\boldsymbol{F}'_{\mathrm{R}}=0,\quad M_O\neq0;\quad \boldsymbol{F}'_{\mathrm{R}}\neq0,\ M_O=0;\quad \boldsymbol{F}'_{\mathrm{R}}\neq0,\ M_O\neq0;\quad \boldsymbol{F}'_{\mathrm{R}}=0,\ M_O=0。$$

下面对这几种情况作进一步的分析讨论。

1）平面任意力系简化为一个力偶的情形

如果力系的主矢等于零，而力系对于简化中心的主矩 M_O 不等于零，即

$$\boldsymbol{F}'_{\mathrm{R}}=0,\quad M_O\neq0$$

在这种情形下，作用于简化中心 O 的力 $\boldsymbol{F}'_1$，$\boldsymbol{F}'_2$，…，$\boldsymbol{F}'_n$ 相互平衡。但是，附加的力偶系并不平衡，可合成为一个力偶，即与原力系等效的合力偶。合力偶矩为

$$M_O=\sum_{i=1}^{n}M_O(\boldsymbol{F}_i)$$

因为力偶对于平面内任意一点的矩都相同，因此当力系合成为一个力偶时，主矩与简化中心的选择无关。

2）平面任意力系简化为一个合力的情形

如果平面力系向点 O 简化的结果为主矩等于零，主矢不等于零，即

$$\boldsymbol{F}'_{\mathrm{R}}\neq0,\quad M_O=0$$

此时附加力偶系互相平衡，只有一个与原力系等效的力 $\boldsymbol{F}'_{\mathrm{R}}$。显然，$\boldsymbol{F}'_{\mathrm{R}}$ 就是原力系的合力，而合力的作用线恰好通过选定的简化中心 O。

如果平面力系向点 O 简化的结果是主矢和主矩都不等于零，如图 2-30（a）所示，即

$$\boldsymbol{F}'_{\mathrm{R}}\neq0,\quad M_O\neq0$$

现将矩为 M_O 的力偶用两个力 $\boldsymbol{F}_{\mathrm{R}}$ 和 $\boldsymbol{F}''_{\mathrm{R}}$ 表示，并令 $\boldsymbol{F}'_{\mathrm{R}}=-\boldsymbol{F}''_{\mathrm{R}}$（见图 2-30（b））。再去掉平衡力系（$\boldsymbol{F}'_{\mathrm{R}}$，$\boldsymbol{F}''_{\mathrm{R}}$），于是就将作用于点 O 的力 $\boldsymbol{F}'_{\mathrm{R}}$ 和力偶（$\boldsymbol{F}_{\mathrm{R}}$，$\boldsymbol{F}''_{\mathrm{R}}$）合成为一个作用在点 O' 的力 $\boldsymbol{F}_{\mathrm{R}}$，如图 2-30（c）所示。这个力 $\boldsymbol{F}_{\mathrm{R}}$ 就是原力系的合力。合力矢等于主矢；合力的作用线在点 O 的哪一侧，需根据主矢和主矩的方向确定；合力作用线到点 O 的距离 d 可按下式算得

$$d=\frac{|M_O|}{F_{\mathrm{R}}}$$

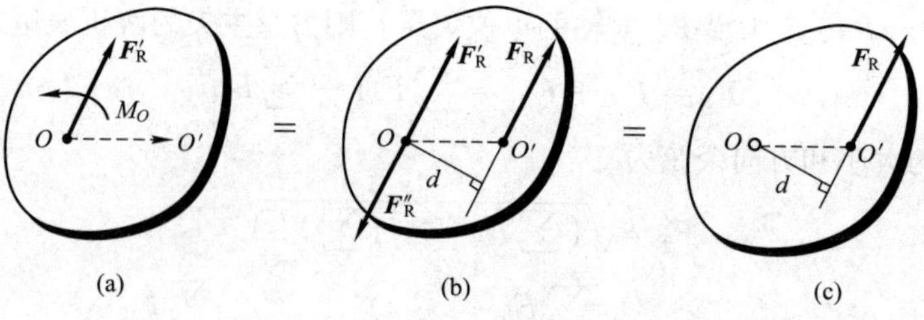

(a) (b) (c)

图 2-30 当 $\boldsymbol{F}'_{\mathrm{R}}\neq0$，$M_O\neq0$ 时力系的最终简化结果

3）平面任意力系平衡的情形

如果力系的主矢、主矩均等于零，即

$$\boldsymbol{F}'_{\mathrm{R}}=0,\quad M_O=0$$

则原力系平衡，这种情形将在第3章详细讨论。

例2-12　图2-31（a）所示一铁路桥墩顶部受到两边桥梁传来的铅垂力 $F_1=1\ 940\ \text{kN}$，$F_2=800\ \text{kN}$，以及机车传递的掣动力 $F_H=193\ \text{kN}$。桥墩自重 $G=5\ 280\ \text{kN}$，风力 $F_W=140\ \text{kN}$。各力作用线位置如图2-31（a）所示。试求：(1) 力系向基础中心 O 简化的结果；(2) 如能简化为一个力，试确定合力作用线的位置。

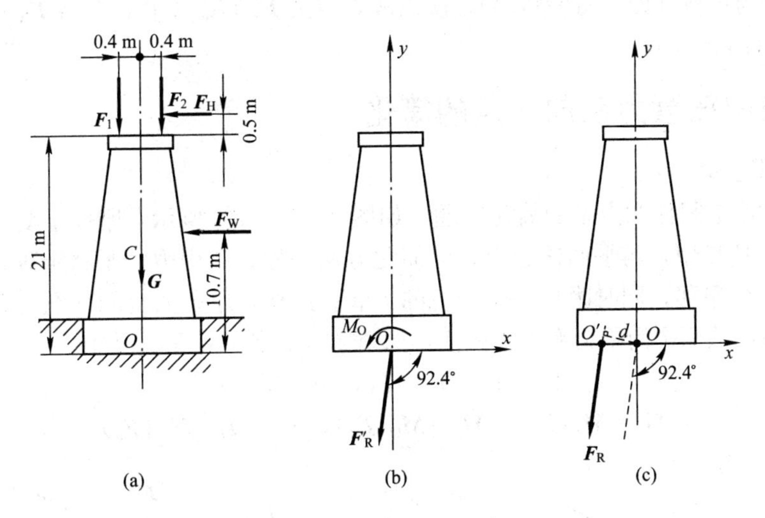

图2-31　例2-12图

解：(1) 以桥墩基础中心 O 为简化中心。

① 求主矢。

以点 O 为原点建立坐标系，如图2-31（b）所示。由式（2-21）求得主矢 $\boldsymbol{F}'_R$ 的大小为

$$F'_{Rx}=\sum F_{xi}=-F_H-F_W=-333\ \text{kN}$$

$$F'_{Ry}=\sum F_{yi}=-F_1-F_2-G=-8\ 020\ \text{kN}$$

$$F'_R=\sqrt{\left(\sum F_{xi}\right)^2+\left(\sum F_{yi}\right)^2}=8\ 027\ \text{kN}$$

$\boldsymbol{F}'_R$ 的方向用主矢与 x 轴正向夹角 $\angle(\boldsymbol{F}'_R,\boldsymbol{i})$ 表示，即

$$\cos(\boldsymbol{F}'_R,\boldsymbol{i})=\frac{\sum F_{xi}}{F'_R}=-0.041\ 5$$

$$(\boldsymbol{F}'_R,\boldsymbol{i})=92.4^\circ$$

由于 F'_{Rx}、F'_{Ry} 均为负值，所以 $\boldsymbol{F}'_R$ 应在第三象限。

② 求主矩。

由式（2-21）求得力系对 O 点的主矩：

$$M_O=\sum M_O(\boldsymbol{F}_i)=0.4F_1-0.4F_2+21.5F_H+10.7F_W$$

$$=6\ 103.5\ \text{kN}\cdot\text{m}$$

$\boldsymbol{F}'_R$、M_O 如图2-31（b）所示。

(2) 进一步简化。

因为 $\boldsymbol{F}'_{\mathrm{R}}\neq 0$，$M_O\neq 0$，力系还可进一步简化成一个力即合力 $\boldsymbol{F}_{\mathrm{R}}$，其大小和方向与主矢 $\boldsymbol{F}'_{\mathrm{R}}$相同，作用线到 O 点的垂直距离为

$$d=\frac{|M_O|}{F'_{\mathrm{R}}}=\frac{6\,103.5}{8\,027}=0.76\ \mathrm{m}$$

因为 M_O 为正值（即逆时针转动），所以顺着主矢 $\boldsymbol{F}'_{\mathrm{R}}$的箭头看，合力 $\boldsymbol{F}_{\mathrm{R}}$ 应位于简化中心 O 的右侧（图 2-31c）。

2.3.2 空间任意力系向一点的简化

1. 主矢和主矩

现在来讨论空间任意力系的简化问题。如图 2-32（a）所示，刚体上受空间任意力系 $\boldsymbol{F}_1$，$\boldsymbol{F}_2$，…，$\boldsymbol{F}_n$作用，与平面任意力系的简化方法一样，应用力的平移定理，依次将每个力向简化中心 O 平移，同时附加一个相应的力偶。这样，原来的空间任意力系被空间汇交力系和空间力偶系两个简单力系等效替换，如图 2-32（b）所示。其中：

$$\boldsymbol{F}'_1=\boldsymbol{F}_1,\ \boldsymbol{F}'_2=\boldsymbol{F}_2,\ \cdots,\ \boldsymbol{F}'_n=\boldsymbol{F}_n$$

$$\boldsymbol{M}_1=\boldsymbol{M}_O(\boldsymbol{F}_1),\ \boldsymbol{M}_2=\boldsymbol{M}_O(\boldsymbol{F}_2),\ \cdots,\ \boldsymbol{M}_n=\boldsymbol{M}_O(\boldsymbol{F}_n)$$

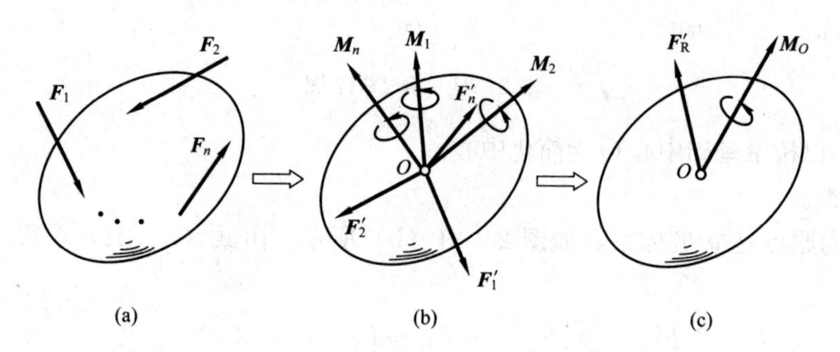

图 2-32 空间任意力系向一点简化

作用于点 O 的空间汇交力系可合成一力矢 $\boldsymbol{F}'_{\mathrm{R}}$，此力的作用线通过点 O，其大小和方向等于力系的主矢，即

$$\boldsymbol{F}'_{\mathrm{R}}=\sum_{i=1}^{n}\boldsymbol{F}'_i=\sum_{i=1}^{n}\boldsymbol{F}_i=\sum_{i=1}^{n}F_{ix}\boldsymbol{i}+\sum_{i=1}^{n}F_{iy}\boldsymbol{j}+\sum_{i=1}^{n}F_{iz}\boldsymbol{k} \tag{2-22}$$

空间分布的力偶系可合成为一力偶矢量。以 $\boldsymbol{M}_O$表示其力偶矩矢，它等于各附加力偶矩矢的矢量和，又等于力对点 O 之矩的矢量和，即为原力系对点 O 的主矩

$$\boldsymbol{M}_O=\sum_{i=1}^{n}\boldsymbol{M}_i=\sum_{i=1}^{n}\boldsymbol{M}_O(\boldsymbol{F}_i)=\sum_{i=1}^{n}(\boldsymbol{r}_i\times\boldsymbol{F}_i) \tag{2-23}$$

由力矩的解析表达式，有

$$\begin{aligned}\boldsymbol{M}_O&=\sum\boldsymbol{M}_i=\sum\boldsymbol{M}_O(\boldsymbol{F}_i)\\&=\sum_{i=1}^{n}[\boldsymbol{i}(y_iF_{iz}-z_iF_{iy})+\boldsymbol{j}(z_iF_{ix}-x_iF_{iz})+\boldsymbol{k}(x_iF_{iy}-y_iF_{ix})]\end{aligned} \tag{2-24}$$

于是可得结论如下：**空间任意力系向任一点 O 简化，可得一力和一力偶。这个力的大小和方向等于该力系的主矢，作用线通过简化中心 O；这一力偶的矩矢等于该力系对简化中**

心 O 的主矩。与平面任意力系一样，主矢与简化中心的位置无关，主矩一般与简化中心的位置有关。

此力系主矢的大小和方向余弦为

$$\left.\begin{aligned}&F'_{\mathrm{R}}=\sqrt{\left(\sum F_{ix}\right)^{2}+\left(\sum F_{iy}\right)^{2}+\left(\sum F_{iz}\right)^{2}}\\&\cos(\boldsymbol{F}'_{\mathrm{R}},\boldsymbol{i})=\frac{\sum F_{x}}{F'_{\mathrm{R}}},\ \cos(\boldsymbol{F}'_{\mathrm{R}},\boldsymbol{j})=\frac{\sum F_{y}}{F'_{\mathrm{R}}},\ \cos(\boldsymbol{F}'_{\mathrm{R}},\boldsymbol{k})=\frac{\sum F_{z}}{F'_{\mathrm{R}}}\end{aligned}\right\}\tag{2-25}$$

该力系对点 O 的主矩的大小和方向余弦为

$$\left.\begin{aligned}&M_{O}=\sqrt{\left[\sum M_{x}(\boldsymbol{F})\right]^{2}+\left[\sum M_{y}(\boldsymbol{F})\right]^{2}+\left[\sum M_{z}(\boldsymbol{F})\right]^{2}}\\&\cos(\boldsymbol{M}_{O},\boldsymbol{i})=\frac{\sum M_{x}(\boldsymbol{F})}{M_{O}}\\&\cos(\boldsymbol{M}_{O},\boldsymbol{j})=\frac{\sum M_{y}(\boldsymbol{F})}{M_{O}}\\&\cos(\boldsymbol{M}_{O},\boldsymbol{k})=\frac{\sum M_{z}(\boldsymbol{F})}{M_{O}}\end{aligned}\right\}\tag{2-26}$$

2. 空间任意力系的简化结果分析

根据对力系主矢和主矩的数值计算，空间任意力系向一点简化可能出现下列四种情况，即 $\boldsymbol{F}'_{\mathrm{R}}=0$，$\boldsymbol{M}_{O}\neq0$；$\boldsymbol{F}'_{\mathrm{R}}\neq0$，$\boldsymbol{M}_{O}=0$；$\boldsymbol{F}'_{\mathrm{R}}\neq0$，$\boldsymbol{M}_{O}\neq0$；$\boldsymbol{F}'_{\mathrm{R}}=0$，$\boldsymbol{M}_{O}=0$。现分别加以讨论。

1）空间任意力系简化为一合力偶的情形

当空间任意力系向任一点简化时，若主矢 $\boldsymbol{F}'_{\mathrm{R}}=0$，主矩 $\boldsymbol{M}_{O}\neq0$，这时得一力偶。显然，这力偶与原力系等效，即原力系合成为一合力偶，这合力偶矩矢等于原力系对简化中心的主矩。由于力偶矩矢与矩心位置无关，因此，在这种情况下，主矩与简化中心的位置无关。

2）空间任意力系简化为一合力的情形

当空间任意力系向任一点简化时，若主矢 $\boldsymbol{F}'_{\mathrm{R}}\neq0$，而主矩 $\boldsymbol{M}_{O}=0$，这时得一力。显然，这力与原力系等效，即原力系合成为一合力，合力的作用线通过简化中心 O，其大小和方向等于原力系的主矢。

若空间任意力系向一点简化的结果为主矢 $\boldsymbol{F}'_{\mathrm{R}}\neq0$，主矩 $\boldsymbol{M}_{O}\neq0$，且 $\boldsymbol{F}'_{\mathrm{R}}\perp\boldsymbol{M}_{O}$，如图 2-33（a）所示，这时，可将力偶 $\boldsymbol{M}_{O}$ 拆分成两个力 $\boldsymbol{F}''_{\mathrm{R}}$ 和 $\boldsymbol{F}_{\mathrm{R}}$，且使 $\boldsymbol{F}_{\mathrm{R}}=\boldsymbol{F}'_{\mathrm{R}}=-\boldsymbol{F}''_{\mathrm{R}}$，力 $\boldsymbol{F}'_{\mathrm{R}}$ 与 $\boldsymbol{F}''_{\mathrm{R}}$ 共线，与 $\boldsymbol{F}_{\mathrm{R}}$ 平行，三力 $\boldsymbol{F}_{\mathrm{R}}$、$\boldsymbol{F}'_{\mathrm{R}}$、$\boldsymbol{F}''_{\mathrm{R}}$ 均在与 $\boldsymbol{M}_{O}$ 垂直且过 O 点的平面内，如图 2-33（b）所示。于是，力 $\boldsymbol{F}'_{\mathrm{R}}$、$\boldsymbol{F}''_{\mathrm{R}}$ 构成平衡力，可去掉，原力系就进一步合成了一个通过 O' 点的力 $\boldsymbol{F}_{\mathrm{R}}$，如图 2-33（c）所示，此力即为原力系的合力。其大小和方向等于原力系的主矢，即

$$\boldsymbol{F}_{\mathrm{R}}=\sum\boldsymbol{F}_{i}$$

其作用线离简化中心 O 的距离为

$$d=\frac{|\boldsymbol{M}_{O}|}{F_{\mathrm{R}}}$$

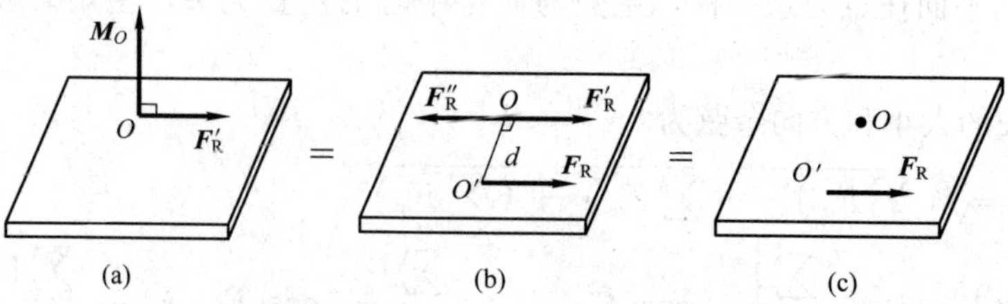

图 2-33 当 $F'_R \neq 0$，$M_O \neq 0$，且 $F'_R \perp M_O$ 时的简化结果

3）空间任意力系简化为力螺旋的情形

如果空间任意力系向一点简化后，主矢和主矩都不等于零，而 $\boldsymbol{F}'_R /\!/ \boldsymbol{M}_O$，这种结果称为力螺旋，如图 2-34 所示。**所谓力螺旋，就是由一力和一力偶组成的力系**，其中的力垂直于力偶的作用面。例如，钻孔时的钻头对工件的作用以及拧木螺钉时螺丝刀对螺钉的作用都是力螺旋。**力螺旋是由静力学的两个基本要素力和力偶组成的最简单的力系，不能再进一步合成**。力偶的转向和力的指向符合右手螺旋规则的称为右螺旋（见图 2-34（a）），符合左手螺旋规则的称为左螺旋（见图 2-34（b））。力螺旋的力作用线称为该力螺旋的中心轴。在上述情形下，中心轴通过简化中心 O。

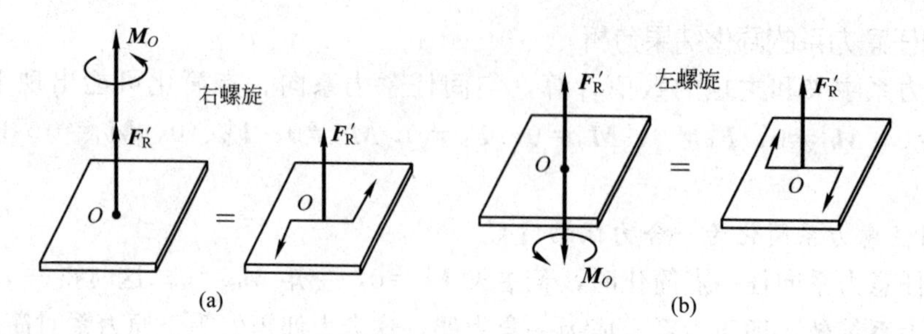

图 2-34 力螺旋的概念

如果 $\boldsymbol{F}'_R \neq 0$，$\boldsymbol{M}_O \neq 0$，同时二者既不平行，又不垂直，如图 2-35（a）所示。此时可将 $\boldsymbol{M}_O$ 分解为两个分力偶 $\boldsymbol{M}''_O$ 和 $\boldsymbol{M}'_O$，它们分别垂直于 $\boldsymbol{F}'_R$ 和平行于 $\boldsymbol{F}'_R$，如图 2-35（b）所示，则 $\boldsymbol{M}''_O$ 和 $\boldsymbol{F}'_R$ 可用作用于点 O' 的力 $\boldsymbol{F}_R$ 来代替。由于力偶矩矢是自由矢量，故可将 $\boldsymbol{M}'_O$ 平行移动，使之与 $\boldsymbol{F}_R$ 共线。这样便得一力螺旋，其中心轴不在简化中心 O，而是通过另一点 O'，如图 2-35（c）所示。O、O' 两点间的距离为

$$d=\frac{|\boldsymbol{M}''_O|}{F'_R}=\frac{M_O\sin\alpha}{F'_R}$$

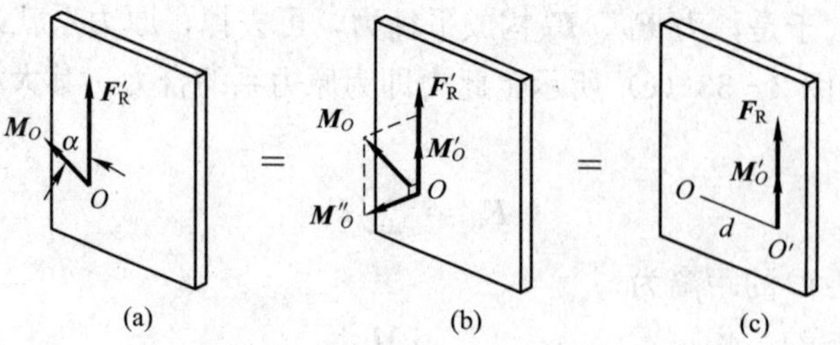

图 2-35 空间任意力系简化为过 O' 点的力螺旋

可见，一般情形下空间任意力系可合成为力螺旋。

4）空间任意力系简化为平衡的情形

当空间任意力系向任一点简化时，若主矢 $\boldsymbol{F}'_{\mathrm{R}}=0$，主矩 $\boldsymbol{M}_O=0$，则力系平衡，该情形将在第 3 章详细讨论。

空间任意力系简化的最终结果，如表 2-1 所示。

表 2-1　空间任意力系简化的最终结果

主矢	主矩		最后结果	说　明
$\boldsymbol{F}'_{\mathrm{R}}=0$	$\boldsymbol{M}_O=0$		平衡	简化结果与简化中心的位置无关
	$\boldsymbol{M}_O\neq0$		合力偶	此时主矩与简化中心的位置无关
$\boldsymbol{F}'_{\mathrm{R}}\neq0$	$\boldsymbol{M}_O=0$		合力	合力作用线通过简化中心
	$\boldsymbol{M}_O\neq0$	$\boldsymbol{F}'_{\mathrm{R}}\perp\boldsymbol{M}_O$	合力	合力作用线离简化中心 O 的距离为 $d=\dfrac{\lvert\boldsymbol{M}_O\rvert}{F'_{\mathrm{R}}}$
	$\boldsymbol{M}_O\neq0$	$\boldsymbol{F}'_{\mathrm{R}}/\!/\boldsymbol{M}_O$	力螺旋	力螺旋的中心轴通过简化中心
		$\boldsymbol{F}'_{\mathrm{R}}$与$\boldsymbol{M}_O$成$\alpha$角	力螺旋	力螺旋的中心轴离简化中心 O 的距离为 $d=\dfrac{M_O\sin\alpha}{F'_{\mathrm{R}}}$

2.4　重心——空间平行力系的简化

2.4.1　平行力系中心的概念

如图 2-36 所示，一空间力系由相互平行且方向相同的 n 个力 $\boldsymbol{F}_1$，$\boldsymbol{F}_2$，…，$\boldsymbol{F}_n$组成，将力系置于直角坐标系 Oxy 中，各分力的作用点矢径分别为 $\boldsymbol{r}_1$，$\boldsymbol{r}_2$，…，$\boldsymbol{r}_n$，对应坐标分别为 $A_1(x_1,\ y_1,\ z_1)$，$A_2(x_2,\ y_2,\ z_2)$，…，$A_n(x_n,\ y_n,\ z_n)$。利用力系的简化手段，可得到力系向 O 点简化的主矢和主矩，若主矩不等于零，则力系可进一步简化为一个合力。假设该合力为 $\boldsymbol{F}_{\mathrm{R}}$，作用点为 C 点，则将平行力系的合力作用点 C 称为该平行力系中心。

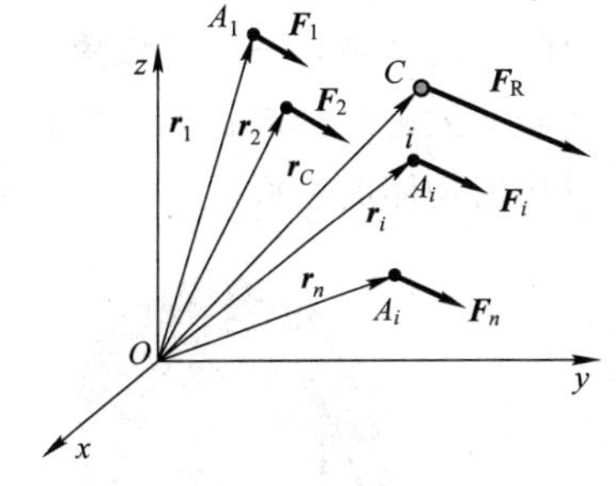

图 2-36　平行力系中心

根据力系的简化结果可知，合力 $\boldsymbol{F}_{\mathrm{R}}$ 等于力系的主矢，且 $\boldsymbol{F}_{\mathrm{R}}$ 的作用线与力系中各分力的作用线平行。设力系作用线方向的单位矢量为 $\boldsymbol{F}^{\circ}$，则有

$$\boldsymbol{F}_{\mathrm{R}}=F_{\mathrm{R}}\boldsymbol{F}^{\circ}=\boldsymbol{F}'_{\mathrm{R}}=\sum_{i=1}^{n}F_i\boldsymbol{F}^{\circ}$$

设 C 点矢径为 $\boldsymbol{r}_C$，对应坐标为 $C(x_C,\ y_C,\ z_C)$，由合力矩定理得

$$\boldsymbol{M}_O(\boldsymbol{F}_{\mathrm{R}})=\sum_{i=1}^{n}\boldsymbol{M}_O(\boldsymbol{F}_i)$$

$$\boldsymbol{r}_C \times \boldsymbol{F}_R = \sum_{i=1}^{n} \boldsymbol{r}_i \times \boldsymbol{F}_i$$

$$\boldsymbol{r}_C \times (F_R \boldsymbol{F}^{\circ}) = \sum_{i=1}^{n} \boldsymbol{r}_i \times (F_i \boldsymbol{F}^{\circ})$$

$$(F_R \boldsymbol{r}_C) \times \boldsymbol{F}^{\circ} = (\sum_{i=1}^{n} F_i \boldsymbol{r}_i) \times \boldsymbol{F}^{\circ}$$

上式成立的条件为

$$F_R \boldsymbol{r}_C = \sum_{i=1}^{n} F_i \boldsymbol{r}_i$$

即

$$\boldsymbol{r}_C = \frac{\sum_{i=1}^{n} F_i \boldsymbol{r}_i}{F_R} = \frac{\sum_{i=1}^{n} F_i \boldsymbol{r}_i}{\sum_{i=1}^{n} F_i} \tag{2-27}$$

由式（2-27）不难看出，平行力系中心的位置仅与各力的大小和作用点的位置有关，而与各力的方向无关。

将式（2-27）中的矢径投影到 x、y、z 轴上，便得到平行力系中心的坐标计算公式为

$$x_C = \frac{\sum_{i=1}^{n} F_i x_i}{\sum_{i=1}^{n} F_i}, \quad y_C = \frac{\sum_{i=1}^{n} F_i y_i}{\sum_{i=1}^{n} F_i}, \quad z_C = \frac{\sum_{i=1}^{n} F_i z_i}{\sum_{i=1}^{n} F_i} \tag{2-28}$$

2.4.2 重心的概念及其坐标公式

在地球附近的物体都受到地心的引力作用，即物体的重力；若将重物分割成许多微小的物块，则每一微小物块都受到重力作用，重力的方向指向地球中心，这些分布于不同位置上的重力组成了一个分布力系。对于工程中一般形状的物体，这种分布的重力可足够精确地视为空间平行力系，**一般所谓重力，就是这个空间平行力系的合力**。不变形的物体（刚体）在地球表面无论怎样放置，其平行分布重力的合力作用线，都通过该物体上一个确定的点，这一点称为物体的**重心**。

重心在工程实际中具有重要的意义。如重心的位置会影响物体的平衡和稳定，对于飞机和船舶尤为重要；高速转动的转子，如果转轴不通过重心，将会引起强烈的振动，甚至引起破坏。

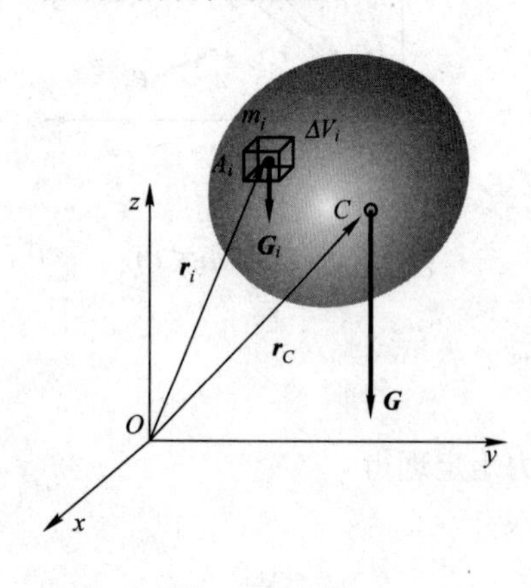

图 2-37 重心

如图 2-37 所示，设一物体的总重量为 G，现将物体分割成许多微小的块体，每一个小块体受重力 $\boldsymbol{G}_i$（$i=1, 2, \cdots, n$）的作用，各分重力形成了空间平行力系。利用平行力系中心的概念不难理解，该平行力系的合力即为物体的重力，其大小为

$$G = \sum G_i$$

平行力系的中心即为物体的重心，根据式（2-27）和（2-28）可得物体重心位置的计算公式为

● 重心的矢径计算式

$$\boldsymbol{r}_C=\frac{\sum_{i=1}^{n}G_i\boldsymbol{r}_i}{\sum_{i=1}^{n}G_i} \tag{2-29}$$

● 重心的直角坐标计算式

$$x_C=\frac{\sum_{i=1}^{n}G_ix_i}{\sum_{i=1}^{n}G_i},\quad y_C=\frac{\sum_{i=1}^{n}G_iy_i}{\sum_{i=1}^{n}G_i},\quad z_C=\frac{\sum_{i=1}^{n}G_iz_i}{\sum_{i=1}^{n}G_i} \tag{2-30}$$

式中，$\boldsymbol{r}_C$ 和 $\boldsymbol{r}_i$ 分别为重心 C 的矢径和每一个小微块的重心 A_i 的矢径；$(x_C,\ y_C,\ z_C)$ 和 $(x_i,\ y_i,\ z_i)$ 分别为重心 C 和每一个小微块的重心 A_i 的直角坐标。

物体分割块数越多，即每一小块体积越小，则按上式计算的重心位置愈准确。在极限情况下可用积分计算。

如果物体总质量为 m，每一个微块的质量为 m_i，则有 $m=\sum m_i$，在同一重力场中，微块的重力为 $G_i=m_ig$，则由式（2-30）得由质量表示的重心坐标公式为

$$x_C=\frac{\sum x_im_i}{\sum m_i}=\frac{\sum x_im_i}{m},\quad y_C=\frac{\sum y_im_i}{\sum m_i}=\frac{\sum y_im_i}{m},\quad z_C=\frac{\sum z_im_i}{\sum m_i}=\frac{\sum z_im_i}{m} \tag{2-31a}$$

上式的极限为

$$x_C=\frac{\int_m x\mathrm{d}m}{m},\quad y_C=\frac{\int_m y\mathrm{d}m}{m},\quad z_C=\frac{\int_m z\mathrm{d}m}{m} \tag{2-31b}$$

由上式确定的重心称为质量中心，简称质心，它与重力加速度 g 无关；质心反映了物体质量的分布情况，不随引力场变化。

如果物体是均质的，单位体积的重量 γ=常值，以 ΔV_i 表示微块的体积，物体的总体积为 $V=\sum\Delta V_i$，微块的重力为 $G_i=\gamma\Delta V_i$，则由式（2-30）得由体积表示的重心坐标公式为

$$\left.\begin{aligned}x_C&=\frac{\sum x_i\Delta V_i}{\sum\Delta V_i}=\frac{\sum x_i\Delta V_i}{V}\\ y_C&=\frac{\sum y_i\Delta V_i}{\sum\Delta V_i}=\frac{\sum y_i\Delta V_i}{V}\\ z_C&=\frac{\sum z_i\Delta V_i}{\sum\Delta V_i}=\frac{\sum z_i\Delta V_i}{V}\end{aligned}\right\} \tag{2-32a}$$

上式的极限为

$$x_C=\frac{\int_V x\mathrm{d}V}{V},\quad y_C=\frac{\int_V y\mathrm{d}V}{V},\quad z_C=\frac{\int_V z\mathrm{d}V}{V} \tag{2-32b}$$

可见，均质物体的重心与其单位体积的重量（比重）无关，仅决定于物体的形状。这时的重心称为体积的重心，也可以称为几何形体中心，简称形心。

工程中常采用薄壳结构，如体育场馆的顶壳、薄壁容器、飞机机翼等，其厚度与其表面积 A 相比是很小的，如图 2－38 所示。若薄壳是均质等厚的，则由式（2－32）得薄壳的重心坐标公式为

$$x_C=\frac{\sum x_i\Delta A_i}{A},\quad y_C=\frac{\sum y_i\Delta A_i}{A},\quad z_C=\frac{\sum z_i\Delta A_i}{A} \tag{2-33a}$$

$$x_C=\frac{\int_A x\mathrm{d}A}{A},\quad y_C=\frac{\int_A y\mathrm{d}A}{A},\quad z_C=\frac{\int_A z\mathrm{d}A}{A} \tag{2-33b}$$

这时的重心称为面积的重心。曲面的重心一般不在曲面上，而相对于曲面位于确定的一点。

如果物体是均质等截面的细长线段，其截面尺寸与其长度 l 相比是很小的，如图 2－39 所示，则由式（2－32）得细长线段的重心坐标公式为

$$x_C=\frac{\sum x_i\Delta l_i}{l},\quad y_C=\frac{\sum y_i\Delta l_i}{l},\quad z_C=\frac{\sum z_i\Delta l_i}{l} \tag{2-34a}$$

$$x_C=\frac{\int_l x\mathrm{d}l}{l},\quad y_C=\frac{\int_l y\mathrm{d}l}{l},\quad z_C=\frac{\int_l z\mathrm{d}l}{l} \tag{2-34b}$$

这时的重心称为线段的重心，曲线的重心一般不在曲线上。

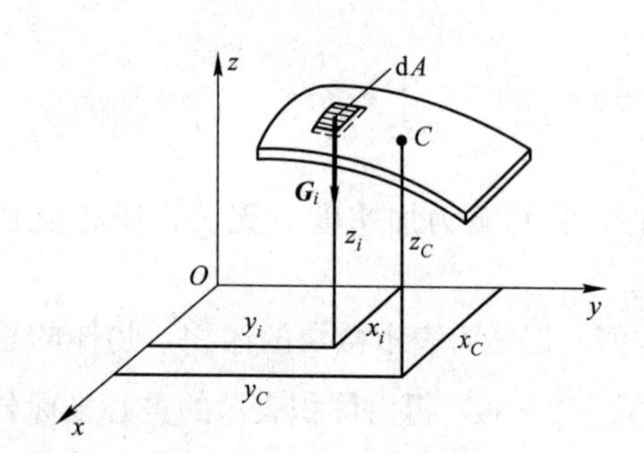

图 2－38　均质等厚曲面的重心

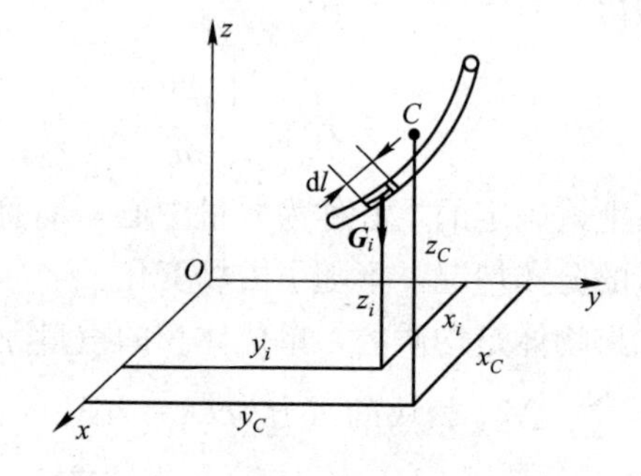

图 2－39　均质等截面细长线段的重心

2.4.3　确定物体重心的方法

1. 简单几何形状物体的重心

如均质物体有对称面或对称轴或对称中心，显然，该物体的重心必相应地在这个对称面或对称轴或对称中心上。例如，正圆锥体或正圆锥面、正棱柱体或正棱柱面的重心都在其轴线上；椭球体或椭圆面的重心在其几何中心上，平行四边形的重心在其对角线的交点上，等等。简单形状物体的重心可从工程手册上查到，表 2－2 给出了几个简单图形的形心坐标公式。工程中常用的型钢（如工字钢、角钢、槽钢等）截面的形心，可以从附录 C 的型钢表中查到。

表 2-2 简单形体的重心（形心）坐标公式

名称	图形	形心位置	名称	图形	形心位置
圆弧		$x_C=\dfrac{r\sin\alpha}{\alpha}$ 对于半圆弧 $\alpha=\dfrac{\pi}{2}$ $x_C=2r/\pi$	抛物线面		$x_C=\dfrac{3}{5}a$ $y_C=\dfrac{3}{8}b$
弓形		$x_C=\dfrac{2}{3}\dfrac{r^3\sin^3\alpha}{A}$ $A=\dfrac{r^2(2\alpha-\sin 2\alpha)}{2}$ A 为弓形面积	半圆球		$z_C=\dfrac{3}{8}r$
扇形		$x_C=\dfrac{2}{3}\dfrac{r\sin\alpha}{\alpha}$ 对于半圆 $\alpha=\dfrac{\pi}{2}$ $x_C=\dfrac{4r}{3\pi}$	正圆锥体		$z_C=\dfrac{1}{4}h$
部分圆环		$x_C=\dfrac{2}{3}\dfrac{R^3-r^3}{R^2-r^2}\dfrac{\sin\alpha}{\alpha}$	抛物线面		$x_C=\dfrac{3}{4}a$ $y_C=\dfrac{3}{10}b$

2. 用组合法求重心

1）分割法

若一个物体由几个简单形状的物体组合而成，而这些物体的重心是已知的，那么，整个物体的重心即可由上述重心坐标公式求出。

例 2-13 试求 Z 形截面重心的位置，其尺寸如图 2-40 所示，图中长度单位：mm。

解： 取坐标轴如图 2-40 所示，将该图形分割为三个矩形（如用 ab 和 cd 两线分割）。以 C_1、C_2、C_3 表示这些矩形的重心，而以 A_1、A_2、A_3 表示它们的面积。以 (x_1, y_1)、(x_2, y_2)、(x_3, y_3) 分别表示 C_1、C_2、C_3 的坐标，由图可得

$$x_1=-15,\quad y_1=45,\quad A_1=300$$
$$x_2=5,\quad y_2=30,\quad A_2=400$$
$$x_3=15,\quad y_3=5,\quad A_3=300$$

代入公式（2-33a），求得该截面重心的坐标 x_C、y_C 为：

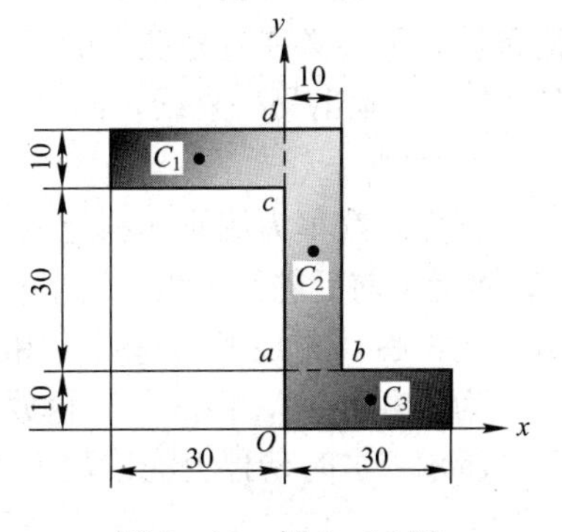

图 2-40 例 2-13 图

$$x_C=\frac{x_1A_1+x_2A_2+x_3A_3}{A_1+A_2+A_3}=2\ \text{mm},\quad y_C=\frac{y_1A_1+y_2A_2+y_3A_3}{A_1+A_2+A_3}=27\ \text{mm}$$

2）负面积法（负体积法）

若在物体或薄板内切去一部分（如有空穴或孔的物体），则这类物体的重心仍可应用与分割法相同的公式来求得，只是切去部分的体积或面积应取负值。

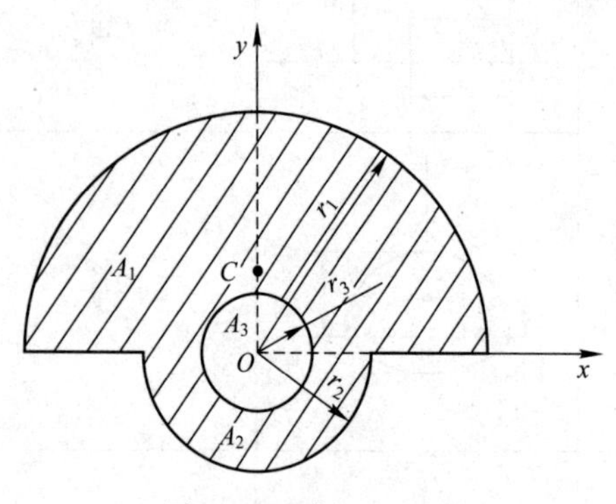

图 2－41 例 2－14 图

例 2－14 如图 2－41 所示，已知 $r_1=10$ cm，$r_2=3$ cm，$r_3=1$ cm。试求平面图形的形心。

解：取坐标轴如图 2－41 所示，将该图形视为由三个基本图形组成，即半径为 r_1 的半圆和半径为 r_2 的半圆组合面上挖掉了半径为 r_3 圆，圆的图形是空的，所以在计算其面积时应取负值。因为三个截面均对称于 y 轴，因此，图形的形心 C 应在 y 轴上，即 $x_C=0$，只需计算 y_C 的值。

(1) 分别确定三个图形的面积和形心坐标

半径为 r_1 的半圆面

$$A_1=\frac{\pi r_1^2}{2}=\frac{\pi\times10^2}{2}=157\ \text{cm}^2,\quad y_1=\frac{4r_1}{3\pi}=\frac{4\times10}{3\pi}=4.24\ \text{cm}$$

半径为 r_2 的半圆面

$$A_2=\frac{\pi r_2^2}{2}=\frac{\pi\times3^2}{2}=14\ \text{cm}^2,\quad y_2=-\frac{4r_2}{3\pi}=-\frac{4\times3}{3\pi}=-1.27\ \text{cm}$$

半径为 r_3 的圆

$$A_3=-\pi r_3^2=-\pi\times1^2=-3.14\ \text{cm}^2,\quad y_3=0$$

(2) 计算组合图形的形心坐标。

$$y_C=\frac{\sum_{i=1}^{3}A_i\cdot y_i}{A}=\frac{A_1\cdot y_1+A_2\cdot y_2+A_3\cdot y_3}{A_1+A_2+A_3}=3.86\ \text{cm}$$

3. 用实验方法测定重心的位置

工程中一些外形复杂或质量分布不均的物体很难用计算的方法求其重心，此时可用实验方法测定重心位置。下面介绍两种方法。

1）悬挂法

如果需求一薄板的重心，可先将板悬挂于任一点 A，如图 2－42 (a) 所示。根据二力平衡条件，重心必在过悬挂点的铅直线上，于是可在板上画出此线。然后再将板悬挂于另一点 B，同样可画出另一直线，两直线相交于点 C（见图 2－42 (b)），这个点就是重心。

2）称重法

下面以汽车为例简述测定重心的方法。如图 2－43 (a) 所示，首先称量出汽车的重量 G，测量出前后轮距 l 和车轮半径 r。设汽车是左右对称的，则重心必在对称面内，我们只需测定重心 C 距地面的高度 z_C 和距后轮的距离 x_C。

为了测定 x_C，将汽车后轮放在地面上，前轮放在磅秤上，车身保持水平，如图 2－43 (a) 所示。这时磅秤上的读数为 F_1。因车身是平衡的，故满足

$$\sum M_A=0,\quad G\cdot x_C=F_1\cdot l$$

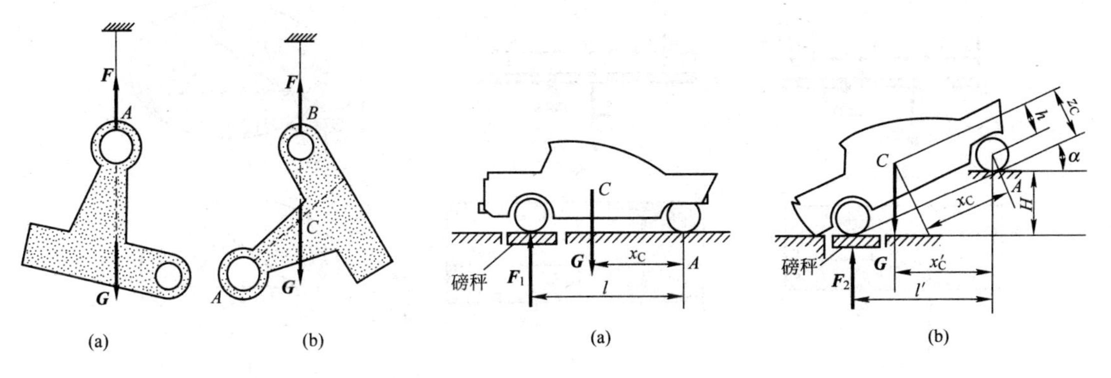

图 2-42　悬挂法　　　　图 2-43　称重法

于是得

$$x_C=\frac{F_1}{G}l \tag{2-35a}$$

欲测定 z_C，需将车的后轮抬到任意高度 H，如图 2-43（b）所示。这时磅秤的读数为 F_2。同理得

$$x_C'=\frac{F_2}{G}l' \tag{2-35b}$$

由图中的几何关系知

$$l'=l\cos\alpha$$

$$x_C'=x_C\cos\alpha$$

$$\sin\alpha=\frac{H}{l}$$

$$\cos\alpha=\frac{\sqrt{l^2-H^2}}{l}$$

设 h 为重心与后轮中心的高度差，则有

$$x_C'=x_C\cos\alpha+h\sin\alpha \quad 且 \quad h=z_C-r$$

把以上各关系式代入式（2-35b）中，经整理后即得计算高度 z_C 的公式为

$$z_C=r+\frac{F_2-F_1}{G}\cdot\frac{1}{H}\sqrt{l^2-H^2}$$

式中均为已测定的数据。

思考题

2-1　人在骑自行车转弯时，单手握把和双手握把有什么不同？

2-2　图 2-44（a）与图 2-44（b）中的杆 AB 的受力能等效吗？图（c）与图（d）所示构件呢？

2-3　图 2-45（a）所示刚体上分别在 A_1、A_2、A_3 三点处有三个力 $\boldsymbol{F}_1$、$\boldsymbol{F}_2$、$\boldsymbol{F}_3$ 作用，另有一刚体上的力系三个力矢量保持图 2-45（b）所示关系，两个力系的简化结果相同吗？

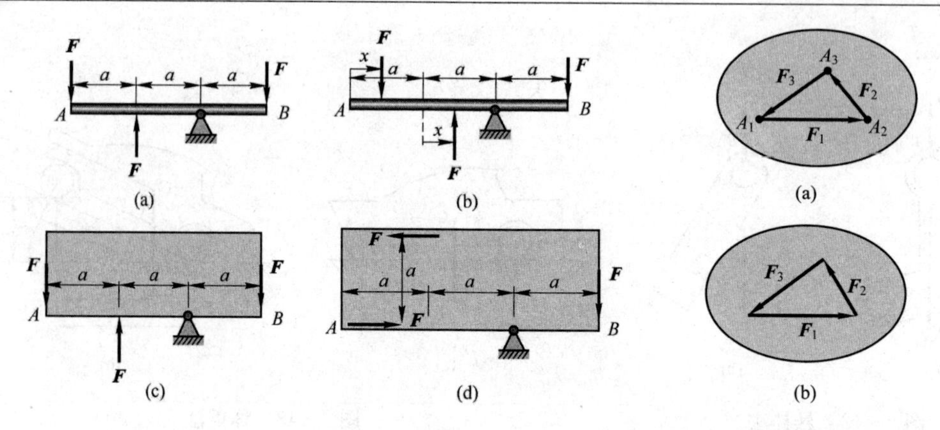

图 2-44 思考题 2-2 图　　　　图 2-45 思考题 2-3 图

2-4 图 2-46 中各刚体所受力系的简化结果分别是什么？（图 c、d 中 $F_1=F_2=F_3=F_4=F$）

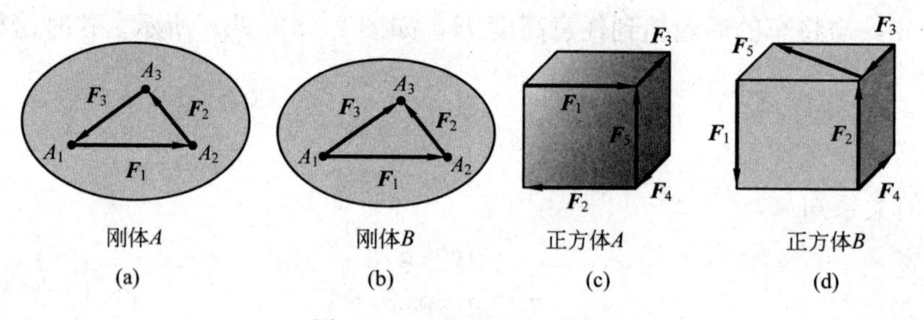

图 2-46 思考题 2-4 图

2-5 作用在一个刚体上的两个力 $\boldsymbol{F}_A$、$\boldsymbol{F}_B$，满足 $\boldsymbol{F}_A=-\boldsymbol{F}_B$ 的条件，则该二力可能是________。

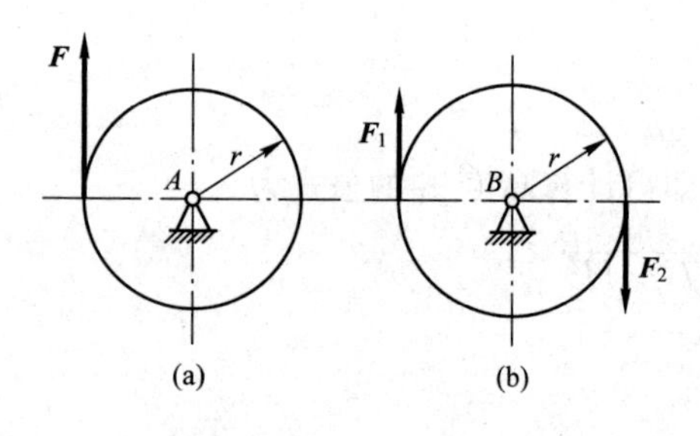

图 2-47 思考题 2-6 图

① 作用力和反作用力或一对平衡的力；
② 一对平衡的力或一个力偶；
③ 一对平衡的力或一个力和一个力偶；
④ 作用力和反作用力或一个力偶。

2-6 试用力系向已知点简化的方法说明图 2-47 所示的力 $\boldsymbol{F}$ 和力偶（$\boldsymbol{F}_1$，$\boldsymbol{F}_2$）对于轮的作用有何不同？在轮轴支承 A 和 B 处的约束反力有何不同？设 $F_1=F_2=F/2$，轮的半径为 r。

2-7 一空间任意力系向某点简化后，主矢为零，主矩在 z 轴上的投影为零，则该力系简化的最终结果可能是什么？

2-8 物体的重心、质心和形心在什么情况下三心重合？

2-9 物体重心的位置会随着坐标系原点位置的不同而改变吗？

习题

2-1 通过 $A(3, 0, 0)$，$B(0, 4, 5)$ 两点（长度单位为米），且由 A 指向 B 的力 $\boldsymbol{F}$ 在

z 轴上投影为______________，对 z 轴的矩的大小为____________。

2-2　如图2-48所示，已知力 $\boldsymbol{F}$ 的大小，角度 φ 和 θ，以及长方体的边长 a，b，c，则力 $\boldsymbol{F}$ 在轴 z 和 y 上的投影：$F_z=$________；$F_y=$________；$\boldsymbol{F}$ 对轴 x 的矩 $M_x(\boldsymbol{F})=$________。

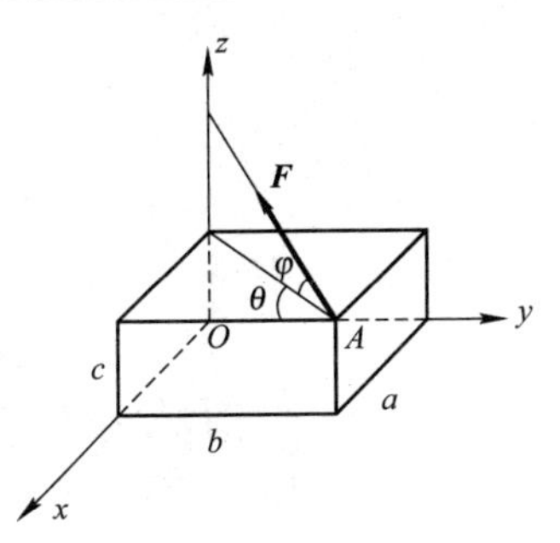

图2-48　习题2-2图

2-3　图2-49中，力 $\boldsymbol{F}$ 通过 $A(3, 4, 0)$，$B(0, 4, 4)$ 两点（长度单位为m），若 $F=100$ N，则该力在 x 轴上的投影为________，对 x 轴的矩为________。

2-4　如图2-50所示，三棱柱的底面为等腰三角形，已知 $OA=OB=a$，在平面 $ABED$ 内有沿对角线 AE 的一个力 $\boldsymbol{F}$，$\alpha=30°$，则此力对各坐标轴之矩为

$M_x(\boldsymbol{F})=$__________；$M_y(\boldsymbol{F})=$__________；$M_z(\boldsymbol{F})=$__________。

2-5　如图2-51所示，已知力 $\boldsymbol{F}$ 的大小为60N，则力 $\boldsymbol{F}$ 对 x 轴的矩为________；对 z 轴的矩为________。

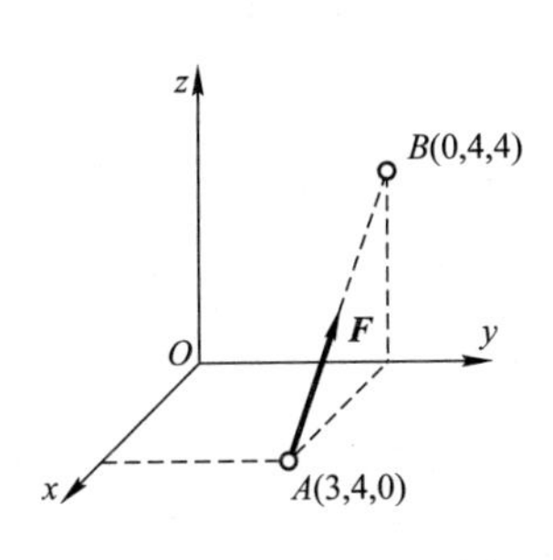

图2-49　习题2-3图

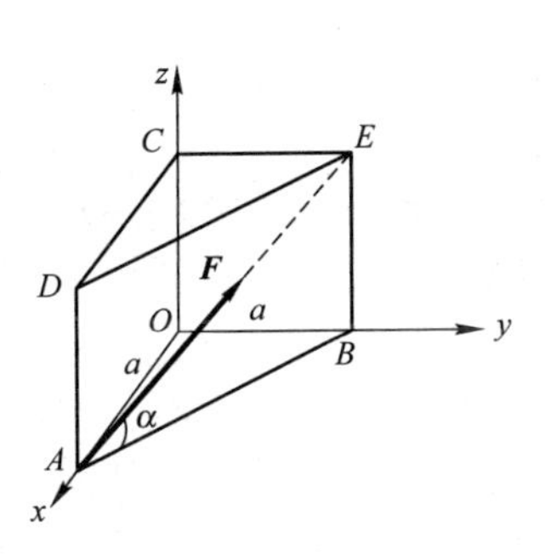

图2-50　习题2-4图

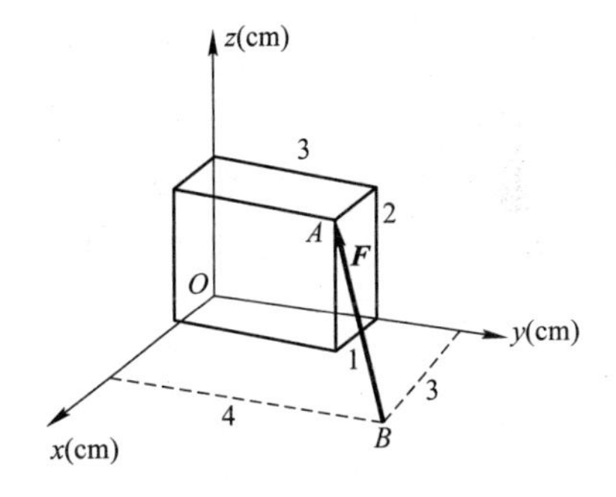

图2-51　习题2-5图

2-6　试求图2-52中力 $\boldsymbol{F}$ 对 O 点的矩。

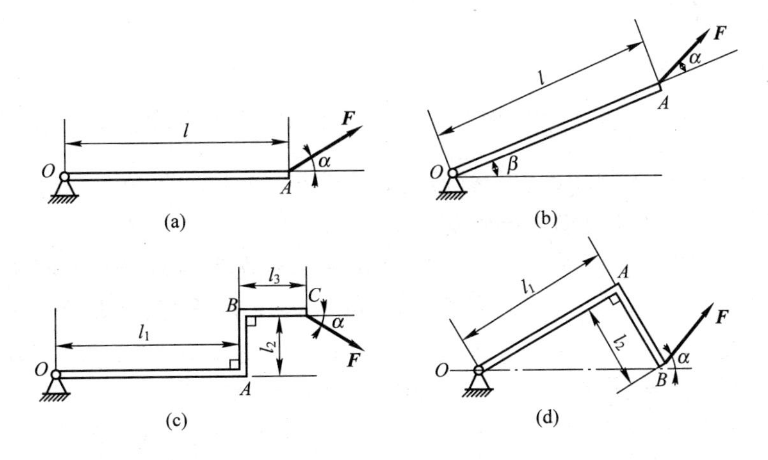

图2-52　习题2-6图

2-7　图2-53中，力 $F=1000$ N，求力 $\boldsymbol{F}$ 对于 z 轴的力矩 M_z。

2-8　在图2-54所示平面力系中，已知：$F_1=10$ N，$F_2=40$ N，$F_3=40$ N，$M=$

30 N·m。试求其合力，并画在图上（图中长度单位为 m）。

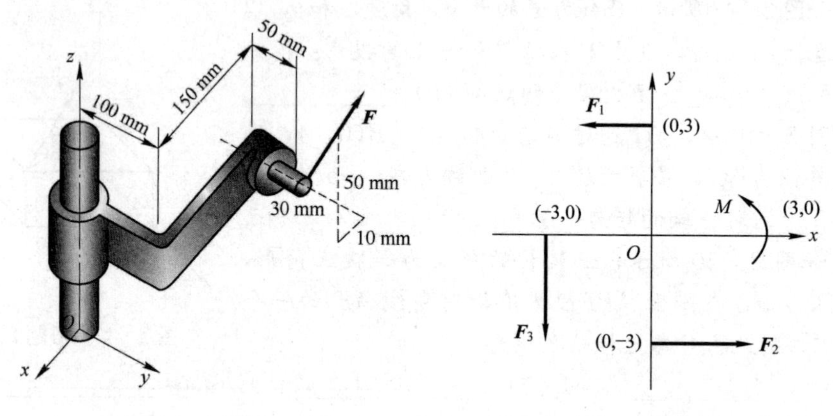

图 2-53 习题 2-7 图　　图 2-54 习题 2-8 图

2-9 在图 2-55 所示正方体的表面 $ABFE$ 内作用一力偶，其矩 $M=50$ kN·m，转向如图 2-55 所示；又沿 GA、BH 方向作用两力$\boldsymbol{F}$、$\boldsymbol{F}'$，$F=F'=50\sqrt{2}$ kN；$a=1$ m。试求该力系向 C 点简化的结果。

2-10 一个力系如图 2-56 所示，已知：$F_1=F_2=F$，$M=F\cdot a$，$OA=OD=OE=a$，$OB=OC=2a$。试求此力系的简化结果。

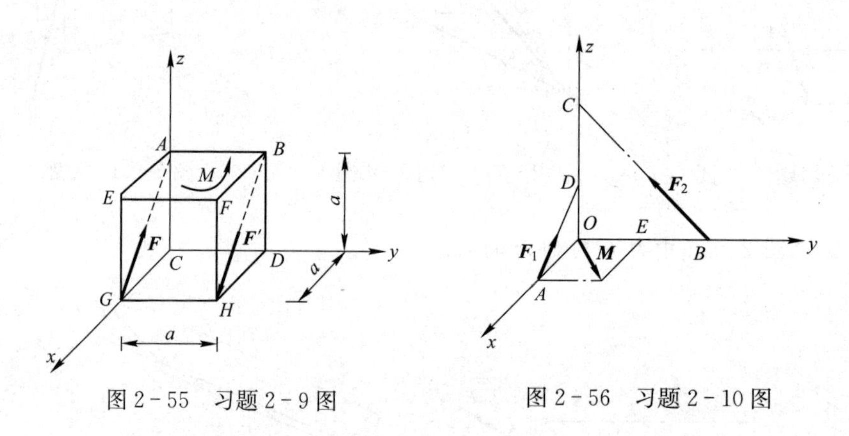

图 2-55 习题 2-9 图　　图 2-56 习题 2-10 图

2-11 沿长方体的不相交且不平行的棱边作用三个大小相等的力，问边长 a、b、c 满足什么条件，这个力系才能简化为一个力。

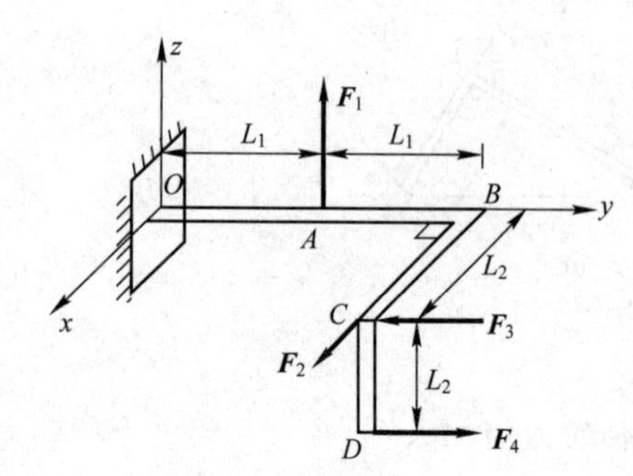

图 2-57 习题 2-12 图

2-12 图 2-57 所示折杆 $OABCD$ 的 OB 段与 y 轴重合，BC 段与 x 轴平行，CD 段与 z 轴平行，已知：$F_1=50$ N，$F_2=50$ N，$F_3=100$ N，$F_4=100$ N，$L_1=100$ mm，$L_2=75$ mm。以 B 点为简化中心将此四个力简化成最简单的形式，并确定其位置。

2-13 结构如图 2-58 所示，求支座 B 的约束反力。

2-14 图 2-59 所示曲柄摇杆机构，在摇杆的 B 端作用一水平阻力$\boldsymbol{F}$，已知：$OC=r$，$AB=L$，各部分自重及摩擦均忽略不计，欲使机构在图示位置（OC 水平）保持平衡，试求在曲柄 OC 上所施加的力偶的力偶矩 M。

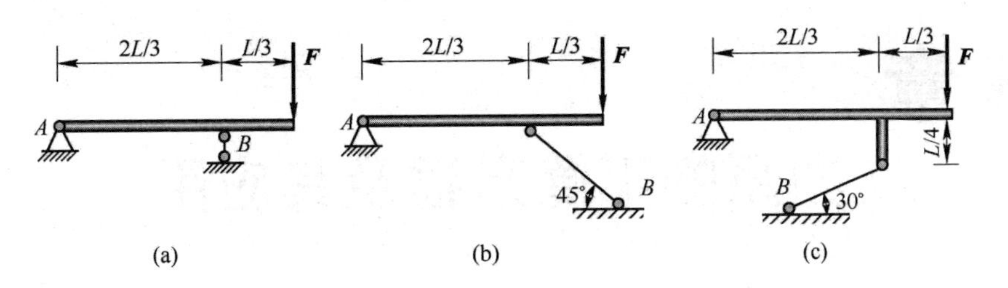

图2-58　习题2-13图

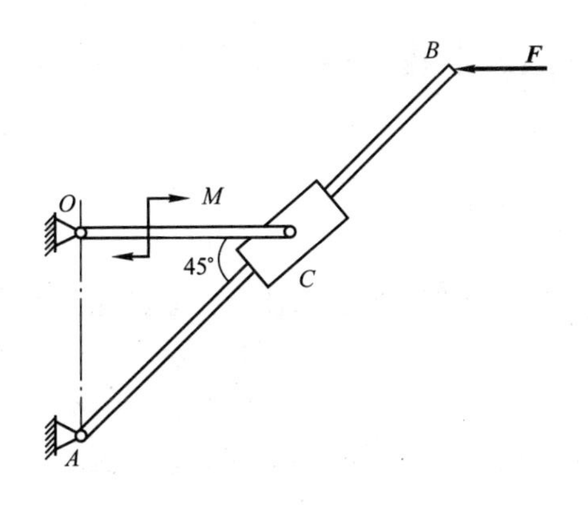

图2-59　习题2-14图

2-15　试确定图2-60所示截面的形心位置。(图中长度单位为 mm)

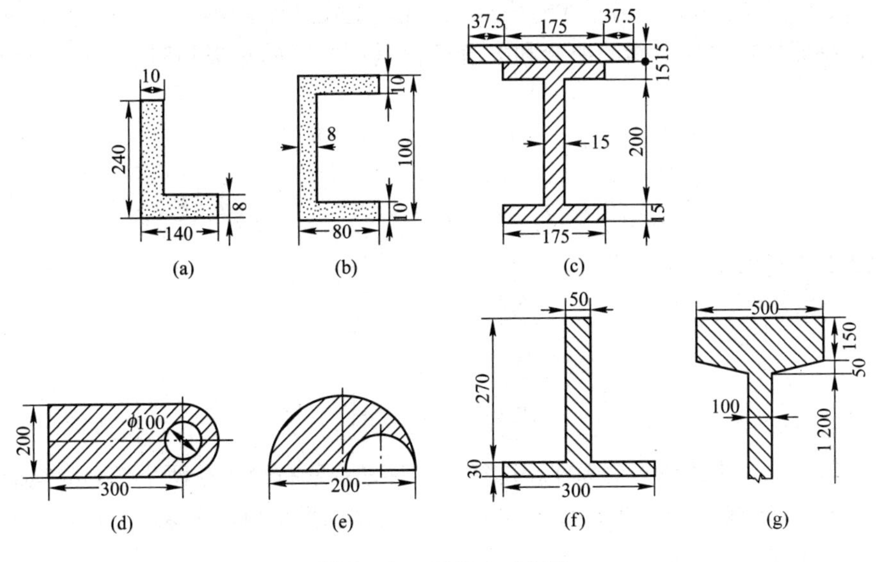

图2-60　习题2-15图

第3章 力系的平衡方程及其应用

3.1 平面任意力系的平衡方程及其应用

3.1.1 基本形式的平衡方程

现在讨论静力学中最重要的情形，即平面任意力系的主矢和主矩都等于零的情形：

$$\boldsymbol{F}_R'=0, \quad M_O=0 \tag{3-1}$$

显然，主矢等于零，表明作用于简化中心 O 的汇交力系为平衡力系；主矩等于零，表明附加力偶系也是平衡力系，所以原力系必为平衡力系。因此，式（3-1）为平面任意力系平衡的**充分条件**。

由第2章分析结果可知：若主矢和主矩有一个不等于零，则力系应简化为合力或合力偶；若主矢与主矩都不等于零时，可进一步简化为一个合力。上述情况下力系都不能平衡，只有当主矢和主矩都等于零时，力系才能平衡，因此，上式又是平面任意力系平衡的**必要条件**。

于是，**平面任意力系平衡的必要和充分条件是：力系的主矢和对于任一点的主矩都等于零。**

这些平衡条件可用解析式表示。由 $\boldsymbol{F}_R'=0$，$M_O=0$ 可得

$$|\boldsymbol{F}_R'|=\sqrt{\left(\sum F_{ix}\right)^2+\left(\sum F_{iy}\right)^2}=0, \quad \sum M_O(\boldsymbol{F}_i)=0 \tag{3-2}$$

所以平面任意力系的平衡方程为

$$\left.\begin{array}{l}\sum F_{ix}=0 \\ \sum F_{iy}=0 \\ \sum M_O(\boldsymbol{F}_i)=0\end{array}\right\} \tag{3-3}$$

由此可得结论，**平面任意力系平衡的解析条件是：所有分力在两个任选的坐标轴上的投影的代数和分别等于零，以及各力对于任意一点的矩的代数和也等于零。**上式有三个方程，只能求解三个未知数。

例3-1 如图3-1（a）所示，起重架可借绕过滑轮 A 的绳索将重量为 $G=20$ kN 的物体吊起，滑轮 A 用不计自重的杆 AB 和 AC 支承，不计滑轮的自重和轴承处的摩擦。求系统平衡时杆 AB、AC 所受力（忽略滑轮的尺寸）。

解：以滑轮 A（带有销钉）为研究对象，受力如图3-1（b）所示，其中：$F_T=G$。应用平面力系的平衡方程可得

$$\sum F_{AB}=0,\quad F_{AB}-F_T\cos 30°+G\sin 30°=0$$

$$F_{AB}=G(\cos 30°-\sin 30°)=7.32\ \text{kN}\quad（压力）$$

$$\sum F_{AC}=0,\quad F_{AC}-G\cos 30°-F_T\sin 30°=0$$

$$F_{AB}=G(\cos 30°+\sin 30°)=27.32\ \text{kN}\quad（压力）$$

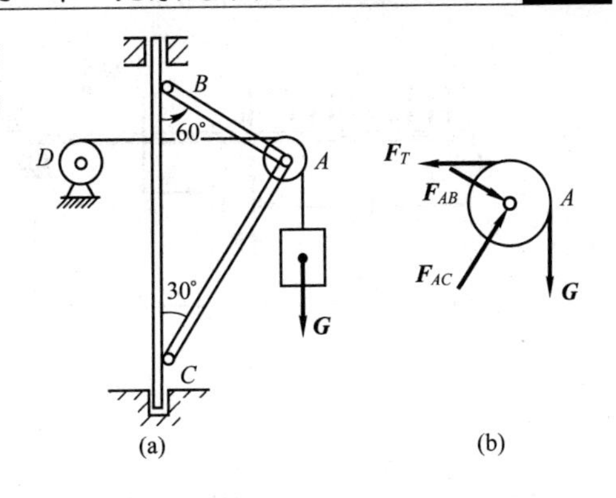

图3-1　例3-1图

例3-2　支架的横梁 AB 与斜杆 DC 彼此以铰链 C 相连接，并各以铰链 A、D 连接于铅直墙上。如图3-2（a）所示。已知 $AC=CB$；杆 DC 与水平线成45°角；载荷 $F=10$ kN，作用于 B 处。设梁和杆的重量忽略不计，求铰链 A 的约束反力和杆 DC 所受的力。

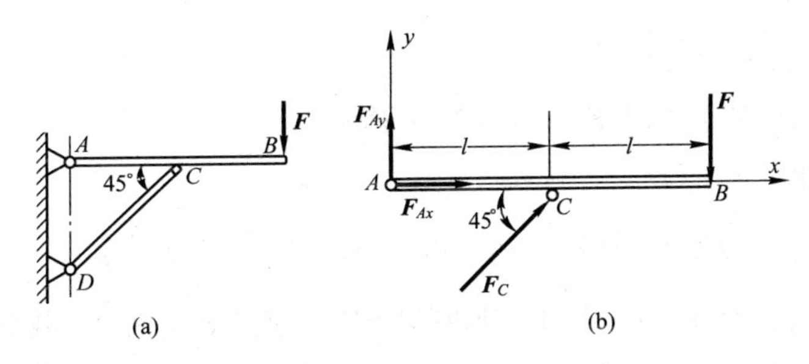

图3-2　例3-2图

解：(1) **取梁 AB 为研究对象。**

(2) **画受力图**：梁 AB 除受主动力 $\boldsymbol{F}$ 外，A、C 处还受约束反力作用。C 处受二力杆 DC 对梁的约束反力 $\boldsymbol{F}_C$，铰链A处约束反力方向未确定，可分解为 $\boldsymbol{F}_{Ax}$ 与 $\boldsymbol{F}_{Ay}$ 两个分力。受力图如图3-2（b）所示。

(3) **列平衡方程**：取坐标轴如图3-2（b）所示，则有

$$\sum F_{ix}=0,\quad F_{Ax}+F_C\cos 45°=0 \tag{3-4}$$

$$\sum F_{iy}=0,\quad F_{Ay}+F_C\sin 45°-F=0 \tag{3-5}$$

$$\sum M_A(\boldsymbol{F})=0,\quad F_C\sin 45°\cdot l-F\cdot 2l=0 \tag{3-6}$$

(4) **解方程**：由式（3-6）可得

$$F_C=2F/\sin 45°=28.28\ \text{kN}\quad（压力）$$

代入式（3-4）、（3-5），得

$$F_{Ax}=-F_C\cos 45°=-2F=-20\ \text{kN},\quad F_{Ay}=F-F_C\sin 45°=-F=-10\ \text{kN}$$

式中负号表明，约束反力 $\boldsymbol{F}_{Ax}$、$\boldsymbol{F}_{Ay}$ 的方向与图中所设的方向相反。

例3-3　如图3-3（a）所示，水平横梁 AB，A 端为固定铰链支座，B 端为一滚动支座。梁的长为 $4a$，梁重 P，作用在梁的中点 C。在梁的 AC 段上受均布载荷 q 作用，在梁的 CB 段上受力偶作用，力偶矩 $M=Pa$。试求 A 和 B 处的支座反力。

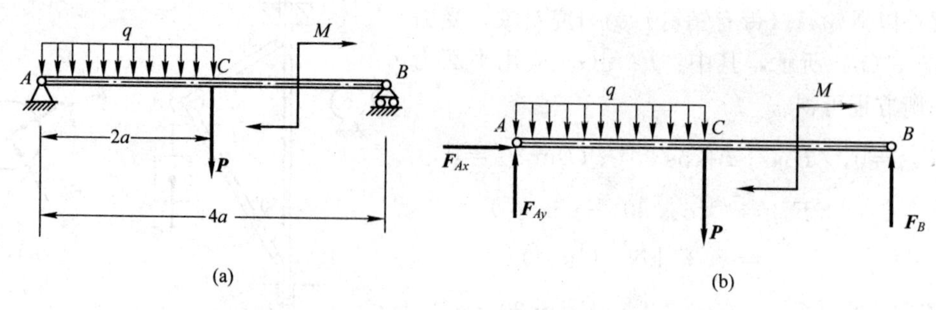

图 3-3 例 3-3 图

解：（1）选梁 AB 为研究对象，画受力图，如图 3-3（b）所示。

它所受的主动力有：均布载荷 q，重力 $\boldsymbol{P}$ 和矩为 M 的力偶。它所受的约束反力有：铰链 A 的两个分力 $\boldsymbol{F}_{Ax}$ 和 $\boldsymbol{F}_{Ay}$，滚动支座 B 处铅直向上的约束反力 $\boldsymbol{F}_B$。

（2）取坐标系，列平衡方程。

$$\sum M_{\mathrm{A}}(\boldsymbol{F})=0,\quad F_B\cdot 4a-M-P\cdot 2a-q\cdot 2a\cdot a=0$$

$$\sum F_{ix}=0,\quad F_{Ax}=0$$

$$\sum F_{iy}=0,\quad F_{Ay}-q\cdot 2a-P+F_B=0$$

（3）解上述方程，得

$$F_B=\frac{3}{4}P+\frac{1}{2}qa,\quad F_{Ax}=0,\quad F_{Ay}=\frac{P}{4}+\frac{3}{2}qa$$

例 3-4 自重为 $P=100$ kN 的 T 字形刚架 ABD，置于铅垂面内，载荷如图 3-4（a）所示。其中 $M=20$ kN·m，$F=400$ kN，$q=20$ kN/m，$l=1$ m。试求固定端 A 的约束反力。

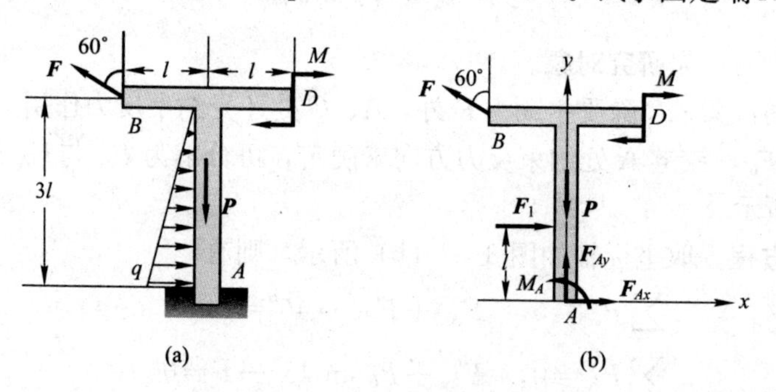

图 3-4 例 3-4 图

解：题目中出现了一种新的约束——固定端，首先来了解一下这种约束的作用和约束反力的形成。

固定端又称插入端，在工程中，固定端支座是一种常见的约束。如图 3-5（a）中的车刀和工件，分别被夹持在刀架（见图 3-5（b））和卡盘上（见图 3-5（c））；图 3-5（d）所示的楼房阳台楼板被固定在墙体内（见图 3-5（e））；悬臂起重机的吊臂被固定在立柱上（见图 3-5（f））。车刀、工件、楼板和吊臂等构件所受约束具有共同的特点，即约束将构件的一端牢牢地固定在基础上，在图示平面内构件不能沿任意方向移动和转动，主动力作用在构件的外伸端，这种约束称为**固定端约束**，力学计算模型可由图 3-6 表示，A 端即表示固定端支座约束。

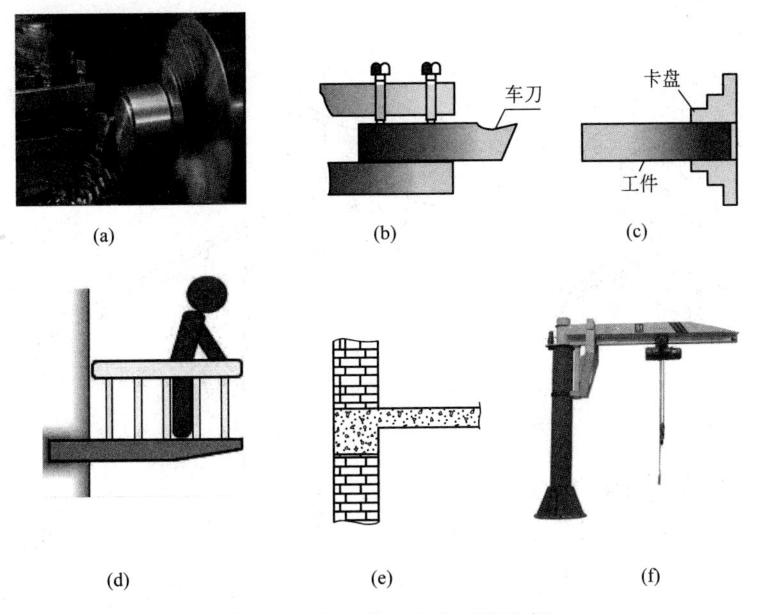

图 3－5 固定端支座的工程实例

固定端支座的约束反力可利用力系向一点简化的方法来分析。如图 3－7（a）所示，固定端支座对物体的作用，是在接触面上作用了一群任意分布约束反力。在平面问题中，这些力为一平面任意力系。

图 3－6 固定端约束力学计算模型

利用平面力系向一点简化的方法将这群力向作用平面内点 A 简化，如图 3－7（b）所示，可得到一个力（力系的主矢）和一个力偶（力系的主矩）。一般情况下这个力的大小和方向均为未知量，可用两个未知分力来代替。因此，在平面力系情况下，固定端 A 处的约束反作用可简化为两个约束反力 $\boldsymbol{F}_{Ax}$、$\boldsymbol{F}_{Ay}$ 和一个矩为 M_A 的约束反力偶，如图 3－7（c）所示。

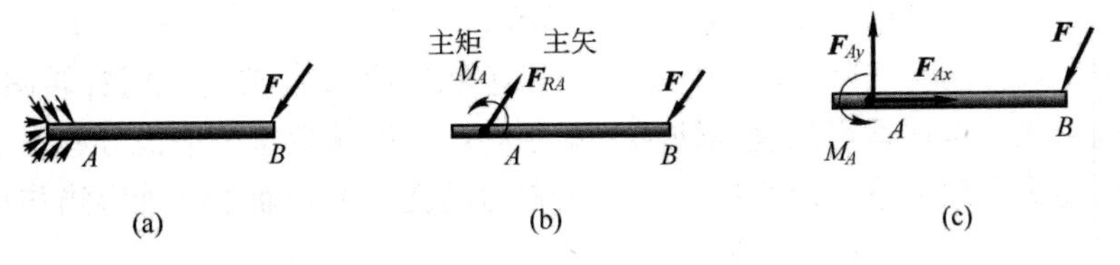

图 3－7 平面固定端的约束反力

比较固定端支座与固定铰链支座的约束性质可见，固定端支座除了限制物体在水平方向和铅直方向移动外，还能限制物体在平面内转动。因此，除了约束反力 $\boldsymbol{F}_{Ax}$、$\boldsymbol{F}_{Ay}$ 外，还有矩为 M_A 的约束反力偶。而固定铰链支座没有约束反力偶，因为它不能限制物体在平面内转动。

同样，可利用空间任意力系的简化手段，分析空间固定端约束的约束反力。如图 3－8 所示，工件的 A 端为空间固定端约束，约束分布力系的主矢有三个正交分力 $\boldsymbol{F}_x$、$\boldsymbol{F}_y$、$\boldsymbol{F}_z$，力系的主矩为一个空间矢量，一般分解为三个正交分力偶矩矢 $\boldsymbol{M}_x$、$\boldsymbol{M}_y$、$\boldsymbol{M}_z$。这些约束反力和反力偶矩的存在表示：空间固定端约束将限制构件沿空间任意方向的移动和转动。

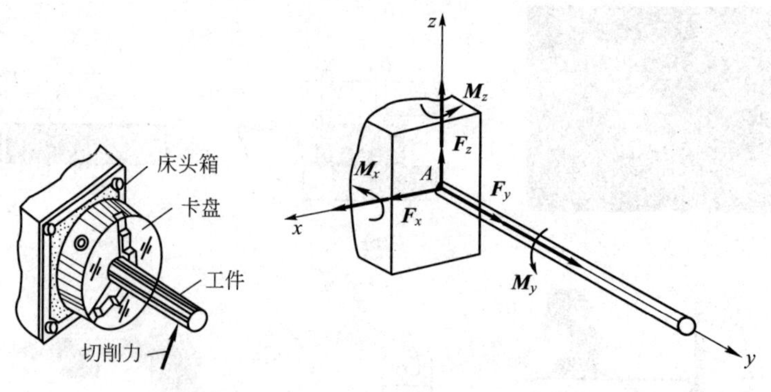

图 3-8 空间固定端的约束及约束反力

下面来求解本题。

(1) 取 T 字形刚架为研究对象，分析受力。

如图 3-4 (b) 所示，刚架上除受主动力外，还受有固定端 A 处的约束反力 $\boldsymbol{F}_{Ax}$、$\boldsymbol{F}_{Ay}$ 和约束反力偶 M_A 作用。其中，线性分布载荷可用一集中力 $\boldsymbol{F}_1$ 等效替代，其大小为 $F_1=\frac{1}{2}q\times 3l=30\ \text{kN}$，作用于三角形分布载荷的几何中心，即距点 A 为 l 处。

(2) 按图示坐标，列平衡方程。

$$\sum F_{ix}=0,\quad F_{Ax}+F_1-F\sin 60°=0$$

$$\sum F_{iy}=0,\quad F_{Ay}-P+F\cos 60°=0$$

$$\sum M_A(\boldsymbol{F})=0,\quad M_A-M-F_1 l-F\cos 60°\cdot l+F\sin 60°\cdot 3l=0$$

(3) 解方程。

由上述平衡方程求得

$$F_{Ax}=F\sin 60°-F_1=316.4\ \text{kN}$$

$$F_{Ay}=P-F\cos 60°=-100\ \text{kN}$$

$$M_A=M+F_1 l+Fl\cos 60°-3Fl\sin 60°=-789.2\ \text{kN}\cdot\text{m}$$

负号说明图中所设方向与实际情况相反，即 $\boldsymbol{F}_{Ay}$ 应为向下，M_A 应为顺时针转向。

由本例题可见，选取适当的坐标轴和力矩中心，可以减少每个平衡方程中的未知量的数目。在平面任意力系情形下，矩心应取在两未知力的交点上，而坐标轴应当与尽可能多的未知力相垂直。

下面介绍平面力系其他形式的平衡方程及其应用。

3.1.2 平面任意力系的二矩式和三矩式平衡方程

二矩式：三个平衡方程中有两个力矩方程和一个投影方程，即

$$\sum_{i=1}^{n} M_A(\boldsymbol{F}_i)=0,\quad \sum_{i=1}^{n} M_B(\boldsymbol{F}_i)=0,\quad \sum_{i=1}^{n} F_{ix}=0 \tag{3-7}$$

其中 x 轴不得垂直于 A、B 两点的连线。

为什么上述形式的平衡方程也能满足力系平衡的必要和充分条件呢？如图 3-9 所示，如果力系对点 A 的主矩等于零，则这个力系不可能简化为一个力偶；但可能有两种情形：

这个力系或者是简化为经过点 A 的一个力，或者平衡。如果力系对另一点 B 的主矩也同时为零，则这个力系或有一合力沿 A、B 两点的连线，或者平衡。如果再加上 $\sum_{i=1}^{n} F_{ix}=0$，那么力系如有合力，则此合力必与 x 轴垂直。上式的附加条件（x 轴不得垂直连线 AB）完全排除了力系简化为一个合力的可能性，故所研究的力系必为平衡力系。

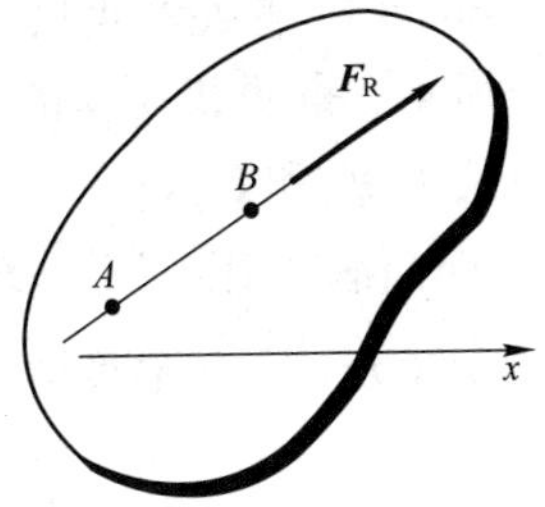

图 3-9　二矩式平衡方程的证明

同理，也可写出三个力矩式的平衡方程，即

$$\sum_{i=1}^{n} M_A(\boldsymbol{F}_i)=0,\quad \sum_{i=1}^{n} M_B(\boldsymbol{F}_i)=0,\quad \sum_{i=1}^{n} M_C(\boldsymbol{F}_i)=0 \tag{3-8}$$

其中，A、B、C 三点不得共线。

3.1.3　平面平行力系的平衡方程

平面平行力系是平面任意力系的一种特殊情形。如图 3-10 所示，设物体受平面平行力系 $\boldsymbol{F}_1$，$\boldsymbol{F}_2$，…，$\boldsymbol{F}_n$ 的作用。如选取 x 轴与各力垂直，则不论力系是否平衡，每一个力在 x 轴上的投影恒等于零，即 $\sum F_x \equiv 0$。于是，平行力系的独立平衡方程的数目只有两个，即

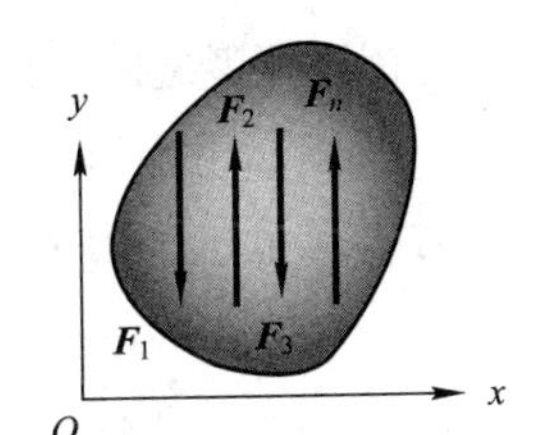

图 3-10　平面平行力系

$$\sum_{i=1}^{n} F_{iy}=0,\quad \sum_{i=1}^{n} M_O(\boldsymbol{F}_i)=0 \tag{3-9}$$

平面平行力系的平衡方程，也可用两个力矩方程的形式表示，即

$$\sum_{i=1}^{n} M_A(\boldsymbol{F}_i)=0,\quad \sum_{i=1}^{n} M_B(\boldsymbol{F}_i)=0 \tag{3-10}$$

其中 A、B 两点的连线不得与各力平行。

例 3-5　塔式起重机如图 3-11（a）所示。机架重 $P_1=700$ kN，作用线通过塔架的中心。最大起重量 $P_2=200$ kN，最大悬臂长为 12 m，轨道 AB 的间距为 4 m。平衡荷重 P_3，到机身中心线距离为 6 m。试问：(1) 保证起重机在满载和空载时都不致翻倒，求平衡荷重 P_3。(2) 当平衡荷重 $P_3=180$ kN 时，求满载时轨道 A、B 给起重机轮子的反力。

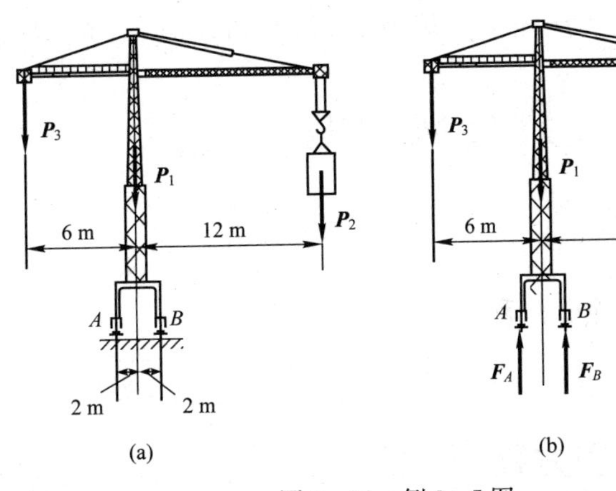

图 3-11　例 3-5 图

解：(1) 要使起重机不翻倒，应使作用在起重机上的所有力满足平衡条件。如图 3-11(b) 所示，起重机所受的力有：载荷的重力 $\boldsymbol{P}_2$，机架的重力 $\boldsymbol{P}_1$，平衡荷重 $\boldsymbol{P}_3$，以及轨道的约束反力 $\boldsymbol{F}_A$ 和 $\boldsymbol{F}_B$。

① 当满载时：$P_2=200\ \text{kN}$，为使起重机不绕点 B 翻倒，这些力必须满足平衡方程 $\sum M_B(\boldsymbol{F})=0$。在临界情况下，$F_A=0$，这时求出的 P_3 值是所允许的最小值。

$$\sum M_B(\boldsymbol{F})=0,\quad P_{3\min}(6+2)+2P_1-P_2(12-2)=0$$

求得

$$P_{3\min}=\frac{1}{8}(10P_2-2P_1)=75\ \text{kN}$$

② 当空载时：$P_2=0$，为使起重机不绕点 A 翻倒，所受的力必须满足平衡方程 $\sum M_A(\boldsymbol{F})=0$。在临界情况下，$F_B=0$，这时求出的 P_3 值是所允许的最大值。

$$\sum M_A(\boldsymbol{F})=0,\quad P_{3\max}(6-2)-2P_1=0$$

求得

$$P_{3\max}=\frac{2P_1}{4}=350\ \text{kN}$$

起重机实际工作时不允许处于极限状态，要使起重机不会翻倒，平衡荷重应在这两者之间，即

$$75\ \text{kN}<P_3<350\ \text{kN}$$

(2) 当 $P_3=180\ \text{kN}$，求满载时作用于轮子的约束反力 $\boldsymbol{F}_A$ 和 $\boldsymbol{F}_B$。此时，起重机在力 $\boldsymbol{P}_2$、$\boldsymbol{P}_3$、$\boldsymbol{P}_1$ 以及 $\boldsymbol{F}_A$、$\boldsymbol{F}_B$ 的作用下平衡。根据平面平行力系平衡方程，有

$$\sum M_A(\boldsymbol{F})=0,\quad P_3(6-2)-P_1\cdot 2-P_2(12+2)+F_B\cdot 4=0 \tag{3-11}$$

$$\sum F_y=0,\quad -P_3-P_1-P_2+F_A+F_B=0 \tag{3-12}$$

由式 (3-11) 解得

$$F_B=\frac{14P_2+2P_1-4P_3}{4}=870\ \text{kN}$$

代入式 (3-12) 得

$$F_A=210\ \text{kN}$$

我们可以利用多余的不独立方程 $\sum M_B(\boldsymbol{F})=0$，来校验以上计算结果是否正确。取

$$\sum M_B(\boldsymbol{F})=0,\quad P_3(6+2)+P_1\cdot 2-P_2(12-2)-F_A\cdot 4=0$$

求得

$$F_A=\frac{8P_3+2P_1-10P_2}{4}=210\ \text{kN}$$

结果相同。

3.2 空间力系的平衡方程

3.2.1 基本形式的平衡方程

空间任意力系平衡的充分和必要条件是：力系的**主矢**和对任一点的**主矩**都等于零，即

$$\begin{cases}\boldsymbol{F}'_R=\boldsymbol{0}\\ \boldsymbol{M}_O=\boldsymbol{0}\end{cases}$$

由力系简化结果可知

$$\boldsymbol{F}'_R=\sum \boldsymbol{F}_i=\sum_{i=1}^{n}(\boldsymbol{i}F_{ix}+\boldsymbol{j}F_{iy}+\boldsymbol{k}F_{iz})$$

$$\boldsymbol{M}_O=\sum \boldsymbol{M}_i=\sum \boldsymbol{M}_O(\boldsymbol{F}_i)$$

$$=\boldsymbol{i}\sum M_{Ox}(\boldsymbol{F}_i)+\boldsymbol{j}\sum M_{Oy}(\boldsymbol{F}_i)+\boldsymbol{k}\sum M_{Oz}(\boldsymbol{F}_i)$$

所以，主矢、主矩的大小为

$$F'_R=\sqrt{(\sum F_{ix})^2+(\sum F_{iy})^2+(\sum F_{iz})^2}$$

$$M_O=\sqrt{\left[\sum M_{Ox}(\boldsymbol{F}_i)\right]^2+\left[\sum M_{Oy}(\boldsymbol{F}_i)\right]^2+\left[\sum M_{Oz}(\boldsymbol{F}_i)\right]^2}$$

那么，由主矢、主矩的大小为零可得空间任意力系的平衡方程为

$$F'_R=0\Rightarrow\begin{cases}\sum F_{ix}=\sum F_x=0\\ \sum F_{iy}=\sum F_y=0\\ \sum F_{iz}=\sum F_z=0\end{cases} \tag{3-13a}$$

$$M_O=0\Rightarrow\begin{cases}\sum M_{Ox}(\boldsymbol{F}_i)=\sum M_x(\boldsymbol{F})=0\\ \sum M_{Oy}(\boldsymbol{F}_i)=\sum M_y(\boldsymbol{F})=0\\ \sum M_{Oz}(\boldsymbol{F}_i)=\sum M_z(\boldsymbol{F})=0\end{cases} \tag{3-13b}$$

即：空间任意力系平衡的充分和必要条件是：**力系中各力在三个坐标轴上投影的代数和分别等于零，各力对每个轴之矩的代数和也等于零**。这六个平衡方程是独立的，可求解六个未知量。

3.2.2　空间力系其他形式的平衡方程

空间汇交力系（见图3-12）：

$$\begin{cases}\sum F_x=0\\ \sum F_y=0\\ \sum F_z=0\end{cases} \tag{3-14}$$

空间平行力系（见图3-13）：

$$\begin{cases}\sum F_z=0\\ \sum M_x(\boldsymbol{F})=0\\ \sum M_y(\boldsymbol{F})=0\end{cases} \tag{3-15}$$

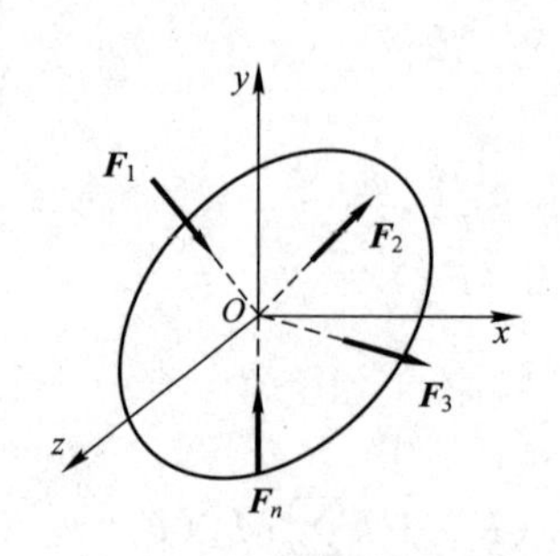

图 3-12 空间汇交力系

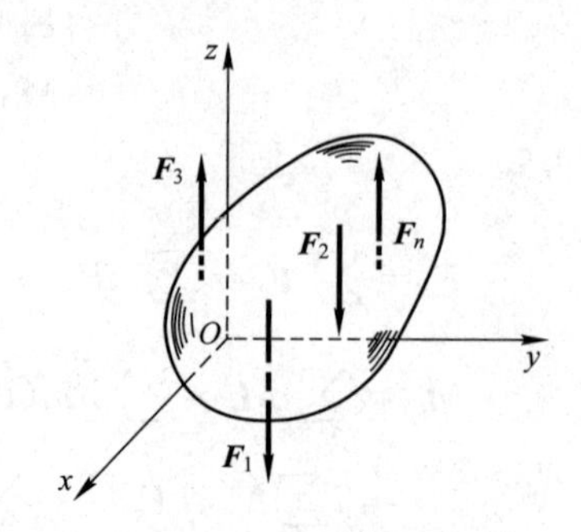

图 3-13 空间平行力系

例 3-6 如图 3-14 所示的三轮小车，自重 $P=8$ kN，作用于点 E，载荷 $P_1=10$ kN，作用于点 C。求小车静止时地面对车轮的反力。

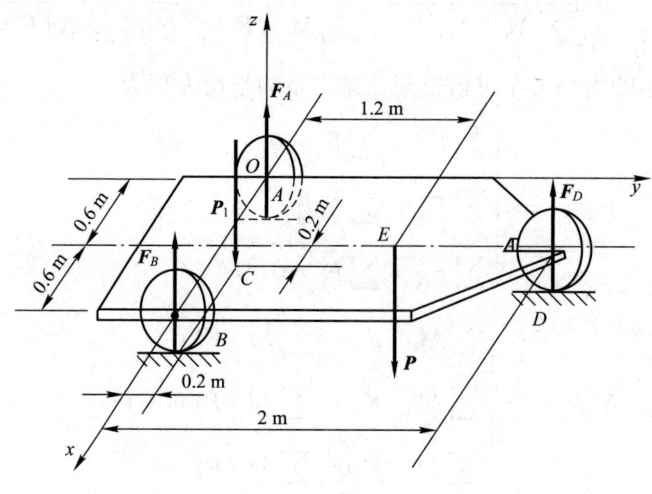

图 3-14 例 3-6 图

解：(1) 以小车为研究对象，分析受力。

如图所示，$\boldsymbol{P}$ 和 $\boldsymbol{P}_1$ 是主动力，$\boldsymbol{F}_A$、$\boldsymbol{F}_B$ 和 $\boldsymbol{F}_D$ 为地面的约束反力，此 5 个力相互平行，组成空间平行力系。

(2) 取图示坐标系 $Oxyz$，列出三个平衡方程：

$$\sum F_z=0,\quad -P_1-P+F_A+F_B+F_D=0 \tag{3-16}$$

$$\sum M_x(\boldsymbol{F})=0,\quad -0.2P_1-1.2P+2F_D=0 \tag{3-17}$$

$$\sum M_y(\boldsymbol{F})=0,\quad 0.8P_1+0.6P-0.6F_D-1.2F_B=0 \tag{3-18}$$

由式 (3-17) 解得 $F_D=5.8$ kN

代入式 (3-18)，解出 $F_B=7.77$ kN

代入式 (3-16)，解出 $F_A=4.43$ kN

例 3-7 图 3-15 所示结构中，AB、AC、AD 三杆由活动球铰连接于 A 处；B、C、D 三处均为固定球铰支座。在 A 处悬挂重物，若重物的重量 G 为已知，试求：三杆的受力。

解：以 A 处的球铰为研究对象。由于 AB、AC、AD 三杆都是两端铰接，杆上无其他外力作用，故都是二力杆。因此，三杆作用在 A 处球铰上的力 $\boldsymbol{F}_{AB}$、$\boldsymbol{F}_{AC}$、$\boldsymbol{F}_{AD}$ 的作用线分别沿着各杆的轴线方向，假设三者的指向都是背向 A 点的。根据空间汇交力系的平衡方程可以写出

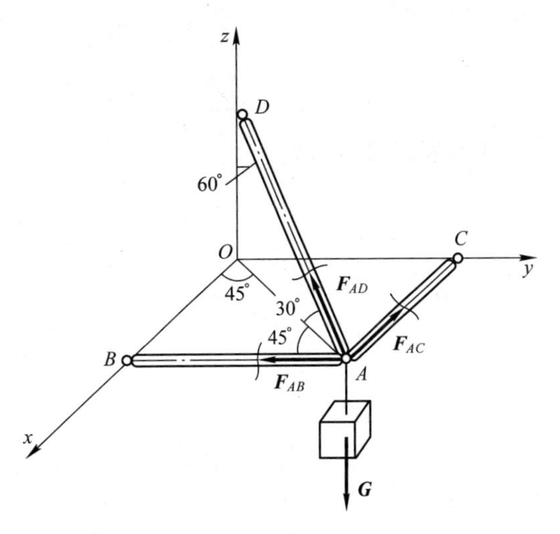

图 3－15　例 3－7 图

$$\begin{cases}\sum F_z=0, & F_{AD}\sin 30°-G=0\\ \sum F_x=0, & -F_{AD}\cos 30°\sin 45°-F_{AC}=0\\ \sum F_y=0, & -F_{AB}-F_{AD}\cos 30°\cos 45°=0\end{cases}$$

解方程可得到

$$F_{AD}=2G,\quad F_{AC}=-\frac{\sqrt{6}}{2}G,\quad F_{AB}=-\frac{\sqrt{6}}{2}G$$

负号表示实际受力方向与假设方向相反。

例 3－8　图 3－16（a）所示为一不计自重的长方体，用三个径向轴承 A、B、C 固定，$OA=a$，$OB=b$，$OC=c$，在三个相互垂直的表面上作用有矩为 M_1、M_2、M_3 的力偶。求平衡时轴承 A、B、C 处的约束反力。

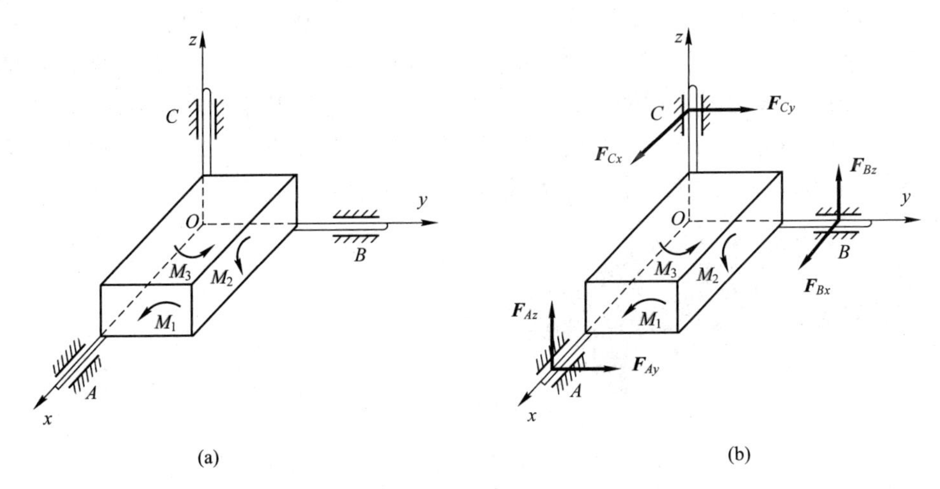

图 3－16　例 3－8 图

解：取长方体为研究对象，画受力图（见图 3－16（b））。根据空间力系的平衡方程可得到

$$\sum F_x=0,\quad F_{Bx}+F_{Cx}=0$$

$$\sum F_y=0,\quad F_{Ay}+F_{Cy}=0$$

$$\sum F_z=0,\quad F_{Az}+F_{Bz}=0$$

$$\sum M_x=0,\quad M_1+F_{Bz}\cdot b-F_{Cy}\cdot c=0$$

$$\sum M_y=0,\quad M_2-F_{Az}\cdot a+F_{Cx}\cdot c=0$$

$$\sum M_z=0,\quad M_3+F_{Ay}\cdot a-F_{Bx}\cdot b=0$$

解上述方程组可以得到

$$F_{Bx}=-F_{Cx}=\frac{1}{2bc}(-aM_1+bM_2+cM_3)$$

$$F_{Ay}=-F_{Cy}=\frac{1}{2ac}(-aM_1+bM_2-cM_3)$$

$$F_{Az}=-F_{Bz}=\frac{1}{2ab}(aM_1+bM_2-cM_3)$$

该例题中的主动力均为力偶，因此，还可以将构件的受力情况按空间力偶系来处理。三个径向轴承共 6 个约束反力，它们两两平行：$\boldsymbol{F}_{Ay}/\!/\boldsymbol{F}_{Cy}$、$\boldsymbol{F}_{Bx}/\!/\boldsymbol{F}_{Cx}$、$\boldsymbol{F}_{Az}/\!/\boldsymbol{F}_{Bz}$，且任意两个平行反力所在平面不与其他两组平行反力所在平面平行，根据力偶只能与力偶等效的原则，每两个平行的约束反力必构成力偶的关系，从而有：$\boldsymbol{F}_{Ay}=-\boldsymbol{F}_{Cy}$、$\boldsymbol{F}_{Bx}=-\boldsymbol{F}_{Cx}$、$\boldsymbol{F}_{Az}=-\boldsymbol{F}_{Bz}$。那么，只需按照空间力偶系的平衡条件列出上述平衡方程中的后三个，即 $\sum M_x=0$，$\sum M_y=0$，$\sum M_z=0$ 就可得到结果。这种方法，请读者自己完成。

例 3-9 车床主轴如图 3-17（a）所示。已知车刀对工件的切削力为：径向切削力 $F_x=4.25$ kN，纵向切削力 $F_y=6.8$ kN，主切削力（切向）$F_z=17$ kN，方向如图 3-17（b）所示。$\boldsymbol{F}_\tau$与$\boldsymbol{F}_r$分别为作用在直齿轮 C 上的切向力和径向力，且 $F_r=0.36F_\tau$。齿轮 C 的节圆半径为 $R=50$ mm，被切削工件的半径为 $r=30$ mm。卡盘及工件等自重不计，其余尺寸如图 3-17（b）所示（单位为 mm）。求：（1）齿轮啮合力 F_τ及 F_r；（2）径向轴承 A 和止推轴承 B 的约束反力；（3）三爪卡盘 E 在 O 处对工件的约束反力。

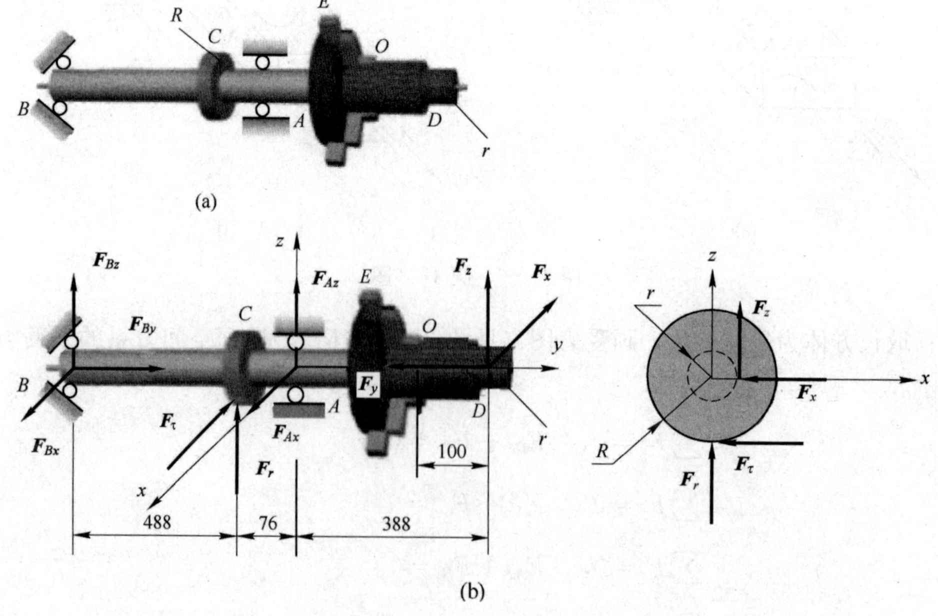

图 3-17 取主轴、卡盘、齿轮及工件组成的整体系统为研究对象的受力图

解：(1) 先取主轴、卡盘、齿轮以及工件组成的整体系统为研究对象，受力如图 3-17 (b) 所示，为一空间任意力系。取坐标系 $Axyz$，列平衡方程：

$$\sum F_x=0,\quad F_{Bx}-F_\tau+F_{Ax}-F_x=0$$

$$\sum F_y=0,\quad F_{By}-F_y=0$$

$$\sum F_z=0,\quad F_{Bz}+F_r+F_{Az}+F_z=0$$

$$\sum M_x(\boldsymbol{F})=0,\quad -(488+76)F_{Bz}-76F_r+388F_z=0$$

$$\sum M_y(\boldsymbol{F})=0,\quad F_\tau R-F_z r=0$$

$$\sum M_z(\boldsymbol{F})=0,\quad (488+76)F_{Bx}-76F_\tau-30F_y+388F_x=0$$

其中
$$F_r=0.36F_\tau$$

以上共有七个方程，可解出全部 7 个未知量，即

$$F_\tau=10.2\ \text{kN},\quad F_r=3.67\ \text{kN}$$
$$F_{Ax}=15.64\ \text{kN},\quad F_{Az}=-31.87\ \text{kN}$$
$$F_{Bx}=-1.19\ \text{kN},\quad F_{By}=6.8\ \text{kN},\quad F_{Bz}=11.2\ \text{kN}$$

(2) 再取工件为研究对象，如图 3-18 所示。其上除受 3 个切削力 $\boldsymbol{F}_x$、$\boldsymbol{F}_y$、$\boldsymbol{F}_z$ 外，还受到卡盘（空间插入端约束）对工件的 6 个约束反力 $\boldsymbol{F}_{Ox}$、$\boldsymbol{F}_{Oy}$、$\boldsymbol{F}_{Oz}$、$\boldsymbol{M}_x$、$\boldsymbol{M}_y$、$\boldsymbol{M}_z$作用。

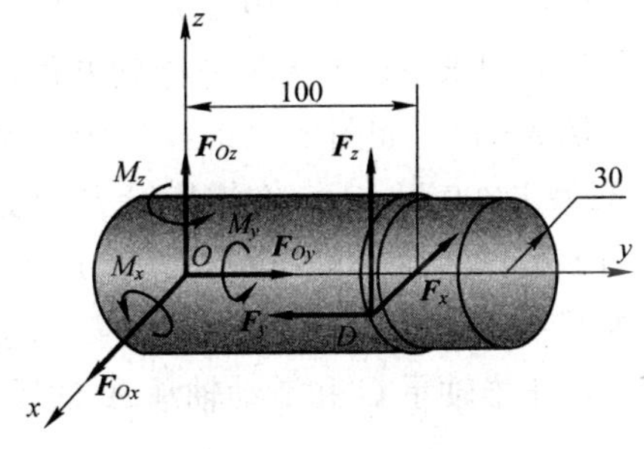

图 3-18　工件的受力图

取坐标轴系 $Oxyz$，列平衡方程

$$\sum F_x=0,\quad F_{Ox}-F_x=0$$

$$\sum F_y=0,\quad F_{Oy}-F_y=0$$

$$\sum F_z=0,\quad F_{Oz}+F_z=0$$

$$\sum M_x(\boldsymbol{F})=0,\quad M_x+100F_z=0$$

$$\sum M_y(\boldsymbol{F})=0,\quad M_y-30F_z=0$$

$$\sum M_z(\boldsymbol{F})=0,\quad M_z+100F_x-30F_y=0$$

求解上述方程，得

$$F_{Ox}=4.25\ \text{kN},\quad F_{Oy}=6.8\ \text{kN},\quad F_{Oz}=-17\ \text{kN}$$
$$M_x=-1.7\ \text{kN}\cdot\text{m},\quad M_y=0.51\ \text{kN}\cdot\text{m},$$
$$M_z=-0.22\ \text{kN}\cdot\text{m}$$

空间任意力系有 6 个独立的平衡方程，可求解 6 个未知量，但其平衡方程不局限于上面所给出的形式。为使解题简便，每个方程中最好只包含一个未知量。为此，我们在选投影轴时应尽量与其余未知力垂直；在选取矩的轴时应尽量与其余的未知力平行或相交。投影轴不必相互垂直，取矩的轴也不必与投影轴重合，力矩方程的数目可取 3 至 6 个。现举例如下。

例 3-10　图 3-19 所示均质长方板由六根直杆支撑于水平位置，直杆两端各用球铰链与板和地面连接。板重为 P，在 A 处作用一水平力 $\boldsymbol{F}$，且 $F=2P$。求各杆的内力。

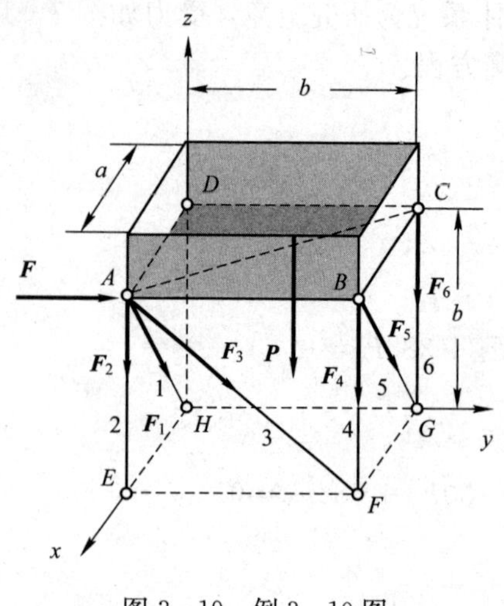

图 3-19 例 3-10 图

解： 取长方体刚板为研究对象，各支杆均为二力杆，设它们均受拉力。板的受力图如图 3-19 所示。列平衡方程，并求解。

由 $\sum M_{AB}(\boldsymbol{F})=0$，$-F_6 a-P\dfrac{a}{2}=0$，

解得 $F_6=-\dfrac{P}{2}$（压力）

$\sum M_{AE}(\boldsymbol{F})=0$，$F_5=0$

$\sum M_{AC}(\boldsymbol{F})=0$，$F_4=0$

$\sum M_{BF}(\boldsymbol{F})=0$，$F_1=0$

由 $\sum M_{FG}(\boldsymbol{F})=0$，$-P\dfrac{b}{2}+Fb-F_2 b=0$，

解得 $F_2=1.5P$

由 $\sum M_{GC}(\boldsymbol{F})=0$，$Fa+F_3 a\sin 45°=0$，解得 $F_3=-2\sqrt{2}P$（压力）

此例中用 6 个力矩方程求得 6 个杆的内力。一般力矩方程比较灵活，常可使一个方程只含一个未知量。当然也可以采用其他形式的平衡方程求解。如用 $\sum F_x=0$ 代替 $\sum M_{BF}(\boldsymbol{F})=0$，同样求得 $F_1=0$；又可用 $\sum F_y=0$ 代替 $\sum M_{GC}(\boldsymbol{F})=0$，同样求得 $F_3=-2\sqrt{2}P$。还可以试用其他方程求解。但无论怎样列方程，独立平衡方程的数目只有 6 个。

例 3-11 如图 3-20（a）所示为水力涡轮发电机中的主轴。水力推动涡轮转动的力偶矩 $M_z=1\,200$ N·m。在锥齿轮 B 处受到的力分解为三个分力：圆周力 $\boldsymbol{F}_t$，轴向力 $\boldsymbol{F}_a$ 和径向力 $\boldsymbol{F}_r$。三者大小的比例为 $F_t : F_a : F_r=1 : 0.32 : 0.17$。已知涡轮连同轴和锥齿轮的总重量为 $G=12$ kN，其作用线沿轴 Cz；锥齿轮的平均半径 $OB=0.6$ m，其余尺寸如图所示。试求：止推轴承 C 和滑动轴承 A 的反力。

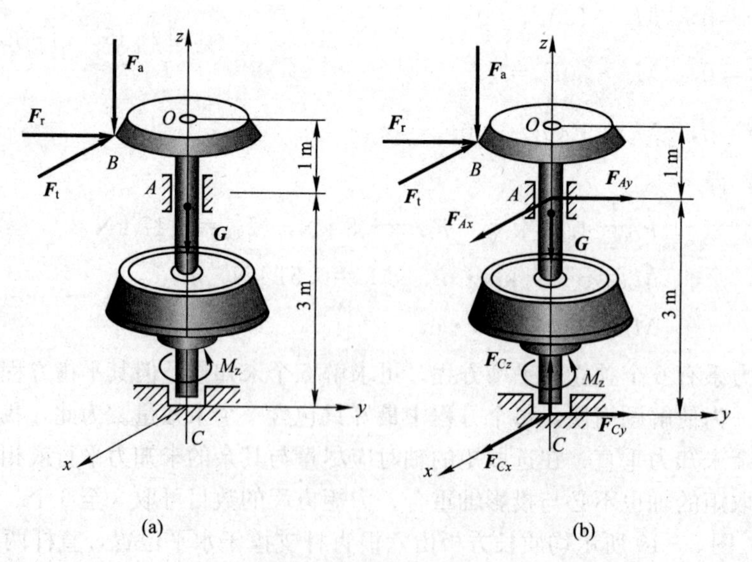

图 3-20 例 3-11 图

解： 以“轴—锥齿轮—涡轮”组成的系统为研究对象，系统受力如图 3－20（b）所示。先求锥齿轮 B 处三个分力大小。根据所有力对 z 轴的力矩平衡方程，有

$$\sum M_z(\boldsymbol{F})=0,\quad M_z-F_t\cdot OB=0$$

由此解得作用在锥齿轮上的圆周力

$$F_t=2\ 000\ \text{N}$$

再由三个力的数值比，得到

$$F_a=640\ \text{N},\quad F_r=340\ \text{N}$$

最后应用空间力系的平衡方程，可以写出

$$\sum F_z=0,\quad F_{Cz}-G-F_a=0$$

$$\sum M_y(\boldsymbol{F})=0,\quad 3F_{Ax}-4F_t=0$$

$$\sum M_x(\boldsymbol{F})=0,\quad -3F_{Ay}-4F_r+0.6F_a=0$$

$$\sum F_y=0,\quad F_{Ay}+F_{Cy}+F_r=0$$

$$\sum F_x=0,\quad F_{Ax}+F_{Cx}-F_t=0$$

由此解得

$$F_{Ay}=-325.3\ \text{N},\quad F_{Cy}=-14.7\ \text{N},\quad F_{Ax}=2.67\ \text{kN}$$

$$F_{Cx}=-667\ \text{N},\quad F_{Cz}=12.6\ \text{kN}$$

3.3　刚体系的平衡问题

工程中，如组合构架、三铰拱等结构，都是由几个刚体组成的系统。当刚体系平衡时（**整体平衡**），组成该系统的每一个刚体都处于平衡状态（**局部平衡**）。比如对于每一个受平面任意力系作用的刚体，均可写出三个平衡方程，如刚体系由 n 个刚体组成，则共有 $3n$ 个独立方程。若刚体受空间任意力系的作用，则共有 $6n$ 个独立方程。如系统中有的刚体受汇交力系或平行力系作用时，则系统的平衡方程数目相应减少。**当系统中的未知量数目少于或等于独立平衡方程的数目时，则所有未知数都能由平衡方程求出，这样的问题称为静定问题**。显然前面列举的各例都是静定问题。在工程实际中，有时为了提高结构的刚度和坚固性，常常增加多余的约束，因而使这些**结构的未知量的数目多于平衡方程的数目，未知量就不能全部由平衡方程求出，这样的问题称为静不定问题或超静定问题**。对于静不定问题，必须考虑刚体因受力作用而产生的变形，加列某些补充方程后，才能使方程的数目等于未知量的数目。静不定问题已超出刚体静力学的范围，须在材料力学和结构力学中研究。

下面举出一些静定和静不定问题的例子。

（1）设用两根绳子悬挂一重物，如图 3－21（a）所示，未知的约束反力有两个，而重物受平面汇交力系作用，共有两个平衡方程，因此是静定的。如用三根绳子悬挂重物，且力线在平面内交于一点，如图 3－21（d）所示，则未知的约束反力有三个，而平衡方程只有两个，因此是静不定的。

（2）设用两个轴承支承一根轴，如图 3－21（b）所示，未知的约束反力有两个，因轴受

平面平行力系作用，共有两个平衡方程，因此是静定的。若用三个轴承支承，如图 3-21（e）所示，则未知的约束反力有三个，而平衡方程只有两个，因此是静不定的。

（3）图 3-21（c）和（f）所示的平面任意力系，均有三个平衡方程，图（c）中有三个未知数，因此是静定的；而图（f）中有四个未知数，因此是静不定的。

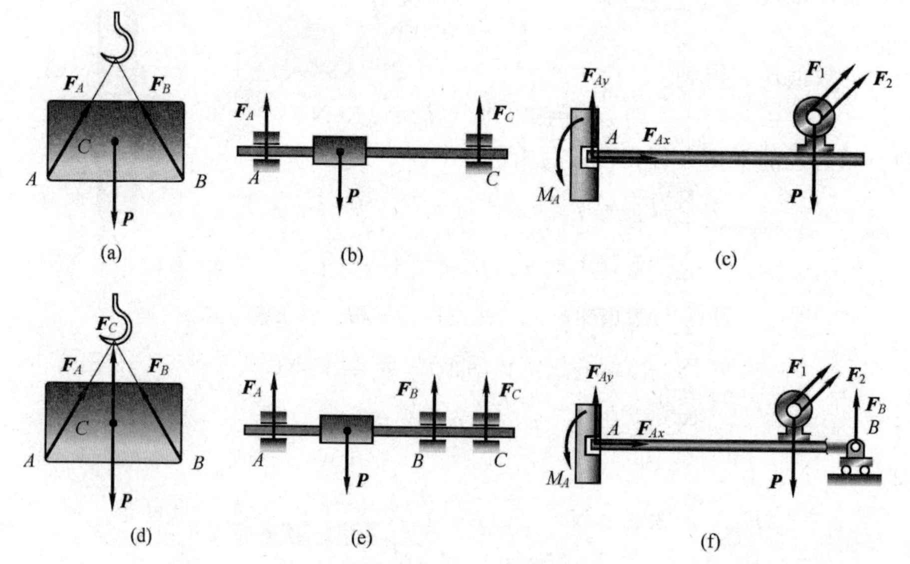

图 3-21 静定和静不定问题的例子

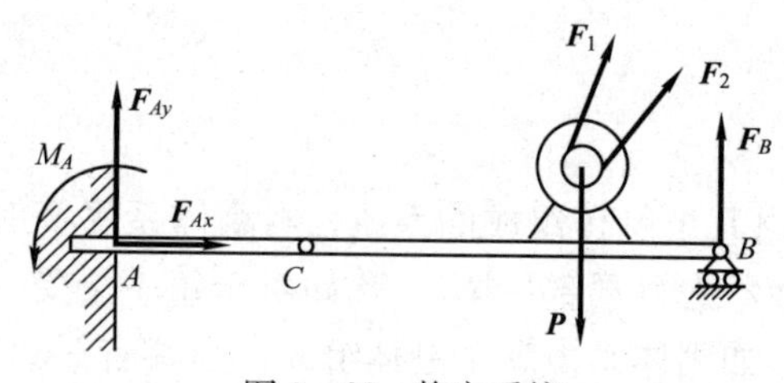

图 3-22 静定系统

（4）又比如，图 3-22 所示的梁由两部分铰接组成，每部分有三个平衡方程，共有六个平衡方程。未知量除了图中所画的三个支反力和一个反力偶外，尚有铰链 C 处的两个未知力，共计六个。因此，也是静定的。若将 B 处的滚动支座改为固定铰支，则系统共有七个未知数，因此系统将是静不定的。

在求解静定的物体系的平衡问题时，可以选每个物体为研究对象，列出全部平衡方程，然后求解；也可先取整个系统为研究对象，列出平衡方程，这样的方程因不包含内力，式中未知量较少，解出部分未知量后，再从系统中选取某些物体作为研究对象，列出另外的平衡方程，直至求出所有的未知量为止。在选择研究对象和列平衡方程时，应使每一个平衡方程中的未知量个数尽可能少，最好是只含有一个未知量，以避免求解联立方程。

例 3-12 图 3-23（a）所示为曲轴冲床简图。系统由轮 I、连杆 AB 和冲头 B 组成，A、B 两处为铰链连接。$OA=R$，$AB=l$。如忽略摩擦和物体的自重，当 OA 在水平位置的冲压阻力为 $\boldsymbol{F}$ 时，系统处于平衡状态。求：（1）作用在轮 I 上的力偶之矩 M 的大小；（2）轴承 O 处的约束反力；（3）连杆 AB 受的力；（4）冲头给导轨的侧压力。

解：

（1）首先以冲头为研究对象。冲头受冲压阻力 $\boldsymbol{F}$、导轨反力 $\boldsymbol{F}_N$ 以及连杆（二力杆）的作用力 $\boldsymbol{F}_B$ 作用，受力如图 3-23（b）所示，为一平面汇交力系。设连杆与铅直线间的夹角为 α，按图示坐标轴列平衡方程

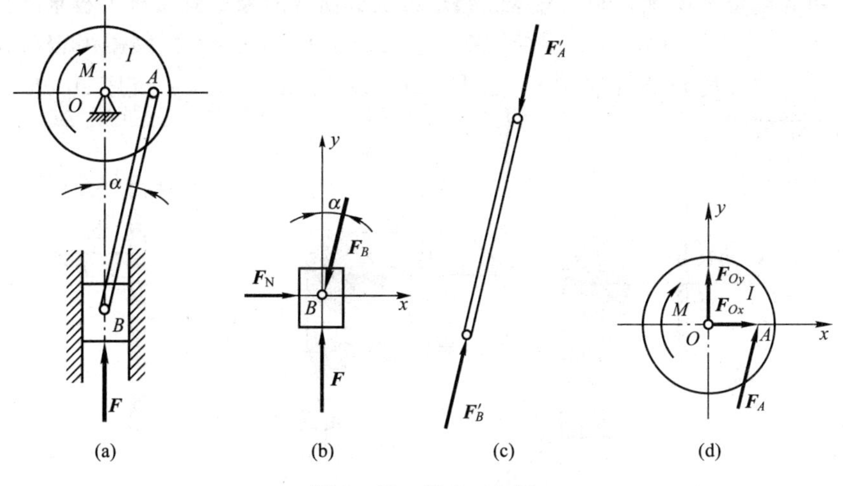

图 3-23 例 3-12 图

$$\sum F_x=0,\quad F_N-F_B\sin\alpha=0 \tag{3-19}$$

$$\sum F_y=0,\quad F-F_B\cos\alpha=0 \tag{3-20}$$

由式（3-20）得

$$F_B=\frac{F}{\cos\alpha}$$

F_B为正值，说明假设的$\boldsymbol{F}_B$的方向是对的，即连杆受压力（见图 3-23（c））。将 F_B 代入式（3-19）得

$$F_N=F\tan\alpha=\frac{R}{\sqrt{l^2-R^2}}F$$

冲头对导轨的侧压力的大小等于 F_N。

（2）再以轮 I 为研究对象。如图 3-23（d）所示，轮 I 受平面任意力系作用，包括矩为 M 的力偶、连杆作用力 $\boldsymbol{F}_A$，以及轴承的反力 $\boldsymbol{F}_{Ox}$、$\boldsymbol{F}_{Oy}$。按图示坐标轴列平衡方程

$$\sum M_O(\boldsymbol{F})=0,\quad F_A\cos\alpha\cdot R-M=0 \tag{3-21}$$

$$\sum F_x=0,\quad F_{Ox}+F_A\sin\alpha=0 \tag{3-22}$$

$$\sum F_y=0,\quad F_{Oy}+F_A\cos\alpha=0 \tag{3-23}$$

其中：$F_A=F'_A=F'_B=F_B$

由式（3-21）得

$$M=FR$$

由式（3-22）得

$$F_{Ox}=-F_A\sin\alpha=-\frac{R}{\sqrt{l^2-R^2}}F$$

由式（3-23）得

$$F_{Oy}=-F_A\cos\alpha=-F$$

负号说明，$\boldsymbol{F}_{Ox}$、$\boldsymbol{F}_{Oy}$的方向与图示假设的方向相反。

此题也可先取整个系统为研究对象，再取冲头为研究对象，列平衡方程求解。

例 3-13 如图 3-24（a）所示结构中，已知重力 $\boldsymbol{G}$，$DC=CE=AC=CB=2l$；定滑轮 B 的半径为 R，动滑轮 H 的半径为 r，且 $R=2r=l$，$\theta=45°$。试求：支座 A、E 的约束反力及 BD 杆所受的力。

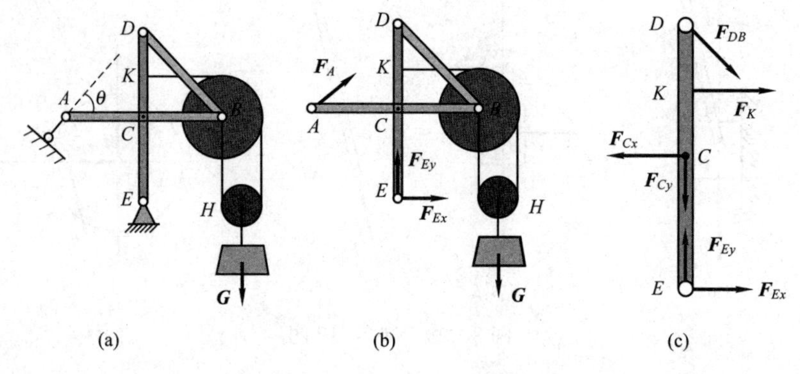

图 3-24　例 3-13 图

解： 应根据已知与待求量，选取适当的系统为研究对象，并列适当的平衡方程；尽量能使一个方程解出一个未知量。

(1) 先取整体为研究对象，其受力图如图 3-24（b）所示。列平衡方程：

$$\sum M_E(\boldsymbol{F})=0,\quad -F_A\cdot\sqrt{2}\cdot 2l-G\frac{5}{2}l=0 \tag{3-24}$$

$$\sum F_x=0,\quad F_A\cos 45°+F_{Ex}=0 \tag{3-25}$$

$$\sum F_y=0,\quad F_A\sin 45°+F_{Ey}-G=0 \tag{3-26}$$

由式（3-24）解得
$$F_A=\frac{-5\sqrt{2}}{8}G$$

将 F_A 代入式（3-25）、（3-26），得

$$F_{Ex}=F_A\cos 45°=\frac{5G}{8},\quad F_{Ey}=G-F_A\sin 45°=\frac{13G}{8}$$

(2) 为求 BD 杆所受的力，应取包含此力的物体或系统为研究对象。取杆 DCE 为研究对象，受力图如图 3-24（c）所示。列平衡方程：

$$\sum M_C(\boldsymbol{F})=0,\quad -F_{DB}\cdot\cos 45°\cdot 2l-F_K\cdot l+F_{Ex}\cdot 2l=0 \tag{3-27}$$

其中
$$F_K=\frac{G}{2}$$

解得

$$F_{DB}=\frac{3\sqrt{2}G}{8}\quad（拉力）$$

例 3-14 承重框架如图 3-25 所示，A、D、B 均为铰链，各杆件和滑轮的重量略去不计。试求 A、D、E 点的约束力。

解： (1) 先取整体为研究对象，受力如图 3-26（a）所示。

列平衡方程并求解：

$\sum M_A(\boldsymbol{F})=0$，　$-200\times0.25-F_{Ex}\times0.2=0$

解得 $F_{Ex}=-250$ N

$\sum F_x=0$，　$F_{Ax}+F_{Ex}=0$，解得 $F_{Ax}=250$ N

$$\sum F_y=0,\quad F_{Ay}+F_{Ey}-200=0 \tag{3-28}$$

（2）再取 DE 为研究对象，受力如图 3-26（b）所示。列平衡方程：

$\sum M_D(\boldsymbol{F})=0$，　$F\times0.15-F_{Ex}\times0.2-F_{Ey}\times0.3=0$，

解得 $F_{Ey}=266.7$ N

$\sum F_x=0$，　$F_{Ex}-F+F_{Dx}=0$，解得 $F_{Dx}=450$ N

$\sum F_y=0$，　$F_{Ey}+F_{Dy}=0$，解得 $F_{Dy}=-F_{Ey}=-266.7$ N

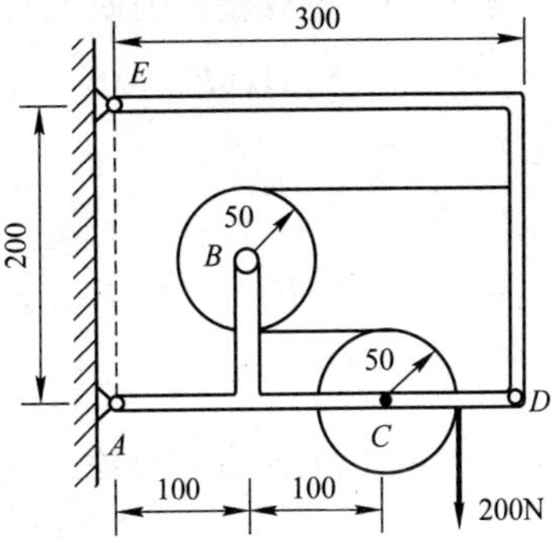

图 3-25　承重框架外形图

将 $F_{Ey}=266.7$ N 代入式（3-28），可得

$$F_{Ay}=-66.7\text{ N}$$

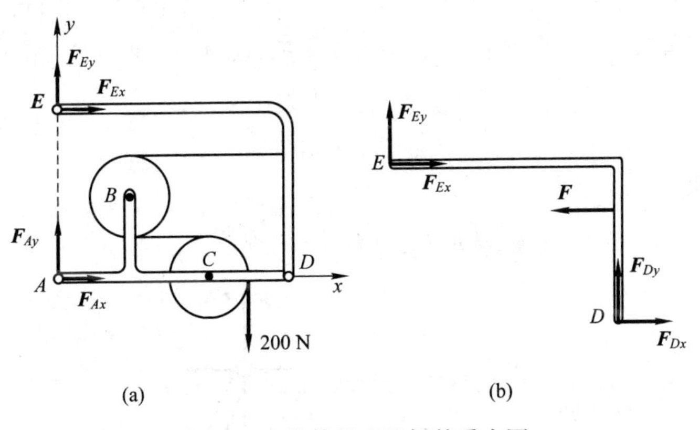

图 3-26　整体及 DE 杆的受力图

例 3-15　图 3-27（a）所示构架由杆 AC、CE 及 BH 铰接而成。杆 CE 的 E 端用滚子搁置在光滑斜面上，杆 BH 水平，在 H 点作用一铅垂力 $F_1=1$ kN。销钉 C 上作用一水平力 $F_2=600$ N 和一铅垂力 $F_3=600$ N，不计各杆重量。试求 A、B、D 处的约束力。

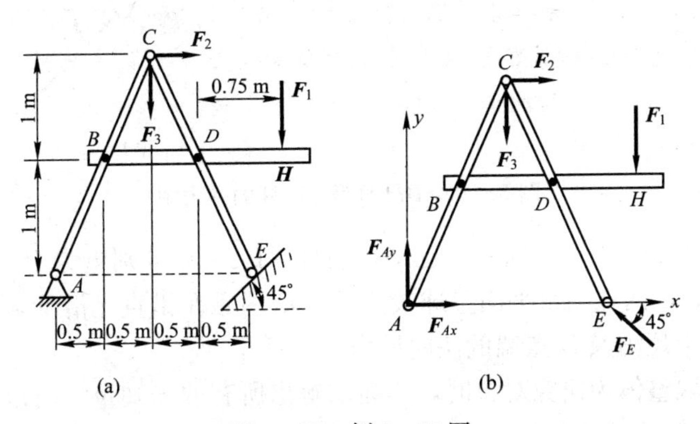

图 3-27　例 3-15 图

解：(1) 先取整体为研究对象，受力如图 3-27 (b) 所示，列平衡方程可得到

$$\sum M_A(\boldsymbol{F})=0,\quad F_E\sin 45°\times 2-F_3\times 1-F_2\times 2-F_1\times 2.25=0$$

$$F_E=\frac{4\ 050}{\sqrt{2}}\text{N}$$

$$\sum F_x=0,\quad F_{Ax}+F_2-F_E\cos 45°=0,\quad F_{Ax}=1\ 425\ \text{N}$$

$$\sum F_y=0,\quad F_{Ay}-F_3+F_E\sin 45°-F_1=0,\quad F_{Ay}=-425\ \text{N}$$

(2) 取 BH 为研究对象，受力如图 3-28 (a) 所示，列平衡方程可得到

$$\sum M_B(\boldsymbol{F})=0,\quad F_{Dy}\times 1-F_1\times 1.75=0$$

$$F_{Dy}=1.75F_1=1\ 750\ \text{N}$$

$$\sum M_D(\boldsymbol{F})=0,\quad -F_{By}\times 1-F_1\times 0.75=0$$

$$F_{By}=-0.75F_1=-750\ \text{N}$$

$$\sum F_x=0,\quad F_{Bx}+F_{Dx}=0 \tag{3-29}$$

(3) 取 CE 为研究对象，受力如图 3-28 (b) 所示，列平衡方程可得到

$$\sum M_C(\boldsymbol{F})=0,\quad -F'_{Dx}\times 1-F'_{Dy}\times 0.5-F_E\cos 45°\times 2+F_E\sin 45°\times 1=0$$

其中
$$F'_{Dy}=F_{Dy}=1\ 750\ \text{N}$$

于是
$$F'_{Dx}=-2\ 900\ \text{N}$$

代入式 (3-29) 得

$$F_{Bx}=-F'_{Dx}=2\ 900\ \text{N}$$

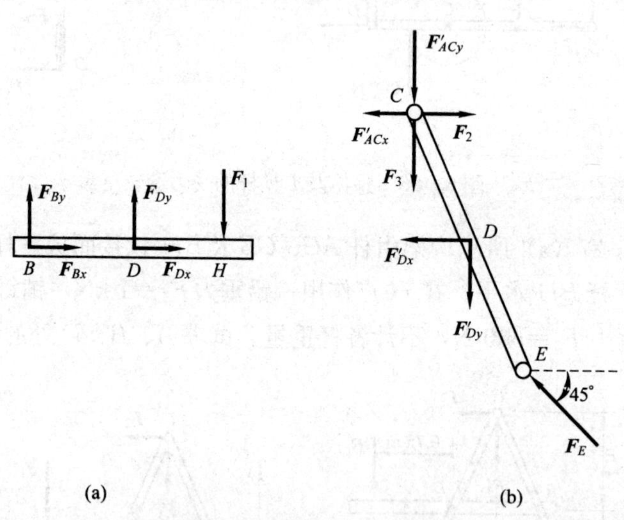

图 3-28 BH 杆及 CE 杆的受力图

例 3-16 如图 3-29 (a) 所示，已知均质杆 AB、BC 分别重为 P_1、P_2，二杆在 B 点处为球铰连接，A、C 两点与水平面呈球铰连接，B 端靠在铅直光滑的墙上，$\angle BAC=90°$。求球铰 A、C 的约束反力及 B 点墙的法向反力。

解：(1) 若先取整体为研究对象时，不能求解出所有的未知量，所以先取 AB 为研究对象，受力如图 3-29 (b) 所示。

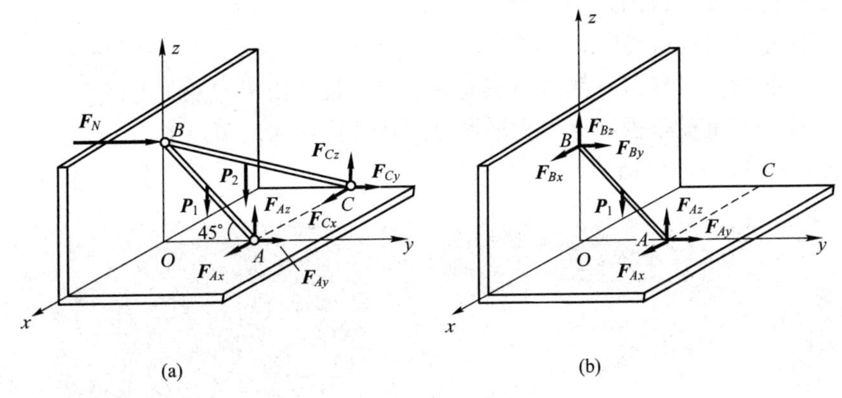

图 3-29　例 3-16 图

列平衡方程可得到

$$\sum M_z(\boldsymbol{F})=0,\quad -F_{Ax}\cdot OA=0,\quad F_{Ax}=0$$

(2) 再取整体为研究对象，受力如图 3-29 (a) 所示，列平衡方程可得

$$\sum M_{CA}(\boldsymbol{F})=0,\quad (P_1+P_2)\frac{AB}{2}\cos 45^\circ-F_N\cdot AB\sin 45^\circ=0$$

$$\sum F_x=0,\quad F_{Ax}+F_{Cx}=0$$

$$\sum M_y(\boldsymbol{F})=0,\quad F_{Cz}\cdot AC-P_2\frac{1}{2}\cdot AC=0$$

$$\sum F_z=0,\quad F_{Az}+F_{Cz}-P_1-P_2=0$$

$$\sum M_z(\boldsymbol{F})=0,\quad -(F_{Ax}+F_{Cx})\cdot OA-F_{Cy}\cdot AC=0$$

$$\sum F_y=0,\quad F_{Ay}+F_{Cy}+F_N=0$$

解上述方程可得

$$F_N=\frac{1}{2}(P_1+P_2),\quad F_{Cx}=0,\quad F_{Cz}=\frac{1}{2}P_2,$$

$$F_{Az}=P_1+\frac{1}{2}P_2,\quad F_{Cy}=0,\quad F_{Ay}=-\frac{1}{2}(P_1+P_2)$$

3.4　平面简单桁架的内力计算

工程中，桥梁、房屋建筑、起重机、油田井架、电视塔等结构物常用桁架结构。如图 3-30 所示，**桁架是一种由杆件彼此在两端用铰链连接而成的结构**，它在受力后几何形状不变。如桁架所有的杆件都在同一平面内，这种桁架称为**平面桁架**（见图 3-31）。桁架中，杆件的接头称为**节点**（见图 3-32）。

桁架的优点是：杆件主要承受拉力或压力，可以充分发挥材料的作用，节约材料，减轻结构的重量。

为了简化桁架的计算，工程实际中采用以下几个假设：

(1) 桁架的杆件都是直的；

(2) 杆件用光滑的铰链连接；

(3) 桁架所受的力（载荷）都作用在节点上，而且在桁架的平面内；

(4) 桁架杆件的重量略去不计，或平均分配在杆件两端的节点上。

这样的桁架，称为理想桁架。

图 3-30 桁架示例

图 3-31 平面桁架示例

图 3-32 节点示例

实际的桁架，当然与上述假设有差别，如桁架的节点不是铰接的（见图 3-31、图 3-32），杆件的中心线也不可能是绝对直的。但在工程实际中，上述假设能够简化计算，而且所得的结果已符合工程实际的需要。**根据这些假设，桁架的杆件都可看成为只是两端受力作用的二力杆件，因此各杆件所受的力必定沿着杆轴线的方向，只受拉力或压力。**

本节只研究平面桁架中的静定桁架。如果从桁架中任意除去一根杆件，则桁架就会活动变形，这种桁架称为**无余杆桁架**。可以证明只有无余杆桁架才是静定桁架。图 3-33 (a) 所示的桁架就属于这种桁架。反之，如果除去某几根杆件，桁架仍不会活动变形，则这种桁架称为**有余杆桁架**，如图 3-33 (b) 所示。图 3-33 (a) 所示的无余杆桁架是以三角形框架为基础，每增加一个节点需增加两根杆件，这样构成的桁架又称为平面简单桁架。容易证明，平面简单桁架是静定的。

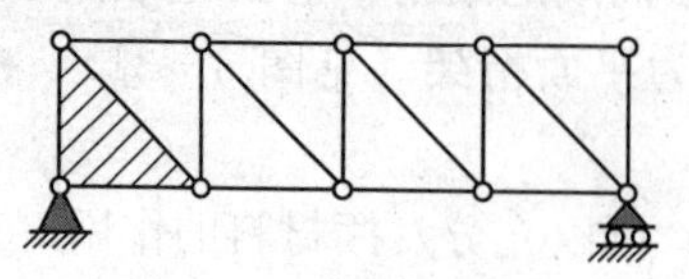

(a) 无余杆桁架

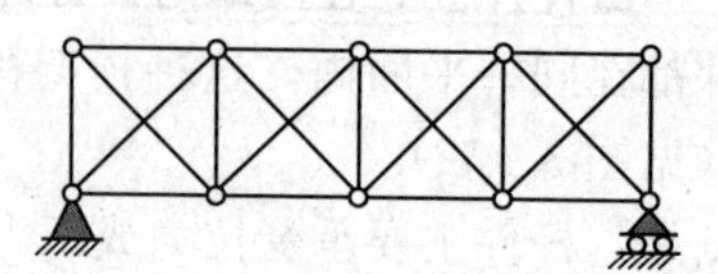

(b) 有余杆桁架

图 3-33 无余杆桁架和有余杆桁架

下面介绍两种计算桁架杆件内力的方法：节点法和截面法。

3.4.1　节点法

桁架的每个节点都受一个平面汇交力系的作用。为了求解每个杆件的内力，可以逐个地取节点为研究对象，由已知力求出全部未知力（杆件的内力），这就是节点法。

例 3-17　平面桁架的尺寸和支座如图 3-34（a）所示。在节点 D 处受一集中载荷 $P=10$ kN 的作用。试求桁架各杆件所受的内力。

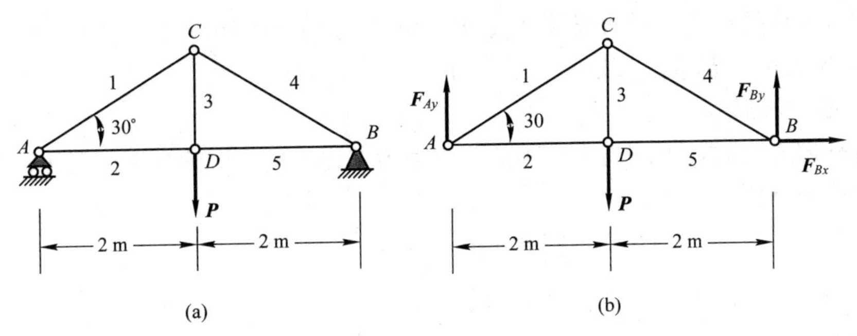

图 3-34　例 3-17 图

解：（1）求支座反力。

以桁架整体为研究对象。如图 3-34（b）所示，在桁架上受四个力 $\boldsymbol{P}$、$\boldsymbol{F}_{Ay}$、$\boldsymbol{F}_{Bx}$、$\boldsymbol{F}_{By}$ 作用。列平衡方程

$$\sum F_x=0,\quad F_{Bx}=0$$

$$\sum M_A(\boldsymbol{F})=0,\quad F_{By}\cdot 4-P\cdot 2=0$$

$$\sum M_B(\boldsymbol{F})=0,\quad P\cdot 2-F_{Ay}\cdot 4=0$$

解得

$$F_{Bx}=0,\quad F_{Ay}=F_{By}=5\ \text{kN}$$

（2）依次取一个节点为研究对象，计算各杆内力。

假定各杆均受拉力，各节点受力如图 3-35 所示，为计算方便，最好逐次列出只含两个未知力的节点的平衡方程。

在节点 A，杆的内力 $\boldsymbol{F}_1$ 和 $\boldsymbol{F}_2$ 均未知。列平衡方程

$$\sum F_x=0,\quad F_2+F_1\cos 30^\circ=0$$

$$\sum F_y=0,\quad F_{Ay}+F_1\sin 30^\circ=0$$

代入 F_{Ay} 的值后，解得

$$F_1=-10\ \text{kN},\quad F_2=8.66\ \text{kN}$$

在节点 C，杆的内力 $\boldsymbol{F}_3$ 和 $\boldsymbol{F}_4$ 未知。列平衡方程

$$\sum F_x=0,\quad F_4\cos 30^\circ-F_1'\cos 30^\circ=0$$

$$\sum F_y=0,\quad -F_3-(F_1'+F_4)\sin 30^\circ=0$$

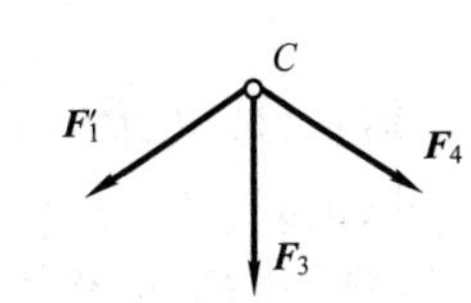

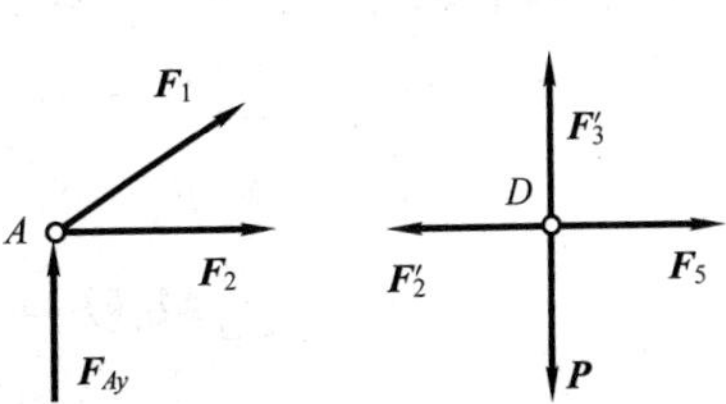

图 3-35　各节点受力图

代入 $F_1'=F_1$ 值后，解得：

$$F_4=-10\ \text{kN},\quad F_3=10\ \text{kN}$$

在节点 D，只有一个杆的内力 $\boldsymbol{F}_5$ 未知。列平衡方程

$$\sum F_x=0,\quad F_5-F_2'=0$$

代入 $F_2'=F_2$ 值后，得

$$F_5=8.66\ \text{kN}$$

(3) 判断各杆受拉力或受压力。

原假定各杆均受拉力，计算结果 $\boldsymbol{F}_2$、$\boldsymbol{F}_5$、$\boldsymbol{F}_3$ 为正值，表明杆 2、5、3 确受拉力；内力 $\boldsymbol{F}_1$ 和 $\boldsymbol{F}_4$ 的结果为负，表明杆 1 和 4 承受压力。

(4) 校核计算结果。

解出各杆内力之后，可用尚未应用的节点平衡方程校核已得的结果。例如，可对节点 D 列出另一个平衡方程

$$\sum F_y=0,\quad F_3'-P=0$$

解得 $F_3'=10$ kN，与已求得的 F_3 相等，计算无误。

3.4.2 截面法

如只要求计算桁架内某几个杆件所受的内力，可以适当地选取一截面，假想地把桁架截开，再考虑其中任一部分的平衡，求出这些被截杆件的内力，这就是截面法。

例 3-18 如图 3-36 (a) 所示平面桁架，各杆件的长度都等于 1 m。在节点 E 上作用载荷 $P_1=10$ kN，在节点 G 上作用载荷 $P_2=7$ kN。试计算杆 1、2 和 3 的内力。

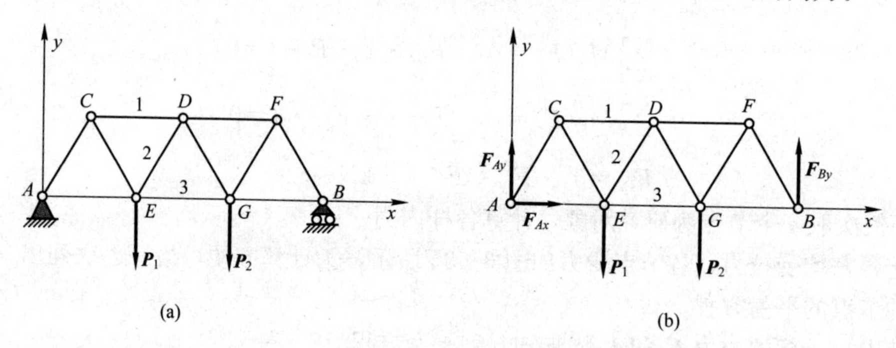

图 3-36 例 3-18 图

解：(1) 先求桁架的支座反力。

以桁架整体为研究对象（见图 3-36 (b)）。在桁架上受主动力 $\boldsymbol{P}_1$ 和 $\boldsymbol{P}_2$ 以及约束反力 $\boldsymbol{F}_{Ax}$、$\boldsymbol{F}_{Ay}$ 和 $\boldsymbol{F}_{By}$ 的作用。列出平衡方程

$$\sum F_x=0,\quad F_{Ax}=0$$

$$\sum F_y=0,\quad F_{Ay}+F_{By}-P_1-P_2=0$$

$$\sum M_B(\boldsymbol{F})=0,\quad P_1\cdot 2+P_2\cdot 1-F_{Ay}\cdot 3=0$$

解得

$$F_{Ax}=0,\quad F_{Ay}=9\ \text{kN},\quad F_{By}=8\ \text{kN}$$

(2) 取截面，求杆件内力。

为求杆 1、2 和 3 的内力，可作一截面 $m—n$ 将三杆截断。选取桁架左半部为研究对象，假定所截断的三杆都受拉力，如图 3-37 所示，为一平面任意力系。列平衡方程

$$\sum M_E(\boldsymbol{F})=0,\quad -F_1\frac{\sqrt{3}}{2}\cdot 1-F_{Ay}\cdot 1=0$$

$$\sum F_y=0,\quad F_{Ay}+F_2\sin 60^\circ-P_1=0$$

$$\sum M_D(\boldsymbol{F})=0,\quad P_1\cdot\frac{1}{2}+F_3\cdot\frac{\sqrt{3}}{2}\cdot 1-F_{Ay}\cdot 1.5=0$$

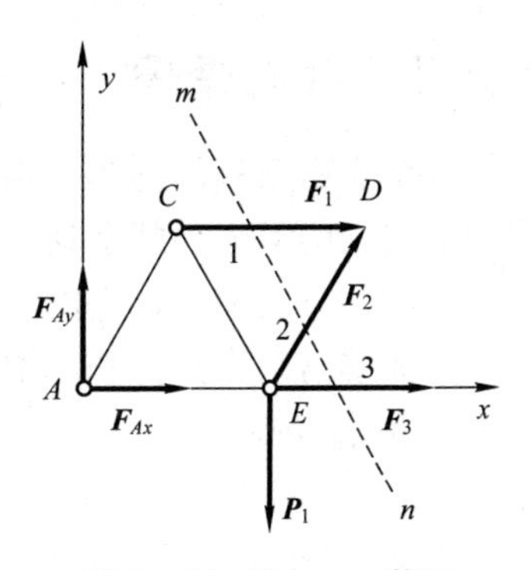

图 3-37　取 $m—n$ 截面

解得

$$F_1=-10.4\ \text{kN}\ （压力），\quad F_2=1.15\ \text{kN}\ （拉力），\quad F_3=9.81\ \text{kN}\ （拉力）$$

如选取桁架的右半部为研究对象，可得同样的结果。同样，可以用截面截断另外三根杆件计算其他各杆的内力，或用以校核已求得的结果。

由此可见，采用截面法时，选择适当的力矩方程，常可较快地求得某些指定杆件的内力。当然，应注意到，平面任意力系只有三个独立的平衡方程，因而，作截面时每次最多只能截断三根内力未知的杆件。如截断内力未知的杆件多于三根时，它们的内力还需联合由其他截面列出的方程一起求解。

在某些特定的外力作用下，桁架中常有一些杆件不受力，称为**零杆**。如能先判断出零杆，可简化计算。一般根据节点平衡判断零杆。在图 3-38 所示节点上无载荷作用时，必有：图 3-38 (a) 中 $F_3=0$ 及图 3-38 (b) 中 $F_1=F_2=0$。

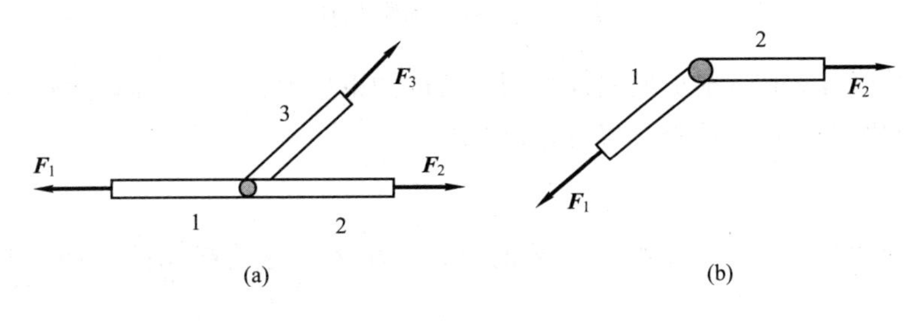

图 3-38　零杆

3.5　考虑摩擦的平衡问题

在前面，我们忽略了摩擦的影响，把物体之间的接触表面都看作是光滑的。但在实际生活和生产中，摩擦有时会起到重要的作用，必须计入其影响。

按照接触物体之间可能会相对滑动或相对滚动，摩擦可分为**滑动摩擦**和**滚动摩擦**；又根据物体之间是否有良好的润滑剂，滑动摩擦又可分为**干摩擦**和**湿摩擦**。这里只研究有干摩擦时物体的平衡问题。

摩擦是一种极其复杂的物理—力学现象，关于摩擦机理的研究，目前已形成一门学

科——摩擦学。这里仅介绍工程中常用的简单近似理论。

3.5.1 滑动摩擦

两个表面粗糙的物体，当其接触表面之间有相对滑动趋势或相对滑动时，彼此作用有阻碍相对滑动的阻力，即滑动摩擦力。摩擦力作用于相互接触处，其方向与相对滑动的趋势或相对滑动的方向相反，它的大小根据主动力作用的不同，可以分为三种情况，即**静滑动摩擦力**、**最大静滑动摩擦力**和**动滑动摩擦力**。

1. 静滑动摩擦力

如图 3－39（a）所示，在粗糙的水平面上放置一重为 P 的物体，该物体在重力 $\boldsymbol{P}$ 和法向反力 $\boldsymbol{F}_{\mathrm{N}}$的作用下处于静止状态。如图 3－39（b）所示，在该物体上作用一大小可变化的水平拉力 $\boldsymbol{F}$，当拉力 $\boldsymbol{F}$ 由零值逐渐增加但不很大时，物体仍保持静止。可见支承面对物体除法向约束反力 $\boldsymbol{F}_{\mathrm{N}}$外，还有一个阻碍物体沿水平面向右滑动的切向力，此力即为静滑动摩擦力，简称静摩擦力，常以 $\boldsymbol{F}_{\mathrm{S}}$表示，方向向左。

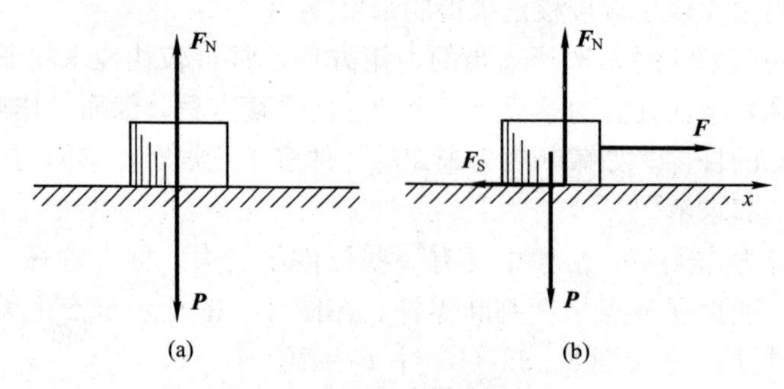

图 3－39 静滑动摩擦力

可见，静摩擦力就是接触面对物体作用的切向约束反力，它的方向与物体相对滑动趋势方向相反，它的大小需用平衡条件确定。此时有

$$\sum F_x=0,\quad F_{\mathrm{S}}=F$$

由上式可知，静摩擦力的大小随水平力 $\boldsymbol{F}$ 的增大而增大，这是静摩擦力和一般约束反力共同的性质。

2. 最大静滑动摩擦力

静摩擦力又与一般约束反力不同，它并不随力 $\boldsymbol{F}$ 的增大而无限度地增大。当力 $\boldsymbol{F}$ 的大小达到一定数值时，物块处于将要滑动但尚未开始滑动的临界状态。这时，只要力 $\boldsymbol{F}$ 再增大一点，物块即开始滑动。当物块处于平衡的临界状态时，静摩擦力达到最大值，即为最大静滑动摩擦力，简称最大静摩擦力，以 $\boldsymbol{F}_{\max}$表示。

此后，如果 $\boldsymbol{F}$ 再继续增大，但静摩擦力不能再随之增大，物体将失去平衡而滑动。这就是静摩擦力的特点。

综上所述可知，静摩擦力的大小随主动力的情况而改变，但介于零与最大值之间，即

$$0\leqslant F_{\mathrm{S}}\leqslant F_{\max}$$

大量实验证明：最大静摩擦力的大小与两物体间的正压力（即法向反力）成正比，即

$$F_{\max}=f_{\mathrm{s}}F_{\mathrm{N}}\tag{3-30}$$

式中 f_s是比例常数，称为静摩擦系数，它是无量纲数。式（3-30）称为**静摩擦定律（又称库仑定律）**。

静摩擦系数的大小需由实验测定。它与接触物体的材料和表面情况（如粗糙度、温度和湿度等）有关，而与接触面积的大小无关。静摩擦系数的数值可在工程手册中查到。

3. 动滑动摩擦力

当滑动摩擦力已达到最大值时，若主动力 $\boldsymbol{F}$ 再继续加大，接触面之间将出现相对滑动。此时，接触物体之间仍作用有阻碍相对滑动的阻力，这种阻力称为动滑动摩擦力，简称动摩擦力，以 $\boldsymbol{F}_k$表示。实验表明：动摩擦力的大小与接触物体间的正压力成正比，即

$$F_k = f_k F_N \tag{3-31}$$

式中 f_k是动摩擦系数，它与接触物体的材料和表面情况有关。

动摩擦力与静摩擦力不同，没有变化范围。一般情况下，动摩擦系数小于静摩擦系数，即

$$f_k < f_s \tag{3-32}$$

实际上动摩擦系数还与接触物体间相对滑动的速度大小有关。对于不同材料的物体，动摩擦系数随相对滑动的速度变化规律也不同。多数情况下，动摩擦系数随相对滑动速度的增大而稍减小。但当相对滑动速度不大时，动摩擦系数可近似地认为是个常数。在机器中，往往用降低接触表面的粗糙度或加入润滑剂等方法，使动摩擦系数值降低，以减小摩擦和磨损。

3.5.2 考虑摩擦时物体的平衡问题

考虑摩擦时，求解物体平衡问题的步骤与前几章所述大致相同，但有如下几个特点：

(1) 分析物体受力时，必须考虑接触面间切向的摩擦力 $\boldsymbol{F}_S$，通常增加了未知量的数目；

(2) 为确定这些新增加的未知量，还需列出补充方程，即 $F_S \leqslant f_s F_N$，补充方程的数目与摩擦力的数目相同；

(3) 由于物体平衡时摩擦力有一定的范围（即 $0 \leqslant F_S \leqslant f_s F_N$），所以有摩擦时平衡问题的解亦有一定的范围，而不是一个确定的值。

工程中有不少问题只需要分析平衡的临界状态，这时静摩擦力等于其最大值，补充方程只取等号。有时为了计算方便，也先在临界状态下计算，求得结果后再分析、讨论其解的平衡范围。

例 3-19 如图 3-40（a）所示，梯子的上端 B 靠在铅垂的墙壁上，下端 A 搁置在水平地面上。假设梯子与墙壁之间为光滑约束，而与地面之间为非光滑约束。已知：梯子与地面之间的摩擦系数为 f_s；梯子的重力为$\boldsymbol{W}$，梯子长度为 l。(1) 若梯子在倾角 α_1 的位置保持平衡，求 A、B 二处约束反力 $\boldsymbol{F}_{NA}$、$\boldsymbol{F}_{NB}$和摩擦力 $\boldsymbol{F}_A$；(2) 若使梯子不致滑倒，求其倾角 α 的范围。

解：(1) 求梯子在倾角 α_1 的位置保持平衡时的约束反力。

这种情形下，梯子的受力如图 3-40（b）所示。其中将摩擦力 $\boldsymbol{F}_A$ 作为一般的约束力，假设其方向如图所示。于是有

$$\sum M_A(\boldsymbol{F}) = 0, \quad W \times \frac{l}{2} \times \cos\alpha_1 - F_{NB} \times l \times \sin\alpha_1 = 0$$

$$\sum F_y = 0, \quad F_{NA} - W = 0$$

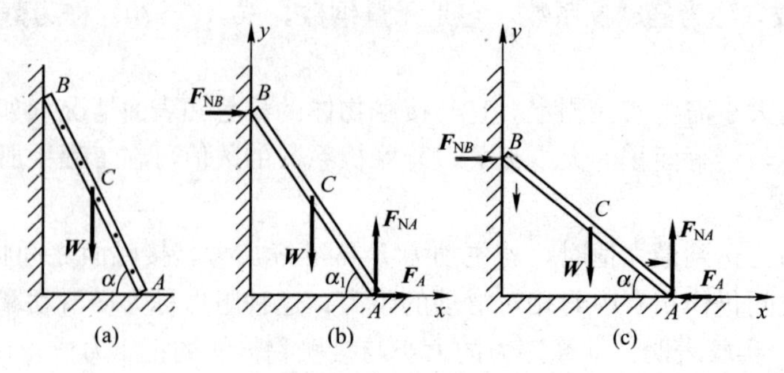

图 3-40　例 3-19 图

$$\sum F_x=0,\quad F_A+F_{NB}=0$$

由此解得

$$F_{NB}=\frac{W\cos\alpha_1}{2\sin\alpha_1}=\frac{W}{2}\cot\alpha_1 \tag{3-33}$$

$$F_{NA}=W \tag{3-34}$$

$$F_A=-F_{NB}=-\frac{W}{2}\cot\alpha_1 \tag{3-35}$$

所得 $\boldsymbol{F}_A$ 的结果为负值，表明梯子下端所受的摩擦力与图 3-40（b）中所假设的方向相反。

（2）求梯子不滑倒的倾角 α 的范围。

这种情形下，摩擦力 $\boldsymbol{F}_A$ 的方向必须根据梯子在地上的滑动趋势预先确定，不能任意假设。于是，梯子的受力如图 3-40（c）所示。

平衡方程和物理方程分别为

$$\sum M_A(\boldsymbol{F})=0,\quad W\times\frac{l}{2}\times\cos\alpha-F_{NB}\times l\times\sin\alpha=0 \tag{3-36}$$

$$\sum F_y=0,\quad F_{NA}-W=0 \tag{3-37}$$

$$\sum F_x=0,\quad -F_A+F_{NB}=0 \tag{3-38}$$

$$F_A=f_sF_{NA} \tag{3-39}$$

将式（3-36）、（3-37）、（3-38）、（3-39）联立，不仅可以解出 A、B 二处的约束力，而且可以确定保持梯子平衡时的临界倾角

$$\alpha=\operatorname{arccot}(2f_s) \tag{3-40}$$

由常识可知，角度 α 越大，梯子越易保持平衡，故平衡时梯子对地面的倾角范围为

$$\operatorname{arccot}(2f_s)\leqslant\alpha<\frac{\pi}{2} \tag{3-41}$$

例 3-20　图 3-41（a）所示为凸轮机构。已知推杆与滑道间的摩擦系数为 f_s，滑道高度为 b，设凸轮与推杆接触处的摩擦忽略不计。问 a 为多大，推杆才不致被卡住。

解： 取推杆为研究对象。其受力图如图 3-41（b）所示，推杆除受凸轮推力 $\boldsymbol{F}$ 作用外，在滑道 A、B 处还受法向反力 $\boldsymbol{F}_{NA}$、$\boldsymbol{F}_{NB}$ 作用，由于推杆有向上滑动趋势，则摩擦力 $\boldsymbol{F}_A$、$\boldsymbol{F}_B$ 的方向向下。

列平衡方程

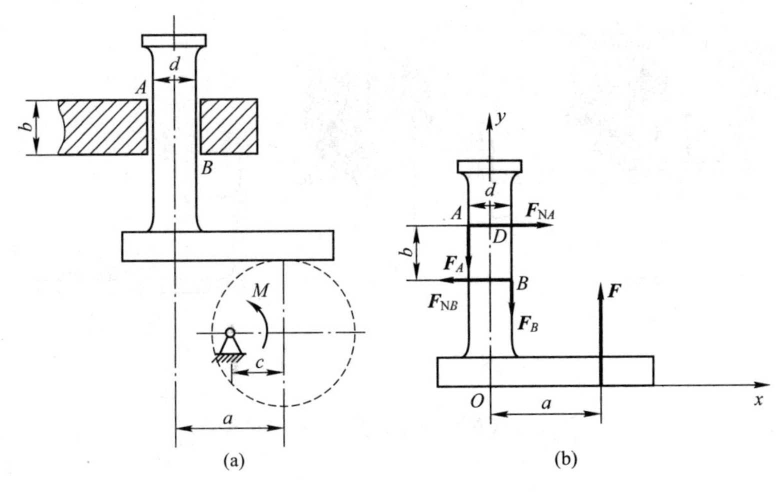

图 3-41　例 3-20 图

$$\sum F_x=0,\quad F_{NA}-F_{NB}=0 \tag{3-42}$$

$$\sum F_y=0,\quad -F_A-F_B+F=0 \tag{3-43}$$

$$\sum M_D(\boldsymbol{F})=0,\quad Fa-F_{NB}b-F_B\frac{d}{2}+F_A\frac{d}{2}=0 \tag{3-44}$$

考虑平衡的临界情况（即推杆将动而尚未动时），摩擦力都达最大值，可以列出两个补充条件

$$F_A=f_sF_{NA} \tag{3-45}$$

$$F_B=f_sF_{NB} \tag{3-46}$$

由式（3-42）得

$$F_{NA}=F_{NB}=F_N$$

代入式（3-45）、（3-46），得

$$F_A=F_B=F_{max}=f_sF_N$$

再代入式（3-43），得

$$F=2F_{max}$$

最后代入式（3-44），注意 $F_{NB}=F_{max}/f_s$，解得

$$a_{极限}=\frac{b}{2f_s}$$

保持 F 和 b 不变，由式（3-44）可见，当 a 减小时，$F_{NB}(=F_{NA})$ 亦减小，因而最大静摩擦力减小。而由式（3-43）可见，如果推杆平衡，F_A、F_B之和仍须保持原值，将出现摩擦力大于最大静摩擦力的不合理结果。因而当 $a<\frac{b}{2f_s}$时，推杆不能平衡，即推杆不会被卡住。

例 3-21　制动器的构造和主要尺寸如图 3-42（a）所示。制动块与鼓轮表面间的摩擦系数为 f_s，试求制动鼓轮转动所必需的力 $\boldsymbol{F}$。

解：(1) 先取鼓轮和重物为研究对象，受力图如图 3-42（b）所示。轴心受有轴承反力 $\boldsymbol{F}_{O_1x}$、$\boldsymbol{F}_{O_1y}$作用；重物受重力 $\boldsymbol{F}_P$ 作用，使鼓轮有逆时针转向转动的趋势，因此，闸块除给鼓轮正压力 $\boldsymbol{F}_N$外，还有一个向左的摩擦力 $\boldsymbol{F}_S$。为了保持鼓轮平衡，摩擦力 $\boldsymbol{F}_S$应满足方程

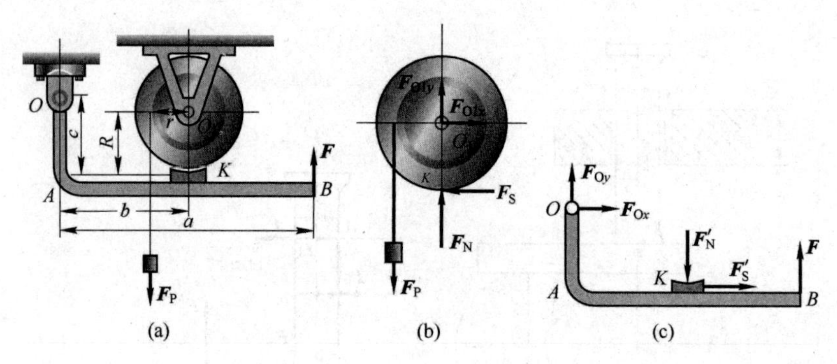

图 3-42 例 3-21 图

$$\sum M_{O1}(\boldsymbol{F})=0,\quad F_{\mathrm{P}}r-F_{\mathrm{S}}R=0 \tag{3-47}$$

解得

$$F_{\mathrm{S}}=\frac{r}{R}F_{\mathrm{P}} \tag{3-48}$$

（2）再取闸杆 OAB 为研究对象，其受力图如图 3-42（c）所示。为了建立 $\boldsymbol{F}$ 与 $\boldsymbol{F}_{\mathrm{N}}$间的关系，可列力矩方程

$$\sum M_{O}(\boldsymbol{F})=0,\quad F\cdot a+F'_{\mathrm{S}}\cdot c-F'_{\mathrm{N}}\cdot b=0 \tag{3-49}$$

将摩擦力补充条件

$$F'_{\mathrm{S}}\leqslant f_{\mathrm{s}}F'_{\mathrm{N}} \tag{3-50}$$

代入式（3-49）后，求得

$$F'_{\mathrm{N}}\leqslant\frac{Fa}{b-f_{\mathrm{s}}c}$$

代入式（3-50），得

$$F'_{\mathrm{S}}\leqslant\frac{f_{\mathrm{s}}aF}{b-f_{\mathrm{s}}c}$$

注意 $F'_{\mathrm{S}}=F_{\mathrm{S}}$，将式（3-48）代入上式，有

$$\frac{rF_{\mathrm{P}}}{R}\leqslant\frac{f_{\mathrm{s}}aF}{b-f_{\mathrm{s}}c}$$

于是

$$F\geqslant\frac{r(b-f_{\mathrm{s}}c)}{Rf_{\mathrm{s}}a}F_{\mathrm{P}}$$

例 3-22 如图 3-43（a）所示，重为 $P=100$ N 的均质滚轮夹在无重杆 AB 和水平面之间，在杆端 B 作用一垂直于 AB 的力 $\boldsymbol{F}_B$，其大小为 $F_B=50$ N。A 为光滑铰链，轮与杆间的静摩擦系数为 $f_C=0.4$。轮半径为 r，杆长为 l，当 $\alpha=60°$时，$AC=CB$。如要维持系统平衡，

（1）若 D 处静摩擦系数 $f_D=0.3$，求此时作用于轮心 O 处水平推力 $\boldsymbol{F}$ 的最小值；

（2）若 $f_D=0.15$，此时 $\boldsymbol{F}$ 的最小值又为多少？

解： 由经验可知，若推力 $\boldsymbol{F}$ 太大，轮将向左滚动，使角 α 加大；相反，若推力太小，杆在力 $\boldsymbol{F}_B$ 的作用下将使轮向右滚动，使角 α 变小。在后者的临界状态下，水平推力 $\boldsymbol{F}$ 即为维持系统平衡的最小值。另外，此题在 C、D 两处都有摩擦，两个摩擦力之中只要有一个达到最大值，系统即处于即将运动的临界状态，其推力 $\boldsymbol{F}$ 即为最小值。

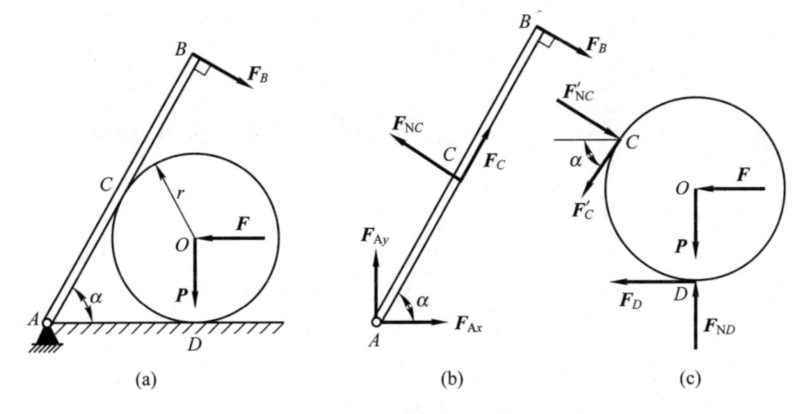

图 3-43　例 3-22 图

(1) 先假设 C 处的静摩擦力达到最大值。当推力 $\boldsymbol{F}$ 为最小时，轮有沿水平面向右滚动的趋势，因此轮上点 C 相对于杆有向右上方滑动的趋势，故轮受摩擦力 $\boldsymbol{F}'_C$ 沿切线向左下方，杆受摩擦力 $\boldsymbol{F}_C$ 沿杆向右上方，如图 3-43（b）及（c）所示。设 D 处摩擦力 $\boldsymbol{F}_D$ 未达最大值，可假设其方向向左（见图 3-43（c））。

先以杆 AB 为研究对象，列平衡方程

$$\sum M_A(\boldsymbol{F})=0,\quad F_{NC}\frac{l}{2}-F_Bl=0 \tag{3-51}$$

C 处达到临界状态，补充方程为

$$F_C=F_{Cmax}=f_CF_{NC} \tag{3-52}$$

由式（3-51）、(3-52）解出

$$F_{NC}=100\text{ N},\quad F_C=40\text{ N}$$

再以轮 O 为研究对象，列平衡方程

$$\sum M_O(\boldsymbol{F})=0,\quad F'_Cr-F_Dr=0 \tag{3-53}$$

$$\sum F_x=0,\quad F'_{NC}\sin 60°-F'_C\cos 60°-F-F_D=0 \tag{3-54}$$

$$\sum F_y=0,\quad -F'_{NC}\cos 60°-F'_C\sin 60°-P+F_{ND}=0 \tag{3-55}$$

由式（3-53）得　$F_D=F'_C$

将 $F'_{NC}=F_{NC}=100$ N，$F_D=F'_C=40$ N 代入式（3-54），得最小水平推力

$$F=26.6\text{ N}$$

代入式（3-55），得

$$F_{ND}=100+40\sin 60°+100\cos 60°=184.6\text{ N}$$

当 $f_D=0.3$ 时，D 处最大静摩擦力为

$$F_{Dmax}=f_DF_{ND}=55.39\text{ N}$$

由于 $F_D=40\text{ N}<F_{Dmax}$，D 处无滑动，故上述所得 $F=26.6$ N，确为维持系统平衡的最小水平推力。

(2) 当 $f_D=0.15$ 时，$F_{Dmax}=f_DF_{ND}=27.7$ N。上述求得的 $F_D>F_{Dmax}$，不合理，说明此时在 D 处应先达到临界状态，应假设 D 处静摩擦力达到最大值，轮将沿地面滑动。当推力为最小时，杆 AB 与轮的受力图不变，仍如图示。与前面不同之处只是将补充方程式（3-52）

改为

$$F_D = F_{D\max} = f_D F_{ND} \tag{3-56}$$

其他方程不变。

由式（3-53）及（3-56），得 $F'_C = F_D = f_D F_{ND}$。代入式（3-55），解得

$$F_D = F'_C = \frac{f_D\ (F'_{NC}\cos 60° + P)}{1 - f_D \sin 60°} = 25.86\ \text{N}$$

代入式（3-54），得最小水平推力

$$F = F'_{NC}\sin 60° - F_D(1 + \cos 60°) = 47.81\ \text{N}$$

此时，C 处最大静摩擦力仍为 $F_{C\max} = f_C F_{NC} = 40$ N，由于 $F'_C < F_{C\max}$，所以 C 处无滑动。因此，当 $f_D = 0.15$ 时，维持系统平衡的最小推力应为 $F = 47.81$ N。

请读者考虑如何求维持平衡的最大水平推力。

3.5.3 摩擦角和自锁现象

1. 摩擦角

当有摩擦时，支承面对平衡物体的约束反力包含两个分量：法向反力 $\boldsymbol{F}_N$ 和切向反力 $\boldsymbol{F}_S$（即静摩擦力）。这两个分力的几何和 $\boldsymbol{F}_{RA} = \boldsymbol{F}_N + \boldsymbol{F}_S$ 称为支承面的**全约束反力**，它的作用线与接触面的公法线成一偏角 α，如图 3-44（a）所示。当物块处于平衡的临界状态时，静摩擦力达到最大值，偏角 α 也达到最大值 φ_f，如图 3-44（b）所示。**全约束反力与法线间的夹角的最大值 $\boldsymbol{\varphi_f}$ 称为摩擦角**。由图可得

$$\tan \varphi_f = \frac{F_{\max}}{F_N} = \frac{f_s F_N}{F_N} = f_s \tag{3-57}$$

即：**摩擦角的正切等于静摩擦系数**。可见，摩擦角与摩擦系数一样，都是表示材料的表面性质的量。

当物块的滑动趋势方向改变时，全约束反力作用线的方位也随之改变；在临界状态下，$\boldsymbol{F}_{RA}$ 的作用线将画出一个以接触点 A 为顶点的锥面，如图 3-44（c）所示，称为摩擦锥。设物块与支承面间沿任何方向的摩擦系数都相同，即摩擦角都相等，则摩擦锥将是一个顶角为 $2\varphi_f$ 的圆锥。

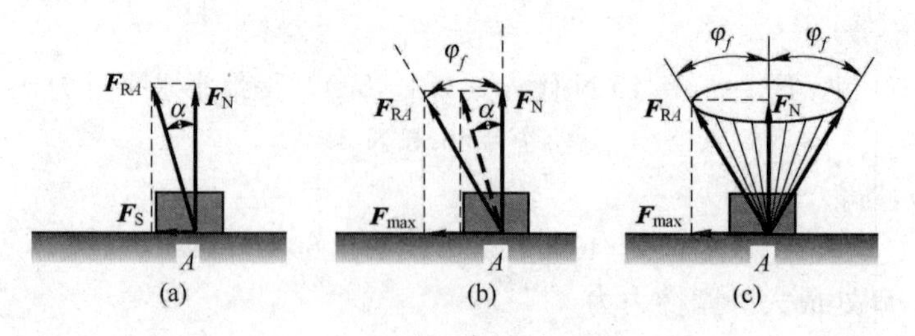

图 3-44 全约束反力与摩擦角

2. 自锁现象

刚体平衡时，静摩擦力不一定达到最大值，可在零与最大值 $F_{\max}$ 之间变化，所以全约束反力与法线间的夹角 α 也在零与摩擦角 φ_f 之间变化，即

$$0 \leqslant \alpha \leqslant \varphi_f$$

由于静摩擦力不可能超过最大值，因此全约束反力的作用线也不可能超出摩擦角以外，即全约束反力必在摩擦角之内。由此可知：

（1）如果作用于物块的全部主动力的合力 $\boldsymbol{F}_{\mathrm{P}}$的作用线在摩擦角 φ_f之内，则无论这个力怎样大，物块必保持静止。这种现象称为**自锁现象**。因为在这种情况下，主动力的合力 $\boldsymbol{F}_{\mathrm{P}}$与法线间的夹角 $\theta<\varphi_f$，因此，$\boldsymbol{F}_{\mathrm{P}}$和全约束反力 $\boldsymbol{F}_{\mathrm{R}A}$必能满足二力平衡条件，且 $\theta=\alpha<\varphi_f$。工程实际中常应用自锁原理设计一些机构或夹具，如千斤顶、压榨机、圆锥销等，使它们始终保持在平衡状态下工作。

（2）如果全部主动力的合力 $\boldsymbol{F}_{\mathrm{P}}$的作用线在摩擦角 φ_f之外，则无论这个力怎样小，物块必定会滑动。因为在这种情况下，$\theta>\varphi_f$，而 $\alpha<\varphi_f$，支承面的全约束反力 $\boldsymbol{F}_{\mathrm{R}A}$和主动力的合力 $\boldsymbol{F}_{\mathrm{P}}$不能满足二力平衡条件。应用这个道理，可以设法避免发生自锁现象。

下面讨论斜面的自锁条件，即讨论图 3－45（c）中物块 A 在铅直载荷 $\boldsymbol{F}_{\mathrm{P}}$的作用下，不沿斜面下滑的条件。由前面分析可知，只有当 $\alpha\leqslant\varphi_f$时，物块不下滑，即**斜面的自锁条件是斜面的倾角小于或等于摩擦角**。

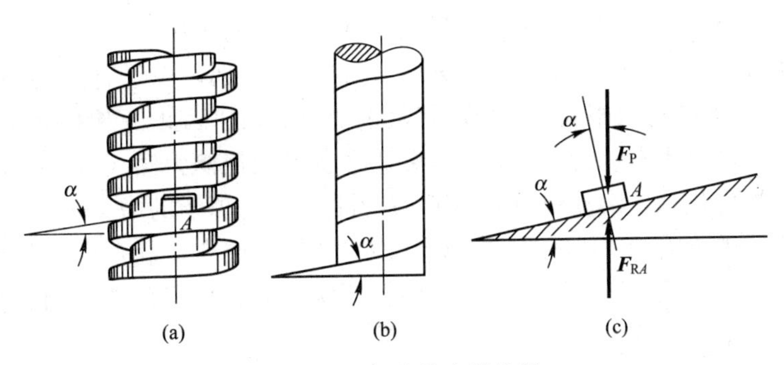

图 3－45　螺纹的自锁条件

斜面的自锁条件就是螺纹（见图 3－45（a））的自锁条件。因为螺纹可以看成为绕在一圆柱体上的斜面，如图 3－45（b）所示，螺纹升角 α 就是斜面的倾角，如图 3－45（c）所示。螺母相当于斜面上的滑块 A，加于螺母的轴向载荷 $\boldsymbol{F}_{\mathrm{P}}$相当于物块 A 的重力，要使螺纹自锁，必须使螺纹的升角 α 小于或等于摩擦角 φ_f。

3.5.4　滚动摩阻的概念

由实践知道，使滚子滚动比使它滑动省力。所以在工程中，为了提高效率，减轻劳动强度，常利用物体的滚动代替物体的滑动。早在殷商时代，我国劳动人民就利用车子作为运输工具。平时常见当搬运笨重的物体时，在物体下面垫上管子，都是以滚代滑的应用实例。

当物体滚动时，存在什么阻力？它有什么特性？下面通过简单的实例来分析这些问题。

如图 3－46 所示，设在水平面上有一滚子，重量为 F_{P}，半径为 r，在其中心点 O 作用一水平力 $\boldsymbol{F}_{\mathrm{T}}$。

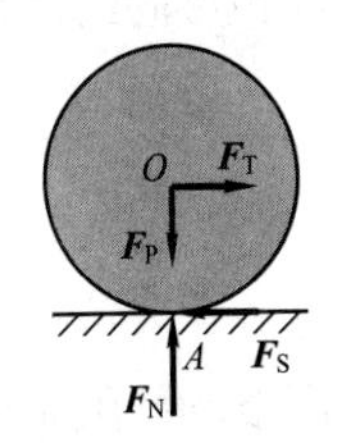

图 3－46　滚动刚体模型

当力 $\boldsymbol{F}_{\mathrm{T}}$不大时，滚子仍保持静止。分析滚子的受力情况可知，在滚子与平面接触的 A 点有法向反力 $\boldsymbol{F}_{\mathrm{N}}$，它与 $\boldsymbol{F}_{\mathrm{P}}$等值反向；另外，还有静滑动摩擦力 $\boldsymbol{F}_{\mathrm{S}}$，阻止滚子滑动，它与 $\boldsymbol{F}_{\mathrm{T}}$等值反向。但如果平面的反力仅有

$\boldsymbol{F}_N$和$\boldsymbol{F}_S$，则滚子不可能保持平衡，因为静滑动摩擦力$\boldsymbol{F}_S$与力$\boldsymbol{F}_T$组成一力偶，将使滚子发生滚动。但是，实际上当力$\boldsymbol{F}_T$不大时，滚子是可以平衡的。这是因为滚子和平面实际上并不是刚体，它们在力的作用下都会发生变形，有一个接触面，如图 3-47（a）所示。

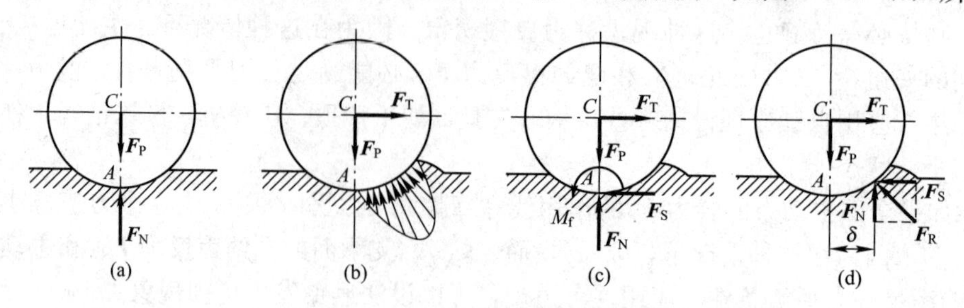

图 3-47　滚动摩阻力偶的形成

$\boldsymbol{F}_T$作用下，在接触面上，物体受分布力的作用（见图 3-47（b））。将这些力向点 A 简化，得到一个力$\boldsymbol{F}_R$和一个力偶，力偶的矩为M_f；力$\boldsymbol{F}_R$可分解为径向力$\boldsymbol{F}_N$和切向力$\boldsymbol{F}_S$，其作用是阻止轮子的下沉和滑动，这两个力即为图 3-46 中的正压力$\boldsymbol{F}_N$和摩擦力$\boldsymbol{F}_S$。轮子静止时，$\boldsymbol{F}_P=-\boldsymbol{F}_N$，$\boldsymbol{F}_T=-\boldsymbol{F}_S$，即（$\boldsymbol{F}_T$，$\boldsymbol{F}_S$）形成滚动力偶，轮子有滚动的可能。而矩为$M_f$的力偶转向与滚动的趋向相反，其作用是阻止轮子滚动。因此，当$\boldsymbol{F}_T$不太大时，轮子可以保持平衡（不滚动也不滑动）。通常将力偶M_f称为**滚动摩阻力偶**（简称滚阻力偶）。

与静滑动摩擦力相似，滚动摩阻力偶矩M_f随着主动力偶矩的增加而增大，当力$\boldsymbol{F}_T$增加到某个值时，滚子处于将滚未滚的临界平衡状态；这时，滚动摩阻力偶矩达到最大值，称为最大滚动摩阻力偶矩，用$M_{f\max}$表示。若力$\boldsymbol{F}_T$再增大一点，轮子就会滚动。在滚动过程中，滚动摩阻力偶矩近似等于$M_{f\max}$。

由此可知，滚动摩阻力偶矩M_f的大小介于零与最大值之间，即

$$0 \leqslant M_f \leqslant M_{f\max}$$

由实验证明：最大滚动摩阻力偶矩$M_{f\max}$与滚子半径无关，而与支承面的正压力（法向反力）$\boldsymbol{F}_N$的大小成正比，即

$$M_{f\max}=\delta F_N \tag{3-58}$$

这就是**滚动摩阻定律**，其中δ是比例常数，称为滚动摩阻系数。由上式知，滚动摩阻系数具有长度的量纲，单位一般用 mm。滚动摩阻系数由实验测定，它与滚子和支承面的材料的硬度、湿度以及接触范围的大小等因素有关，与滚子的半径无关。

滚阻系数的物理意义如下。滚子在即将滚动的临界平衡状态时，根据力的平移定理，可将其中的法向反力$\boldsymbol{F}_N$与最大滚动摩阻力偶$M_{f\max}$合成为一个力$\boldsymbol{F}'_N$，且$F'_N=F_N$。力$\boldsymbol{F}'_N$的作用线距中心线的距离为d，如图 3-47（d）所示。

$$d=\frac{M_{f\max}}{F_N}$$

得

$$\delta=d$$

因而滚动摩阻系数δ可看成在即将滚动时，法向反力$\boldsymbol{F}'_N$离中心线的最远距离，也就是最大滚阻力偶（$\boldsymbol{F}'_N$，$\boldsymbol{F}_P$）的臂，故它具有长度的量纲。

由于滚动摩阻系数较小，因此，在大多数情况下滚动摩阻是可以忽略不计的。

可以分别计算出使滚子滚动或滑动所需要的水平拉力 $\boldsymbol{F}_{\mathrm{T}}$，以分析究竟是使滚子滚动省力还是使滚子滑动省力。

由平衡方程 $\sum M_A(\boldsymbol{F})=0$，可以求得

$$F_{\mathrm{T滚}}=\frac{M_{f\max}}{r}=\frac{\delta F_{\mathrm{N}}}{r}=\frac{\delta}{r}F_{\mathrm{P}}$$

由平衡方程 $\sum F_x=0$ 可以求得

$$F_{\mathrm{T滑}}=F_{\mathrm{Smax}}=f_{\mathrm{s}}F_{\mathrm{N}}=f_{\mathrm{s}}F_{\mathrm{P}}$$

一般情况下，有

$$\frac{\delta}{r}\ll f_{\mathrm{s}}$$

因而使滚子滚动比滑动省力得多。

思考题

3-1　平面一般力系平衡方程可以有基本的两投影一矩式，当满足特殊条件时，还可以有一投影二矩式或三矩式；那么，空间任意力系的平衡方程可否有四矩式、五矩式或六矩式，它们成立的条件是什么？

3-2　对于由 n 个物体组成的物系，受力为平面力系，则可列出 $3n$ 个独立平衡方程，这个说法对吗？为什么？

3-3　汽车行驶时，车轮与地面间存在哪种摩擦力？汽车的发动机经一系列机构驱动后轴的车轮顺时针方向转动，说明作用于前后轮上的摩擦力的方向和作用。

习题

3-1　在图3-48所示刚架中，已知 $q_m=3\ \mathrm{kN/m}$，$F=6\sqrt{2}\ \mathrm{kN}$，$M=10\ \mathrm{kN\cdot m}$，不计刚架自重。求固定端 A 处的约束力。

3-2　杆 AB 及其两端滚子的整体重心在 G 点，滚子搁置在倾斜的光滑刚性平面上，如图3-49所示。对于给定的 θ 角，试求平衡时的 β 角。

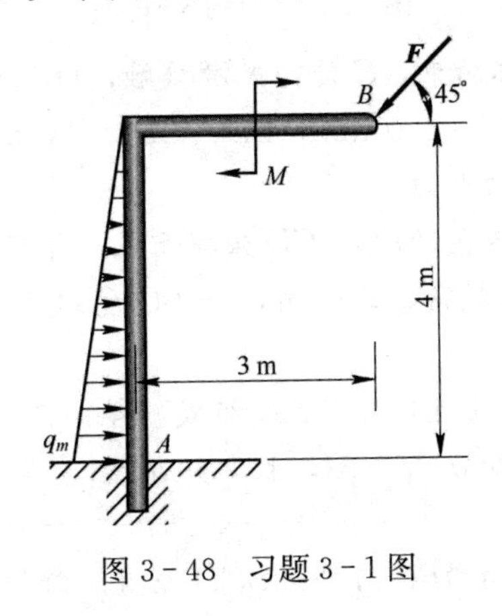

图3-48　习题3-1图

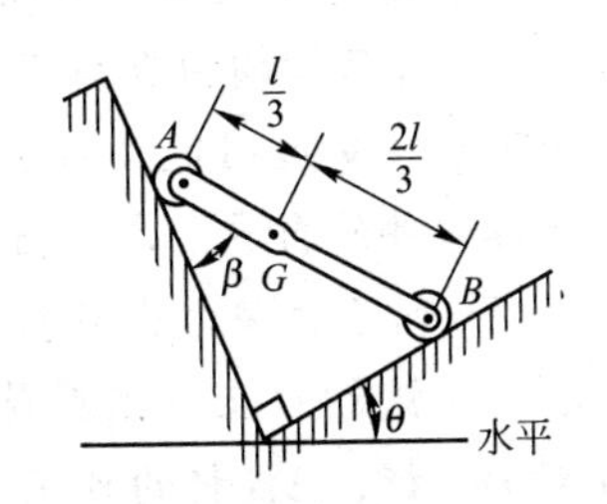

图3-49　习题3-2图

3-3 由 AC 和 CD 构成的组合梁通过铰链 C 连接。支承和受力如图 3-50 所示。已知均布载荷强度 $q=10$ kN/m，力偶矩 $M=40$ kN·m，不计梁重。求支座 A、B、D 三处的约束反力。

3-4 如图 3-51 所示，组合梁由 AC 和 DC 两段铰接构成，起重机放在梁上。已知起重机重 $P_1=50$ kN，重心在铅直线 EC 上，起重载荷 $P_2=10$ kN。如不计梁重，求支座 A、B 和 D 三处的约束反力。

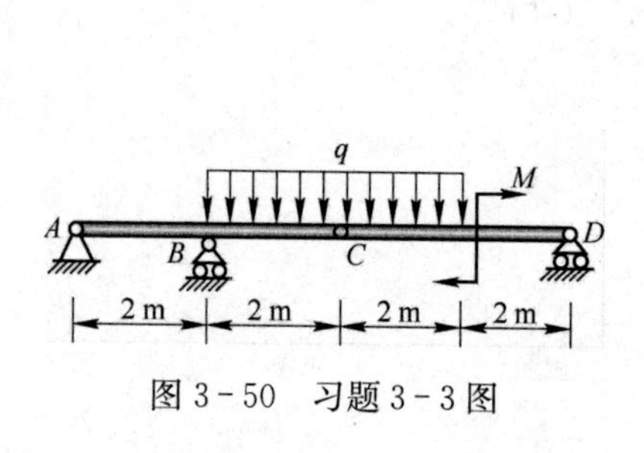

图 3-50 习题 3-3 图

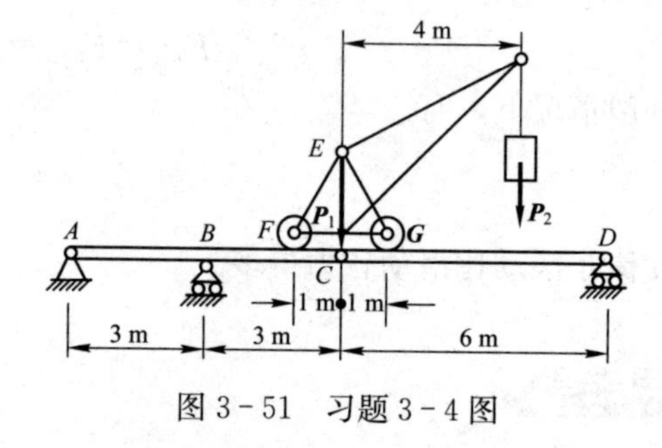

图 3-51 习题 3-4 图

3-5 构架由杆 AB、AC 和 DF 铰接而成，如图 3-52 所示。在 DEF 杆上作用一矩为 M 的力偶。不计各杆的重量，求 AB 杆上铰链 A、D 和 B 所受的力。

3-6 图 3-53 所示构架中，物体 P 重 1 200 N，由细绳跨过滑轮 E 而水平系于墙上，尺寸如图。不计杆和滑轮的重量，求支承 A 和 B 处的约束力，以及杆 BC 的内力 $\boldsymbol{F}_{BC}$。

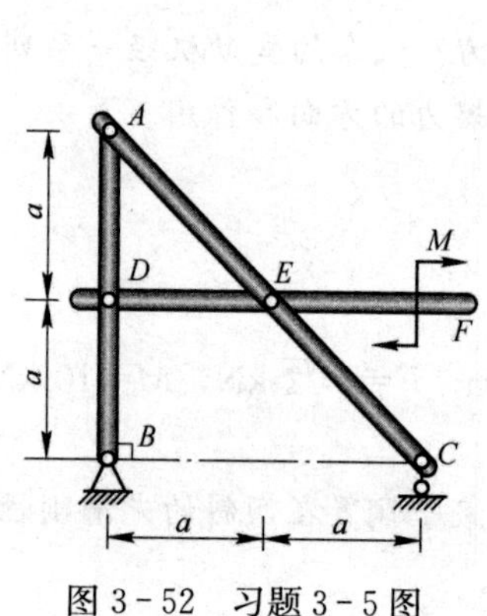

图 3-52 习题 3-5 图

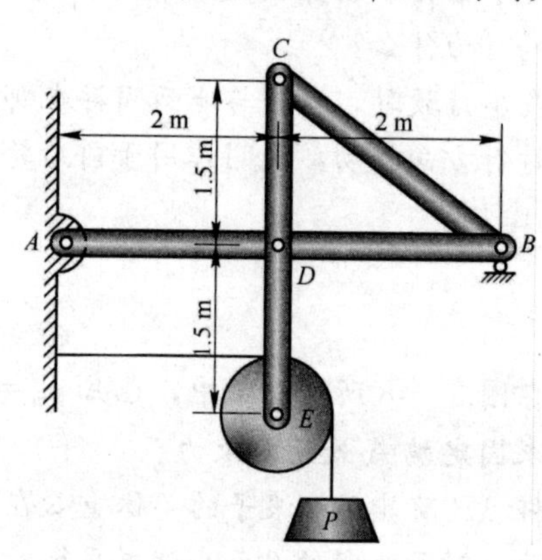

图 3-53 习题 3-6 图

3-7 图 3-54 所示结构中，A 处为固定端约束，C 处为光滑接触，D 处为铰链连接。已知 $F_1=F_2=400$ N，$M=300$ N·m，$AB=BC=400$ mm，$CD=CE=300$ mm，$\alpha=45°$，不计各构件自重，求固定端 A 处与铰链 D 处的约束力。

3-8 图 3-55 所示结构由直角弯杆 DAB 与直杆 BC、CD 铰接而成，并在 A 处与 B 处用固定铰支座和可动铰支座固定。杆 DC 受均布载荷 q 的作用，杆 BC 受到矩为 $M=qa^2$ 的力偶作用。不计各构件的自重。求铰链 D 受的力。

3-9 图 3-56 所示构架，由直杆 BC、CD 及直角弯杆 AB 组成，各杆自重不计，载荷分布及尺寸如图。在销钉 B 上作用载荷 $\boldsymbol{F}_P$。已知 q、a、M，且 $M=qa^2$。求固定端 A 的约束力及销钉 B 对 BC 杆、AB 杆的作用力。

3-10 无重曲杆 $ABCD$ 有两个直角，且平面 ABC 与平面 BCD 垂直。杆的 D 端为球铰支座，A 端为轴承约束，如图所示。在曲杆的 AB、BC 和 CD 上作用三个力偶，力偶所在平面分别垂直于 AB、BC 和 CD 三线段。已知力偶矩 M_2 和 M_3，求使曲杆处于平衡的力偶矩 M_1 和 A、D 处的约束反力。

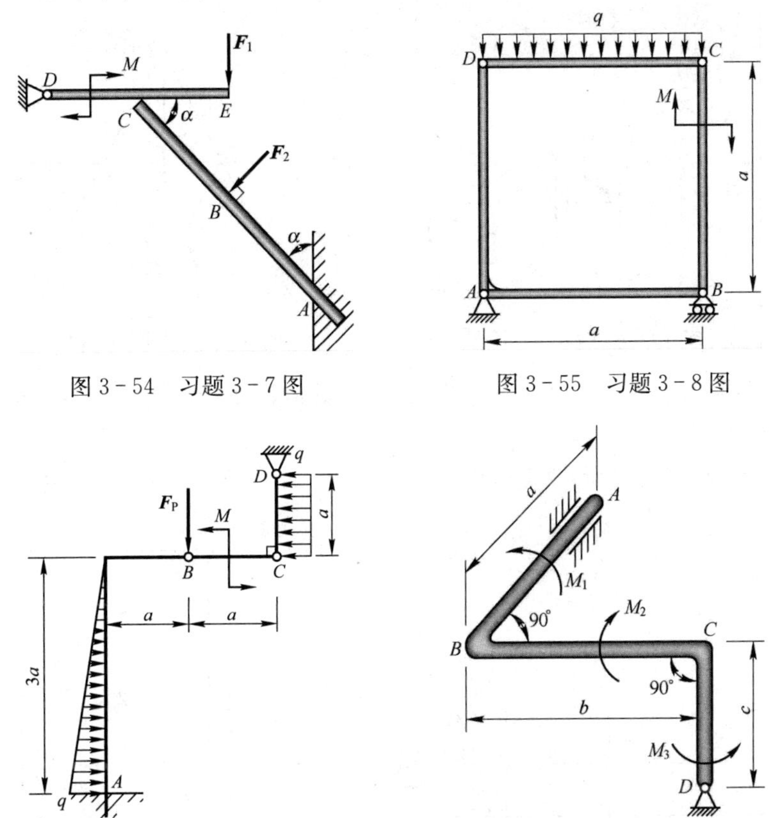

图 3-54　习题 3-7 图　　图 3-55　习题 3-8 图

图 3-56　习题 3-9 图　　图 3-57　习题 3-10 图

3-11　在图 3-58 所示转轴中，已知：$F_P=4\ \mathrm{kN}$，$r=0.5\ \mathrm{m}$，轮 C 与水平轴 AB 垂直，自重均不计。试求平衡时力偶矩 M 的大小及轴承 A、B 的约束反力。

3-12　匀质杆 AB 重 F_P 长 L，AB 两端分别支于光滑的墙面及水平地板上，位置如图 3-59 所示，并以二水平柔索 AC 及 BD 维持其平衡。试求：(1) 墙及地板的反力；(2) 两柔索的拉力。

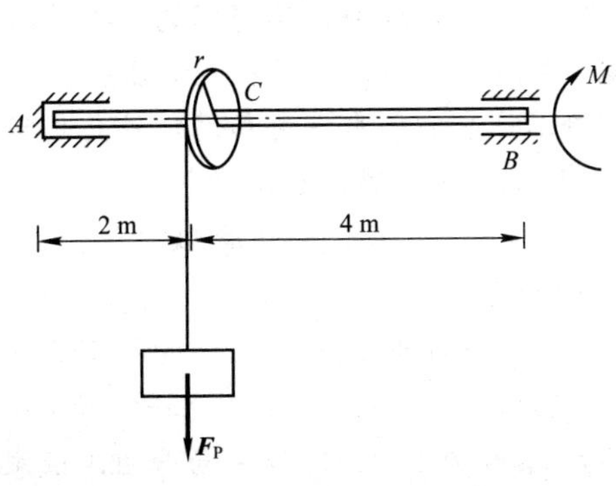

图 3-58　习题 3-11 图

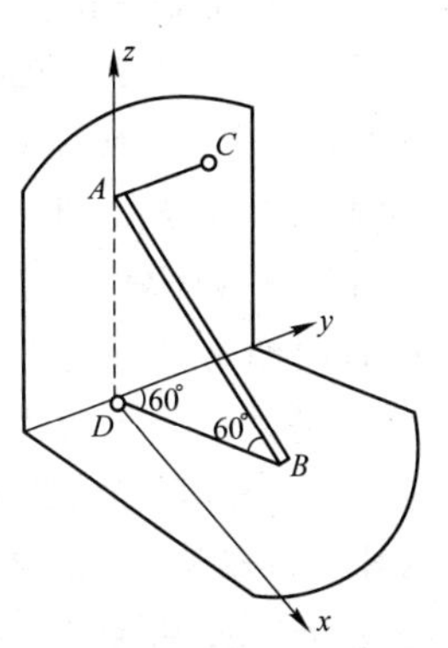

图3-59　习题 3-12 图

3-13 平面悬臂桁架所受的载荷如图 3-60 所示。求杆 1，2 和 3 的内力。

3-14 平面桁架的支座和载荷如图 3-61 所示。ABC 为等边三角形，E、F 为两腰中点，又 $AD=DB$。求杆 CD 的内力 $\boldsymbol{F}_{CD}$。

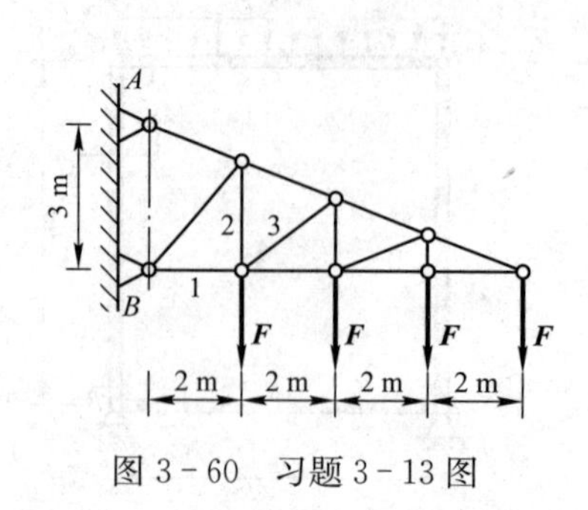

图 3-60 习题 3-13 图

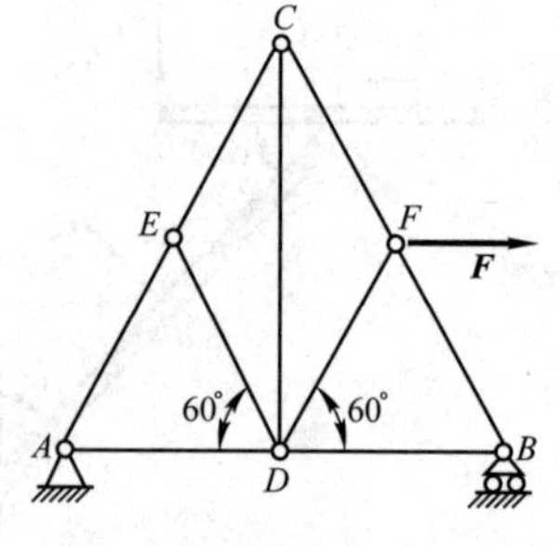

图 3-61 习题 3-14 图

3-15 桁架受力如图 3-62 所示，已知 $F_1=10$ kN，$F_2=F_3=20$ kN。试求桁架 4、5、7、10 各杆的内力。

3-16 平面桁架的支座和载荷如图 3-63 所示，求杆 1、2 和 3 的内力。

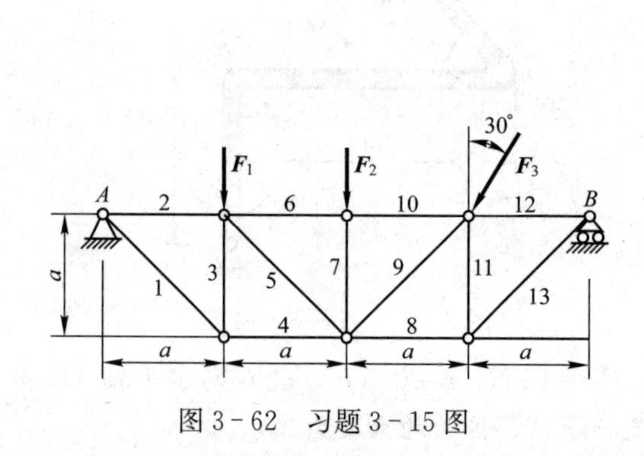

图 3-62 习题 3-15 图

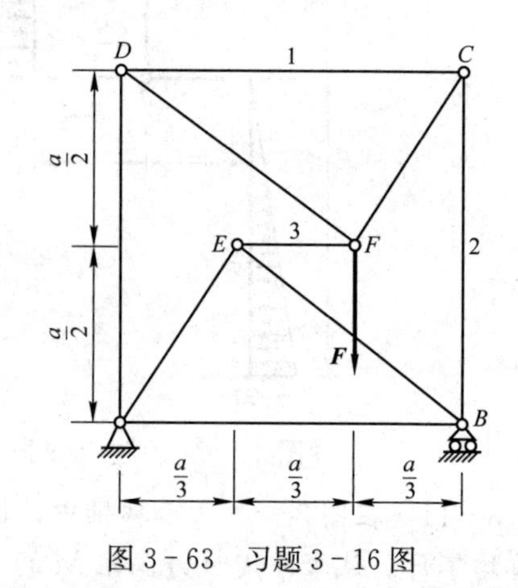

图 3-63 习题 3-16 图

3-17 如图 3-64 所示。已知：均质木箱重 $F_P=5$ kN，尺寸如图，$h=2a$，在 D 点处作用一拉力 $\boldsymbol{F}$，其倾角为 $\theta=30°$，木箱与地面间的摩擦系数为 $f_s=0.4$。求：(1) 当 D 处拉力 $F=1$ kN 时，木箱是否平衡？(2) 能保持木箱平衡的最大拉力。

3-18 如图 3-65 所示。已知：抽屉尺寸 a、b，抽屉与两壁间的摩擦系数 f_s，不计抽屉底部摩擦。求拉力 $\boldsymbol{F}_P$ 与抽屉中轴线距离 e 超过多大时，抽屉将被卡住。

3-19 均质圆柱重 F_P、半径为 r，搁在不计自重的水平杆和固定斜面之间。杆端 A 为光滑铰链，D 端受一铅垂向上的力 $\boldsymbol{F}$，圆柱上作用一力偶。如图 3-66 所示。已知 $F=F_P$，圆柱与杆和斜面间的静滑动摩擦系数皆为 $f_s=0.3$，不计滚动摩阻，当 $\alpha=45°$时，$AB=BD$。求此时能保持系统静止的力偶矩 M 的最小值。

3-20 如图 3-67 所示，A 块重 500 N，轮轴 B 重 1 000 N，A 块与轮轴的轴以水平绳连接。在轮轴外绕以细绳，此绳跨过一光滑的滑轮 D，在绳的端点系一重物 C。如 A 块与平面间的摩擦系数为 0.5，轮轴与平面间的摩擦系数为 0.2，不计滚动摩阻，试求使系统平衡时物体 C 的重量 F_P 的最大值。

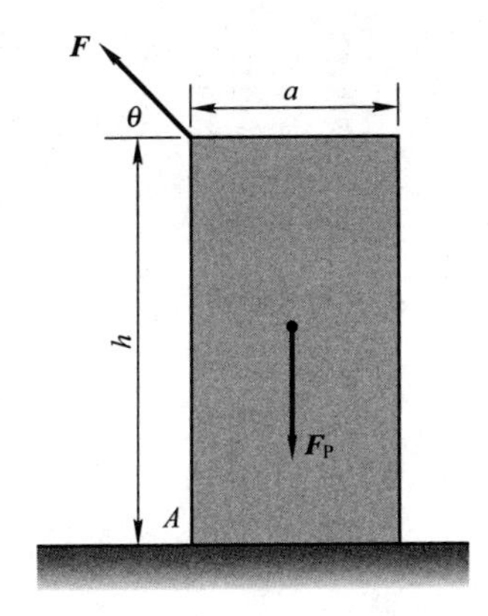

图3-64　习题3-17图

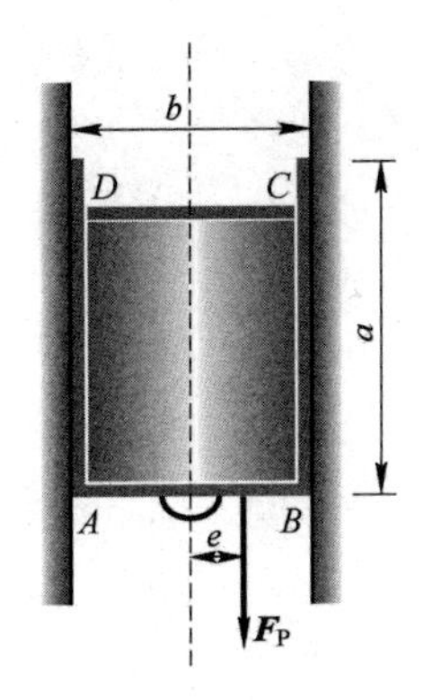

图3-65　习题3-18图

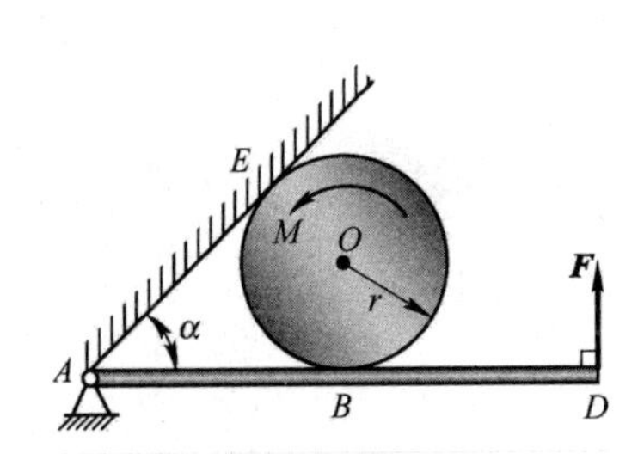

图3-66　习题3-19图

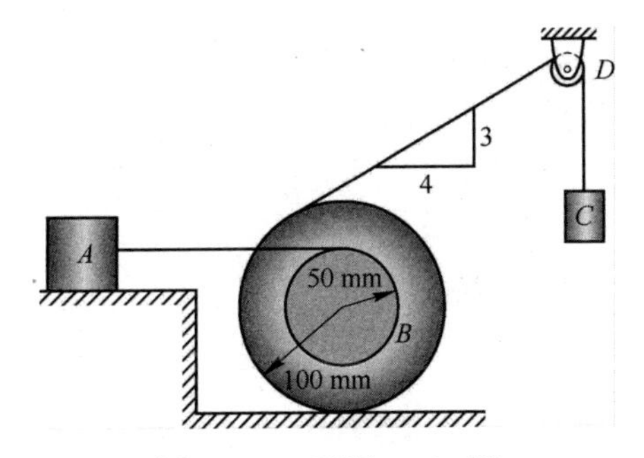

图3-67　习题3-20图

第2篇

材料力学

第 4 章

材料力学基础

4.1 材料力学的研究对象与任务

4.1.1 材料力学的研究对象

工程中有各种各样的结构或机器，不管其结构复杂程度如何，它们都是由一个个元件（或零件）组成的。组成结构的元件或机器的零件统称为构件。结构或机器工作时，构件将承受一定的载荷，为保证结构或机器在载荷作用下能够正常工作，就要求组成结构和机器的每一个构件也能正常工作。

力可以使物体运动或变形，静力学讨论的是力的运动效应，研究力系使物体保持平衡状态的规律，对于平衡规律而言，物体的变形是次要的。因此，可以将物体视为虽受力但不变形的刚体。材料力学，将研究构件的承载能力问题，这主要与构件的变形有关，所以将涉及力对受力物体的变形效应。比如，我们拉伸一根橡皮筋，如图 4-1 所示，当拉力 $\boldsymbol{F}$ 的大小从零开始逐渐增大时，可以看到，橡皮筋会逐渐伸长，直至极限，最后被拉断。整个过程表明，受力物体会沿力的方向发生变形，力越大变形量越大，但物体的变形是有限度的，超过了它的承受极限，物体将不能继续承受力的作用而发生破坏。

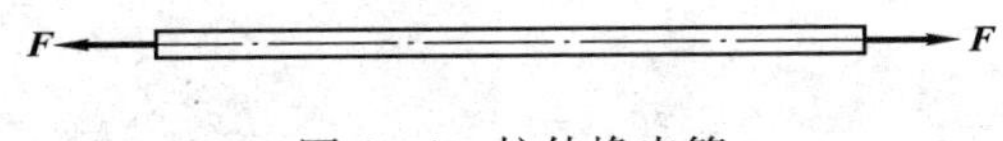

图 4-1　拉伸橡皮筋

在力的作用下，物体的形状和尺寸将发生改变，这种改变称为变形；变形量不能忽略的物体，称为变形体。工程结构或机器中的零部件都是固体，而且形状各异，在研究构件的承载能力问题时，一律将它们视为变形体。材料力学所研究的构件多属于杆件。所谓的杆件，是指纵向（长度方向）尺寸远比横向（垂直于长度方向）尺寸大得多的构件。比如，传动轴、梁和柱等均属杆件。

描述杆件的几何要素是横截面和轴线，如图 4-2（a）所示，横截面是指沿杆长度方向并与之相垂直的截面，轴线是指各横截面形心的连线。轴线通过各横截面的形心并与横截面垂直。轴线为直线的杆称为直杆，轴线为曲线的杆称为曲杆。横截面尺寸沿轴线无变化的杆称为等截面杆，有变化的杆称为变截面杆。材料力学中所研究的杆件多数是等截面直杆，简称等直杆（见图 4-2（b））。

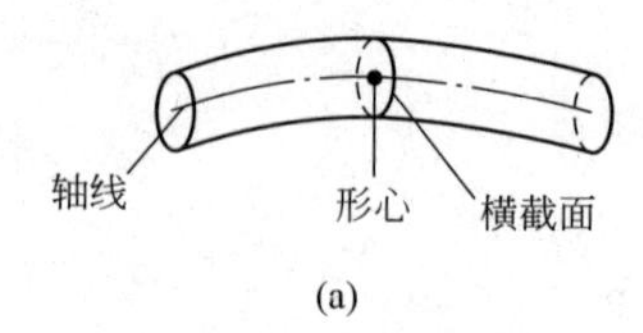

(a)

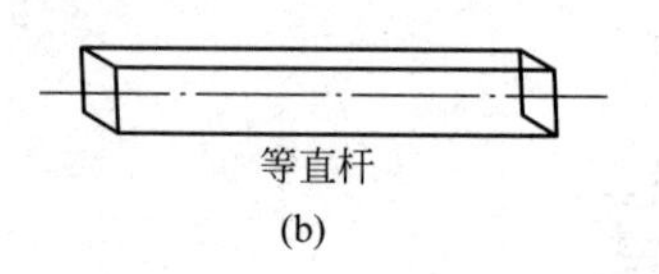

(b)

图 4-2 横截面、轴线及等直杆

4.1.2 材料力学的任务

构件需要有足够的承载能力，才能正常地工作。那么，怎样才能算是具有足够的承载能力呢？在材料力学中，一般从以下三方面来衡量。

(1) **强度方面**：构件在承受载荷时抵抗破坏的能力称为**强度**。

(2) **刚度方面**：构件在承受载荷时抵抗变形的能力称为**刚度**。

(3) **稳定性方面**：构件在承受载荷时，能在原有的几何形状下保持平衡状态的能力称为**杆件的稳定性**。

从上述三点来看，构件能否安全、正常地工作，就是要考察构件是否具备足够的强度、刚度和稳定性。材料力学通过对强度、刚度和稳定性相关的力学量进行合理的计算，从而对构件承载能力进行校核、设计等工作。

如果构件的强度、刚度和稳定性达不到使用要求，或者载荷超出了设计范围，则构件会出现断裂等破坏现象，这种由于材料的力学行为改变而使构件丧失正常功能（承载能力）的现象称为**失效**（Failure）。例如，图 4-3（a）所示桥面的强度失效，图 4-3（b）所示钢轨的刚度失效。构件发生失效现象后，将不能继续承载、正常地工作，造成很大的经济损失，有的可能造成人身伤亡。

(a) 桥面的强度失效

(b) 钢轨的刚度失效

图 4-3 构件失效

为合理解决构件的承载能力，必须正确处理好安全与经济之间的矛盾。显然，只要增加构件的截面尺寸或选用优质的材料是能够满足安全要求的，但势必会增加材料的消耗量和提高构件的成本，这就不符合经济的原则。因此，材料力学的任务就是在保证满足强度、刚度和稳定性要求的前提下，以最经济的方式，为构件选择适宜的材料，确定合理的截面形状和尺寸，为设计构件提供必要的理论基础和计算方法。

构件的强度、刚度和稳定性都与所用材料的力学性质密切相关，而材料的力学性质必须通过实验才能测得。同时，也有一些单靠现有理论还解决不了的问题，需借助实验来解决。

因此，实验研究同理论分析一样，是完成材料力学任务的重要手段之一。

4.2 材料力学的基本假设

从承载能力方面来看，材料力学认为一切固体都是变形体。变形固体的性质是很复杂的，为使问题得以简化，在材料力学中通常忽略一些次要因素，将材料进行理想化处理，先按照理论分析的要求做一些基本假设，然后进行理论分析，得出计算公式。常用基本假设有以下三个。

1. 均匀连续性假设

假设变形固体的力学性质在体内各处都是一样的，而且构成变形固体的物质是毫无空隙地充满了整个体积。

事实上，从微观方面看，固体是由许多粒子或晶粒组成的，它们之间并不连续，而且固体的性质也不均匀。但从宏观角度来看，材料力学研究的构件，尺寸要比组成它的粒子和晶粒大得多。因此，就整个固体来讲，可以认为是均匀连续的。这个假设对于钢、铜等金属材料相当符合；对砖、石、木材等材料近似符合。

这一假设保证了构件受力与变形的连续性。

2. 各向同性假设

假设变形固体在各个方向具有相同的力学性能。

固体是由肉眼无法识别的微小晶粒组成的，沿晶粒的不同方向，机械性质是不一样的。但由于固体包含着相当多的晶粒，且排列又无规则，因此按统计平均的观点在各个方向上的性质又相接近了，从而使得材料的力学性能在各个方向趋于一致了。这一假设适用于金属、陶瓷、玻璃等材料。

沿不同方向的力学性能不同的材料称为各向异性材料，如木材、钢砼结构、复合材料等。

3. 小变形假设

假设变形固体在外力作用下所产生的变形与固体本身尺寸比较起来是很微小的。

构件受力后，都将发生不同程度的变形。如果构件的变形随着载荷的卸除而恢复到原始状态，这样的变形称为弹性变形；弹性变形是可逆的，如橡皮筋的变形。如果构件的变形随着载荷的卸除不能恢复到原始状态，而保留了变形，这样的变形称为塑性变形；塑性变形是不可逆的。例如，将一根铁丝弯成不同形状后，它不会在受力消除后自动恢复原来的形状和尺寸。

一般情况下，构件受力较小时，将发生弹性变形，随着力的增加，弹性变形将达到极限而进入塑性变形状态，直至彻底失效。在材料力学认为安全的条件下，构件应为弹性变形状态，且变形量很小。因此，当讨论构件平衡问题时，仍可忽略构件的变形引起的误差，将其作为刚体，按原始尺寸进行分析计算。只发生弹性变形的固体称为弹性体。材料力学研究的主要是弹性体。

这些假设保留了材料力学计算所必需的主要条件，忽略了次要因素，因此，使理论分析与公式推导得以简化，简化后的计算结果符合工程实际要求。

这些假设适用于材料力学计算范围内所有构件，对于某些特殊构件的状况，还可能有进一步的假设，将在后续章节中提出。

4.3 内力、截面法

4.3.1 内力

弹性体受外力作用后发生变形，其内部各点之间将发生相对位移，由于构件的物质组成是均匀且连续的，因而各点之间将产生相互作用力，这种作用力称为**内力**。由于内力因外力而起，所以内力与外力之间存在必然联系。内力与外力的关系利用**截面法**可以求得。

4.3.2 截面法

为了确定构件在外力作用下某截面上的内力，首先在待求截面处用一个假想的 m-m 平面将构件切分为两部分，如图 4－4（a）所示；然后将构件从截面处分开，取出其中一部分作为研究对象，进行受力分析，如图 4－4（b）所示。构件原本是平衡体，用截面切开后的任何一部分仍保持平衡。在截面左侧部分，外力有 $\boldsymbol{F}_1$ 和 $\boldsymbol{F}_2$，截面右侧部分外力有 $\boldsymbol{F}_3$ 和 $\boldsymbol{F}_4$，两部分各自平衡。那么，在各自的截面上必有相应的作用力与外力保持平衡，截面上的作用力即为内力，它是由截面的一侧物体对另一侧物体产生的作用。根据均匀连续性假设，截面上每一点处都有内力，因此各点处的内力组成了分布力系。根据作用与反作用定律可知，构件两部分截面上对应同一点处的内力为等值、反向的关系，因此截面两侧的内力特点完全相同，取截面任何一侧研究都可以得到相同作用效应的内力。

当受力分析完成后，对切开的平衡体进行平衡计算，即可求得截面的内力大小和方向。

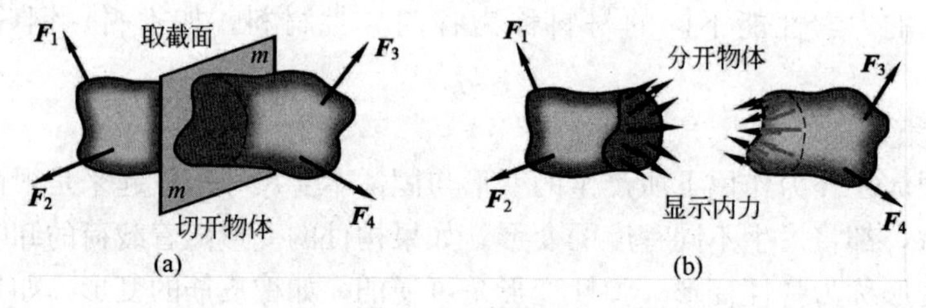

图 4－4 截面法

4.3.3 内力分量

截面上的内力为连续的分布力系，利用力系向一点简化的方法可以得到内力的主矢和主矩，如图 4－5（a）所示，内力主矢和内力主矩统称为截面上的内力。内力的简化点通常选择在截面的形心位置，主矢和主矩均为矢量。一般地，将它们沿着截面的法线方向和切线方向进行分解，可以得到内力分量。如图 4－5（b）所示，将内力主矢沿横截面的法线（即轴线）方向分解得到轴力，沿切向分解得到剪力；如图 4－5（c）所示，将内力主矩沿横截面的法线（即轴线）方向分解得到扭矩，沿切向分解得到弯矩；不同的内力分量会出现于不同的变形构件内，在后续章节中将详细讨论。

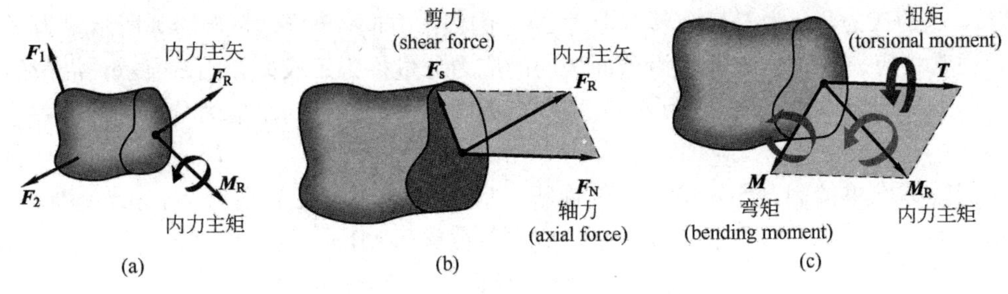

图 4-5　截面内力及其内力分量

4.3.4　内力分量的计算

利用截面法进行内力分析时，需根据构件变形的特点判断截面上有哪些内力分量，然后在截面上画出相应的内力分量而不是分布内力系，再进行平衡计算。综上所述，应用截面法求解截面内力的步骤可以概括如下。

(1) **一切为二**：在所求截面处用一平面假想地将受力构件切开为两部分（见图 4-4 (a)）。

(2) **弃一留一**：选择切开的任意一部分为研究对象，丢弃另一部分。

(3) **画受力图**：对留下的部分进行受力分析，画受力图，包括已知外力和截面上的未知内力分量（见图 4-5 (b)、(c)）；

(4) **平衡求力**：建立留取部分的平衡方程，求解未知内力。

截面法是分析内力的基本方法，在后续章节中将经常使用。

4.4　应力的概念

由截面法求得的内力反映的是截面上分布力系的合成效应，它仅表明内力与外力的平衡关系，而没有表现出截面上某一点处受力的强弱程度，因此，应该引入一个表示一点受力特点的力学概念。如图 4-6 (a) 所示，在受力构件的某截面上任取一点 K，围绕该点取微小面积 ΔA，假设 ΔA 上分布内力的合力为 $\Delta \boldsymbol{F}_R$，$\Delta \boldsymbol{F}_R$ 的大小和方向与 K 点的位置有关。由于 ΔA 是微小量，所以 ΔA 上的分布内力可以视为均匀分布的，那么，该微面积上的内力密集程度（简称内力集度）可以由比值

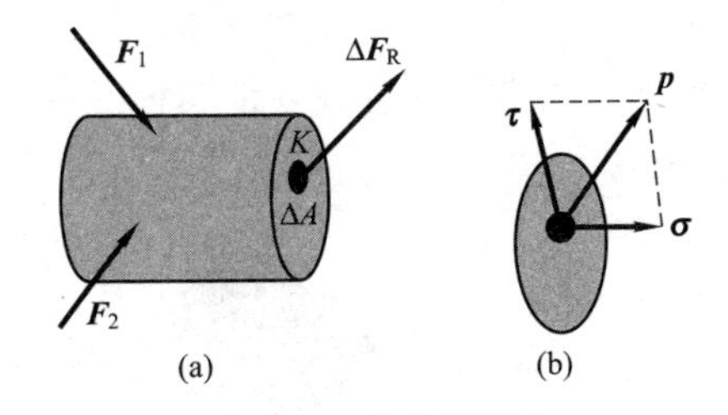

图 4-6　应力的概念

$$\boldsymbol{p}_a = \frac{\Delta \boldsymbol{F}_R}{\Delta A}$$

求得。$\boldsymbol{p}_a$为矢量，其方向与 $\Delta \boldsymbol{F}_R$ 一致，$\boldsymbol{p}_a$称为微面积 ΔA 上的**平均应力**，其表示在 ΔA 范围内，单位面积上内力的平均集度。

若将微面积 ΔA 无限缩小，则 ΔA 的范围将趋于零，于是得到 $\boldsymbol{p}_a$的极限为

$$\boldsymbol{p} = \lim_{\Delta A \to 0} \boldsymbol{p}_a = \lim_{\Delta A \to 0} \frac{\Delta \boldsymbol{F}_R}{\Delta A} \tag{4-1}$$

$\boldsymbol{p}$ 称为 K 点的**应力**，$\boldsymbol{p}$ 为矢量，其方向为 $\Delta \boldsymbol{F}_{\mathrm{R}}$ 的极限方向，如图 4-6（b）所示。为了计算方便，通常将应力 $\boldsymbol{p}$ 正交分解，沿截面法向的应力分量称为**正应力**，用 σ 表示；沿截面切向的应力分量称为**切应力**，用 τ 表示；p 为 K 点的总应力，它与两个应力分量之间的关系为

$$p^2=\sigma^2+\tau^2 \tag{4-2}$$

在国际标准单位制（SI）中，力、面积、应力的基本单位分别为 N、m^2、Pa，1Pa=1 $\mathrm{N/m^2}$；应力计算中长度单位常用 mm，应力单位常用 MPa，其换算关系为

$$1\ \mathrm{MPa}=1\ \mathrm{N/mm^2}=10^6\ \mathrm{Pa}$$

应力反映的是构件内一点处受力的集中程度，而不是整个截面的受力情况，点在构件内所处位置不同，应力特征也不相同，这可以反映出构件的强度问题。比如，仅在某点处应力值超过了材料承受的极限时，构件将从这一点开始发生破坏，产生裂纹，然后裂纹扩展至构件彻底断裂。所以，对材料的强度计算主要是对应力进行计算。

4.5 应变的概念

物体受力后的变形，可以用其各部分的长度和角度的改变来描述。从物体内部来看，分析的位置不同，变形也会有所不同。例如，构件变形时，观察构件体内任意一些线段，有的线段伸长、有的缩短，有的保持直线、有的线段变弯，等等。这说明，构件变形时，各点发生了不同程度和不同方向的位移。根据小变形的基本假设，构件实际发生的变形或因变形而引起的各种位移量一般是很微小的，因此分析变形的方法多采用微元法即单元体法。

假想将构件分割为许多块微小的长方体，称为**单元体**，变形前单元体的棱长分别为 Δx、Δy、Δz，棱长的尺寸是微小量，因此单元体的意义相当于一个几何点。取出其中任意一块单元体，如图 4-7（a）所示，如果将其投影到 Oxy 平面内，单元体可表示为矩形，如图 4-7（b）中实线所示。若构件的变形只引起单元体棱长的改变（即单元体的形状不变，只是体积改变），则单元体可变形为图 4-7（b）中虚线矩形；若构件的变形引起单元体棱边夹角的改变，则单元体可变形为平行四边形，如图 4-7（c）中虚线图形所示。当然，两种变形有可能同时存在，但两种变形的起因不同，变形量的计算是独立的，所以也可以进行分解。

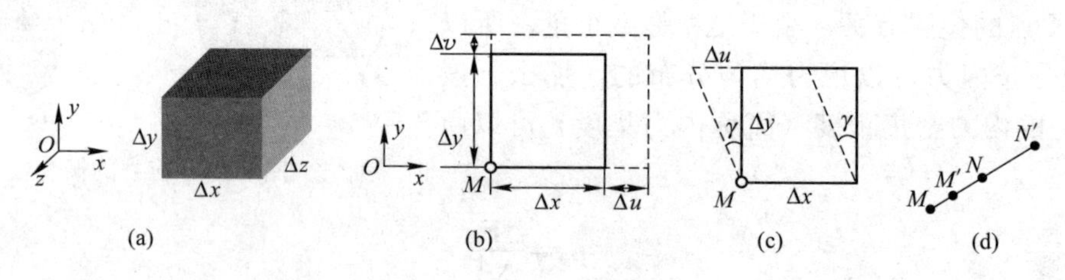

图 4-7　变形与应变

如图 4-7（b）所示，设变形后 x、y 轴方向的棱边长度改变量分别为 Δu、Δv，则称改变量与原长的比值为对应棱边的**平均正应变**，用 ε_{a} 表示，即

$$\varepsilon_{\mathrm{a}x}=\frac{\Delta u}{\Delta x},\qquad \varepsilon_{\mathrm{a}y}=\frac{\Delta v}{\Delta y} \tag{4-3}$$

同理，有

$$\varepsilon_{az}=\frac{\Delta w}{\Delta z} \tag{4-4}$$

式中，Δw 为变形后 z 轴方向的棱边长度改变量。

若无限缩短各边的原长，则单元体缩小为一点 M，式（4－3）、（4－4）的极限为

$$\varepsilon_x=\lim_{\Delta x\to 0}\frac{\Delta u}{\Delta x},\quad \varepsilon_y=\lim_{\Delta y\to 0}\frac{\Delta v}{\Delta y},\quad \varepsilon_z=\lim_{\Delta z\to 0}\frac{\Delta w}{\Delta z} \tag{4-5}$$

式中，ε_x、ε_y、ε_z 分别称为点 M 沿 x、y、z 轴方向的**正应变**或**线应变**。

同理，若在构件内任取一段微小线段 MN，变形后的长度为 $M'N'$，如图 4－7（d）所示，则该线段沿 MN 方向的正应变可表示为

$$\varepsilon_{MN}=\lim_{MN\to 0}\frac{M'N'-MN}{MN} \tag{4-6}$$

如图 4－7（c）所示，M 点两侧的棱边变形前的夹角为 $\pi/2$，变形后的夹角为 $\pi/2\pm\gamma$，则夹角的改变量为 γ，称直角的改变量 γ 为 M 点在 xy 平面内的**切应变**或**剪应变**。对于小变形情况，M 点切应变 γ 的弧度值近似等于角度 γ 的正切值，即 $\gamma\approx\tan\gamma=\Delta u/\Delta y$。

正应变 ε 和切应变 γ 是无量纲量。正应变 ε 和切应变 γ 是描述变形构件内一点处变形的两个基本力学量，表示局部变形；构件的整体变形是构件内所有点变形的累加。对于构件承载能力的指标之一的刚度，反映的是构件在受力后抵抗变形的能力；或者说，保证构件受力后正常工作的条件之一是构件的变形量不应超过工程上的允许范围。所以，对构件刚度的计算，实际上就是对构件变形量的计算。

4.6　应力与应变之间的关系

如果单元体上仅有正应变（见图 4－7（b）），则表明单元体的两个相互平行的截面只发生相对平移，显然该单元体截面上只可能作用有正应力 σ；如果单元体上仅有切应变（见图 4－7（c）），则表明单元体的两个相互平行的截面无相对平移，只有相对错动，显然该单元体截面上只可能作用有切应力 τ。通过材料的力学性能实验可知，当应力不超过一定极限时，应力与其对应的应变成正比，即

$$E=\frac{\sigma}{\varepsilon},\quad G=\frac{\tau}{\gamma} \tag{4-7}$$

式中，比例常数 E、G 分别称为材料的拉（压）弹性模量和切变模量，它们的值由实验测定，反映出材料的不同力学性能。E、G 的基本单位为 Pa（帕），常用单位为 GPa（吉帕），1 GPa$=10^9$ Pa。公式（4－7）的两个关系式分别称为**拉（压）胡克定律**和**剪切胡克定律**，也称为**物理关系**或**本构关系**。

4.7　杆件变形的基本形式

由于实际构件的受力方式不同，因此构件的变形形式也不唯一。但是，总结起来，可以

归纳为基本变形形式与组合变形形式。基本变形是单一的变形，如图 4-8 所示，基本变形可分为轴向拉伸（压缩）、剪切（挤压）、扭转、弯曲四种基本形式；当构件同时发生上述两种或两种以上的基本变形时，称为组合变形。

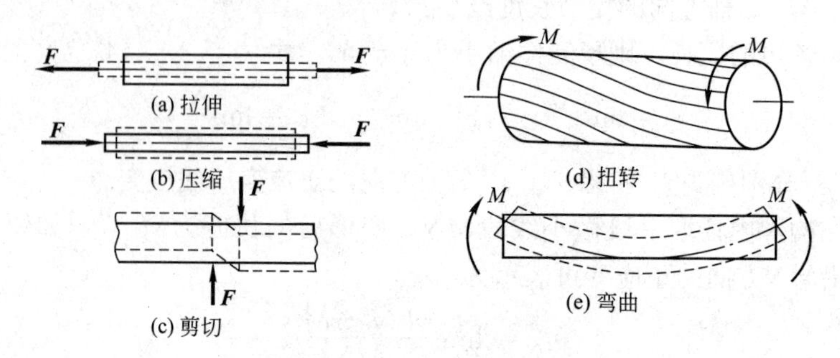

图 4-8　基本变形

多数工程构件产生的是组合变形，组合变形中的每一种变形都彼此独立，可以先将其分解为基本变形，再利用叠加原理进行分析。所以，后续章节的讨论顺序为先介绍各种基本变形的强度和刚度的计算方法，然后再介绍组合变形的计算方法。

思考题

4-1　区别以下概念：等直杆、变截面曲杆，弹性变形、塑性变形，内力、应力，变形、应变。

4-2　材料力学中，构件的承载能力要从哪几方面来衡量？

4-3　应力与应变有何种关系？

4-4　物理学中的压强指的是材料力学中的哪个概念？

4-5　如果一个压力容器的压力表单位是 kPa（千帕），则该表测的是容器中的什么参数值？

4-6　杆件的基本变形形式有哪几种？

习题

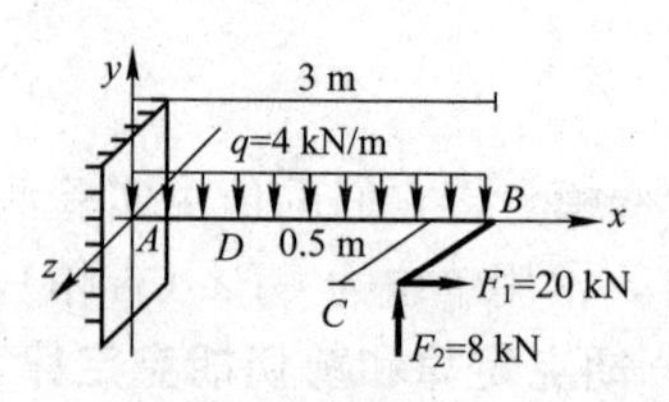

图 4-9　习题 4-1 图

4-1　应用截面法求图示折杆上 A—A 截面的内力。

4-2　设一等直拉杆在拉力 $\boldsymbol{F}$ 作用下均匀伸长（见图 4-8(a)），已知：杆横截面面积为 A，杆的原长为 l，变形后的长度为 l_1。试确定：杆横截面上的平均正应力；杆的轴向平均线应变。如果杆件的变形符合胡克定律，试写出该拉杆的弹性模量表达式。

4-3　如图 4-10 所示，等截面直杆在两端作用有力偶，数值为 M，力偶作用面与杆的纵向对称面一致。关于杆中点处截面 A—A 在杆变形后的位置（对于左端，由 $A \to A'$；对于右端，由 $A \to A''$），有四种答案，试判断哪一种答案是正确的。

4-4　等直杆 ABC 的支承和受力如图 4-11 所示。关于其轴线在变形后的位置（图中虚线所示），有四种答案，根据弹性体的特点，试分析哪一种是合理的。

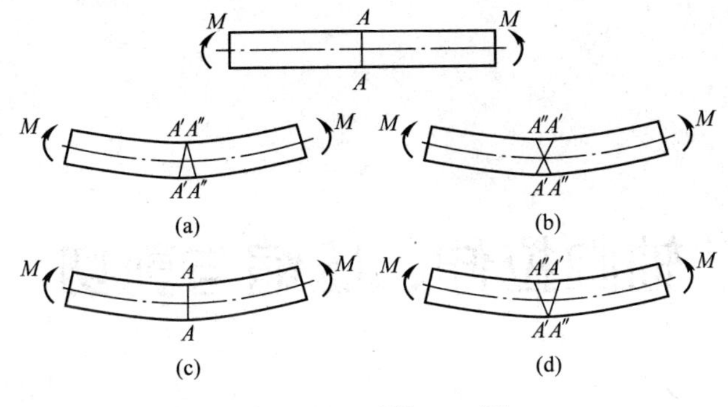

图 4-10　习题 4-3 图

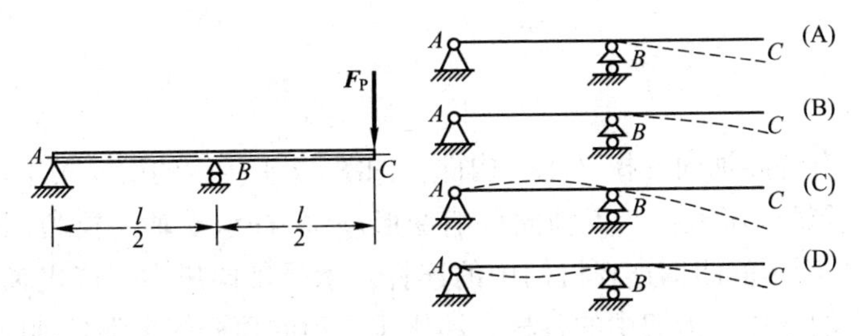

图 4-11　习题 4-4 图

4-5　如图 4-12 所示，三角形薄板 ABC 因受外力作用而变形，角点 B 垂直向上的位移为 0.03 mm，变形后 AB 和 BC 仍保持为直线。试求沿 OB 的平均正应变，并求 AB、BC 两边在 B 点的角度改变。

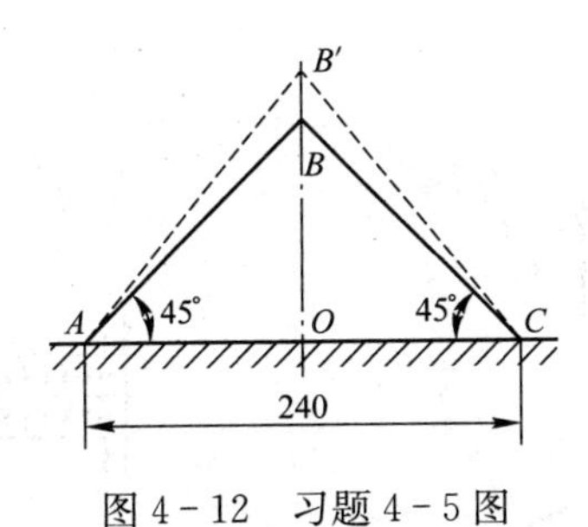

图 4-12　习题 4-5 图

第 5 章

轴向拉伸、压缩与剪切

5.1 概述

实际工程中，有许多轴向受拉（压）构件，如图 5-1 所示的简易吊车，在外载荷 $\boldsymbol{F}_{\mathrm{P}}$ 的作用下，AB 杆承受轴向压力，产生轴向压缩变形；BC 杆承受轴向拉力，产生轴向拉伸变形。又如，图 5-2 所示的曲柄连杆机构中的连杆，承受轴向压力，产生轴向压缩变形。起重机的吊索、厂房的立柱、桁架中的各杆、油压千斤顶的顶杆等也都是轴向受拉压构件。虽然这些杆件的外形、受力方式及端部的连接方式各不相同，但受力特点均为外力或其合力的作用线与杆件轴线重合；变形特点均为产生沿杆件轴线方向的伸长或压缩。这种变形形式称为轴向拉伸或压缩。

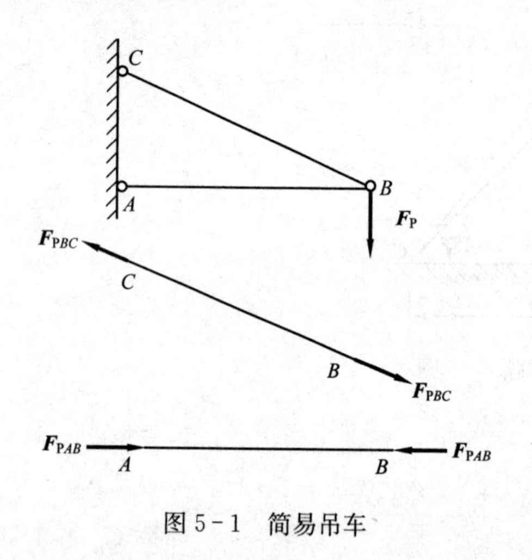

图 5-1　简易吊车

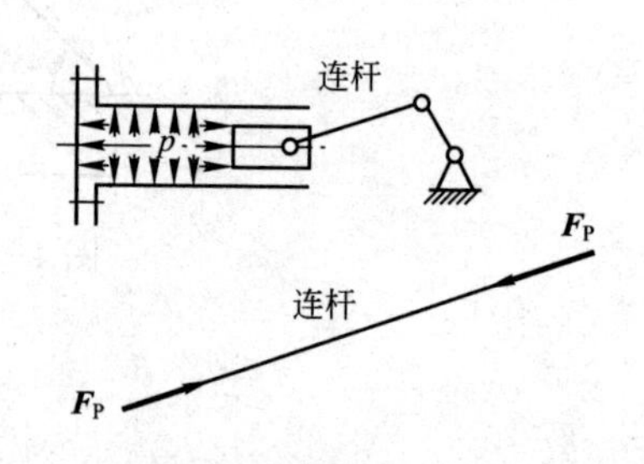

图 5-2　曲柄连杆机构中的连杆及其受力

轴向拉伸时的构件称为拉杆（如图 5-1 中的 BC 杆），轴向压缩时的构件称为压杆（如图 5-1 中的 AB 杆）。这类构件的受力和变形都可抽象为如图 5-3 所示的计算简图。

图 5-3　轴向拉伸（压缩）的计算简图

本章主要研究构件轴向拉伸、压缩时的强度和变形，包括连接构件的剪切实用计算。虽然所涉及的问题比较简单，但却是杆类构件设计分析中最基本和十分重要的内容。

5.2　轴力与轴力图

由4.3节可知，应用截面法，可研究图5-4（a）所示拉伸杆在外载荷 $\boldsymbol{F}$ 作用下，横截面 $m—m$ 上的内力。沿横截面 $m—m$ 假想地将杆件截成两部分Ⅰ、Ⅱ，如图5-4（b）、（c）所示。由于杆件整体是平衡的，所以截取杆件任何一部分也应是平衡的。因此，横截面 $m—m$ 上内力的合力 $\boldsymbol{F}_{\mathrm{N}}$ 一定过该横截面的形心且与该横截面垂直。通常将这种过横截面形心且与该横截面垂直的内力称为轴力，用 $\boldsymbol{F}_{\mathrm{N}}$ 表示。

轴力或为拉力或为压力。轴力的大小可由平衡方程求得，轴力的符号可根据杆件的变形确定，通常规定：拉伸时的轴力为正，如图5-4（b）、（c）所示截面 $m—m$ 轴力。压缩时的轴力为负，如图5-5所示截面 $m—m$ 轴力。

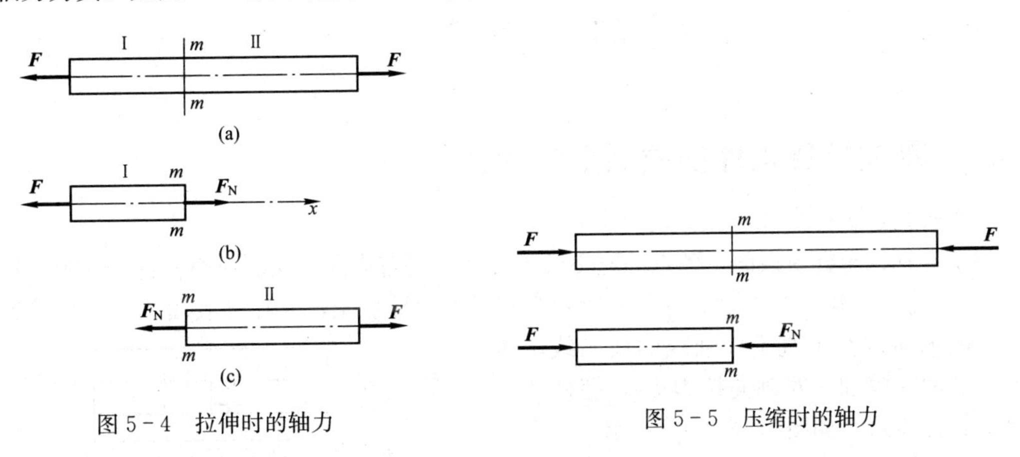

图5-4　拉伸时的轴力　　图5-5　压缩时的轴力

当沿杆件轴线作用2个及2个以上外力时，杆件不同横截面上的轴力不尽相同。

可选取一坐标系，其平行于轴线的坐标表示杆件各横截面位置，与轴线垂直的坐标表示相应横截面的轴力，由此得到的图线可直观地表示各横截面轴力沿轴线的变化规律。这种反映轴力沿轴线变化规律的图线称为轴力图。

例5-1　已知变截面直杆 ABC 受力如图5-6所示，试作其轴力图。

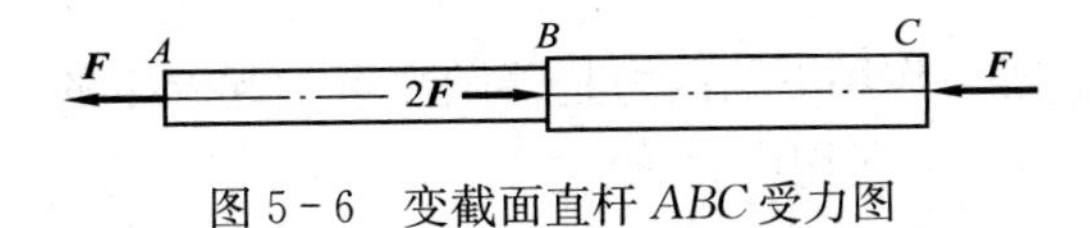

图5-6　变截面直杆 ABC 受力图

解：

杆 ABC 在 A、B、C 处有集中力作用，所以 AB 和 BC 段杆的轴力不同。

（1）应用截面法，在 AB 和 BC 段分别用假想截面1—1、2—2将杆件截断（见图5-7（a）），分别取出1—1截面左侧段和2—2截面右侧段，分析受力，如图5-7（b）、（c）所示。假设所截开横截面上的轴力符号均为正，即为拉力。

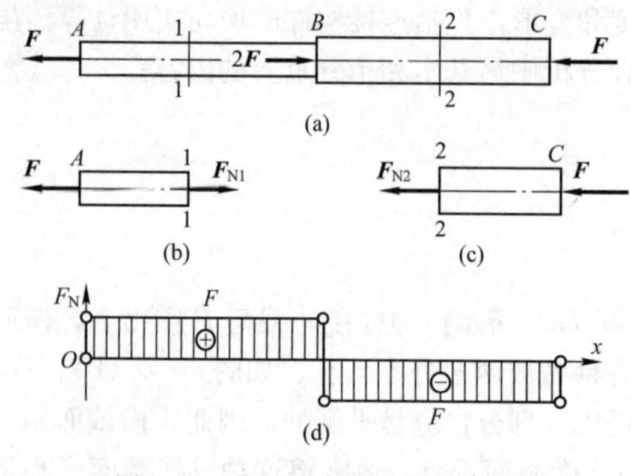

图 5-7　截面法求轴力并画轴力图

(2) 应用平衡方程，求轴力。

对于图 5-7 (b)，由

$$\sum F_x = 0, \quad F_{N1} - F = 0$$

可求得 AB 段杆横截面上的轴力为

$$F_{N1} = F$$

对于图 5-7 (c)，由

$$\sum F_x = 0, \quad F_{N2} + F = 0$$

可求得 BC 段杆横截面上的轴力为

$$F_{N2} = -F$$

(3) 根据上述计算结果，可在 $F_N - x$ 坐标系中画出杆 ABC 的轴力图，如图 5-7 (d) 所示。

5.3　轴向拉（压）构件的应力分析

5.3.1　轴向拉压构件横截面上的应力

下面研究拉压杆横截面上各点的应力。

为了得到拉压杆横截面上各点的应力分布规律，需首先通过实验研究杆件的变形。取一等直杆，如图 5-8 (a) 所示，为了便于观察杆件的变形现象，先在杆表面画一系列平行于杆轴线的纵向线及垂直于杆轴线的横向线，然后在杆件两端施加一对轴向拉力 $\boldsymbol{F}_P$，使杆件产生轴向拉伸变形，如图 5-8 (b) 所示。

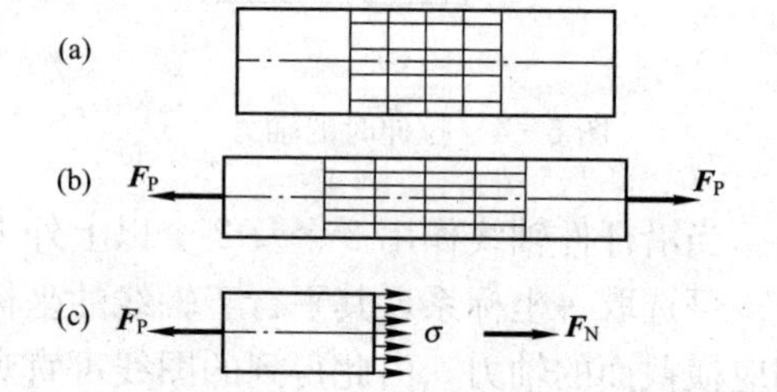

图 5-8　轴向拉伸变形与横截面的正应力分布

将图 5-8 (b) 与 5-8 (a) 进行比较，可以观察到如下现象：

(1) 各横向线仍保持直线，任意两相邻横向线沿轴线发生相对平移；

(2) 横向线仍然垂直于纵向线，纵向线仍旧保持与杆件轴线平行。原来矩形网格仍保持矩形。

由于轴向受拉杆件在外力作用下的内力是伴随变形一起产生的，由上述实验结果可知，横截面上各点只有正应力 σ，而无切应力 τ。

若沿横向线将杆件截开可得杆件的横截面，由实验现象 (1) 可作如下假设：原为平面的横截面，变形后仍保持平面，通常将这个假设称为轴向拉压时的**平面假设**。

若将杆件视为由无数纵向纤维组成的，根据平面假设，由实验现象 (2) 可知，杆件受拉时所有纵向纤维均匀伸长，也就是杆件横截面上各点处变形相同。

根据平面假设，任意两横截面间各条纵向纤维的伸长量相同，由此可推断，正应力在横截面上是均匀分布的，在杆件横截面上各点处有相同的内力分布集度，即横截面上各点有相

同的正应力 σ。如图 5-8（c）所示。

由于正应力在横截面上均匀分布，若横截面上的轴力大小为 F_N，横截面面积为 A，则截面上各点的正应力均为

$$\sigma=\frac{F_N}{A} \tag{5-1}$$

虽然式（5-1）是以轴向拉伸为例推导的，但对于轴向压缩同样适用。

由式（5-1）可知，构件轴向受拉（压）时，横截面上的正应力与横截面上的轴力 F_N 成正比，与横截面面积 A 成反比。

轴向拉伸时的正应力可称为拉应力，轴向压缩时的正应力可称为压应力。通常正应力的符号规定为：**拉应力为正，压应力为负**。

应当指出的是：在载荷作用点处，正应力均匀分布的结论在有些时候是不成立的。如图 5-9 所示，图 5-9（b）、（c）、（d）分别为图 5-9（a）所示矩形直杆横截面 1—1、2—2、3—3 的正应力分布规律，近受力端的应力分布是不均匀的，但远离受力点后，应力分布逐渐趋于均匀。而且大量实验结果也表明，杆端加载方式的不同，只对杆端附近横截面上的应力分布有较大影响，受影响的长度不超过杆的横向尺寸。上述结论称为**圣维南原理**。根据圣维南原理，构件拉（压）时除了载荷作用点附近的应力以外都可视为均匀分布，应力都由式（5-1）计算。

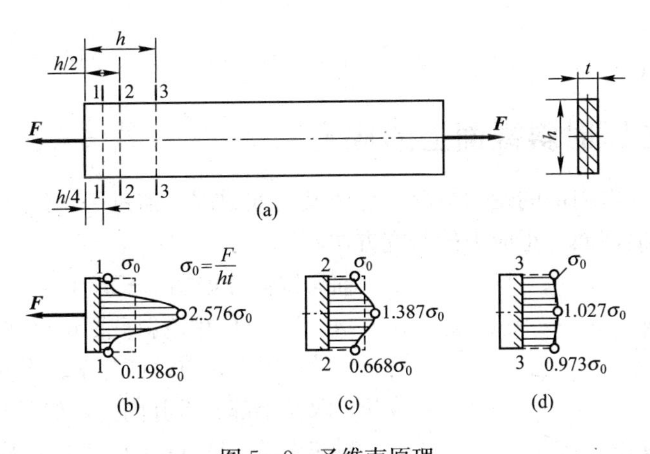

图 5-9 圣维南原理

还应指出：工程力学是一门理论分析与实验研究密切结合的学科。随着对这门课程的进一步学习，读者不难发现，大部分基本变形的应力分析方法，与公式（5-1）的推导过程相同，都是从实验出发，并根据观察到的变形特点提出假设，通过研究横截面上各点变形的**几何关系**（可称为变形协调关系）、**物理关系**（即应力—应变关系）、横截面上分布内力应满足的**静力学关系**（如静力等效条件或平衡条件），获得相应的应力计算公式。

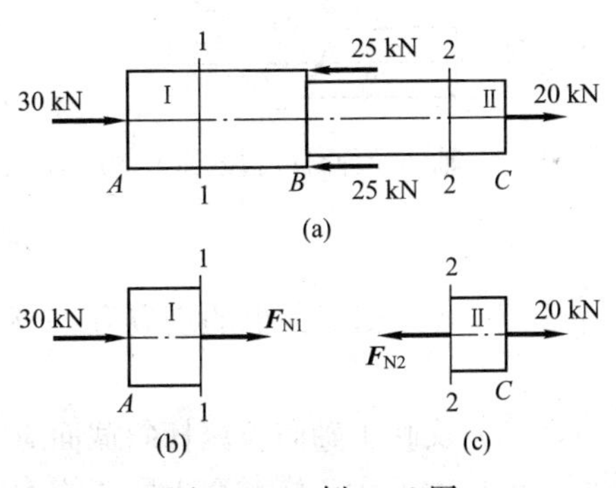

图 5-10 例 5-2 图

例 5-2 变截面直杆 ABC 如图 5-10（a）所示，已知 $d_1=30$ mm，$d_2=20$ mm，试求截面

1—1、2—2 上的正应力。

解：

(1) 计算 1—1、2—2 截面上的内力。

用截面法，在 1—1 截面处假想地将杆分为两部分，取左半部分分析受力，如图 5-10 (b) 所示。由平衡方程

$$\sum F_x = 0, \quad F_{N1} + 30 = 0$$

可得

$$F_{N1} = -30\ \text{kN}$$

同样地，用截面 2—2 截取杆件右半部分，分析受力，如图 5-10 (c) 所示，由平衡方程

$$\sum F_x = 0, \quad 20 - F_{N2} = 0$$

可得

$$F_{N2} = 20\ \text{kN}$$

(2) 计算截面 1—1、2—2 上的正应力。

由式 (5-1)，可求得

1—1 截面

$$\sigma_{1-1} = \frac{F_{N1}}{A_1} = \frac{4\times(-30)\times10^3}{\pi\times(30\times10^{-3})^2} = -42.44\times10^6\ \text{Pa} = -42.44\ \text{MPa} \quad (\text{压应力})$$

2—2 截面

$$\sigma_{2-2} = \frac{F_{N2}}{A_2} = \frac{4\times20\times10^3}{\pi\times(20\times10^{-3})^2} = 63.66\times10^6\ \text{Pa} = 63.66\ \text{MPa} \quad (\text{拉应力})$$

5.3.2 轴向拉压时斜截面上的应力

为了全面了解杆件内部的受力情况，分析其失效原因，需进一步研究杆件斜截面上的应力，其研究方法与横截面上正应力的研究方法相同。

轴向拉伸杆如图 5-11 (a) 所示。取任意斜截面 m_1—m_2，其方位用该斜截面的外法线 n 与杆轴线的夹角 α 表示，规定 α 逆时针为正。将杆件沿 m_1—m_2 截面截开，取左半部分求其内力，如图 5-11 (b) 所示。

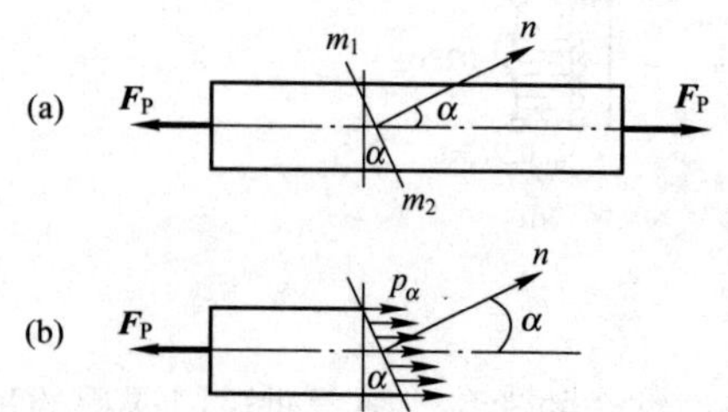

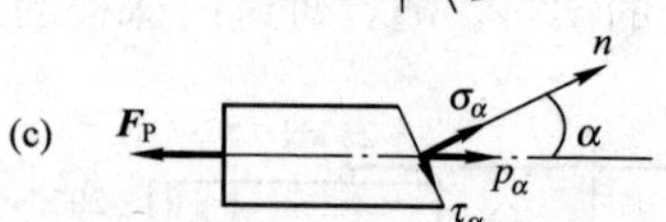

图 5-11 轴向拉伸时杆斜截面上的应力

对于图 5-11 (b) 而言，由静力平衡方程可得：斜截面上的内力等于 F_P，沿杆件轴线向右。采用与轴向拉压杆横截面上正应力公式 (5-1) 推导类似的过程可得：斜截面上各点应力 p_α 均匀分布。若杆件横截面面积为 A，则斜截面面积 $A_\alpha = A/\cos\alpha$，斜截面上的应力为

$$p_\alpha = \frac{F_P}{A_\alpha} = \frac{F_P}{A}\cos\alpha$$

式中 F_P/A 等于横截面上的正应力 σ，所以

$$p_\alpha = \sigma\cos\alpha \tag{5-2}$$

式 (5-2) 反映了轴向拉压杆斜截面应力与横截面上正应力的关系，由式 (5-2) 可知，斜截面上的应力不大于横截面上的正应力。

将 p_α 向斜截面的法线和切线方向分解，如图 5－11（c）所示，可得斜截面上正应力 σ_α 和切应力 τ_α 分别为

$$\sigma_\alpha = p_\alpha \cos\alpha = \sigma\cos^2\alpha \tag{5-3}$$

$$\tau_\alpha = p_\alpha \sin\alpha = \frac{1}{2}\sigma\sin 2\alpha \tag{5-4}$$

由式（5－3）、式（5－4）可知：

（1）过某一点的不同截面方位上，应力各不相同，可根据式（5－3）、式（5－4）求得，任意截面上的正应力 σ_α、切应力 τ_α 均为斜面方位角 α 的函数；

（2）当 $\alpha=0$ 时，正应力 σ_α 有最大值，$\sigma_\alpha=\sigma_{\max}=\sigma$，即横截面上有正应力的最大值，且此截面上的切应力为零；

（3）当 $\alpha=\pm\frac{\pi}{4}$ 时，有切应力最大值，$\tau_\alpha=\tau_{\max}=\frac{\sigma}{2}$，但此截面上正应力不为零，$\sigma_\alpha=\frac{\sigma}{2}$；若杆件的抗剪切能力较弱时，随着外载荷的不断加大就可能会发生沿 45°斜截面的剪切破坏；

（4）当 $\alpha=\pm\frac{\pi}{2}$ 时，$\sigma_\alpha=0$，$\tau_\alpha=0$。这表明平行于杆轴线的纵平面上既不存在正应力也不存在切应力。

5.3.3　应力集中的概念

为了满足实际工程的需求，有些构件会在杆上钻孔、攻丝或制成阶梯状变截面杆，导致截面发生突然变化，如图 5－12 所示。理论分析和实验结果表明，在构件尺寸突变的横截面上，应力的最大值会急剧增加，远大于该截面的平均应力 σ_a，而离开这个区域稍远，应力又迅速下降趋于均匀分布。图 5－12（a）所示为开孔板条承受轴向载荷时，通过孔中心线横截面上的应力分布。图 5－12（b）所示为轴向加载的变宽度矩形截面板，在宽度突变处截面上的应力分布。上述由于杆件形状尺寸改变而引起的局部应力急剧增大的现象，称为**应力集中**。

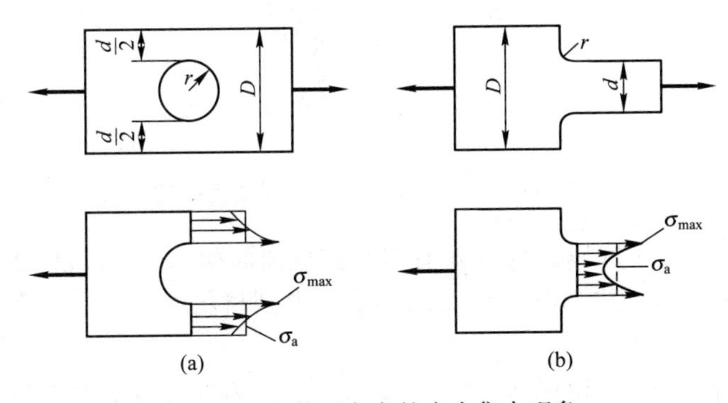

图 5－12　截面突变的应力集中现象

应力集中的程度可用应力集中系数描述。杆件形状尺寸改变处横截面上的应力最大值与该截面的平均应力值（又称为名义应力）之比称为**应力集中系数**，可用 K 表示：

$$K=\frac{\sigma_{\max}}{\sigma_a} \tag{5-5}$$

各种典型工况的应力集中系数，可从有关的设计手册中查得。

试验结果表明，截面形状、尺寸变化越剧烈，应力集中现象就越严重，因此在机械加工

时多采用圆角过渡，以降低应力集中的影响。不同性质的材料，对应力的敏感程度不同。

应力集中会降低杆件的承载能力，但是有关杆件形状尺寸改变处横截面上应力分布规律的研究方法，已经超出本书的研究范围，必须应用弹性理论或实验方法确定，感兴趣的读者可参阅相关的书籍。

5.4 材料拉伸与压缩时的力学性能

承受外载荷的构件是否安全取决于材料自身的力学性能。力学性能是指材料在外力作用下表现出的变形、破坏等特性。力学性能又称为机械性质，一般可通过试验测定。各个国家都制定了相应的标准来规范试验过程以获得统一的公认的材料性能参数，供构件设计和科学研究应用。

5.4.1 低碳钢拉伸时的力学性能

低碳钢拉伸时力学性能的测定可依据我国现行标准（例如，GB 228—2002《金属材料室内拉伸试验方法》），将被测材料制成标准试样，常温静载下，在经过国家计量部门标定合格的试验机上进行单向拉伸试验。

试验过程中可同时记录试样所受的载荷及相应的变形，直至试样被拉断，获得反映试样载荷—变形关系的曲线，该曲线称为拉伸图或（F_P—Δl）曲线（见图 5-13（a））。

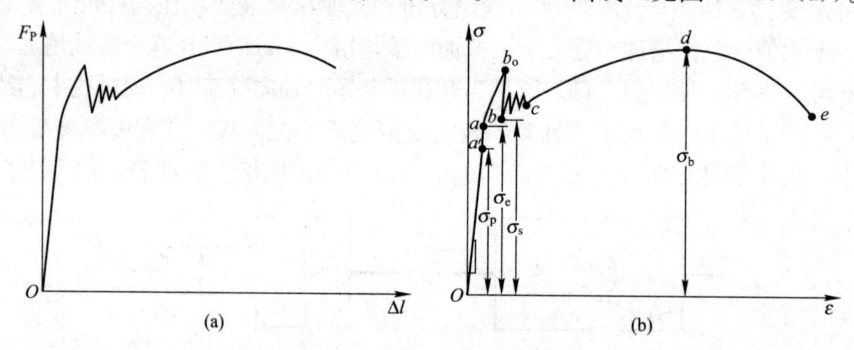

图 5-13 低碳钢拉伸时的拉伸图及应力—应变曲线

将拉伸图中的拉力 F_P 除以试样试验前的原横截面面积 A，伸长量 Δl 除以试样试验前的原始实验长度 l，可消除试样形状、尺寸的影响，得到材料的应力—应变（σ—ε）曲线。如图 5-13 (b) 所示。

低碳钢是工程上广泛应用的金属材料，其应力—应变曲线具有典型意义，通常根据变形特点将低碳钢的拉伸过程分为四个阶段。

1. 弹性阶段（图 5-13（b）中的Oa 段）

低碳钢在拉伸初期的变形均为可恢复的弹性变形。应力—应变曲线上的开始阶段通常都有一直线段（图 5-13（b）中的 Oa'段），称为线性弹性区，这一区段内应力与应变成正比关系，可用等式表示为

$$\sigma = E\varepsilon \tag{5-6}$$

式（5-6）即为著名的胡克定律。其中 E 为比例常数，即线段 Oa'的斜率，称为材料的

弹性模量（又可称为杨氏模量）。线性弹性区的应力最高值称为**比例极限**，用 σ_p 表示。a 点是材料只产生弹性变形的应力最高值，称为**弹性极限**，用 σ_e 表示。

2. 屈服阶段（图 5-13（b）中的 ac 段）

在应力值超过弹性极限的 Oa 段，材料出现显著的塑性变形。在此阶段内应力几乎不变，应变急剧增加，材料失去抵抗变形的能力。这种应力在微小范围波动，而应变却急剧增加的现象，称为屈服或流动。屈服阶段的最高应力和最低应力分别称为上屈服极限（图 5-13（b）中的 b_0 点）和下屈服极限（图 5-13（b）中的 b 点）。通常材料的上屈服极限数值不稳定，而下屈服极限数值却比较稳定。因此，通常将下屈服极限称为材料的**屈服极限或屈服点**，用 σ_s 表示。

光滑试样屈服时，表面将出现与轴线约成 45°的条纹，如图 5-14 所示。一般认为这些条纹是由于材料内部微观粒子发生相对滑移产生的，称为**滑移线**。

3. 强化阶段（图 5-13（b）中的 cd 段）

过了屈服阶段后，材料抵抗变形的能力增强，必须加大拉力才能使材料继续变形。这种现象称为材料的强化。强化阶段试样的横向尺寸明显缩小。强化阶段中的最大应力，也是材料拉伸过程中所能承受的最大应力，称为**强度极限**，用 σ_b 表示。

4. 局部变形阶段（图 5-13（b）中的 de 段）

应力达到强度极限后，试样开始在局部产生明显的收缩，如图 5-15（a）所示，该现象称为**颈缩**现象。由于颈缩部分横截面面积迅速减小，使试样继续变形所需的拉力减小，应力—应变曲线呈下降趋势，最终试样在颈缩处被拉断（见图 5-15（b））。

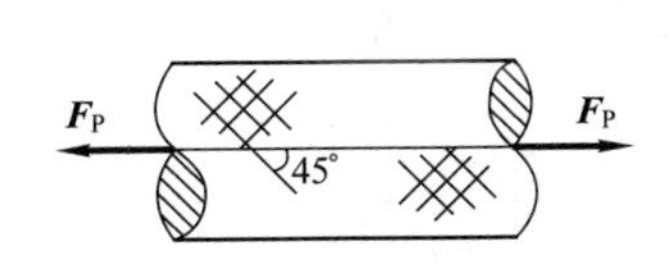

图 5-14　光滑试样屈服滑移线

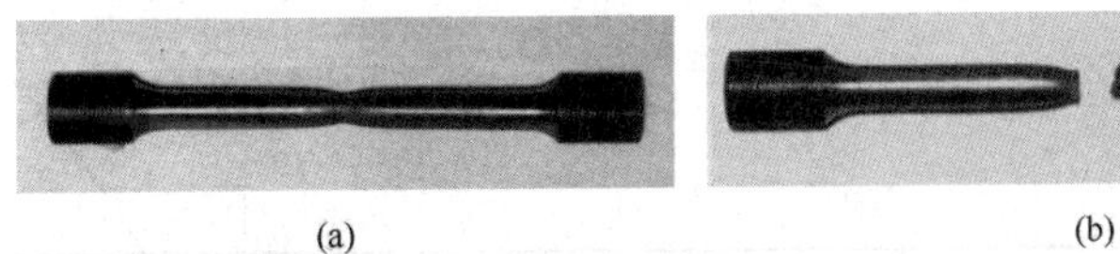

图 5-15　颈缩现象与断口形状

5. 卸载定律

如果在强化阶段（如图 5-16 点 f 处）卸载，应力与应变之间沿线段 fO_1 下降，该直线与线弹性阶段的线段 Oa 几乎平行。卸载时应力与应变之间遵循线性变化的规律称为材料的**卸载定律**。线段 O_1O_2 表示随卸载消失的弹性应变 ε_e，线段 OO_1 表示卸载后无法恢复的塑性应变 ε_p。试验结果表明，卸载至点 O_1 处后，如果再加载，应力—应变基本上沿 O_1f 变化，到达点 f 后，沿 fde 变化，直至在 e 点被拉断。由此可见，材料在强化阶段卸载，然后再加载，可以提高材料的弹性极限，但拉断时的塑性变形则会减小。这种由于预加塑性变形而使材料弹性极限提高的现象，称为**冷作硬化**。工程上

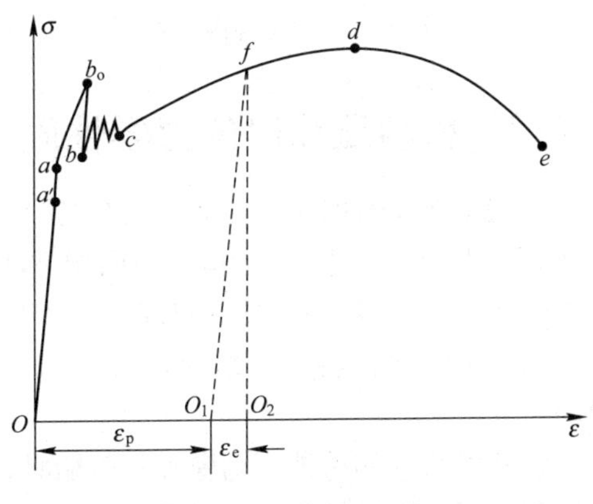

图 5-16　卸载定律

常用冷作硬化提高材料的弹性极限，使材料在弹性范围内提高承载能力。

6. 材料的塑性指标

延伸率：是度量材料塑性的重要指标，用 δ 表示，定义为

$$\delta=\frac{\Delta l}{l}\times 100\%=\frac{l_b-l_0}{l_0}\times 100\% \tag{5-7}$$

其中，l_0 为试验前试样的试验段长度（即标距）；l_b 为试样破断后的试验段长度。

截面收缩率：也是度量材料塑性的指标，用 ψ 表示，定义为

$$\psi=\frac{A_0-A_b}{A_0}\times 100\% \tag{5-8}$$

其中，A_0 为试验前试样的横截面面积；A_b 为试样被拉断后的横截面最小面积。

工程上一般认为 $\delta\geqslant 5\%$ 的材料为塑性材料，$\delta<5\%$ 的材料为脆性材料。

5.4.2 其他材料拉伸时的力学性能

有些塑性材料在拉伸过程中没有明显的屈服过程，工程上常以卸载后产生数值为 0.2% 塑性应变所对应的应力值作为屈服极限，称为名义屈服极限，用 $\sigma_{0.2}$ 表示。如图 5－17 所示。

脆性材料如铸铁、陶瓷等发生断裂前变形始终很小，没有明显的塑性变形。拉断时的应力最高值即为其强度极限 σ_b。灰口铸铁的应力—应变曲线如图 5－18 所示。

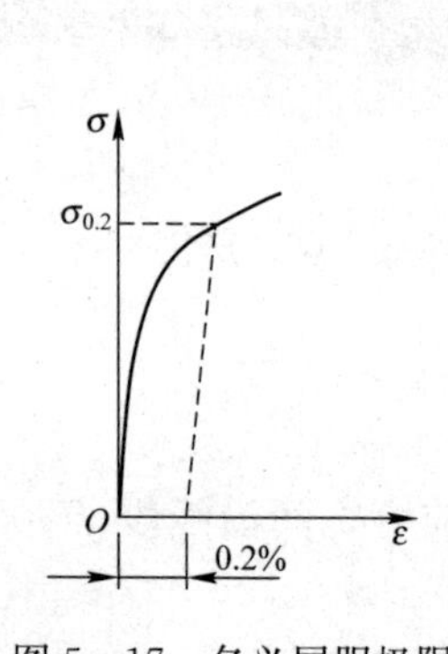

图 5－17 名义屈服极限

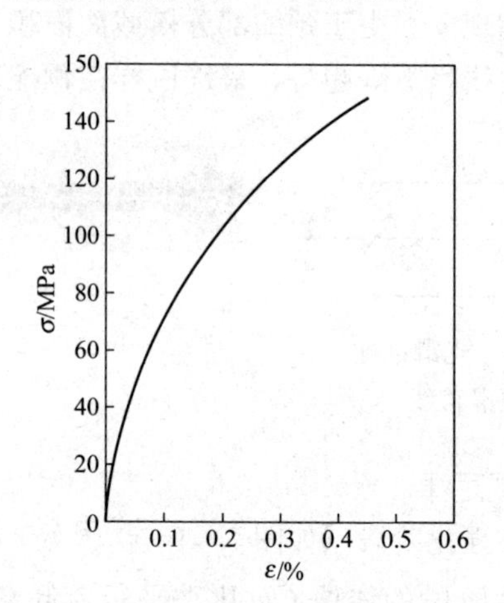

图 5－18 灰口铸铁的应力—应变曲线

5.4.3 材料压缩时的力学性质

低碳钢压缩时的应力—应变曲线与拉伸时的曲线相比，在达到屈服应力之后有很大差异（见图 5－19）。压缩时由于横截面面积不断增加，试样横截面上的真实应力很难达到材料的强度极限，因而难以测得压缩时低碳钢的强度极限。

大多数塑性材料在压缩时，其应力—应变曲线与拉伸时具有相同的弹性模量和屈服极限。

脆性材料（如铸铁、陶瓷等）压缩时，通常具有比拉伸时高得多的强度极限。灰口铸铁试样压缩后会变成鼓形，最后沿着与轴线约成 55°角的斜面剪断，如图 5－20 所示。

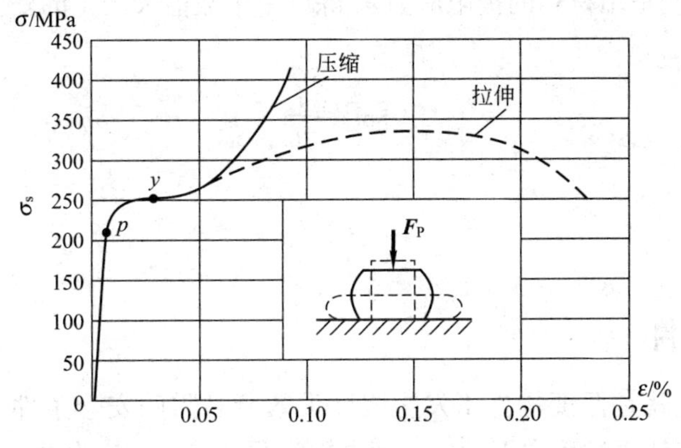

图 5-19　低碳钢压缩时的应力—应变曲线

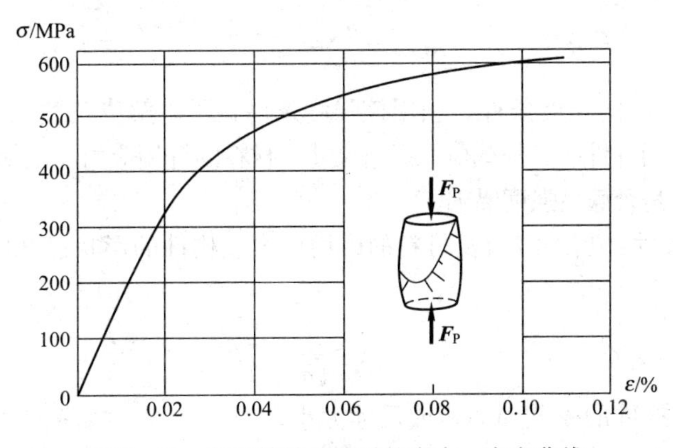

图 5-20　灰口铸铁压缩时的应力—应变曲线

5.5　拉伸与压缩的强度计算

5.5.1　许用应力

根据式（5-1），可计算由于外载荷作用在拉压杆横截面上产生的正应力大小，该应力通常称为工作应力。根据式（5-1）的计算结果，还无法判断在工作应力作用下拉压杆是否会发生强度失效。

实验结果表明，各种材料所承受的载荷是有限的，若脆性材料正应力达到强度极限时，会断裂；若塑性材料正应力达到屈服时会产生明显的塑性变形。工程上的强度失效是指脆性材料发生断裂，塑性材料产生明显的塑性变形。失效时的应力值称为**失效应力**（或破坏应力或极限应力），用 σ_0 表示。强度极限 σ_b 是脆性材料的失效应力，屈服极限 σ_s 是塑性材料的失效应力，其值可以从有关手册中获得。为了确保构件在使用中的安全，使其不致失效且有一定的安全储备，在进行结构设计时，构件的工作应力不允许达到失效应力，只能控制在失效应力以下的某值。这个工作正应力允许达到的应力最大值称为材料的**许用应力**，用 $[\sigma]$

表示，许用应力 $[\sigma]$ 是用材料的极限应力 σ_0 除以一个数值大于 1 的安全系数 n 而得。

对于塑性材料

$$[\sigma]=\frac{\sigma_s}{n_s} \tag{5-9}$$

对于脆性材料

$$[\sigma]=\frac{\sigma_b}{n_b} \tag{5-10}$$

5.5.2 强度条件

强度条件实际上就是保证构件不发生强度失效所必需的安全条件。对于轴向拉、压构件，为了保证构件在使用过程中不发生强度失效问题，其工作应力的最大值不应超过该材料的许用应力。即

$$\sigma_{max}=\frac{F_{Nmax}}{A}\leqslant[\sigma] \tag{5-11}$$

上式称为轴向拉、压时的强度条件。利用该强度条件，可以解决三类强度问题。

（1）**强度校核**：当杆件所受外载荷、截面尺寸、材料的许用应力均已知时，校核式（5-11）是否成立，判断杆件是否满足强度要求。

（2）**设计截面尺寸**：当外载荷及材料的许用应力、构件的形状已知时，可将式（5-11）改写为

$$A\geqslant\frac{F_N}{[\sigma]} \tag{5-12}$$

由式（5-12）确定杆件的横截面面积或尺寸大小。

（3）**确定许用外载荷**：当构件横截面形状、尺寸及材料的许用应力均已知时，由式（5-11）可求得杆件所能承受的最大轴力

$$F_{Nmax}\leqslant[\sigma]A \tag{5-13}$$

根据 F_{Nmax} 可以进一步确定杆件所能承受的最大安全外载荷即许用载荷。

如果杆件工作正应力的最大值 σ_{max} 稍大于许用应力 $[\sigma]$，但超出许用应力部分不大于许用应力的 5%，则在实际工程中是允许的。

例 5-3 如图 5-21（a）所示刚性杆 AB 由圆杆 CD 悬挂在 C 点，B 端作用集中力 $F=25$ kN，已知 CD 杆的直径 $d=20$ mm，许用应力 $[\sigma]=160$ MPa，试校核杆 CD 的强度。

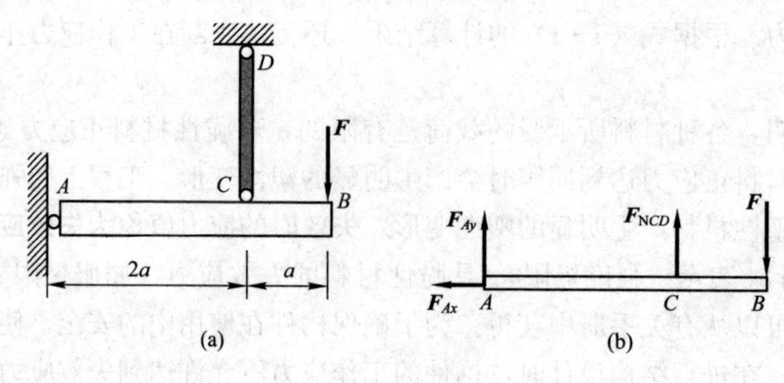

图 5-21 例 5-3 图

解：

(1) 计算 CD 杆的内力。

取刚性杆 AB 为研究对象，其受力如图 5-21 (b) 所示。由平衡方程

$$\sum M_A = 0,\quad F_{NCD} \times 2a - F \times 3a = 0$$

求得 CD 杆横截面上的轴力为

$$F_{NCD} = \frac{3}{2}F$$

(2) 计算 CD 杆工作时横截面上最大正应力。

$$\sigma = \frac{F_{NCD}}{A} = \frac{\frac{3}{2} \times 25 \times 10^3}{\frac{\pi}{4} \times 0.02^2} = 119.37 \times 10^6 \text{ Pa} = 119.37 \text{ MPa}$$

(3) 与许用应力 $[\sigma]$ 相比较，校核强度。

因为 $$\sigma = 119.37 \text{ MPa} < [\sigma] = 160 \text{ MPa}$$

所以杆 CD 强度足够，杆 CD 安全。

例 5-4 悬臂吊车如图 5-22 (a) 所示，斜杆 AB 为圆截面杆，横杆 AC 由两根槽钢组成，两杆材料相同，材料的许用应力 $[\sigma] = 120$ MPa，当 A 点吊重 $F_P = 110$ kN 时，试确定 AB 杆的直径和 AC 杆的槽钢型号。

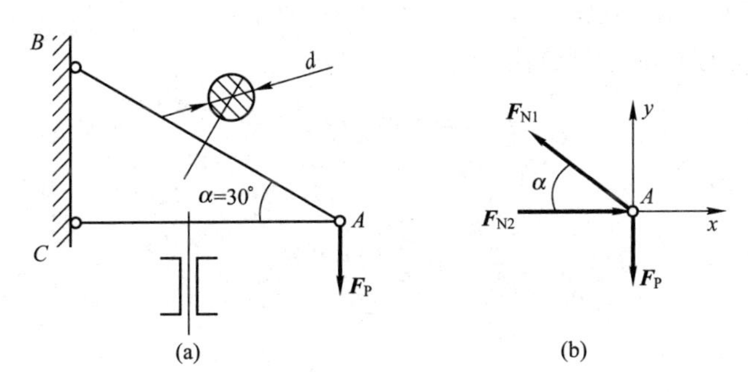

图 5-22　例 5-4 图

解：

(1) 计算杆 AB、AC 的轴力。

以节点 A 为研究对象，其受力图如图 5-22 (b) 所示，由平面汇交力系平衡方程可得

$$\sum F_y = 0,\quad F_{N1} \sin 30° - F_P = 0$$

$$F_{N1} = 220 \text{ kN}$$

$$\sum F_x = 0,\quad F_{N2} - F_{N1} \cos 30° = 0$$

$$F_{N2} = 190.53 \text{ kN}$$

(2) 截面尺寸设计。

根据正应力强度条件，由式 (5-12) 分别确定杆 AB 的直径和杆 AC 的型号。

杆 AB：由

$$A_1 \geqslant \frac{F_{N1}}{[\sigma]},\quad \frac{\pi}{4}d^2 \geqslant \frac{F_{N1}}{[\sigma]}$$

得 $$d \geqslant \sqrt{\frac{4F_{N1}}{\pi[\sigma]}}=\sqrt{\frac{4\times 220\times 10^3}{\pi\times 120\times 10^6}}=48.31\times 10^{-3}\ \text{m}=48.31\ \text{mm}$$

可取 $$d=49\ \text{mm}$$

同理，杆 AC：

$$A_2 \geqslant \frac{F_{N2}}{[\sigma]}=\frac{190.53\times 10^3}{120\times 10^6}=1\,587.75\times 10^{-6}\ \text{m}^2=1\,587.75\ \text{mm}^2$$

每根槽钢需要面积为$\frac{A_2}{2}\geqslant 793.88\ \text{mm}^2$，查型钢表，选 6.3 号槽钢。

例 5-5 已知图 5-23（a）所示油缸内径 $D=186$ mm，活塞杆直径 $d=65$ mm，活塞杆的许用应力 $[\sigma]=130$ MPa。试根据活塞杆强度条件确定油缸最大油压 p。

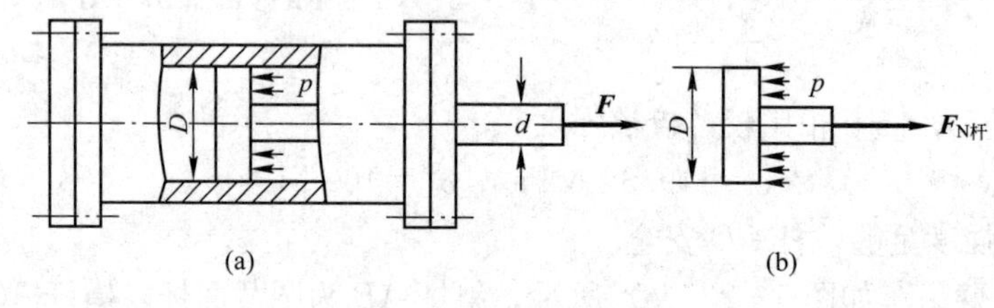

图 5-23 例 5-5 图

解：

活塞杆为轴向拉伸杆，其受力如图 5-23（b）所示，

由活塞杆平衡方程得活塞杆轴力为

$$F_{N杆}=p\,\frac{\pi}{4}(D^2-d^2)$$

由式（5-11）得

$$\sigma=\frac{F_{N杆}}{A_{杆}}=\frac{p\,\frac{\pi}{4}(D^2-d^2)}{\frac{\pi}{4}d^2}\leqslant[\sigma]$$

由上式得油缸油压应力为

$$p\leqslant\frac{[\sigma]d^2}{D^2-d^2}=\frac{130\times 0.065^2}{0.186^2-0.065^2}=18.08\ \text{MPa}$$

由上式可知最大油压力为

$$p=18.08\ \text{MPa}$$

5.6 拉伸与压缩的变形

构件轴向拉伸、压缩时主要产生沿构件轴线方向的纵向变形和垂直于杆件轴线方向的横向变形。

设有一原长为 L 的等截面直杆如图 5-24 所示，在 $\boldsymbol{F}_P$ 作用下产生轴向拉伸变形。等直杆纵向变形是指构件变形后，沿轴向长度的改变量。用 ΔL 表示，即

$$\Delta L=L'-L \tag{5-14a}$$

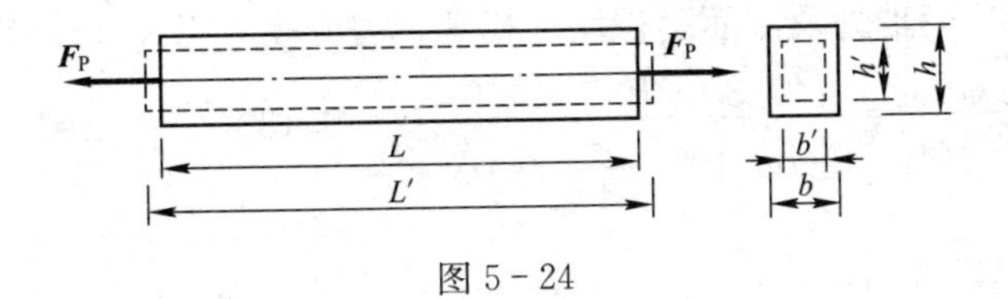

图 5-24

其中，L'是构件变形后的杆长，L 是构件原长。纵向变形又可称为轴向变形。

构件变形后横向尺寸的改变量称为横向变形，即

$$\Delta b=b'-b \tag{5-14b}$$

纵向变形 ΔL 及横向变形 Δb 均为绝对变形，其数值要受到杆件原长的影响，因此杆件的变形程度可用相对变形来描述。即

$$\varepsilon=\frac{\Delta L}{L},\quad \varepsilon'=\frac{\Delta b}{b} \tag{5-15}$$

式中的 ε、ε'分别称为纵向线应变和横向线应变，均为无量纲量。

实验结果表明，当杆件轴向伸长时，其与轴线垂直的横向尺寸将相应缩短；轴向缩短时，横向尺寸伸长。在弹性范围内，纵向线应变 ε 与横向线应变 ε'满足如下关系：

$$\varepsilon'=-\nu\varepsilon \tag{5-16}$$

式中的 ν 称为横向变形系数或泊松比，是材料的一个弹性常数、无量纲量，可从有关手册中查得。

由 5.4 节可知：在线弹性范围内，应力、应变满足胡克定律：

$$\sigma=E\cdot\varepsilon$$

将轴向拉（压）时的应变 $\varepsilon=\dfrac{\Delta L}{L}$ 和应力 $\sigma=\dfrac{F_N}{A}$，代入胡克定律可得

$$\Delta L=\frac{F_N L}{EA} \tag{5-17}$$

式（5-17）表明，构件的纵向变形或绝对伸长 ΔL 与构件横截面上的轴力 F_N、杆长 L 成正比，与构件的截面面积 A 成反比，EA 称为构件横截面抗拉（压）刚度，抗拉（压）刚度越大，拉（压）变形越小，构件抵抗拉（压）变形的能力越强。式（5-17）是胡克定律的另一种表达式，又称为**拉（压）载荷—位移公式**。

应用式（5-17）时请注意，在长 L 范围内，轴力 F_N，弹性模量 E，截面面积 A 均为常量。若在整个杆长范围内 F_N、A、E 为变量，则需要分段运用式（5-17），然后进行代数叠加（如例题 5-6）或根据式（5-17）通过积分计算构件的轴向变形（如例题 5-7）。

例 5-6　试求例 5-2 中变截面直杆 ABC 的轴向伸长量。设 $L_{AB}=L_{BC}=0.6$ m，$E=200$ GPa。

解：

(1) 计算杆各截面轴力。

由例题 5-2 可知：

AB 段各截面的轴力为　$F_{NAB}=F_{N1}=-30$ kN

BC 段各截面的轴力为　$F_{NBC}=F_{N2}=20$ kN

(2) 计算变截面杆 ABC 的伸长量。

由于 AB 段、BC 段轴力及截面面积均不相等，需分段应用式（5-17）：

$$\Delta L_{AB}=\frac{F_{NAB}L_{AB}}{EA_{AB}}=\frac{(-30\times10^3)\times0.6}{200\times10^9\times\frac{\pi}{4}\times0.03^2}=-0.13\times10^{-3}\ \text{m}=-0.13\ \text{mm}$$

$$\Delta L_{BC}=\frac{F_{NBC}L_{BC}}{EA_{BC}}=\frac{(20\times10^3)\times0.6}{200\times10^9\times\frac{\pi}{4}\times0.02^2}=0.19\times10^{-3}\ \text{m}=0.19\ \text{mm}$$

则杆的伸长量

$$\Delta L=\Delta L_{AB}+\Delta L_{BC}=-0.13\ \text{mm}+0.19\ \text{mm}=0.06\ \text{mm}$$

例 5-7 等截面直杆 AB 如图 5-25（a）所示，已知杆长 L，截面面积 A，单位体积重量 γ，材料的弹性模量 E，求杆 AB 由于自重引起的轴向伸长量。

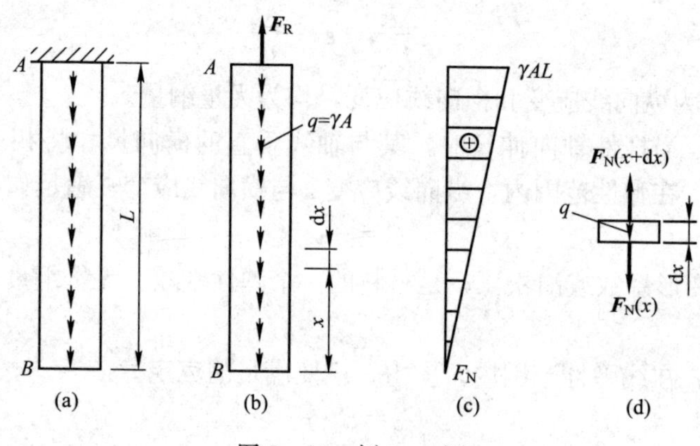

图 5-25 例 5-7 图

解：

（1）计算任意截面上的轴力。

杆 AB 的受力图如图 5-25（b）所示，杆所受沿长度方向均匀分布的重力作用，集度为 γA，用截面法可求得距自由端 B 为 x 的任意截面上的轴力为

$$F_N(x)=\gamma Ax$$

根据上式可作杆 AB 的轴力图如图 5-25（c）所示。

（2）计算轴向伸长量。

由于轴力 F_N 沿杆长连续变化，可首先计算小微段 dx 的伸长量。取小微段如图 5-25（d）所示，应用式（5-17），则其伸长量为

$$d(\Delta L)=\frac{F_N(x)dx}{EA}$$

将上式积分，可得杆 AB 的伸长量

$$\Delta L=\int_l d(\Delta L)=\int_0^L\frac{F_N(x)dx}{EA}=\int_0^L\frac{\gamma Ax\,dx}{EA}=\frac{\gamma L^2}{2E}$$

例 5-8 简易悬臂式吊车如图 5-26（a）所示，吊车的三角架是由 B、C 铰链和 AB、AC 杆连接而成，斜杆 AB 的截面面积 $A_1=9.6\times10^{-4}\ \text{m}^2$，水平杆 AC 的截面面积 $A_2=27.48\times10^{-4}\ \text{m}^2$。杆 AB、AC 材料相同，$E=200$ GPa，试求 A 点处起吊 $G=57.5$ kN 的重物时，节点 A 的位移。

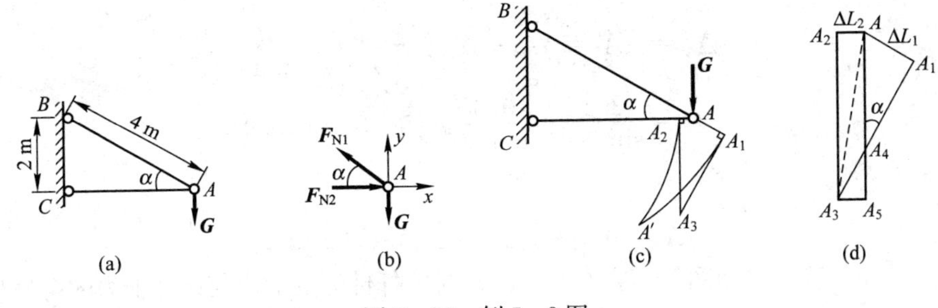

图 5-26　例 5-8 图

解：

(1) 因为节点 A 处的位移是由于杆 AB、AC 变形引起的，所以应首先计算出 AB、AC 两杆的变形。

取节点 A 为分离体如图 5-26（b）所示，设杆 AB 轴力为 $\boldsymbol{F}_{N1}$，杆 AC 轴力为 $\boldsymbol{F}_{N2}$，可由该节点的静力平衡方程求得

$$\sum F_y = 0,\quad F_{N1}\sin\alpha - G = 0$$

$$F_{N1} = G/\sin\alpha = 2G = 115\ \text{kN}$$

$$\sum F_x = 0,\quad F_{N2} - F_{N1}\cos\alpha = 0$$

$$F_{N2} = F_{N1}\cos\alpha = 100\ \text{kN}$$

其中

$$\sin\alpha = \frac{L_{BC}}{L_{AB}} = 0.5,\quad \alpha = 30°$$

$F_{N1} > 0$，由图 5-26（b）可知，AB 杆为拉杆，产生拉伸变形，其轴向伸长量 ΔL_1 为

$$\Delta L_1 = \frac{F_{N1}L_{AB}}{EA_1} = \frac{115\times10^3\times4}{200\times10^9\times9.6\times10^{-4}} = 2.40\times10^{-3}\text{m} = 2.40\ \text{mm}$$

$F_{N2} > 0$，由图 5-26（b）可知，AC 杆为压杆，产生压缩变形，其收缩量 ΔL_2 为

$$\Delta L_2 = \frac{F_{N2}L_{AC}}{EA_2} = \frac{100\times10^3\times4\cos30°}{200\times10^9\times25.48\times10^{-4}} = 0.68\times10^{-3}\ \text{m} = 0.68\ \text{mm}$$

(2) 计算节点 A 的位移。

为了求得杆 AB、AC 变形后节点 A 的位移，可假想将 AB 杆和 AC 杆在节点 A 处拆开，并在原位置上，由各自轴力作用发生拉伸变形 ΔL_1 和压缩变形 ΔL_2，得点 A_1 及 A_2，如图 5-26（c）所示。分别以 B 点、C 点为圆心，以两杆变形后长度 BA_1、CA_2 为半径作两圆弧，则两弧交点 A'应为杆件变形后 A 点的新位置。线段 AA'（图中未画出）即为 A 点的位移。

上述方法获得的节点位移数值精确，但不便于计算。由于杆件的变形 ΔL_1、ΔL_2 均十分微小，故可过 A_1、A_2 点分别作 BA_1 和 CA_2 的垂线，代替上述圆弧线$\widehat{A_1A'}$和 $\widehat{A_2A'}$，如图 5-26（c）所示。认为两垂线的交点 A_3 为节点变形后的位置。这种用垂线代替圆弧线求节点位移的方法，通常称为**图解法**。

分析变形后的几何关系，如图 5-26（d）所示，可得 A 点的水平位移：

$$\Delta_{Ax} = AA_2 = \Delta L_2 = 0.68\ \text{mm}(\leftarrow)$$

A 点的铅垂位移

$$\Delta_{Ay}=AA_5=AA_4+A_4A_5=\frac{\Delta L_1}{\sin\alpha}+\frac{\Delta L_2}{\tan\alpha}$$

$$=\frac{2.4}{\sin 30^\circ}+\frac{0.68}{\tan 30^\circ}=5.98\ \text{mm}(\downarrow)$$

A 点的总位移为

$$\Delta_A=AA_3=\sqrt{\Delta_{Ax}^2+\Delta_{Ay}^2}=6.02\ \text{mm}$$

请注意：作位移图（即图 5-26（c）、（d））时，杆件的变形应与该杆轴力的符号相对应。

*5.7 简单拉、压静不定问题

5.7.1 静不定的概念及解法

在 3.3 节，我们已经了解到，对于杆或杆系，当未知力（约束反力或内力等）的个数不超过物体系统所能提供的独立平衡方程数目时，未知量均可由静力平衡方程求得，这类问题称为静定问题。例如，图 5-27（a）中的约束反力，图 5-27（b）中 1、2 杆的轴力均可直接由相应静力平衡方程求得，属于静定问题。

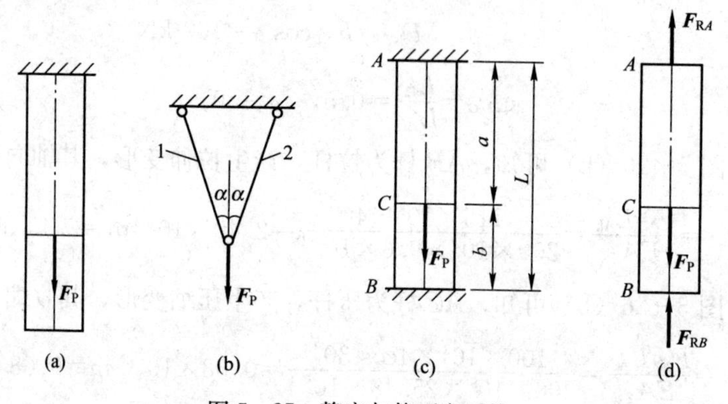

图 5-27 静定与静不定系统

在实际工程中，为了提高构件的强度和刚度，或为了构造上的需要，有时要增加一些约束。例如，可在图 5-27（a）的自由端增加刚性约束，如图 5-27（c）所示，这种约束称为多余约束。伴随多余约束的出现，构件未知约束反力数目将会增加，导致构件全部未知约束反力的数目多于其所能提供的独立平衡方程数目，此时所有未知量不能仅由静力平衡方程完全求解。这种只由静力平衡方程不能完全求解的问题称为静不定问题或超静定问题，相应的结构称为静不定结构或超静定结构。未知力数目与独立平衡方程数目之差，称为静不定次数。如图 5-27（c）所示静不定问题，其受力图如图 5-27（d）所示，两个未知力 $\boldsymbol{F}_{RA}$、$\boldsymbol{F}_{RB}$，只有一个独立平衡方程，即 $\sum F_y=0$，为一次超静定问题。

由于静不定问题的未知力数目多于独立平衡方程数目，欲求解全部未知力，还需要寻求和建立与超静定次数相同的补充方程。

杆件受力后会产生变形，由于多余约束的限制，超静定结构中的杆件不能随意变形，必须与所受约束相适应，各杆件之间的变形必须相互协调，满足一定的变形几何关系，对应的几何关系式称为**变形几何方程**（或**变形协调方程**）。

由物理方程（即胡克定律）可以建立构件的变形与内力的关系（式（5－17）），称为载荷—位移关系。

根据变形几何关系、载荷—位移关系就可以建立所需的补充方程。

将补充方程和静力平衡方程联立求解，可以解得全部未知力。

综上所述，静不定问题的求解需同时考虑结构的静力平衡方程、变形几何方程、载荷—位移方程。下面以图5－27（c）所示一次静不定问题求解两端约束反力 $\boldsymbol{F}_{RA}$、$\boldsymbol{F}_{RB}$ 为例，介绍简单超静定问题的一般解法。

设杆件的长度为 L，a、b、EA 均已知。由图5－27（d）所示的受力图可知，杆件受到共线力系作用，仅有一个独立平衡方程，$\sum F_y=0$，即静力平衡方程为

$$F_{RA}+F_{RB}-F_P=0 \tag{5-18}$$

由式（5－18）可知，两个未知数，一个独立平衡方程，无法求解，还需建立一个补充方程。由图5－27（c）可知，由于两端约束的存在，杆件的总长度不发生变化，杆受力后的总变形量 $\Delta L=0$，AC 段的伸长量 ΔL_1 应等于 BC 段的缩短量 ΔL_2，则变形几何方程为

$$\Delta L_1=\Delta L_2 \tag{5-19}$$

式（5－18）是与力相关的方程，式（5－19）是与变形相关的方程，还需建立联系力和变形的载荷—位移方程，即

$$\Delta L_1=\frac{F_{RA}\cdot a}{EA},\quad \Delta L_2=\frac{F_{RB}\cdot b}{EA} \tag{5-20}$$

将式（5－20）代入式（5－19）可得补充方程：

$$\frac{F_{RA}\cdot a}{EA}=\frac{F_{RB}\cdot b}{EA} \tag{5-21}$$

将式（5－18）、（5－21）联立求解，可得两端约束反力 $\boldsymbol{F}_{RA}$、$\boldsymbol{F}_{RB}$ 为

$$F_{RA}=\frac{b}{L}F_P$$

$$F_{RB}=\frac{a}{L}F_P$$

计算结果为正号，说明所设的 $\boldsymbol{F}_{RA}$、$\boldsymbol{F}_{RB}$ 指向即为杆件受力的真实方向。

解出约束反力后，即可进行轴力、应力、强度校核、变形等计算，其求解方法与静定问题中的计算方法相同。

以上即为求解简单拉压静不定问题的一般方法，这种同时考虑静力关系、变形几何关系和载荷—位移关系三方面求解工程问题的方法，在工程力学中具有普遍意义。

例5－9 如图5－28（a）所示结构，若横梁 AB 为刚性梁，杆1、杆2截面抗拉（压）刚度的关系为 $E_2A_2=5E_1A_1$，试求在外力 $\boldsymbol{F}$ 作用下杆1、2的轴力。

解：

取横梁 AB 为研究对象，其受力如图5－28（b）所示。作用于刚性梁 AB 上的未知力共有4个：$\boldsymbol{F}_{Ax}$、$\boldsymbol{F}_{Ay}$、$\boldsymbol{F}_{N1}$、$\boldsymbol{F}_{N2}$，该平面一般力系只有三个独立平衡方程，因此属于一次超静

定问题。

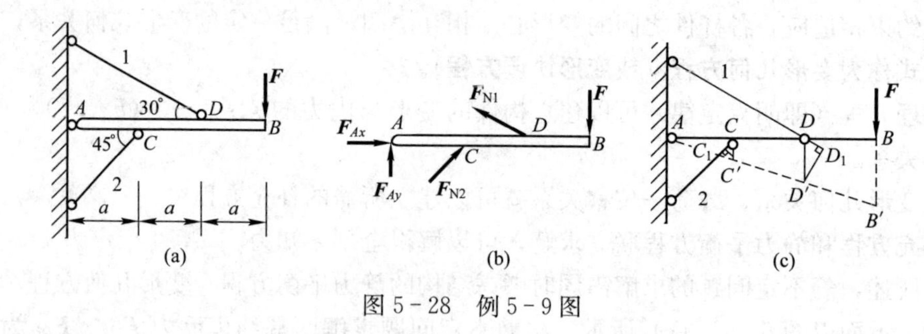

图 5-28 例 5-9 图

(1) 变形几何关系：将杆 1 设为受拉杆，杆 2 设为受压杆，结构的变形几何关系如图 5-28（c）所示，则杆 1、杆 2 变形量 ΔL_1、ΔL_2 间存在如下关系：

$$\overline{DD'}=2\,\overline{CC'} \quad \text{即} \quad \frac{\Delta L_1}{\sin 30^\circ}=2\frac{\Delta L_2}{\sin 45^\circ}$$

$$\Delta L_1=\sqrt{2}\Delta L_2 \tag{5-22}$$

(2) 载荷—位移关系：由式（5-17）得：

$$\Delta L_1=\frac{F_{N1}\cdot L_1}{E_1A_1}=\frac{4F_{N1}a}{\sqrt{3}E_1A_1} \qquad \Delta L_2=\frac{F_{N2}\cdot L_2}{E_2A_2}=\frac{\sqrt{2}F_{N2}a}{5E_1A_1} \tag{5-23}$$

(3) 建立补充方程：将式（5-23）代入式（5-22），化简后可获得补充方程：

$$F_{N1}=\frac{\sqrt{3}}{10}F_{N2} \tag{5-24}$$

(4) 静力平衡关系：由图 5-28（b）列平衡方程

$$\sum M_A=0, \quad F_{N1}\sin 30^\circ(2a)+F_{N2}\sin 45^\circ(a)-F(3a)=0$$

$$F_{N1}+\frac{\sqrt{2}}{2}F_{N2}=3F \tag{5-25}$$

式（5-24）、式（5-25）联立求解可得

$$F_{N1}=0.59F \quad (\text{拉})$$

$$F_{N2}=3.41F \quad (\text{压})$$

由例 5-9 求解结果可知，在超静定结构中，杆件的内力与各杆刚度比值有关。刚度较大的杆（如例 5-9 中的杆 2），受较大的内力。结构中任一杆刚度的变化都会引起所有杆内力的重新调整，这是超静定结构与静定结构的重要区别之一。

5.7.2 温度应力和装配应力

实际工程中，许多构件往往会因温度变化产生伸长或缩短。在静不定问题中，由于约束的增多，由温度变化引起的变形将会受到阻碍，由此在杆件内引发内力、应力。这种由于温度变化引起的应力，称为**温度应力**。

如图 5-29（a）所示，杆 AB 两端均为刚性支座 A、B，若装配后将杆 AB 的温度升高了 T ℃，则杆 AB 将无法如图 5-29（b）所示的静定杆那样自由伸长 ΔL_T。图 5-29（a）

所示杆两端刚性支承的制约，使得该杆件保持原长而无法发生长度变化，这相当于在杆两端施加了压力 $\boldsymbol{F}_{RA}$、$\boldsymbol{F}_{RB}$，如图 5-29（c）所示。

由静力平衡方程可知

$$F_{RA}=F_{RB}$$

一个独立平衡方程，两个未知力，不能求得 $\boldsymbol{F}_{RA}$、$\boldsymbol{F}_{RB}$的大小，为一次超静定问题，需要增加一个补充方程。

因升温后图 5-29（a）所示杆件保持原长不变，则要求该杆件由于温度升高而产生的伸长量 ΔL_T(如图 5-29（b）所示)，等于在两端压力 $\boldsymbol{F}_{RA}$、$\boldsymbol{F}_{RB}$作用下杆的缩短量 ΔL_P（见图 5-29（c）)，即

$$\Delta L_T=\Delta L_P \tag{5-26}$$

考虑变形与力之间的载荷—位移关系（即线膨胀定律和胡克定律）:

$$\Delta L_T=\alpha TL,\quad \Delta L_P=\frac{F_N L}{EA} \tag{5-27}$$

式中：α 为材料的线膨胀系数。

将载荷—位移关系式（5-27）代入变形几何关系（5-26）中，即可获得补充方程。将补充方程和静力平衡方程联立，可求得 $\boldsymbol{F}_{RA}$、$\boldsymbol{F}_{RB}$。当 $\boldsymbol{F}_{RA}$或$\boldsymbol{F}_{RB}$已知后，杆温度应力的求解方法与静定问题相同。

对于超静定结构，除了温度变化会引起温度应力外，构件会因制造误差引起装配应力。

如图 5-30（a）所示，杆 AB 由于制造误差，使杆件比设计值长 δ，若将该杆安装成如图 5-30（b）所示结构，则杆 AB 必须收缩 δ，两端刚性支承对杆件施加压力，在杆件内部引起轴力、应力。这种由于制造误差而在杆截面上引起的应力称为**装配应力**。

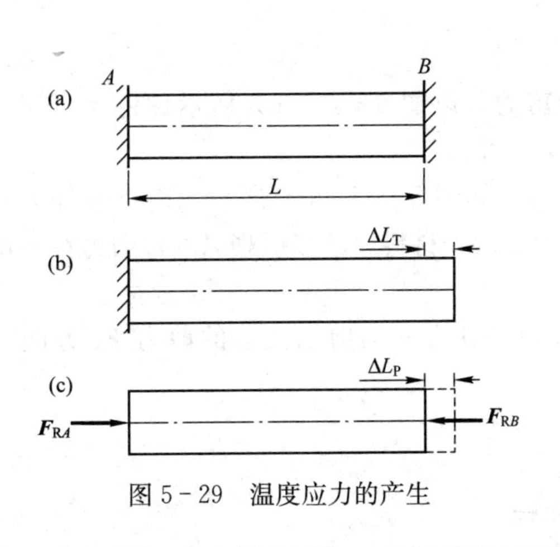

图 5-29 温度应力的产生

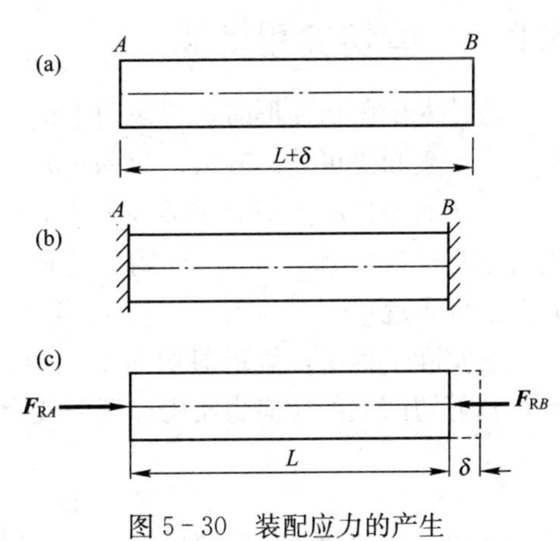

图 5-30 装配应力的产生

求解装配应力的方法与一般静不定问题相同。

变形几何关系：如图 5-30（c）所示，由两端压力产生的杆缩短量 ΔL_P 等于杆的制造误差 δ，即

$$\Delta L_P=\delta \tag{5-28}$$

载荷—位移关系：

$$\Delta L_P=\frac{F_{RB}\cdot L}{EA} \tag{5-29}$$

将载荷—位移关系式（5－29）代入变形几何关系式（5－28）中，即可获得补充方程。

补充方程与静力平衡方程联立求解，即可求得未知力 $\boldsymbol{F}_{RA}$、$\boldsymbol{F}_{RB}$。然后，可使用与静定问题相同的方法求杆横截面上的装配应力。

5.8 连接构件的强度计算

5.8.1 剪切变形与剪切面

如图 5－31（a）所示，两受拉杆件用螺钉（或铆钉）连接在一起共同承受外力，螺钉所受各外力作用线相距很近且垂直于螺钉轴线（见图 5－31（b）），螺钉外力作用线间横截面会因此产生相对错动（见图 5－31（c）），横截面间的相对错动变形称为**剪切变形**。发生相对错动的横截面称为**剪切面**。

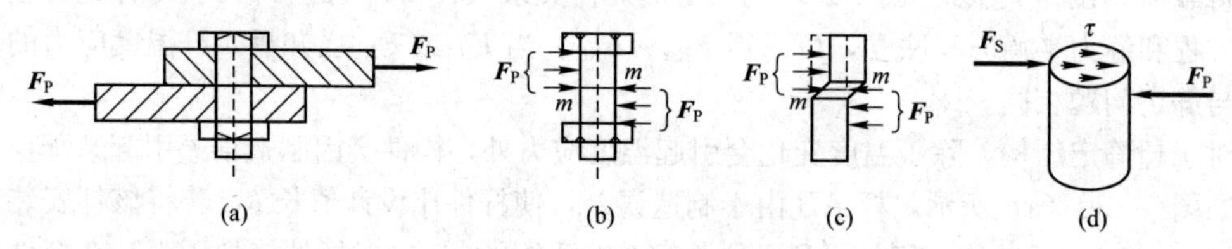

图 5－31　剪切变形与剪切力

5.8.2 剪切实用计算

构件发生剪切变形时，剪切面上的内力称为**剪力**。以图 5－31（b）所示螺钉为研究对象，应用截面法可求出其剪切面 m—m 上的剪力 $F_S=F_P$。

剪切面 m—m 上应有按某种规律分布的切应力，如图 5－31（d）所示。由于各外力作用线相距很近，剪切面 m—m 附近的真实变形极为复杂，材料力学知识难以确定剪力在剪切面上的分布规律。

在实际工程中，假定剪切面上切应力均匀分布，其方向与剪切面上的剪力 $\boldsymbol{F}_S$ 方向一致，则剪切面上的切应力实用计算公式为

$$\tau=\frac{F_S}{A_S} \tag{5-30}$$

其中：F_S 为剪切面上的剪力，A_S 为剪切面面积。

为了保证连接杆件（图 5－31（a）中的螺钉）不被剪断，要求剪切面上的切应力 τ 不应超过材料的许用切应力 $[\tau]$，即

$$\tau=\frac{F_S}{A}\leqslant[\tau] \tag{5-31}$$

式（5－31）称为**剪切强度条件**。

$[\tau]$ 为许用切应力，其值由材料的剪切极限应力除以安全系数求得，剪切极限应力可由实验测得，也可从有关手册中查得。

该强度条件可解三方面问题，即：①剪切强度校核；②确定杆件截面尺寸；③确定许用外载荷。

5.8.3　挤压实用计算

对于图 5-31（a）所示的这类连接构件，在发生剪切变形的同时，还常常在连接件与被连接件相互接触的接触面上发生挤压变形。当相互作用面上的作用力较大时，可导致构件在挤压部位产生显著非均匀的塑性变形而被压溃，这种失效现象称为**挤压破坏**。

连接件与被连接件相互接触的接触面称为**挤压面**，作用于挤压面上的力称为**挤压力**，用 $\boldsymbol{F}_b$ 表示，如图 5-32（a）所示。挤压面上一点的挤压力密集程度称为**挤压应力**，用 σ_{bs} 表示。

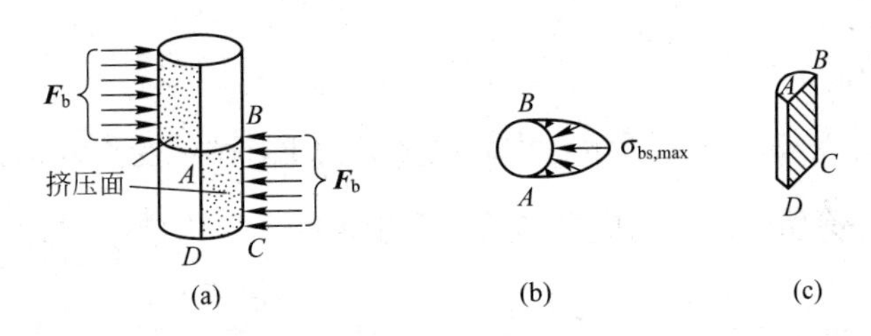

图 5-32　挤压面与挤压应力

实验结果表明，挤压应力在挤压面上的分布相当复杂。在实际工程中，假设挤压面上的挤压应力均匀分布，挤压应力可这样计算：

$$\sigma_{bs}=\frac{F_b}{A_{bs}} \tag{5-32}$$

式中：F_b 为挤压面上的挤压力，A_{bs} 为挤压面面积。

对于螺钉、铆钉等圆柱形构件，其实际挤压面为半圆柱面，如图 5-32（a）所示。根据理论分析可知，其应力分布规律如图 5-32（b）所示，在半圆弧的中点有挤压应力的最大值。当以半圆柱挤压面的正投影面作为**计算挤压面**时（即图 5-32（c）中的直径平面 $ABCD$），由式（5-32）所得的挤压应力值与实际挤压应力的最大值相近。因此，在挤压实用计算中，若挤压面为半圆柱面，可采取上述简化方法计算挤压面。

为了保证构件在使用过程中不发生挤压失效，构件工作挤压应力不得超过材料的许用挤压应力。即

$$\sigma_{bs}=\frac{F_b}{A_{bs}}\leqslant[\sigma_{bs}] \tag{5-33}$$

式（5-33）称为**挤压强度条件**，其中 $[\sigma_{bs}]$ 是材料的许用挤压应力，其值由材料的挤压极限应力除以安全系数求得，挤压极限应力可由实验测得，亦可从有关手册中查得。

挤压强度条件同样可以解决三方面问题：①校核挤压强度；②确定构件截面尺寸；③确定许用外载荷。

例 5-10　一螺栓将厚度 $\delta=15$ mm 的拉杆与厚度为 8 mm 的两块盖板相连接。如图 5-33（a）所示。螺栓直径 $d=50$ mm，材料的许用切应力为 $[\tau]=60$ MPa，许用挤压应力 $[\sigma_{bs}]=160$ MPa，$F=120$ kN，试校核螺栓的强度。

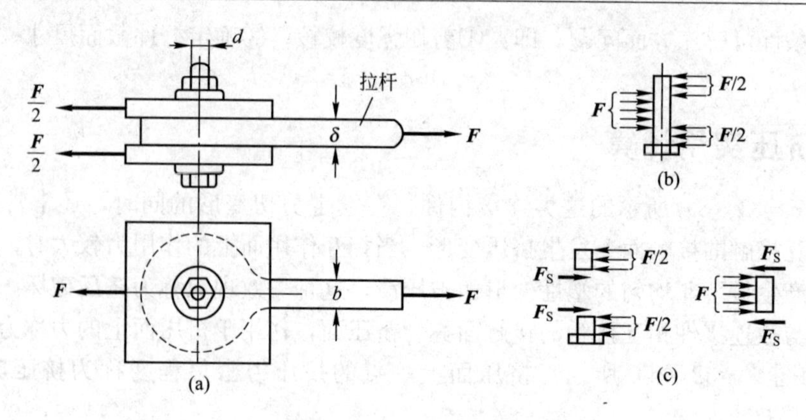

图 5－33　例 5－10 图

解：

螺栓的受力如图 5－33（b）所示，中间段受力为 $\boldsymbol{F}$，两端受力分别为$\frac{1}{2}\boldsymbol{F}$。为了保证螺栓的使用安全，螺栓剪切面上的切应力和挤压面上的挤压应力应分别满足剪切强度条件和挤压强度条件。

（1）切应力强度校核。

由图 5－33（b）可知，螺栓有两个剪切面，将螺栓沿剪切面切开，如图 5－33（c）所示，取任意一段，由静力平衡方程可得每个剪切面上的剪力均为

$$F_S=\frac{F}{2}=\frac{120}{2}=60\ \text{kN}$$

剪切面上的切应力为

$$\tau=\frac{F_S}{A_S}=\frac{60\times10^3}{\frac{\pi}{4}\times0.05^2}=30.56\times10^6\ \text{Pa}=30.56\ \text{MPa}$$

$$\tau=30.56\ \text{MPa}<[\tau]=60\ \text{MPa}$$

（2）挤压强度校核。

由图 5－33（c）可知，螺栓有 3 个挤压面。根据受力大小及相应挤压面积判断，中间部分最危险。中间部分的挤压面为半个圆柱面，则计算挤压面积 $A_{bs}=d\delta$，挤压力 $F_b=F=120\ \text{kN}$，则挤压应力为

$$\sigma_{bs}=\frac{F_b}{A_{bs}}=\frac{120\times10^3}{0.05\times0.015}=160\times10^6\ \text{Pa}=160\ \text{MPa}$$

$$\sigma_{bs}=[\sigma_{bs}]=160\ \text{MPa}$$

综上所述，螺栓安全。

例 5－11　如图 5－34（a）所示皮带轮，通过平键与钢轴连接在一起。已知皮带轮传递的力偶矩 $M_e=350\ \text{N}\cdot\text{m}$，轴的直径 $d=40\ \text{mm}$，平键的尺寸为 $b\times h\times L=12\ \text{mm}\times8\ \text{mm}\times35\ \text{mm}$，键的许用切应力 $[\tau]=60\ \text{MPa}$，许用挤压应力 $[\sigma_{bs}]=120\ \text{MPa}$，试校核键的强度。

解：

键的受力如图 5－34（b）所示，由皮带轮的静力平衡方程可得，键上作用的载荷 $\boldsymbol{F}_P$ 为

$$F_P=\frac{M_e}{\frac{d}{2}}$$

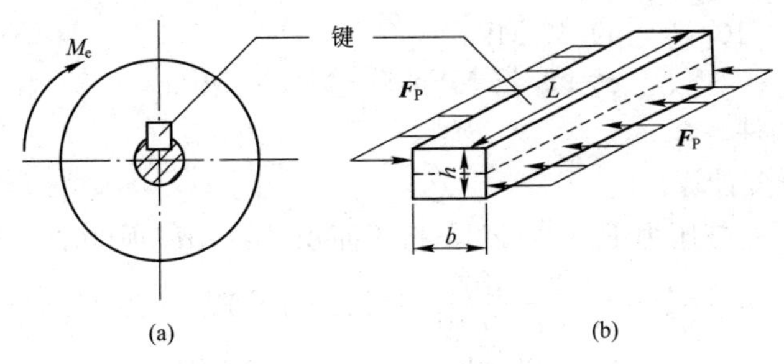

图 5-34　例 5-11 图

（1）校核键的剪切强度。

由图 5-34（b）可知，键的剪切面为与顶面平行的虚线所示平面，剪切面面积 $A_S=b\times L$，剪切面上的剪力 $F_S=F_P$，则

$$\tau=\frac{F_S}{A_S}=\frac{F_P}{b\times L}=\frac{2M_e}{d\times b\times L}=\frac{2\times 350}{0.04\times 0.012\times 0.035}=41.67\times 10^6\ \text{Pa}=41.67\ \text{MPa}$$

$$\tau=41.67\ \text{MPa}<[\tau]=60\ \text{MPa}$$

（2）校核键的挤压强度。

由图 5-34（a）、（b）可知，挤压面位于平键的左右两侧，挤压面积 $A_{bs}=\frac{Lh}{2}$，挤压力 $F_b=F_P=\frac{2M_e}{d}$，则工作挤压应力为

$$\sigma_{bs}=\frac{F_b}{A_{bs}}=\frac{4M_e}{dhL}=\frac{4\times 350}{0.04\times 0.008\times 0.035}=125\times 10^6\ \text{Pa}=125\ \text{MPa}>[\sigma_{bs}]$$

但
$$\frac{\sigma_{bs}-[\sigma_{bs}]}{[\sigma_{bs}]}\times 100\%=\frac{125-120}{120}\times 100\%=4.2\%<5\%$$

由以上计算可知，键安全。

例 5-12　如图 5-35（a）所示共线四铆钉连接构件，拉杆和铆钉材料相同，已知 $F_P=80$ kN，$b=80$ mm，$t=10$ mm，$d=16$ mm，$[\tau]=100$ MPa，$[\sigma_{bs}]=300$ MPa，$[\sigma]=180$ MPa，试校核铆钉和拉杆的强度。

解：

（1）铆钉剪切强度计算。

当铆钉材料和直径相同，且外力作用线通过铆钉群受剪面的形心时，可认为各铆钉承受相同的外力。因此，图 5-35（a）所示铆钉群，各铆钉剪切面上的剪力均为

$$F_S=\frac{F_P}{4}=\frac{80}{4}=20\ \text{kN}$$

则各铆钉剪切面上切应力为

$$\tau=\frac{F_S}{A_S}=\frac{F_S}{\frac{\pi}{4}d^2}=\frac{4\times 20\times 10^3}{\pi\times 0.016^2}$$

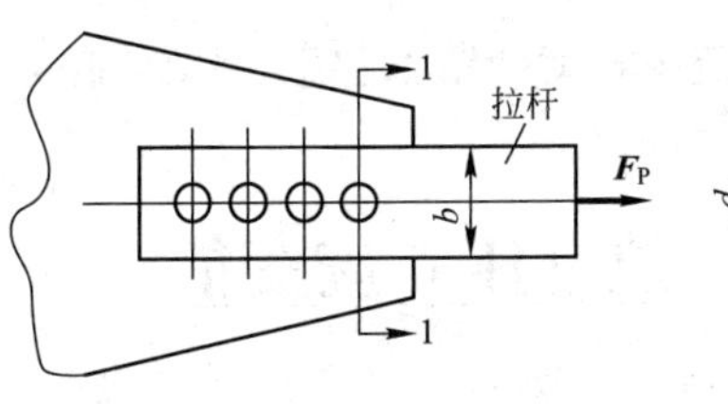

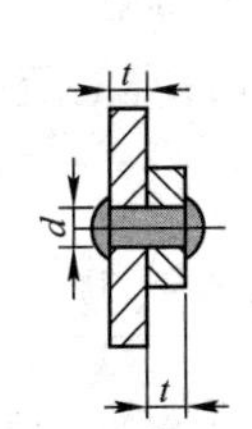

(a)

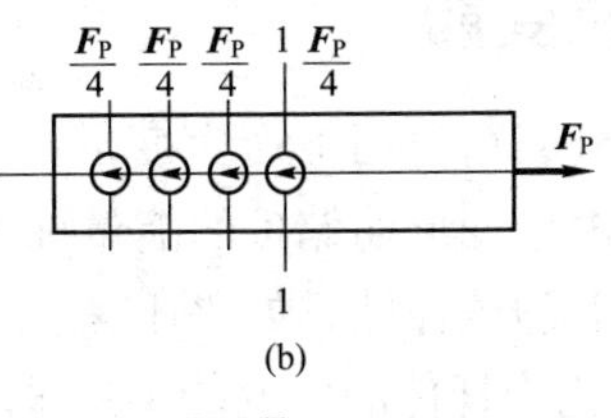

(b)

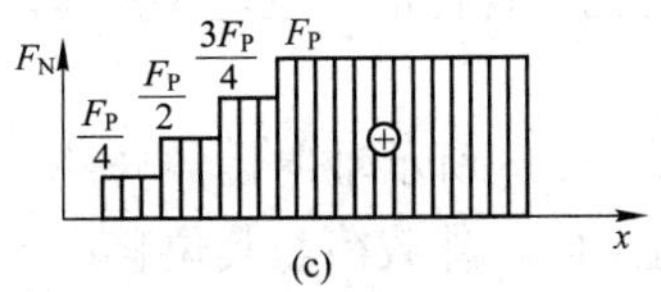

(c)

图 5-35　例 5-12 图

$$=99.47\times10^{6}\ \text{Pa}=99.47\ \text{MPa}$$

$$\tau=99.47\ \text{MPa}<[\tau]=100\ \text{MPa}$$

满足剪切强度条件。

(2) 铆钉挤压强度计算。

铆钉各挤压面所受挤压力 $F_b=20$ kN，挤压面积 $A_{bs}=td$，则其挤压应力

$$\sigma_{bs}=\frac{F_b}{A_{bs}}=\frac{20\times10^{3}}{0.01\times0.016}=125\times10^{6}\ \text{Pa}=125\ \text{MPa}$$

$$\sigma_{bs}=125\ \text{MPa}<[\sigma_{bs}]=300\ \text{MPa}$$

满足挤压强度要求。

(3) 拉杆的拉伸强度计算。

拉杆的受力如图 5-35 (b) 所示，轴力图如图 5-35 (c) 所示，由轴力图可知 1—1 截面为危险截面，$F_{Nmax}=F_P=80$ kN，其面积 $A=(b-d)t$，则拉杆中的最大正应力为

$$\sigma_{max}=\frac{F_{Nmax}}{(b-d)t}=\frac{80\times10^{3}}{(0.08-0.016)\times0.01}=125\times10^{6}\ \text{Pa}=125\ \text{MPa}$$

$$\sigma_{max}=125\ \text{MPa}<[\sigma]=180\ \text{MPa}$$

拉杆满足强度要求。

由以上计算可知，铆钉和拉杆均安全。

综上所述，在对连接构件进行强度计算时，必须全面考虑整个连接结构可能出现的破坏形式。

进行强度计算时应考虑：

(1) 铆钉的剪切强度；

(2) 钢板或铆钉的挤压强度；

(3) 钢板在被削弱危险截面上的正应力强度。

通过上述三方面强度计算，可以确保整个连接结构工作过程的安全。否则，在某方面强度计算的疏忽，就会留下隐患，以致酿成严重事故。

*5.9 拉（压）应变能

5.9.1 应变能

杆件在外载荷作用下产生变形，外载荷在相应位移上作功，同时杆件因变形而储存能量，弹性体由于变形而储备的能量称为应变能。应变能的单位为焦耳 J (N·m)。

对于常温静载杆件，如果不考虑动能及其他能量损失，外载荷在相应位移上所作的功 W 将全部转化为杆件的应变能 V_ε，即

$$W=V_\varepsilon \tag{5-34}$$

对于图 5-36 所示轴向拉伸杆件，若外载荷由 0 缓慢加至 F，轴向伸长量由 0 增至 ΔL，在线弹性范围内，外载荷与其位移成正比，外载荷所作的功为

$$W=\frac{1}{2}F\Delta L=\frac{F^2L}{2EA}$$

将杆件横截面上的轴力 $F_N=F$，代入上式可得杆件的应变能为

$$V_\varepsilon=W=\frac{F_N^2L}{2EA} \tag{5-35}$$

注意：

(1) 如果结构由若干个变形杆件组成，则整个结构的应变能为

$$V_\varepsilon=\sum_{i=1}^{n}\frac{F_{Ni}^2L_i}{2E_iA_i} \tag{5-36}$$

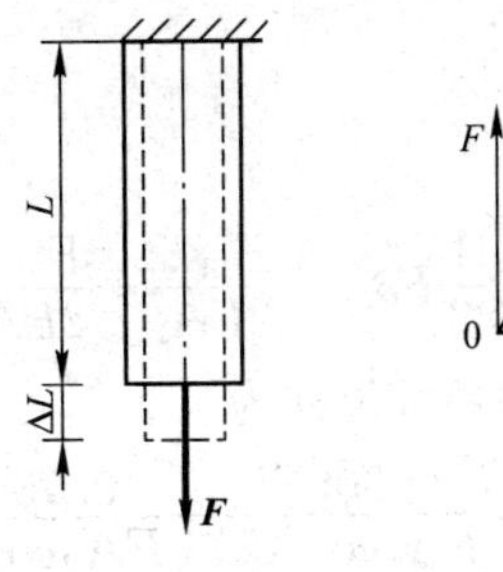

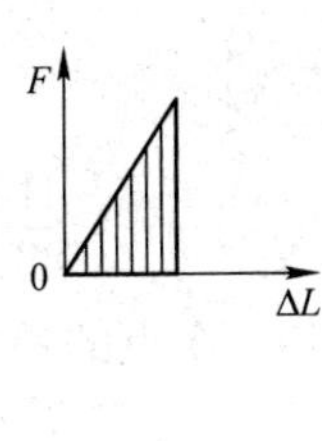

图 5-36　轴向拉伸变形与拉伸曲线

(2) 若在整个杆长 L 上 F_N 是变量，则杆微段 dx 上储存的应变能为

$$dV_\varepsilon=\frac{F_N^2(x)dx}{2EA}$$

杆件总应变能为

$$V_\varepsilon=\int_l dV_\varepsilon=\int_0^l\frac{F_N^2(x)dx}{2EA} \tag{5-37}$$

5.9.2　应变能密度

单位体积内储存的应变能称为应变能密度，可用 v 表示：

$$v=\frac{V_\varepsilon}{V}=\frac{\frac{1}{2}F_N^2L}{EA(AL)}=\frac{1}{2}\sigma\varepsilon \tag{5-38}$$

例 5-13　由相同材料制成的杆系 BAC 如图 5-37 (a) 所示，杆 AB 和杆 AC 分别为直径是 20 mm 和 24 mm 的圆截面杆，$F=5$ kN，$E=200$ GPa，试求 A 点的铅垂位移。

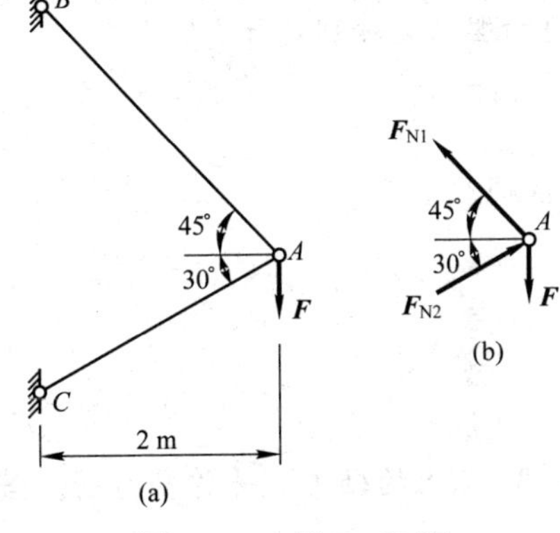

图 5-37　例 5-13 图

解：(1) 计算各杆轴力。

取节点 A，受力如图 5-37 (b) 所示，由汇交力系平衡方程

$$\sum F_x=0,\quad F_{N1}\cos 45°-F_{N2}\cos 30°=0$$

$$\sum F_y=0,\quad F_{N1}\sin 45°+F_{N2}\sin 30°=F$$

联立求解以上两式，得

$$F_{N1}=0.90F,\quad F_{N2}=0.73F$$

(2) 计算结构的总应变能

由于杆 AB 和 AC 均发生了变形，所以两杆均有应变能，则系统的总应变能可由式 (5-36) 求得，即

$$V_\varepsilon=\frac{F_{N1}^2l_1}{2EA_1}+\frac{F_{N2}^2l_2}{2EA_2}=\frac{(0.90F)^2l/\cos 45°}{2EA_1}+\frac{(0.73F)^2l/\cos 30°}{2EA_2}$$

(3) 计算 A 点的铅垂位移。

根据式 (5-34) 可知，外载荷在相应位移上所作的功 W 全部转化为杆件的应变能 V_ε，另有

$$W=\frac{1}{2}F\delta_{Ay}$$

则

$$\frac{1}{2}F\delta_{Ay}=\frac{F_{N1}^2 l_1}{2EA_1}+\frac{F_{N2}^2 l_2}{2EA_2}=\frac{(0.90F)^2 l/\cos 45^\circ}{2EA_1}+\frac{(0.73F)^2 l/\cos 30^\circ}{2EA_2}$$

于是，A 点的铅垂位移为

$$\delta_{Ay}=\frac{0.90^2 Fl}{EA_1\cos 45^\circ}+\frac{0.73^2 Fl}{EA_2\cos 30^\circ}$$

$$=\left[\frac{0.90^2\times 5\times 10^3\times 2}{200\times 10^9\times \frac{\pi}{4}\times 0.02^2\cos 45^\circ}+\frac{0.73^2\times 5\times 10^3\times 2}{200\times 10^9\times \frac{\pi}{4}\times 0.024^2\cos 30^\circ}\right]\text{m}$$

$$=0.25\ \text{mm}$$

上述方法利用了系统外力的功全部转换为系统总的应变能的能量转换关系来求解节点位移，这种方法称为**能量方法**，该方法可以方便地求解点沿力作用线方向的位移。

思考题

5-1　结合轴向拉伸、压缩变形区分下列概念：内力与应力；变形与应变；工作应力、失效应力、许用应力。

5-2　轴向拉伸、压缩构件横截面上的应力是如何根据静力关系、变形几何关系、载荷—位移关系推导的？

5-3　轴力和截面面积均相等，材料不同的拉杆，它们的应力和变形是否都相同？

5-4　试用拉（压）杆斜截面应力计算公式分析低碳钢拉伸颈缩现象和铸铁压缩破坏现象。

5-5　弹性模量 E，泊松比 ν，抗拉（压）刚度 EA 的物理意义分别是什么？

5-6　公式 $\Delta L=\frac{F_N L}{EA}$，$\sigma=E\cdot\varepsilon$ 的适用条件是什么？

5-7　何谓挤压应力，它与轴向压缩时的压应力有无区别？

5-8　挤压力的大小是否等于剪切面上剪力的大小？

习题

5-1　试求图 5-38 所示等直杆横截面 1—1、2—2 和 3—3 上的轴力，并作轴力图。若横截面面积 $A=400\ \text{mm}^2$，试求各横截面上的应力。

5-2　如图 5-39 所示直杆，截面面积 $A=100\ \text{mm}^2$，载荷 $F_P=10\ \text{kN}$，求 $\alpha=60°$ 斜截面上的正应力和剪应力。

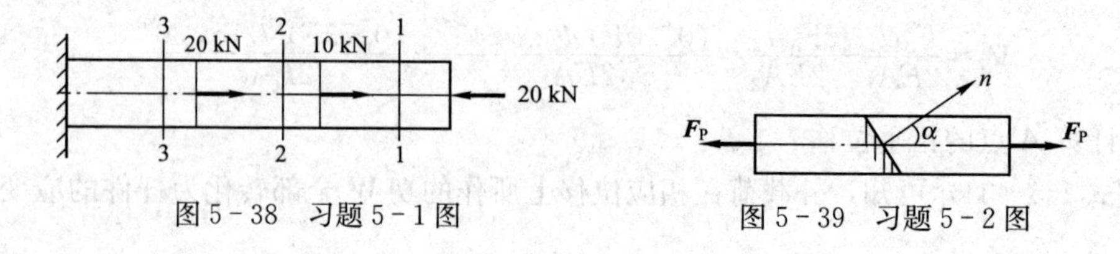

图 5-38　习题 5-1 图

图 5-39　习题 5-2 图

5-3　图5-40所示链条由形状相同的钢板铆成，$t=4.5$ mm，$H=65$ mm，$h=40$ mm，$d=20$ mm，材料的许用拉应力 $[\sigma]=80$ MPa，若 $F_P=25$ kN，试校核链条的抗拉强度。

5-4　图5-41所示吊环，由斜杆 AB、AC 与横梁 BC 组成。已知 $\alpha=20°$，$F_P=1\ 200$ kN，斜杆许用应力 $[\sigma]=120$ MPa。试确定斜杆的直径 d。

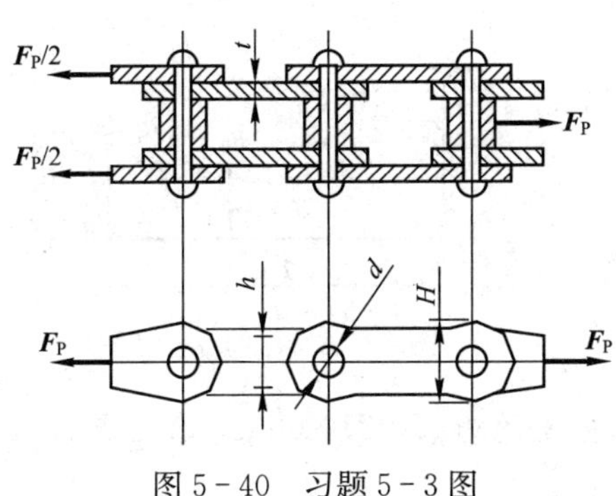

图5-40　习题5-3图

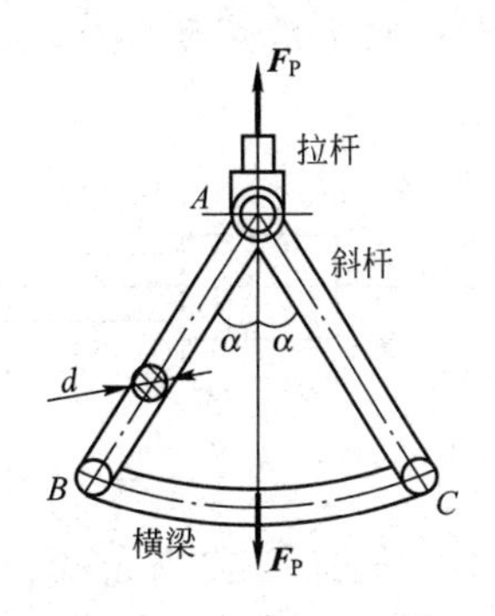

图5-41　题5-4图

5-5　图5-42所示结构 AC、BC 杆均为直径 $d=20$ mm 的圆截面直杆，材料许用应力 $[\sigma]=160$ MPa，试求此结构的允许载荷。

5-6　已知一矩形截面拉杆在杆端承受拉力 $F=1\ 100$ kN。该拉杆截面的高度与宽度之比为 $h/b=1.4$。材料的许用应力 $[\sigma]=50$ MPa，试确定截面高度 h 与宽度 b。

5-7　悬臂吊车如图5-43所示，杆 CD 由两根 $36\times36\times4$ 等边角钢组成，其许用应力为 $[\sigma]=140$ MPa，试校核 CD 杆的强度。

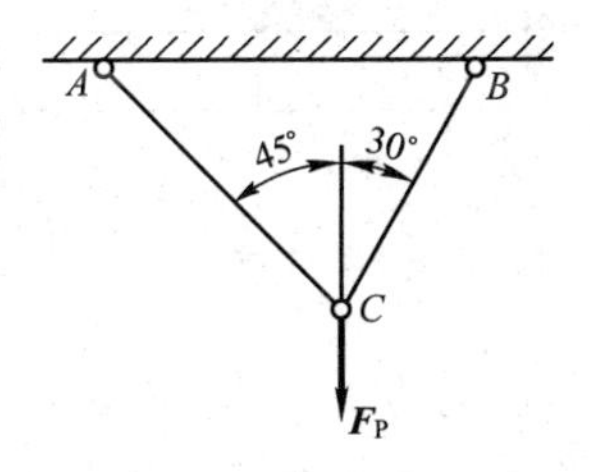

图5-42　习题5-5图

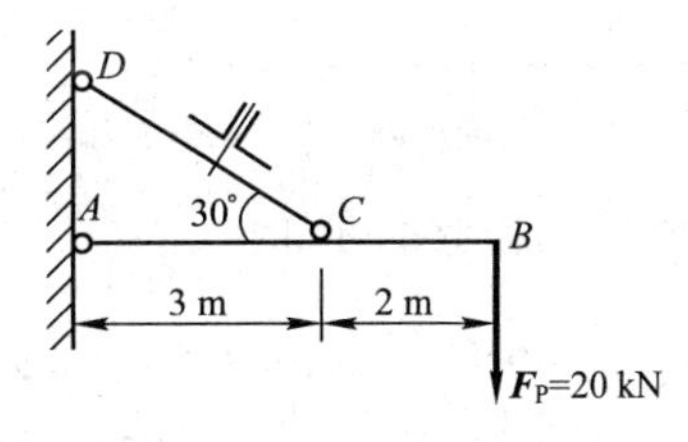

图5-43　习题5-7图

5-8　两根直径不同的实心截面杆，在 B 处焊接在一起，弹性模量均为 $E=200$ GPa，受力和杆的尺寸等如图5-44所示。试求：(1) 画轴力图；(2) 杆的轴向变形总量。

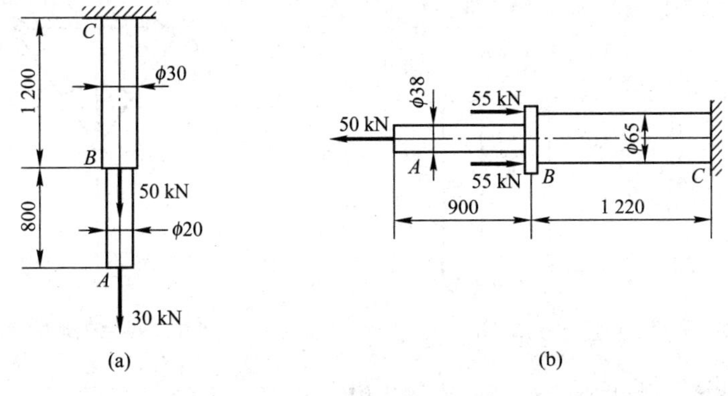

图5-44　习题5-8图

5-9　如图5-45所示钢杆AB，已知$F_P=10$ kN，$L_1=L_2=400$ mm，$A_1=2A_2=100$ mm^2，$E=200$ MPa。试求杆AB的轴向伸长量。

5-10　如图5-46所示结构，杆AB的重量及变形可忽略不计。杆1和杆2的弹性模量分别为$E_1=200$ GPa，$E_2=100$ GPa，$F_P=60$ kN，试求杆AB保持水平时载荷$\boldsymbol{F}_P$的位置及此时杆1、杆2横截面上的正应力。

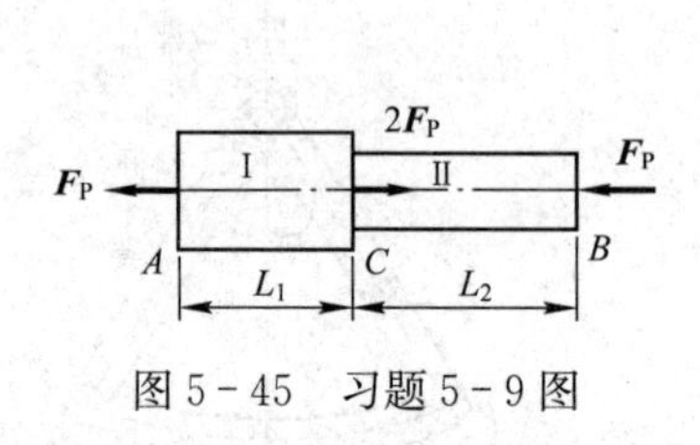

图5-45　习题5-9图

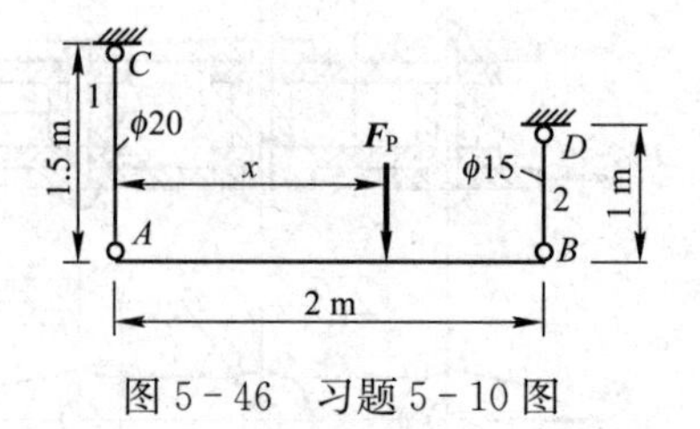

图5-46　习题5-10图

5-11　如图5-47所示钢杆1、2的弹性模量均为$E=210$ GPa，求结点A铅垂方向的位移。

5-12　图5-48所示结构，AB为水平放置的刚性杆，斜杆CD为直径$d=20$ mm的圆杆，其弹性模量$E=200$ GPa，试求B点的铅垂位移Δ_{By}。

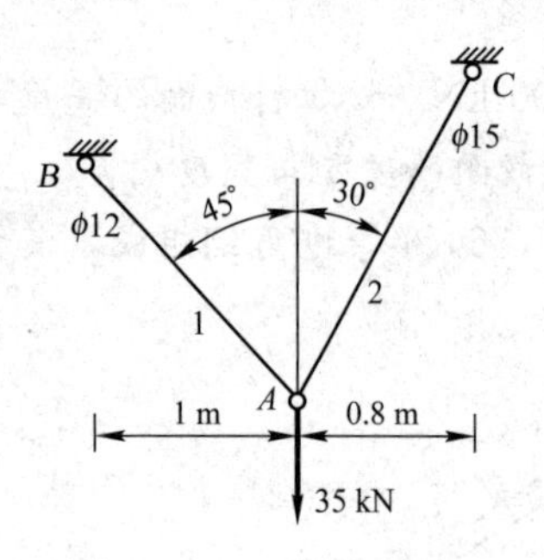

图5-47　习题5-11图

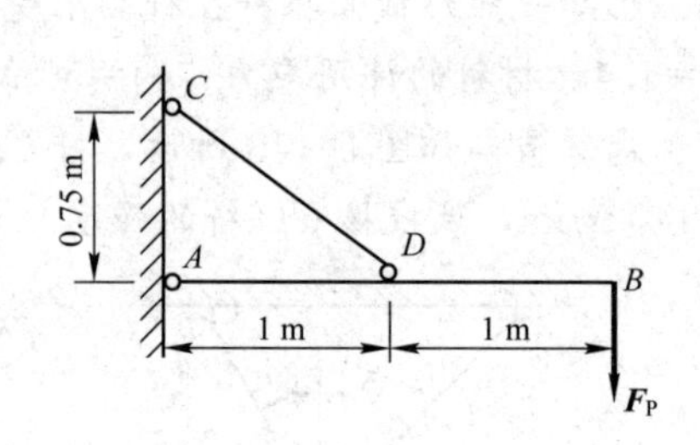

图5-48　习题5-12图

*5-13　图5-49所示结构中，1、2两杆的抗拉刚度同为E_1A_1，杆3的抗拉压刚度为E_3A_3。杆3的长度为$l+\delta$，其中δ为加工误差。试求将杆件3装入AC位置后，1、2、3杆的内力。

*5-14　图5-50所示结构，杆AB、AC、AD的横截面面积、长度、弹性模量均相等，分别为A、L、E。若外载荷为$\boldsymbol{F}_P$，$\alpha=45°$，试求各杆的应力。

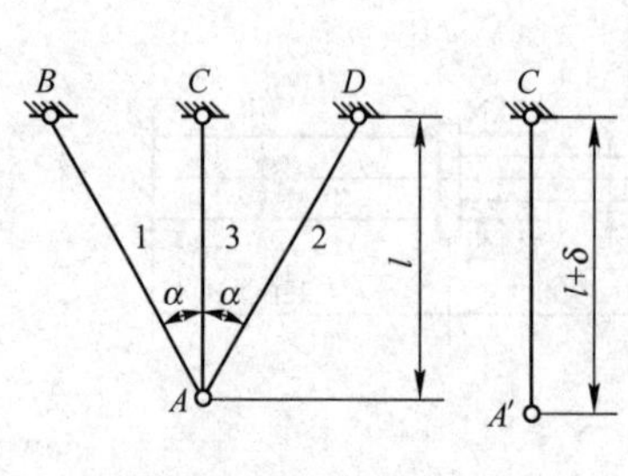

图5-49　习题5-13图

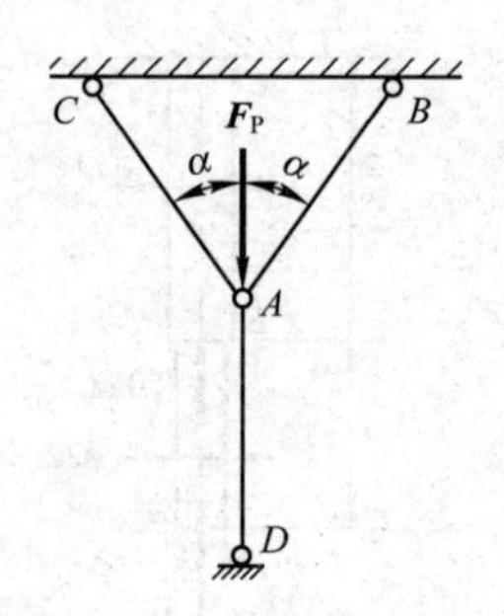

图5-50　习题5-14图

*5-15　试作图5-51所示杆AB的轴力图。

*5-16 已知图5-52所示结构中$L_1=2L_2=100$ cm，$2A_1=A_2=2$ cm²，$E=200$ GPa，$\alpha=125\times10^{-7}$ 1/℃，试求温度升高$\Delta T=40$ ℃时杆内最大应力。

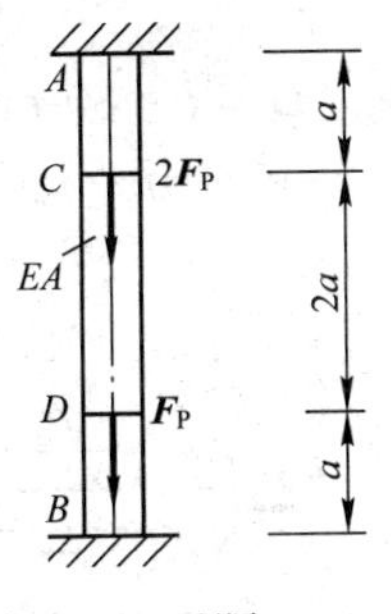

图5-51 习题5-15图

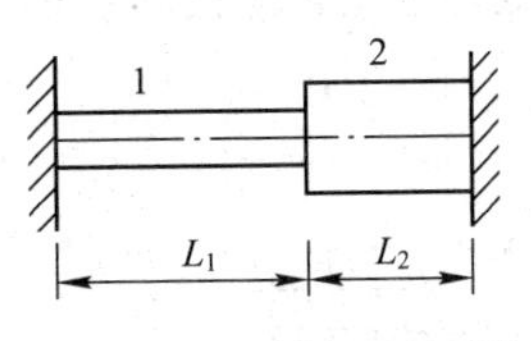

图5-52 习题5-16图

*5-17 图5-53所示水平刚性梁AB，端A铰接，端B与杆2连接，杆1与刚性梁间的缝隙为0.06 mm，若杆1的截面面积为$A_1=2\ 500$ mm²，$E_1=200$ GPa，材料的许用应力$[\sigma]_1=100$ MPa。杆2的截面面积为$A_2=1\ 000$ mm²，$E_2=70$ GPa，材料的许用应力$[\sigma]_2=120$ MPa。试求当杆1与刚性梁在D点装配后结构的许用外载荷$\boldsymbol{F}$。

5-18 剪刀如图5-54所示，$a=30$ mm，$b=150$ mm，销钉C的直径$d_1=5$ mm，当用力$F_P=200$ N剪直径$d_2=5$ mm的铜丝A时，试求铜丝及销钉剪切面上的剪应力。

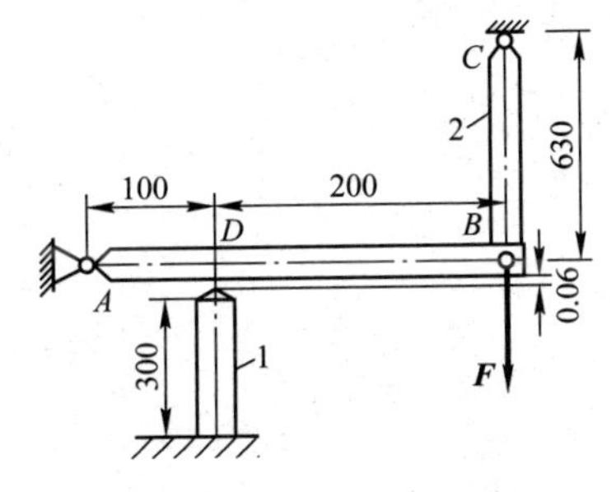

图5-53 习题5-17图

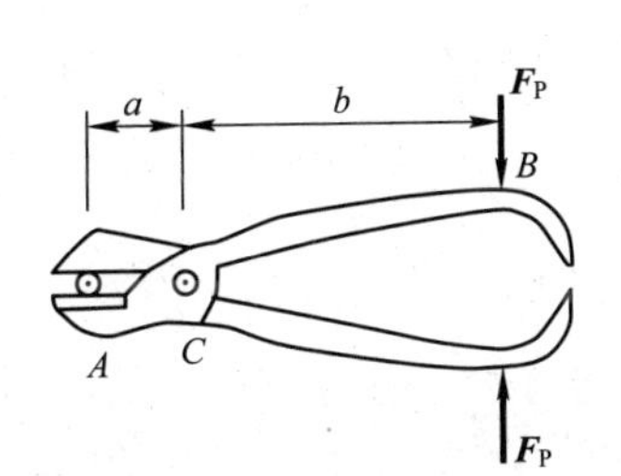

图5-54 习题5-18图

5-19 如图5-55所示销钉连接，已知$F_P=18$ kN，$t_1=8$ mm，$t_2=5$ mm，销钉和板材料相同，许用剪应力$[\tau]=600$ MPa，许用挤压应力$[\sigma_{bs}]=200$ MPa，试确定销钉直径d。

5-20 木接头如图5-56所示，若许用剪应力$[\tau]=1$ MPa，许用挤压应力$[\sigma_{bs}]=10$ MPa，许用拉应力$[\sigma]=8$ MPa，试校核此接头强度。

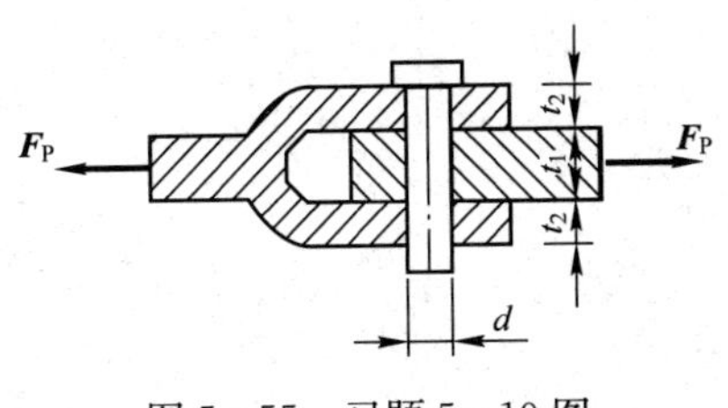

图5-55 习题5-19图

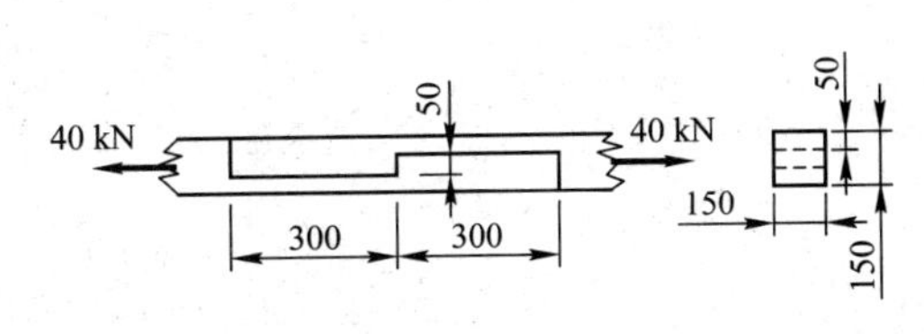

图5-56 习题5-20图

5-21 图5-57所示装置中键长$L=25$ mm，其材料许用剪应力$[\tau]=100$ MPa，许用

挤压应力 $[\sigma_{bs}]=220$ MPa，试求作用于手柄上的许用载荷 F_P。

5-22　如图5-58所示杆，若材料的许用切应力 $[\tau]=100$ MPa，许用挤压应力 $[\sigma_{bs}]=320$ MPa，许用压应力 $[\sigma]=160$ MPa，求杆的允许载荷。

5-23　拉力 $F=80$ kN 的螺栓连接如图5-59所示。已知 $b=80$ mm，$\delta=10$ mm，$d=22$ mm，螺栓的许用切应力 $[\tau]=130$ MPa，钢板的许用挤压应力 $[\sigma_{bs}]=300$ MPa，许用拉应力 $[\sigma]=170$ MPa。试校核接头的强度。

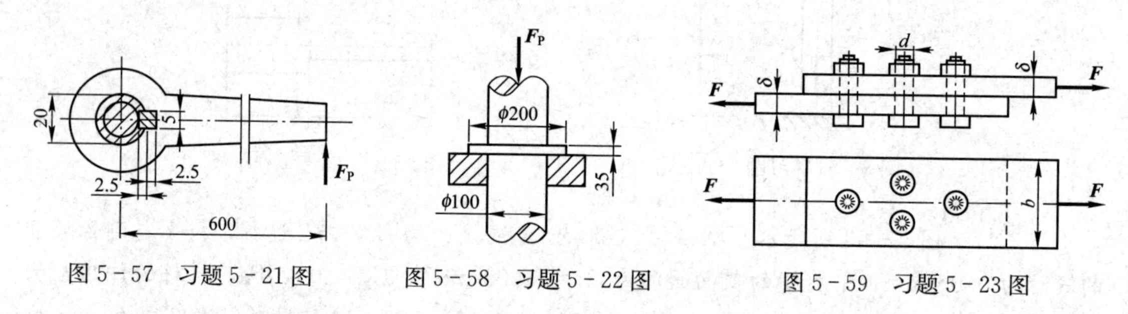

图5-57　习题5-21图　　图5-58　习题5-22图　　图5-59　习题5-23图

第 6 章

扭　　转

6.1　概述

第 5 章研究了直杆的轴向拉伸、压缩和剪切、挤压等变形，接下来我们研究直杆的另一种基本变形——扭转。

本章主要研究圆形和空心圆形等截面直杆扭转时外力和内力的计算、内力图的画法、应力和变形的分析和计算，并利用强度条件和刚度条件来解决工程实际问题以及简单的超静定问题的解法。对非圆截面杆的扭转，只作简单介绍。

工程中以扭转为主要变形的杆件很多。例如，机床传动轴（见图 6－1（a））、水轮机主轴（见图 6－1（b））、方向盘转向杆（见图 6－1（c））等。

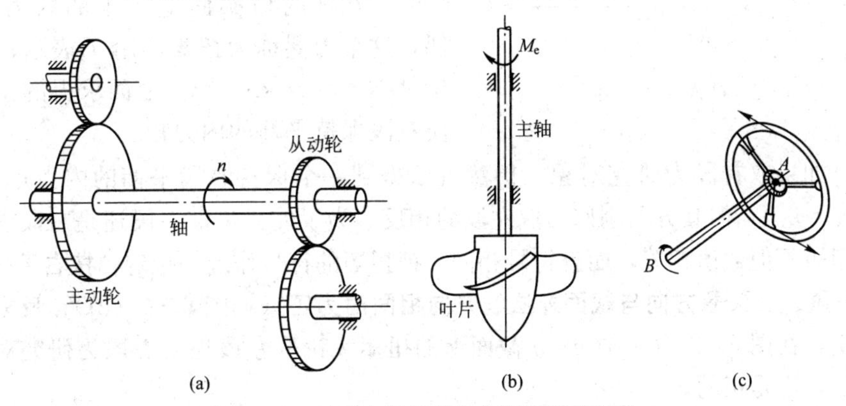

图 6－1　工程中以扭转为主要变形的杆件

这些杆件受到的外力主要是力偶，且这些力偶作用在垂直于杆轴的平面内；或者说，这些力偶的矩矢量线与杆轴线重合。杆件变形后任意两个横截面都绕轴线发生相对转动。杆件的这种变形形式称为**扭转变形**。工程中以扭转变形为主的杆件称为**轴**。

6.2　外力偶矩、扭矩、扭矩图

6.2.1　作用在轴上的外力偶矩

在研究扭转的应力和变形之前，需要确定作用于轴上的外力偶矩及横截面上的内力。作用于轴上的外力偶矩往往不是直接给出的，而是已知轴所传递的功率和轴的转速，然后利用公式（6-1）换算得出。

$$M=9\ 549\frac{P_{(\mathrm{kW})}}{n_{(\mathrm{r/min})}}\quad(\mathrm{N\cdot m})\tag{6-1}$$

式中：M 为轴受到的外力偶矩，单位是 N·m；P 为轴所传递的功率，单位是 kW；n 为轴的转速，单位是 r/min。

在作用于轴上的所有外力偶矩都确定后，即可利用截面法来确定横截面上的内力。

6.2.2 扭矩和扭矩图

用截面法可求得圆轴任意截面上的内力。如图 6-2（a）所示，圆轴 AB 受一对外力偶作用处于平衡状态，假想将圆轴沿任意横截面 n—n 截开分成两段，研究其中任一段，由于整体是平衡的，取出的任何部分也是平衡的。现用左段分析，如图 6-2（b）所示，根据平衡条件，有

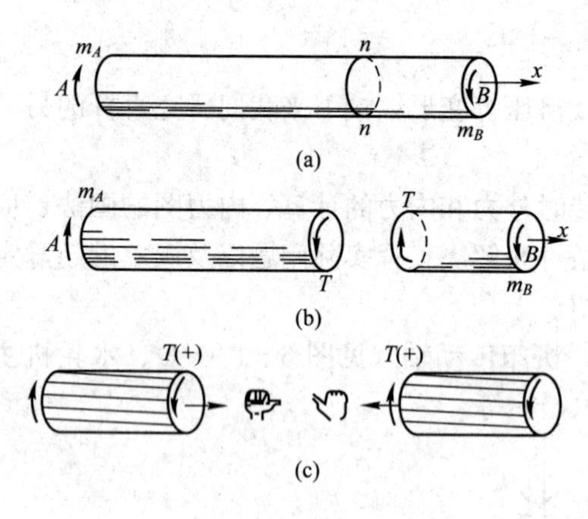

图 6-2 截面法求扭矩

$$\sum m_x=0,\quad T-m_A=0$$
$$T=m_A$$

可见，杆件受到外力偶作用而发生扭转变形时，在杆的横截面上产生的内力是一个力偶，这个力偶称为**扭矩**，用 T 表示；扭矩的单位是 N·m 或 kN·m。上面求得的扭矩 T，是使左段保持平衡的内力矩。

同样，如果取右段为研究对象，仍然可以得到一个保持右段平衡的内力矩 T，此时，$T=m_B(m_A=m_B)$，但其方向刚好与取左段的相反。为了使无论取左段还是右段求出的同一截面上的扭矩不但数值相等，而且符号相同，把扭矩的符号作统一规定：**按右手螺旋法则将 T 表示为矢量，当矢量方向与截面外法线方向相同时为正**（见图 6-2（c））；**反之为负**。根据这一规定，在图 6-2（c）中 n—n 截面上的扭矩无论取左段还是右段为研究对象，结果都是一样的，都是正的。

扭矩的大小和方向受外力偶矩的影响。为了更清楚直观地表示出横截面的扭矩随截面位置的变化规律，与拉压轴力图一样，也可以用扭矩图（T—x 曲线）来表示这一变化规律。

用平行于杆轴线的 x 轴表示横截面的位置，与 x 轴垂直的坐标表示扭矩，这样绘出的图形称为扭矩图。下面通过例题说明扭矩的计算和扭矩图的画法。

例 6-1 图 6-3（a）所示的传动轴的转速 $n=300$ r/min，主动轮 A 的功率 $P_A=400$ kW，3 个从动轮输出功率分别为 $P_C=120$ kW，$P_B=120$ kW，$P_D=160$ kW，试求指定截面的扭矩并画扭矩图。

解：（1）计算外力偶矩。

在确定外力偶矩转向时，应注意到主动轮上的外力偶矩的转向与轴的转向相同，而从动

轮的外力偶矩的转向则与轴的转向相反，这是因为从动轮上的外力偶矩是阻力偶矩。

由式（6-1）得

$$m_A=9\ 549\,\frac{P_A}{n}=12.73\ \mathrm{kN\cdot m}$$

$$m_B=m_C=9\ 549\,\frac{P_B}{n}=3.82\ \mathrm{kN\cdot m}$$

$$m_D=9\ 549\,\frac{P_D}{n}=5.09\ \mathrm{kN\cdot m}$$

(2) 计算各截面扭矩。

用截面1—1将轴切开，以截面左侧为研究对象，分析受力，如图6-3（b）所示。

由 $\sum m_x=0,\quad T_1+m_B=0$

解得

$$T_1=-m_B=-3.82\ \mathrm{kN\cdot m}\qquad(6-2)$$

用截面2—2将轴切开，以截面左侧为研究对象，分析受力，如图6-3（c）所示。

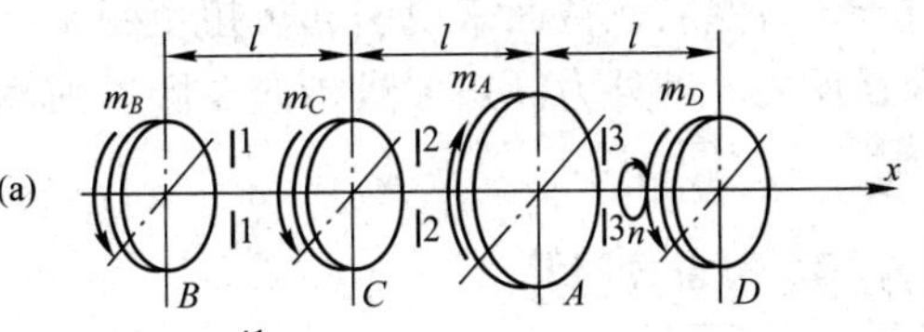

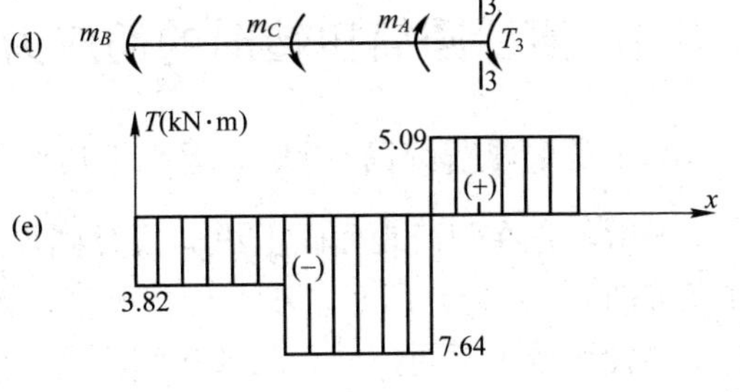

图6-3 例6-1图

由 $\sum m_x=0,\quad T_2+m_B+m_C=0$

解得

$$T_2=-m_B-m_C=-7.64\ \mathrm{kN\cdot m}\qquad(6-3)$$

用截面3—3将轴切开，以截面左侧为研究对象，分析受力，如图6-3（d）所示。

由 $\sum m_x=0,\quad T_3-m_A+m_B+m_C=0$

解得

$$T_3=m_A-m_B-m_C=5.09\ \mathrm{kN\cdot m}\qquad(6-4)$$

由（6-2）、（6-3）、（6-4）三式不难得出：任一横截面的扭矩值等于对应截面一侧所有外力偶矩的代数和，且外力偶矩的符号采用右手螺旋法则规定，如果以右手四指表示外力偶矩的转向，则拇指表示的是外力偶矩矢量的方向。当拇指离开截面时产生正扭矩；拇指指向截面时则产生负扭矩。即

$$T=\sum m_{i\text{一侧}}\qquad(6-5)$$

(3) 作扭矩图。

先建立 x—T 直角坐标系。x 轴平行于杆轴线表示横截面位置，纵坐标 T 与杆的左端对齐，表示对应截面的扭矩。

然后，将杆各段扭矩变化关系按上述计算结果（式（6-2）、（6-3）、（6-4））绘于坐标系中，如图6-3（e）所示。

由于轴上有4个外力偶将轴的扭矩分为3段，每段中各横截面的扭矩值是不变的，所以，画出的 x—T 曲线是一段平行于 x 轴的直线。由于轴上各段的扭矩值不相同，所以各段的扭矩图曲线高度也不相同。在外力偶作用的截面上，对应扭矩图有突变，突变值等于该截面的外力偶矩的大小，且突变的方向也同外力偶矩的转向有关。当外力偶矩矢量指向右侧，

对于该力偶右侧截面来说引起负扭矩变化，所以在该外力偶矩对应截面处的扭矩图向负向突变；反之，若外力偶矩矢量指向左侧，则该截面扭矩图向正向突变。

6.3 纯剪切

在研究圆轴扭转的应力和应变之前，我们先来研究一个比较简单的扭转问题，即薄壁圆筒的扭转问题。

6.3.1 薄壁圆筒扭转时的切应力

为了观察薄壁圆筒$\left(\text{壁厚}\,\delta\,\text{远小于其平均半径}\,r_0,\ \delta\leqslant\frac{r_0}{10}\right)$的扭转变形现象，如图 6-4 (a) 所示，先在圆筒表面画上纵向线及圆周线，当圆筒两端加上一对力偶 m 后，筒表面的线条如图 6-4 (b) 所示。小变形情况下，各圆周线的形状和大小没有变化，圆周线相互平行地绕轴线转了不同角度，两条相邻圆周线的间距 dx 不变。由此说明，圆筒横截面及含轴线的纵向截面上均没有正应力，横截面上只有切应力 τ，它组成与外力偶矩 m 相平衡的内力系。因为薄壁的厚度 δ 很小，所以可以认为切应力沿壁厚方向均匀分布（见图 6-4 (c)）；又因在同一圆周上各点位移情况完全相同，所以应力也就相同。

圆筒变形时，各纵向线仍近似为相互平行的直线，只是倾斜了同一微小角度 γ。因此，表面圆周线与纵向线围成的矩形（见图 6-4 (a) 中的 $abdc$）变形后即为平行四边形（见图 6-4 (b) 中的 $a'b'd'c'$），矩形直角的改变量为 γ。这种直角的改变量称为切应变，也就是表面纵向线变形后的倾角。这个切应变与横截面上各点的应力是相对应的。如图 6-4 (c) 所示，横截面上内力系对 x 轴的力矩应为 $2\pi r_0\delta\cdot\tau\cdot r_0$，这里 r_0 是圆筒的平均半径。

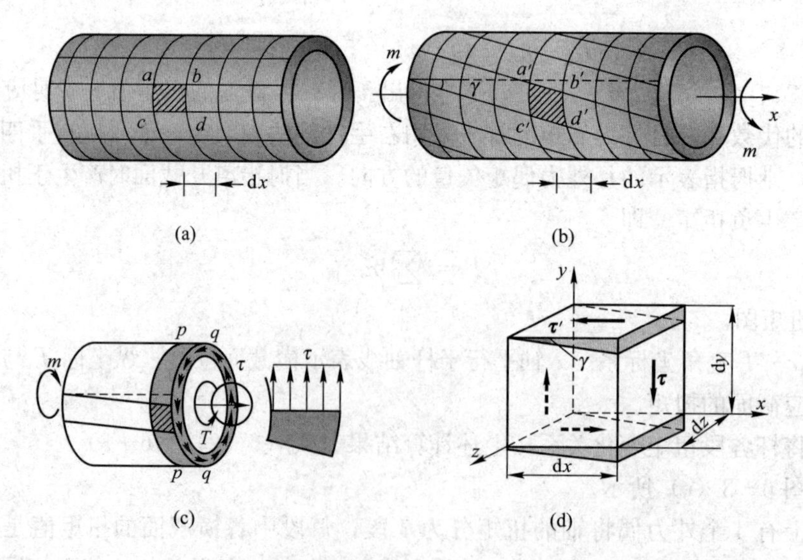

图 6-4 薄壁圆筒扭转时，变形、内力、应力的分析图

由
$$\sum m_x=0,\quad T=m=2\pi r_0\delta\cdot\tau\cdot r_0$$

解得

$$\tau=\frac{m}{2\pi r_0^2\delta} \tag{6-6}$$

6.3.2 切应力互等定理

用相邻的两个横截面、两个纵向半径截面及两个圆柱面，从圆筒中取出边长分别为 dx、dy、dz 的单元体，如图 6-4（d）所示，单元体左、右两侧面是横截面的一部分，其上有等值、反向的切应力 τ，其表面内力组成一个矩为 $(\tau \mathrm{d}z\mathrm{d}y)\mathrm{d}x$ 的力偶，单元体上、下面上的切应力 τ'对应的表面力必组成一等值、反向的力偶与其平衡。

由

$$\sum m_z=0,\quad (\tau'\mathrm{d}z\mathrm{d}x)\mathrm{d}y-(\tau\mathrm{d}z\mathrm{d}y)\mathrm{d}x=0$$

解得

$$\tau=\tau' \tag{6-7}$$

式（6-7）表明：在互相垂直相交的两个平面上，切应力总是成对存在，且数值相等，两者均垂直两个平面交线，方向则同时指向或同时背离这一交线。这就是**切应力互等定理**。

如图 6-4（d）所示的单元体的四个侧面上，只有切应力而没有正应力作用，这种情况称为纯剪切。

6.3.3 剪切胡克定律

圆筒在外力偶作用下发生扭转变形，纯剪切单元体的相对两侧面将发生微小的错动（见图 6-4（d）），使原来相互垂直的两个棱边的夹角改变了一个微量 γ，即为切应变。若 φ 为圆筒两端截面的相对扭转角，l 为圆筒的长度，则切应变近似为

$$\gamma\approx\frac{r\varphi}{l} \tag{6-8}$$

薄壁圆筒扭转试验结果表明，切应力低于剪切比例极限时，外力偶矩 m 与扭转角 φ 成正比，由式（6-6）可知：切应力 τ 与 m 成正比，再由式（6-8）得切应变与扭转角 φ 成正比，由此可推出 τ 与 γ 的对应关系，便可作出如图 6-5 所示的 τ—γ 曲线（由低碳钢材料得出），其与 σ—ε 曲线相似。在 τ—γ 曲线中 OA 为一直线，其直线段最高点对应的应力值称为材料的剪切比例极限，用 τ_{p} 表示。薄壁圆筒的扭转实验表明，当切应力不超过材料的剪切比例极限时，切应力与切应变成正比，即 $\tau\propto\gamma$。

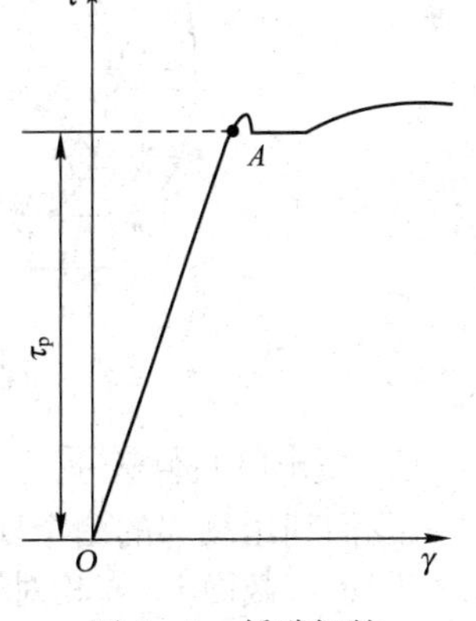

图 6-5 低碳钢的 τ—γ 曲线

引入比例常数得

$$\tau=G\gamma \tag{6-9}$$

式（6-9）称为材料的**剪切胡克定律**，也称为**切应力与切应变的物理方程**或**本构方程**。式中比例常数 G 为材料的剪切弹性模量，其量纲与弹性模量 E 的量纲相同，单位为 Pa。其值随材料而异，钢材切变模量的值约为 80GPa。

应当注意，剪切胡克定律仅适用于切应力不超过材料的剪切比例极限的线弹性范围。

至此我们已经引入了三个材料弹性常量，即弹性模量 E（式（5-6））、泊松比 ν（式（5-16））、剪切弹性模量 G（式（6-9））。对各向同性材料，三个弹性常数之间存在关系：

$$G=\frac{E}{2(1+\nu)} \tag{6-10}$$

可见，三个常数中只要知道任意两个，就可确定第三个。

6.4 等直圆轴扭转时横截面上的切应力分析和强度计算

6.4.1 等直圆轴扭转时横截面上的应力

工程中最常见的轴是圆形截面轴，本节研究圆轴扭转时横截面上的应力分布规律，即确定横截面上各点的应力。这要从变形几何关系、物理关系和静力学关系三方面进行综合分析。

1. 扭转变形现象及平面假设

仍从实验出发，取一等截面圆轴，在圆轴的表面上画上纵向线和圆周线，如图 6-6（a）所示，然后在轴的两端施加一对外力偶 m，如图 6-6（b）所示。在小变形的情况下，可以观察到：圆轴扭转变形与薄壁圆筒的扭转变形相同，即①各纵向线倾斜了同一角度 γ；②各圆周线均围绕轴线旋转一个微小角度，而圆周线的长度、形状和圆周线之间的距离均未改变。等直圆轴表面由纵向线所组成的矩形格子改变成平行四边形。由此可作出圆轴扭转变形的**平面假设**：圆轴变形后其横截面仍保持为平面，其大小及相邻两横截面间的距离不变，且半径仍为直线。按照该假设，圆轴扭转变形时，其横截面就像刚性平面一样，绕轴线转了一个角度，而且，横截面上只有切应力，没有正应力。

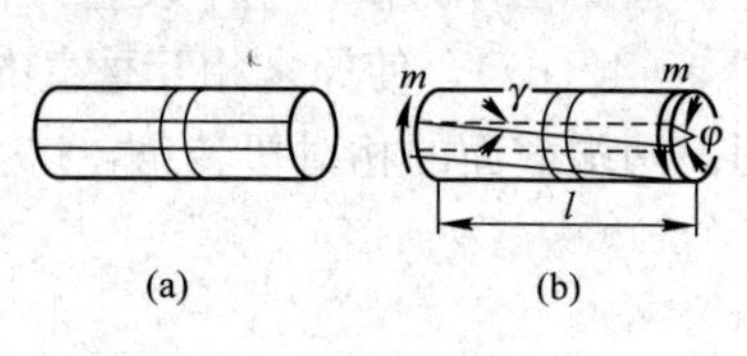

图 6-6 圆轴扭转变形图

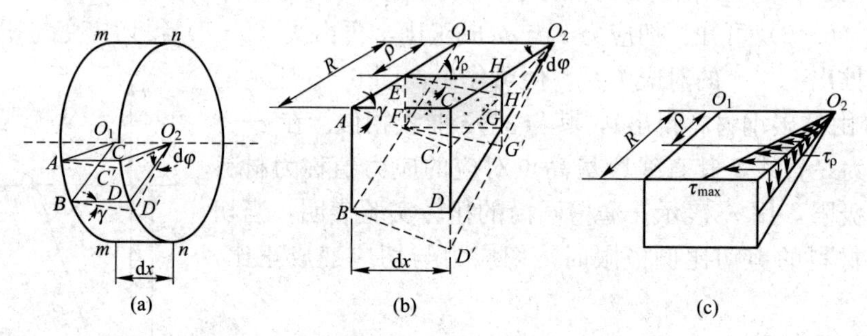

图 6-7 圆轴扭转变形的几何关系与应力分布

2. 变形的几何关系

我们利用相邻的两个横截面 $m—m$ 和 $n—n$，从圆轴中取出长为 $\mathrm{d}x$ 的微段，如图 6-7（a）所示，截面 $n—n$ 相对于截面 $m—m$ 绕轴线转了 $\mathrm{d}\varphi$ 角，半径 O_2C 转至 O_2C' 位置。

考察两相邻横截面之间微元 $ABDC$ 的变形：BD 长为 $\mathrm{d}x$，横截面的半径为 R，扭转后由于横截面的相对转动，圆轴表面上的 C 点移动到 C' 点，则

$$\overset{\frown}{CC'}=R\mathrm{d}\varphi$$

于是微元 $ABDC$ 的切应变 γ 为

$$\gamma\approx\frac{\overset{\frown}{CC'}}{AC}=\frac{R\mathrm{d}\varphi}{\mathrm{d}x}=R\frac{\mathrm{d}\varphi}{\mathrm{d}x}$$

同理，根据平面假定，距轴心 O 为 ρ 处同轴柱面上微元 $EFGH$（见图 6－7（b））的切应变应为

$$\gamma_\rho \approx \frac{\widehat{HH'}}{EH} = \frac{\rho \mathrm{d}\varphi}{\mathrm{d}x} = \rho \frac{\mathrm{d}\varphi}{\mathrm{d}x} \tag{6-11}$$

显然，γ_ρ 发生在垂直于半径 O_2H 的平面内。由于 $\frac{\mathrm{d}\varphi}{\mathrm{d}x}$ 对同一横截面上的各点为一常数，故式（6－11）表明：圆轴扭转时，横截面上某点处的切应变与其到横截面中心的距离成正比，亦即截面上切应变沿半径方向呈线性分布。

3. 物理关系

将式（6－11）代入式（6－9），得到

$$\tau_\rho = G\gamma_\rho = G\rho \frac{\mathrm{d}\varphi}{\mathrm{d}x} \tag{6-12}$$

式（6－12）表明：圆轴扭转时横截面上任意点处的切应力 τ_ρ 与该点到截面中心的距离 ρ 成正比，因此与圆心距离相同的同心圆上各点处的切应力大小相等。由于切应变 γ_ρ 与半径垂直，因而切应力方向也垂直于半径。根据切应力互等定理，轴的纵截面上也存在切应力，其分布如图 6－7（c）所示。

由于式（6－12）中的 $\frac{\mathrm{d}\varphi}{\mathrm{d}x}$ 尚未可知，因而不能用以计算切应力，为了确定未知量 $\frac{\mathrm{d}\varphi}{\mathrm{d}x}$，还需要考虑静力学关系。

4. 静力学关系

如图 6－8 所示，在横截面上任取一微面积 $\mathrm{d}A$，其上的微内力为 $\tau_\rho \mathrm{d}A$，对圆心之矩为 $\tau_\rho \mathrm{d}A \cdot \rho$，所有内力矩的总和即为该截面上的扭矩，即

$$T = \int_A \rho \tau_\rho \mathrm{d}A$$

将式（6－12）代入上式，得

$$T = G \frac{\mathrm{d}\varphi}{\mathrm{d}x} \int_A \rho^2 \mathrm{d}A \tag{6-13}$$

令

$$I_P = \int_A \rho^2 \mathrm{d}A \tag{6-14}$$

则有

$$\frac{\mathrm{d}\varphi}{\mathrm{d}x} = \frac{T}{GI_P} \tag{6-15}$$

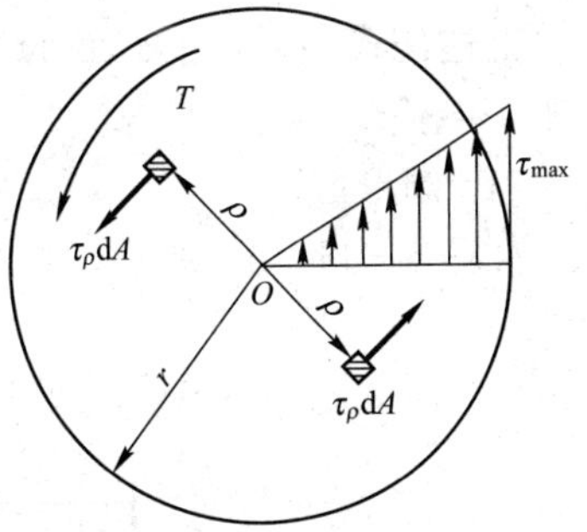

图 6－8 实心圆轴横截面上的切应力分布

式中，I_P 称为**横截面的极惯性矩**，其量纲为长度^4，GI_P 称为**抗扭刚度**。将（6－15）代入式（6－12），即得到横截面上距圆心为 ρ 的任意点处的切应力计算公式为

$$\tau_\rho = \frac{T\rho}{I_P} \tag{6-16}$$

由式（6－16）可知，当 $\rho = \rho_{max} = D/2$ 时，切应力为最大

$$\tau_{max} = \frac{T \cdot \frac{D}{2}}{I_P}$$

令

$$W_P = \frac{I_P}{D/2} \tag{6-17}$$

则

$$\tau_{max} = \frac{T}{W_P} \tag{6-18}$$

式中 W_P 称为**圆轴抗扭截面模量**，其量纲为长度^3。

由式（6-16）可得，实心圆轴和空心圆轴横截面上沿半径的切应力分布规律分别如图 6-8 和图 6-9 所示；圆轴纵截面上的应力分布如图 6-10 所示。

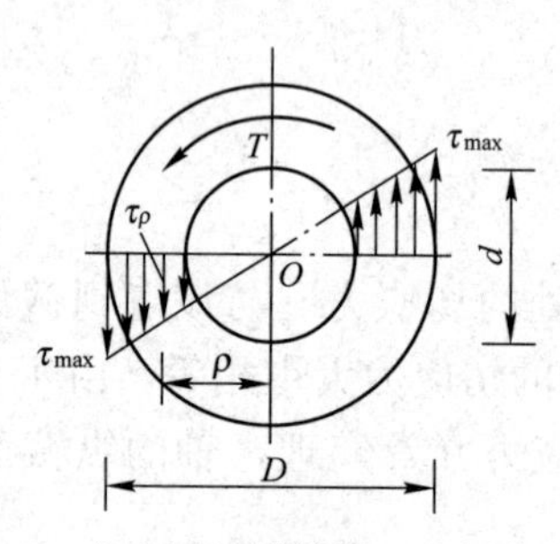

图 6-9　空心圆轴横截面上的切应力分布

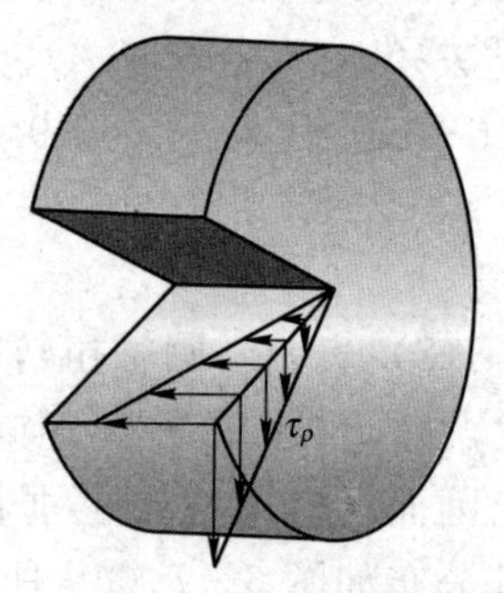

图 6-10　圆轴纵截面上的切应力分布

以上各式是以平面假设为基础导出的。实验结果表明，只有对横截面尺寸不变的圆轴，平面假设才正确。所以，上述各公式只适用于等直圆轴。对圆截面沿轴线变化缓慢的小锥度锥形杆也可近似用这些公式计算。此外导出以上公式时使用了剪切胡克定律，因此只适用于最大切应力小于剪切比例极限的情况，即适用于线弹性范围内的等直杆。

上述公式中引入了截面的极惯性矩 I_P、抗扭截面模量 W_P，下面讨论这两个量的计算方法。

(1) 圆形截面

如图 6-11（a）所示，由式（6-14）得，截面的极惯性矩为

$$I_P = \int_A \rho^2 \mathrm{d}A = \int_0^{\frac{d}{2}} \rho^2 (2\pi\rho \mathrm{d}\rho) = 2\pi\left(\frac{\rho^4}{4}\right)\Bigg|_0^{d/2} = \frac{\pi d^4}{32} \tag{6-19}$$

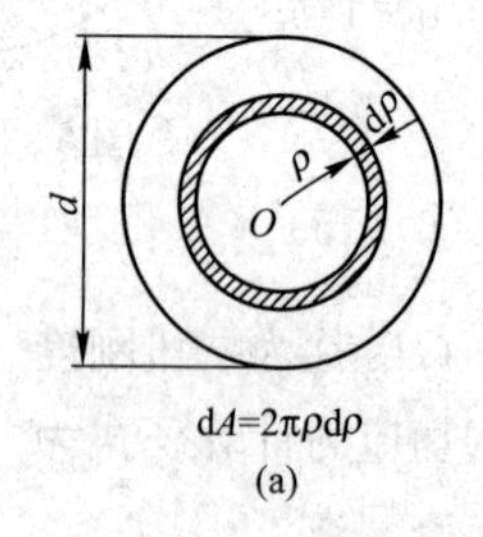

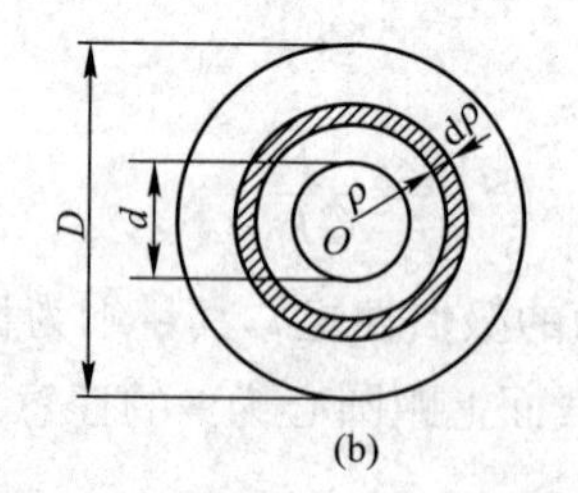

图 6-11　极惯性矩的计算

再由式（6-17）得，抗扭截面模量为

$$W_P = \frac{I_P}{d/2} = \frac{\pi d^4/32}{d/2} = \frac{\pi d^3}{16} \tag{6-20}$$

(2) 圆环截面

如图 6-11 (b) 所示，由式 (6-14) 得，截面的极惯性矩为

$$I_P = \int_{\frac{d}{2}}^{\frac{D}{2}} 2\pi\rho^3 \mathrm{d}\rho = \frac{\pi}{32}(D^4 - d^4) = \frac{\pi D^4}{32}(1-\alpha^4) \tag{6-21}$$

式中，$\alpha=\frac{d}{D}$，d 为圆环的内径，D 为圆环的外径。

再由式 (6-17) 得，抗扭截面模量为

$$W_P = \frac{I_P}{D/2} = \frac{\frac{\pi D^4}{32}(1-\alpha^4)}{D/2} = \frac{\pi D^3}{16}(1-\alpha^4) \tag{6-22}$$

6.4.2 等直圆轴扭转时斜截面上的应力

上面我们研究了等直圆轴扭转时横截面上的应力情况，得到横截面的圆周边缘各点的应力为最大，为了全面了解轴内应力情况，接下来将讨论横截面上任意点处斜截面方位的应力情况。现以横截面、径向截面及环向截面从受扭的等直圆轴内截取一微小的单元体，如图 6-12 (a) 所示。先分析在单元体内垂直于前后面的任意斜截面 mn 上的应力（见图 6-12 (b)）。

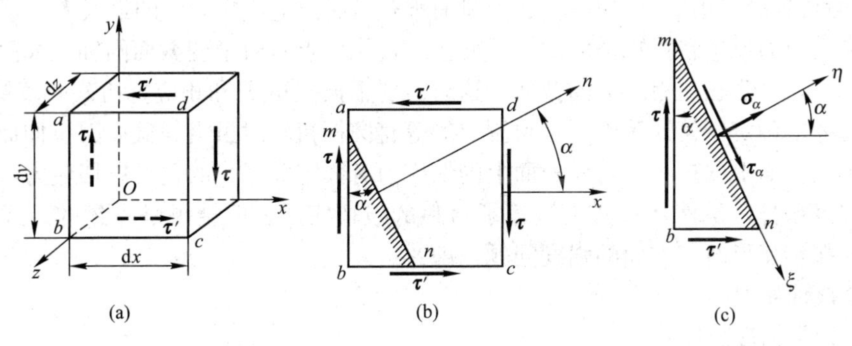

图 6-12　纯剪切单元体斜截面应力分析

设斜截面外法线方向 n 与 x 轴的夹角为 α，并规定由 x 轴逆时针转至截面外法线方向时 α 为正，反之为负；设斜截面 mn 的面积为 $\mathrm{d}A$，则 mb、nb 的面积分别为 $\mathrm{d}A\cos\alpha$ 和 $\mathrm{d}A\sin\alpha$。由截面法取 mn 截面的左半部分为研究对象，如图 6-12 (c) 所示，利用平衡方程得

$$\sum F_\eta = 0,\quad \sigma_\alpha \mathrm{d}A + (\tau \mathrm{d}A\cos\alpha)\sin\alpha + (\tau' \mathrm{d}A\sin\alpha)\cos\alpha = 0$$

$$\sum F_\xi = 0,\quad \tau_\alpha \mathrm{d}A - (\tau \mathrm{d}A\cos\alpha)\cos\alpha + (\tau' \mathrm{d}A\sin\alpha)\sin\alpha = 0$$

式中，$\tau=\tau'$

由上述方程可得，任意斜截面上的正应力和切应力计算公式为

$$\sigma_\alpha = -\tau\sin 2\alpha,\quad \tau_\alpha = \tau\cos 2\alpha \tag{6-23}$$

讨论

由式 (6-23) 不难看出：

(1) 单元体的四个侧面 ($\alpha=0°$、$180°$和 $\alpha=\pm 90°$) 上切应力的绝对值最大，均为 τ；

(2) $\alpha=-45°$和$\alpha=+45°$截面上切应力为零，而正应力的绝对值最大，一个是拉应力、一个是压应力，且值均为τ，并与切应力作用面互成45°，如图6-13所示。

为什么低碳钢扭转破坏的断口沿横截面方位（见图6-14（a）），而铸铁、粉笔扭转破坏的断口沿与轴线成45°的斜截面方位（见图6-14（b））。读者可用上述分析结果进行讨论。

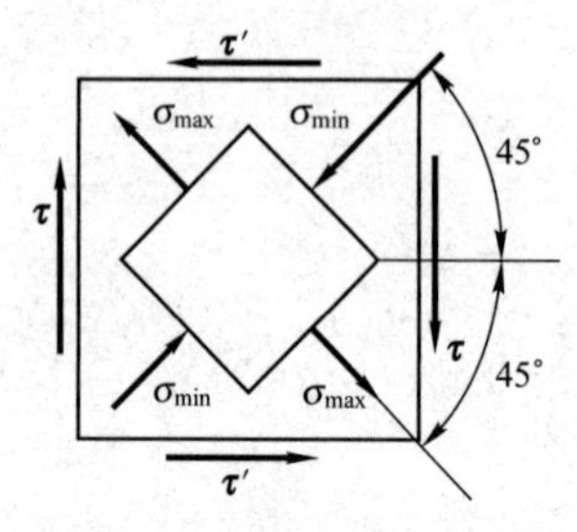

图6-13 纯剪切单元体上的正应力极值和切应力极值

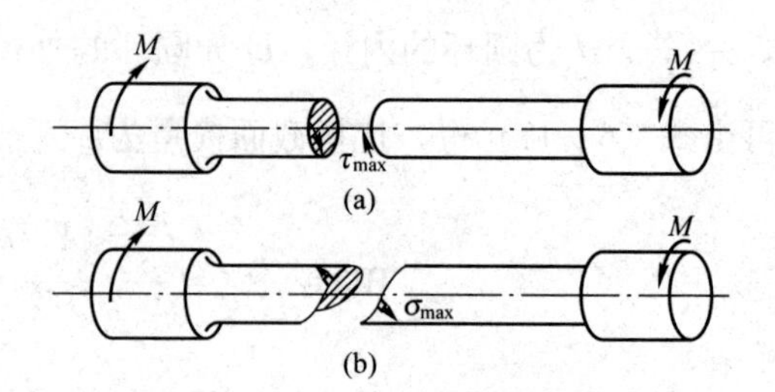

图6-14 低碳钢与铸铁的扭转破坏断口形状

6.4.3 圆轴扭转的强度条件

由式（6-18）可得，圆轴扭转的强度条件为

$$\tau_{max}=\frac{|T|_{max}}{W_P}\leqslant[\tau] \tag{6-24}$$

式中$[\tau]$为材料的许用切应力，τ_{max}是指圆轴所有横截面上切应力中的最大者。对于等截面圆轴，最大切应力发生在扭矩最大的横截面上的边缘各点；对于变截面圆轴，如阶梯轴，最大切应力不一定发生在扭矩最大的截面，这时需要根据扭矩T和相应抗扭截面模量W_P的数值综合考虑才能确定。铸铁等脆性材料制成的等直圆杆扭转时虽沿斜截面因拉伸而发生脆性断裂，但因斜截面上的拉应力与横截面上的切应力有固定关系，故仍可以切应力和许用切应力来表达强度条件，虽然从形式上掩盖了材料的破坏实质，但结果是一致的。式（6-24）可以求解杆扭转变形时三方面的强度问题，即：

(1) 校核轴强度；

(2) 设计圆轴截面尺寸；

(3) 确定轴的许可外载荷。

强度问题的计算步骤与拉伸、压缩变形相同。

例6-2 如图6-15（a）所示的阶梯形圆轴，AB段的直径$d_1=50$ mm，BD段的直径$d_2=70$ mm，外力偶矩分别为：$m_A=0.7$ kN·m，$m_C=1.1$ kN·m，$m_D=1.8$ kN·m。许用切应力$[\tau]=40$ MPa。试校核该轴的强度。

解：(1) 画扭矩图。

如图6-15（b）所示。

(2) 分段进行强度校核。

虽然CD段的扭矩大于AB段的扭矩，但CD段的直径也大于AB段直径，所以对这两段轴均应进行强度校核。

$$AB\text{段}\quad \tau_{max}=\frac{|T_1|}{W_{P1}}=\frac{16\times700}{\pi(50\times10^{-3})^3}=28.5\times10^6\ \text{Pa}=28.5\ \text{MPa}<40\ \text{MPa}=[\tau]$$

$$CD\text{段}\quad \tau_{max}=\frac{|T_2|}{W_{P2}}=\frac{16\times1\ 800}{\pi(70\times10^{-3})^3}=26.7\times10^6\ \text{Pa}=26.7\ \text{MPa}<40\ \text{MPa}=[\tau]$$

故该轴满足强度条件。

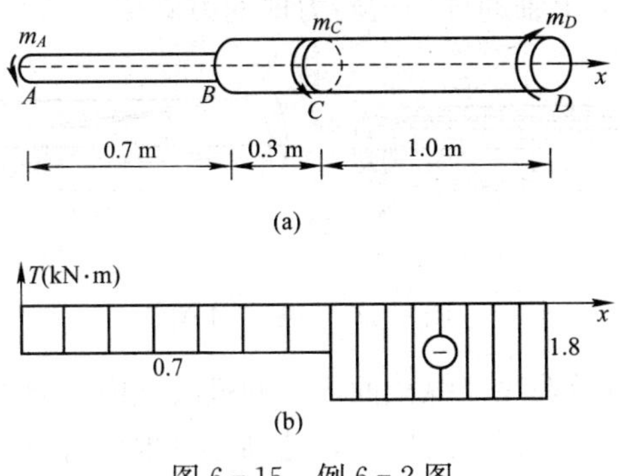

图 6-15 例 6-2 图

例 6-3 材料相同的实心轴与空心轴，通过牙嵌式离合器相连，如图 6-16 所示。传递外力偶矩为 $m=700\ \mathrm{N\cdot m}$。设空心轴的内外径比 $\alpha=0.5$，许用切应力 $[\tau]=20\ \mathrm{MPa}$。试计算实心轴直径 d_1 与空心轴外径 D_2，并比较两轴的截面面积。

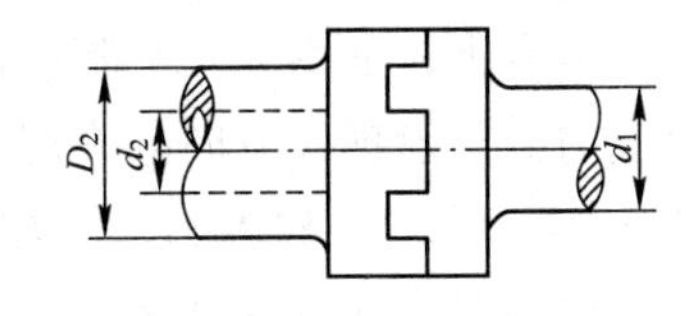

图 6-16 例 6-3 图

解：（1）计算实心轴直径 d_1。

由 $\tau_{\max}=\dfrac{|T|_{\max}}{W_P}\leqslant[\tau]$ 得

$$\frac{16T}{\pi d_1^3}=\frac{16\times700\ \mathrm{N\cdot m}}{\pi(d_1\mathrm{mm}\times10^{-3})^3}\leqslant20\times10^6\ \mathrm{Pa}$$

$$d_1\geqslant56.3\ \mathrm{mm}$$

取 $d_1=57\ \mathrm{mm}$

（2）计算空心轴外径 D_2。

由 $\tau_{\max}=\dfrac{|T|_{\max}}{W_P}\leqslant[\tau]$ 得

$$\frac{16T}{\pi D_2^3(1-\alpha^4)}=\frac{16\times700\ \mathrm{N\cdot m}}{\pi(D_2\ \mathrm{mm}\times10^{-3})^3(1-0.5^4)}\leqslant20\times10^6\ \mathrm{Pa}$$

$$D_2\geqslant57.5\ \mathrm{mm}$$

取 $D_2=58\ \mathrm{mm}$，则内径 $d_2=29\ \mathrm{mm}$。

（3）实心轴与空心轴的截面积比为

$$\frac{A_1}{A_2}=\frac{\dfrac{\pi d_1^2}{4}}{\dfrac{\pi D_2^2}{4}(1-\alpha^2)}=1.3$$

可见，在传递同样的力偶矩时，空心轴所耗材料比实心轴少。

这个现象也可以用扭转理论所提供的应力分布规律来解释。实心轴中心部分的材料受到的切应力很小（见图 6-8），这部分材料没有充分发挥作用。因此工程上往往将轴制成空心的（见图 6-9），使材料用在应力较大的位置上。轴类杆件的设计一方面要考虑强度，要求省材；另一方面也要考虑刚度及加工工艺等因素。对于空心圆轴的壁厚也不能过薄，否则将发生局部皱折而丧失承载能力。

例 6-4 如图 6-17（a）所示，承受扭转的木制圆轴，其轴线与木材的顺纹方向一致。

轴的直径为150 mm，圆轴沿木材顺纹方向的许用剪应力 $[\tau]_{顺}=2$ MPa；沿木材横纹方向的许用剪应力 $[\tau]_{横}=8$ MPa。求轴的许用扭转力偶的力偶矩。

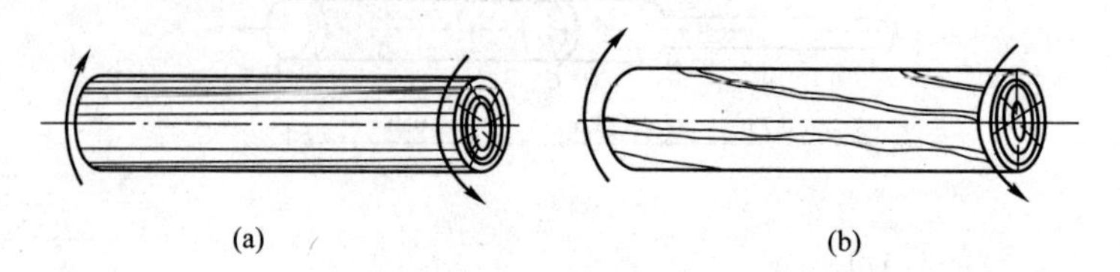

图6-17 例6-4图

解：木材的许用剪应力沿顺纹（纵截面内）和横纹（横截面内）具有不同的数值，说明木材在两个方向的抗剪切能力不同，所以需要分别计算木材沿顺纹和沿横纹方向的强度。圆轴受扭后，根据剪应力互等定理，不仅横截面上产生剪应力，而且包含轴线的纵截面上也会产生剪应力，如图6-10所示，这两个面上的剪应力最大值相等；而木材沿顺纹方向的许用剪应力低于沿横纹方向的许用剪应力，因此本例中的圆轴扭转破坏时将沿纵向截面裂开（见图6-17（b））。故本例只需要按圆轴沿顺纹方向的强度计算许用外加力偶的力偶矩。

由顺纹方向的强度条件：

$$(\tau_{\max})_{顺}=\frac{M_x}{W_P}=\frac{16M_x}{\pi d^3}\leqslant[\tau]_{顺}$$

得

$$[M_e]=M_x=\frac{\pi d^3[\tau]_{顺}}{16}=\frac{\pi(150\ \text{mm}\times10^{-3})^3\times2\ \text{MPa}\times10^6}{16}$$
$$=1.33\times10^3\ \text{N}\cdot\text{m}=1.33\ \text{kN}\cdot\text{m}$$

6.5 等直圆轴扭转时的变形和刚度条件

机器中的某些轴类构件，除应满足强度要求之外，还不应有过大的扭转变形。

圆轴扭转时的变形，是用两横截面绕轴线相对转动的角度来度量的，称之为**扭转角**。根据6.4.1节中的式（6-15）可知，截面扭转角沿杆轴线的变化率与扭矩 T 成正比，与抗扭刚度 GI_P 成反比，即

$$\frac{\mathrm{d}\varphi}{\mathrm{d}x}=\frac{T}{GI_P}$$

于是，可求得相距为 l 的两个截面之间的扭转角计算式为

$$\varphi=\int_l \mathrm{d}\varphi=\int_l \frac{T}{GI_P}\mathrm{d}x \tag{6-25}$$

其中 GI_P 称为圆轴的**抗扭刚度**，式（6-25）也称为**载荷—位移关系式**。

若等直圆轴在两个横截面之间扭矩 T 值不变，GI_P 为常量，于是将上式积分可得，两截面的相对扭转角为

$$\varphi=\frac{Tl}{GI_P}\quad(\text{rad}) \tag{6-26}$$

对于各段扭矩不等或抗扭刚度不等的圆轴、阶梯状圆轴，轴两端面的相对扭转角为

$$\varphi = \sum_{i=1}^{n} \frac{T_i l_i}{G_i I_{Pi}} \tag{6-27}$$

如 T 与 I_P 是 x 的连续函数，则可直接用积分式（6-25）计算两端面的相对扭转角。

从上面公式可以看出，扭转角 φ 的大小与两截面间距离 l 有关，在很多情形下，两端面的相对扭转角不能反映圆轴扭转变形的程度，因而更多采用单位长度扭转角表示圆轴的扭转变形，即消除长度 l 的影响。单位长度扭转角即**扭转角的变化率**，用 θ 表示：

$$\theta = \frac{d\varphi}{dx} = \frac{T}{GI_P} \tag{6-28}$$

其单位是弧度/米（rad/m）。

为了保证机器运动的稳定和工作精度，机械设计中要根据不同要求，对受扭圆轴的变形加以限制，亦即进行刚度设计。

扭转刚度设计是将单位长度上的相对扭转角限制在允许的范围内，即必须使构件满足**刚度条件**：

$$\theta = \frac{T}{GI_P} \times \frac{180}{\pi} \leqslant [\theta] \tag{6-29}$$

其中，$[\theta]$ 为单位长度上的许用相对扭转角，θ 和 $[\theta]$ 单位为°/m（度/米），其数值根据轴的工作要求而定，例如，用于精密机械的轴 $[\theta]=(0.25\sim0.5)$(°/m)；一般传动轴 $[\theta]=(0.5\sim1.0)$(°/m)；刚度要求不高的轴 $[\theta]=2$(°/m)。

例 6-5 钢制空心圆轴的外径 $D=100$ mm，内径 $d=50$ mm。若要求轴在 2 m 长度内的最大相对扭转角不超过 1.5（°），材料的剪切弹性模量 $G=80$ GPa。

（1）求该轴所能承受的最大扭矩；

（2）确定此时轴横截面上的最大切应力。

解：

（1）确定轴所能承受的最大扭矩。

根据刚度条件，有

$$\theta = \frac{T}{GI_P} \times \frac{180}{\pi} \leqslant [\theta]$$

$$T \leqslant [\theta] \times GI_P \times \frac{\pi}{180} = \frac{1.5}{2} \times \frac{\pi}{180} \times G \times \frac{\pi D^4}{32}(1-\alpha^4)$$

$$= \frac{1.5 \times \pi^2 \times 80 \times 10^9 \times (100\ \text{mm} \times 10^{-3})^4 \left[1-\left(\frac{50}{100}\right)^4\right]}{2 \times 180 \times 32}$$

$$= 9.638 \times 10^3\ \text{N} \cdot \text{m} = 9.638\ \text{kN} \cdot \text{m}$$

所以 $$[T] = 9.638\ \text{kN} \cdot \text{m}$$

（2）计算轴在承受最大扭矩时，横截面上的最大切应力。

由式（6-18）求得，横截面上最大切应力为

$$\tau_{\max} = \frac{T}{W_P} = \frac{16 \times 9.638 \times 10^3}{\pi (100 \times 10^{-3})^3 \left[1-\left(\frac{50}{100}\right)^4\right]} = 52.36 \times 10^6\ \text{Pa} = 52.36\ \text{MPa}$$

例 6-6 有一闸门启闭机的传动轴。已知：材料为 45 号钢，剪切弹性模量 $G=79$ GPa，许用切应力 $[\tau]=88$ MPa，许用单位扭转角 $[\theta]=0.5$°/m，使圆轴转动的电动机功率为

16 kW，转速为3.86 r/min，试根据强度条件和刚度条件选择圆轴的直径。

解：(1) 计算传动轴传递的扭矩。

$$T=m=9\ 549\frac{P}{n}=9\ 549\times\frac{16}{3.86}=39.58\times10^{3}\ \text{N}\cdot\text{m}=39.58\ \text{kN}\cdot\text{m}$$

(2) 由强度条件确定圆轴的直径。

由式（6-24）得

$$W_{\text{P}}\geqslant\frac{T}{[\tau]}=\frac{39.58\times10^{6}}{88}=4.498\times10^{5}\ \text{mm}^{3}$$

再由 $W_{\text{P}}=\frac{\pi d^{3}}{16}$，得

$$d\geqslant\sqrt[3]{\frac{16W_{\text{P}}}{\pi}}=131.8\ \text{mm}$$

(3) 由刚度条件确定圆轴的直径。

由式（6-29）得

$$I_{\text{P}}\geqslant\frac{T}{G[\theta]}\times\frac{180}{\pi}=\frac{39.58\times10^{6}}{79\times10^{3}\times0.5\times10^{-3}}\times\frac{180}{\pi}=5.74\times10^{7}\,\text{mm}^{4}$$

再由 $I_{\text{P}}=\frac{\pi d^{4}}{32}$得

$$d\geqslant\sqrt[4]{\frac{32I_{\text{P}}}{\pi}}=155.5\ \text{mm}$$

综上，可选择圆轴的直径 $d=156$ mm，既满足强度条件又满足刚度条件。

例 6-7 一电机的传动轴传递的功率为40 kW，转速为1 400 r/min，直径为40 mm，轴材料的许用切应力 $[\tau]=40$ MPa，剪切弹性模量 $G=80$ GPa，许用单位扭转角 $[\theta]=1°/\text{m}$，试校核该轴的强度和刚度。

解：(1) 计算扭矩。

$$T=m=9\ 549\frac{P}{n}=9\ 549\times\frac{40}{1\ 400}=272.8\ \text{N}\cdot\text{m}$$

(2) 强度校核。

$$\tau_{\max}=\frac{T}{W_{\text{P}}}=\frac{16\times272.8\times10^{3}}{\pi\times40^{3}}\times10^{-6}=21.7\ \text{MPa}<[\tau]=40\ \text{MPa}$$

(3) 刚度校核。

$$\theta=\frac{T}{GI_{\text{P}}}\times\frac{180}{\pi}=\frac{32\times272.8}{80\times10^{9}\times\pi\times(40\times10^{-3})^{4}}\times\frac{180}{\pi}=0.78°/\text{m}<[\theta]=1°/\text{m}$$

综上，该传动轴既满足强度条件又满足刚度条件，轴安全。

*例 6-8 圆轴 AB 如图 6-18（a）所示。试求轴两端的约束力偶矩。

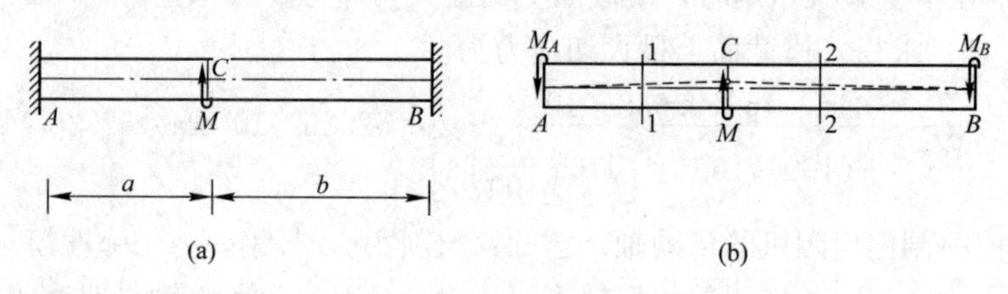

图 6-18 例 6-8 图

解：取轴 AB 为研究对象，画受力图，如图 6-18 (b) 所示。列平衡方程

$$\sum M_x = 0, \quad M_A + M_B - M = 0 \tag{6-30}$$

方程 (6-30) 中有 2 个未知力偶矩 M_A 和 M_B，但轴的平衡方程只有 1 个，因此，本例为一次静不定问题，需要建立补充方程才能求解。对于静不定问题的求解已经在 5.7 节中介绍过，建立补充方程需要考虑变形的协调关系和载荷—位移关系。

如图 6-18 (a) 所示，由于 A、B 两端为固定端约束，所以两截面的相对扭转角等于零，即

$$\varphi_{BA} = \varphi_{CA} + \varphi_{BC} = 0 \tag{6-31}$$

式 (6-31) 即为 AB 轴的变形协调方程。

考虑载荷—位移关系，有

$$\varphi_{AC} = \frac{T_1 a}{GI_P} = \frac{(-M_A)a}{GI_P}, \quad \varphi_{CB} = \frac{T_2 b}{GI_P} = \frac{M_B b}{GI_P} \tag{6-32}$$

将式 (6-32) 代入式 (6-31) 得，补充方程为

$$-aM_A + bM_B = 0 \tag{6-33}$$

联立式 (6-30)、(6-33) 求得

$$M_A = \frac{Mb}{a+b}, \quad M_B = \frac{Ma}{a+b}$$

*6.6 等直非圆杆自由扭转时的问题

前面各节讨论了圆形截面杆的扭转。但工程中有些受扭构件的横截面并非圆形。

在等直圆轴的扭转问题中，分析轴横截面上应力的主要依据是平面假设。但对于等直非圆杆（如正方形、矩形、三角形、椭圆形等截面形状直杆），扭转后横截面外周线将改变原来的形状，并且不再位于同一平面内，如图 6-19 所示。从而可推知，非圆截面杆横截面在变形后将发生翘曲。因此，等直圆杆在扭转时的计算公式不再适用于非圆截面杆的扭转问题。

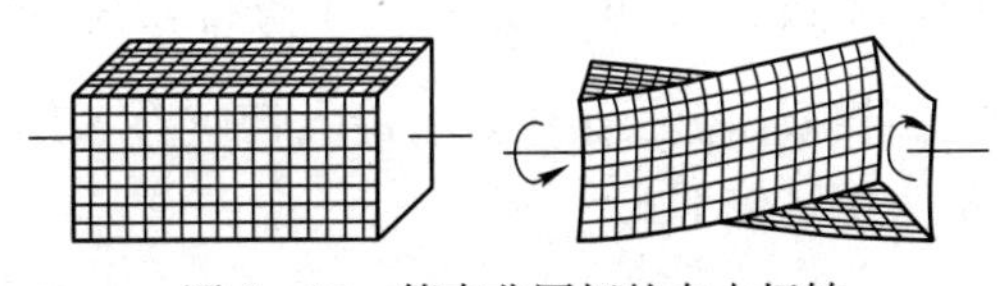

图 6-19 等直非圆杆的自由扭转

等直非圆杆在两端受外力偶作用，且端面不受任何约束可以自由翘曲时，称为纯扭转或自由扭转，其相邻两横截面的翘曲程度完全相同，横截面上仍然是只有切应力而没有正应力。若杆的两端受到约束作用而不能自由翘曲，称为约束扭转，则其相邻两横截面的翘曲程度不同，将在横截面上引起附加的正应力。由约束扭转所引起的附加正应力，在一般实体截面杆中通常均很小，可略去不计。但在薄壁杆件中，这一附加正应力则成为不能忽略的量。本节仅简单介绍矩形及狭长矩形截面的等直杆在自由扭转时的解。

可以证明，杆件扭转时，横截面上边缘各点的切应力都与截面边缘相切。因为，边缘各点的切应力如果不与边界相切，总可以分解为边界切线方向的分量 τ_τ 和法线方向的分量 τ_n（见图 6-20 (a)）。根据剪应力互等定律，τ_n 应与杆件自由表面上的切应力 τ_n' 相等。但在自由表面上不可能有切应力 τ_n'。这样在边缘上各点就只可能有沿边界切线方向的切应力。同

理可以证明，在截面凸角处的切应力等于零（见图 6 - 20（b））。

同理，也可以分析出，矩形截面杆扭转时，横截面上切应力分布如图 6 - 21 所示。从图中可以看出，最大切应力发生在矩形截面的长边中点处（见图 6 - 21（a））；矩形截面周边上各点处的切应力方向必与周边相切（见图 6 - 21（b）），因为在杆件表面上没有切应力，故由切应力互等定理可知，在横截面周边上各点处不可能有垂直于周边的切应力分量；同理，在矩形截面的角点处切应力必等于零。

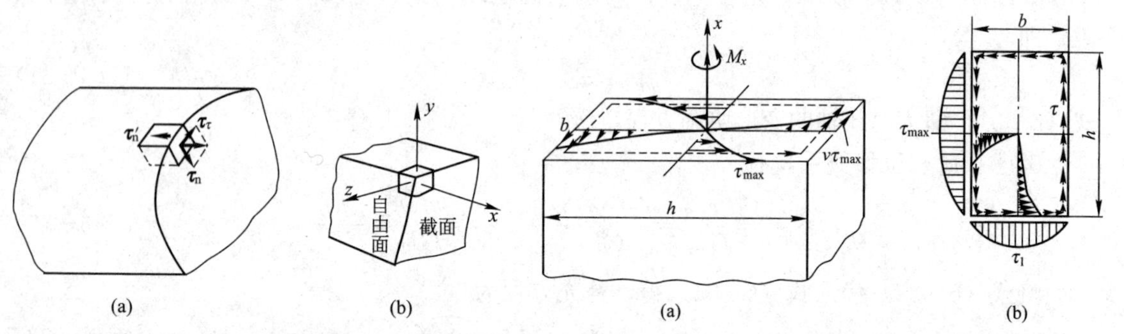

图 6 - 20　非圆杆扭转时横截面边缘点的切应力　　　图 6 - 21　矩形截面杆横截面上的切应力分布图

根据弹性力学的研究结果，非圆截面等直杆横截面上最大切应力和单位长度扭转角的计算公式分别为

$$\tau_{max}=\frac{T}{W_t} \qquad (6-34)$$

$$\theta=\frac{T}{GI_t} \qquad (6-35)$$

式中，W_t 称为相当扭转截面系数；I_t称为截面的相当极惯性矩；GI_t称为非圆截面杆的扭转刚度。

矩形截面的 I_t和 W_t与截面尺寸的关系如下。

$$I_t=\alpha b^4 \qquad (6-36a)$$

$$W_t=\beta b^3 \qquad (6-36b)$$

式中，系数 α、β 可从表 6 - 1 中查得，其值均随矩形截面的长、短边尺寸 h 和 b 的比值$\frac{h}{b}$而变化。横截面上长边中点有最大切应力 τ_{max}，短边中点处的切应力为该边上各点处切应力中的最大值，按下式计算

$$\tau_1=\nu\tau_{max} \qquad (6-37)$$

式中系数 ν 可由表 6 - 1 查得。

表 6 - 1　矩形截面杆在自由扭转时的因数 α，β 和 ν

$\frac{h}{b}$	1.0	1.2	1.5	2.0	2.5	3.0	4.0	6.0	8.0	10.0
α	0.14	0.199	0.294	0.457	0.622	0.790	1.123	1.790	2.457	3.123
β	0.208	0.263	0.346	0.493	0.645	0.801	1.150	1.790	2.457	3.123
ν	1.000	—	0.858	0.796	—	0.753	0.745	0.743	0.743	0.743

注：1. 当$\frac{h}{b}>4$时，可按下列近似公式计算 α，β 和 ν：

$$\alpha=\beta\approx\frac{1}{3}\left(\frac{h}{b}-0.63\right),\quad \nu\approx0.74$$

2. 当 $\frac{h}{b}>10$ 时，$\alpha=\beta\approx\frac{1}{3}\cdot\frac{h}{b}$，$\nu\approx0.74$

一般地，狭长矩形截面满足$\frac{h}{b}>10$（见图6-22），所以，I_t和W_t与截面尺寸间的关系为

$$I_t=\frac{1}{3}h\delta^3 \qquad (6-38a)$$

$$W_t=\frac{1}{3}h\delta^2=\frac{I_t}{\delta} \qquad (6-38b)$$

其中，δ为短边的长度。

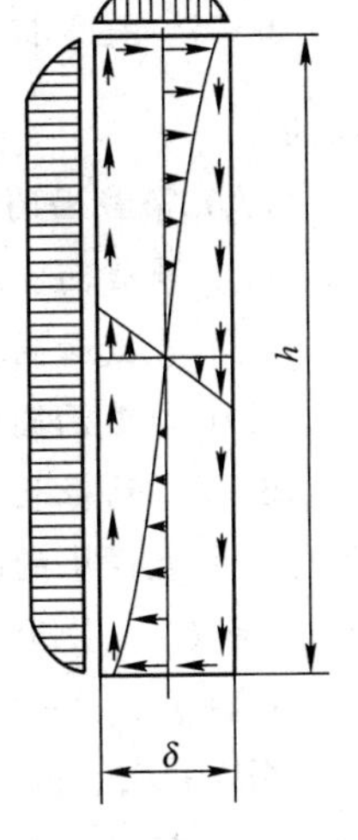

图6-22 狭长矩形截面上的扭转切应力分布图

例6-9 一矩形截面等直钢杆，长度$l=2$m，横截面尺寸为$h=100$ mm，$b=50$ mm，在杆两端作用一矩为$M_e=4\ 000$ N·m的扭转力偶。钢的许用切应力$[\tau]=100$ MPa，剪切弹性模量$G=80$ GPa，许可单位长度扭转角$[\theta]=1(°/\text{m})$。试校核杆的强度和刚度。

解：（1）计算截面扭矩。

由截面法求得 $T=M_e=4\ 000$ N·m

（2）查表，计算I_t和W_t。

因为$\frac{h}{b}=\frac{100}{50}=2$，为非狭长矩形，查表6-1得$\alpha=0.457$，$\beta=0.493$。

由式（6-36a）和式（6-36b）分别求得

$$I_t=\alpha b^4=0.457\times(50\times10^{-3}\ \text{m})^4=285.6\times10^{-8}\ \text{m}^4$$

和

$$W_t=\beta b^3=0.493\times(50\times10^{-3}\ \text{m})^3=61.6\times10^{-6}\ \text{m}^3$$

（3）校核强度和刚度。

由式（6-34）得

$$\tau_{max}=\frac{T}{W_t}=\frac{4\ 000}{61.6\times10^{-6}}=64.9\times10^6\ \text{Pa}=64.9\ \text{MPa}<[\tau]=100\ \text{MPa}$$

由式（6-35）得

$$\theta=\frac{T}{GI_t}=\frac{4\ 000}{80\times10^9\times285.6\times10^{-8}}=0.017\ 51\ \text{rad/m}=1°/\text{m}=[\theta]$$

结果表明，杆满足强度和刚度条件。

思考题

6-1 如果实心圆轴的直径增大一倍（其他情况不变），其最大切应力、轴的扭转角及极惯性矩将如何变化？

6-2 直径相同、材料不同的两根等长的实心圆轴，在相同的扭矩作用下，其最大切应力、扭转角及极惯性矩是否相同？

6-3 一空心圆轴的外径为D，内径为d，其抗扭截面模量$W_P=\frac{\pi D^3}{16}-\frac{\pi d^3}{16}$是否正确？

6-4 低碳钢和铸铁受扭失效时，如何用圆轴扭转时斜截面上的应力解释？

6-5 从强度方面考虑，空心圆截面轴何以比实心圆截面轴合理？

6-6　关于扭转切应力公式 $\tau_\rho=\dfrac{T\rho}{I_P}$ 的应用范围，有以下几种答案，试判断哪一种是正确的。

(A) 等截面圆轴，弹性范围内加载

(B) 等截面圆轴

(C) 等截面圆轴与椭圆轴

(D) 等截面圆轴与椭圆轴，弹性范围内加载

6-7　两根长度相等、直径不等的圆轴受扭后，轴表面上母线转过相同的角度。设直径大的轴和直径小的轴的横截面上的最大切应力分别为 τ_{1max} 和 τ_{2max}，材料的剪切弹性模量分别为 G_1 和 G_2。关于 τ_{1max} 和 τ_{2max} 的大小，有下列四种结论，请判断哪一种是正确的。

(A) $\tau_{1max}>\tau_{2max}$

(B) $\tau_{1max}<\tau_{2max}$

(C) 若 $G_1>G_2$，则有 $\tau_{1max}>\tau_{2max}$

(D) 若 $G_1>G_2$，则有 $\tau_{1max}<\tau_{2max}$

习题

6-1　计算图 6-23 所示圆轴指定截面的扭矩，并在各截面上表示出扭矩的转向。

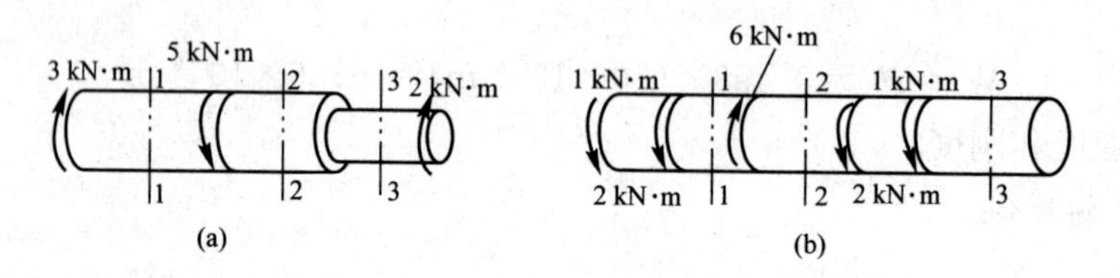

图 6-23　习题 6-1 图

6-2　作图 6-24 所示各圆轴的扭矩图。

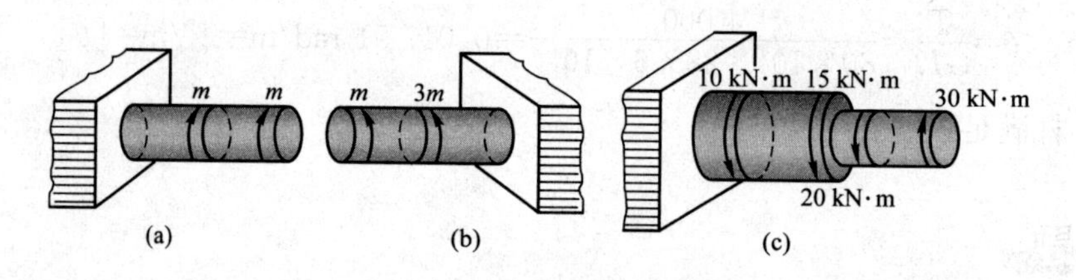

图 6-24　习题 6-2 图

6-3　如图 6-25 所示圆截面轴，AB 与 BC 段的直径分别为 d_1 和 d_2，且 $d_1=4d_2/3$。试求轴内的最大扭转切应力。

6-4　变截面轴受力如图 6-26 所示，图中尺寸单位为 mm。若已知 $M_{e1}=1\ 765\ \text{N}\cdot\text{m}$，$M_{e2}=1\ 171\ \text{N}\cdot\text{m}$，材料的剪切弹性模量 $G=80.4$ GPa，试：(1) 画出扭矩图，确定最大扭矩；(2) 确定轴内最大剪应力，并指出其作用位置；(3) 确定轴内最大相对扭转角 φ_{max}。

6-5　一根外径 $D=80$ mm，内径 $d=60$ mm 的空心圆截面轴，其传递的功率 $P=150$ kW，转速 $n=100$ r/min。求内圆上一点和外圆上一点的应力。

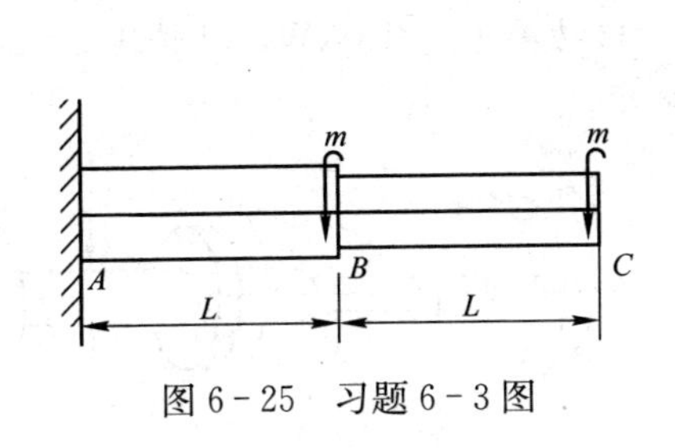

图 6-25 习题 6-3 图

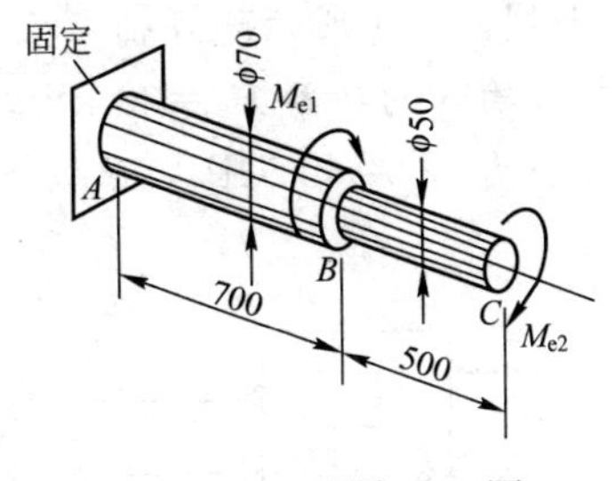

图 6-26 习题 6-4 图

6-6 图 6-27 所示传动机构中，功率从轮 B 输入，通过锥形齿轮将其一半传递给铅垂轴 C，另一半传递给水平轴 H。已知输入功率 $P_1=14$ kW，水平轴（E 和 H）转速 $n_1=n_2=120$ r/min；锥齿轮 A 和 D 的齿数分别为 $Z_1=36$，$Z_3=12$；各轴的直径分别为 $d_1=70$ mm，$d_2=50$ mm，$d_3=35$ mm，试确定各轴横截面上的最大切应力。

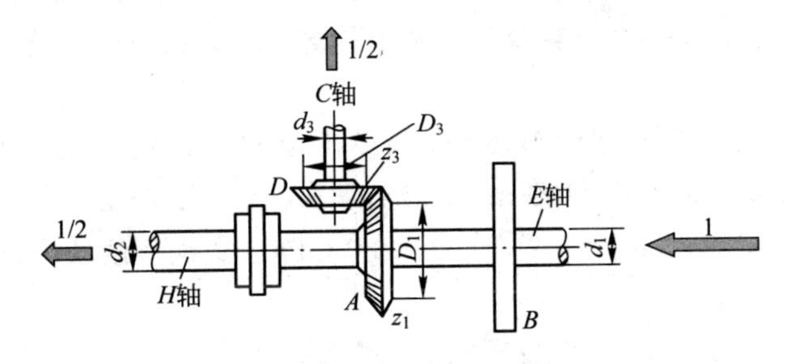

图 6-27 习题 6-6 图

6-7 如图 6-28 所示的传动轴，其直径 $d=50$ mm。试计算：

(1) 轴的最大切应力；

(2) 截面Ⅰ—Ⅰ上半径为 20 mm 圆周处的切应力；

(3) 从强度考虑三个轮子如何布置比较合理？为什么？

6-8 如图 6-29 所示的传动轴，转速 $n=500$ r/min，主动轮 1 输入的功率 $P_1=500$ kW，从动轮 2、3 输出功率分别为 $P_2=200$ kW，$P_3=300$ kW。已知$[\tau]=70$ MPa。试确定 AB 段的直径 d_1 和 BC 段的直径 d_2。若将主动轮 1 和从动轮 2 调换位置，试确定等直圆轴 AC 的直径 d。

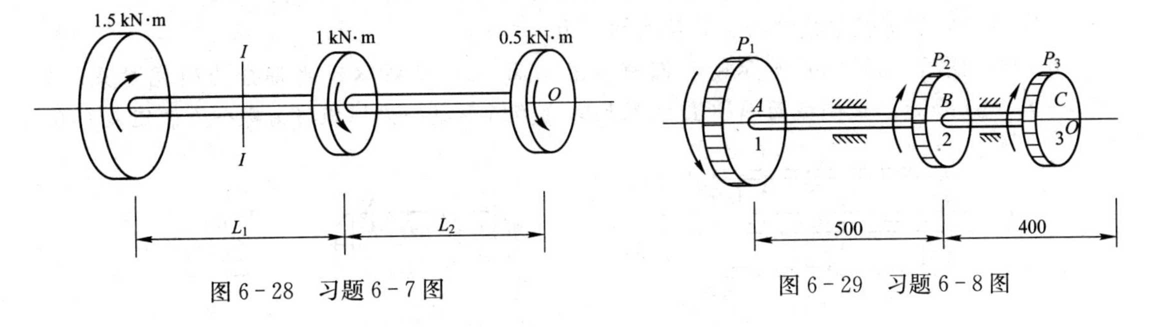

图 6-28 习题 6-7 图　　图 6-29 习题 6-8 图

6-9 如图 6-30 所示实心轴和空心轴用牙嵌式离合器连接在一起，其传递的功率 $P=7.5$ kW，转速 $n=96$ r/min，材料的许用应力$[\tau]=40$ MPa，试求实心轴段的直径 d_1 和空心轴段的外径 D_2（内外径比值为 0.7）。

6-10　如图6-31所示阶梯轴直径分别为 $d_1=40$ mm，$d_2=70$ mm，轴上装有三个皮带轮。已知轮3输入的功率 $P_3=30$ kW，轮1输出功率 $P_1=13$ kW，轴转速 $n=200$ r/min，材料的许用切应力 $[\tau]=60$ MPa，试校核轴的强度。

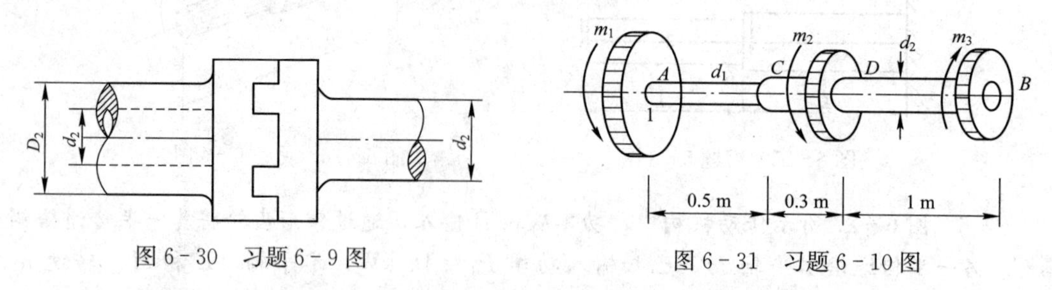

图6-30　习题6-9图　　　图6-31　习题6-10图

6-11　如图6-32所示，有无缝钢管制成的汽车传动轴 AB，外径 $D=90$ mm，壁厚 $t=2.5$ mm，材料为45钢，使用时的最大扭矩为 $T=1.5$ kN·m。如材料的 $[\tau]=60$ MPa，试校核该轴的强度。将空心轴改为实心轴，要求与空心轴有相同的强度，$T_{max}=1.5$ kN·m。求实心轴的直径。

6-12　如图6-33所示阶梯形圆杆，AE 段为空心，外径 $D=140$ mm，内径 $d=100$ mm；BC 段为实心，直径 $d=100$ mm，已知：$m_A=18$ kN·m，$m_B=32$ kN·m，$m_C=14$ kN·m，$[\tau]=80$ MPa，$[\varphi]=1.2°/\text{m}$，$G=80$ GPa。试校核该轴的强度和刚度。

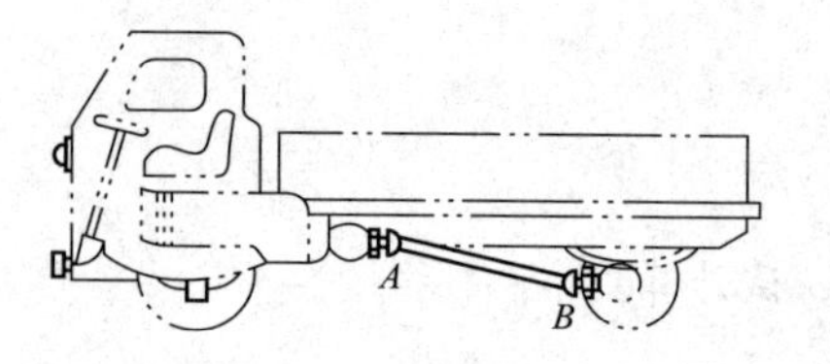

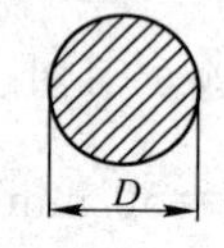

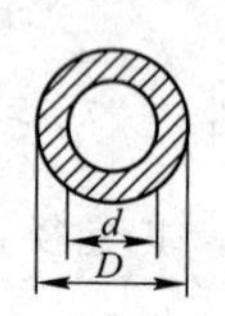

图6-32　习题6-11图

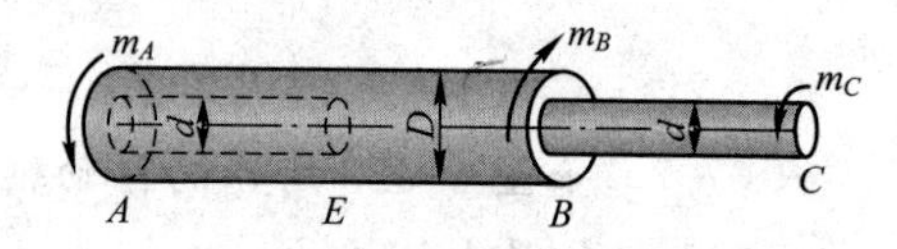

图6-33　习题6-12图

*6-13　直径 $d=25$ mm的钢轴上焊有两圆盘凸台，凸台上套有外直径 $D=75$ mm、壁厚 $\delta=1.25$ mm的薄壁管，当杆承受外加扭转力偶矩 $M_e=73.6$ N·m时，将薄壁管与凸台焊在一起，然后再卸去外加扭转力偶。假定凸台不变形，薄壁管与轴的材料相同，剪切弹性模量 $G=40$ GPa。试：

(1) 分析卸载后轴和薄壁管的横截面上有没有内力，二者如何平衡？

(2) 确定轴和薄壁管横截面上的最大切应力。

6-14　图6-35 (a) 所示受扭圆杆，沿平面 $ABCD$ 截取下半部分为研究对象，如图6-35 (b) 所示。试问截面 $ABCD$ 上的切向内力所形成的力偶矩将由哪个力偶矩来平衡？

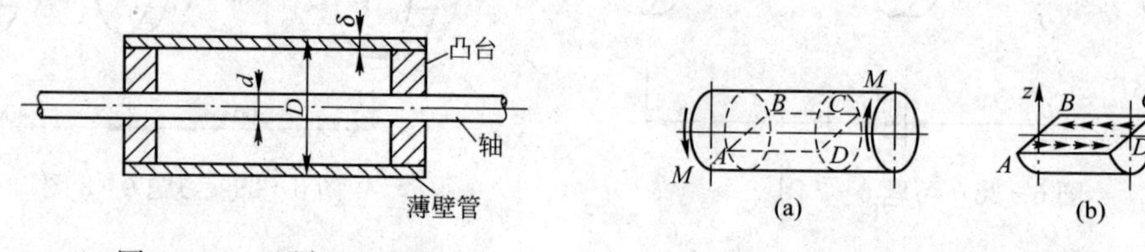

图6-34　习题6-13图　　　图6-35　习题6-14图

*6-15　有两根轴，一根横截面为正方形，另一根为圆形，已知两轴的材料、长度、横截面面积及轴两端所受扭矩均相同，试比较二轴横截面上的最大切应力和扭转变形量。

第 7 章

弯曲内力

7.1 概述

7.1.1 弯曲的概念及实例

如图 7-1 所示，当直杆受到垂直于杆轴线的外力或外力偶作用时，杆件的轴线将由直线变为曲线，这种变形称为**弯曲变形**。以弯曲变形为主的杆件称为**梁**。在工程实际中，存在着大量的受弯构件，例如，桥式起重机的大梁（见图 7-2 (a)），火车轮轴（见图 7-3 (a)），汽轮机叶片（见图 7-4 (a)）等，这些杆件的计算简图分别如图 7-2 (b)、图 7-3 (b) 和图 7-4 (b) 所示。

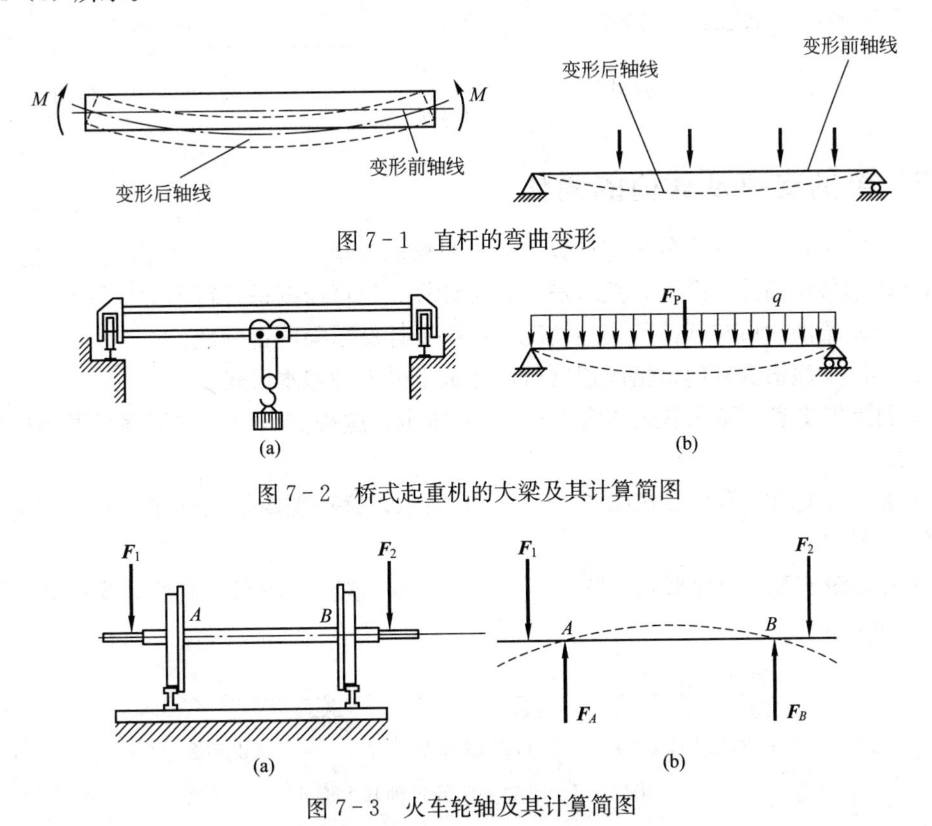

图 7-1　直杆的弯曲变形

图 7-2　桥式起重机的大梁及其计算简图

图 7-3　火车轮轴及其计算简图

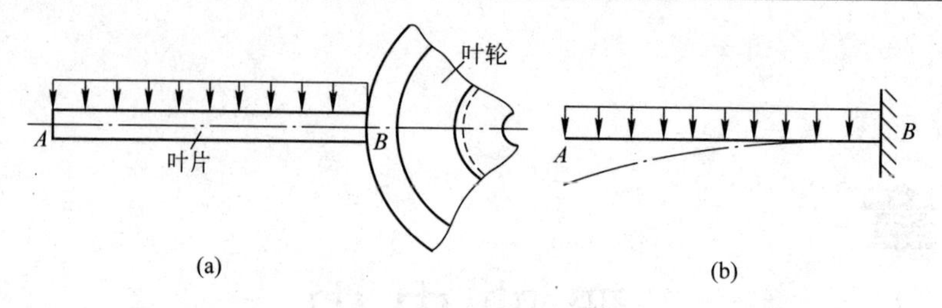

图 7-4　汽轮机叶片及其计算简图

工程中的梁，其横截面大都至少有一个对称轴（见图 7-5），因而整个杆件至少有一个包含轴线的**纵向对称面**。当作用于杆件上的所有外力都位于纵向对称面内时，弯曲变形后的轴线将在其纵向对称面内弯成一条连续光滑的平面曲线，如图 7-6 所示，这种弯曲变形形式称为**平面弯曲**或**对称弯曲**；若梁没有纵向对称面，或者梁虽有纵向对称面，但外力不作用在对称面内，这种弯曲称为**非对称弯曲**。平面弯曲是工程实际中最常见的情况，也是最基本的弯曲变形。这里以平面弯曲为主介绍梁弯曲时内力、应力及变形的计算。为便于分析，通常用梁的轴线代表平面弯曲的实体梁。

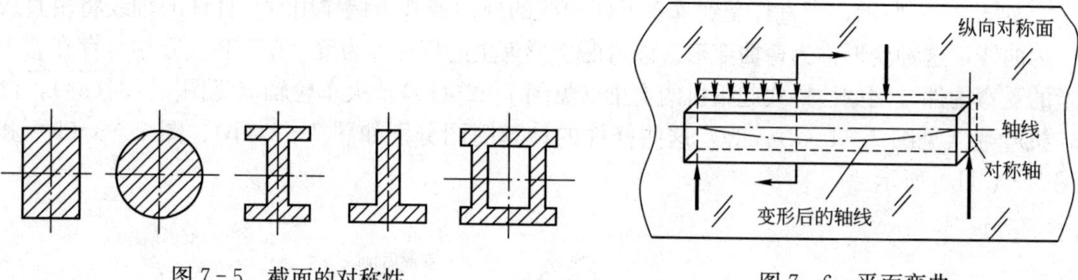

图 7-5　截面的对称性　　　图 7-6　平面弯曲

7.1.2　梁的支座及载荷的简化

工程实际中，为了便于分析与计算，必须对梁的支座情况与载荷的作用形式进行简化。根据简化的结果绘制计算简图，然后进行力学计算。计算简图是进行力学计算的依据，它必须确切地反映梁的约束与载荷的实际情况，以保证计算结果的正确性。

梁的实际支座根据其约束情况通常可简化成下列三种基本形式。

(1) **固定端支座**：简化形式如图 7-7（a）所示，这种支座使梁的端截面既不能移动也不能转动；

(2) **固定铰支座**：简化形式如图 7-7（b）所示，这种支座限制梁在支座处不能移动但可绕铰中心转动；

(3) **可动铰支座**：简化形式如图 7-7（c）所示，这种支座只限制梁在支座处沿垂直于支承面方向的移动。

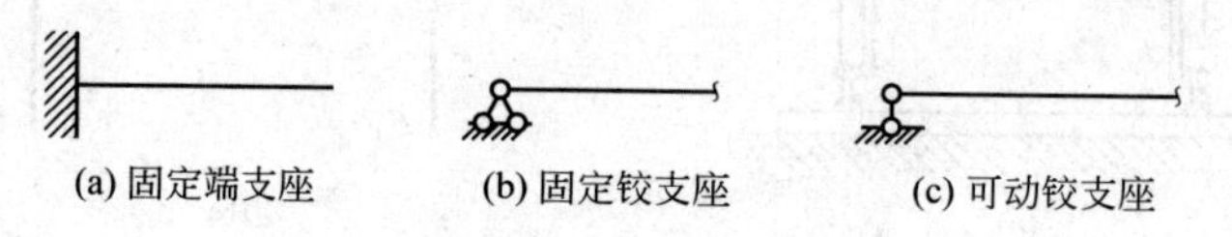

图 7-7　梁的支座的三种基本形式

作用在梁上的载荷一般可简化为：集中载荷、分布载荷、集中力偶。

7.1.3 静定梁的基本形式和超静定梁

如果梁的一端为固定端支座，另一端为自由端，则称为**悬臂梁**，如图 7－8（a）所示；若梁的一端是固定铰支座，另一端是可动铰支座，则称为**简支梁**，如图 7－8（b）所示；若梁受一个固定铰支座与一个可动铰支座支承，且梁的一端或两端伸出支座以外，则称为**外伸梁**，如图 7－8（c）所示。上述三种梁，都仅有三个约束力，可由平面任意力系的三个独立的平衡方程求出，因此称这种梁为**静定梁**。

工程中，有时为了提高梁的承载能力、减小变形等需要，在静定梁的基础上增加支承，如图 7－9 所示，这时梁的支反力数目就要多于独立的平衡方程数目，仅利用平衡方程就无法确定所有支座反力，这种梁称为**超静定梁**。超静定梁的计算将在第 10 章中讨论。

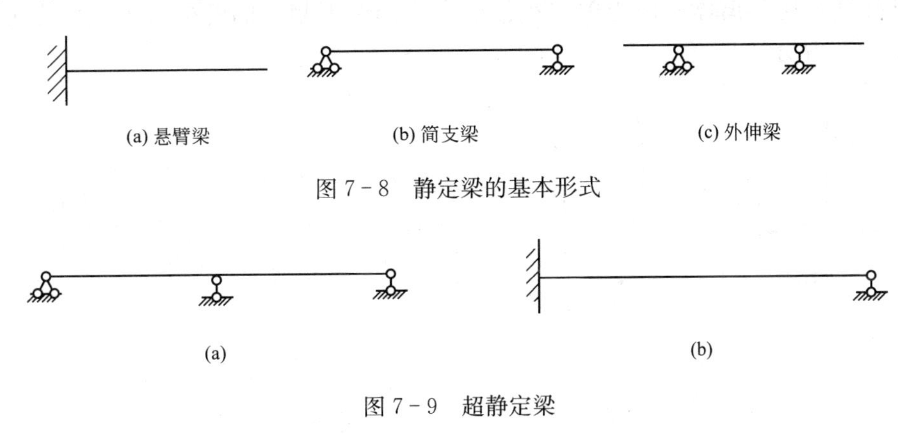

图 7－8　静定梁的基本形式

图 7－9　超静定梁

7.2 梁横截面上的内力——剪力、弯矩

为了进行梁的强度和刚度计算，首先必须确定梁在外力作用下任一横截面上的内力。

如图 7－10（a）所示简支梁 AB，梁跨度为 l，受集中载荷 $\boldsymbol{F}$ 作用，两端约束反力 $\boldsymbol{F}_A$、$\boldsymbol{F}_B$ 可由平衡方程求得。为求距 A 端 x 处横截面 $m—m$ 上的内力，用截面法沿截面 $m—m$ 假想地将梁分成两部分，取其中任一部分为研究对象。首先取左段为研究对象，受力如图 7－10（b）所示。由于原来的梁处于平衡状态，取出梁的左段应仍处于平衡状态，所以根据平衡情况，一方面作用于左段梁上的力在 y 方向上的总和应等于零，则说明在横截面 $m—m$ 上一定有一个 y 方向的内力 $\boldsymbol{F}_S$，且由

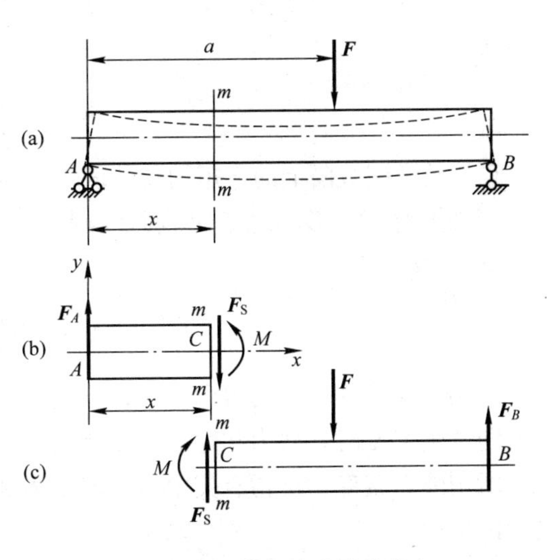

图 7－10　截面法求梁的内力

$\sum F_y = 0$，得 $F_S = F_A$，$\boldsymbol{F}_S$ 称为横截面 m—m 上的剪力，它是与横截面相切的分布内力系的合力；同时，左段梁上各力对截面 m—m 形心 C 之矩的代数和为零，由此得出在截面 m—m 上必有一个力偶 M，由 $\sum M_C = 0$，得 $M = F_A x$，M 称为截面 m—m 上的弯矩，它是与横截面垂直的分布内力系的合力偶矩。由此可知，梁弯曲时横截面上一般存在两种内力——**剪力和弯矩**。

如取截面右侧为研究对象，如图 7-10（c）所示，用相同的方法也可求得截面 m—m 上的 $\boldsymbol{F}_S$ 和 M。比较图 7-10（b）和图 7-10（c），不难发现，m—m 截面两侧的内力方向相反。为了使内力在截面两侧的梁段上计算的结果保持一致，对剪力和弯矩的正负号采用如下规定。

剪力符号：使分离体截面内侧一小微段有顺时针方向转动趋势的剪力为正；反之为负。或者说，当剪力使得作用梁段横截面间产生左上右下相对错动时取正号；反之，取负号，如图 7-11（a）所示。

弯矩符号：使分离体截面内侧一小微段有下凸变形趋势的弯矩为正；反之为负。如图 7-11（b）所示。

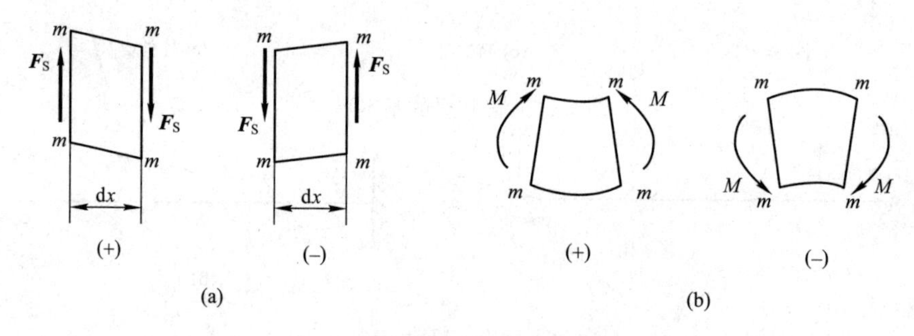

图 7-11　剪力、弯矩的符号规定

由于任意横截面上的内力必须与截面某一侧的外力相平衡，因此，不难得出，截面内力与外力的关系如下。

（1）任一横截面上的剪力的代数值等于该横截面一侧所有外力在垂直于梁轴线方向上的投影的代数和，且当外力对截面形心之矩为顺时针转向时，在该横截面上产生正剪力，反之产生负剪力。即

$$F_S = \sum_{i=1}^{n} (F_i)_{\text{一侧}} \tag{7-1}$$

（2）任一横截面上的弯矩的代数值等于该横截面一侧所有外力对该截面形心之矩的代数和，当外力对截面形心之矩使截面内侧一小微段有下凸变形趋势时，产生正弯矩，反之为负。即

$$M = \sum_{i=1}^{n} (m_{Ci})_{\text{一侧}} \tag{7-2}$$

应用截面法和平衡的概念，可以证明，当梁上的外力（包括载荷与约束反力）沿杆的轴线方向发生突变时，剪力和弯矩的变化规律也将改变。

所谓**外力突变**，是指有集中力、集中力偶作用，以及分布载荷间断或分布载荷集度发生突变的情形。

所谓**剪力和弯矩变化规律**，是指用以表示剪力和弯矩变化的函数或变化的图线。根据式

(7－1)、(7－2)，剪力和弯矩随着截面的位置而变化。这表明，如果在两个外力作用点之间的梁上没有其他外力作用，则这一段梁所有横截面上的剪力和弯矩可以用同一个数学方程或者同一图线描述。

例如，图7－12所示同平面载荷作用的杆，其上的A—B、C—D、D—E、E—F、G—H、I—J等各段剪力和弯矩分别按不同的函数规律变化。

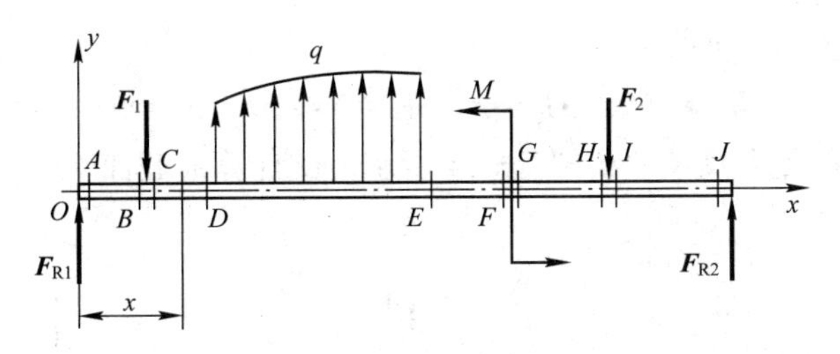

图7－12 控制面

根据以上分析，在一段梁上，剪力和弯矩按某种函数规律变化，这一段梁的两个端截面称为**控制面**。控制面也就是函数定义域的两个端截面。据此，下列截面均可能为控制面：

(1) 集中力作用点两侧截面；

(2) 集中力偶作用点两侧截面；

(3) 集度相同的均布载荷起点和终点处截面。

那么，图7－12所示梁上的A、B、C、D、E、F、G、H、I、J等截面都是控制面。

例7－1 图7－13 (a) 所示悬臂梁，承受集中力$\boldsymbol{F}$及集中力偶M作用。试确定截面C及截面D上的剪力和弯矩。

解：(1) 确定截面D上的剪力和弯矩。

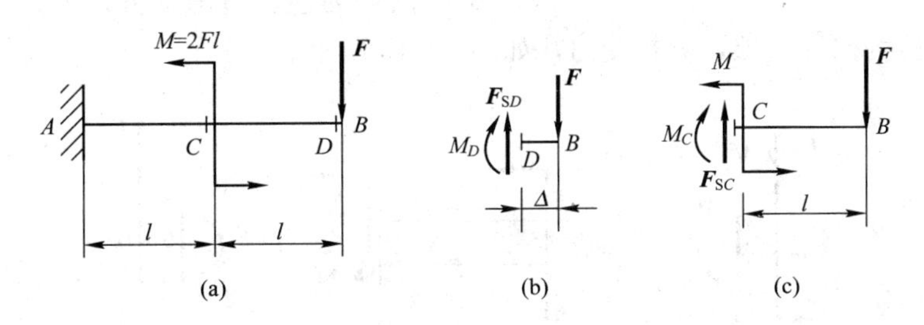

图7－13 例7－1图

从截面D处将梁截开，取右段为研究对象，如图7－13 (b) 所示。假设D、B两截面之间的距离为Δ，由于截面D与截面B无限接近，且位于截面B的左侧，故所截梁段的长度$\Delta\approx0$。在截开的横截面上标出待求剪力$\boldsymbol{F}_{SD}$和弯矩M_D的正方向。

由平衡方程

$$\sum F_y=0,\quad F_{SD}-F=0$$

$$\sum M_D=0,\quad -M_D-F\times\Delta=0$$

解得

$$F_{SD}=F,\quad M_D=-F\times\Delta=-F\times0=0$$

(2) 确定截面C上的剪力和弯矩。

用假想截面从截面 C 处将梁截开，如图 7－13（c）所示，取右段为研究对象，在截开的截面上标出待求剪力 $\boldsymbol{F}_{SC}$ 和弯矩 M_C 的正方向。

由平衡方程

$$\sum F_y = 0, \quad F_{SC} - F = 0$$

$$\sum M_C = 0, \quad -M_C + M - F \times l = 0$$

解得

$$F_{SC} = F, \quad M_C = M - F \times l = 2Fl - Fl = Fl$$

例 7－2 梁 ABD 受力及尺寸如图 7－14 所示。试计算横截面 1—1、2—2、3—3 的剪力与弯矩。

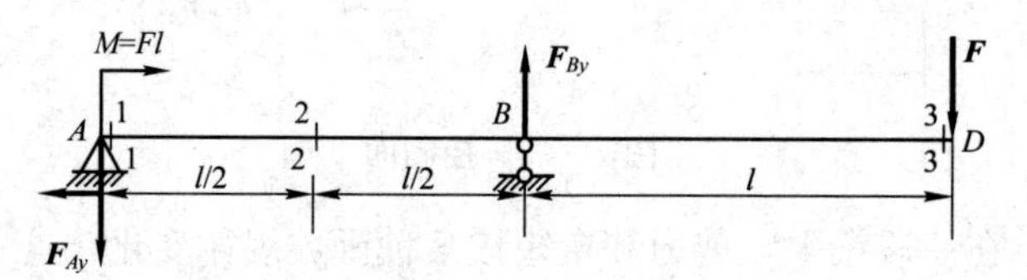

图 7－14 梁 ABD 受力及尺寸

解：（1）计算支反力。

由静力平衡方程可求出 A、B 两支座处的约束反力为

$$\sum M_A(\boldsymbol{F}) = 0, \quad F_{By} \cdot l - F \cdot 2l - F \cdot l = 0, \quad F_{By} = 3F$$

$$\sum F_y = 0, \quad -F_{Ay} + F_{By} - F = 0, \quad F_{Ay} = 2F$$

（2）用截面法确定各指定截面的内力。

分别用横截面 1—1、2—2、3—3 将杆 ABD 截分为左、右两部分；再分别取各截面的左侧或右侧梁段为研究对象，分析受力，如图 7－15 所示。

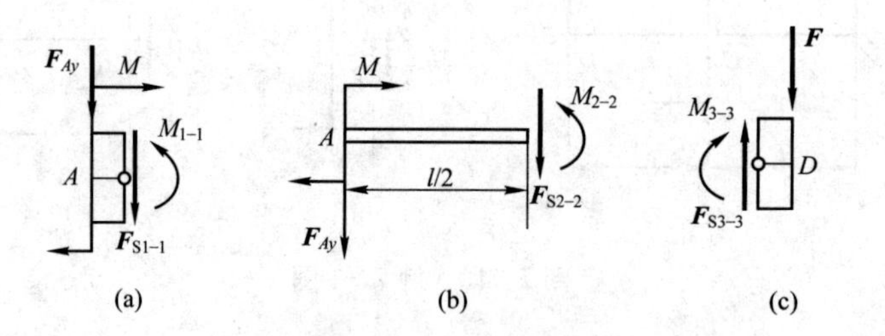

图 7－15 截面法求指定截面内力

最后，由公式

$$F_S = \sum_{i=1}^{n} (F_i)_{一侧}, \quad M = \sum_{i=1}^{n} (m_{Ci})_{一侧}$$

求得各横截面上的剪力和弯矩分别为

$$F_{S1-1} = -F_{Ay} = -2F, \quad M_{1-1} = M = Fl$$

$$F_{S2-2} = -F_{Ay} = -2F, \quad M_{2-2} = M - F_{Ay} \cdot \frac{l}{2} = 0$$

$$F_{S3-3} = F, \quad M_{3-3} = F \cdot 0 = 0$$

7.3 剪力方程和弯矩方程，剪力图和弯矩图

根据例 7－1 和例 7－2 的计算结果可以看出，在一般情况下，梁的不同截面上的内力是不同的，即剪力和弯矩是随截面位置而变化的。由于在进行梁的强度计算时，需要知道各横截面上剪力和弯矩中的最大值及其所在截面的位置，因此就必须知道剪力、弯矩随截面而变化的规律。以横坐标 x 轴表示横截面在梁轴线上的位置，将各横截面上的剪力和弯矩表示为 x 的函数，即 $F_S=F_S(x)$，$M=M(x)$，该函数表达式称为**梁的剪力方程和弯矩方程**。

建立剪力方程和弯矩方程时，先要根据梁上的外力（包括载荷和约束力）作用状况，确定控制面，从而确定要不要分段，以及分几段建立剪力方程和弯矩方程。确定了分段之后，首先，在每一段中任意取一横截面，假设这一横截面的坐标为 x；然后从这一横截面处将梁截开，并假设所截开的横截面上的待求剪力 $\boldsymbol{F}_S(x)$ 和弯矩 $M(x)$ 都是正方向；最后分别应用力的平衡方程和力矩的平衡方程，即可得到剪力 $\boldsymbol{F}_S(x)$ 和弯矩 $M(x)$ 的表达式，这就是所要求的剪力方程 $F_S(x)$ 和弯矩方程 $M(x)$。这一方法和过程实际上与前面所介绍的确定指定横截面上的剪力和弯矩的方法和过程是相似的；所不同的是，现在的指定横截面是坐标为 x 的横截面。**需要特别注意的是，在剪力方程和弯矩方程中，x 是变量，而 $F_S(x)$ 和 $M(x)$ 则是 x 的函数。**

为了便于直观而形象地看到内力的变化规律，通常是将剪力和弯矩沿梁长的变化情况用图形来表示，这种表示剪力和弯矩变化规律的图形分别称为**剪力图**和**弯矩图**。

绘制剪力图和弯矩图有两种方法。第一种方法是：根据剪力方程和弯矩方程画图。先在 F_S-x 和 $M-x$ 坐标系中选择图线的分段范围即剪力方程和弯矩方程的定义域；然后按照剪力和弯矩方程的类型，描点作图（当内力方程为直线方程时，取两个端点作图；当内力方程为曲线方程时，可取三点作图）。

绘制剪力图和弯矩图的第二种方法是：先在 F_S-x 和 $M-x$ 坐标系中标出控制面上的剪力和弯矩数值，然后应用载荷集度、剪力、弯矩之间的微、积分关系，确定控制面之间的剪力和弯矩图线的形状，描点作图。此方法不必建立剪力方程和弯矩方程。

本节介绍第一种方法，其绘图过程与绘制轴力图和扭矩图的方法大体相似，但略有差异。**主要步骤**如下：

（1）根据载荷及约束力的作用位置，确定控制面，从而确定分段范围；

（2）应用截面法分段建立剪力方程和弯矩方程；

（3）由内力方程确定控制面上的剪力和弯矩的代数值；

（4）建立 F_S-x 和 $M-x$ 坐标系，并将控制面上的剪力和弯矩值标在上述坐标系中，得到若干相应的点；

（5）根据各段的剪力方程和弯矩方程的类型，连接各控制面上的点，绘成剪力方程和弯矩方程的函数曲线，即为需要的剪力图与弯矩图。（当内力方程为直线方程时，只需两个控制面上的点描线；当内力方程为曲线方程时，除两个控制面上的点外，还需在控制面内再取一个点描线，这个点一般取曲线的极值点）。

例 7－3 如图 7－16（a）所示简支梁 AB，试建立剪力方程和弯矩方程，画剪力图和弯矩图。

解：(1) 以整体为研究对象，由静力平衡方程先求出 A、B 两支座处的约束反力（见图 7-16 (a)）

$$\sum M_A(\boldsymbol{F})=0,\quad F_{By}\cdot l-F\cdot a=0,\quad F_{By}=\frac{Fa}{l}$$

$$\sum M_B(\boldsymbol{F})=0,\quad F_{Ay}\cdot l-F\cdot b=0,\quad F_{Ay}=\frac{Fb}{l}$$

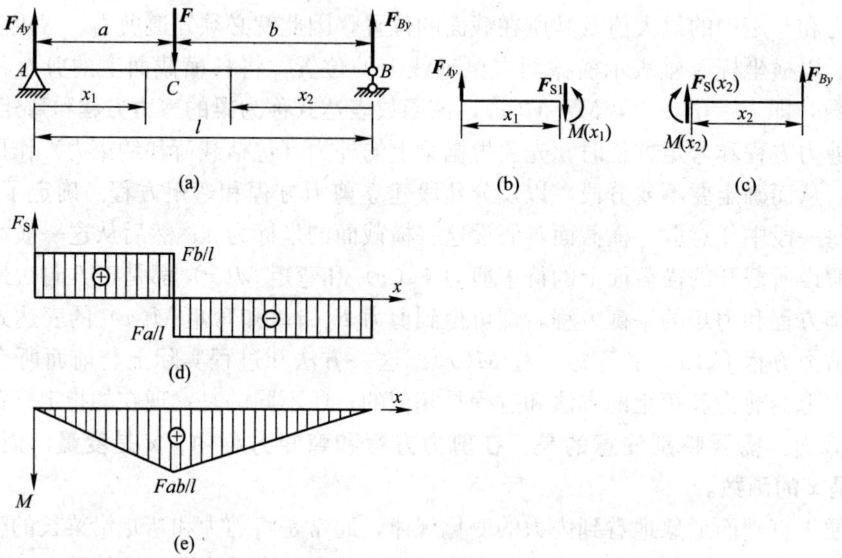

图 7-16　例 7-3 图

(2) 分段建立剪力方程与弯矩方程。

由于梁在 C 点处有集中力作用，AC 和 CB 两段的剪力方程和弯矩方程均不相同，故需将梁分为两段，分别写出剪力方程和弯矩方程。

AC 段：为方便计算，取 A 点为坐标原点。在距离 A 点 x_1 处取一横截面（见图 7-16 (a)），以 x_1 截面左侧梁段为研究对象，分析受力，如图 7-16 (b) 所示，根据式 (7-1)、式 (7-2) 写出 x_1 截面的剪力方程与弯矩方程分别为

$$F_S(x_1)=F_{Ay}=\frac{Fb}{l}\quad (0<x_1<a) \tag{7-3}$$

$$M(x_1)=F_{Ay}x_1=\frac{Fb}{l}x_1\quad (0\leqslant x_1\leqslant a) \tag{7-4}$$

BC 段：为方便计算，取 B 点为坐标原点。在距离 B 点 x_2 处取一横截面（见图 7-16 (a)），以 x_2 截面右侧梁段为研究对象，分析受力，如图 7-16 (c) 所示，根据式 (7-1)、式 (7-2) 写出 x_2 截面的剪力方程与弯矩方程分别为

$$F_S(x_2)=-F_{By}=-\frac{Fa}{l}\quad (0<x_2<b) \tag{7-5}$$

$$M(x_2)=F_{By}x_2=\frac{Fa}{l}x_2\quad (0\leqslant x_2\leqslant b) \tag{7-6}$$

(3) 画剪力图和弯矩图。

由式 (7-3) 和式 (7-5) 可知，左、右两段梁的剪力为常数，因此，剪力图均为平行

于 x 轴的直线；由式（7-4）和式（7-6）可知，左、右两段梁的弯矩方程为斜线方程，因此，弯矩图各为一条斜直线。绘制直线图时，可以取两个点连线，一般取直线的两个端点。

如图 7-16（d）所示，在 $x-F_S$ 坐标系中，剪力用 $F_S(x_1)|_{x_1\to 0}=\frac{Fb}{l}$ 和 $F_S(x_1)|_{x_1\to a}=\frac{Fb}{l}$ 两点连线即得 AC 段剪力图图线；用 $F_S(x_2)|_{x_2\to 0}=-\frac{Fa}{l}$ 和 $F_S(x_2)|_{x_2\to b}=-\frac{Fa}{l}$ 两点连线即得 CB 段剪力图图线。

如图 7-16（e）所示，在 $x-M$ 坐标系中，弯矩用 $M(x_1)|_{x_1=0}=0$ 和 $M(x_1)|_{x_1=a}=\frac{Fab}{l}$ 两点连线即得 AC 段弯矩图图线；用 $M(x_2)|_{x_2=0}=0$ 和 $M(x_2)|_{x_2=b}=\frac{Fab}{l}$ 两点连线即得 CB 段弯矩图图线。

用上述线段绘制的图形即为梁的剪力图和弯矩图。

绘图时请注意，剪力图的正值图线绘于 x 轴上方，弯矩图的正值图线绘于 x 轴的下方（即弯矩图绘于梁的受拉侧）。

由图可见，**在集中力 F 作用点处，左、右横截面上的剪力值有突变，突变量等于 F**；而弯矩值不变，说明，集中力不影响该点的弯矩大小，但会改变该点两侧的弯矩图的变化规律，因此，**在集中力作用点处，弯矩图有折角。**

例 7-4 如图 7-17（a）所示简支梁，在 C 截面受集中力偶 M 作用。试写出梁的剪力方程和弯矩方程，并作梁的剪力图和弯矩图。

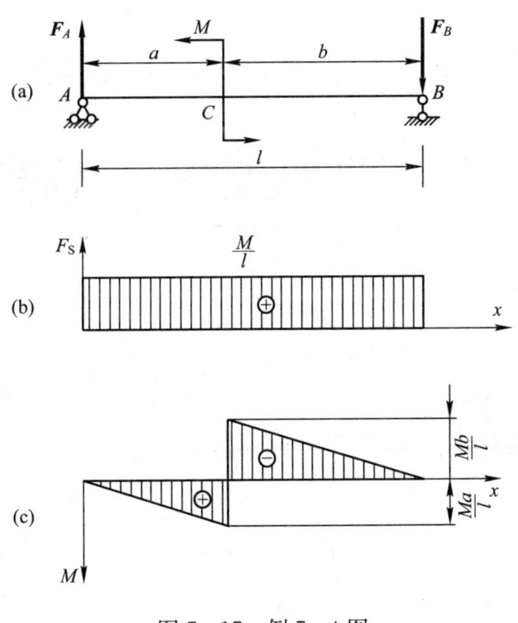

图 7-17 例 7-4 图

解：（1）如图 7-17（a）所示，由静平衡方程先求出 A、B 两支座处的约束反力为

$$F_A=\frac{M}{l}(\uparrow),\quad F_B=\frac{M}{l}(\downarrow)$$

（2）分段建立剪力方程与弯矩方程。

经分析，AC 和 CB 两段梁的剪力没有变化，剪力方程相同，为

$$F_S(x)=F_A=F_B=\frac{M}{l},\quad (0<x<l) \tag{7-7}$$

AC 和 CB 两段梁的弯矩不同，所以需要分为两段写出弯矩方程。

AC 段弯矩方程为 $$M(x)=F_Ax=\frac{M}{l}x,\quad (0\leqslant x<a) \tag{7-8}$$

CB 段弯矩方程为 $$M(x)=F_Ax-M=-\frac{M}{l}(l-x),\quad (a<x\leqslant l) \tag{7-9}$$

(3) 画剪力图和弯矩图。

由式 (7-7) 可绘出整个梁的剪力图是一条平行于 x 轴的直线（见图 7-17 (b)）；由式 (7-8)、(7-9) 可知，左、右两段梁的弯矩图各为一条斜直线，如图 7-17 (c) 所示。

由图可见，**在集中力偶 M 作用处，左、右横截面上的弯矩值有突变，突变量等于 M；而剪力值不变，因此，集中力偶不影响该点的剪力大小和剪力图的变化规律**。

例 7-5 如图 7-18 (a) 所示，悬臂梁 AB 受集度为 q 的均布载荷作用。试写出梁的剪力方程和弯矩方程，并作剪力图和弯矩图。

解： (1) 写剪力方程与弯矩方程。

梁上载荷只有分布于全梁的均布力，中间没有集中力或集中力偶，因此，内力控制面为 A、B 内侧截面，不用分段。为计算方便，将坐标原点取在梁的右端 B 处。在距 B 点为 x 处取任一横截面，以截面右侧梁段为研究对象，分析受力，如图 7-18 (b) 所示。写出 x 横截面的剪力方程和弯矩方程分别为

$$F_S(x)=qx\quad (0\leqslant x<l) \tag{7-10}$$

$$M(x)=-qx\cdot\frac{x}{2}=-\frac{qx^2}{2}\quad (0\leqslant x<l) \tag{7-11}$$

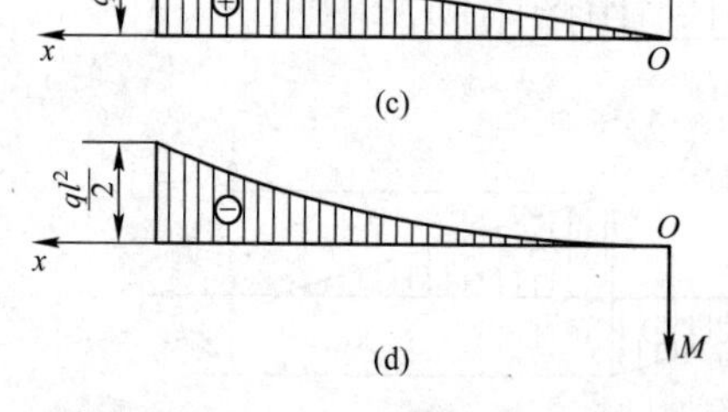

图 7-18 例 7-5

(2) 画剪力图和弯矩图。

由式 (7-10) 可知，剪力图在 ($0\leqslant x<l$) 范围内是一条斜直线，这样只需要确定直线上两点即可连线。例如，用 $x=0$ 和 $x\to l$ 处的剪力值 $F_S=0$ 和 $F_S=ql$，可绘出梁的剪力图如图 7-18 (c) 所示。

由式 (7-11) 可知，弯矩图在 ($0\leqslant x<l$) 范围内是一条二次抛物线，这就需要确定线上至少三个点再连线。例如，取 $x=0$，$x=\dfrac{l}{2}$，$x\to l$，三个截面对应的弯矩值分别为

$M=0$，$M=\frac{ql^2}{8}$，$M=\frac{ql^2}{2}$，将这三点在 $x-M$ 坐标系中连成一条光滑连续的曲线即为弯矩图，如图 7－18（d）所示。

由图可见，该梁横截面上的最大剪力为 $F_{Smax}=ql$，最大弯矩（按绝对值）$M_{max}=\frac{ql^2}{2}$，它们都发生在固定端 A 的横截面上。**在 AB 梁段上作用的是均布载荷，它使剪力图按线性规律变化，弯矩图按二次曲线规律变化，曲线凹凸的方向与 q 的指向一致。**

例 7－6 如图 7－19（a）所示，简支梁受集度为 q 的均布载荷作用。写出梁的剪力方程和弯矩方程，并作梁的剪力图和弯矩图。

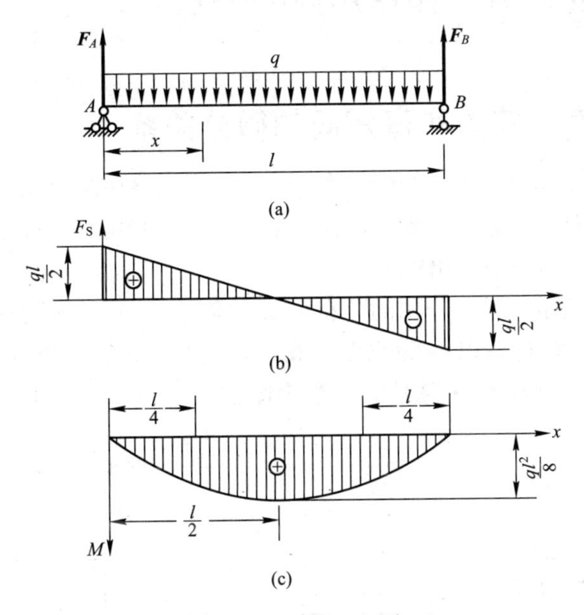

图 7－19 例 7－6 图

解：（1）如图 7－19（a）所示，由静力平衡方程先求出 A、B 两支座处的约束反力为

$$F_A=F_B=\frac{ql}{2}(\uparrow)$$

（2）写剪力方程与弯矩方程。

梁上载荷只有分布于全梁的均布力，中间没有集中力或集中力偶，因此，内力控制面为 A、B 内侧截面，不用分段。以 A 点为坐标原点，在距 A 点为 x 处取任一横截面，写出 x 横截面的剪力方程和弯矩方程分别为

$$F_S(x)=F_A-qx=\frac{ql}{2}-qx \quad (0<x<l) \tag{7-12}$$

$$M(x)=F_Ax-qx\cdot\frac{x}{2}=\frac{qlx}{2}-\frac{qx^2}{2} \quad (0\leqslant x\leqslant l) \tag{7-13}$$

（3）画剪力图和弯矩图。

由式（7－12）、式（7－13）可知，剪力图为一条斜直线（见图 7－19（b）），弯矩图为一条二次抛物线（见图 7－19（c））。

由图可见，此梁横截面上的最大剪力值（按绝对值）为 $F_S=\frac{ql}{2}$，发生在两个支座的内侧横截面上；最大弯矩值为$M_{\max}=\frac{ql^2}{8}$，发生在跨中横截面上，该横截面上的剪力为零。

可以令$\frac{\mathrm{d}M}{\mathrm{d}x}=\frac{ql}{2}-qx=0$，求得弯矩抛物线的极值点为$x=\frac{l}{2}$，代入式（7-12）得，该点处横截面的剪力等于零，弯矩为极大值。

综上所述，可得如下结论：**在均布力作用的梁段上，剪力图为斜直线，弯矩图为抛物线，在剪力图线与 x 轴的交点处，截面弯矩值取得极大或极小值。**

7.4 载荷集度、剪力和弯矩间的关系

7.4.1 载荷集度、剪力和弯矩间的微分关系

由例 7-6 可以看出，$F_S(x)$、$M(x)$ 和 $q(x)$ 间应该存在微分关系，这些微分关系将进一步揭示载荷、剪力图和弯矩图三者间存在的某些规律，利用这些规律，可以在不列内力方程的情况下，能够快速准确地画出内力图。

如图 7-20（a）所示，梁上作用的分布载荷，集度 $q(x)$ 是 x 的连续函数。设分布载荷向上为正，向下为负，坐标系以 A 为原点，取 x 轴向右为正。用坐标分别为 x 和 $x+\mathrm{d}x$ 的两个横截面从梁上截出长为 $\mathrm{d}x$ 的微段，其受力图如图 7-20（b）所示。

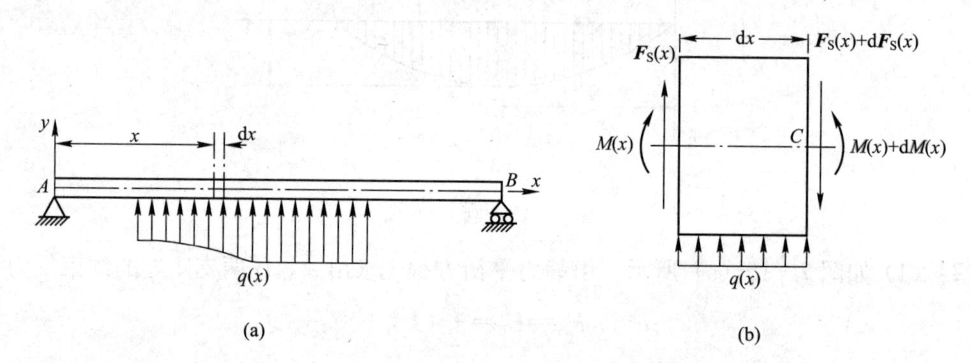

图 7-20 载荷集度、剪力和弯矩间的微分关系

由 $$\sum F_y=0,\quad F_S(x)+q(x)\mathrm{d}x-[F_S(x)+\mathrm{d}F_S(x)]=0$$

解得
$$q(x)=\frac{\mathrm{d}F_S(x)}{\mathrm{d}x} \tag{7-14}$$

由 $$\sum M_C=0,\quad -M(x)-F_S(x)\mathrm{d}x-\frac{1}{2}q(x)(\mathrm{d}x)^2+[M(x)+\mathrm{d}M(x)]=0$$

略去二阶微量$\frac{1}{2}q(x)(\mathrm{d}x)^2$，解得

$$F_S(x)=\frac{\mathrm{d}M(x)}{\mathrm{d}x} \tag{7-15}$$

将式（7-15）代入式（7-14）得

$$q(x)=\frac{\mathrm{d}^2M(x)}{\mathrm{d}x^2} \tag{7-16}$$

式（7-14）、式（7-15）和式（7-16）就是载荷集度、剪力和弯矩间的微分关系。由此可知$q(x)$ 和 $F_S(x)$ 分别是剪力图和弯矩图的斜率。

如果弯矩方程是 x 的二次函数，则弯矩图为抛物线，抛物线的极值点可由$\frac{dM(x)}{dx}=0$ 求得。对比式（7-15）发现，弯矩极值点处的截面剪力值等于零。

根据上述微分关系，可将载荷、剪力图和弯矩图的一些对应特征汇总于表 7-1，以供参考。

表 7-1 剪力、弯矩与外力间的关系

	无外力段	均布载荷段		集中力	集中力偶
外力	$q=0$	$q>0$	$q<0$	F C	m C
F_S图特征	水平直线	斜直线		突变	无变化
	x x $F_S>0$ $F_S<0$	x 增函数	x 减函数	F_{S1} C x F_{S2} $F_{S1}-F_{S2}=F$	C x
M图特征	斜直线	抛物线		折角	突变
	x x M M	x M 上凸	x M 下凹	x M	与m相反 M_2 x M_1 M $M_1-M_2=m$

7.4.2 载荷集度、剪力和弯矩间的积分关系

分别将式（7-14）、式（7-15）两边同乘 dx 后，积分，得

$$F_S(x)=\int q(x)dx+C \tag{7-17}$$

$$M(x)=\int F_S(x)dx+D \tag{7-18}$$

将图 7-20（b）中内力改为图 7-21 所示，该梁段的内力边界条件为

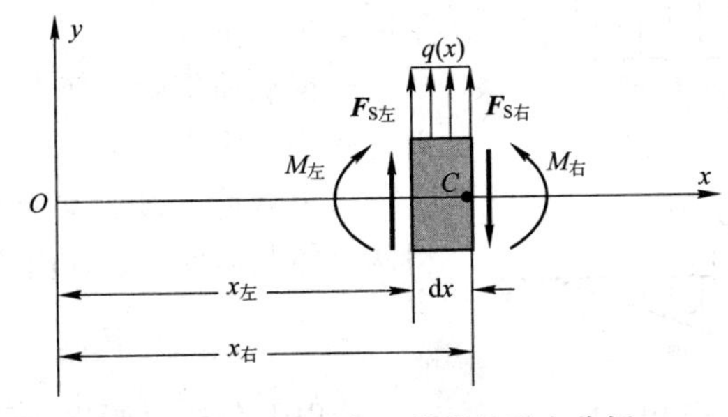

图 7-21 梁上任一微段的受力分析

当 $x=x_{左}$ 时，　　　　　　　$F_S=F_{S左}$，$M=M_{左}$　　　　　　　　(7-19)

当 $x=x_{右}$ 时，　　　　　　　$F_S=F_{S右}$，$M=M_{右}$　　　　　　　　(7-20)

将式 (7-19)、式 (7-20) 分别代入式 (7-17)、式 (7-18)，得

$$F_{S右}=F_{S左}+\int_{x_{左}}^{x_{右}}q(x)\mathrm{d}x=F_{S左}+A_q \tag{7-21}$$

$$M_{右}=M_{左}+\int_{x_{左}}^{x_{右}}F_S(x)\mathrm{d}x=M_{左}+A_{F_S} \tag{7-22}$$

上两式的积分项 $A_q=\int_{x_{左}}^{x_{右}}q(x)\mathrm{d}x$ 和 $A_{F_S}=\int_{x_{左}}^{x_{右}}F_S(x)\mathrm{d}x$ 分别为 $\mathrm{d}x$ 段内 $q(x)$ 图和剪力图的面积，因为 q 值和 F_S 值可正可负，因此，式 (7-21)、式 (7-22) 表示：**梁段右侧横截面的剪力和弯矩分别等于左侧横截面的剪力和弯矩与该梁段载荷图面积和剪力图面积的代数和。这就是载荷集度、剪力和弯矩间的积分关系。**如果该梁段内还有集中力或集中力偶作用，则上面两式应改写为

$$F_{S右}=F_{S左}+\int_{x_{左}}^{x_{右}}q(x)\mathrm{d}x+\sum F_i=F_{S左}+A_q+\sum F_i \tag{7-23}$$

$$M_{右}=M_{左}+\int_{x_{左}}^{x_{右}}F_S(x)\mathrm{d}x+\sum M_i=M_{左}+A_{F_S}+\sum M_i \tag{7-24}$$

式中，$\sum F_i$ 表示梁段内横向集中力的代数和，F_i 以向上为正；$\sum M_i$ 表示梁段内横向集中力偶的代数和，M_i 以顺时针转向为正。

在快速画内力图时，可将载荷集度、剪力和弯矩间微分关系和积分关系结合起来使用。例如，先利用微分关系（见表 7-1）分析出梁段内剪力图和弯矩图的图线形状和变化趋势，然后利用积分关系（式 (7-21)～(7-24)）从左至右计算梁段各控制截面上的内力值。

下面利用上述关系快速绘制剪力图和弯矩图。

例 7-7　简支梁 AD 如图 7-22 (a) 所示，已知 q、a，画出梁的剪力图和弯矩图。

解：(1) 求支反力。

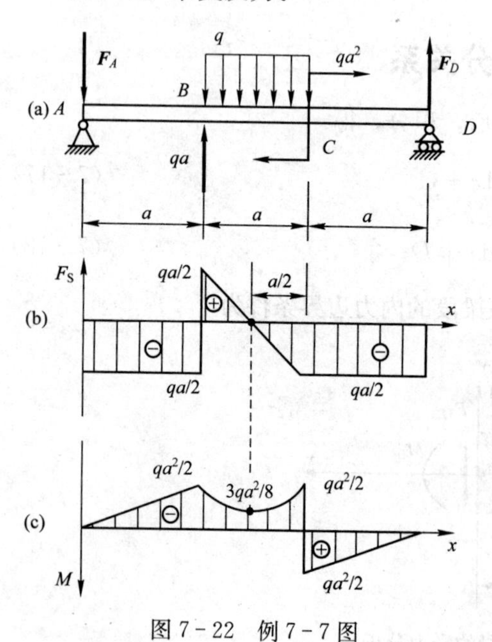

图 7-22　例 7-7 图

如图 7-22 (a) 所示，根据梁的平衡条件求得梁的支座 A、D 处反力分别为

$$F_A=\frac{qa}{2}(\downarrow),\quad F_D=\frac{qa}{2}(\uparrow)$$

(2) 画剪力图。

由梁的外力作用点的位置将梁的剪力分为三段分析，即 AB、BC、CD。

AB 段：$q=0$，q 图面积为零，梁段左侧有向下的集中力 $\boldsymbol{F}_A$。

根据载荷集度、剪力和弯矩间微分关系可知，剪力图为水平直线。

再由载荷集度、剪力和弯矩间积分关系，求得两个控制截面 A、B 内侧的剪力值分别为

$$F_{SA右}=F_{SB左}=-F_A=-\frac{qa}{2}$$

由以上分析可画出 AB 段剪力图，如图 7-22

(b) 所示，剪力图面积为矩形。

BC 段：q=常数，q 的方向向下，q 图为矩形，面积为 qa，梁段左侧有向上的集中力 qa。

根据载荷集度、剪力和弯矩间微分关系可知，剪力图为自上而下的斜直线。

再由载荷集度、剪力和弯矩间积分关系，求得两个控制截面 B、C 内侧的剪力值分别为

$$F_{SB右} = F_{SB左} + \sum F_i = F_{SB左} + qa$$

$$= -\frac{qa}{2} + qa = \frac{qa}{2} \quad （表明 B 截面左右两侧剪力值有突变）$$

$$F_{SC左} = F_{SB右} - A_q = F_{SB右} - qa = \frac{qa}{2} - qa = -\frac{qa}{2}$$

由以上分析可画出 BC 段剪力图，如图 7－22（b）所示，剪力图图线与 x 轴有交点，交点位于梁段中点，剪力图面积为两个反对称的三角形。

CD 段：$q=0$，q 图面积为零，梁段左侧没有集中力。

根据载荷集度、剪力和弯矩间微分关系可知，剪力图为水平直线。

再由载荷集度、剪力和弯矩间积分关系，求得两个控制截面 C、D 内侧的剪力值分别为

$$F_{SC右} = F_{SD左} = F_{SC左} + \sum F_i = F_{SC左} = -\frac{qa}{2}$$

由以上分析可画出 CD 段剪力图如图 7－22（b）所示，剪力图面积为矩形。

（3）画弯矩图。

梁弯矩图分段与剪力图相同。

AB 段：F_S 图形状为负值矩形，面积为$\frac{qa^2}{2}$，梁段左侧没有集中力偶。

根据载荷集度、剪力和弯矩间微分关系可知，弯矩图为斜直线。

再由载荷集度、剪力和弯矩间积分关系，求得两个控制截面 A、B 内侧的弯矩值分别为

$$M_{A右} = 0, \quad M_{B左} = M_{A右} - A_{F_S} + \sum M_i = -\frac{qa^2}{2}$$

由以上分析可画出 AB 段弯矩图，如图 7－22（c）所示，弯矩图面积为三角形。

BC 段：F_S 图形为两个反对称的三角形，面积均为$\frac{1}{2}\cdot\frac{a}{2}\cdot\frac{qa}{2}=\frac{qa^2}{8}$，梁段左侧没有集中力偶。

根据载荷集度、剪力和弯矩间微分关系可知，弯矩图为下凹形抛物线，极值点位于梁段中点处。画抛物线一般取梁段的两个端点和一个弯矩极值点，共三点连线。

再由载荷集度、剪力和弯矩间积分关系（式（7－22）），求得两个控制截面 B、C 内侧及弯矩极值点的弯矩值分别为

$$M_{B右} = M_{B左} = -\frac{qa^2}{2}$$

$$M_{极值} = M_{B右} + \frac{qa^2}{8} = -\frac{qa^2}{2} + \frac{qa^2}{8} = -\frac{3qa^2}{8}$$

$$M_{C左} = M_{极值} - \frac{qa^2}{8} = -\frac{3qa^2}{8} - \frac{qa^2}{8} = -\frac{qa^2}{2}$$

由以上分析可画出 BC 段弯矩图，如图 7－22（c）所示，弯矩图极值点对应截面的剪力为零，弯矩图关于梁段中点轴线对称。

CD 段：F_S 图形状为负值矩形，面积为$\frac{qa^2}{2}$，梁段左侧有顺时针集中力偶 qa^2。

根据载荷集度、剪力和弯矩间微分关系可知，弯矩图为斜直线。

再由载荷集度、剪力和弯矩间积分关系（式（7－24）），求得两个控制截面 C、D 内侧的弯矩值分别为

$$M_{C右}=M_{C左}+qa^2=-\frac{qa^2}{2}+qa^2=\frac{qa^2}{2}\quad（表明 C 截面左右两侧弯矩值有突变）$$

$$M_{D左}=M_{C右}-\frac{qa^2}{2}=\frac{qa^2}{2}-\frac{qa^2}{2}=0$$

由以上分析可画出 CD 段弯矩图，如图 7－22（c）所示，弯矩图面积为三角形。

例 7－8 外伸梁如图 7－23（a）所示，试画出该梁的内力图。

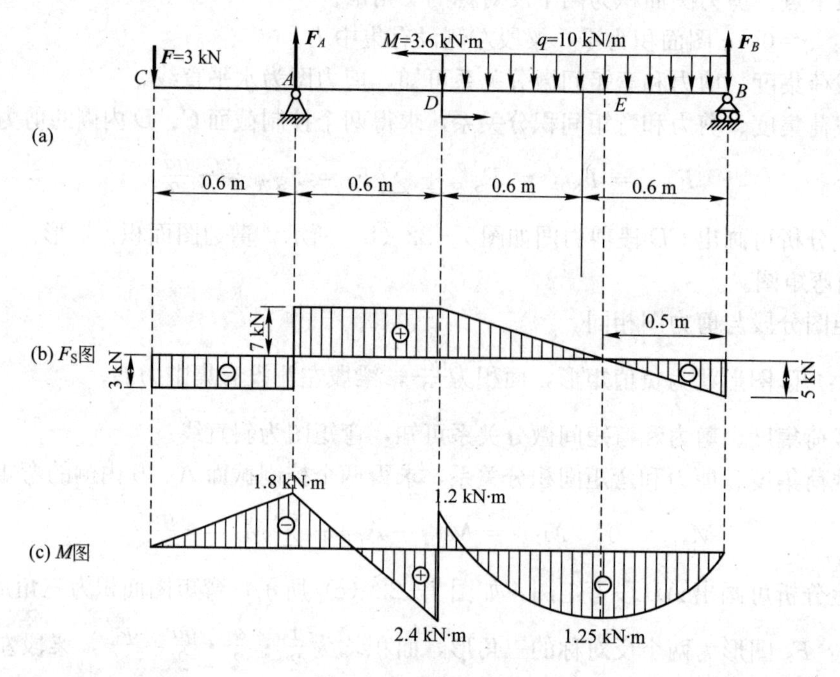

图 7－23 例 7－8 图

解：（1）求梁的支座反力。

如图 7－23（a）所示，由

$$\sum M_B(\boldsymbol{F})=0,\quad F\times4\times0.6-F_A\times3\times0.6+M+\frac{1}{2}q(2\times0.6)^2=0$$

解得

$$F_A=\frac{1}{3}\left(4F+\frac{M}{0.6}+2q\times0.6\right)=10\ \text{kN}(\uparrow)$$

由 $\quad\sum F_y=0,\quad -F+F_A+F_B-2q\times0.6=0$

解得

$$F_B=F+2q\times0.6-F_A=5\ \text{kN}(\uparrow)$$

（2）画内力图。

由梁的外力作用点的位置将梁的内力分为三段分析，即 CA、AD、DB。

CA 段：$q=0$，梁段左侧有向下的集中力 $\boldsymbol{F}$ 作用，没有集中力偶。

由载荷集度、剪力和弯矩间微分关系可知，剪力图为水平直线；弯矩图为斜直线。

再由载荷集度、剪力和弯矩间积分关系，求得两个控制截面 C、A 内侧的剪力和弯矩值分别为

$$F_{SC右}=F_{SA左}=-F=-3\ \text{kN}$$

$$M_C=0$$

$$M_{A左}=F_{SCA}\times 0.6=-3\times 0.6=-1.8\ \text{kN}\cdot\text{m}$$

由以上分析可画出 CA 段剪力图和弯矩图，分别如图 7-23（b）、（c）所示。

AD 段：与 CA 段相同，$q=0$，梁段左侧有向上的集中力 $\boldsymbol{F}_A$ 作用，没有集中力偶。因此，剪力图为水平直线，弯矩图为斜直线。控制截面的内力值分别为

$$F_{SA右}=F_{SD左}=-F+F_A=7\ \text{kN}$$

$$M_{A右}=M_{A左}=-1.8\ \text{kN}\cdot\text{m}$$

$$M_{D左}=M_{A右}+F_{SAD}\times 0.6=-1.8+7\times 0.6=2.4\ \text{kN}\cdot\text{m}$$

由以上分析可画出 AD 段剪力图和弯矩图，分别如图 7-23（b）、（c）所示。

DB 段：有方向向下的均布载荷作用，$q=-10\ \text{kN/m}$，梁段左侧没有集中力，有逆时针集中力偶 M 作用，剪力图为斜直线；弯矩图为下凹的抛物线。

$$F_{SD右}=F_{SD左}=7\ \text{kN}$$

$$F_{SB左}=F_{SD右}+q\times(2\times 0.6)=7-10\times(2\times 0.6)=-5\ \text{kN}$$

由以上分析可画出 DB 段剪力图，如图 7-23（b）所示。剪力图线与 x 轴有个交点 E，此处，剪力值等于零，弯矩值应为极大值。根据几何相似关系，求得 E 点到梁右侧支座 B 处的距离为 0.5 m，则

$$x_{DE}=2\times 0.6-0.5=0.7\ \text{m}$$

由载荷集度、剪力和弯矩间积分关系（式（7-22）或式（7-24）），求得两个控制截面 D、B 内侧及弯矩极值点的弯矩值分别为

$$M_{D右}=M_{D左}-M=2.4-3.6=-1.2\ \text{kN}\cdot\text{m}$$

$$M_E=M_{D右}+\frac{1}{2}\times x_{DE}\times F_{SD右}=-1.2+\frac{1}{2}\times 0.7\times 7=1.25\ \text{kN}\cdot\text{m}$$

$$M_B=M_E-\frac{1}{2}\times x_{EB}\times F_{SB左}=1.25-\frac{1}{2}\times 0.5\times 5=0\ \text{kN}\cdot\text{m}$$

由以上分析可画出 DB 段弯矩图，如图 7-23（c）所示。

根据剪力图可知，在 AD 段剪力最大，$F_{Smax}=7\ \text{kN}$。

根据弯矩图可知，梁上点 D 左侧相邻的横截面上弯矩最大，$M_{max}=M_{D左}=2.4\ \text{kN}\cdot\text{m}$。

7.5 利用叠加原理作弯矩图

在小变形情况下，梁受力变形后轴线长度的改变可忽略不计，则当梁上同时作用有几个

载荷时，每一个载荷所引起梁的支座反力、剪力及弯矩将不受其他载荷的影响，$F_S(x)$ 及 $M(x)$ 均是载荷的线性函数。因此，梁在几个载荷共同作用时的剪力值和弯矩值，等于各载荷单独作用时剪力值和弯矩值的代数和。此为内力叠加原理。

例 7-9 图 7-24（a）所示悬臂梁，受均布载荷 q 和自由端集中载荷 $F=ql$ 的作用，利用叠加法作剪力图和弯矩图。

解： 在小变形情况下，根据内力叠加原理，此梁横截面上的内力分别等于集中载荷 $\boldsymbol{F}$（见图 7-24（b））和均布载荷 q（见图 7-24（c））单独作用时相应内力的代数和。

首先作出集中载荷 $\boldsymbol{F}$ 和均布载荷 q 单独作用时的内力图，如图 7-24（e）、（f）、（h）、（i）所示。

而后，将对应点处内力值代数叠加，即得在 $\boldsymbol{F}$ 与 q 共同作用下的内力图，如图 7-24（d）、（g）所示。

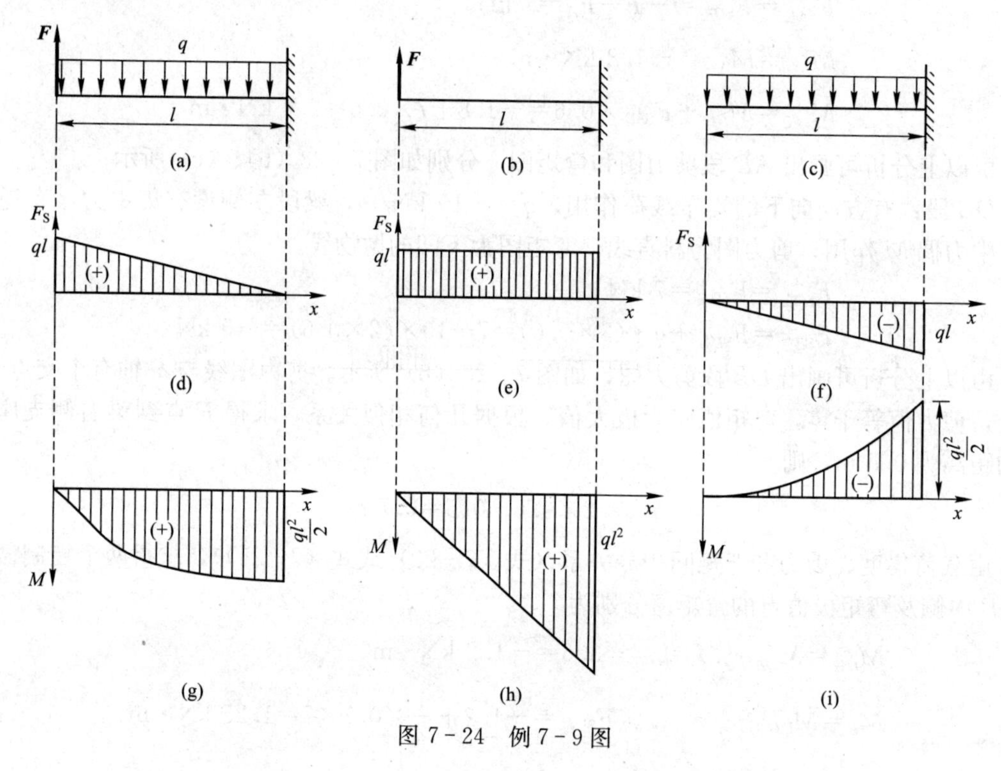

图 7-24 例 7-9 图

7.6 平面刚架和平面曲杆内力图

7.6.1 平面刚架

由同一平面内相交而不共线的杆件相互间刚性连接的结构，称为平面刚架结构。

当杆件变形时，两杆连接处保持刚性，即两杆轴线的夹角（一般为直角）保持不变。刚架中的横杆一般称横梁；竖杆称为立柱；二者连接处称为刚节点。

在平面载荷作用下，组成刚架的杆件横截面上一般存在轴力、剪力和弯矩三个内力分量。作刚架内力图的方法和步骤与梁相同，但因刚架是由不同方向的杆件组成，为了能表示内力沿各杆件轴线的变化规律，习惯上按下列约定：剪力图及轴力图，可画在刚架轴线的任一侧（通常正值画在刚架外侧），但须注明正负号；剪力和轴力的正负号仍与前述规定相同。绘制刚架弯矩图时，可以不考虑弯矩的正负号，只需根据弯矩的实际转向，判断杆的哪一侧受拉（刚架的内侧还是外侧），弯矩图则画在各杆的受拉一侧，不注明正、负号。

例 7-10 试作图 7-25（a）所示刚架的内力图。

解：（1）分别写出刚架各段杆的内力方程。

CB 段：以 C 点为坐标原点，自 C 向 B 的方向为 x 轴正向，取横梁的 x_1 截面（$0\leqslant x_1\leqslant a$）的右侧梁段为研究对象，如图 7-25（a）所示，分析受力，可写出内力（轴力、剪力、弯矩）方程分别为

$$F_N(x_1)=0,\quad F_S(x_1)=F_1,\quad M(x_1)=-F_1x_1\quad（横梁外侧受拉）$$

BA 段：以 B 点为坐标原点，自 B 向 A 的方向为 x 轴正向，取刚架的 x_2 截面（$0\leqslant x_2\leqslant l$）以上的部分为研究对象，如图 7-25（a）所示，分析受力，可写出内力（轴力、剪力、弯矩）方程分别为

$$F_N(x_2)=-F_1,\quad F_S(x_2)=F_2,\quad M(x_2)=-F_1a-F_2x_2\quad（立柱外侧受拉）$$

（2）根据各段杆的内力方程，即可绘制轴力图、剪力图和弯矩图，分别如图 7-25（b）、（c）、（d）所示。

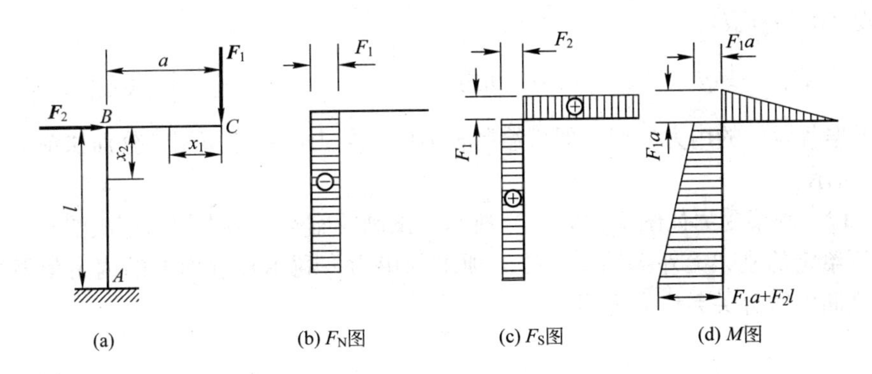

图 7-25 例 7-10 图

例 7-11 刚架的支承与受力如图 7-26（a）所示。竖杆承受集度为 q 的均布载荷作用。若已知 q、l，试画出刚架的轴力图、剪力图和弯矩图。

解：（1）计算刚架的支反力。

考虑刚架的整体平衡（见图 7-26（a）），由

$$\sum M_A=0,\quad \sum M_C=0\quad 和\quad \sum F_x=0$$

求得 A、C 两处的约束反力分别为

$$F_{Ax}=ql,\quad F_{Ay}=F_C=\frac{1}{2}ql$$

（2）分别写出刚架各段杆的内力方程。

BC 段（$0\leqslant x_1\leqslant l$）：

$$F_N(x_1)=0,\quad F_S(x_1)=-F_C=-\frac{1}{2}ql,\quad M(x_1)=\frac{1}{2}qlx_1\quad（横梁内侧受拉）$$

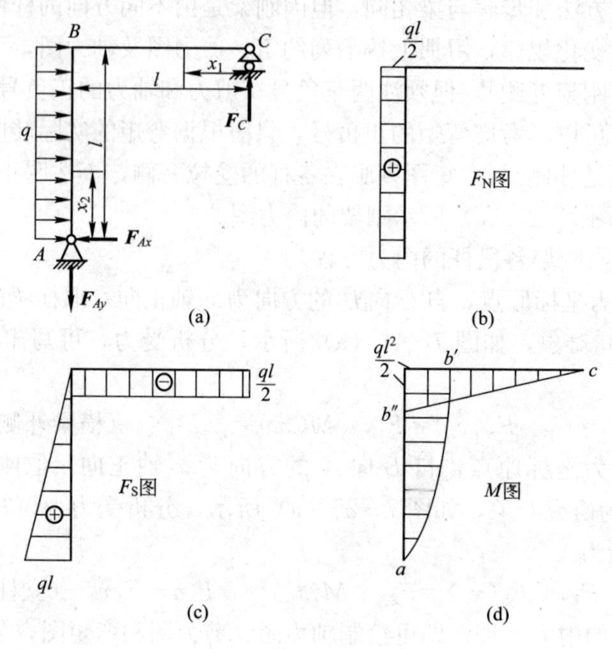

图 7-26 例 7-11 图

AB 段（$0\leqslant x_2\leqslant l$）：

$$F_N(x_2)=F_{Ay}=\frac{1}{2}ql,\quad F_S(x_2)=ql-qx_2,\quad M(x_2)=qlx_2-\frac{1}{2}qx_2^2 \text{（立柱内侧受拉）}$$

(3) 根据各段杆的内力方程，即可绘制轴力图、剪力图和弯矩图，分别如图 7-26（b）、（c）、（d）所示。

例 7-12 刚架受力如图 7-27（a）所示。试画此刚架的剪力图与弯矩图。

解：所给定的刚架无外部约束，故无须求约束力。利用控制面上的内力值及荷载、剪力、弯矩之间的微分关系作内力图。

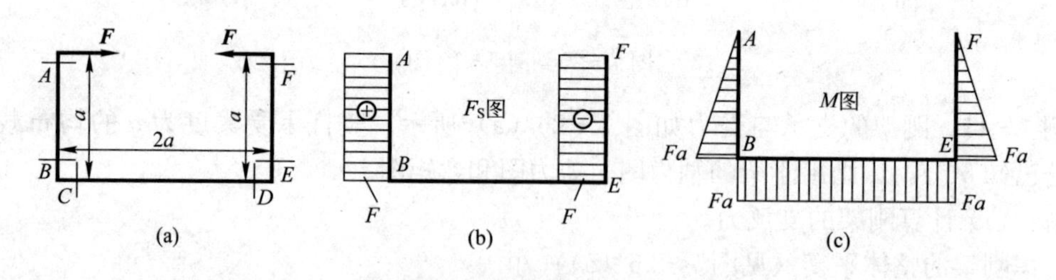

图 7-27 例 7-12 图

(1) 取控制截面 A、B、C、D、E、F 如图 7-27（a）所示，计算控制面上的 F_S、M 数值。

A 截面：$F_S=F$，$M=0$。

B 截面：$F_S=F$，$M=Fa$ （外侧受拉）。

C 截面：$F_S=0$，$M=Fa$ （外侧受拉）。

D 截面：$F_S=0$，$M=Fa$ （外侧受拉）。

E 截面：$F_S=-F$，$M=Fa$　（外侧受拉）。

F 截面：$F_S=-F$，$M=0$。

（2）绘制剪力图和弯矩图。

因为各杆上均无分布载荷作用，故只需将上述 F_S、M 数值按规定标在相应的截面位置，然后在各杆的控制面之间直接连线，便得到如图 7－27（b）、（c）所示的剪力图和弯矩图。

从图中可以得到

$$|F_S|_{max}=F$$

$$|M|_{max}=Fa$$

对称结构在对称载荷作用下，剪力图为反对称图形，弯矩图为全对称图形。

7.6.2　平面曲杆

平面曲杆的横截面系指曲杆的法向截面（亦即圆弧形曲杆的径向截面）。当载荷作用于曲杆所在平面内时，其横截面上的内力除剪力和弯矩外也会有轴力。

例 7－13　如图 7－28（a）所示半圆形平面曲杆 AB，A 端为固定端，自由端 B 端受集中载荷 $\boldsymbol{F}$ 作用，试作曲杆内力图。

解： 对于环状曲杆，适用极坐标表示其横截面位置。取半圆环中心 O 为极点，以 OB 为极轴，用圆心角 θ 表示横截面 $m—m$ 的位置（见图 7－28（a））。对于曲杆，其横截面上弯矩的正负号规定为外侧受拉（即使曲杆的曲率增加）的弯矩为正。取截面 $m—m$ 右侧杆段为研究对象，受力如图 7－28（b）所示。

写曲杆的内力方程　$F_N(\theta)=F\cos\theta$　$(0<\theta<\pi)$

$F_S(\theta)=F\sin\theta$　$(0\leqslant\theta\leqslant\pi)$

$M(\theta)=Fx=FR(1-\cos\theta)$　$(0\leqslant\theta<\pi)$（外侧受拉为正）

以曲杆的轴线为基线，将求得的内力值分别标在与横截面相对应的径向线上，连接这些点的光滑曲线即为曲杆的内力图，如图 7－28（c）、（d）、（e）所示。

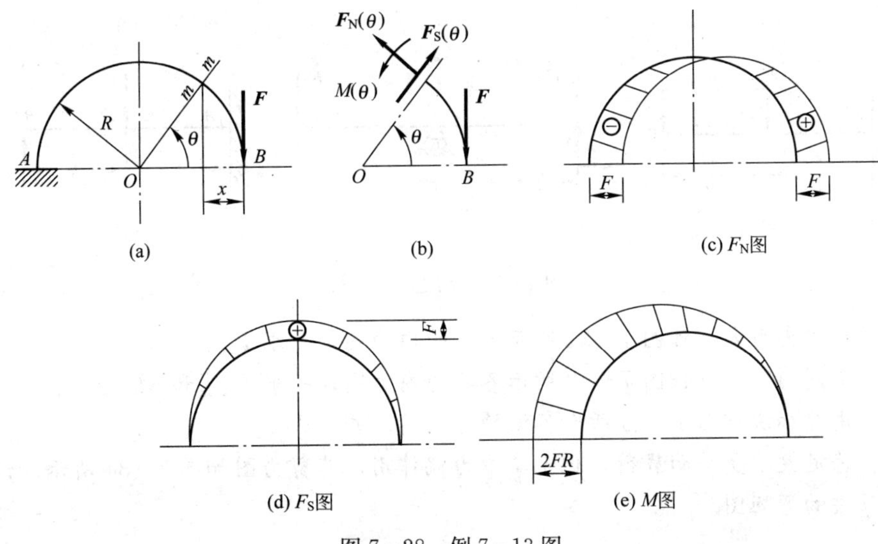

图 7－28　例 7－13 图

思考题

7-1　何谓平面弯曲？它有什么特点？

7-2　图示悬臂梁的 B 端作用有集中力 $\boldsymbol{F}$，它与 xOy 平面的夹角如侧视图所示，试说明当截面为圆形、正方形、长方形时，梁是否发生平面弯曲？为什么？

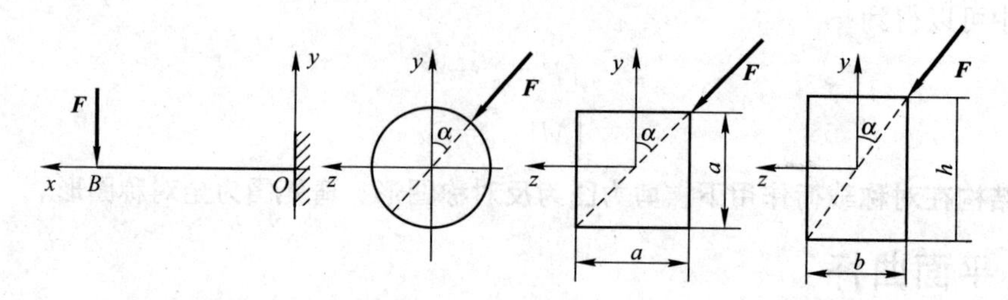

图 7-29　思考题 7-2 图

7-3　材料力学中内力符号的规定与静力学中力的符号规定有何区别？

7-4　梁的剪力图和弯矩图在什么情况下会发生突变？突变值是多少？突变方向如何判断？

7-5　载荷集度 q、剪力 F_S 和弯矩 M 三者之间有何关系？据此说明，载荷集度、剪力图、弯矩图之间又有什么关系？

习题

7-1　求图 7-30 所示各梁指定截面上的剪力和弯矩。

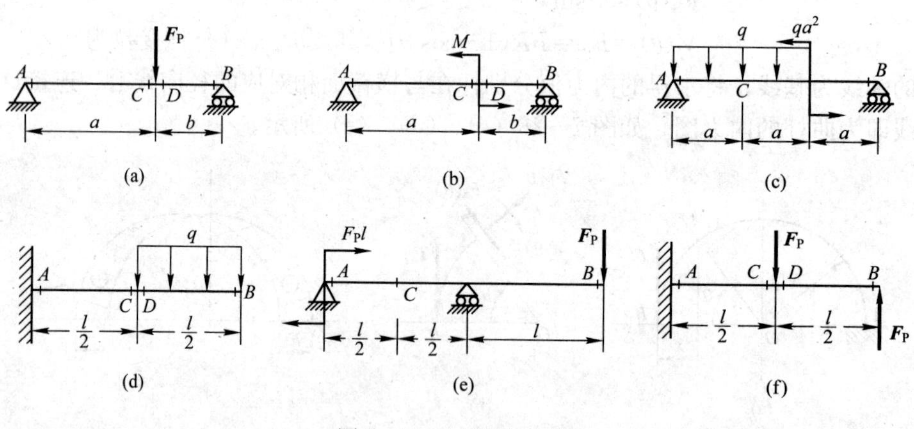

图 7-30　习题 7-1 图

7-2　应用内力方程作图 7-31 所示各梁的内力图，并求 F_{Smax} 和 M_{max}。

7-3　不列内力方程作图 7-32 所示各梁的内力图，并求 F_{Smax} 和 M_{max}。

7-4　用叠加法作图 7-33 所示各梁的弯矩图，并求 M_{max}。

7-5　静定梁承受平面载荷，但无集中力偶作用，其剪力图如图 7-34 所示。试确定梁上的载荷及梁的弯矩图。

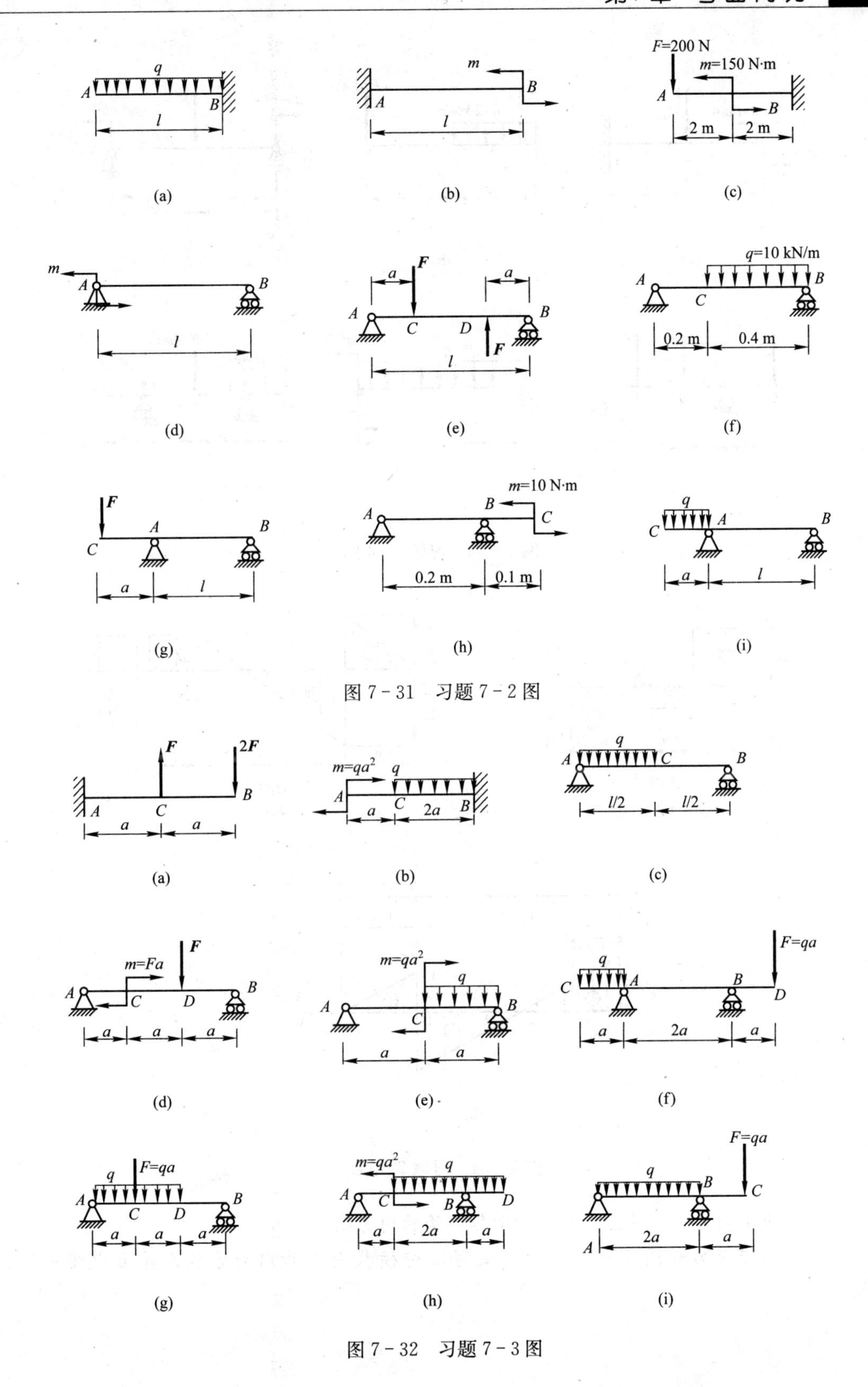

图 7-31　习题 7-2 图

图 7-32　习题 7-3 图

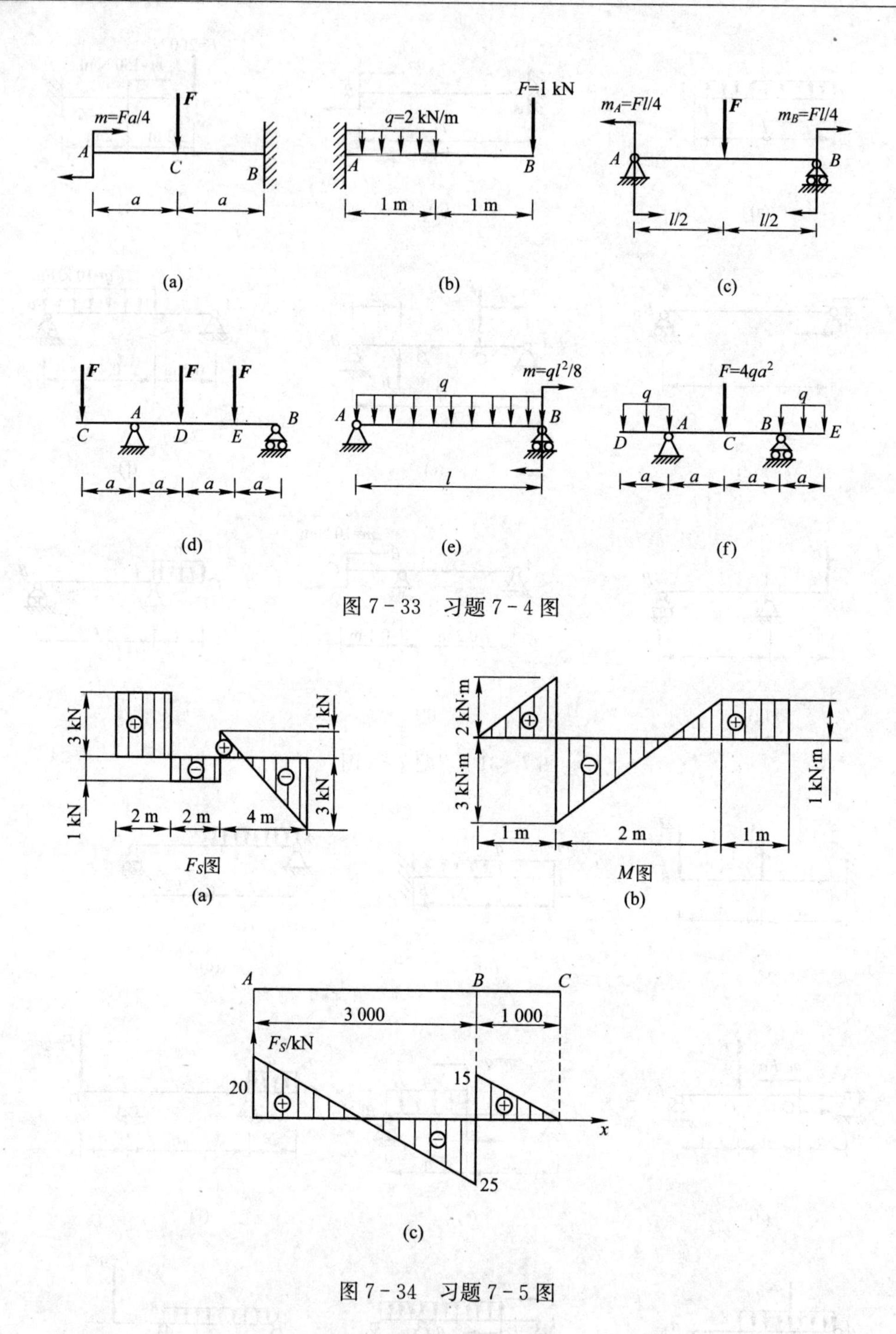

图 7－33　习题 7－4 图

图 7－34　习题 7－5 图

7－6　应用内力方程作图 7－35 所示各结构的内力图。

7－7　曲杆受力如图 7－36 所示，试写出杆横截面上的内力方程，并画出曲杆的内力图。

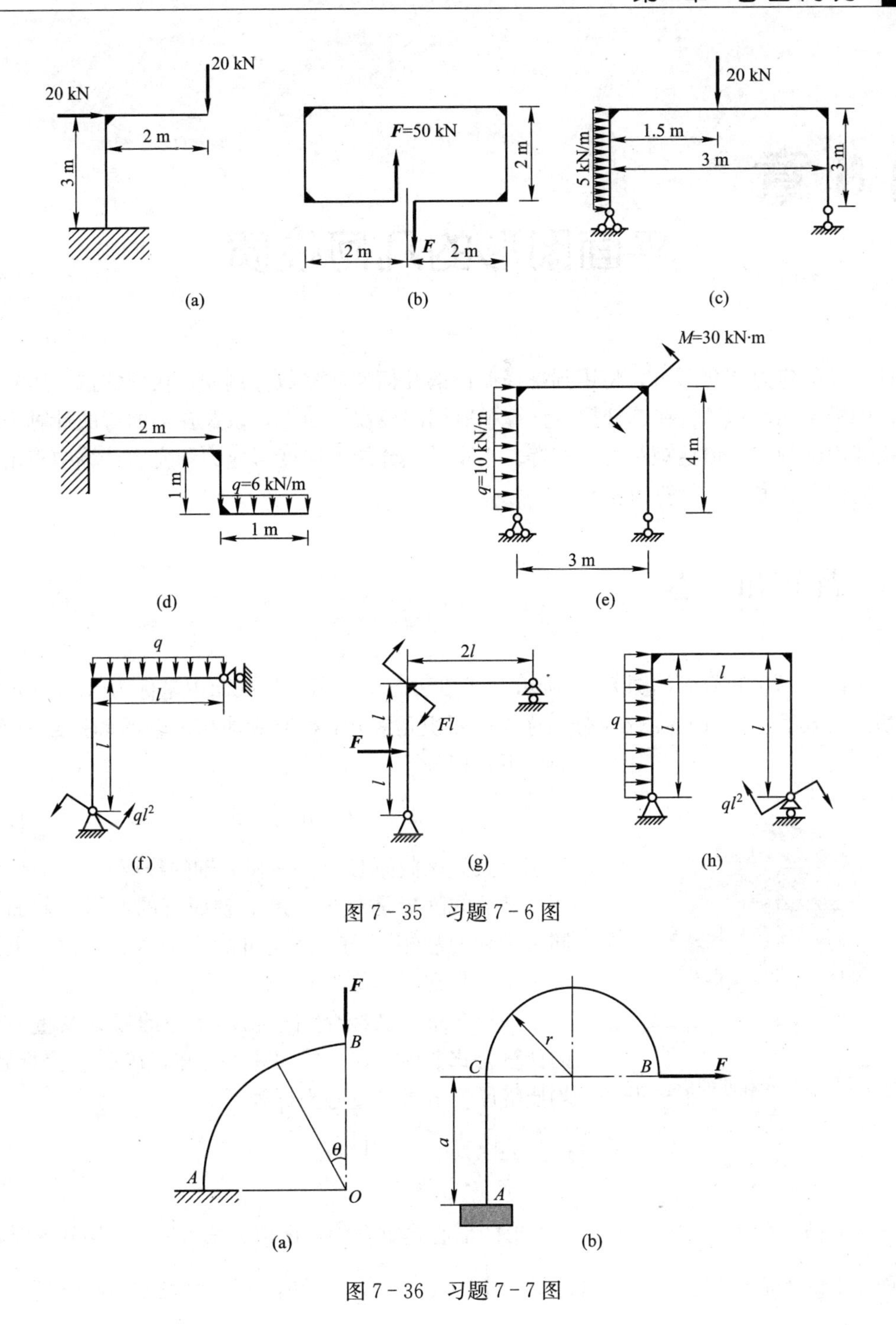

(a) (b) (c)

(d) (e)

(f) (g) (h)

图 7-35 习题 7-6 图

(a) (b)

图 7-36 习题 7-7 图

第 8 章

平面图形的几何性质

计算杆的应力和变形时，将用到杆横截面的几何性质参数。例如，在杆的拉（压）计算中所用的横截面面积 A、在圆杆扭转计算中所用的极惯性矩 I_p，以及在梁的弯曲计算中将用到的横截面的静矩、惯性矩和惯性积等。本章重点介绍弯曲变形应力和变形计算中将出现的截面几何性质的概念与计算方法。

8.1 静矩和形心

设一任意形状的截面如图 8-1 所示，其截面面积为 A。从截面中坐标为（x，y）处取一面积元素 $\mathrm{d}A$，则 $x\mathrm{d}A$ 和 $y\mathrm{d}A$ 分别称为该面积元素 $\mathrm{d}A$ 对于 y 轴和 x 轴的**静矩**或**一次矩**，而以下两积分

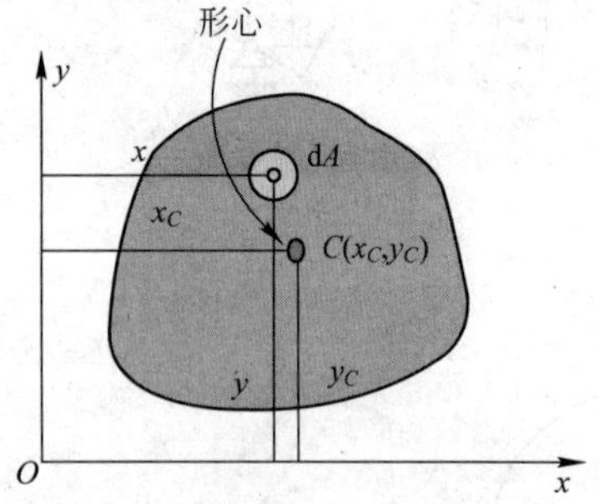

$$S_y=\int_A x\mathrm{d}A,\quad S_x=\int_A y\mathrm{d}A \tag{8-1}$$

分别定义为该截面对于 y 轴和 x 轴的静矩。

图 8-1 任意形状截面的形心与静矩

截面的静矩是对于一定的轴而言的，同一截面对不同坐标轴的静矩不同。静矩可能为正值或负值，也可能等于零，其常用单位为 m^3 或 mm^3。

在第 2 章，已经介绍过物体重心的概念及重心坐标的计算公式。由公式（2-33b）可知，在 Oxy 坐标系中，均质等厚度薄板的重心坐标为

$$x_C=\frac{\int_A x\mathrm{d}A}{A},\quad y_C=\frac{\int_A y\mathrm{d}A}{A} \tag{8-2}$$

而均质薄板的重心与该薄板平面图形的形心是重合的，所以，式（8-2）可用来计算任意截面图形的形心坐标。由于式（8-2）中的分子 $\int_A x\mathrm{d}A$ 和 $\int_A y\mathrm{d}A$ 就是截面的静矩，于是可将式（8-2）改写为

$$x_C=\frac{S_y}{A},\quad y_C=\frac{S_x}{A} \tag{8-3a}$$

因此，在知道截面对于 y 轴和 x 轴的静矩以后，即可求得截面形心的坐标。若将上式写成

$$S_y=Ax_C,\quad S_x=Ay_C \tag{8-3b}$$

则在已知截面的面积 A 及其形心的坐标 x_C、y_C 时，就可求得截面对于 y 轴和 x 轴的静矩。

由以上两式可见，若截面对于某轴的静矩等于零，则该轴必通过截面的形心；反之，截面对于通过其形心的轴的静矩恒等于零。

当截面由若干简单图形如矩形、圆形或三角形等组成时，由于简单图形的面积及其形心位置均为已知，而且，从静矩定义可知，截面各组成部分对于某一轴的静矩之代数和，等于该截面对于同一轴的静矩，即得整个截面的静矩为

$$S_y=\sum_{i=1}^{n}A_i x_{Ci},\quad S_x=\sum_{i=1}^{n}A_i y_{Ci} \tag{8-4}$$

式中，A_i 和 x_{Ci}、y_{Ci} 分别代表任一简单图形的面积及其形心的坐标；n 为组成组合截面的简单图形的个数。

若将按式（8-4）求得的 S_y 和 S_x 代入式（8-3a），可得计算组合截面形心坐标的公式为

$$x_C=\frac{\sum_{i=1}^{n}A_i x_{Ci}}{\sum_{i=1}^{n}A_i},\quad y_C=\frac{\sum_{i=1}^{n}A_i y_{Ci}}{\sum_{i=1}^{n}A_i} \tag{8-5}$$

例 8-1 试计算图 8-2 所示三角形截面对于与其底边重合的 x 轴的静矩。

解： 取平行于 x 轴的狭长条（见图 8-2）作为面积元素，即 $\mathrm{d}A=b(y)\mathrm{d}y$。由相似三角形关系，可知 $b(y)=\frac{b}{h}(h-y)$，因此有 $\mathrm{d}A=\frac{b}{h}(h-y)\mathrm{d}y$。将其代入式（8-1）的第二式，即得

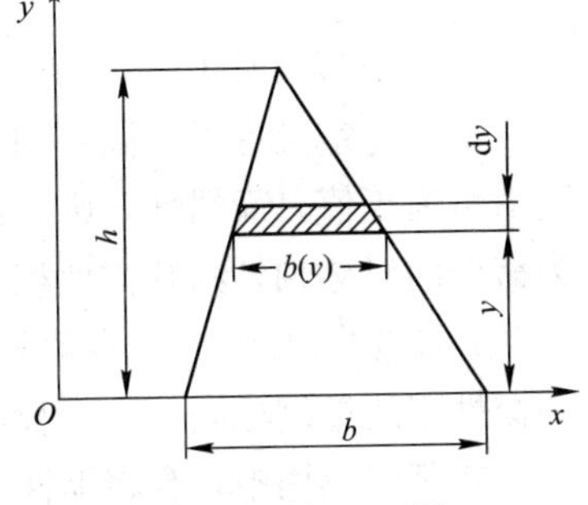

图 8-2 例 8-1 图

$$S_x=\int_A y\mathrm{d}A=\int_0^h \frac{b}{h}(h-y)y\mathrm{d}y=b\int_0^h y\mathrm{d}y-\frac{b}{h}\int_0^h y^2\mathrm{d}y=\frac{bh^2}{6}$$

8.2 极惯性矩、惯性矩、惯性积

在 6.4 节中已经讨论过有关极惯性矩的概念，根据公式（6-14）可知，从一面积为 A 的任意形状截面（见图 8-3）中坐标为（x，y）处取一面积元素 $\mathrm{d}A$，则 $\mathrm{d}A$ 与其至坐标原点距离平方的乘积 $\rho^2\mathrm{d}A$，称为面积元素对 O 点的**极惯性矩或截面二次极矩**；而以下积分

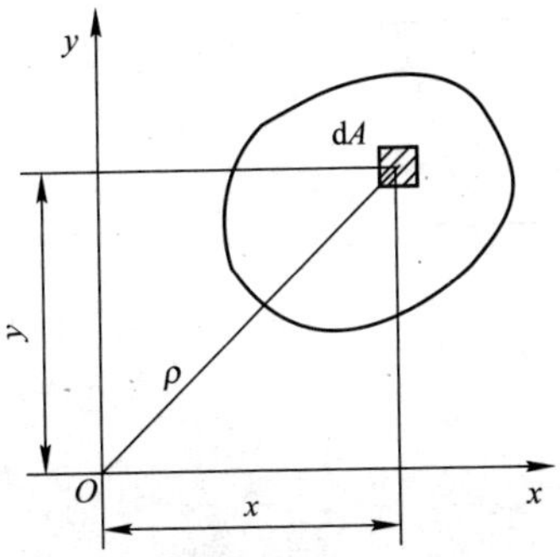

$$I_\mathrm{p}=\int_A \rho^2\mathrm{d}A \tag{8-6}$$

则为整个截面对于 O 点的极惯性矩。

图 8-3 极惯性矩与惯性矩

面积元素 $\mathrm{d}A$ 与其至 y 轴或 x 轴距离平方的乘积 $x^2\mathrm{d}A$ 或 $y^2\mathrm{d}A$，分别称为面积元素对于 y 轴或 x 轴的**惯性矩或截面二次轴矩**。而以下两积分

$$\left.\begin{aligned} I_y &= \int_A x^2 \mathrm{d}A \\ I_x &= \int_A y^2 \mathrm{d}A \end{aligned}\right\} \tag{8-7}$$

则分别定义为整个截面对于 y 轴和 x 轴的惯性矩。显然，惯性矩的数值恒为正值，其常用单位为 m^4 或 mm^4。

由图 8-3 可见，$\rho^2=x^2+y^2$，故有

$$I_\mathrm{p} = \int_A \rho^2 \mathrm{d}A = \int_A (x^2+y^2)\mathrm{d}A = I_y + I_x \tag{8-8}$$

即任意截面对一点的极惯性矩的数值，等于截面对以该点为原点的任意两正交坐标轴的惯性矩之和。

面积元素 $\mathrm{d}A$ 与其分别至 y 轴和 x 轴距离的乘积 $xy\mathrm{d}A$，称为该面积元素对于两坐标轴的惯性积。而以下积分

$$I_{xy} = \int_A xy\mathrm{d}A \tag{8-9}$$

定义为整个截面对于 x、y 两坐标轴的**惯性积**。

从上述定义可见，同一截面对于不同坐标轴的惯性矩或惯性积一般是不同的。惯性矩的数值恒为正值，而惯性积则可能为正值或负值，也可能等于零。若 x、y 两坐标轴中有一轴为截面的对称轴，则其惯性积 I_{xy} 恒等于零。因在对称轴的两侧，处于对称位置的两面积元素 $\mathrm{d}A$ 的惯性积 $xy\mathrm{d}A$，数值相等而正负号相反，致使整个截面的惯性积必等于零。惯性矩和惯性积的量纲相同，均为长度^4。

在某些应用中，会将惯性矩表示为截面面积 A 与某一长度平方的乘积，即

$$I_y = i_y^2 A,\quad I_x = i_x^2 A \tag{8-10a}$$

式中，i_y 和 i_x 分别称为截面对于 y 轴和 x 轴的**惯性半径**，其常用单位为 m 或 mm。

当已知截面面积 A、惯性矩 I_y 和 I_x 时，惯性半径即可从下式求得

$$i_y = \sqrt{\frac{I_y}{A}},\quad i_x = \sqrt{\frac{I_x}{A}} \tag{8-10b}$$

在附录 B 中给出了一些常用截面的几何性质计算公式，备查。

例 8-2 试计算图 8-4 (a) 所示矩形截面对于其对称轴 x 和 y 的惯性矩。

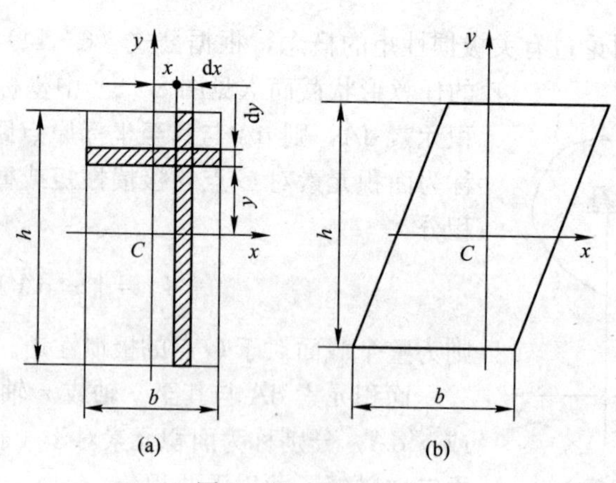

图 8-4 例 8-2 图

解：取平行于 x 轴的狭长条（见图 8-4（a））作为面积元素，即 $\mathrm{d}A=b\mathrm{d}y$，根据式（8-7）的第二式，可得

$$I_x=\int_A y^2\mathrm{d}A=\int_{-\frac{h}{2}}^{\frac{h}{2}} by^2\mathrm{d}y=\frac{bh^3}{12} \tag{8-11}$$

同理，在计算对 y 轴的惯性矩 I_y 时，可取平行于 y 轴的狭长条（见图 8-4（a））作为面积元素，$\mathrm{d}A=h\mathrm{d}x$，即得

$$I_y=\int_A x^2\mathrm{d}A=\int_{-\frac{b}{2}}^{\frac{b}{2}} hx^2\mathrm{d}x=\frac{b^3h}{12} \tag{8-12}$$

矩形截面的对称轴通过截面形心 C，称为**形心轴**。则式（8-11）、（8-12）为矩形截面对平行于边线的形心轴的惯性矩。

若截面是高度为 h 的平行四边形（见图 8-4（b）），则其对形心轴 x 的惯性矩同样为

$$I_x=\frac{bh^3}{12} \tag{8-13}$$

例 8-3 试计算图 8-5 所示圆截面对于其对称轴的惯性矩。

解：以圆心为原点，选坐标轴 x、y 如图所示。取平行于 x 轴的狭长条作为面积元素，则 $\mathrm{d}A=2x\mathrm{d}y$。根据式（8-7）的第二式，可得

$$I_x=\int_A y^2\mathrm{d}A=\int_{-\frac{d}{2}}^{\frac{d}{2}} y^2\times 2x\mathrm{d}y=4\int_0^{\frac{d}{2}} y^2\sqrt{\left(\frac{d}{2}\right)^2-y^2}\,\mathrm{d}y$$

式中引用了 $x=\sqrt{\left(\frac{d}{2}\right)^2-y^2}$ 这一几何关系，并利用了截面对称于 x 轴的关系将积分下限作了变动。

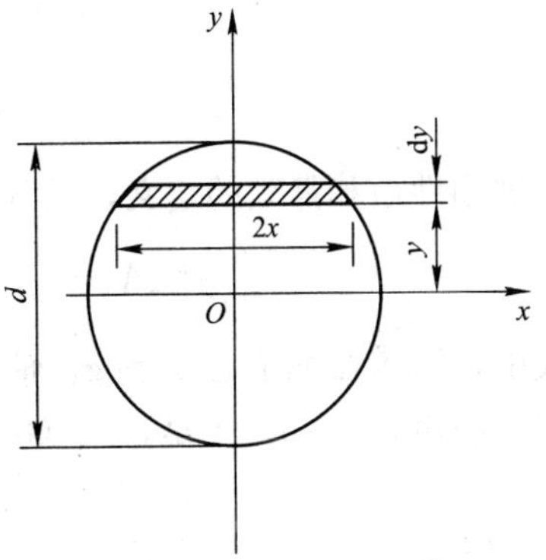

图 8-5 例 8-3 图

利用积分公式，可得

$$I_x=4\left\{-\frac{y}{4}\sqrt{\left[\left(\frac{d}{2}\right)^2-y^2\right]^3}+\frac{(d/2)^2}{8}\left[y\sqrt{\left(\frac{d}{2}\right)^2-y^2}+\left(\frac{d}{2}\right)^2\sin^{-1}\frac{y}{d/2}\right]\right\}_0^{\frac{d}{2}}=\frac{\pi d^4}{64} \tag{8-14}$$

因为圆截面的极惯性矩 $I_p=\frac{\pi d^4}{32}$，又因为圆截面对任一形心轴的惯性矩均相等。于是，由式（8-8）得

$$I_x=I_y=\frac{I_p}{2}=\frac{\pi d^4}{64} \tag{8-15}$$

对于矩形和圆形截面，由于 x、y 两轴都是截面的对称轴，因此，惯性积 I_{xy} 等于零。

8.3 平行移轴公式、组合截面的惯性矩和惯性积

8.3.1 惯性矩和惯性积的平行移轴公式

设一面积为 A 的任意形状截面如图 8-6 所示。截面位于任意平面直角坐标系 Oxy

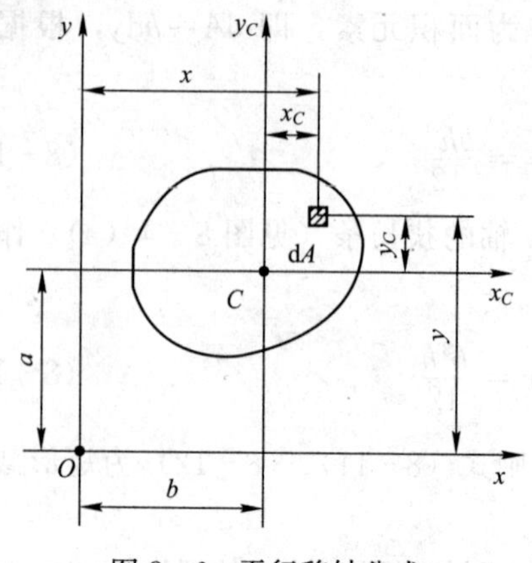

图 8-6 平行移轴公式

中；形心轴 x_C、y_C 通过截面形心 C，且分别与 x、y 轴平行；x_C 轴与 x 轴的间距为 a，y_C 轴与 y 轴的间距为 b，即形心 C 在坐标系 Oxy 中的坐标为 (b, a)；截面对于形心轴的惯性矩和惯性积分别为 I_{x_C}、I_{y_C} 和 $I_{x_Cy_C}$，则由式（8-7）、（8-9）可分别求得截面对 x、y 两坐标轴的惯性矩 I_x、I_y 和惯性积 I_{xy}。

在截面上任取一面积元素 dA，其中心点在两坐标系内的坐标分别为 (x, y) 和 (x_C, y_C)，则两坐标之间的关系为

$$x = x_C + b, \quad y = y_C + a \tag{8-16}$$

将式（8-16）中的 y 代入式（8-7）中的第二式，经展开并逐项积分后，可得

$$\begin{aligned} I_x &= \int_A y^2 \mathrm{d}A = \int_A (y_C + a)^2 \mathrm{d}A \\ &= \int_A y_C^2 \mathrm{d}A + 2a\int_A y_C \mathrm{d}A + a^2\int_A \mathrm{d}A \end{aligned} \tag{8-17}$$

根据惯性矩和静矩的定义，式（8-17）右端的各项积分分别为

$$\int_A y_C^2 \mathrm{d}A = I_{x_C}, \quad \int_A y_C \mathrm{d}A = A \cdot \bar{y}_C = S_{x_C}, \quad \int_A \mathrm{d}A = A$$

式中，$\bar{y}_C$ 为截面形心 C 到 x_C 轴的距离，因为 x_C 轴为形心轴，所以，$\bar{y}_C = 0$，由 8.1 节可知，静矩 $S_{x_C} = 0$。于是，式（8-17）可写成

$$I_x = I_{x_C} + a^2 A \tag{8-18a}$$

同理

$$I_y = I_{y_C} + b^2 A \tag{8-18b}$$

$$I_{xy} = I_{x_Cy_C} + abA \tag{8-18c}$$

式（8-18）称为**惯性矩和惯性积的平行移轴公式**。应用式（8-18）可根据截面对于形心轴的惯性矩或惯性积，计算截面对于与形心轴平行的坐标轴的惯性矩或惯性积，或进行相反的运算。

注意，上式中的 a、b 两坐标值分别为形心 C 在坐标系 Oxy 中的坐标，有正负号，由截面形心 C 所在的象限来决定。

8.3.2 组合截面的惯性矩及惯性积

根据惯性矩和惯性积的定义可知，**组合截面对于某坐标轴的惯性矩（或惯性积）等于其各组成部分对于同一坐标轴的惯性矩（或惯性积）之和**。若截面是由 n 个部分组成，则组合截面对于 x、y 两轴的惯性矩和惯性积分别为

$$I_x = \sum_{i=1}^{n} I_{xi}, \quad I_y = \sum_{i=1}^{n} I_{yi}, \quad I_{xy} = \sum_{i=1}^{n} I_{xyi} \tag{8-19}$$

式中，I_{xi}、I_{yi} 和 I_{xyi} 分别为组合截面中第 i 个组成部分对于 x、y 两轴的惯性矩和惯性积。

不规则截面对坐标轴的惯性矩或惯性积，可将截面分割成若干等高度的窄长条，然后应用式（8-19），计算其近似值。

例 8-4　试求图 8-7（a）所示截面对于对称轴 x 的惯性矩 I_x。

解： 将截面看作由一个矩形和两个半圆形组成。设矩形对于 x 轴的惯性矩为 I_{x1}，每一个半圆形对于 x 轴的惯性矩为 I_{x2}，则由式（8-19）可知，所给截面的惯性矩为

$$I_x = I_{x1} + 2I_{x2} \qquad (8-20)$$

矩形对于 x 轴的惯性矩为

$$I_{x1} = \frac{d \cdot (2a)^3}{12} = \frac{80 \times 200^3}{12} = 5.333 \times 10^7 \text{ mm}^4 \qquad (8-21)$$

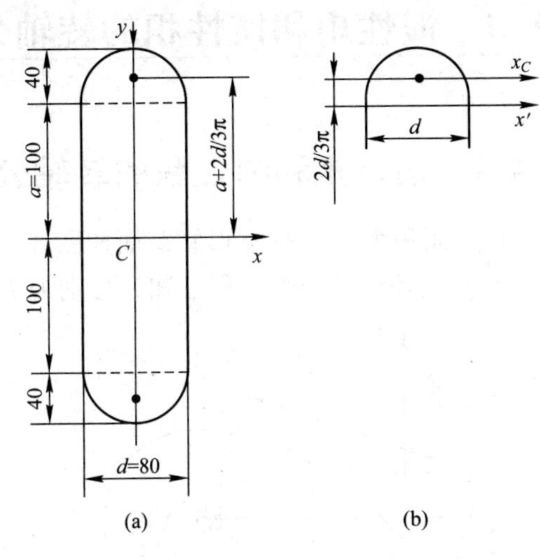

图 8-7　例 8-4 图

半圆形对于 x 轴的惯性矩可利用平行移轴公式求得。为此，先求出每个半圆形对于与 x 轴平行的形心轴 x_C（见图 8-7（b））的惯性矩 I_{x_C}。

已知半圆形对于其底边的惯性矩为圆形对其直径轴 x'（见图 8-7（b））的惯性矩之半，即

$$I_{x'} = \frac{\pi d^4}{128}$$

半圆形的面积为 $A = \frac{\pi d^2}{8}$，其形心到底边的距离为 $\frac{2d}{3\pi}$，故由平行移轴公式（8-18a），可得每个半圆形对其自身形心轴 x_C 的惯性矩为

$$I_{x_C} = I_{x'} - \left(\frac{2d}{3\pi}\right)^2 A = \frac{\pi d^4}{128} - \left(\frac{2d}{3\pi}\right)^2 \frac{\pi d^2}{8} \qquad (8-22)$$

由图 8-7（a）可知，半圆形形心到 x 轴的距离为 $a + \frac{2d}{3\pi}$。由平行移轴公式，求得每个半圆形对于 x 轴的惯性矩为

$$I_{x2} = I_{x_C} + \left(a + \frac{2d}{3\pi}\right)^2 A = \frac{\pi d^4}{128} - \left(\frac{2d}{3\pi}\right)^2 \frac{\pi d^2}{8} + \left(a + \frac{2d}{3\pi}\right)^2 \frac{\pi d^2}{8}$$

$$= \frac{\pi d^2}{4}\left(\frac{d^2}{32} + \frac{a^2}{2} + \frac{2ad}{3\pi}\right) \qquad (8-23)$$

将 $d = 80$ mm，$a = 100$ mm 代入式（8-23），即得

$$I_{x2} = \frac{\pi(80 \text{ mm})^2}{4}\left[\frac{(80 \text{ mm})^2}{32} + \frac{(100 \text{ mm})^2}{2} + \frac{2 \times (100 \text{ mm})(80 \text{ mm})}{3\pi}\right]$$

$$= 3.467 \times 10^7 \text{ mm}^4$$

将求得的 I_{x1} 和 I_{x2} 代入式（8-20），便得

$$I_x = 5.333 \times 10^7 \text{ mm}^4 + 2 \times 3.467 \times 10^7 \text{ mm}^4 = 12.27 \times 10^7 \text{ mm}^4$$

8.4 惯性矩和惯性积的转轴公式、主轴和主惯性矩

8.4.1 惯性矩和惯性积的转轴公式

设一面积为 A 的任意形状截面如图 8-8 所示。截面对于通过其上任意一点 O 的两坐标轴 x 和 y 的惯性矩和惯性积已知，分别为 I_x、I_y 和 I_{xy}。若坐标轴 x、y 绕 O 点旋转 α 角（α 角以逆时针向旋转为正）至 x_1、y_1 位置，则该截面对于新坐标轴 x_1、y_1 的惯性矩和惯性积分别为 I_{x_1}、I_{y_1} 和 $I_{x_1y_1}$。

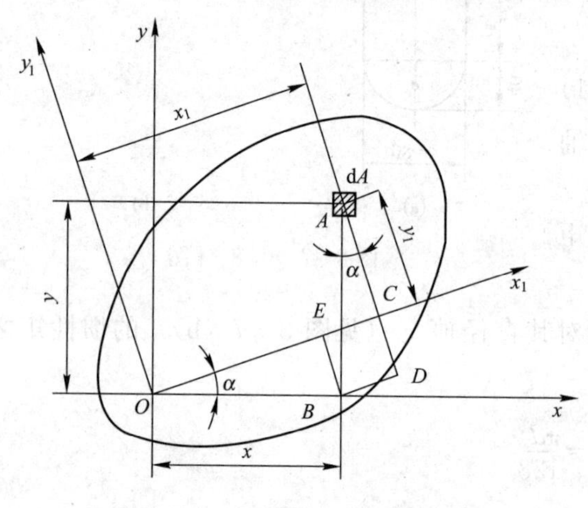

图 8-8　坐标旋转后的几何关系

由图可见，截面上任一面积元素 $\mathrm{d}A$ 在新、老两坐标系内的坐标（x_1，y_1）和（x，y）间的关系为

$$x_1=OC=OE+BD=x\cos\alpha+y\sin\alpha$$

$$y_1=AC=AD-EB=y\cos\alpha-x\sin\alpha$$

将 y_1 代入式（8-7）中的第二式，经过展开并逐项积分后，即得该截面对于坐标轴 x_1 的惯性矩为

$$I_{x_1}=\cos^2\alpha\int_A y^2\mathrm{d}A+\sin^2\alpha\int_A x^2\mathrm{d}A-2\sin\alpha\cos\alpha\int_A xy\mathrm{d}A \tag{8-24}$$

根据惯性矩和惯性积的定义，上式右端的各项积分分别为

$$\int_A y^2\mathrm{d}A=I_x,\quad \int_A x^2\mathrm{d}A=I_y,\quad \int_A xy\mathrm{d}A=I_{xy}$$

将其代入式（8-24），并改用二倍角函数的关系，即得

$$I_{x_1}=\frac{I_x+I_y}{2}+\frac{I_x-I_y}{2}\cos 2\alpha-I_{xy}\sin 2\alpha \tag{8-25a}$$

同理

$$I_{y_1}=\frac{I_x+I_y}{2}-\frac{I_x-I_y}{2}\cos 2\alpha+I_{xy}\sin 2\alpha \tag{8-25b}$$

$$I_{x_1y_1}=\frac{I_x-I_y}{2}\sin 2\alpha+I_{xy}\cos 2\alpha \tag{8-25c}$$

以上三式就是惯性矩和惯性积的转轴公式，可用来计算截面的主惯性轴和主惯性矩。

将式（8-25a）和（8-25b）中的 I_{x_1} 和 I_{y_1} 相加，可得

$$I_{x_1}+I_{y_1}=I_x+I_y \tag{8-26}$$

上式表明，**截面对于通过同一点的任意一对相互垂直的坐标轴的两惯性矩之和为一常数，并等于截面对该坐标原点的极惯性矩**（见式（8-8））。

8.4.2　截面的主惯性轴和主惯性矩

由式（8-25c）可见，当坐标轴旋转时，惯性积 $I_{x_1y_1}$ 将随着 α 角作周期性变化，且有正有负。因此，必有一特定的角度 α_0，可使截面对于新坐标轴 x_0、y_0 的惯性积等于零。截面对其惯性积等于零的一对坐标轴，称为**主惯性轴**。截面对于主惯性轴的惯性矩，称为**主惯性矩**。当一对主惯性轴的交点与截面的形心重合时，就称为**形心主惯性轴**。截面对于形心主惯性轴的惯性矩，称为**形心主惯性矩**。

下面讨论主惯性轴的位置，并导出主惯性矩的计算公式。

设 α_0 为主惯性轴与原坐标轴之间的夹角（见图 8-8），则将 α_0 代入惯性积的转轴公式（8-25c），并令其等于零，即

$$\frac{I_x-I_y}{2}\sin 2\alpha_0+I_{xy}\cos 2\alpha_0=0$$

上式可改写为

$$\tan 2\alpha_0=\frac{-2I_{xy}}{I_x-I_y} \tag{8-27}$$

由上式解得的 α_0 值，就确定了两主惯性轴中 x_0 轴的位置。

当确定 α_0 后，即可根据式（8-27），将 $\cos 2\alpha_0$ 和 $\sin 2\alpha_0$ 写成

$$\cos 2\alpha_0=\frac{1}{\sqrt{1+\tan^2 2\alpha_0}}=\frac{I_x-I_y}{\sqrt{(I_x-I_y)^2+4I_{xy}^2}} \tag{8-28}$$

$$\sin 2\alpha_0=\frac{\tan 2\alpha_0}{\sqrt{1+\tan^2 2\alpha_0}}=\frac{-2I_{xy}}{\sqrt{(I_x-I_y)^2+4I_{xy}^2}} \tag{8-29}$$

将式（8-28）和（8-29）代入式（8-25a）和（8-25b），经化简后即得主惯性矩的计算公式为

$$\left.\begin{aligned}I_{x_0}&=\frac{I_x+I_y}{2}+\frac{1}{2}\sqrt{(I_x-I_y)^2+4I_{xy}^2}\\I_{y_0}&=\frac{I_x+I_y}{2}-\frac{1}{2}\sqrt{(I_x-I_y)^2+4I_{xy}^2}\end{aligned}\right\} \tag{8-30}$$

另外，由式（8-25a）和（8-25b）可见，惯性矩 I_{x_1} 和 I_{y_1} 都是 α 角的正弦和余弦函数，而 α 角可在 0°到 360°的范围内变化，因此，I_{x_1} 和 I_{y_1} 必然有极值。对通过同一点的任意一对正交坐标轴的两惯性矩之和为一常数，因此，其中的一个将为极大值，另一个则为极小值。

由

$$\frac{dI_{x_1}}{d\alpha}=0 \quad 和 \quad \frac{dI_{y_1}}{d\alpha}=0$$

解得的使惯性矩取得极值的坐标轴位置的表达式，与式（8-27）完全一致。从而可知，截面对于通过任一点的主惯性轴的主惯性矩之值，也就是通过该点所有轴的惯性矩中的极大值 I_{max} 和极小值 I_{min}。从式（8-30）可见，I_{x_0} 就是 I_{max}，而 I_{y_0} 则为 I_{min}。

在确定形心主惯性轴的位置并计算形心主惯性矩时，同样可以应用式（8-27）和（8-30），但式中的 I_x、I_y 和 I_{xy}，应为截面对于某一对正交形心轴的惯性矩和惯性积。

在通过截面形心的一对正交坐标轴中，若有一个为对称轴（如 T 形截面），则该对称轴

就是形心主惯性轴，因为截面对于包括对称轴在内的一对坐标轴的惯性积等于零。在附录B中所列的惯性矩除三角形截面的以外，都是形心主惯性矩。

计算组合截面的形心主惯性矩步骤为：①确定截面形心的位置；②通过形心，选择一对便于计算惯性矩和惯性积的基础坐标轴，算出组合截面对于这一对坐标轴的惯性矩和惯性积；③将上述结果代入式（8－27），计算形心主惯性轴的转角 α_0，确定形心主惯性轴的位置；④再由式（8－30）即可确定形心主惯性矩的数值。

若组合截面具有对称轴，则包括此轴在内的一对互相垂直的形心轴就是形心主惯性轴。此时，只需利用移轴公式（8－18）和（8－19），即可求得截面的形心主惯性矩。

思考题

8－1　图8－9所示各截面图形中点 C 是形心。试问哪些截面图形对坐标轴的惯性积等于零？哪些不等于零？

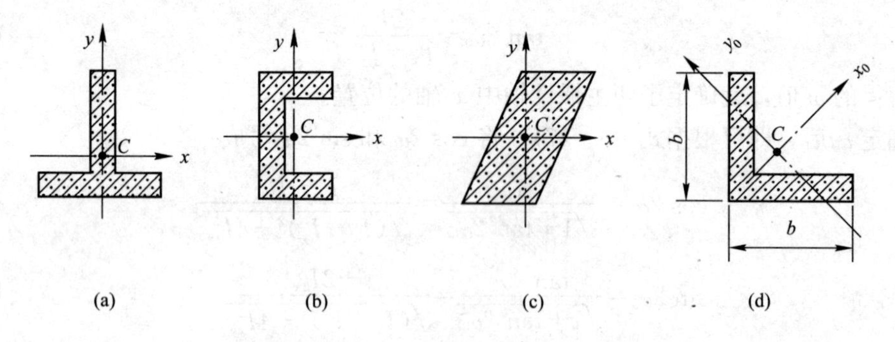

图8－9　思考题8－1图

8－2　试问图8－10所示两截面的惯性矩 I_x 是否可按照 $I_x=\frac{bh^3}{12}-\frac{b_0h_0^3}{12}$ 来计算？

8－3　由两根同一型号的槽钢组成的截面如图8－11所示。已知每根槽钢的截面面积为 A，对形心轴 y_0 的惯性矩为 I_{y_0}，并知 y_0、y_1 和 y 为相互平行的三根轴。试问在计算截面对 y 轴的惯性矩 I_y 时，应选用下列哪一个算式？

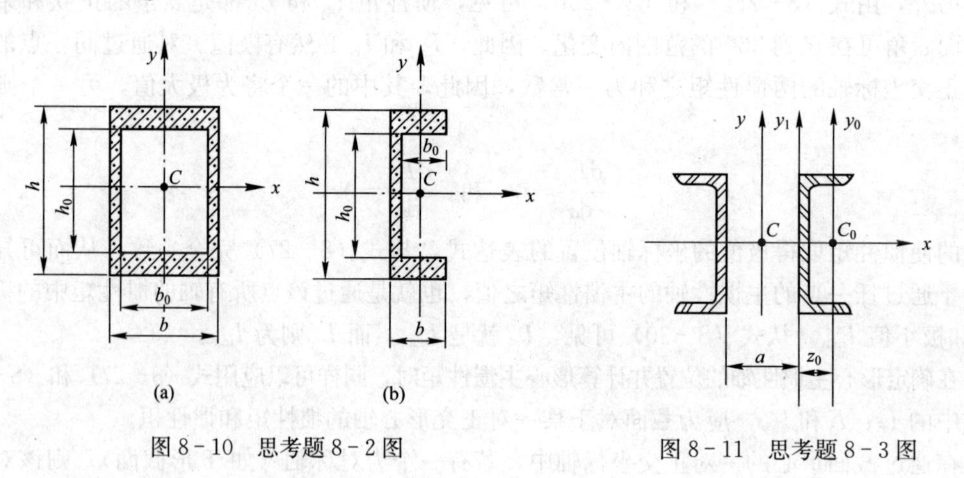

图8－10　思考题8－2图　　图8－11　思考题8－3图

(1) $I_y = I_{y_0} + z_0^2 A$；

(2) $I_y = I_{y_0} + \left(\frac{a}{2}\right)^2 A$；

(3) $I_y = I_{y_0} + \left(z_0 + \frac{a}{2}\right)^2 A$；

(4) $I_y = I_{y_0} + z_0^2 A + z_0 a A$；

(5) $I_y = I_{y_0} + \left[z_0^2 + \left(\frac{a}{2}\right)^2\right] A$。

8-4　图8-12所示为一等边三角形中心挖去一个半径为r的圆孔的截面。试证明该截面通过形心C的任一轴均为形心主惯性轴。

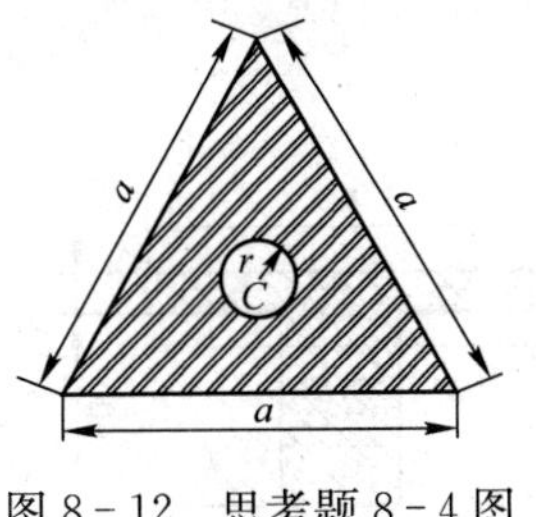

图8-12　思考题8-4图

习题

8-1　试求图8-13所示各截面的阴影线面积对x轴的静矩。

8-2　试用积分法求图8-14所示半圆形截面对x轴的静矩，确定其形心的坐标，并求对x、y轴的惯性矩。

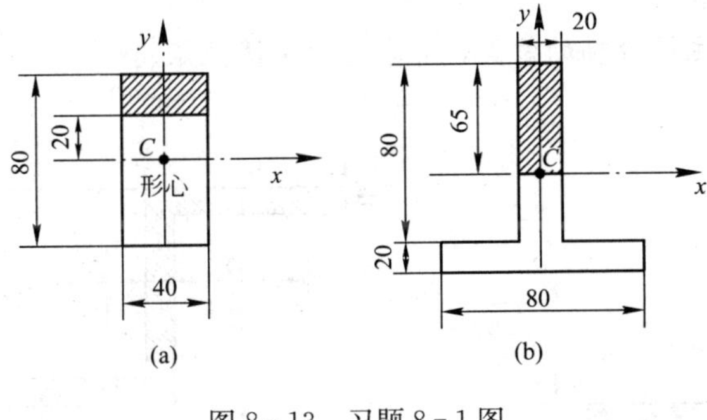

图8-13　习题8-1图

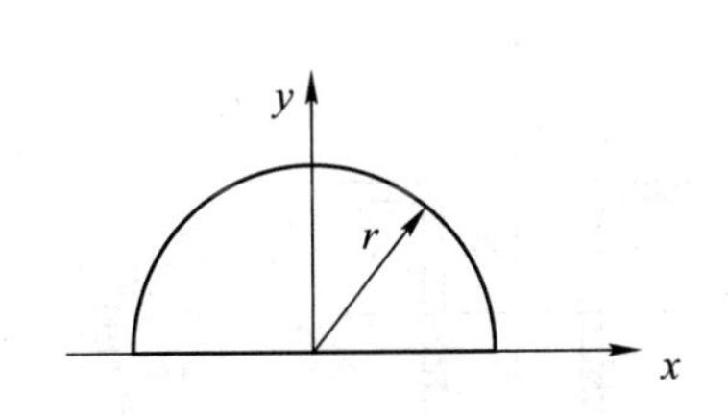

图8-14　习题8-2图

8-3　试求图8-15所示正方形截面对其对角线轴的惯性矩。

8-4　试分别求图8-16所示环形和箱形截面对其对称轴x的惯性矩。

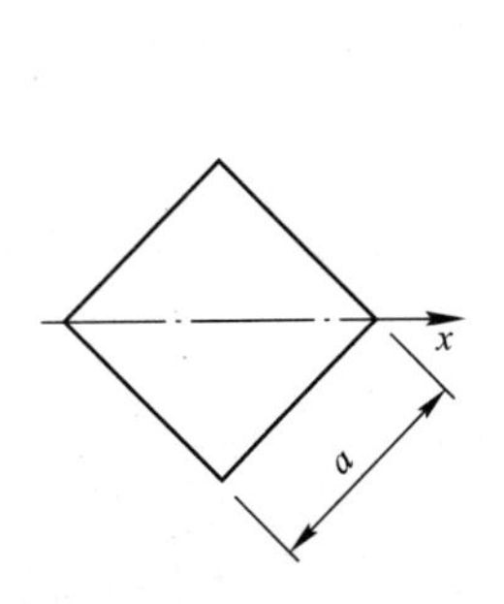

图8-15　习题8-3图

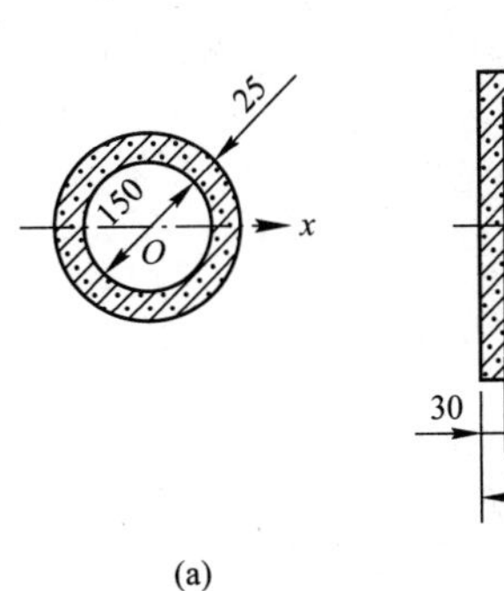

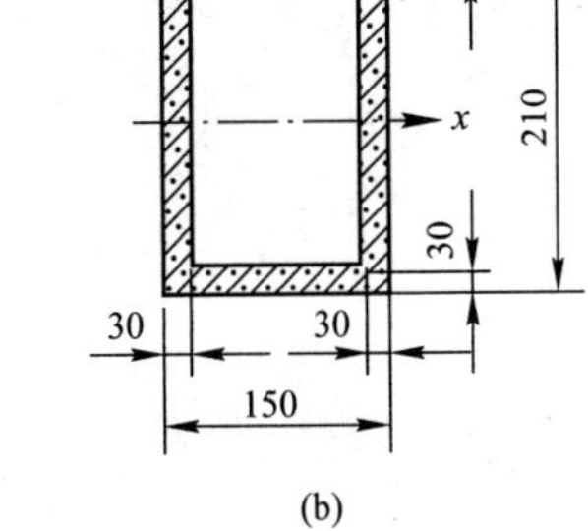

图8-16　习题8-4图

8-5 试求图 8-17 所示截面对其形心轴 x 的惯性矩。

8-6 在直径 $D=8a$ 的圆截面中，开了一个 $2a\times4a$ 的矩形孔，如图 8-18 所示。试求截面对其水平形心轴和竖直形心轴的惯性矩 I_x 和 I_y。

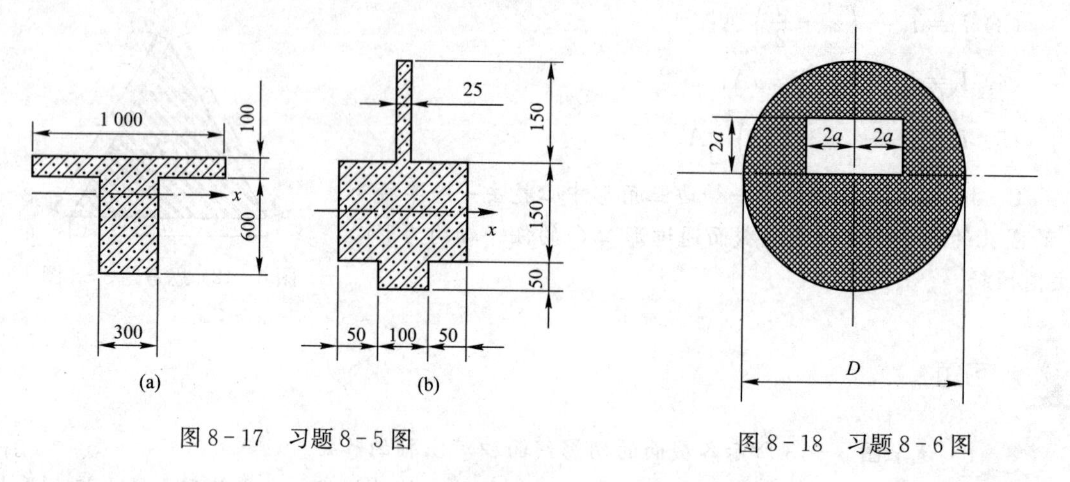

图 8-17 习题 8-5 图

图 8-18 习题 8-6 图

8-7 图 8-19 所示由两个 20a 号槽钢组合成的组合截面，若欲使此截面对两对称轴的惯性矩 I_x 和 I_y 相等，则两槽钢的间距 a 应为多少？

8-8 试求图 8-20 所示截面的惯性积 I_{xy}。

8-9 确定图 8-21 所示截面的形心主惯性轴的位置，并求形心主惯性矩。

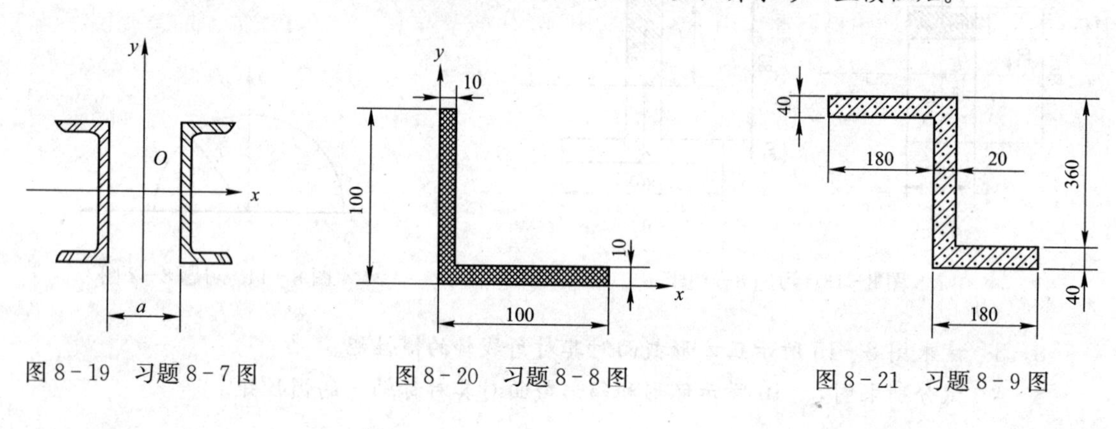

图 8-19 习题 8-7 图

图 8-20 习题 8-8 图

图 8-21 习题 8-9 图

第 9 章

弯曲应力

9.1 概述

第 8 章介绍了平面图形形心主轴的概念。梁的横截面是连续的，每一个横截面都对应有形心主轴，将梁横截面的形心主轴连在一起，便形成一个平面，该平面称为形心主轴平面。当所有外力（包括集中力、力偶、分布载荷）都作用于梁的同一主轴平面内时，梁弯曲后其轴线将在主轴平面内弯曲成一条平面曲线。这种弯曲称为平面弯曲。主轴平面不一定是对称面，但对称面一定是主轴平面，所以对称弯曲一定是平面弯曲。

第 7 章详细讨论了梁弯曲时横截面上的剪力和弯矩。弯矩是垂直于横截面的内力系的合力偶矩；而剪力是切于横截面的内力系的合力。在一般情况下，梁的横截面上即有弯矩，又有剪力，弯矩 M 只与横截面上的正应力相关，而剪力 $\boldsymbol{F}_S$ 只与切应力相关。

本章主要介绍梁平面弯曲时横截面上正应力和切应力的分析过程及弯曲强度计算。

9.2 纯弯曲梁横截面上的正应力

9.2.1 纯弯曲的概念

梁或梁上的某段内各横截面上无剪力而只有弯矩，这种弯曲称为**纯弯曲**。如图 9-1（a）所示简支梁的 CD 段，就是纯弯曲梁段。而梁段 AC 及 DB 横截面上同时存在剪力和弯矩，这种平面弯曲称为**剪切弯曲**或**横力弯曲**。为使问题简化，我们先分析纯弯曲梁的应力情况。因为纯弯曲梁段的横截面上内力只有弯矩没有剪力，因此，纯弯曲梁段的横截面上只有与弯矩对应的正应力而没有切应力。

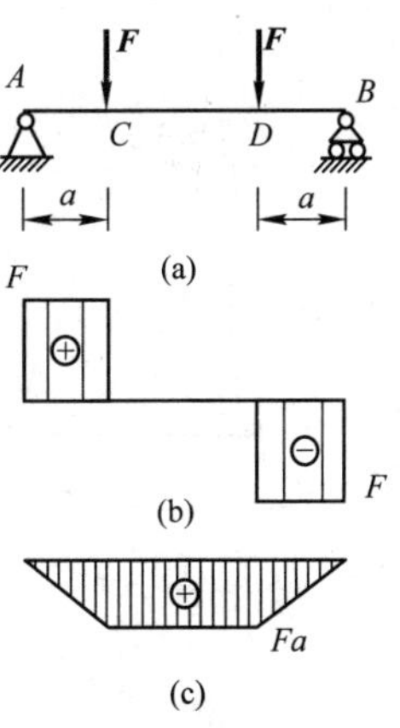

图 9-1　纯弯曲与横力弯曲

9.2.2 纯弯曲梁横截面上正应力分析

1. 纯弯曲变形现象与假设

为观察纯弯曲梁变形现象，在梁表面上作出图 9-2（a）

所示的纵、横线，当梁两端加横向力偶 M 后，梁段发生纯弯曲变形。如图 9－2（b）所示：横向线转过了一个角度但仍为直线；位于凸边的纵向线伸长了，位于凹边的纵向线缩短了；纵向线变弯后仍与横向线垂直，纵向线变弯后的曲线依然平行。由此得到：(1) 纯弯曲变形的平面假设，梁变形后其横截面仍保持为平面，且仍与变形后的梁轴线垂直；(2) 纵向纤维层单向拉（压）假设，梁的各纵向纤维层之间无挤压，所有与力偶 M 作用平面相垂直的纵向纤维只产生轴向拉伸或压缩变形。由这两个假设可知，纯弯曲梁横截面上只有正应力，而无切应力，且正应力是非均匀分布的，既有拉应力，又有压应力。

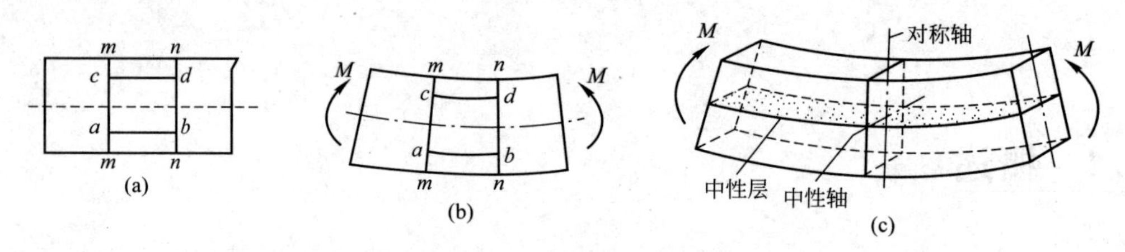

图 9－2　纯弯曲梁变形现象

如图 9－2（c）所示，梁的下部纵向纤维伸长，而上部纵向纤维缩短，由变形的连续性可知，梁内必然有一层长度不变的纤维层，这层称为**中性层**，中性层与横截面的交线称为**中性轴**，由于载荷作用于梁的纵向对称面内，梁的变形沿纵向对称，则中性轴垂直于横截面的对称轴。根据两个假设可以判断，梁纯弯曲变形时，横截面绕自身中性轴旋转某一角度。

下面将通过变形的几何关系、物理关系和静力学关系推导梁纯弯曲变形时横截面上正应力的计算公式。

2. 变形的几何关系

考虑图 9－2（a）中两横截面 $m—m$、$n—n$ 之间梁段的变形情况，变形前两截面 $m—m$ 和 $n—n$ 的间距为 $\mathrm{d}x$；变形后两截面绕自身中性轴相对转了 $\mathrm{d}\varphi$ 角，如图 9－3（a）所示，设弧线 $\widehat{O_1O_2}$ 位于中性层上，其对应的曲率半径为 ρ，则 $\widehat{O_1O_2}$ 变形前、后的长度关系为

$$\widehat{O_1O_2}=\rho\mathrm{d}\varphi=\mathrm{d}x \tag{9-1}$$

现在考虑拉伸纤维层，距中性层为 y 处的一纵向纤维层 ab（见图 9－2（a）），再如图 9－3（a）所示，变形后长度为

$$\widehat{ab}=(\rho+y)\mathrm{d}\varphi \tag{9-2}$$

由式（9－1）、（9－2）可得，y 层纤维 ab 的线应变为

$$\varepsilon=\frac{\widehat{ab}-\mathrm{d}x}{\mathrm{d}x}=\frac{(\rho+y)\mathrm{d}\varphi-\rho\mathrm{d}\varphi}{\rho\mathrm{d}\varphi}=\frac{y}{\rho} \tag{9-3}$$

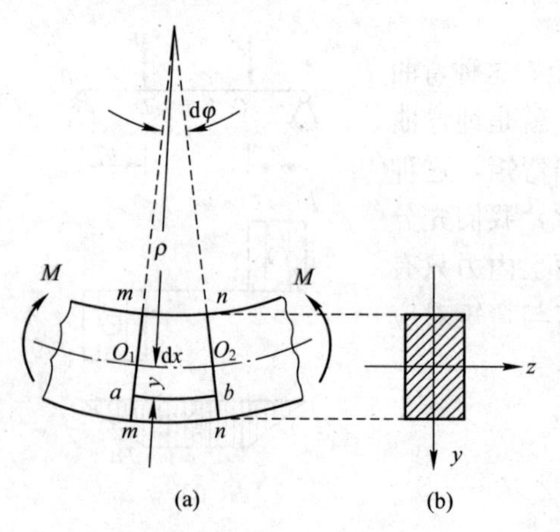

图 9－3　纯弯曲梁变形的几何关系

上式表明，梁内任一层纵向纤维的线应变 ε 与坐标 y 值成正比，坐标 y 的原点在中性轴上，指向梁的受拉侧，如图 9－3（b）所示。由（9－3）式可见，距离中性层越远纤维的应变值越大；y 值可正可负，因此，梁的纤维层有的伸长，有的缩短；当 $y=0$ 时，中性层的长度不变。

3. 物理关系

根据轴向拉压胡克定律，如果横截面上的正应力 $\sigma \leqslant \sigma_p$ 时，则有 $\sigma = E\varepsilon$，将式（9-3）代入其中，得

$$\sigma = E \cdot \frac{y}{\rho} \tag{9-4}$$

上式表明，横截面上任一点的正应力与该纤维层的 y 坐标成正比。即纯弯曲梁横截面上的正应力沿截面高度呈线性分布，其分布规律如图 9-4 所示。

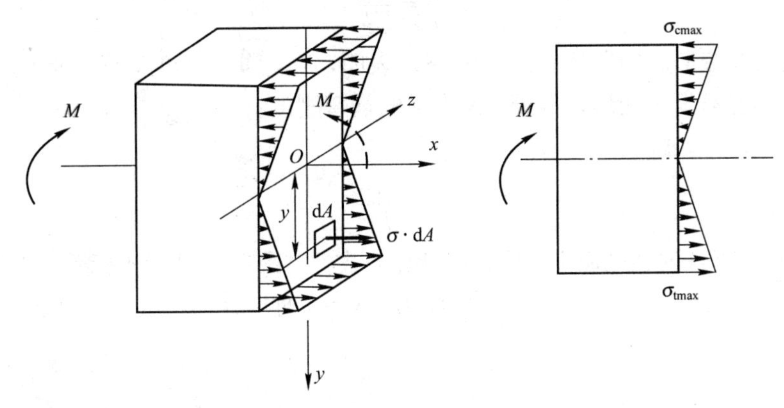

图 9-4 纯弯曲梁横截面上的正应力分布规律

4. 静力学关系

如图 9-4 所示，取截面的纵向对称轴为 y 轴，z 轴为中性轴，过轴 y、z 的交点沿纵向线取为 x 轴。在横截面上取坐标为（y，z）的微面积 $\mathrm{d}A$，其上的平均应力为 σ，则内力为 $\sigma \cdot \mathrm{d}A$。于是整个截面上所有内力组成空间平行力系，由 $\sum F_x = 0$，得

$$\int_A \sigma \mathrm{d}A = 0 \tag{9-5}$$

将式（9-4）代入式（9-5）得

$$\int_A E\,\frac{y}{\rho}\mathrm{d}A = \frac{E}{\rho}\int_A y\mathrm{d}A = 0$$

式中 $\int_A y\mathrm{d}A = S_z$，为横截面对中性轴的静矩，因 $\frac{E}{\rho} \neq 0$，则 $S_z = 0$。由 $S_z = A \cdot y_C$ 可知，中性轴 z 必过截面形心。

由 $\sum M_y = 0$，有

$$\int_A z\sigma \mathrm{d}A = 0 \tag{9-6}$$

将式（9-4）代入式（9-6），得

$$\frac{E}{\rho}\int_A yz\mathrm{d}A = 0$$

式中 $\int_A yz\mathrm{d}A = I_{yz}$，为横截面对轴 y、z 的惯性积，因 y 轴为对称轴，且 z 轴又过形心，则轴 y、z 为横截面的形心主惯性轴，$I_{yz} = 0$ 成立。这说明，横截面的形心只在 y 轴上有位移，即梁轴线只在形心主轴平面内弯曲成一条平面曲线。

再由 $\sum M_z = M$，有

$$\int_A y\sigma \mathrm{d}A = M \tag{9-7}$$

将式（9-4）代入式（9-7），得

$$M = \frac{E}{\rho}\int_A y^2 \mathrm{d}A$$

式中$\int_A y^2 \mathrm{d}A = I_z$，为横截面对中性轴的惯性矩，则上式可写为

$$\frac{1}{\rho}=\frac{M}{EI_z} \tag{9-8}$$

其中$1/\rho$是梁轴线变形后的曲率。式（9-8）表明，当弯矩不变时，EI_z越大，曲率$1/\rho$越小，说明梁越不容易发生变形，故EI_z称为梁的抗弯刚度。

将式（9-8）代入式（9-4），得

$$\sigma=\frac{My}{I_z} \tag{9-9}$$

式（9-9）为梁纯弯曲时横截面上正应力的计算公式。对图9-3所示坐标系，当$M>0$，$y>0$时，σ为拉应力；$M>0$，$y<0$时，σ为压应力；$y=0$时，$\sigma=0$，说明中性层（轴）上无正应力。

9.3 剪切弯曲时的正应力、梁的正应力强度条件

9.3.1 剪切弯曲时的正应力

在梁纯弯曲正应力公式推导过程中，并未涉及横截面的几何特征。所以只要载荷作用于梁的纵向对称面内，式（9-9）就适用。工程中实际的梁大多发生剪切弯曲，此时梁的横截面由于切应力的存在而发生翘曲。此外，横向力还使各纵向线之间发生挤压。因此，对于梁在纯弯曲时所作的平面假设和纵向线之间无挤压的假设实际上都不再成立。但弹性力学的分析结果表明，当其跨长与截面高度之比l/h大于5时，梁的跨中横截面上按纯弯曲理论算得的最大正应力其误差不超过1%，故在工程应用中可将纯弯曲时的正应力计算公式用于剪切弯曲情况，即当梁较细长（$l/h>5$）时，式（9-9）同样适用于剪切弯曲时的正应力计算。

剪切弯曲时，因弯矩随截面位置变化，所以任意横截面上正应力的计算公式为

$$\sigma=\frac{M(x)\cdot y}{I_z} \tag{9-10}$$

一般情况下，对于等截面梁，最大正应力$\sigma_{\max}$常发生在最大弯矩的横截面上距中性轴最远处。于是由式（9-10）得

$$\sigma_{\max}=\frac{M_{\max}y_{\max}}{I_z} \tag{9-11}$$

令$I_z/y_{\max}=W_z$，则上式可写为

$$\sigma_{\max}=\frac{M_{\max}}{W_z} \tag{9-12}$$

式中 W_z 仅与截面的几何形状及尺寸有关，称为截面对中性轴的抗弯截面模量。

若截面是高为 h、宽为 b 的矩形，则

$$W_z=\frac{I_z}{h/2}=\frac{bh^3/12}{h/2}=\frac{bh^2}{6}$$

若截面是直径为 d 的圆形，则

$$W_z=\frac{I_z}{d/2}=\frac{\pi d^4/64}{d/2}=\frac{\pi d^3}{32}$$

若截面是外径为 D、内径为 d 的空心圆形，则

$$W_z=\frac{I_z}{D/2}=\frac{\pi(D^4-d^4)/64}{D/2}=\frac{\pi D^3}{32}\left[1-\left(\frac{d}{D}\right)^4\right]$$

对于轧制型钢（工字型钢等），轴惯性矩 I_z、抗弯截面模量 W 等几何参数可直接从附录 C 的型钢表中查得。

例 9-1 承受均布载荷的简支梁如图 9-5 所示。已知：梁的截面为矩形，矩形的宽度 $b=20$ mm，高度 $h=30$ mm；均布载荷集度 $q=10$ kN/m；梁的长度 $l=450$ mm。求：梁最大弯矩截面 C 上 1、2 两点处的正应力。

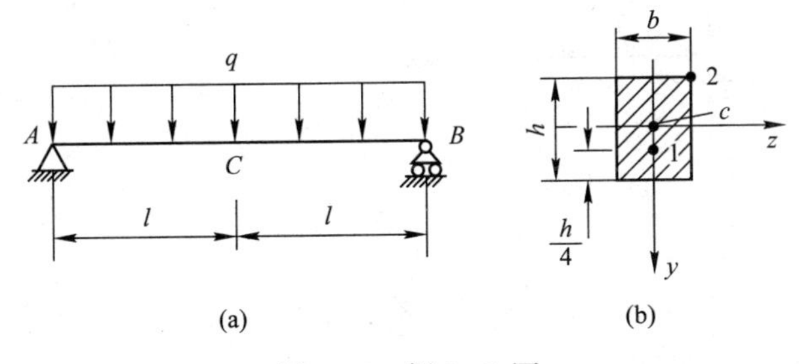

图 9-5 例 9-1 图

解：（1）确定弯矩最大截面以及最大弯矩数值。

根据梁的对称关系，可求得支座 A 和 B 处的约束反力分别为

$$F_{RA}=F_{RB}=ql(\uparrow)$$

梁的中点 C 处横截面上有最大正弯矩，其值为

$$M_{max}=\frac{q(2l)^2}{8}=\frac{10\ \text{kN/m}\times10^3\times(2\times450\ \text{mm}\times10^{-3})^2}{8}=1\ 012.5\ \text{N}\cdot\text{m}$$

（2）计算惯性矩。

根据矩形截面惯性矩的公式，得梁横截面对 z 轴的惯性矩为

$$I_z=\frac{bh^3}{12}=\frac{20\ \text{mm}\times10^{-3}\times(30\ \text{mm}\times10^{-3})^3}{12}=4.5\times10^{-8}\ \text{m}^4$$

（3）求弯矩最大截面上 1、2 两点的正应力。

如图 9-5（b）所示，c 点为 C 截面形心，则 z 轴为中性轴。在图示坐标系中，y 轴向下为正，则 1、2 两点的 y 轴坐标分别为

$$y_1=\left(\frac{h}{2}-\frac{h}{4}\right)=\frac{h}{4}=\frac{30\times10^{-3}}{4}=7.5\times10^{-3}\ \text{m}$$

$$y_2=-\frac{h}{2}=-\frac{30\times10^{-3}}{2}=-15\times10^{-3}\ \text{m}$$

于是由公式（9－9）求得，C截面上1、2两点的正应力分别为

$$\sigma(1)=\frac{M_{\max}y_1}{I_z}=\frac{1\ 012.5\ \text{N}\cdot\text{m}\times 7.5\times 10^{-3}\ \text{m}}{4.5\times 10^{-8}\ \text{m}^4}=1.687\ 5\times 10^8\ \text{Pa}=168.75\ \text{MPa}$$

$$\sigma(2)=\frac{M_{\max}y_2}{I_z}=\frac{1\ 012.5\ \text{N}\cdot\text{m}\times(-15\times 10^{-3}\ \text{m})}{4.5\times 10^{-8}\ \text{m}^4}=-3.375\times 10^8\ \text{Pa}=-337.5\ \text{MPa}$$

正号表示拉应力，负号表示压应力；即1点受拉应力，2点受压应力。

例9－2 如图9－6（a）所示T形截面梁。已知$F_1=8$ kN，$F_2=20$ kN，$a=0.6$ m；横截面的惯性矩$I_z=5.33\times 10^6\ \text{mm}^4$。试求此梁的最大拉应力和最大压应力。

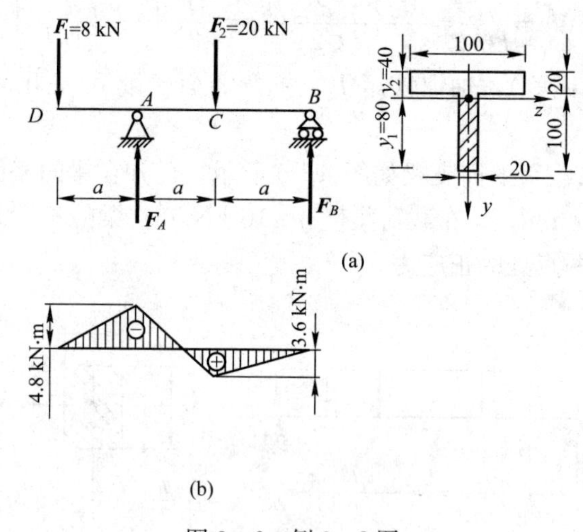

图9－6 例9－2图

解：(1) 求支座反力（见图9－6（a））。

由 $\sum M_A=0,\quad F_B\times 2a-F_2\times a+F_1\times a=0$

解得 $F_B=6$ kN

由 $\sum F_y=0,\quad F_B-F_2-F_1+F_A=0$

解得 $F_A=22$ kN

(2) 作弯矩图。

由梁的载荷分布情况，可绘出梁的弯矩图如图9－6（b）所示。由图可见，C截面有最大正弯矩，A截面有最大负弯矩，即

$$M_C=F_B\times a=3.6\ \text{kN}\cdot\text{m},\quad M_A=-F_1\times a=-4.8\ \text{kN}\cdot\text{m}$$

(3) 求最大拉、压应力。

对于正弯矩截面，中性轴z以下的部分各点受拉应力作用，中性轴以上各点受压应力作用；对于负弯矩截面，中性轴z以上的部分各点受拉应力作用，中性轴以下各点受压应力作用。因此得出，截面A的上边缘及截面C的下边缘受拉；截面A的下边缘及截面C的上边缘受压。距离截面中性轴越远，应力值越大。

虽然$|M_A|>|M_C|$，但$|y_2|<|y_1|$，所以只有分别计算此二截面的拉应力，才能判断出最大拉应力所对应的截面；截面A下边缘的压应力最大。

截面A上边缘处

$$\sigma_t=\frac{M_A y_2}{I_z}=\frac{4.8\times10^6\times40}{5.33\times10^6}=36\ \text{MPa}$$

截面 C 下边缘处

$$\sigma_t=\frac{M_C y_1}{I_z}=\frac{3.6\times10^6\times80}{5.33\times10^6}=54\ \text{MPa}$$

比较可知在截面 C 下边缘处产生最大拉应力，其值为 $\sigma_{tmax}=54$ MPa

截面 A 下边缘处

$$\sigma_{cmax}=\frac{M_A y_1}{I_z}=\frac{4.8\times10^6\times80}{5.33\times10^6}=72\ \text{MPa}$$

由内力图可直观地判断出等直杆内力最大值所发生的截面，称为危险截面，危险截面上应力值最大的点称为危险点。但通过本题的计算可知，对于非对称截面，危险点不一定只发生在最大内力所在截面，需全面考虑。为了保证构件有足够的强度，其危险点的应力值需满足相应的强度条件。

9.3.2　梁的正应力强度条件

等直梁横截面上的最大正应力发生在最大弯矩所在横截面上距中性轴最远的边缘处，而且在这些边缘处，即使是剪切弯曲情况，由剪力引起的切应力也等于零或其值很小（详见 9.4 节），至于由横向力引起的挤压应力可以忽略不计。因此可以认为梁的危险截面上最大正应力所在各点处于单向应力状态。于是可按单向应力状态下的强度条件形式来建立梁的正应力强度条件，为

$$\sigma_{max}\leqslant[\sigma] \tag{9-13}$$

式中，$[\sigma]$ 为材料的许用弯曲正应力。

（1）对于中性轴为横截面对称轴的塑性材料制成的梁，上述强度条件可写作

$$\sigma_{max}=\frac{M_{max}}{W_z}\leqslant[\sigma] \tag{9-14}$$

（2）由拉、压许用应力 $[\sigma_t]$ 和 $[\sigma_c]$ 不相等的脆性材料制成的梁，为充分发挥材料的强度，其横截面上的中性轴往往不是对称轴，应尽量使梁的最大工作拉应力 σ_{tmax} 和最大工作压应力 σ_{cmax} 分别达到（或接近）材料的许用拉应力 $[\sigma_t]$ 和许用压应力 $[\sigma_c]$。故其强度条件为

$$\sigma_{tmax}=\frac{M_{max}y_{tmax}}{I_z}\leqslant[\sigma_t] \tag{9-15a}$$

$$\sigma_{cmax}=\frac{M_{max}y_{cmax}}{I_z}\leqslant[\sigma_c] \tag{9-15b}$$

这种不对称截面梁进行强度计算时往往会有两个危险截面，即正弯矩最大的截面和负弯矩最大的截面。

利用强度条件可求解强度的三方面问题：强度校核、设计截面尺寸、确定外载荷。

例 9-3　圆截面外伸梁，其外伸部分是空心的，梁的受力与尺寸如图 9-7（a）所示。图中尺寸单位为 mm。已知：$F_P=10$ kN，$q=5$

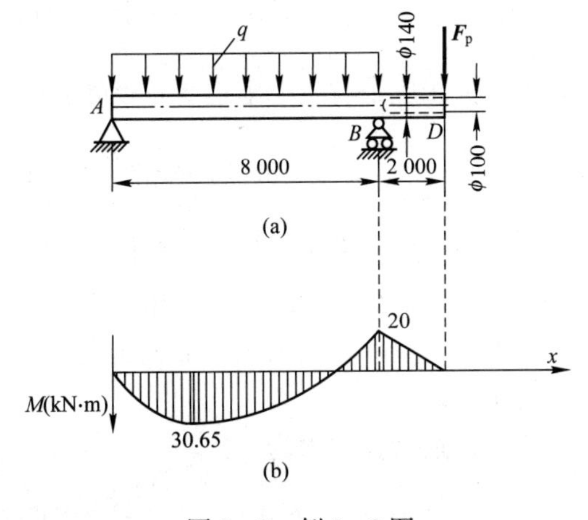

图 9-7　例 9-3 图

kN/m，许用应力 $[\sigma]=140$ MPa，试校核梁的强度。

解：(1) 画弯矩图，如图 9-7 (b) 所示。

(2) 计算应力，校核强度。

实心部分与空心部分的最大正应力分别为

$$\sigma_{\max(实)}=\frac{M_{\max1}}{W_{z1}}=\frac{32\times30.65\times10^3\ \text{N}\cdot\text{m}}{\pi(140\times10^{-3}\ \text{m})^3}=113.8\times10^6\ \text{Pa}=113.8\ \text{MPa}<[\sigma]$$

$$\sigma_{\max(空)}=\frac{M_{\max2}}{W_{z2}}=\frac{32\times20\times10^3\ \text{N}\cdot\text{m}}{\pi(140\times10^{-3}\ \text{m})^3\left[1-\left(\frac{100}{140}\right)^4\right]}=100.4\times10^6\ \text{Pa}=100.4\ \text{MPa}<[\sigma]$$

所以，梁的强度是安全的。

例 9-4 铸铁梁的载荷及截面尺寸如图 9-8 (a) 所示，点 C 为 T 形截面的形心（见图 9-8 (c)），惯性矩 $I_z=6\ 013\times10^4\ \text{mm}^4$，材料的许用拉应力 $[\sigma_t]=40$ MPa，材料许用压应力 $[\sigma_c]=160$ MPa，试校核该梁的强度。

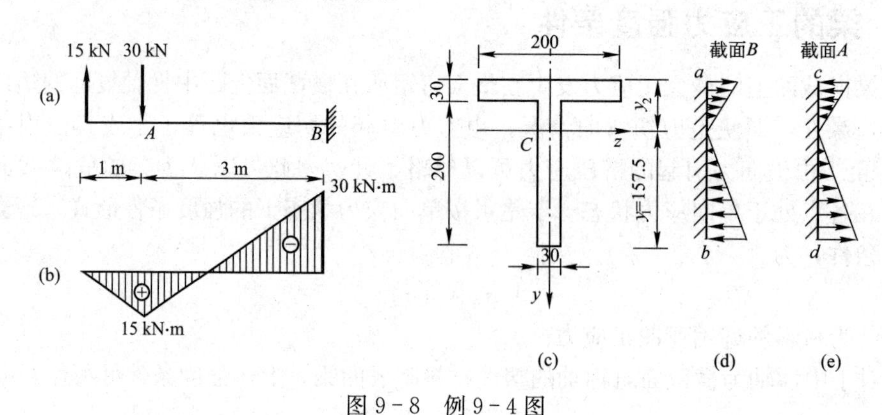

图 9-8 例 9-4 图

解：(1) 画梁的弯矩图。

如图 9-8 (b) 所示。绝对值最大的弯矩为负弯矩，发生于 B 点左侧相邻横截面上，应力分布如图 9-8 (d) 所示。此截面最大拉应力发生于截面上边缘各点处。由式 (9-10) 得

$$\sigma_{B-B,a}=\frac{M_B y_2}{I_z}=36.2\ \text{MPa}<40\ \text{MPa}=[\sigma_t]$$

B 截面最大压应力发生于下边缘各点处。由式 (9-10) 得

$$\sigma_{B-B,b}=\frac{M_B y_1}{I_z}=78.6\ \text{MPa}<160\ \text{MPa}=[\sigma_c]$$

虽然 A 截面弯矩值 $M_A<|M_B|$，但 M_A 为正弯矩，应力分布如图 9-8 (e) 所示。最大拉应力发生于截面下边缘各点，由于下边缘到中性轴的距离比上边缘到中性轴的距离长，所以，此截面上最大拉应力大于最大压应力。全梁最大拉应力究竟发生在哪个截面上，必须经计算才能确定。

A 截面最大拉应力为

$$\sigma_{A-A,d}=\frac{M_A y_1}{I_z}=39.3\ \text{MPa}<40\ \text{MPa}=[\sigma_t]$$

由上述计算结果可知，最大压应力发生于 B 点左侧相邻横截面下边缘处，最大拉应力发生于 A 截面下边缘处。因为上述危险点的应力值均满足强度条件，因此梁是安全的。

9.4 梁弯曲时的切应力、梁的切应力强度条件

9.4.1 梁弯曲时的切应力

工程中的梁，大多数并非发生纯弯曲，而是剪切弯曲。但由于其绝大多数为细长梁，并且在一般情况下，细长梁的强度主要取决于正应力强度，而无须考虑切应力强度。但在遇到梁的跨度较小或在支座附近作用有较大载荷，铆接或焊接的组合截面钢梁（如工字形截面的腹板厚度与高度之比较一般型钢截面的对应比值小）、木梁等特殊情况时，则必须考虑切应力强度。本节将简介常见梁截面的切应力分布规律及其计算公式。

1. 矩形截面梁

如图 9－9（a）所示，从一简支梁上用 $m—m$、$n—n$ 两个横截面切取长为 $\mathrm{d}x$ 的一微段。

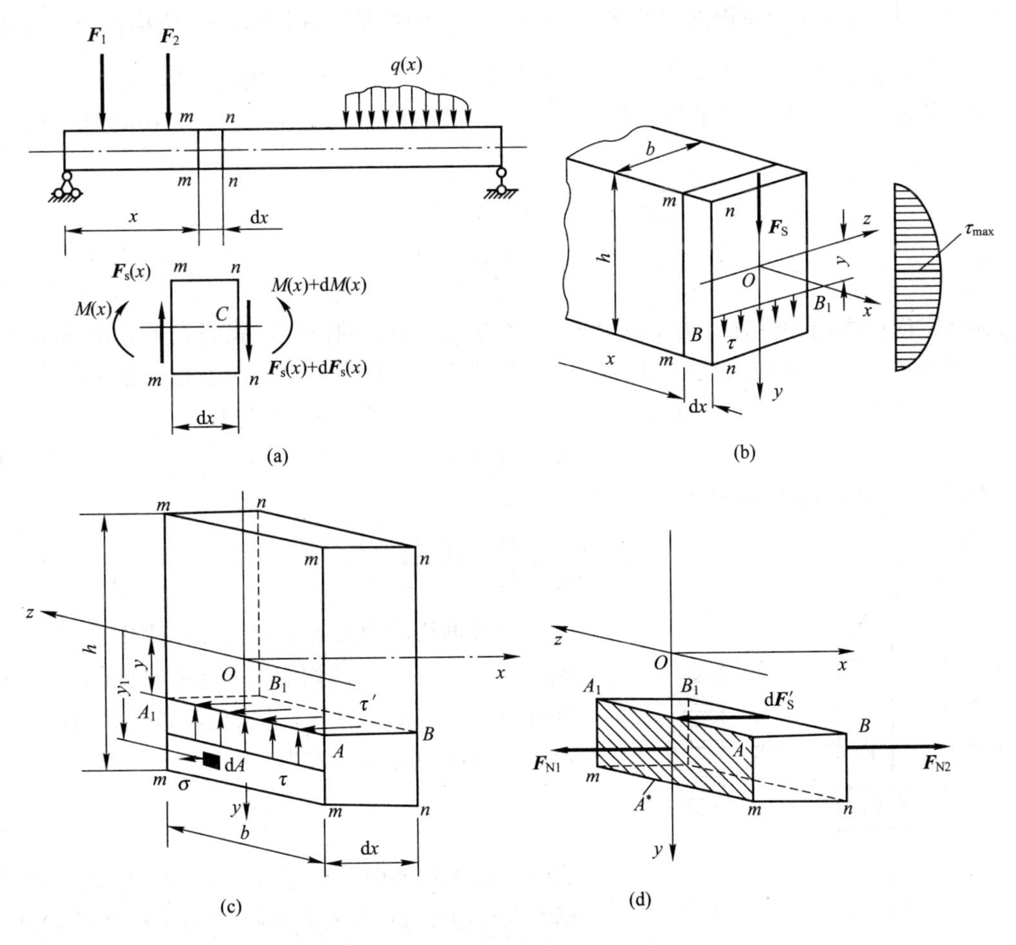

图 9－9 梁弯曲时的切应力分析

由于梁的侧面为自由表面，其上无切应力，故根据切应力互等定理可知，对称弯曲时，横截面（见图 9-9 (b)）周边各点不可能有垂直于周边的切应力分量。由于截面上的剪力平行于截面侧边 $n—n$，而剪力是截面各点切向内力的合力。从而可推断出，横截面上存在与侧边平行的切应力分量，亦即截面切应力必与对称轴 y 平行。从而对于矩形截面可以假设：(1) 横截面上各点处的切应力均与侧边平行或与剪力作用线平行；(2) 横截面上距中性轴等远处的切应力大小相等。

从微段中用距离中性层为 y 且平行于中性层的纵截面 AA_1B_1B 假想地截出体积元素 mB_1（见图 9-9 (c) 及图 9-9 (d)），由于截面 $m—m$ 和 $n—n$ 上的弯矩不相等，使得两个截面上对应等高点（距离中性轴 z 的高度为 y_1 的点）的弯曲正应力 $\sigma_{(1)}$ 和 $\sigma_{(2)}$ 不相等。因此，两个端面 mmA_1A 和 nnB_1B 上与正应力对应的法向内力 $\boldsymbol{F}_{N1}$ 和 $\boldsymbol{F}_{N2}$ 也不相等，它们分别为

$$F_{N1}=\int_{A^*}\sigma_{(1)}\mathrm{d}A=\int_{A^*}\frac{My_1}{I_z}\mathrm{d}A=\frac{M}{I_z}\int_{A^*}y_1\mathrm{d}A=\frac{M}{I_z}S_z^* \tag{9-16}$$

$$F_{N2}=\int_{A^*}\sigma_{(2)}\mathrm{d}A=\int_{A^*}\frac{(M+\mathrm{d}M)}{I_z}y_1\mathrm{d}A=\frac{M+\mathrm{d}M}{I_z}\int_{A^*}y_1\mathrm{d}A=\frac{M+\mathrm{d}M}{I_z}S_z^* \tag{9-17}$$

式中，$S_z^*=\int_{A^*}y_1\mathrm{d}A$ 为面积 A^*（见图 9-9 (d)）对中性轴 z 的静矩；A^* 为横截面上距中性轴 z 为 y 的横线 AA_1 和 BB_1 以外部分的面积（见图 9-9 (d) 中的阴影线部分）。

由于体积元素 mB_1 受力平衡，且 $F_{N1}\neq F_{N2}$，故纵截面 AA_1B_1B 上会有切向内力 $\mathrm{d}\boldsymbol{F}'_S$（见图 9-9 (d)）。由

$$\sum F_x=0,\quad \mathrm{d}F'_S=F_{N2}-F_{N1}$$

得

$$\mathrm{d}F'_S=\frac{\mathrm{d}M}{I_z}S_z^* \tag{9-18}$$

为确定横截面离中性轴 z 为 y 的 AA_1 处各点切应力 τ 的情况，我们先来分析 AA_1 处纵截面上切向内力 $\mathrm{d}F'_S$ 对应的切应力 τ'。τ' 在 $\mathrm{d}x$ 长度内可以认为没有变化，这也就是认为，纵截面 AA_1B_1B 上的切应力 τ' 在该纵截面范围内是没有变化的。于是有

$$\mathrm{d}F'_S=\tau' b\mathrm{d}x \tag{9-19}$$

将式 (9-19) 代入式 (9-18)，得

$$\tau'=\frac{\mathrm{d}M}{\mathrm{d}x}\times\frac{S_z^*}{I_zb}=\frac{F_SS_z^*}{I_zb} \tag{9-20}$$

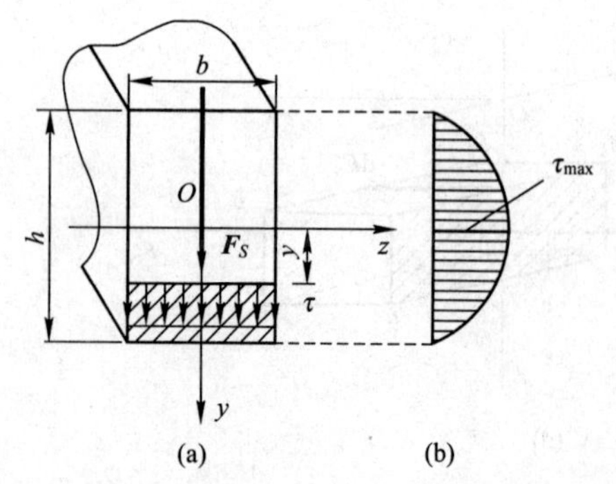

图 9-10 弯曲切应力的分布规律

再根据切应力互等定理可知，距中性层为 y 的纵截面 AA_1B_1B 上的切应力 τ' 与横截面的交线 AA_1 处各点的切应力 τ 互等，从而得出矩形截面梁剪切弯曲时切应力计算公式为

$$\tau=\frac{F_SS_z^*}{I_zb} \tag{9-21}$$

式中：F_S 为横截面上的剪力；S_z^* 为距中性轴为 y 的横线以外的部分横截面的面积（见图 9-10 (a) 中的阴影线面积）对中性轴 z 的静矩；I_z 为横截面对中

性轴 z 的惯性矩；b 为矩形截面的宽度。

对于任意截面，F_S、I_z 和 b 都是一定的，则由式（9-21）可知，τ 应随 S_z^* 而变。由静矩的定义可以推出，S_z^* 为坐标 y 的二次函数，且 S_z^* 的值与面积 A^* 成正比。因此得到：横截面上与中性轴间距相等的点的切应力相等（见图 9-10（a））；横截面上的切应力沿截面高度呈抛物线变化，如图 9-10（b）所示；中性轴上各点的切应力为最大；与中性轴平行的截面边缘各点的切应力为零。

例如，对于矩形截面（见图 9-10（a）），有

$$S_z^* = b\left(\frac{h}{2}-y\right)\left[y+\frac{1}{2}\left(\frac{h}{2}-y\right)\right]=\frac{b}{2}\left(\frac{h^2}{4}-y^2\right)$$

将 S_z^* 代入式（9-21）得

$$\tau=\frac{F_S}{2I_z}\left(\frac{h^2}{4}-y^2\right) \tag{9-22}$$

由式（9-21）可知，矩形截面梁横截面上的切应力大小沿截面高度方向按二次抛物线规律变化（见图 9-10（b））；在横截面的上、下边缘处$\left(y=\pm\frac{h}{2}\right)$，切应力为零；在中性轴上（$y=0$），切应力值最大，为

$$\tau_{\max}=\frac{F_S h^2}{8I_z}=\frac{F_S h^2}{8\times bh^3/12}=\frac{3F_S}{2bh}=\frac{3F_S}{2A} \tag{9-23}$$

式中　$A=bh$ 为矩形截面的面积。

2. 工字形截面梁

（1）腹板上的切应力。

工字形截面梁由腹板和翼缘组成。横截面上的切应力主要分布于腹板上（如 18 号工字钢腹板上切应力的合力约为 $0.945F_S$）；翼缘部分的切应力分布比较复杂，数值很小，可以忽略。由于腹板是狭长矩形，则腹板上任一点的切应力可由式（9-21）计算。

如图 9-11（a）、（b）所示

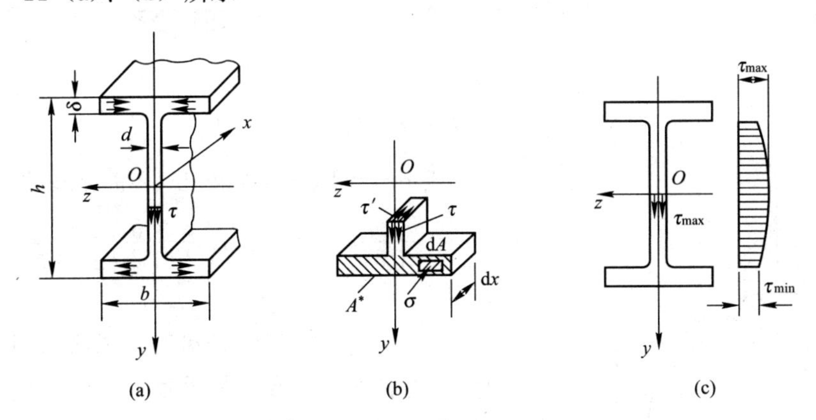

图 9-11　工字形截面腹板上剪应力分析

$$S_z^* = b\delta\left(\frac{h}{2}-\frac{\delta}{2}\right)+\left(\frac{h}{2}-\delta-y\right)d\times\left(\frac{\frac{h}{2}-\delta-y}{2}+y\right)=\frac{b\delta}{2}(h-\delta)+\frac{d}{2}\left[\left(\frac{h}{2}-\delta\right)^2-y^2\right]$$

在中性轴处（$y=0$），有

$$\tau_{\max}=\frac{F_S S_{z\max}^*}{I_z d}=\frac{F_S}{I_z d}\left[\frac{b\delta}{2}(h-\delta)+\frac{d}{2}\left(\frac{h}{2}-\delta\right)^2\right] \tag{9-24}$$

式中：d 为腹板的厚度；$S_{z\max}^*$为中性轴一侧的截面面积对中性轴的静矩；对于型钢，比值 $I_z/S_{z\max}^*$可直接由型钢表查出。

腹板上的切应力在与中性轴 z 垂直的方向按二次抛物线规律变化，如图 9－11（c）所示。

（2）在腹板与翼缘交界处：$y=\frac{h}{2}-\delta$，此处切应力为腹板切应力的最小值，为

$$\tau_{\min}=\frac{F_S}{I_z d}\times\frac{b\delta}{2}(h-\delta) \tag{9-25}$$

（3）翼缘上的切应力。

翼缘横截面上平行于剪力 $\boldsymbol{F}_S$ 的切应力在其上、下边缘处为零（因为翼缘的上、下表面无切应力），可见翼缘横截面上其他各处平行于 $\boldsymbol{F}_S$ 的切应力不可能大，故不予考虑。

分析表明，工字形截面梁的腹板承担了整个横截面上剪力 F_S 的 90%以上。

但是，如果从长为 dx 的梁段中用铅垂的纵截面在翼缘上截取如图 9－12（a）、（b）所示包含翼缘自由边在内的分离体就会发现，由于剪切弯曲情况下梁的相邻横截面上的弯矩不相等，故图示分离体前后两个同样大小的部分横截面上弯曲正应力构成的合力不相等，即 $F_{N1}\neq F_{N2}$，因而铅垂的纵截面上必有由切应力 τ_1'构成的合力 dF_S'。

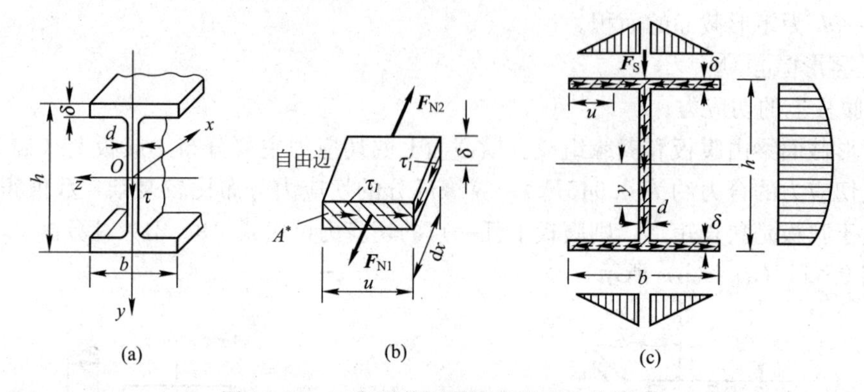

图 9－12　工字形截面翼缘处剪应力分析

由 $dF_S'=F_{N2}-F_{N1}$ 和 $dF_S'=\tau_1'\delta dx$，得

$$\tau_1'=\frac{F_S S_z^*}{I_z\delta}=\frac{F_S}{I_z\delta}\times\left[\delta u\left(\frac{h}{2}-\frac{\delta}{2}\right)\right]=\frac{F_S}{2I_z}\times u(h-\delta) \tag{9-26}$$

再由切应力互等定理可知，翼缘横截面上距自由边为 u 处有平行于翼缘横截面边长的切应力 τ_1，而且它是随 u 按线性规律变化的。分析表明，工字形截面梁，横截面的上、下翼缘与腹板切应力构成了“切应力流”，如图 9－12（c）所示。

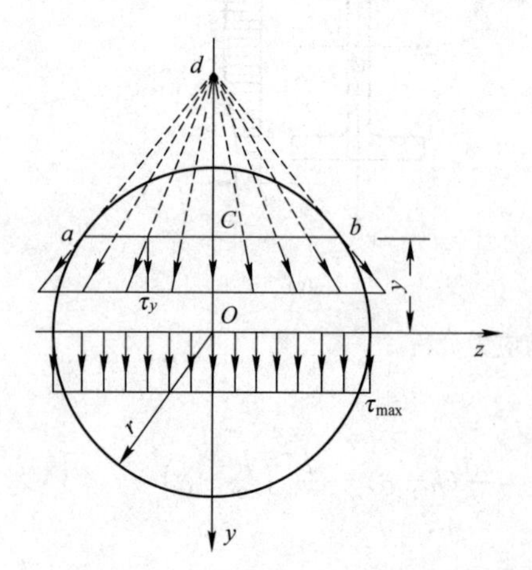

图 9－13　圆形截面上的切应力分布

3. 圆形截面梁的最大切应力

如图 9－13 所示，圆形截面上应力分布比较复杂，但其最大切应力仍在中性轴上各点处，由切应力互等

定理可知，该圆形截面左右边缘上点的切应力方向不仅与其圆周相切，而且与剪力 $\boldsymbol{F}_S$ 同向。若假设中性轴上各点切应力均布，便可由式（9－21）求得 τ_{max}的近似值，此时，b 为圆的直径 d，S_z^* 则为半圆面积对中性轴的静矩$\left[S_z^*=\left(\frac{\pi d^2}{8}\right)\cdot\frac{2d}{3\pi}\right]$。将 S_z^* 和 d 代入式（9－21），便得

$$\tau_{max}=\frac{F_S S_z^*}{I_z b}=\frac{F_S\cdot\left(\frac{\pi d^2}{8}\right)\cdot\frac{2d}{3\pi}}{\frac{\pi d^4}{64}\cdot d}=\frac{4F_S}{3A} \tag{9-27}$$

式中，$A=\frac{\pi}{4}d^2$为圆形截面的面积。

9.4.2 梁弯曲时切应力强度条件

由式（9－21）得，梁弯曲时切应力强度条件为

$$\tau_{max}=\frac{F_{Smax}S_{zmax}^*}{I_z b}\leqslant[\tau] \tag{9-28}$$

梁在载荷作用下，进行强度计算时必须同时满足正应力强度条件和切应力强度条件。在选择梁的截面尺寸时，通常先按正应力强度条件定出截面尺寸，再按切应力强度条件校核。

例9－5 如图9－14（a）所示，工字截面简支钢梁。已知 $l=2$ m，$q=10$ kN/m，$F=200$ kN，$a=0.2$ m。许用应力$[\sigma]=160$ MPa，$[\tau]=100$ MPa。试选择工字钢型号。

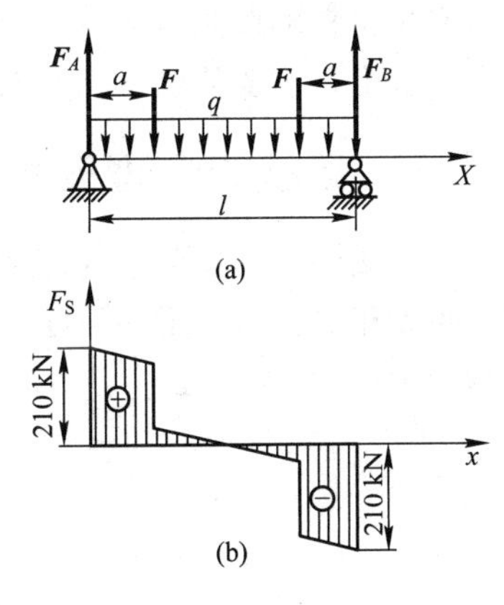

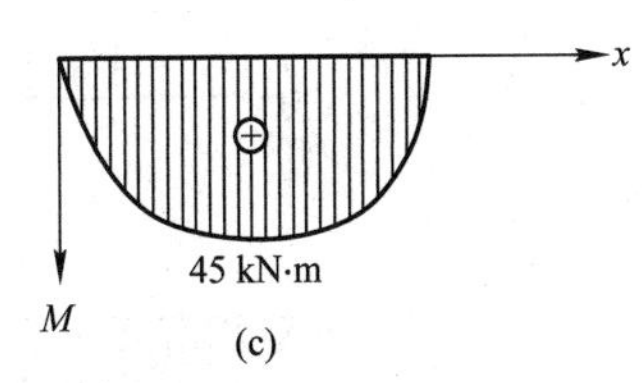

图9－14 例9－5图

解： 1. 由结构及载荷分布的对称性得梁的支座反力为

$$F_A=F_B=(ql+2F)/2=210\ \text{kN}$$

2. 画梁的剪力图和弯矩图

如图9－14（b）、（c）所示，有

$$F_{Smax}=210\ \text{kN},\quad M_{max}=45\ \text{kN}\cdot\text{m}$$

3. 强度计算

（1）选择钢梁的型号。

由正应力强度条件（式9－14）得

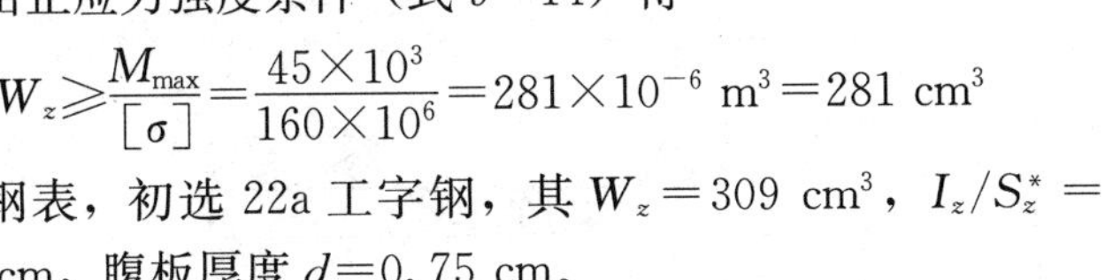

$$W_z\geqslant\frac{M_{max}}{[\sigma]}=\frac{45\times10^3}{160\times10^6}=281\times10^{-6}\ \text{m}^3=281\ \text{cm}^3$$

查型钢表，初选22a工字钢，其 $W_z=309\ \text{cm}^3$，$I_z/S_z^*=$ 18.9 cm，腹板厚度 $d=0.75$ cm。

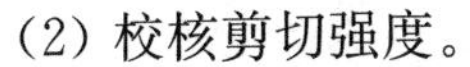

（2）校核剪切强度。

由剪应力强度条件（式9－28）得

$$\tau_{max}=\frac{F_{Smax}S_{zmax}^*}{I_z b}=\frac{210\times10^3}{18.9\times10\times0.75\times10}=148\ \text{MPa}>[\tau]=100\ \text{MPa}$$

由此可知选取22a工字钢其切应力强度不够，需重新选择。由于所选型钢的切应力强度不能满足，说明切应力的强度要求较高，因此，重新选择时应根据剪切强度条件计算。计算时可

根据剪切强度条件重新计算一遍，也可以在原来所选型钢基础上重新选择，然后再校核剪切强度。

若选取 25b 工字钢，由型钢表查得，$I_z/S_z^*=21.3$ cm，$d=1$ cm，由式（9-28）得

$$\tau_{max}=\frac{F_{Smax}S_{zmax}^*}{I_z b}=\frac{210\times10^3}{21.3\times10\times1\times10}=98.6\ \text{MPa}<[\tau]=100\ \text{MPa}$$

因此，应选取 25b 工字钢，可同时满足梁的正应力和切应力强度条件。

9.5 提高梁强度的措施

由于弯曲正应力是控制梁强度的主要因素，所以弯曲正应力的强度条件

$$\sigma_{max}=\frac{M_{max}}{W_z}\leqslant[\sigma]$$

往往是设计梁的主要依据。根据这一条件，要提高梁的承载能力应从两方面考虑，一是合理的布置载荷，以降低最大弯矩的数值；另一方面是采用合理的截面形状，以提高 W 的数值，充分利用材料的性能。

工程上，主要从以下几方面提高梁的强度。

9.5.1 支座的合理安排和梁的载荷合理配置

改善梁的受力情况，尽量降低梁内最大弯矩，实质上是减小了梁危险截面上的最大应力值，也就相对提高了梁的强度。如图 9-15（a）所示。简支梁受均布载荷作用时，梁内最大弯矩为

$$M_{max}=\frac{ql^2}{8}=0.125ql^2$$

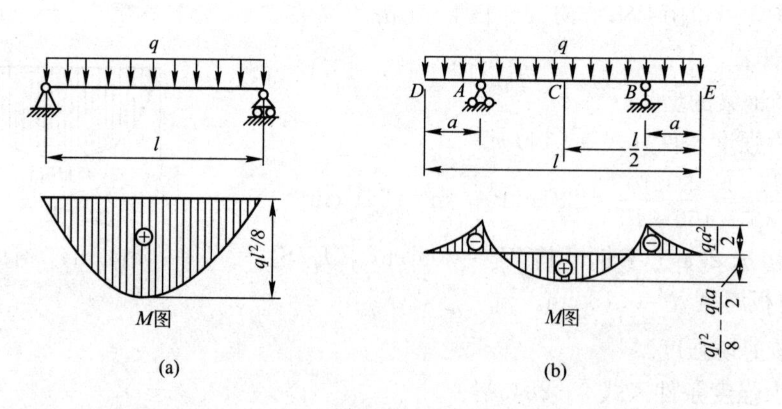

图 9-15　合理安排支座可降低最大弯矩

若将两端支座靠近，移动距离 $a=0.2l$（见图 9-15（b）），则最大弯矩减小为

$$M_{max}=\frac{ql^2}{40}=0.025ql^2$$

只是前者的$\frac{1}{5}$。即按图 9－15（b）方案设计支座位置，承载能力可提高 4 倍。

再如，在情况允许的条件下，可以把较大的集中力分散成较小的力，或者改变成分布载荷。图 9－16（a）为简支梁跨度中点作用有集中力，梁的最大弯矩为 $M_{max}=\frac{1}{4}Fl$。如果将集中力 $\boldsymbol{F}$ 分散成图 9－16（b）所示的两个集中力，则最大弯矩降低为 $M_{max}=\frac{1}{8}Fl$。再者，如果将该集中力向支座方靠近，如图 9－16（c）所示，梁的最大弯矩仅为 $M_{max}=\frac{5}{36}Fl$，相比集中力 $\boldsymbol{F}$ 作用于梁的中点，弯矩就小了很多。

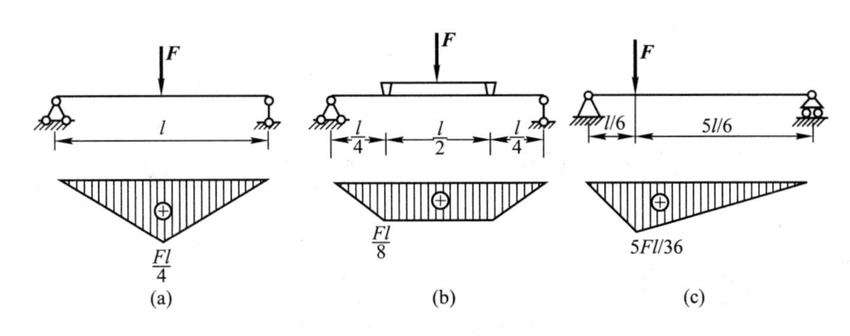

图 9－16　合理配置载荷可降低最大弯矩

9.5.2　选择合理的截面形状

平面弯曲时，梁横截面上的正应力沿着高度方向线性分布，距离中性轴越远的点，正应力越大，中性轴附近的各点正应力很小。当到中性轴最远点上的正应力达到许用应力值时，中性轴附近各点的正应力还远远小于许用应力值。因此，可以认为，横截面上中性轴附近的材料没有被充分利用。为了使这部分材料得到充分利用，应尽可能使横截面上的面积分布在距中性轴较远处，以使抗弯截面系数 W_z 增大。工程结构中常用的有空心截面和各种各样的薄壁截面（如工字形、槽形、箱形截面等）。

增加 W_z 的同时，梁的横截面面积有可能增加，这意味着要增加材料的消耗。因此，合理的截面应是使横截面的 W/A 数值尽可能大。W/A 数值与截面的形状有关。表 9－1 中列出了常见截面的 W/A 数值。

表 9－1　常见截面的 W/A 数值

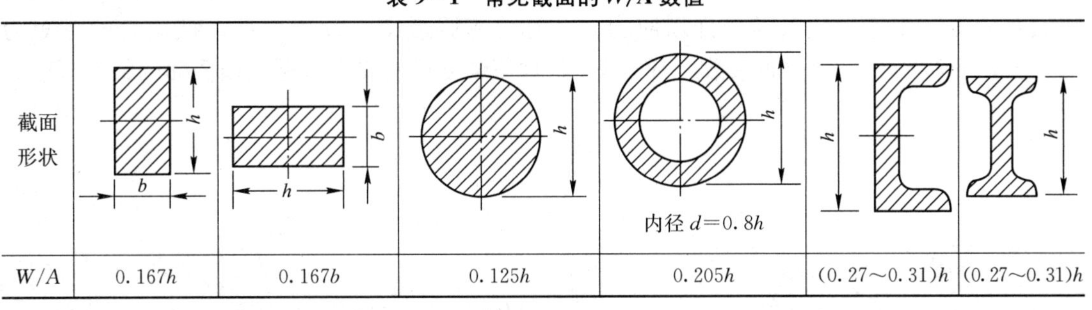

截面形状	b, h	h, b	h	h，内径 $d=0.8h$	h	h
W/A	$0.167h$	$0.167b$	$0.125h$	$0.205h$	$(0.27\sim0.31)h$	$(0.27\sim0.31)h$

以宽度为 b、高度为 h 的矩形截面为例，当横截面竖直放置，而且载荷作用在竖直对称

面内时，$W/A=0.167h$；当横截面横向放置，而且载荷作用在短轴对称面内时，$W/A=0.167b$。如果 $h/b=2$，则截面竖直放置时的 W/A 值是截面横向放置时的两倍。显然，矩形截面梁竖直放置比较合理，圆环截面比圆形截面合理，槽形截面和工字形截面是更为合理的截面形式。

经济合理的截面形状应当使边缘处的最大拉应力与最大压应力同时达到材料的许用值。对抗拉与抗压能力相同的材料（如钢材），应采用对称于中性轴的截面，如圆形、矩形、工字形等，这样，可使截面上下边缘处的最大拉应力和最大压应力数值相等，同时接近许用应力。对于抗拉和抗压强度不相等的材料（如铸铁），应使中性轴偏于强度较弱（受拉）的一边（见图 9－17），使其边缘处的拉应力与压应力同时达到许用值。对这类截面，因为

$$\sigma_{\mathrm{tmax}}=\frac{M_{\max}y_1}{I_z}\leqslant[\sigma_{\mathrm{t}}],\quad \sigma_{\mathrm{cmax}}=\frac{M_{\max}y_2}{I_z}\leqslant[\sigma_{\mathrm{c}}]$$

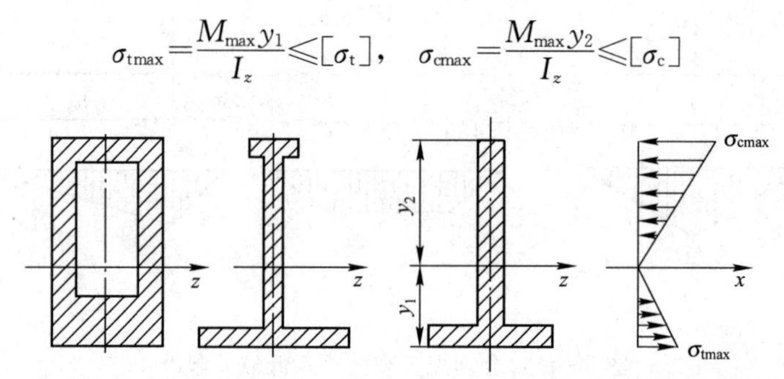

图9－17　对于抗拉压强度不等的材料，尽量使中性轴靠近受拉边

因此，为充分发挥材料的强度，最合理的设计应使 y_1 和 y_2 之比接近于下列关系：

$$\frac{y_1}{y_2}=\frac{[\sigma_{\mathrm{t}}]}{[\sigma_{\mathrm{c}}]} \tag{9-29}$$

9.5.3　采用变截面梁或等强度梁

前面讨论的梁都是等截面的，$W=$常数，但梁在各截面上的弯矩却随截面的位置而变化。由式（9－12）可知，对于等截面梁来说，只有在弯矩为最大值 $M_{\max}$ 的截面上，最大应力才有可能接近许用应力。其余各截面上弯矩较小，应力也就较低，材料没有充分利用。为了节约材料，减轻自重，可改变截面尺寸，使抗弯截面系数随弯矩而变化。在弯矩较大处采用较大截面，而在弯矩较小处采用较小截面，这种截面沿轴线变化的梁，称为**变截面梁**。变截面梁的正应力计算仍可近似地用等截面梁的公式。如果变截面梁各横截面上的最大正应力都相等，且都等于许用应力，就称为**等强度梁**。设梁在任一截面上的弯矩为 $M(x)$，而截面的抗弯截面系数为 $W(x)$，根据等强度梁的要求，所有横截面的最大正应力应为

$$\sigma_{\max}=\frac{M(x)}{W(x)}=[\sigma] \tag{9-30a}$$

或者写成

$$W(x)=\frac{M(x)}{[\sigma]} \tag{9-30b}$$

上式为等强度梁的 $W(x)$ 沿梁轴线变化的规律。

1. 矩形截面等强度梁截面宽度的设计

如图 9－18（a）所示为在集中力 **F** 作用下的简支等强度梁，截面为矩形，设截面高度 h=常数，而宽度 b 为 x 的函数，即 $b=b(x)\left(0\leqslant x\leqslant\frac{l}{2}\right)$，则截面的抗弯截面系数为

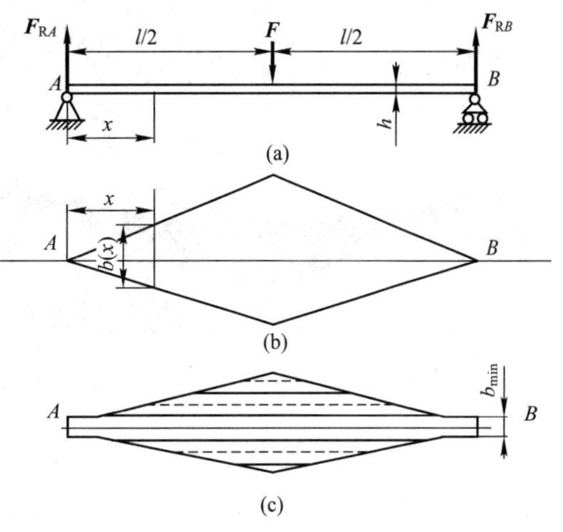

图 9－18 矩形截面等强度梁截面宽度的设计

$$W(x)=\frac{b(x)h^2}{6}=\frac{M(x)}{[\sigma]}=\frac{\frac{F}{2}x}{[\sigma]}$$

于是

$$b(x)=\frac{3Fx}{[\sigma]h^2} \tag{9-31a}$$

截面宽度 $b(x)$ 是 x 的一次函数，如图 9－18（b）所示。因为载荷对称于跨度中点，因而截面形状也对跨度中点对称。按上式所表示的关系，在梁的两端，$x=0$，$b(x)=0$，支座处截面宽度等于零，这显然不切实际。因而还需要按剪切强度条件设计支座附近截面的宽度。设所需要的最小截面宽度为 $b_{\min}$，如图 9－18（c）所示，根据切应力强度条件

$$\tau_{\max}=\frac{3F_{S\max}}{2A}=\frac{3}{2}\frac{\frac{F}{2}}{b_{\min}h}=[\tau]$$

求得

$$b_{\min}=\frac{3F}{4h[\tau]} \tag{9-31b}$$

2. 矩形截面等强度梁截面高度的设计

如图 9－18（a）所示，若矩形截面等强度梁的截面宽度 b 为常数，而高度 h 为 x 的函数，即 $h=h(x)$，用与上述完全相同的方法可以求得

$$h(x)=\sqrt{\frac{3Fx}{b[\sigma]}} \tag{9-32a}$$

$$h_{\min}=\frac{3F}{4h[\tau]} \tag{9-32b}$$

按式（9－32）可确定梁的形状如图 9－19（a）所示。根据工程实际的要求，可把梁做成如图 9－19（b）所示的“鱼腹梁”。

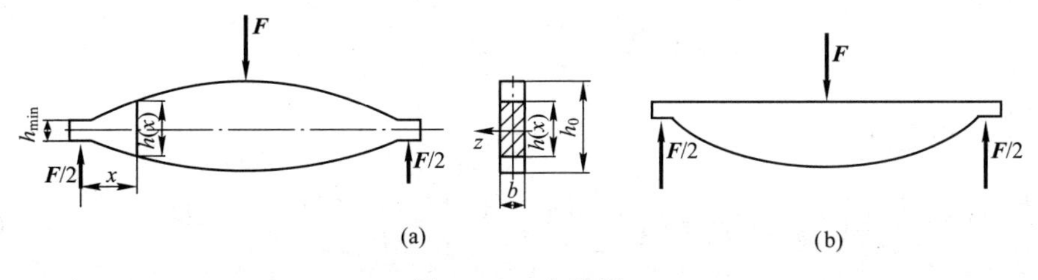

图 9－19 鱼腹梁

还有机械车辆上经常使用的叠板弹簧，如图 9－20 所示，就是利用等强度梁的概念制造的。

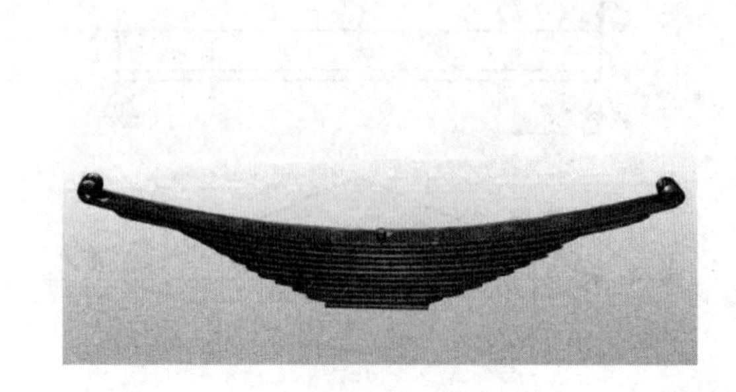

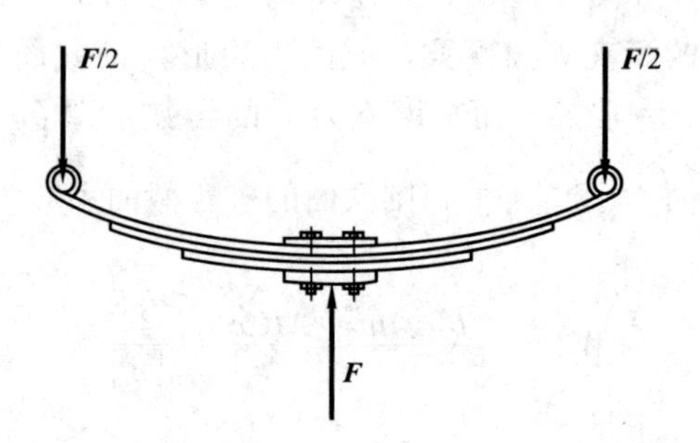

图 9－20　叠板弹簧及其受力简图

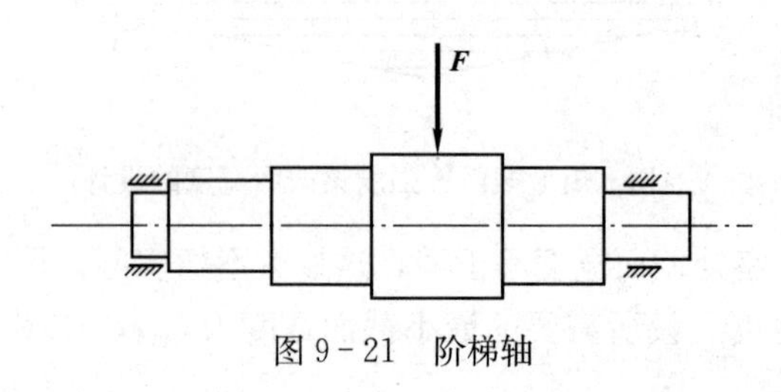

图 9－21　阶梯轴

使用公式（9－30（b）），也可求得圆截面等强度梁的截面直径沿轴线的变化规律，那么，类似于“鱼腹梁”，可将圆截面轴做成阶梯轴，如图 9－21 所示。

上述三种形状的梁都是能最大发挥材料潜力的等强度梁。

*9.6　开口薄壁杆件的弯曲切应力　弯曲中心

9.6.1　开口薄壁杆件的弯曲切应力

薄壁截面杆的弯曲切应力计算公式与矩形截面弯曲切应力公式在形式上是完全相同的，即

$$\tau=\frac{F_S S_z^*}{\delta I_z}$$

式中，I_z 为全截面关于中性轴的惯性矩；δ 为待求应力处的截面宽度；F_S 为截面内的剪力。对于某一横截面，以上三个量通常为常数。S_z^* 为待求应力处一侧截面关于中性轴的静矩，此量将能反映截面各处切应力的变化规律。

对于图 9－22 所示的工字形截面，翼缘上的切应力为

$$\tau_1=\frac{F_S S_z^*}{I_z\delta}=\frac{F_S}{I_z\delta}\times u\delta\times\frac{h}{2}=\frac{F_S}{2I_z}uh \tag{9-33a}$$

腹板上的切应力为

$$\tau=\frac{F_S}{dI_z}\left[b\delta\cdot\frac{h}{2}+\left(\frac{h-\delta}{2}-y\right)\cdot d\left(\frac{h-\delta}{2}+y\right)\Big/2\right]=\frac{F_S}{2I_z}\left[\frac{b\delta h}{d}+\frac{(h-\delta)^2}{4}-y^2\right] \tag{9-33b}$$

对于如图 9－22 所示的具有纵向对称轴 y 的截面，翼缘上水平方向切应力的合力是自平

衡力系。腹板上的切应力对应的合力近似等于截面内的剪力 F_S。全截面上切应力对应的合力通过腹板。对于没有纵向对称轴的截面，如槽形截面（见图 9-23），全截面上切应力对应的合力则不会通过腹板。

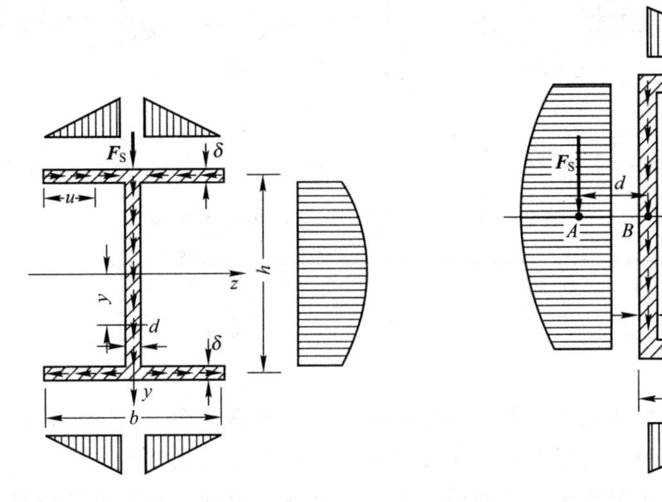

图 9-22 工字形截面上的切应力流

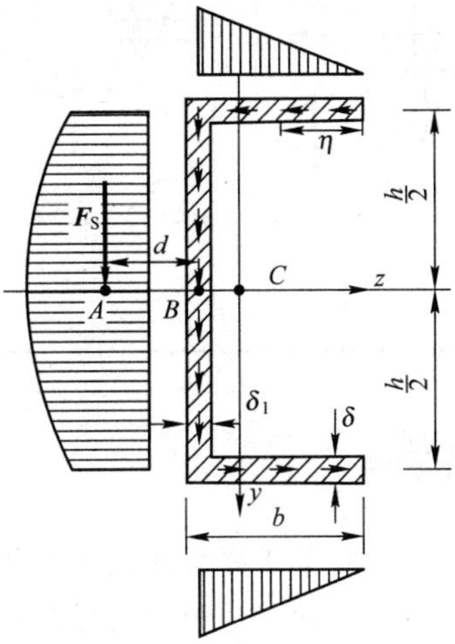

图9-23 槽形截面上的切应力流

9.6.2 弯曲中心

对于槽形截面，可以证明翼缘及腹板的切应力分布如图 9-23 所示。切应力公式（9-33a）和（9-33b）仍是适用的。由力系向一点简化的方法可知，槽形截面切应力对应的合力应通过位于腹板左侧、与腹板相距 d 的 A 点。A 点称为截面的弯曲中心。注意到全截面切应力对 B 点之矩等于剪力 $\boldsymbol{F}_S$ 对 B 点之矩，即

$$h\int_0^b \tau_1 \cdot \delta \mathrm{d}\eta = F_S d$$

将（9-33a）代入上式，可得

$$\frac{h^2 F_S \delta b^2}{4I_z} = F_S d$$

解出

$$d = \frac{h^2 b^2 \delta}{4I_z} \tag{9-34}$$

式（9-34）中只有与截面尺寸及惯性矩 I_z 有关的几何量，而与载荷无关。因而确定弯曲中心的位置是开口薄壁截面的几何性质。确切地讲，所谓**弯曲中心**，应是沿形心主惯性轴方向加载时，两个方向切应力对应合力的交点。因而可总结出关于简单截面弯曲中心位置的如下规律：

（1）如果截面具有两个对称轴，如图 9-22 所示的工字形截面，则弯曲中心与形心重合；

（2）如果截面具有一个对称轴，如图 9-23 所示的槽形截面，则弯曲中心必在此对称轴上；

（3）如果截面由两分支截面汇交，则弯曲中心在分支截面的汇交点上，见表 9-2。

表 9-2 几种截面的弯曲中心位置

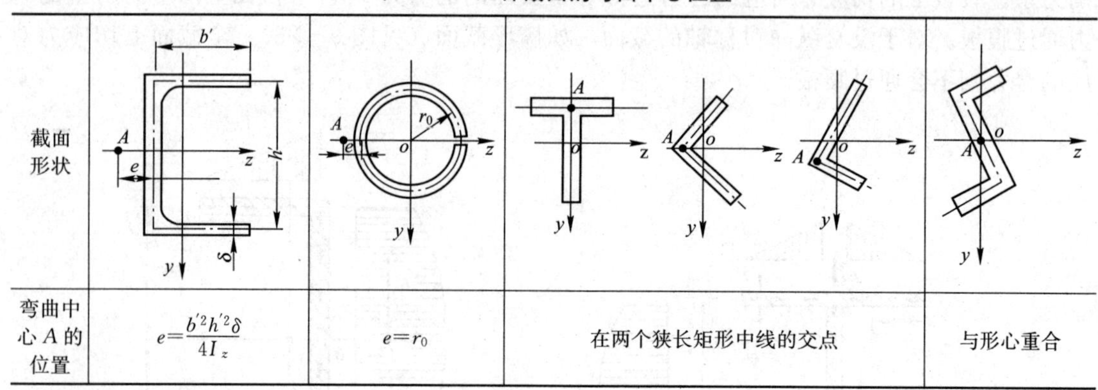

截面形状	见上图	见上图	见上图	见上图
弯曲中心 A 的位置	$e=\frac{b'^2h'^2\delta}{4I_z}$	$e=r_0$	在两个狭长矩形中线的交点	与形心重合

思考题

9-1　对于既有正弯矩区段又有负弯矩区段的梁，如果横截面为上下对称的工字形，则整个梁的横截面上的 σ_{tmax} 和 σ_{cmax} 是否一定在弯矩绝对值最大的横截面上？

9-2　对于所有横截面上弯矩均为正值（或均为负值）的梁，如果中性轴不是横截面的对称轴，则整个梁的横截面上的 σ_{tmax} 和 σ_{cmax} 是否一定在弯矩最大的横截面上？

9-3　试问，在推导对称弯曲正应力公式时作了哪些假设？在什么条件下这些假设才是正确的？

9-4　请区别如下概念：纯弯曲与横力弯曲；中性轴与形心轴；弯曲刚度与抗弯截面系数。

9-5　为什么在直梁弯曲时，中性轴必定通过截面的形心？

*9-6　槽形截面悬臂梁加载如图 9-24 所示。图中 C 为形心，O 为弯曲中心。关于自由端截面位移有以下四种结论，请判断哪一种是正确的。

(A) 只有向下的移动，没有转动；

(B) 只绕点 C 顺时针方向转动；

(C) 向下移动且绕点 O 逆时针方向转动；

(D) 向下移动且绕点 O 顺时针方向转动。

*9-7　等边角钢悬臂梁，受力如图 9-25 所示。关于截面 A 的位移有以下四种答案，请判断哪一种是正确的。

(A) 下移且绕点 O 转动；

(B) 下移且绕点 C 转动；

(C) 下移且绕 z 轴转动；

(D) 下移且绕 z' 轴转动。

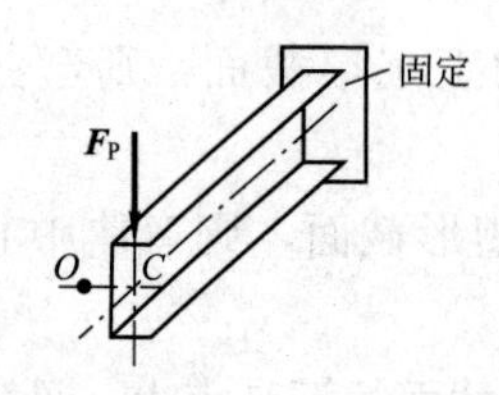

图 9-24　思考题 9-6 图

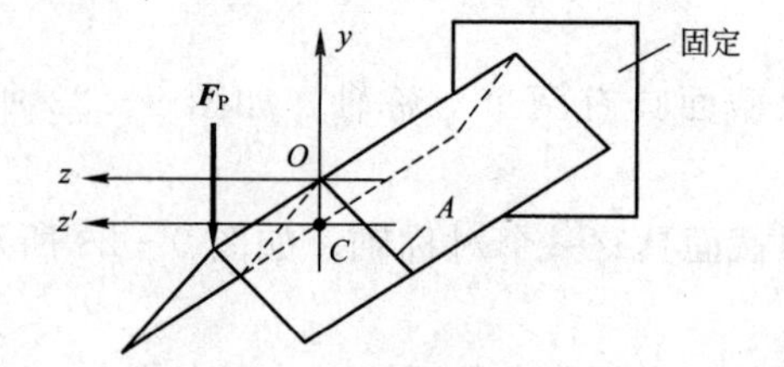

图 9-25　思考题 9-7 图

*9－8 请判断图9－26所示的四种图形中的切应力流方向哪一种是正确的。

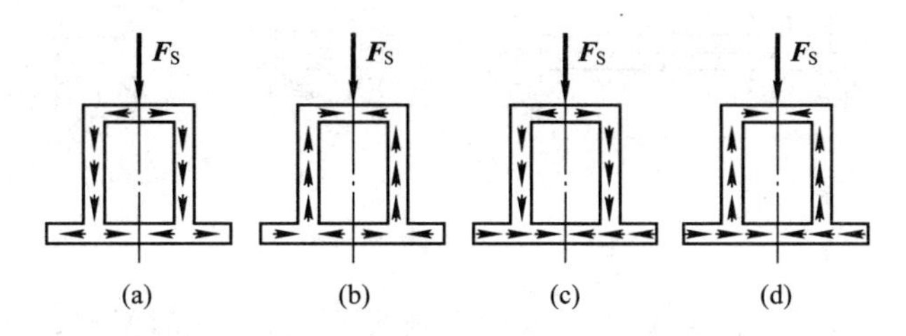

图9－26 思考题9－8图

*9－9 四种不同截面的悬臂梁，在自由端承受集中力，其作用方向如图9－27所示，图中O为弯曲中心。关于哪几种情形下可以直接应用弯曲正应力公式和弯曲剪应力公式，有以下四种结论，请判断哪一种是正确的。

(A) 仅 (a)、(b) 可以；

(B) 仅 (b)、(c) 可以；

(C) 除 (c) 之外都可以；

(D) 除 (d) 之外都不可以。

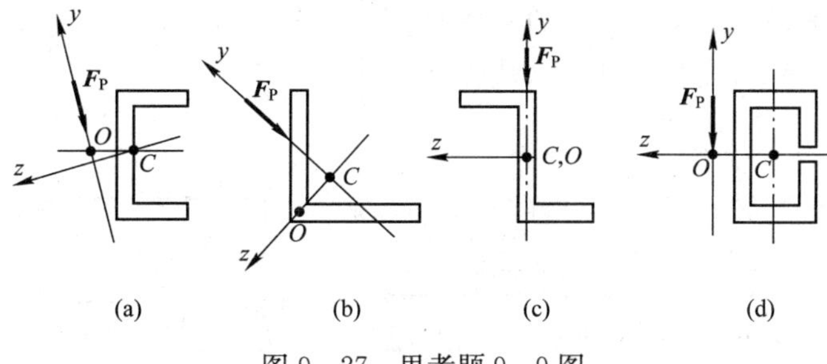

图9－27 思考题9－9图

习题

9－1 悬臂梁受力及截面尺寸如图9－28所示。图中的尺寸单位为mm。求：梁的1—1截面上A、B两点的正应力。

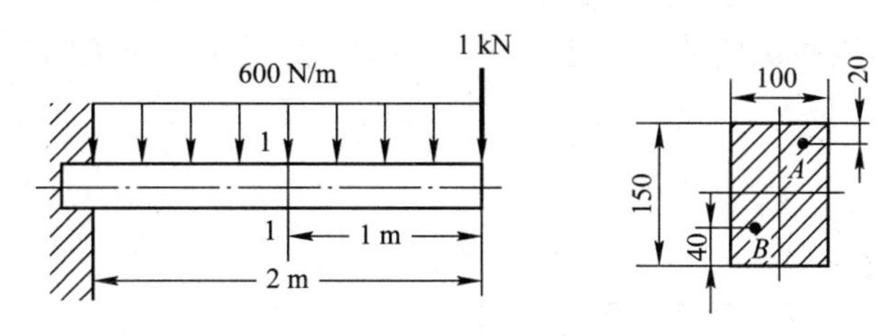

图9－28 习题9－1图

9－2 图9－29所示矩形截面简支梁，承受均布载荷q作用。若已知$q=2$ kN/m，$l=3$ m，$h=2b=240$ mm。试求：截面横放（见图（b））和竖放（见图（c））时梁内的最大正应力，并加以比较。

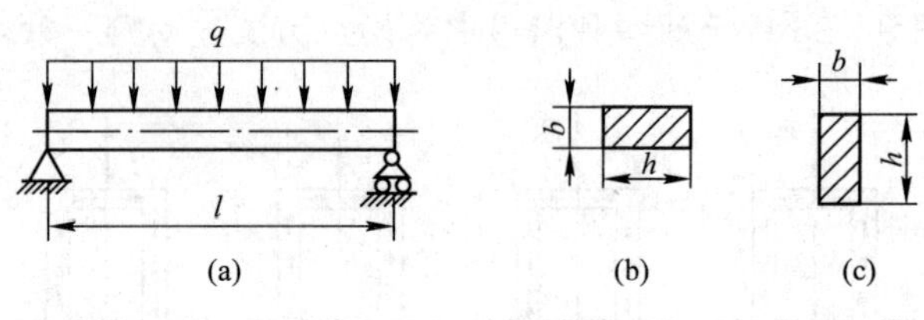

图 9-29 习题 9-2 图

9-3 厚度为 $h=1.5$ mm 的钢带，卷成直径为 $D=3$ mm 的圆环，试求钢带横截面上的最大正应力。已知钢的弹性模量 $E=210$ GPa。

9-4 梁在铅垂纵向对称面内受外力作用而弯曲。当梁具有图 9-30 所示各种不同形状的横截面时，试分别绘出各横截面上的正应力沿其高度变化的分布图。

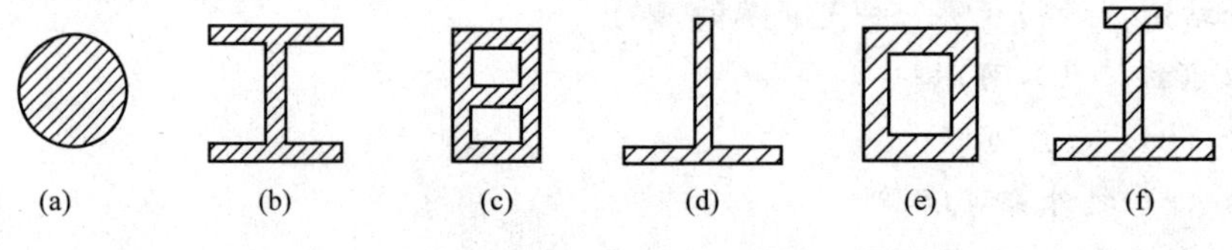

图 9-30 习题 9-4 图

9-5 矩形截面的悬臂梁受集中力和集中力偶作用，如图 9-31 所示。试求截面 $m—m$ 和固定端面 $n—n$ 上 A、B、C、D 四点处的正应力。

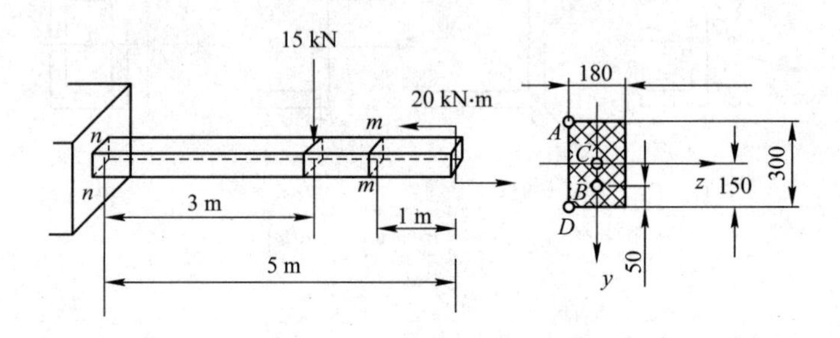

图 9-31 习题 9-5 图

9-6 图 9-32 所示为 16 号工字钢制成的简支梁，承受集中载荷 $\boldsymbol{F}$ 作用。在梁的截面 $C—C$ 处下边缘，用标距 $s=20$ mm 的应变仪量得纵向伸长 $\Delta s=0.008$ mm。已知梁的跨长 $l=1.5$ m，$a=1$ m，弹性模量 $E=210$ GPa。试求 $\boldsymbol{F}$ 力的大小。

9-7 简支梁的载荷情况及尺寸如图 9-33 所示，试求梁的下边缘的总伸长。已知材料的弹性模量为 E。

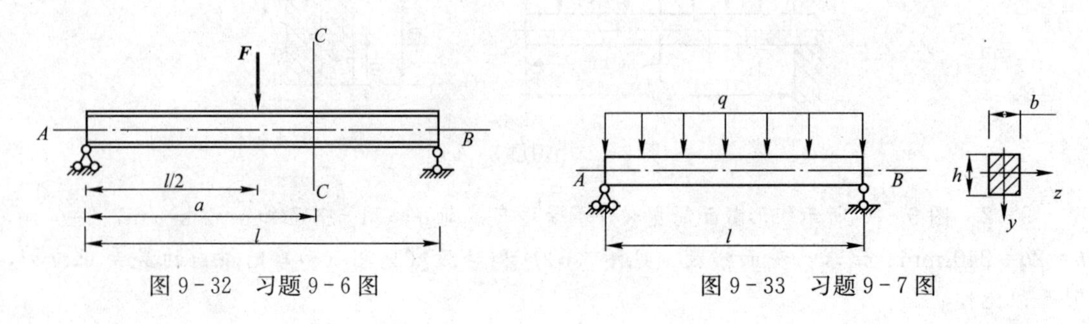

图 9-32 习题 9-6 图

图 9-33 习题 9-7 图

9-8 外伸梁 AC 承受载荷如图 9-34 所示，$M_e=40\ \text{kN}\cdot\text{m}$，$q=20\ \text{kN/m}$。材料的许用弯曲正应力 $[\sigma]=170\ \text{MPa}$，许用切应力 $[\tau]=100\ \text{MPa}$。试选择工字钢的型号。

9-9 如图 9-35 所示，由 No. 10 号工字钢制成的梁 ABD，左端 A 处为固定铰链支座，B 点处用铰链与钢制圆截面杆 BC 连接，BC 杆在 C 处用铰链悬挂。已知圆截面杆直径 $d=20\ \text{mm}$，梁和杆的许用应力均为 $[\sigma]=160\ \text{MPa}$，试求：结构的许用均布载荷集度 $[q]$。

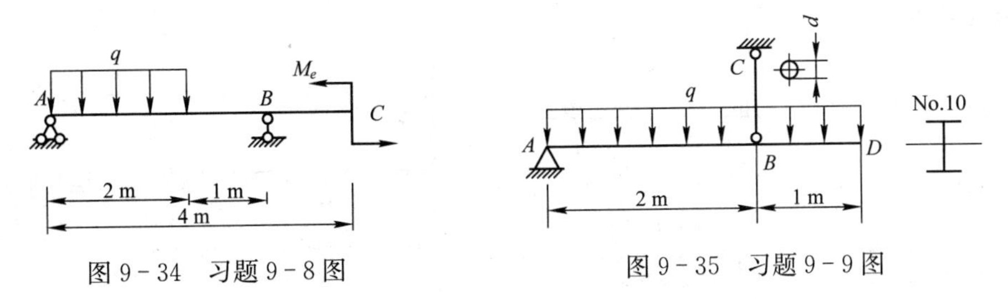

图 9-34 习题 9-8 图

图 9-35 习题 9-9 图

9-10 图 9-36 所示外伸梁承受集中载荷 $\boldsymbol{F}_P$ 作用，尺寸如图所示。已知 $F_P=20\ \text{kN}$，许用应力 $[\sigma]=160\ \text{MPa}$，试选择工字钢的型号。

9-11 一简支木梁受力如图 9-37 所示，载荷 $F=5\ \text{kN}$，距离 $a=0.7\ \text{m}$，材料的许用弯曲正应力 $[\sigma]=10\ \text{MPa}$，横截面为 $\dfrac{h}{b}=3$ 的矩形。试按正应力强度条件确定梁横截面的尺寸。

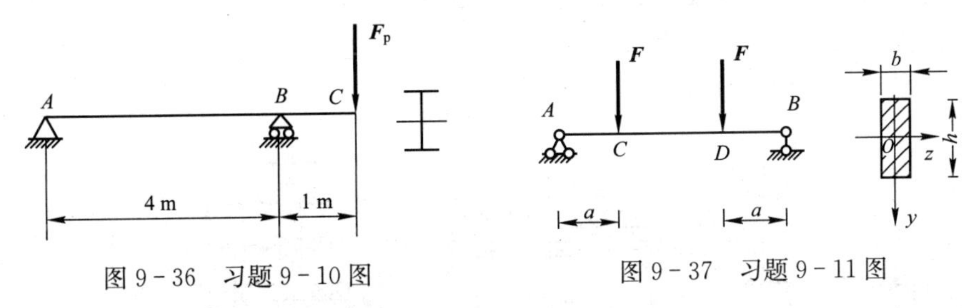

图 9-36 习题 9-10 图

图 9-37 习题 9-11 图

9-12 一正方形截面的悬臂梁的尺寸及所受载荷如图 9-38 所示。材料的许用弯曲正应力 $[\sigma]=10\ \text{MPa}$。现需在梁的截面 C 上中性轴处钻一直径为 d 的圆孔，试问在保证梁强度的条件下，圆孔的最大直径 d（不考虑圆孔处应力集中的影响）可达多少？

9-13 一铸铁简支梁的横截面如图 9-39 所示，跨长 $l=2\ \text{m}$，在梁跨中点受一集中载荷作用，$F=80\ \text{kN}$。已知许用拉应力 $[\sigma_t]=30\ \text{MPa}$，许用压应力 $[\sigma_c]=90\ \text{MPa}$。试确定截面尺寸 δ。

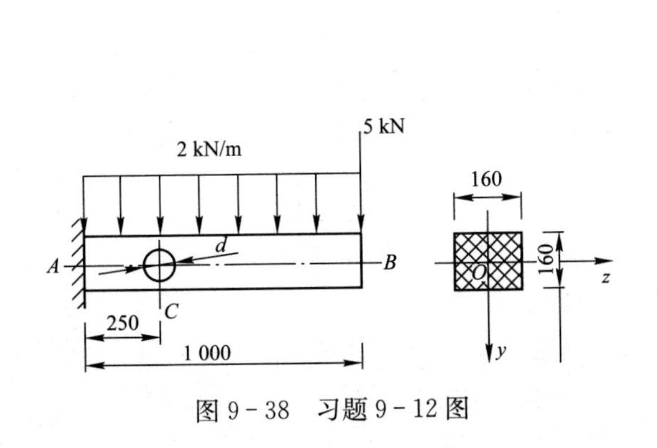

图 9-38 习题 9-12 图

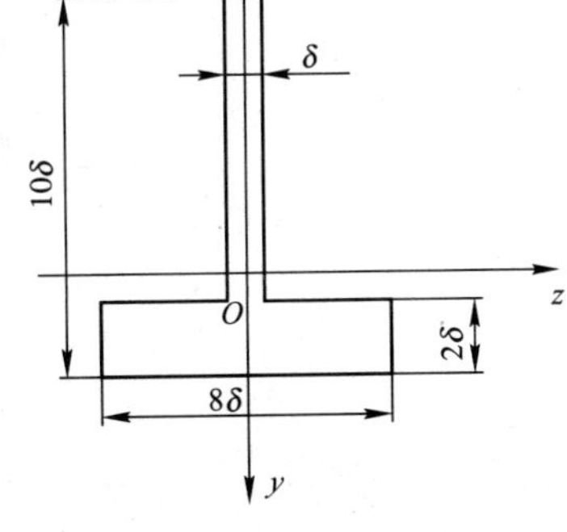

图 9-39 习题 9-13 图

9-14　一铸铁梁如图 9-40 所示。已知材料的拉伸强度极限 $\sigma_{bt}=150$ MPa，压缩强度极限 $\sigma_{bc}=630$ MPa。试求梁的安全因数。

9-15　悬臂梁 AB 受力如图 9-41 所示，其中 $F_P=10$ kN，$M=70$ kN·m，$a=3$ m。梁横截面的形状及尺寸均示于图中（单位为 mm），C 为截面形心（图 (b)），截面对中性轴的惯性矩 $I_z=1.02\times10^8$ mm^4，拉伸许用应力 $[\sigma]^+=40$ MPa，压缩许用应力 $[\sigma]^-=120$ MPa。试校核梁的强度是否安全。

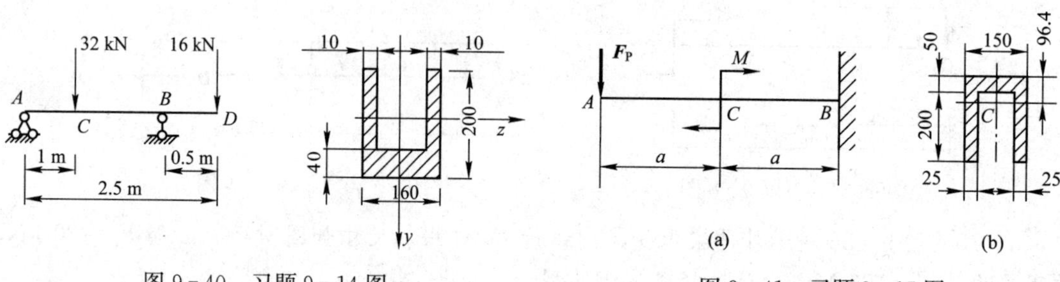

图 9-40　习题 9-14 图　　图 9-41　习题 9-15 图

9-16　梁的受力及横截面尺寸如图 9-42 所示。试：

(1) 绘出梁的剪力图和弯矩图；

(2) 确定梁内横截面上的最大拉应力和最大压应力；

(3) 确定梁内横截面上的最大切应力；

(4) 画出横截面上的切应力流。

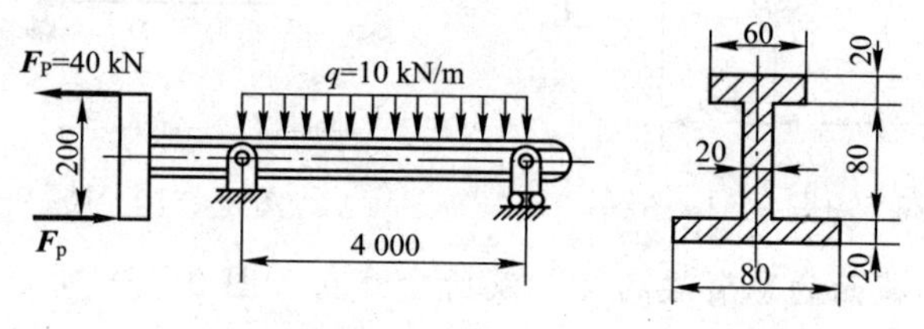

图 9-42　习题 9-16 图

9-17　已知图 9-43 所示铸铁简支梁的 $I_{z_1}=645\times10^6$ mm^4，$E=120$ GPa，许用拉应力 $[\sigma_t]=30$ MPa，许用压应力 $[\sigma_c]=90$ MPa。试求：

(1) 许可载荷 F；

(2) 在许可载荷作用下，梁下边缘的总伸长量。

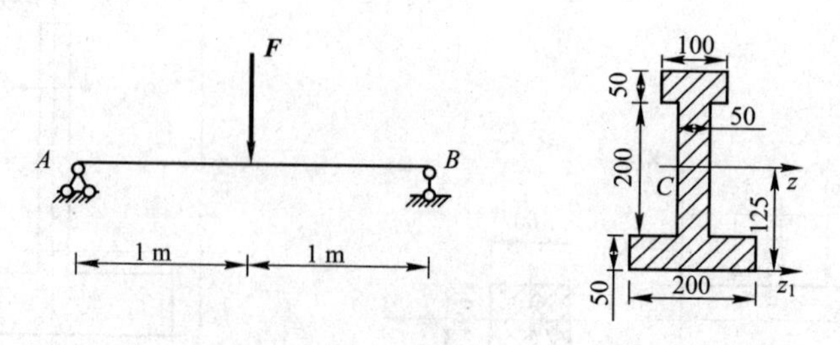

图 9-43　习题 9-17 图

第10章

弯曲变形

10.1 概述

某些弯曲构件，仅有足够的强度还不能满足实际工程的需要，构件还需要具备足够的抵抗变形能力，满足一定的刚度条件。例如，齿轮传动轴如果弯曲变形过大（见图10－1），就会影响齿轮间的正常啮合，加速齿轮与轴承间的磨损，使机床产生噪声，加工精度降低；如果列车钢轨发生变形导致轨距加大，可使列车脱轨，造成人员伤亡；又如吊车梁的变形过大就会引起小车“爬坡”，车体振动。精密仪器设备中的构件，常对其受弯构件变形加以限制，使构件具有足够的刚度，满足实际工程的要求。但也有些情况却希望构件能够产生较大的变形，如车辆上的叠板弹簧，正是利用其变形较大的特点达到减震的目的。

综上所述，弯曲构件不仅要具备一定的强度条件，还需具备一定的刚度条件，才能满足不同的工程需要。

为了计算弯曲构件的变形，本章将介绍挠曲线、挠度和转角的概念，等截面直梁发生平面弯曲时的变形计算，以及简单静不定梁的求解方法。

10.1.1 挠度和转角

等直梁发生弯曲时，其轴线为一条位于载荷平面内光滑连续的平面曲线。该曲线称为梁的**挠曲线**。由于实际工程中的梁，其变形大都是弹性的，故挠曲线又称为**弹性曲线**。

现以图10－2所示的简支梁为例，介绍描述梁弯曲变形的基本概念。

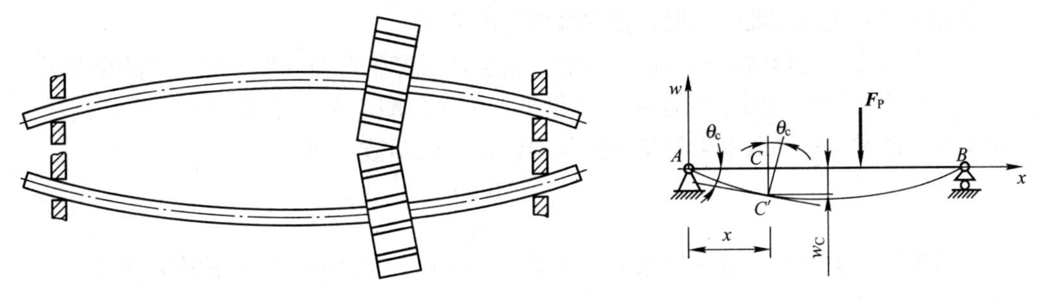

图10－1 齿轮轴弯曲变形　　图10－2 挠曲线、挠度与转角

建立如图10－2所示的坐标系，取构件的左端点为坐标系的坐标原点，以梁变形前轴线为x轴，在挠曲线平面内与x轴垂直方向为w轴。

梁产生变形后，轴线各点（即横截面形心）产生水平方向和铅垂方向的线位移，由于实际工程中，梁的变形主要为弹性小变形，梁沿水平方向的变形分量较小，与铅垂方向变形分量相比可以忽略不计。因此，可以只考虑梁轴线上各点垂直于变形前轴线的线位移，这些线位移称为各点的**挠度**。图 10－2 中，C 点为梁变形前轴线上任意一点，则连线$\overline{CC'}$即为梁变形后 C 点的挠度，表示为 w_C。在图示坐标系中，规定挠度向上为正，向下为负。

梁弯曲时，除了横截面形心有线位移外，横截面本身还将绕着截面的中性轴产生角位移 θ，该角位移称为横截面的**转角**，如图 10－2 中的 θ_C 为横截面 C 的转角。在图示坐标系中，转角以逆时针转为正，顺时针转为负。

由于梁变形后横截面与挠曲线垂直，则横截面的转角等于挠曲线在该横截面处的切线与 x 轴的夹角。如 C 截面处的转角 θ_C 等于 C'点处的切线与 x 轴的夹角。

通常，梁的挠度和转角随横截面位置的不同而改变，是截面位置 x 的函数。因此，挠度可以用函数

$$w=f(x) \tag{10-1}$$

来表示，式（10－1）反映了梁变形前轴线任意一点的横坐标 x 与梁在该点挠度 w 之间的函数关系，称为梁的**挠曲线方程**或**挠度方程**，在弹性小变形范围内，转角 θ 很小，通常 $\theta\ll1°$，则有

$$\theta\approx\tan\theta=\frac{\mathrm{d}w}{\mathrm{d}x}=f'(x) \tag{10-2}$$

式（10－2）称为**转角方程**，由式（10－2）可知，转角也是梁横截面位置坐标 x 的函数，可以利用挠曲线方程对 x 的一阶导数计算梁弯曲时的转角 θ。

综上所述，梁弯曲时的变形，可以用挠度和转角来描述。挠曲线方程在任意横截面处的值就是该截面的挠度，挠曲线上任意点切线的斜率等于该点处横截面的转角。知道了挠曲线方程，就可以通过求导确定梁的转角，因此，确定挠曲线方程是计算梁变形的关键。

10.1.2 挠曲线近似微方程

由 9.2 节可知，梁在线弹性变形范围内发生纯弯曲变形时，梁弯曲后中性层的曲率与横截面上的弯矩 M 之间存在如下关系（式 9－8）：

$$\frac{1}{\rho}=\frac{M}{EI_z}$$

上式也是确定梁发生纯弯曲变形时，挠曲线曲率的公式。

梁发生横力弯曲变形时，横截面上的剪力也会使梁产生弯曲变形。对于梁的跨度远大于其高度的细长梁，因剪力引起的弯曲变形很小，可以忽略不计，因此上式可推广到横力弯曲。但横力弯曲时弯矩和曲率半径均为横截面位置 x 的函数，即

$$\frac{1}{\rho(x)}=\frac{M(x)}{EI_z} \tag{10-3}$$

由高等数学知识可知，对于任意平面曲线 $w=f(x)$，其任意一点的曲率可表示为

$$\frac{1}{\rho(x)}=\pm\frac{\frac{\mathrm{d}^2w}{\mathrm{d}x^2}}{\left[1+\left(\frac{\mathrm{d}w}{\mathrm{d}x}\right)^2\right]^{3/2}}$$

将此式代入（10－3）式，可得

$$\pm\frac{\frac{\mathrm{d}^2w}{\mathrm{d}x^2}}{\left[1+\left(\frac{\mathrm{d}w}{\mathrm{d}x}\right)^2\right]^{3/2}}=\frac{M(x)}{EI_z} \tag{10-4}$$

式（10－4）是挠曲线的二阶非线性常微分方程，求解非常困难。但在小变形情况下，转角 $\theta\approx\frac{\mathrm{d}w}{\mathrm{d}x}$，是一阶微分量，且 $\left(\frac{\mathrm{d}w}{\mathrm{d}x}\right)^2\ll 1$。所以，$\left(\frac{\mathrm{d}w}{\mathrm{d}x}\right)^2$ 与 1 相比可以忽略不计，于是式（10－4）可以简化为

$$\pm\frac{\mathrm{d}^2w}{\mathrm{d}x^2}=\frac{M(x)}{EI_z} \tag{10-5}$$

式（10－5）中的正负号可根据弯矩的正负及坐标系的选取方式来确定。由弯矩的正负号规定可知，当弯矩为正值时，挠曲线为向下凸的曲线，如图 10－3（a）所示，此时 $\frac{\mathrm{d}^2w}{\mathrm{d}x^2}>0$；当弯矩为负值时，挠曲线为向上凸的曲线，如图 10－3（b）所示，此时 $\frac{\mathrm{d}^2w}{\mathrm{d}x^2}<0$。

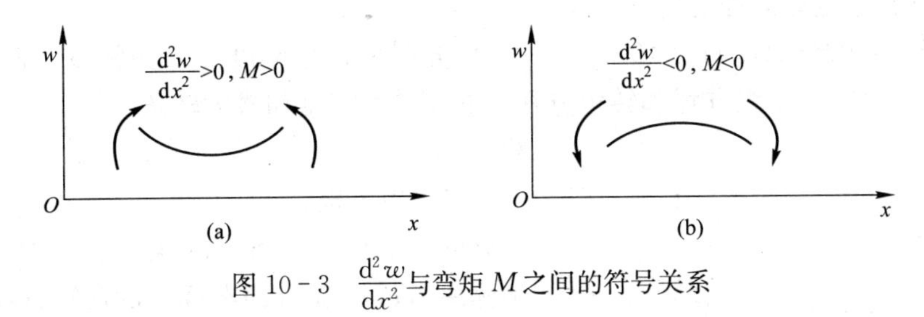

图 10－3 $\frac{\mathrm{d}^2w}{\mathrm{d}x^2}$ 与弯矩 M 之间的符号关系

由以上分析可知：在图 10－3 中所选取的坐标系中，弯矩与 $\frac{\mathrm{d}^2w}{\mathrm{d}x^2}$ 同号，因此，式（10－5）左边应取正号，于是可得

$$\frac{\mathrm{d}w^2}{\mathrm{d}x^2}=\frac{M}{EI_z} \tag{10-6}$$

通常将式（10－6）称为挠曲线近似微分方程，其适用范围为线弹性范围。利用式（10－6），通过积分的方法，可确定梁弯曲时的挠度和转角。

10.2 梁的变形计算方法之一—— 积分法

对于抗弯刚度 EI_z 为常量的等直梁，式（10－6）可改写为

$$EI_z\frac{\mathrm{d}^2w}{\mathrm{d}x^2}=M(x)$$

将上式积分一次，可得转角方程

$$EI_z\theta(x)=EI_z\frac{\mathrm{d}w}{\mathrm{d}x}=\int M(x)\mathrm{d}x+C \tag{10-7}$$

再积分一次可得挠曲线方程

$$EI_zw(x)=\iint M(x)\mathrm{d}x\mathrm{d}x+Cx+D \tag{10-8}$$

式（10-7）、（10-8）中的 C、D 称为积分常数，可由梁上已知的位移（即已知的挠度和转角）确定。梁的已知位移称为梁的位移边界条件。位移边界条件由梁的约束情况决定，对于不同的支座，梁的位移边界条件如图 10-4 所示。

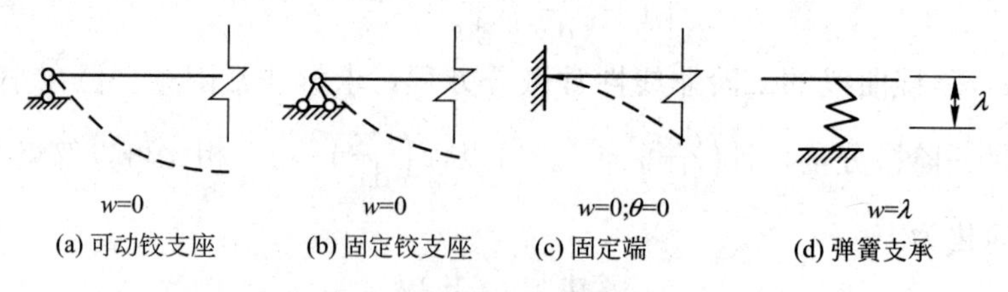

图 10-4　梁的位移边界条件

当多个载荷作用于梁上，用式（10-6）分段积分时，为了确定全部积分常数，还需用到分段处挠曲线的光滑连续条件，即在梁变形的分界点处，截面两侧的挠度和转角相等。积分常数确定后，代入式（10-7）、（10-8）即可获得梁的挠曲线方程和转角方程。根据挠曲线方程和转角方程就可以确定梁轴线上任意点的挠度及任意横截面的转角。实际工程中，常用 f 来表示梁在指定截面处的挠度。

例 10-1　悬臂梁 AB 如图 10-5 所示，已知梁的抗弯刚度 EI_z 为常量，长度为 L，试求在 $\boldsymbol{F}_P$ 作用下梁的挠曲线方程和转角方程，并求最大挠度和最大转角。

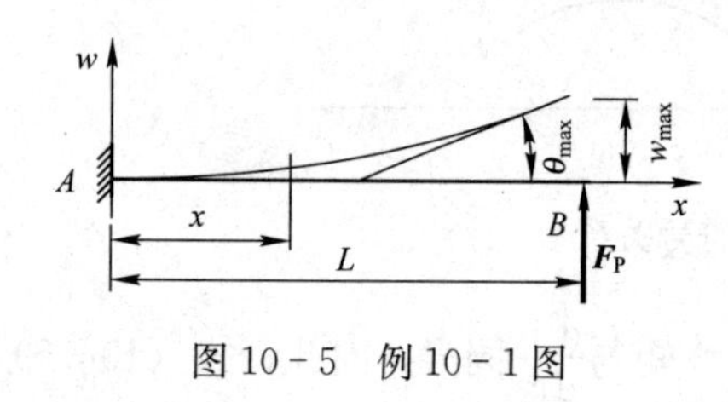

图 10-5　例 10-1 图

解：

（1）列弯矩方程。

取梁的左端点 A 为坐标原点，建立如图 10-5 所示的坐标系 Axw。梁任意截面处的弯矩方程为

$$M(x)=F_P(L-x)\quad(0<x\leqslant L)$$

（2）建立挠曲线近似微分方程并积分。

由式（10-6）得

$$EI_z\frac{\mathrm{d}^2w}{\mathrm{d}x^2}=M(x)=F_P(L-x)=F_PL-F_Px \tag{10-9}$$

将式（10-9）积分一次

$$EI_z\frac{\mathrm{d}w}{\mathrm{d}x}=EI_z\theta(x)=F_PLx-\frac{1}{2}F_Px^2+C \tag{10-10}$$

将式（10-10）积分一次

$$EI_zw(x)=\frac{1}{2}F_PLx^2-\frac{1}{6}F_Px^3+Cx+D \tag{10-11}$$

（3）确定积分常数。

由图 10-4（c）可知，悬臂梁 AB 的边界条件为：固定端截面 A 处的转角和挠度均为零，即

$$x=0\text{ 时，}\quad \theta_A=0$$

$$x=0\text{ 时，}\quad w_A=0$$

将上述边界条件分别代入方程式（10-10）及式（10-11）可得

$$C=0\quad D=0$$

(4) 确定转角方程和挠曲线方程。

将 $C=0$、$D=0$ 代入式（10－10)、(10－11)，可得梁的转角方程和挠曲线方程分别为

$$\theta(x)=\frac{F_{\mathrm{P}}x}{2EI_z}(2L-x) \tag{10-12}$$

$$w(\theta)=\frac{F_{\mathrm{P}}x^2}{6EI_z}(3L-x) \tag{10-13}$$

(5) 确定最大转角 $\theta_{\max}$ 和最大挠度 $w_{\max}$。

显然，梁 AB 的最大转角和挠度在力 $\boldsymbol{F}_{\mathrm{P}}$ 的作用点处，将 $x=L$ 代入式（10－12)、(10－13）得

$$\theta_{\max}=\theta_B=\frac{F_{\mathrm{P}}L^2}{2EI_z} \quad（逆时针）$$

$$w_{\max}=w_B=\frac{F_{\mathrm{P}}L^2}{3EI_z}(\uparrow)$$

例 10－2 简支梁 AB 如图 10－6 所示，若其抗弯刚度为 EI，试求梁 AB 在均布载荷 q 作用下的最大挠度和最大转角。

解：

(1) 求 A、B 处约束反力，列梁 AB 任意截面处的弯矩方程。

选取如图 10－6 所示的坐标系。由于梁的结构对称，载荷对称，所以约束反力为

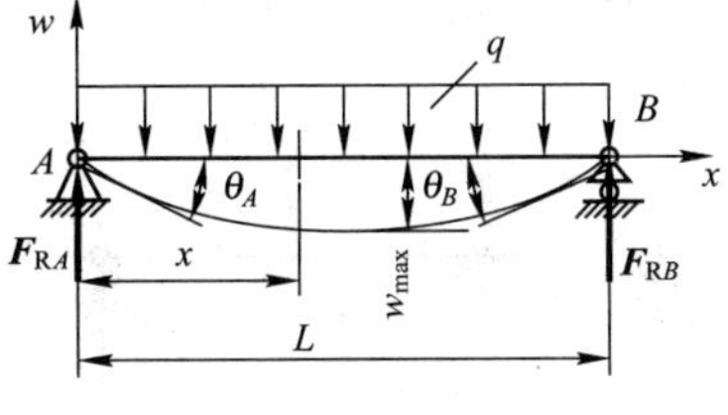

图 10－6 例 10－2 图

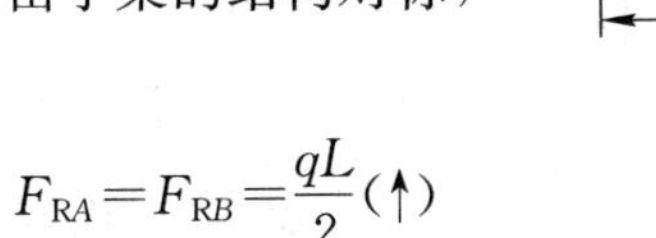

$$F_{\mathrm{R}A}=F_{\mathrm{R}B}=\frac{qL}{2}(\uparrow)$$

则任意横截面上的弯矩方程为

$$M(x)=\frac{qL}{2}x-\frac{qx^2}{2} \quad (0\leqslant x\leqslant L)$$

(2) 建立挠曲线近似微分方程并积分。

$$EI\frac{\mathrm{d}w^2}{\mathrm{d}x^2}=M(x)=\frac{qL}{2}x-\frac{q}{2}x^2 \tag{10-14}$$

将式（10－14）积分一次，得转角方程

$$EI\frac{\mathrm{d}w}{\mathrm{d}x}=EI\theta(x)=\frac{qL}{4}x^2-\frac{q}{6}x^3+C \tag{10-15}$$

将式（10－15）积分一次，得挠曲线方程

$$EIw(x)=\frac{qL}{12}x^3-\frac{q}{24}x^4+Cx+D \tag{10-16}$$

(3) 确定积分常数。

简支梁 AB 的位移边界条件为

$$当 x=0 时，\quad w_A=0$$

$$x=L 时，\quad w_B=0$$

将 $w_A=0$、$w_B=0$ 分别代入式（10－16），可得

$$C=-\frac{qL^3}{24}, \quad D=0$$

(4) 将积分常数代入式 (10－15)、(10－16)，可得梁的转角方程和挠曲线方程为

$$\theta(x)=\frac{q}{24EI}(6Lx^2-4x^3-L^3) \tag{10-17}$$

$$w(x)=\frac{qx}{24EI}(2Lx^2-x^3-L^3) \tag{10-18}$$

(5) 确定最大转角 θ_{max} 和最大挠度 w_{max}。

梁 AB 结构对称、载荷对称，因此在梁两端支座截面处有转角的最大值，在梁的跨中截面处有挠度的最大值。由式 (10－17)、(10－18) 得

$$\theta_{max}=\theta_B=-\theta_A=\frac{qL^3}{24EI}$$

$$|w|_{max}=\frac{5qL^4}{384EI}$$

例 10－3 简支梁 AB，如图 10－7 所示，在 C 点处作用有集中力 $\boldsymbol{F}_P$，抗弯刚度为 EI，试求 AB 的挠曲线方程和转角方程。

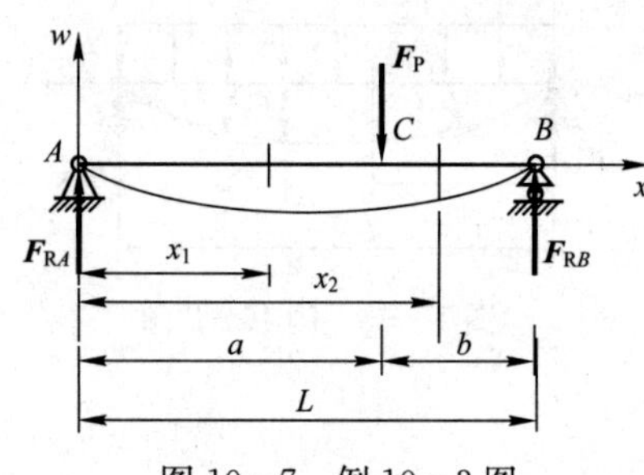

图 10－7 例 10－3 图

解：

(1) 求约束反力，分段列弯矩方程。

以梁 AB 为研究对象，由其平衡方程可求得两端支座处的约束反力为

$$F_{RA}=\frac{b}{L}F_P(\uparrow),\quad F_{RB}=\frac{a}{L}F_P(\uparrow)$$

梁在 $\boldsymbol{F}_P$ 作用下，AC 段和 BC 段的弯矩方程不同，需要分段列出 AB、BC 段的弯矩方程。

AC 段：
$$M(x_1)=\frac{b}{L}F_Px_1,\quad (0\leqslant x_1\leqslant a)$$

BC 段：
$$M(x_2)=\frac{b}{L}F_Px_2-F_P(x_2-a),\quad (a\leqslant x_2\leqslant L)$$

(2) 分段列梁的挠曲线近似微分方程并积分。

AC 段：
$$EI\frac{dw_1^2}{dx_1}=M(x_1)=\frac{b}{L}F_Px_1 \tag{10-19}$$

将式 (10－19) 积分一次得

$$EI\frac{dw_1}{dx_1}=EI\theta(x_1)=\frac{b}{2L}F_Px_1^2+C_1 \tag{10-20}$$

将式 (10－20) 积分一次得

$$EIw(x_1)=\frac{b}{6L}F_Px_1^3+C_1x_1+D_1 \tag{10-21}$$

BC 段：
$$EI\frac{dw_2^2}{dx_2}=M(x_2)=\frac{b}{L}F_Px_2-F_P(x_2-a) \tag{10-22}$$

将式 (10－22) 积分一次得

$$EI\theta(x_2)=EI\frac{dw_2}{dx_2}=\frac{b}{2L}F_Px_2^2-\frac{F_P}{2}(x_2-a)^2+C_2 \tag{10-23}$$

将式 (10－23) 积分一次得

$$EIw(x_2)=\frac{b}{6L}F_Px_2^3-\frac{F_P}{6}(x_2-a)^3+C_2x_2+D_2 \tag{10-24}$$

(3) 确定积分常数。

在分段积分过程中，共产生四个积分常数 C_1、D_1、C_2、D_2，可同时利用边界条件和光滑连续条件来确定。

① 光滑连续条件：梁变形时，其挠曲线为光滑连续曲线，则在 AC 段和 BC 段的交界处 C 点有相同的转角和挠度。即

$$当\ x_1=x_2=a\ 时 \qquad \theta(x_1)=\theta(x_2), \quad w(x_1)=w(x_2) \tag{10-25}$$

将条件（10-25）分别代入式（10-20）、(10-23) 及式（10-21）、(10-24)，得

$$C_1=C_2 \quad D_1=D_2$$

② 梁的位移边界条件为

$$\left.\begin{aligned}&当\ x_1=0\ 时, \quad w(x_1)=0\\&当\ x_2=L\ 时, \quad w(x_2)=0\end{aligned}\right\} \tag{10-26}$$

将条件（10-26）分别代入式（10-21）、(10-24)，可得

$$C_1=C_2=-\frac{F_Pb}{6L}(L^2-b^2), \quad D_1=D_2=0$$

(4) 确定梁的转角方程和挠曲线方程。

将积分常数代入式（10-20）、(10-21)、(10-23)、(10-24)，可得各段梁的转角方程和挠曲线方程

AC 段：$(0\leqslant x_1\leqslant a)$

$$\theta(x_1)=\frac{F_Pb}{6EIL}(b^2+3x_1^2-L^2)$$

$$w(x_1)=\frac{F_Pbx_1}{6LEI}(b^2+x_1^2-L^2)$$

BC 段：$(a\leqslant x_2\leqslant L)$

$$\theta(x_2)=\frac{F_Pb}{6EIL}\left[(3x_2^2+b^2-L^2)-\frac{3L}{b}(x_2-a)^2\right]$$

$$w(x_2)=\frac{F_Pb}{6EIl}\left[(x_2^2+b^2-L^2)x_2-\frac{L}{b}(x_2-a)^3\right]$$

有必要指出的是，此例题在积分时，由于没有将式（10-22）中的括号项（x_2-a）打开，根据梁变形的光滑连续性得到了 $C_1=C_2$，$D_1=D_2$，简化了计算。若积分时将括号项（x_2-a）展开，则会使积分常数的确定变得复杂。

10.3 梁的变形计算方法之二——叠加法

10.2 节中介绍的积分方法是求解梁弯曲位移（挠度和转角）的基本方法。利用积分法可以求得梁的挠曲线方程和转角方程，并据此求得梁变形后任意截面上的挠度和转角。

但当梁上作用载荷较复杂时，特别是只需确定某些特定截面的转角和挠度时，可利用叠加法求解梁在复杂载荷作用下的变形，以避免冗繁的计算。

由10.2节中的各例题可知，梁的转角和挠度均与载荷成线性关系，这是因为梁的弯曲变形很小，变形后仍可用梁的原始尺寸进行计算，且材料的应力、应变服从胡克定律。

当梁上同时作用多个载荷时，由每个载荷在梁上同一截面处所引起的挠度和转角不受其他载荷的影响，可分别计算各简单载荷单独作用时，梁上该截面处的挠度和转角，再将它们进行代数相加，获得多个载荷作用下梁在该截面处的挠度和转角。这种计算梁弯曲时挠度和转角的方法称为**叠加法**。叠加法虽然不是一种独立的计算弯曲变形方法，但在计算多个载荷作用下梁指定截面处的转角和挠度时比积分法简单、实用。表10-1给出了部分简单载荷作用下梁的挠曲线方程、端截面转角及梁上最大挠度。

叠加法的步骤是：先利用表10-1中的结果，将多载荷梁分解为表中的单载荷梁；然后将所求单载荷梁中的变形进行代数相加，便得到多个载荷作用下梁上位移。

表10-1　简单载荷作用下梁的变形

序号	梁的计算简图	挠曲线方程	挠度和转角
1	w, a, M_e, A, B, x, L	$w=-\dfrac{M_e x^2}{2EI}$，$(0\leqslant x\leqslant a)$ $w=-\dfrac{M_e a}{2EI}(2x-a)$，$(a\leqslant x\leqslant L)$	$w_{max}=\lvert w_B\rvert=\dfrac{M_e a}{2EI}(2L-a)(\downarrow)$ $\theta_B=-\dfrac{M_e a}{EI}$
2	w, a, F_P, A, B, x, L	$w=-\dfrac{F_P x^2}{6EI}(3a-x)$，$(0\leqslant x\leqslant a)$ $w=-\dfrac{F_P x^2}{6EI}(3x-a)$，$(a\leqslant x\leqslant L)$	$w_{max}=\lvert w_B\rvert=\dfrac{F_P a^2}{6EI}(3L-a)(\downarrow)$ $\theta_B=-\dfrac{F_P a^2}{2EI}$
3	w, q, A, B, x, L	$w=-\dfrac{qx^2}{24EI}(6L^2-4Lx+x^2)$	$w_{max}=\lvert w_B\rvert=\dfrac{qL^4}{8EI}(\downarrow)$ $\theta_B=-\dfrac{qL^3}{6EI}$
4	w, M_e, A, B, x, L	$w=-\dfrac{M_e x}{6LEI}(2L^2-3Lx+x^2)$	在 $x=\left(1-\dfrac{1}{\sqrt{3}}\right)L$ 处， $w_{max}=\dfrac{M_e L^2}{9\sqrt{3}EI}(\downarrow)$ 在 $x=\dfrac{L}{2}$ 处，$w=\dfrac{M_e L^2}{16EI}(\downarrow)$ $\theta_A=-2\theta_B=-\dfrac{M_e L}{3EI}$
5	w, a, b, M_e, A, B, x, L	$w=-\dfrac{M_e x}{6LEI}(L^2-3b^2-x^2)$　$(0\leqslant x\leqslant a)$ $w=-\dfrac{M_e x}{6LEI}\times[-(L^2-3b^2)x-3L(x-a)^2+x^3]$　$(a\leqslant x\leqslant L)$	在 $x=\sqrt{\dfrac{L^2-3b^2}{3}}$ 处， $w_{max}=\dfrac{M_e[L^2-3b^2]^{\frac{3}{2}}}{9\sqrt{3}EIL}(\uparrow)$ 在 $x=L-\sqrt{\dfrac{L^2-3a^2}{3}}$ 处， $w_{max}=\dfrac{M_e[L^2-3a^2]^{\frac{3}{2}}}{9\sqrt{3}EIL}(\downarrow)$ $\theta_A=\dfrac{M_e}{6EIL}(L^2-3b^2)$ $\theta_B=\dfrac{M_e}{6EIL}(L^2-3a^2)$

续表

序号	梁的计算简图	挠曲线方程	挠度和转角
6		$w=-\frac{F_Pbx}{6LEI}(L^2-b^2-x^2)$ $(0\leqslant x\leqslant a)$ $w=-\frac{F_Pb}{6LEI}\times\left[(L^2-b^2)x+\frac{L}{b}(x-a)^3-x^3\right]$ $(a\leqslant x\leqslant L)$	设 $a>b$，在 $x=\sqrt{\frac{L^2-b^2}{3}}$ 处， $w_{max}=\frac{F_Pb(L^2-b^2)^{\frac{3}{2}}}{9\sqrt{3}EIL}(\downarrow)$ 在 $x=L/2$ 处， $w=\frac{F_Pb}{48EI}(3L^2-4b^2)(\downarrow)$ $\theta_A=-\frac{F_Pab(L+b)}{6EIL}$ $\theta_B=\frac{F_Pab(L+a)}{6EIL}$
7		$w=-\frac{qx}{24EI}(L^3-2Lx^2+x^3)$	在 $x=L/2$ 处， $w_{max}=w_C=\frac{5qL^4}{384EI}(\downarrow)$ $\theta_A=\theta_B=-\frac{qL^3}{24EI}$

例 10-4 简支梁如图 10-8（a）所示。在梁上作用有集中力 $\boldsymbol{F}_P$ 和均布载荷 q，梁的抗弯刚度为 EI，试求简支梁跨中截面的挠度 w_C 及左端支座处的转角 θ_A。

解：（1）分解载荷，求单载荷作用下的位移。

将梁上载荷分解为集中力 $\boldsymbol{F}_P$ 和均布载荷 q 两种简单载荷，如图 10-8（b）、（c）所示。查表 10-1 可得，在 $\boldsymbol{F}_P$ 单独作用下，C 截面处的挠度为

$$w_C^P=-\frac{F_PL^3}{48EI}$$

A 截面的转角为

$$\theta_A^P=-\frac{F_PL^2}{16EI}$$

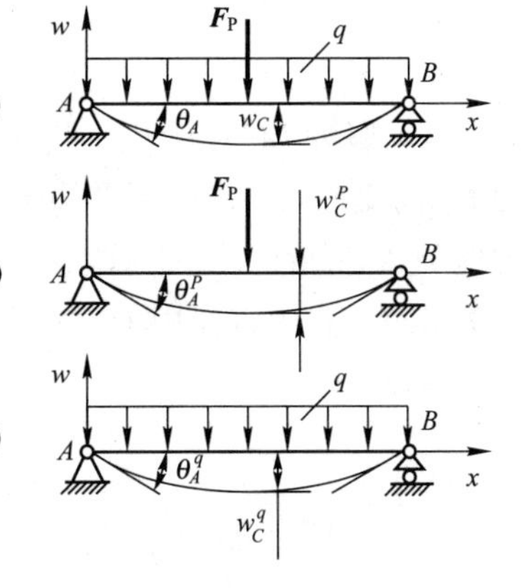

图 10-8 例 10-4 图

在 q 单独作用下，C 截面处的挠度为 $w_C^q=-\frac{5qL^4}{384EI}$

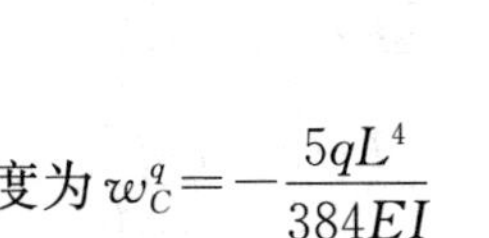

A 截面的转角为 $\theta_A^q=-\frac{qL^3}{24EI}$

（2）叠加法求总位移。

根据叠加原理，w_C 和 θ_A 等于 $\boldsymbol{F}_P$、q 单独作用下产生的挠度和转角的代数和。于是，在 $\boldsymbol{F}_P$、q 共同作用下 C 截面处的挠度、A 截面的转角分别为

$$w_C=w_C^P+w_C^q=-\left(\frac{F_PL^3}{48EI}+\frac{5qL^4}{384EI}\right)(\downarrow)$$

$$\theta_A=\theta_A^P+\theta_A^q=-\left(\frac{F_PL^2}{16EI}+\frac{qL^3}{24EI}\right)(\circlearrowright)$$

例 10-5 变截面梁如图 10-9(a) 所示，若已知 $\boldsymbol{F}_{\mathrm{P}}$、$L$、$EI$，试求 C 截面的转角 θ_C 和挠度 w_C。

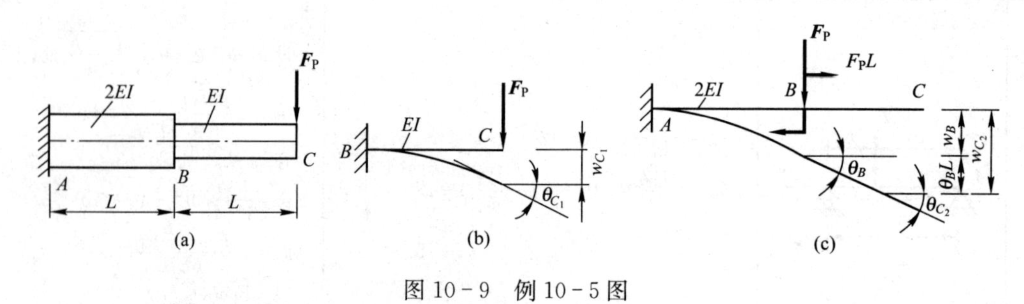

图 10-9 例 10-5 图

解： 由于梁 ABC 在 AB 段和 BC 段的抗弯刚度不同，因此无法直接查表 10-1 计算 C 截面处的转角和挠度。可利用分段变形的方法计算。先将 AB 段或 BC 段视为刚体（即刚化梁段），不变形，而另一段 BC 或 AB 段为弹性体，可变形；然后查表 10-1，求出分段变形时 C 截面处的转角和挠度；最后利用叠加原理，将结果代数相加即为所求。

(1) 假设 AB 段刚化：此时，AB 段不产生变形，只有 BC 段产生变形，因此，梁 ABC 的变形与长度为 L、刚度为 EI、自由端作用 $\boldsymbol{F}_{\mathrm{P}}$ 的悬臂梁等效，如图 10-9(b) 所示。查表 10-1 可得，C 截面的转角和挠度分别为

$$\theta_{C_1}=-\frac{F_{\mathrm{P}}L^2}{2EI}$$

$$w_{C_1}=-\frac{F_{\mathrm{P}}L^3}{3EI}$$

(2) 假设 BC 段刚化：此时，BC 段不变形，只有 AB 段变形，需要将自由端 C 的集中力 $\boldsymbol{F}_{\mathrm{P}}$ 向变形段 AB 就近平移至 B 点（即将力 $\boldsymbol{F}_{\mathrm{P}}$ 向 B 截面简化），得一集中力 $\boldsymbol{F}_{\mathrm{P}}$ 和一集中力偶 $F_{\mathrm{P}}L$，如图 10-9(c) 所示。在 $\boldsymbol{F}_{\mathrm{P}}$ 和 $F_{\mathrm{P}}L$ 共同作用下，AB 段的变形与长度为 L、刚度为 $2EI$、自由端作用 $\boldsymbol{F}_{\mathrm{P}}$ 和 $F_{\mathrm{P}}L$ 的悬臂梁相同。应用叠加法，查表 10-1，B 截面处的转角和挠度分别为

$$\theta_B=-\frac{F_{\mathrm{P}}L^2}{4EI}-\frac{(F_{\mathrm{P}}L)L}{2EI}=-\frac{3F_{\mathrm{P}}L^2}{4EI}$$

$$w_B=-\frac{F_{\mathrm{P}}L^3}{6EI}-\frac{F_{\mathrm{P}}L^3}{4EI}=-\frac{5F_{\mathrm{P}}L^3}{12EI}$$

由于梁的挠曲线在 B 点光滑连续，当 AB 段产生变形时，刚化的 BC 段定要随之倾斜，BC 段各横截面均转动相同的角度 θ_{B}，B、C 两截面产生相对挠度 $\theta_{\mathrm{B}}L$，则 C 截面处的转角和挠度分别为

$$\theta_{C_2}=\theta_B=-\frac{3F_{\mathrm{P}}L^2}{4EI}$$

$$w_{C2}=w_B+\theta_BL=-\frac{5F_{\mathrm{P}}L^3}{12EI}-\frac{3F_{\mathrm{P}}L^3}{4EI}=-\frac{7F_{\mathrm{P}}L^3}{6EI}$$

(3) 叠加求总位移。

由叠加原理，变截面梁 ABC 在 C 截面处的转角和挠度为单独考虑 AB 段变形及 BC 段变形时 C 截面转角和挠度的代数和，因此，当同时考虑 AB 段和 BC 段的变形时，有

$$\theta_C=\theta_{C_1}+\theta_{C_2}=-\frac{F_PL^2}{2EI}-\frac{3F_PL^2}{4EI}=-\frac{5F_PL^2}{4EI}(\curvearrowright)$$

$$w_C=w_{C_1}+w_{C_2}=-\frac{F_PL^3}{3EI}-\frac{7F_PL^3}{6EI}=-\frac{3F_PL^3}{2EI}(\downarrow)$$

例 10-6　简单刚架 ABC 如图 10-10（a）所示，试求自由端 C 的水平位移和铅垂位移。设 EI 为常量。

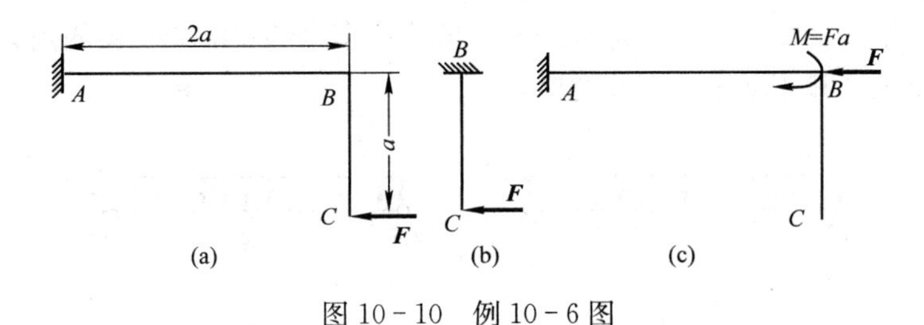

图 10-10　例 10-6 图

解：

对于刚架 ABC，在 $\boldsymbol{F}$ 作用下，C 截面的水平位移和垂直位移无法直接查表 10-1 求得。因此适宜采用分段变形的方法求解。

(1) 将 AB 段刚化：此时，AB 段不变形，只有 BC 段产生变形，则刚架 ABC 的受力与变形等效于图 10-10（b）所示悬臂梁 BC。C 截面只产生水平位移，查表 10-1 得

$$\Delta_{Cx1}=-\frac{Fa^3}{3EI}$$

(2) 将 BC 段刚化：此时，BC 段不变形，只有 AB 段产生变形。因此，需要将 C 点的力 $\boldsymbol{F}$ 平移到 B 点，则刚架的受力与变形等效于图 10-10（c）所示结构。忽略 AB 杆的轴向变形，查表 10-1 可得，B 截面产生的转角和铅垂位移分别为

$$\theta_B=-\frac{2Fa^2}{EI},\quad \Delta_{By}=-\frac{2Fa^3}{EI}$$

由 B 截面转角和铅垂位移引起的刚架 ABC 自由端 C 的水平位移和垂直位移分别为

$$\Delta_{Cx2}=\theta_B\times a=-\frac{2Fa^3}{EI}$$

$$\Delta_{Cy2}=\Delta_{By}=-\frac{2Fa^3}{EI}$$

(3) 叠加法求总位移。

根据叠加原理，刚架 ABC 自由端 C 的水平位移和垂直位移分别为

$$\Delta_{Cx}=\Delta_{Cx1}+\Delta_{Cx2}=-\frac{7Fa^3}{3EI}(\leftarrow)$$

$$\Delta_{Cy}=\Delta_{Cy2}=-\frac{2Fa^3}{EI}(\downarrow)$$

关于梁的变形计算方法，除了上述介绍的积分法和叠加法以外，实际工程中求解较复杂的梁变形问题时常用能量方法，有兴趣的读者可阅读相关参考书。

*10.4 简单静不定梁的计算

实际工程中，为了提高梁的强度和刚度，往往要在静定梁（见图 10－11（a））上增加约束，如图 10－11（b）所示，这种结构形式称为**静不定梁**，增加的约束称为多余约束，相应于多余约束的反力称为多余约束反力，多余约束的数目就是静不定梁的静不定次数。例如，有一个多余约束的梁，称为一次静不定梁；有两个多余约束的梁，称为二次静不定梁。这些多余约束从维持平衡的角度看是多余的，但这些多余约束能减小梁的内力和变形，是实际工程中提高梁强度和刚度十分有效的措施。

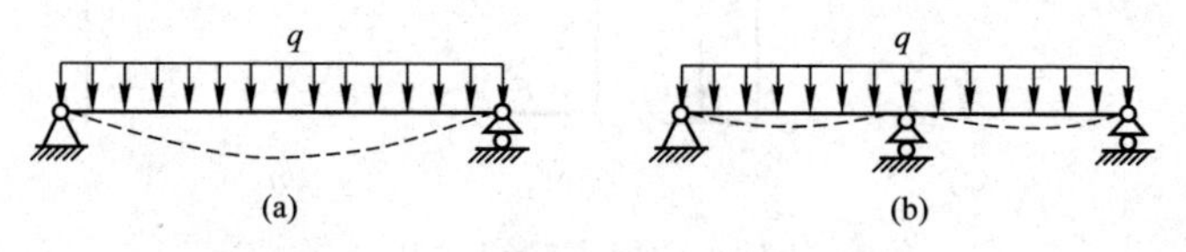

图 10－11　静定梁与一次静不定梁

前面已经了解了对静不定问题的解决方法。同样，求解梁的静不定问题，必须综合考虑梁的变形几何关系、载荷—位移关系和静力平衡关系，才能求解静不定梁的全部约束反力。求出支反力后，其强度和刚度计算则与静定梁完全相同。

下面以图 10－12 所示的等截面直梁为例，说明静不定梁的解法。

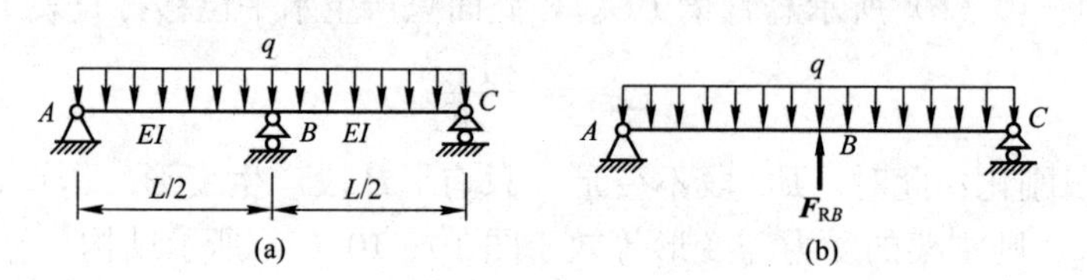

图 10－12　静不定梁与相当系统

(1) 判断静不定次数：由梁的受力可知：梁在 A、B、C 处共有四个未知约束反力，但系统只有三个独立平衡方程，所以梁 ABC 为一次静不定梁。

(2) 选择静定基并建立相当系统：假设支座 B 为多余约束，设想将其约束解除，得到静定梁（即简支梁 ABC），称为原静不定梁的**静定基**。在静定基解除约束处（即支座 B 处）用约束反力 $\boldsymbol{F}_{RB}$ 代替 B 处的多余约束。由原静不定梁上全部外载荷和多余约束反力 $\boldsymbol{F}_{RB}$ 共同作用的静定梁称为原静不定梁的**相当系统**，如图 10－12（b）所示。

(3) 根据变形几何关系，载荷—位移关系和静力平衡方程求多余约束反力 $\boldsymbol{F}_{RB}$：为了保证相当系统和原静不定梁具有相同的受力和变形，要求相当系统在多余约束反力处的变形与原静不定梁在该处的变形相同。即图 10－12（b）所示的相当系统，需满足如下变形关系：

$$w_B=0 \tag{10-27}$$

该简支梁上 B 点的挠度可用叠加法计算，等于均布载荷 q 单独作用下在 B 点产生的挠度 w_{Bq} 和多余约束反力 $\boldsymbol{F}_{RB}$ 单独作用下 B 点产生的挠度 w_{BR} 的代数和，即

$$w_B=w_{Bq}+w_{BR}$$

则变形关系式（10－27）可表示为

$$w_B = w_{Bq} + w_{BR} = 0 \tag{10-28}$$

式（10－28）称为梁的变形协调方程。

考虑载荷—位移关系，查表10－1可知

$$w_{Bq} = -\frac{5qL^4}{384EI} \tag{10-29}$$

$$w_{BR} = \frac{F_{RB}L^3}{48EI} \tag{10-30}$$

将式（10－29）、（10－30）代入式（10－28），可得补充方程

$$-\frac{5qL^4}{384EI} + \frac{F_{Rb}L^3}{48EI} = 0 \tag{10-31}$$

由补充方程（10－31），可得多余约束反力：

$$F_{RB} = \frac{5}{8}qL(\uparrow)$$

解出多余约束反力后，A、C处的约束反力可由静力平衡方程求得

$$F_{RA} = \frac{3}{16}qL(\uparrow)$$

$$F_{RC} = \frac{3}{16}qL(\uparrow)$$

梁全部约束反力已知后，就可以进一步作梁的剪力图和弯矩图，进行强度计算或变形计算等。

上述分析过程是通过比较静不定梁与相当系统的变形，确保两者受力变形完全一致，来求解静不定梁多余约束反力的，这种求解静不定问题的方法称为变形比较法。

在求解静不定梁时，多余约束的选择可以是任意的，但选择的多余约束应便于求解，对应于不同的多余约束，其静定基和相当系统各不相同，变形条件也不尽相同。例如，图10－13（a）所示一次静不定梁，若选择如图10－13（b）所示的静定基和相当系统，变形协调关系为$w_B=0$；若选择如图10－13（c）所示的静定基和相当系统，其变形协调关系为$\theta_A=0$。总之，静定基和相当系统的选择不是唯一的，但应以计算方便为原则。

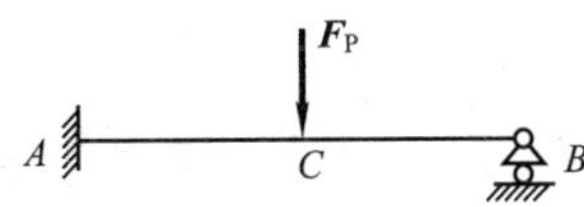

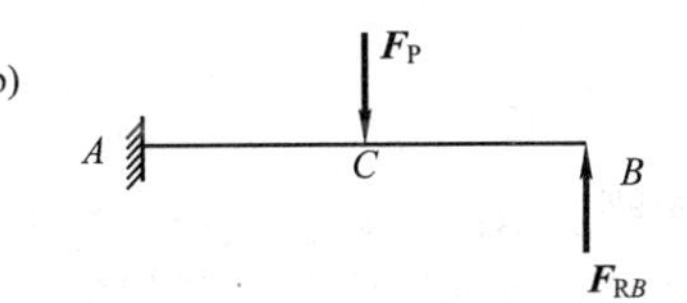

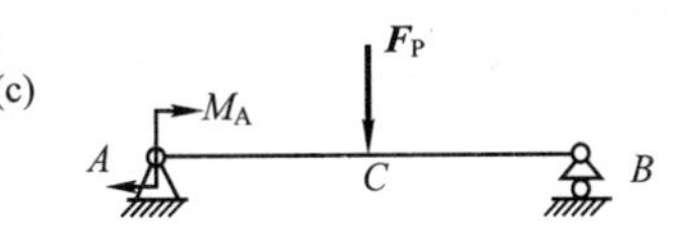

图10－13 静定基的选择

例10－7 梁AB两端均为固定端，如图10－14（a）所示。若左端转动一微小角度θ，试求由此引起的梁两端约束反力。设梁AB的抗弯刚度为EI。

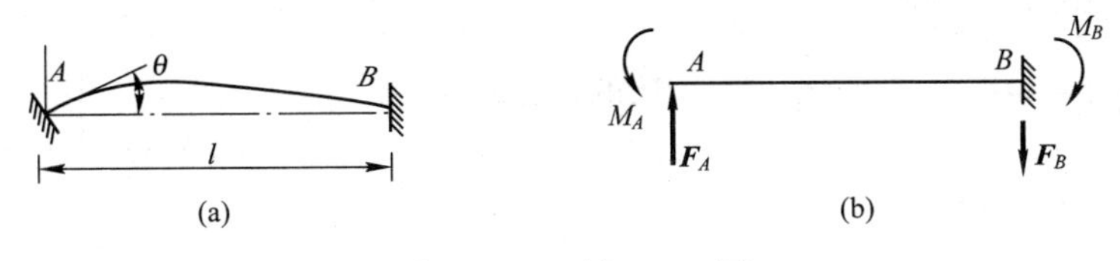

图10－14 例10－7图

解：

梁AB为二次静不定梁。设支座A为多余约束，解除其多余约束后，获得静定基为悬臂梁，相当系统如图10－14（b）所示。与原结构相比，相当系统在$\boldsymbol{F}_A$、M_A作用下，A处

的挠度和转角应分别满足如下变形协调关系：

$$w_A=0$$

$$\theta_A=\theta$$

查表 10-1，可得载荷—位移关系，代入变形协调关系后，得补充方程为

$$\frac{M_A l^2}{2EI}-\frac{F_A l^3}{3EI}=0 \tag{10-32}$$

$$\frac{M_A l}{EI}-\frac{F_A l^2}{2EI}=\theta \tag{10-33}$$

将式（10-32）、（10-33）联立求解，可得

$$F_A=\frac{6EI\theta}{l^2}(\uparrow),\quad M_A=\frac{4EI\theta}{l}\ \text{（逆时针）}$$

求出多余约束反力 $\boldsymbol{F}_A$、M_A 后，再以图 10-14（b）所示悬臂梁为研究对象，由平衡方程求得

$$F_B=-F_A=-\frac{6EI\theta}{l^2}(\downarrow),\quad M_B=-\frac{2EI\theta}{l}\ \text{（逆时针）}$$

综上所述，对于静不定梁，由于多余约束的限制，支座处的微小角度会引起梁的附加内力和装配应力，而静定结构则不会因此出现这种附加内力和装配应力。温度变化时，也会在静不定结构中引起弯曲变形，产生附加温度应力。

10.5 梁的刚度条件

工程设计中，受弯构件除了要满足强度条件，常常还对其变形加以限制，使之满足一定的刚度条件。例如，对楼板梁的挠度加以限制，以防抹灰脱落或出现裂缝；对机床主轴的挠度和转角加以限制，确保加工精度；对列车路轨的弯曲挠度加以限制，从而确保行车安全。

通常，梁的刚度条件可表示为

$$w_{\max}\leqslant[w] \tag{10-34}$$

$$\theta_{\max}\leqslant[\theta] \tag{10-35}$$

式（10-34）、（10-35）中 $w_{\max}$、$\theta_{\max}$ 是梁工作时的最大挠度和最大转角，$[w]$、$[\theta]$ 为梁的许用挠度和许用转角。工程中常见受弯构件的 $[w]$、$[\theta]$ 值可以从有关的规范和手册中查得。例如：

在土木工程中，$[w]=\frac{L}{200}\sim\frac{L}{900}$（$L$ 为梁的计算跨度）；

在机械工程中，对于传动轴 $[w]=\frac{L}{500}\sim\frac{L}{1000}$，$[\theta]=0.005\sim0.001$ rad。

例 10-8 外伸梁 ABC 如图 10-15（a）所示。梁上载荷 $F_{P1}=1$ kN，$F_{P2}=2$ kN，梁 ABC 为空心轴，外径 $D=80$ mm，内径 $d=40$ mm，$L=400$ mm，$a=200$ mm，弹性

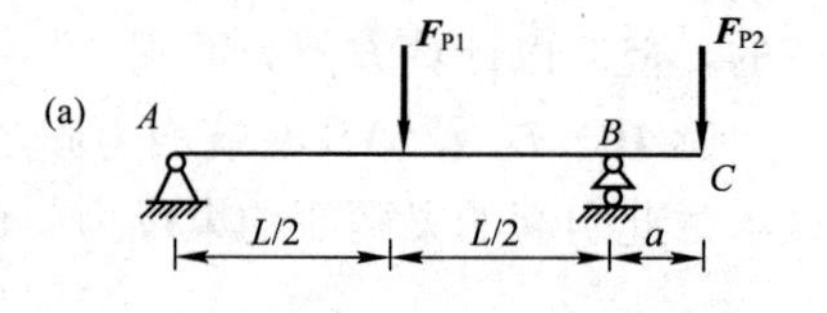

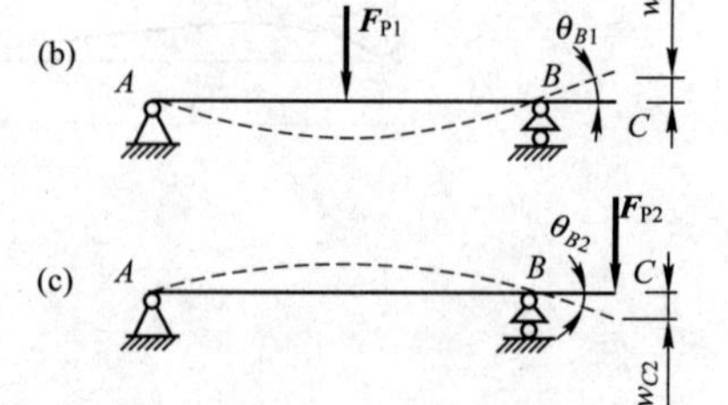

图 10-15 例 10-8 图

模量 $E=210$ GPa。若 C 截面处的挠度不得超过 $[w]=0.001\,L$，B 截面处的转角不得超过 $[\theta]=0.001$ rad，试校核该梁的刚度。

解：

由题意可知，根据刚度条件（式（10-34）、（10-35））校核梁 ABC 的刚度就是要校核 C 截面处挠度和 B 截面处的转角。挠度和转角的许用值均已知，因此，只需计算在 $\boldsymbol{F}_{P1}$、$\boldsymbol{F}_{P2}$ 作用下，C 截面处的挠度和 B 截面处的转角。

(1) 用叠加法计算 C 截面的挠度 w_C 和 B 截面的转角 θ_B。

根据叠加原理，可先将图 10-15（a）所示外伸梁分解为图 10-15（b）、（c）两种情况，分别求出 w_C 和 θ_B，而后叠加，即为所求。

如图 10-15（b）所示，梁上只有 AB 段中点受集中力 $\boldsymbol{F}_{P1}$ 作用，AB 段变形等效于简支梁跨中作用集中力的情况，相应地，BC 段将随之转动 θ_B，查表 10-1 可得，在 $\boldsymbol{F}_{P1}$ 作用下 B 截面的转角 θ_B 为

$$\theta_{B1}=\frac{F_{P1}L^2}{16EI}$$

其中 $$I=\frac{\pi D^4}{64}(1-\alpha^4)=\frac{\pi\times0.08^4}{64}\left[1-\left(\frac{0.04}{0.08}\right)^4\right]=1.885\times10^{-6}\ \text{m}^4$$

所以 $$\theta_{B1}=\frac{1\times10^3\times0.4^2}{16\times210\times10^9\times1.885\times10^{-6}}=2.53\times10^{-5}\ \text{rad}\quad(\text{逆时针})$$

C 截面处的挠度为

$$w_{C1}=\theta_{B1}\cdot a=2.53\times10^{-5}\times0.2=5.06\times10^{-6}\ \text{m}\quad(\uparrow)$$

在 $\boldsymbol{F}_{P2}$ 作用下（见图 10-15（c）），计算 B 截面转角 θ_{B2} 和 C 截面挠度 w_{C2} 需要利用分段变形法求解（参见例 10-5、例 10-6）。经分析可得

$$\theta_{B2}=-\frac{F_{P2}aL}{3EI}=-\frac{2\times10^3\times0.2\times0.4}{3\times210\times10^9\times1.885\times10^{-6}}=-1.347\times10^{-4}\ \text{rad}\quad(\text{顺时针})$$

$$w_{C2}=-\frac{F_{P2}a^2}{3EI}(L+a)=-\frac{2\times10^3\times0.2^2\times(0.4+0.2)}{3\times210\times10^9\times1.885\times10^{-6}}=-4.04\times10^{-5}\ \text{m}\quad(\downarrow)$$

梁 AB 在 $\boldsymbol{F}_{P1}$、$\boldsymbol{F}_{P2}$ 共同作用下，B 截面转角和 C 截面挠度分别为

$$\theta_B=\theta_{B1}+\theta_{B2}=2.53\times10^{-5}-1.347\times10^{-4}=-1.09\times10^{-4}\ \text{rad}\quad(\text{顺时针})$$

$$w_C=w_{C1}+w_{C2}=5.06\times10^{-6}-4.04\times10^{-5}=-3.53\times10^{-5}\ \text{m}\quad(\downarrow)$$

(2) 刚度校核。

确定刚度条件的许用值：

许用转角为 $[\theta]=0.001$ rad

许用挠度为 $[w]=0.001L=0.001\times0.4=4\times10^{-4}$ m

因为 $|\theta_B|=1.09\times10^{-4}\ \text{rad}<[\theta]$，$|w_C|=3.53\times10^{-5}\ \text{m}<[w]$

所以，B 处转角和 C 处挠度均满足刚度条件，梁 ABC 安全。

10.6 提高梁弯曲刚度的基本措施

由前几节介绍的挠度和转角的计算结果可知：梁的位移与梁上的外载荷、梁跨度成正

比，与梁抗弯刚度成反比。因此，当梁的刚度不够时，可以采取以下提高梁抗弯刚度的措施。

1. 选择合理的加载方式，减小梁的弯矩

由于梁的位移与弯矩成正比，因此，选择合理的加载方式可以使梁产生较小的弯矩，从而减小梁的位移。例如，对于悬臂梁，若将载荷以集中力的形式加在自由端处，如图 10－16（a）所示，其最大挠度为 $w_B=F_PL^3/3EI$；若改为均布载荷作用，使 $F_P=qL$，如图 10－16（b）所示，则梁上的最大挠度为 $w_B=F_PL^3/8EI$；梁的最大挠度减少了 62.5%。

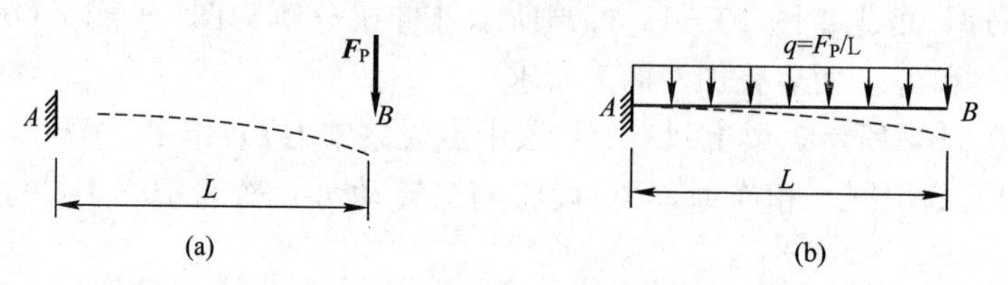

图 10－16　合理的加载方式可提高梁的弯曲刚度

2. 减小梁的跨度

由表 10－1 可知，梁的挠度、转角与跨度的 n 次方（n=1、2、3、4）成正比。所以，梁的跨度变化对位移有显著影响，减小梁的跨度是提高梁抗弯刚度的有效措施。例如，对于简支梁，如图 10－17（a）所示，可以采用外伸梁的形式，如图 10－17（b）所示；或增加中间支座的方法，如图 10－17（c）所示，将静定梁改为静不定梁，减小了跨度，提高了梁的抗弯刚度。

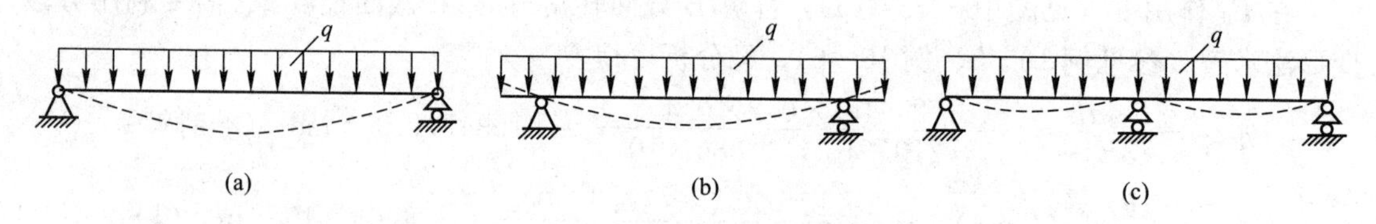

图 10－17　减小梁的跨度可提高梁的弯曲刚度

3. 增大梁的抗弯刚度

梁的抗弯刚度 EI 由梁横截面的惯性矩和材料的弹性模量 E 组成，下面分别对它们进行讨论。

由于梁的位移与横截面的惯性矩成反比，因此，可以用加大梁横截面惯性矩的方法提高梁的抗弯刚度，例如，可以采取工字形、槽形或箱形等合理截面形式。

同样地，梁的位移与材料的弹性模量成反比。可以采用弹性模量较大的材料提高梁的抗弯刚度，但对于工程常见钢材而言，各种钢材的弹性模量值比较接近，因此，采用高强度钢或优质钢不会显著提高梁的抗弯刚度。

思考题

10－1　何谓梁的转角和挠度？它们之间有什么关系？

10－2　梁挠曲线近似微分方程的适用范围是什么？

10－3　梁的变形与弯矩有什么关系？弯矩的正负对挠曲线的形状有什么影响？

10-4 梁的挠度和转角受哪些因素的影响？试举例说明提高梁抗弯刚度的措施。

10-5 若建立如图10-18 (b)、(c) 所示的坐标系计算梁的挠度和转角，与图10-18 (a) 所示坐标系求得的挠度和转角是否相同？

10-6 若某梁的弯矩图如图10-19所示，试画出该梁的挠曲线大致形状。

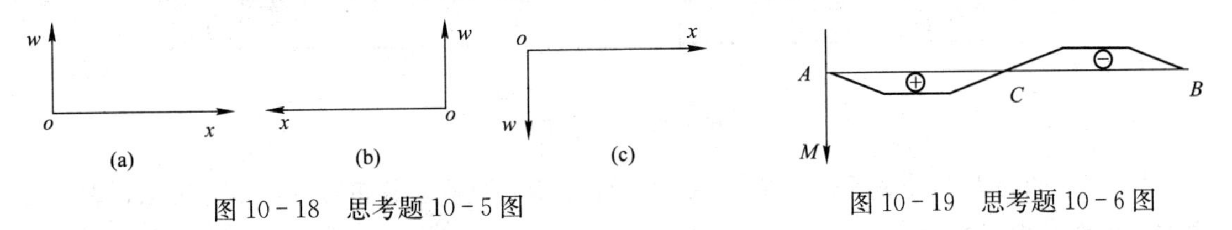

图10-18 思考题10-5图　　图10-19 思考题10-6图

10-7 如图10-20所示各梁，用积分法求梁的挠曲线方程时，试问应分为几段？出现几个积分常数？写出相应的位移边界条件。

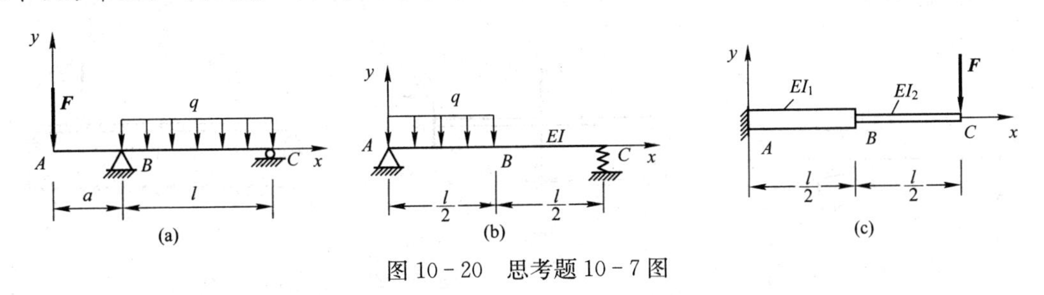

图10-20 思考题10-7图

习题

10-1 试用积分法求图10-21所示各梁自由端的挠度和转角。梁的 EI 已知。

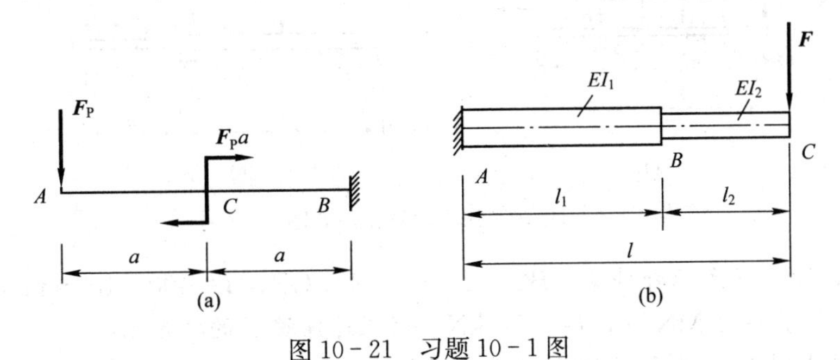

图10-21 习题10-1图

10-2 试用积分法求图10-22所示各梁的 θ_A、w_C。梁的 EI 已知。

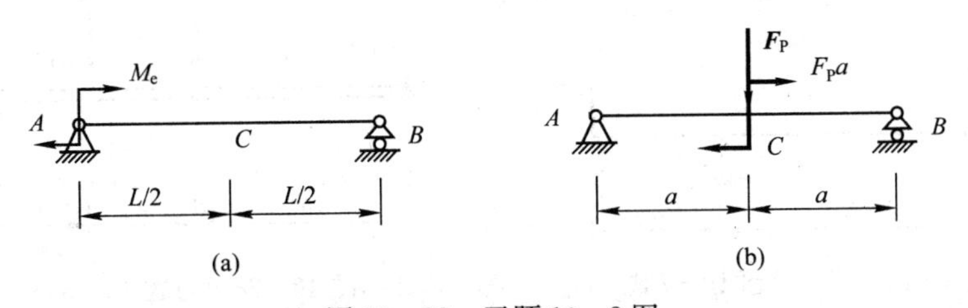

图10-22 习题10-2图

10-3　试用积分法求图 10-23 所示各外伸梁的 θ_A、w_C。设梁的 EI 已知。

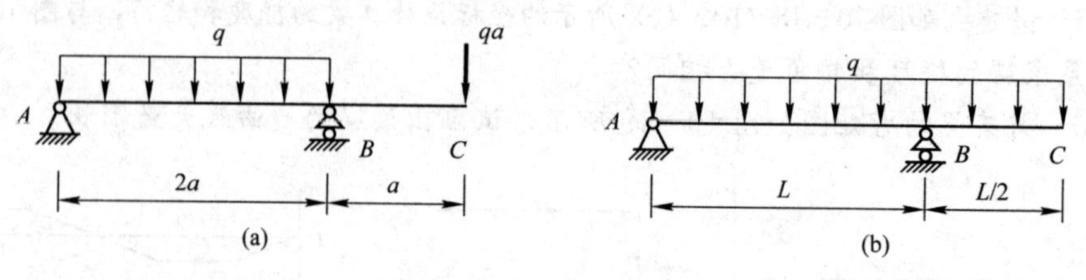

图 10-23　习题 10-3 图

10-4　长为 L 的等截面悬臂梁如图 10-24 所示，受载荷作用后挠曲线为圆弧，其半径为 R。试求自由端的挠度 w。

10-5　试用叠加法求图 10-25 所示各梁 A 截面的挠度 f_A 和 B 截面的转角 θ_B。梁的抗弯刚度 EI 已知。

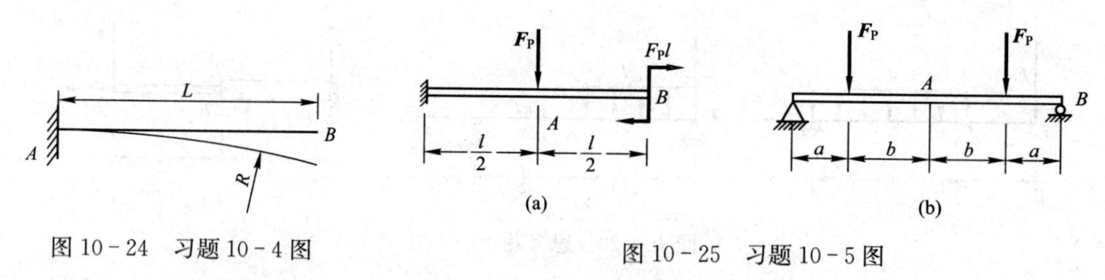

图 10-24　习题 10-4 图

图 10-25　习题 10-5 图

10-6　试用叠加法求图 10-26 所示各梁外伸端的挠度 f_C 和转角 θ_C。梁的抗弯刚度 EI 已知。

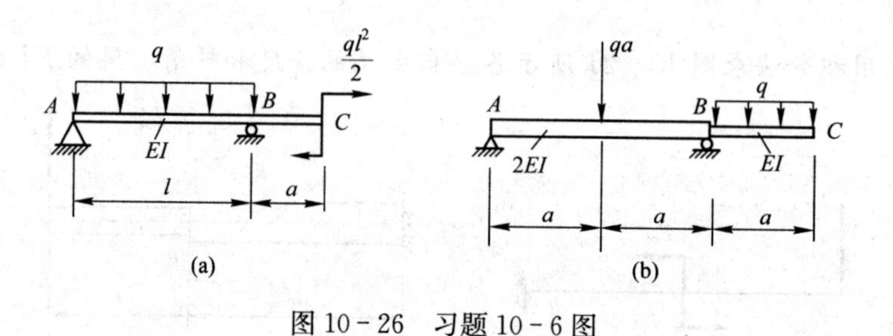

图 10-26　习题 10-6 图

10-7　图 10-27 所示外伸梁 ABC，已知 $E=200$ GPa，$I=400\times10^6$ mm^4，B 处为弹性支座，弹簧刚度为 $k=4$ MN/m，$F_P=50$ kN。试求外伸端 C 的挠度 w_C。

10-8　试求图 10-28 所示结构 D 截面的挠度 f_D。

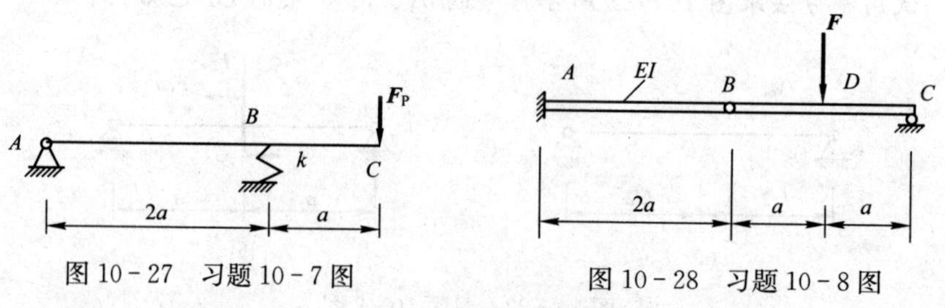

图 10-27　习题 10-7 图

图 10-28　习题 10-8 图

10-9　一刚架受力如图 10-29 所示，试求其自由端 C 的铅垂位移。(忽略轴向力影响)

10-10 梁 ACB 受力如图 10-30 所示，若要使梁在跨中处 C 的挠度最大，试求外伸部分的长度值 x。梁的抗弯刚度为 EI。

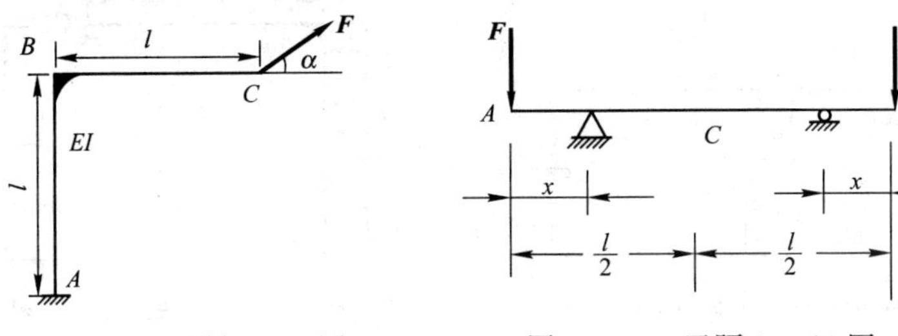

图 10-29 习题 10-9 图　　图 10-30 习题 10-10 图

10-11 工字形简支梁如图 10-31 所示，$L=5$ m，$q=3$ kN/m，$E=200$ GPa，$\left[\frac{y}{L}\right]=\frac{1}{400}$，试选择工字钢的型号。

10-12 直径为 $d=15$ cm 的钢轴如图 10-32 所示。已知 $F_P=40$ kN，$E=200$ GPa。若规定 A 支座处转角许用值 $[\theta]=5.24\times10^{-3}$ rad，试校核钢轴的刚度。

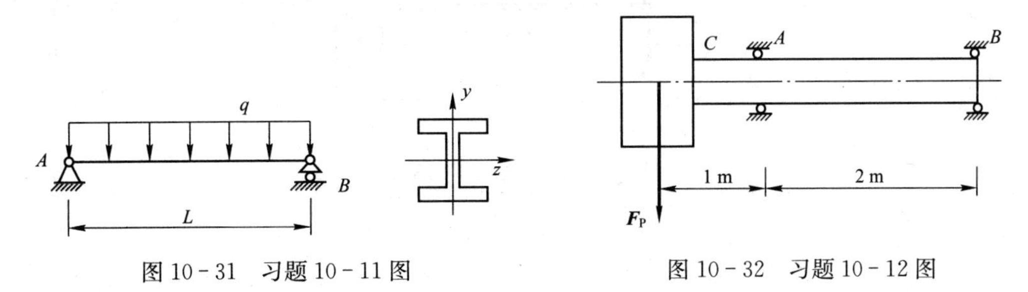

图 10-31 习题 10-11 图　　图 10-32 习题 10-12 图

*10-13 试求图 10-33 所示各静不定梁的支反力，作梁的弯矩图。梁的抗弯刚度为 EI。

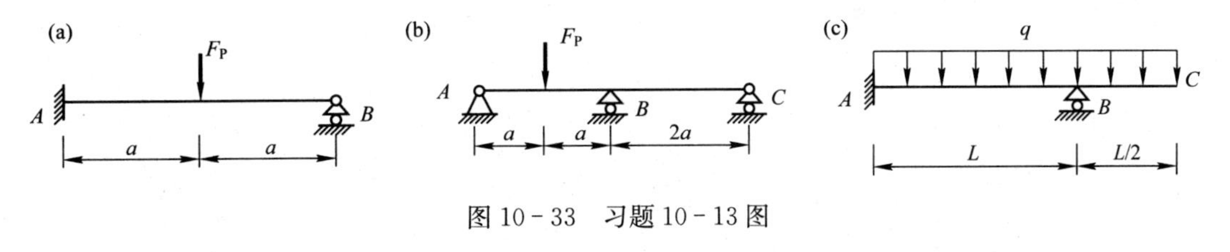

图 10-33 习题 10-13 图

*10-14 如图 10-34 所示，试作梁的弯矩图。梁的抗弯刚度为 EI。

*10-15 试求图 10-35 所示等截面梁 C 截面处的转角 θ_C。梁的抗弯刚度为 EI。

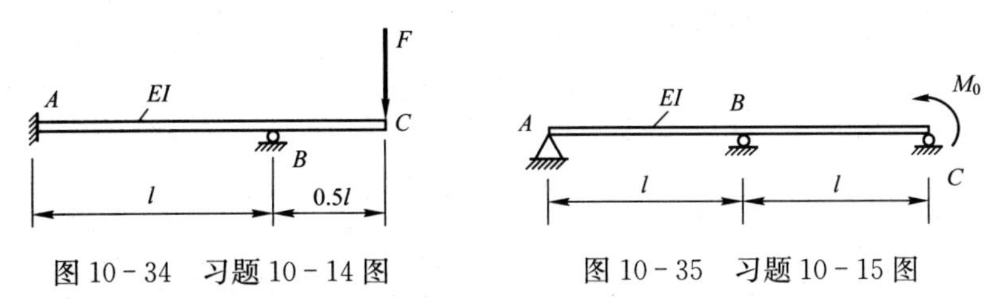

图 10-34 习题 10-14 图　　图 10-35 习题 10-15 图

*10-16 梁 ABC 如图 10-36 所示，中间支座比两端低 δ，若要使梁在中点处的弯矩值与 AB 段和 BC 段的最大弯矩数值相等，试求 δ 的取值。梁的抗弯刚度为 EI。

*10－17　试求图 10－37 所示等截面静不定刚架的约束反力。刚架抗弯刚度为 EI。

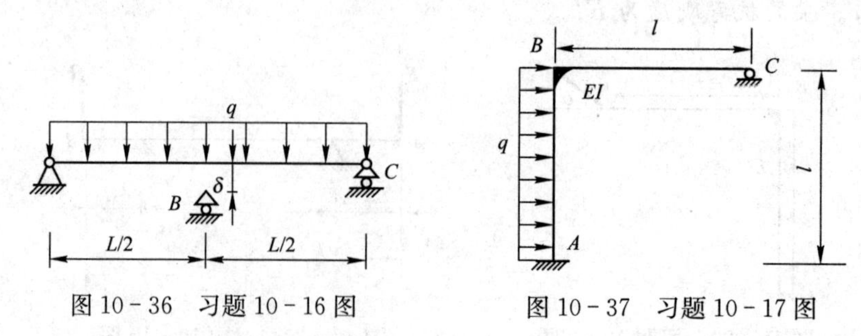

图 10－36　习题 10－16 图　　　图 10－37　习题 10－17 图

*10－18　如图 10－38 所示，等截面梁 AB 在中点 C 为固定铰约束，A、B 端分别与杆 1、2 铰接。若已知梁的 EI、杆的 EA，且梁的惯性矩 I 与杆的截面面积 A 间的关系为 $I=Aa^2$，试求杆 1、2 的轴力。

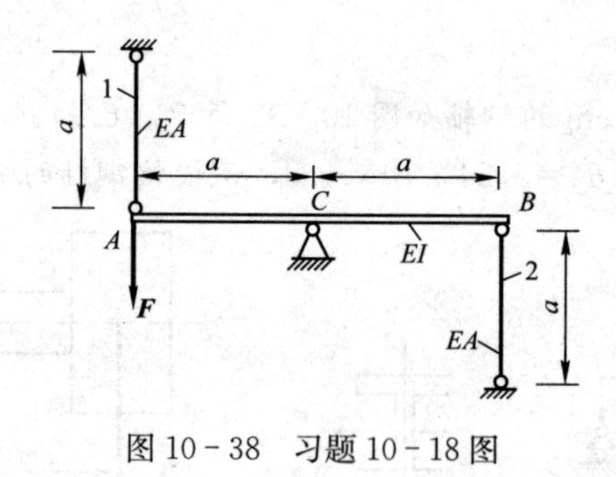

图 10－38　习题 10－18 图

第 11 章 应力状态　强度理论

11.1 概述

11.1.1 应力状态概述

前面几章中，分别讨论了轴向拉压、扭转与弯曲时杆件的强度问题，这些强度问题具有共同的特点，一方面危险截面上的危险点只承受正应力或切应力；另一方面均通过实验直接确定失效时的极限应力，并由此建立强度条件。

工程实际问题中，许多杆件的危险点均处于复杂应力状态，即同时承受正应力与切应力。这种情形下，如何建立强度条件？强度条件中的危险应力如何确定？例如，导轨与滚轮的接触点处如图 11 - 1（a）所示。在导轨表层选取一单元体 A，该单元体除在铅垂方向受压外，其四个侧面由于横向膨胀受到周围材料的约束也受压，即 A 点处于三向受压状态，如图 11 - 1（b）所示。

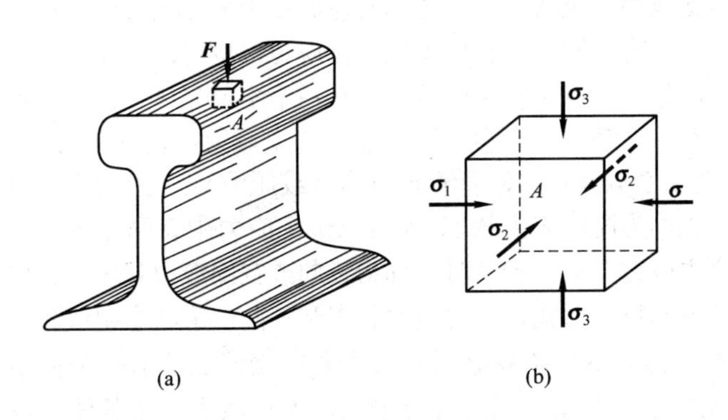

图 11 - 1　三向受压状态单元体

一般情形下，受力构件内的一点处既有正应力，又有切应力（如平面弯曲中，构件横截面上距中性轴为某一距离的任一点处）。如果对这类点的应力进行强度计算，一方面要研究通过该点各不同方位截面上应力的变化规律，从而确定该点处的最大正应力和最大切应力及其所在截面的方位。构件受力后，通过其内一点不同方位面上应力的集合，称为该点处的**应力状态**。另一方面，由于该点处的应力状态较为复杂，而应力的组合方式又有无限多种的可能性，就不可能用直接试验的方法确定失效时的极限应力。因而，必须研究在各种不同的复杂应力状态下，强度失效（断裂或屈服）的共同规律，假定失效的共同原因，从而利用单向拉伸的实验结果，建立复杂受力时的强度条件。关于材料破坏规律的假设，称为**强度理论**。因此，本章主要讨论两方面的内容：一是研究受力构件内一点处的应力状态的方法；二是研究材料破坏规律的强度理论。

首先介绍一点应力状态的基本概念、过一点任意方位面上的应力以及应力的极大值和极小值；在此基础上，建立复杂应力状态下的强度理论；作为工程应用实例，最后还将介绍薄壁容器的强度问题。

11.1.2 单元体

为了描述一点的应力状态，总是围绕所分析的点作一个三对面互相垂直的正六面体，当各边边长足够小时，正六面体便趋于宏观上的“点”。这种正六面体称为**单元体**，如图 11-1（b）所示。一般单元体三个方向上的尺寸足够小，可以认为每个面上的应力都是均匀的；且在相互平行的截面上，应力的作用效果都是相同的。

围绕一点截取单元体时，应尽量使其三对面上的应力方便确定。例如，矩形截面杆与圆截面杆中单元体的取法便有所区别。对于矩形截面杆，三对面中的一对面为杆的横截面，另外两对面为平行于杆表面的纵向截面。对于圆截面杆，除一对面为横截面外，另外两对面中有一对为同轴圆柱面，另一对则为通过杆轴线的纵向截面。

从受力构件中截取出单元体后，运用截面法和静力平衡条件，可以求出单元体任一斜截面上的应力，以及该点处的极值应力。

11.1.3 主单元体、主平面与主应力

围绕构件内一点从不同方向选取单元体，则各个截面的应力也不尽相同。若单元体的三个相互垂直的面上都没有切应力，该单元体称为主单元体；而切应力为零的平面称为**主平面**，主平面上的正应力称为**主应力**。也就是说，主单元体的三个相互正交的平面均为主平面，单元体上只有三个正应力，且均为主应力，它们可以是拉应力，也可以是压应力，或者等于零。可以证明，通过受力构件的任意一点必存在而且只存在一个主单元体，即过一点皆可找到三个相互垂直的主平面，因而每一点都有三个主应力。这三个主应力按代数值大小排列分别表示为 σ_1、σ_2、σ_3，它们的关系为 $\sigma_1 \geqslant \sigma_2 \geqslant \sigma_3$。对于轴向拉伸（或压缩），三个主应力只有一个不等于零，称为**单向应力状态**（也称为简单应力状态）。若三个主应力中有两个不等于零，称为**二向或平面应力状态**。当三个主应力都不等于零时，称为**三向或空间应力状态**。单向应力状态和二向应力状态是三向应力状态的特例形式，二向应力状态和三向应力状态也统称为**复杂应力状态**。

一般地，在分析一点处的应力状态时，首先要围绕该点切取一个初始单元体，初始单元体各侧面的应力均能用各基本变形应力计算公式求出；然后，将各侧面或初始单元体进行旋转，从而得到该点的主单元体、主平面和主应力。

工程中经常会遇到二向应力状态的问题，下面主要对二向应力状态进行分析研究。

11.2 平面应力状态分析方法之一——解析法

在受力物体内处于二向应力状态的某些点处，主应力等于零的主平面方位往往是已知

的。若沿这个已知方位切出单元体，则其余四个面上的应力都平行于零应力的主平面，此时所有应力都作用在同一平面内，因此也称二向应力状态为**平面应力状态**，如图 11－2 所示。一点的平面应力状态一般可由两个正应力分量 σ_x、σ_y 及一个切应力分量 τ_x 来表示，它们作用在单元体的四个面上，为了方便，本章中计算的应力都在 xy 平面内，如图 11－2（b）所示。

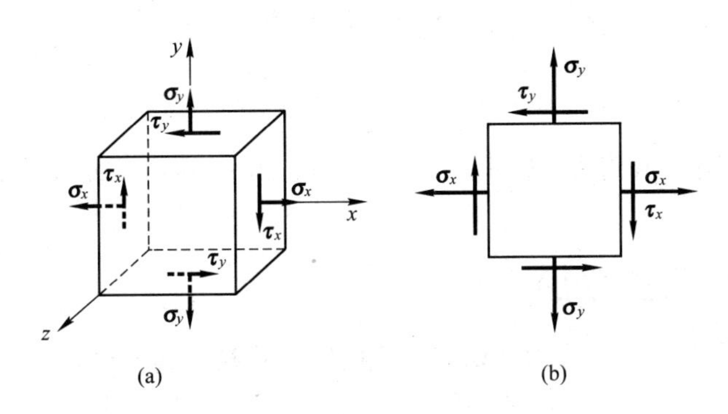

图 11－2　平面应力状态

11.2.1　斜截面上的应力

如图 11－3（a）所示，斜截面的方位以其外法线的方位 n 与 x 轴的夹角 α 表示，该截面上的应力分别表示为 σ_α 和 τ_α。为了确定任意方位面（任意 α 角）上的正应力与切应力，规定正应力、切应力以及 α 角的正负号如下：

（1）正应力——拉伸为正，压缩为负；

（2）切应力——使单元体或其局部产生顺时针方向转动趋势者为正，反之为负；

（3）α 角——从 x 轴正方向逆时针转至截面外法线 n 正方向者为正，反之为负。

利用截面法，将单元体从 α 斜截面处截为两部分。考察其中任意一部分，如斜截面左下方部分，其受力如图 11－3（b）所示，假定任意方向面上的正应力 σ_α 和剪应力 τ_α 均为正方向。

设斜截面 ef 的面积为 $\mathrm{d}A$，楔形体 ebf 的受力如图 11－3（b）所示，考虑斜截面法向及切向的平衡方程分别为

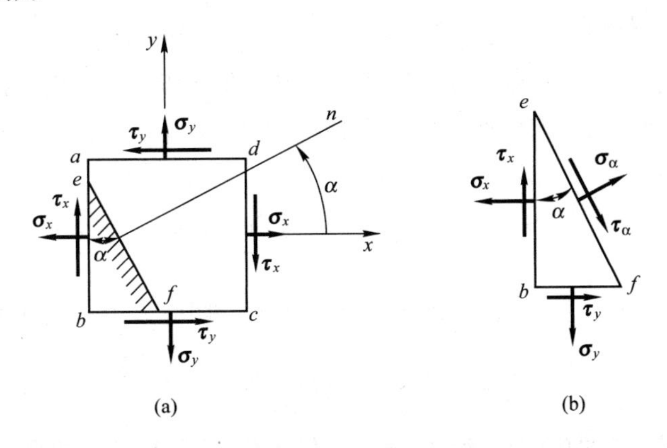

图 11－3　截面法求斜截面上的应力

$$\sum F_n=0,\ \sigma_\alpha dA-\sigma_x(dA\cos\alpha)\cos\alpha+\tau_x(dA\cos\alpha)\sin\alpha+\tau_y(dA\sin\alpha)\cos\alpha-\sigma_y(dA\sin\alpha)\sin\alpha=0$$

$$\sum F_\tau=0,\ \tau_\alpha dA-\sigma_x(dA\cos\alpha)\sin\alpha-\tau_x(dA\cos\alpha)\cos\alpha+\tau_y(dA\sin\alpha)\sin\alpha+\sigma_y(dA\sin\alpha)\cos\alpha=0$$

根据切应力互等定理，τ_x 和 τ_y 数值相等，同时利用三角函数倍角公式，由上述平衡方程式，可以得到计算平面应力状态中任意方位面上的正应力与切应力的表达式：

$$\begin{cases}\sigma_\alpha=\dfrac{\sigma_x+\sigma_y}{2}+\dfrac{\sigma_x-\sigma_y}{2}\cos 2\alpha-\tau_x\sin 2\alpha\\[2ex]\tau_\alpha=\dfrac{\sigma_x-\sigma_y}{2}\sin 2\alpha+\tau_x\cos 2\alpha\end{cases}\tag{11-1}$$

式（11-1）表明，斜截面上的正应力 σ_α 和切应力 τ_α 随 α 角的改变而变化，即 σ_α 和 τ_α 都是 α 的函数。

11.2.2 主应力及主平面

利用以上公式可以确定正应力和切应力的极值，并确定其所在截面的方位，因为 σ_α 是 α 的函数。将公式（11-1）中的 σ_α 对 α 取导数，并令导数为零，得

$$\frac{d\sigma_\sigma}{d\alpha}=-(\sigma_x-\sigma_y)\sin 2\alpha-2\tau_x\cos 2\alpha=0$$

上式化简为

$$\frac{\sigma_x-\sigma_y}{2}\sin 2\alpha+\tau_x\cos 2\alpha=0\tag{11-2}$$

将上式与公式（11-1）中第二式比较可见，切应力为零的平面正是极值正应力的作用平面，即主平面。以 α_0 表示主平面的法线与 x 轴的夹角，由公式（11-2）可解得

$$\tan 2\alpha_0=-\frac{2\tau_x}{\sigma_x-\sigma_y}\tag{11-3}$$

由公式（11-3）可以求出相差 90°的两个角度 α_0 和 $90°+\alpha_0$，并由此确定出两个互相垂直的主平面。其中一个是最大正应力所在的平面，另一个是最小正应力所在的平面。将 α_0 及 $90°+\alpha_0$ 代入公式（11-1），求得最大及最小的正应力为

$$\left.\begin{matrix}\sigma_{max}\\ \sigma_{min}\end{matrix}\right\}=\frac{\sigma_x+\sigma_y}{2}\pm\frac{1}{2}\sqrt{(\sigma_x-\sigma_y)^2+4\tau_x^2}\tag{11-4}$$

11.2.3 极值切应力

用以上类似的方法，可以确定最大和最小切应力及其所在的平面。据公式（11-1），斜截面上的切应力 τ_α 随 α 角的改变而变化。将公式（11-1）中的 τ_α 对 α 取导数，并令导数为零，得

$$\frac{d\tau_\alpha}{d\alpha}=(\sigma_x-\sigma_y)\cos 2\alpha-2\tau_x\sin 2\alpha=0$$

若 $\alpha=\alpha_1$ 时，导数 $\frac{d\tau_\alpha}{d\alpha}=0$，则在 α_1 所确定的斜截面上，切应力为最大或者最小值，则有

$$\tan 2\alpha_1=\frac{\sigma_x-\sigma_y}{2\tau_x}\tag{11-5}$$

上式可解出两个相差 90°的角度 α_1 和 $90°+\alpha_1$，代入公式（11-1）便可求得切应力的最大和

最小值为

$$\begin{matrix}\tau_{max}\\ \tau_{min}\end{matrix}=\pm\frac{1}{2}\sqrt{(\sigma_x-\sigma_y)^2+4\tau_x^2} \tag{11-6}$$

由公式（11－4）可得

$$\begin{matrix}\tau_{max}\\ \tau_{min}\end{matrix}=\pm\frac{\sigma_{max}-\sigma_{min}}{2} \tag{11-7}$$

即切应力极值等于两个主应力之差的一半。

对比公式（11－5）和（11－3），可见

$$\tan 2\alpha_1=-\frac{1}{\tan 2\alpha_0}=\cot(-2\alpha_0)=\tan\left(\frac{\pi}{2}+2\alpha_0\right)$$

即

$$\alpha_1=\frac{\pi}{4}+\alpha_0 \tag{11-8}$$

可见，切应力极值平面方位与主平面方位间相差 45°。

例 11－1　单元体如图 11－4（a）所示。试求：（1）指定截面上的正应力和切应力；（2）主应力及主平面的方位；（3）最大切应力及其所在方位。应力单位为 MPa。

解：（1）确定已知单元体上正应力及切应力。

按应力的符号规定，有

$$\sigma_x=-20\ \text{MPa},\quad \sigma_y=30\ \text{MPa},\quad \tau_x=20\ \text{MPa},\quad \alpha=30°$$

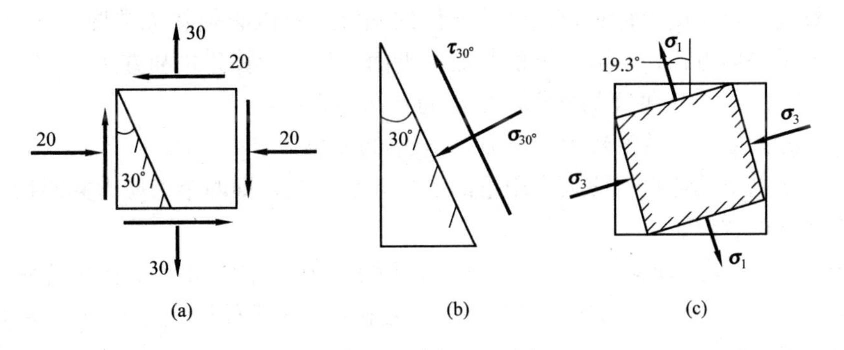

图 11－4　例 11－1 图

代入斜截面应力计算公式（11－1），得

$$\sigma_{30°}=\frac{-20+30}{2}+\frac{-20-30}{2}\cos 60°-20\sin 60°=-24.8\ \text{MPa}$$

$$\tau_{30°}=\frac{-20-30}{2}\sin 60°+20\cos 60°=-11.7\ \text{MPa}$$

由上述计算结果，将 $\sigma_{30°}$、$\tau_{30°}$ 标在单元体上，如图 11－4（b）所示。

（2）计算主应力及主平面方位。

由公式（11－4）求得，主应力大小为

$$\begin{matrix}\sigma_{max}\\ \sigma_{min}\end{matrix}=\frac{-20+30}{2}\pm\sqrt{\left(\frac{-20-30}{2}\right)^2+20^2}=\begin{matrix}37\ \text{MPa}\\ -27\ \text{MPa}\end{matrix}$$

由上述计算结果，按代数值大小确定三个主应力分别为

$$\sigma_1=37\ \text{MPa},\quad \sigma_2=0,\quad \sigma_3=-27\ \text{MPa}$$

由公式（11－3）求得，主平面方位角为

$$\tan 2\alpha_0=-\frac{2\times20}{-20-30}=0.8$$

从上式可解出两个相互垂直的角度

$$\alpha_0=19.3°\quad 或\quad 109.3°$$

将主应力、主平面标在单元体上，如图 11－4（c）所示。

（3）计算最大切应力及其所在方位面。

由式（11－6）可得，切应力的极值为

$$\left.\begin{matrix}\tau_{max}\\ \tau_{min}\end{matrix}\right\}=\pm\sqrt{\left(\frac{-20-30}{2}\right)^2+20^2}=\pm32\ \text{MPa}$$

由式（11－5）可得，切应力的极值平面方位角为

$$\tan 2\alpha_1=\frac{-20-30}{2\times20}=-1.25$$

从上式可解出两个相互垂直的角度

$$\alpha_1=64.3°\quad 或\quad 154.3°$$

结论

（1）因为 $\alpha_1-\alpha_0=45°$，可见，切应力极值平面与主平面之间方位相差 45°。

（2）在实际工程中，当受力比较复杂时，强度计算中遇到的危险点经常是处于复杂应力状态，将涉及危险点主应力计算及主平面方位的确定。所以必须熟练掌握二向应力状态时，确定主应力及主平面方位、切应力极值与极值平面方位的计算公式和方法。

（3）对主应力 σ_1 作用平面的确定，常用的有两种方法：

方法一，σ_x、σ_y 中代数值较大的应力，与 σ_1 的夹角一定小于 45°；

方法二，根据单元体在切应力作用下的变形趋势确定，即两个切应力共同指向的方位是最大正应力所在的方位。

例 11－2 矩形截面简支梁如图 11－5（a）所示，在跨中作用有集中力 $F_P=100$ kN。若 $L=2$ m，$b=200$ mm，$h=600$ mm。试求距离左支座 $L/4$ 处截面上 C 点在 40°斜截面上的应力。

解：（1）选取初始单元体。

简支梁在外载荷作用下发生平面剪切弯曲变形，由 C 点所在的位置可知，C 点横截面上有正应力和切应力，因此，可首先根据弯曲时横截面上正应力、切应力计算式，计算 $L/4$ 处横截面上 C 点的正应力、切应力。

C 点横截面的弯矩和剪力分别为

$$M_C=\frac{F_P}{2}\times\frac{L}{4}=25\ \text{kN}\cdot\text{m},\quad F_{SC}=\frac{F_P}{2}=50\ \text{kN}$$

横截面上 C 点由弯矩和剪力引起的正应力、切应力分别为

$$\sigma_C=\frac{M_C\cdot y}{I_Z}=\frac{25\times10^6\times150\times12}{200\times600^3}=1.04\ \text{MPa}$$

$$\tau_C=\frac{F_{SC}\cdot S_Z^*}{I_Z\cdot b}=\frac{50\times10^3\times150\times200\times225\times12}{200\times600^3\times200}=0.469\ \text{MPa}$$

围绕 C 点，用一对横截面及与之垂直的一对水平面和一对铅垂面，切取 C 点初始单元

体如图 11－5（b）所示。由上述计算结果得

$$\sigma_x = -\sigma_C = -1.04\ \text{MPa},\quad \sigma_y = 0,\quad \tau_x = \tau_C = 0.469\ \text{MPa}$$

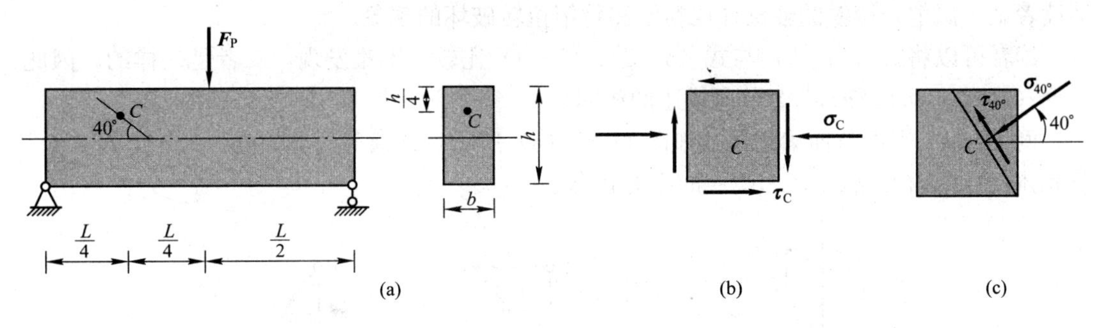

图 11－5　例 11－2 图

（2）计算指定斜截面上的应力。

对于图 11－5（b）所示单元体，由公式（11－1）可得

$$\begin{aligned}\sigma_{40°} &= \frac{\sigma_x+\sigma_y}{2}+\frac{\sigma_x-\sigma_y}{2}\cos 80°-\tau_x\sin 80° \\ &= \frac{-1.04}{2}+\frac{-1.04}{2}\cos 80°-0.469\sin 80° \\ &= -1.07\ \text{MPa}\end{aligned}$$

$$\tau_{40°} = \frac{\sigma_x-\sigma_y}{2}\sin 80°+\tau_x\cos 80° = -0.431\ \text{MPa}$$

根据上述计算结果，将斜截面上的正应力、切应力标在单元体上，如图 11－5（c）所示。

例 11－3　讨论轴向拉伸杆件的最大切应力的作用平面，并分析低碳钢拉伸时的屈服破坏现象。

解： 杆件承受轴向拉伸变形时，其上任意一点都是单向应力状态，如图 11－6 所示。

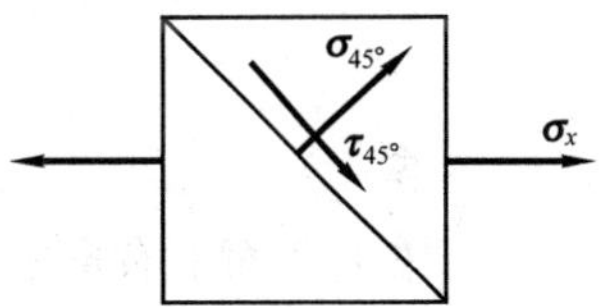

图 11－6　例 11－3 图

此时，$\sigma_y=0$，$\tau_x=0$。于是，根据式（11－1），任意斜截面上的正应力和切应力分别为

$$\left.\begin{aligned}\sigma_\alpha &= \frac{\sigma_x}{2}+\frac{\sigma_x}{2}\cos 2\alpha \\ \tau_\alpha &= \frac{\sigma_x}{2}\sin 2\alpha\end{aligned}\right\} \tag{11-9}$$

从式（11－9）中第一式可知，最大正应力出现在 $\alpha=0°$ 面上，即拉杆的横截面上，其值为 σ_x；从式（11－9）中第二式可得，最大切应力出现在 $\alpha=45°$ 的斜截面上，该截面上既有正应力又有切应力，其值分别为

$$\left.\begin{aligned}\sigma_{45°} &= \frac{\sigma_x}{2} \\ \tau_{45°} &= \frac{\sigma_x}{2}\end{aligned}\right\} \tag{11-10}$$

由此可见，该点的各个方位面中，45°斜截面上的正应力不是最大值，而切应力却是最

大值。这表明，轴向拉伸时最大切应力发生在与轴线夹角为45°的斜截面上，这正是低碳钢试样拉伸至屈服时表面出现滑移线的方向。因此可认为，材料屈服是由最大切应力引起的。请读者试一试解释铸铁圆轴试样或粉笔和竹竿扭转破坏的现象。

读者可以将式（11－9）与式（5－3）、（5－4）比较，不难发现，二者是一样的；因此，结论（式11－10）与5.3.2节所描述的相同。

例11－4 平面弯曲梁的尺寸如图11－7（a）所示，某横截面上的内力为M、$\boldsymbol{F}_S$，试用单元体表示截面上点1、2、3、4的应力状态。

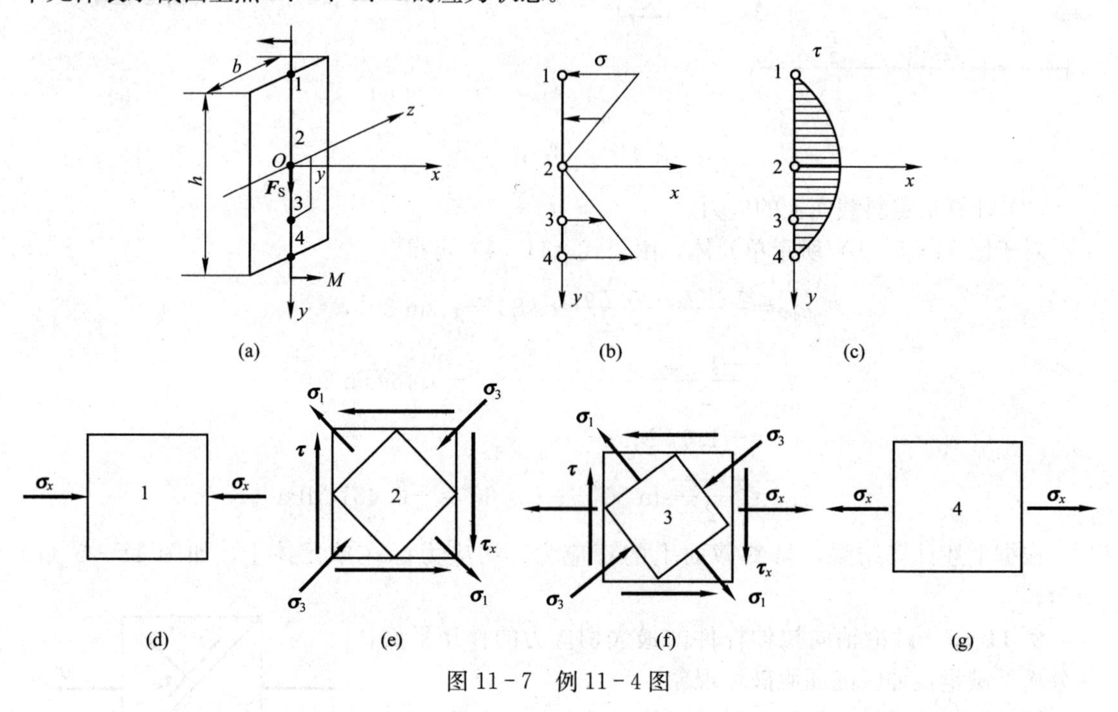

图11－7 例11－4图

解： 梁的截面上有弯矩M和剪力$\boldsymbol{F}_s$。由弯曲应力的知识，截面上将有相应的正应力和剪应力。根据各点所在位置的不同，各点单元体上与横截面相对应的侧面上的应力也是不一样的，下面依次分析。

(1) 绘出截面沿高度h的应力分布图。

弯曲正应力沿截面高度呈线性分布，如图11－7（b）所示，中性轴z下侧部分受拉，上侧部分受压；弯曲切应力沿截面高度呈二次抛物线变化，如图11－7（c）所示。

(2) 围绕各点切取初始单元体，并分析表面应力。

点1：位于截面上边缘（见图11－7（a）），应力状态如图11－7（d）所示，x侧面（与横截面对应的侧面）上有压应力（见图11－7（b）），没有切应力（见图11－7（c）），为单向应力状态。压应力为

$$\sigma_x=-\frac{M}{W_z}$$

点2：位于中性轴上（见图11－7（a）），应力状态如图11－7（e）所示。x侧面上弯曲正应力为零（见图11－7（b）），弯曲切应力取得最大值（见图11－7（c）），为

$$\tau_x=\frac{3F_S}{2A}$$

根据切应力互等定理，单元体的 y 侧面（外法线与 y 轴平行的侧面）上也有与 τ_x 等值、反转向的切应力。若单元体的表面只有剪应力，而无正应力的应力状态称为纯剪切应力状态，它也是一种平面应力状态。

点 3：位于中性轴下方（见图 11－7（a）），应力状态如图 11－7（f）所示。x 侧面上有弯曲拉应力 σ_x（见图 11－7（b））和弯曲切应力 τ_x（图 11－7（c）），分别为

$$\sigma_x=\frac{My}{I_z},\quad \tau_x=\frac{F_S S^*}{I_z b}$$

根据切应力互等定理，单元体的 y 侧面上也有与 τ_x 等值、反转向的切应力。

点 4：与点 1 对称，应力状态如图 11－7（g）所示。x 侧面上只有拉应力 σ_x，大小为

$$\sigma_x=\frac{M}{W_z}$$

为单向应力状态。

（3）分析各点处的应力状态。

所有点的单元体 z 侧面（外法线与 z 轴平行的侧面）上均无应力，是零应力主平面。点 1 和点 4 只有 x 侧面上有正应力，其余面均无应力，因此，这两点的初始单元体就是主单元体，均为单向应力状态。

点 1 处的主应力分别为

$$\sigma_1=\sigma_2=0,\quad \sigma_3=-\sigma_x$$

点 4 处的主应力分别为

$$\sigma_1=\sigma_x,\quad \sigma_2=\sigma_3=0$$

点 2 的初始单元体为纯剪切应力状态，其主应力可由式（11－4）求得，分别为

$$\sigma_1=\tau,\quad \sigma_2=0,\quad \sigma_3=-\tau$$

主平面的方位角可由式（11－3）求得，为 $\alpha_0=\pm45°$。也就是说，将初始单元体绕 z 轴顺（或逆）时针旋转 45°角所得的倾斜方位单元体即为主单元体，如图 11－7（e）所示。

点 3 的初始单元体为一般平面应力状态，如图 11－7（f）所示，根据其表面已知应力 σ_x、σ_y 和 τ_x，利用（11－4）可求得，点 3 处的主应力为

$$\sigma_{1,3}=\frac{\sigma_x}{2}\pm\sqrt{\left(\frac{\sigma_x}{2}\right)^2+\tau_x^2},\quad \sigma_2=0$$

主平面方位角可由公式（11－3）求得。

综上所述，梁横截面上不同高度的点处，主应力的大小、主平面的方位是不同的，不能一概而论。

讨论：在求出梁某截面上一点主应力的方向后，把其中一个主应力的方向延长与相邻横截面相交。求出交点的主应力方向，继续将其延长与下一个相邻横截面相交。依次类推，将得到一条折线，它的极限将是一条曲线，这种曲线称为主应力迹线。在主应力迹线上，任一点的切线即代表该点主应力的方向，经过每一点有两条相互垂直的主应力迹线。图 11－8 表示简支梁内的两组主应力迹线，实线为主拉应

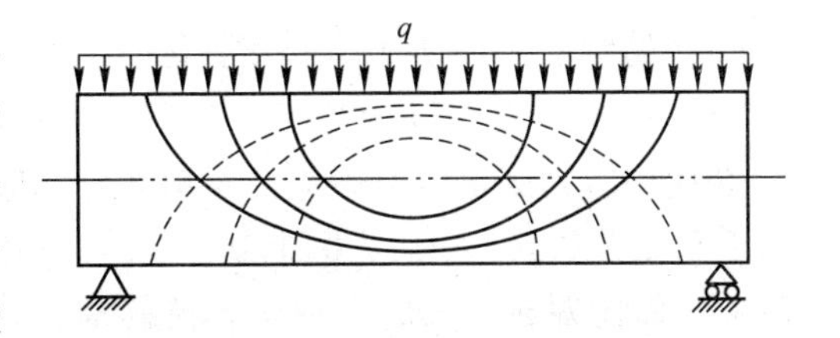

图 11－8　简支梁内的两组主应力迹线

力迹线，虚线为主压应力迹线。在钢筋混凝土梁中，钢筋的作用是抵抗拉伸，所以应使钢筋尽可能地沿主拉应力迹线的方向布置。

11.3 平面应力状态分析方法之二——图解法

图解法又称应力圆法。顾名思义，应力圆就是用应力为坐标轴画圆，在应力圆上包含着所有 11.2 节中所讨论的计算公式及结果。

11.3.1 应力圆的画法

由公式（11－1）可知，单元体任意斜截面上的正应力与切应力均是 α 的函数，用数学方法消去 α 后，即可得到 σ_α 和 τ_α 的函数关系。例如，将公式（11－1）的第一式右端的第一项 $\frac{\sigma_x+\sigma_y}{2}$ 移至方程左端，得

$$\sigma_\alpha-\frac{\sigma_x+\sigma_y}{2}=\frac{\sigma_x-\sigma_y}{2}\cos 2\alpha-\tau_x\sin 2\alpha$$

$$\tau_\alpha=\frac{\sigma_x-\sigma_y}{2}\sin 2\alpha+\tau_x\cos 2\alpha$$

将上两式平方后再相加，得到一个新的方程

$$\left(\sigma_\alpha-\frac{\sigma_x+\sigma_y}{2}\right)^2+\tau_\alpha^2=\left(\sqrt{\left(\frac{\sigma_x-\sigma_y}{2}\right)^2+\tau_x^2}\right)^2 \tag{11-11}$$

若以横坐标表示 σ_α，纵坐标表示 τ_α，式（11－11）即为一圆的方程，由该方程所画的圆称为**应力圆**（或莫尔圆）。应力圆的圆心 C 的坐标和半径分别为

$$C\left(\frac{\sigma_x+\sigma_y}{2},\ 0\right),\quad R=\sqrt{\left(\frac{\sigma_x-\sigma_y}{2}\right)^2+\tau_x^2} \tag{11-12}$$

对于图 11－9（a）所示单元体，根据其上的应力分量 σ_x、σ_y 和 τ_x，由圆心坐标以及圆的半径，即可画出与该点相对应的应力圆。但是这样作并不方便，我们可按如下步骤作相应的应力圆：

（1）在 $O\sigma_\alpha\tau_\alpha$ 坐标系内，按选定的比例尺量取 $OA=\sigma_x$，$Aa=\tau_x$，得到与单元体中 A 面上的应力（σ_x，τ_x）对应的点 a；

（2）量取 $OD=\sigma_y$，$Dd=-\tau_x$，得到与单元体中 D 面上的应力（σ_y，$-\tau_x$）对应的点 d；

（3）连接 ad，与横坐标交于点 C。由几何关系知，C 点的坐标为 $\left(\frac{\sigma_x+\sigma_y}{2},\ 0\right)$，即点 C 为应力圆的圆心。因为 $Ca=Cd$，因此，可以点 C 为圆心，以 Ca 或 Cd 为半径作圆，如图 11－9（b）所示，即为对应于图 11－9（a）所示单元体的应力圆。

在应用应力圆求解时，应注意单元体和应力圆之间的几种对应关系：

（1）**点面对应**——应力圆上某一点的坐标值对应着单元体某一方位面上的正应力和切应力；

（2）**转向对应**——应力圆半径旋转时，对应的单元体上方位面的法线亦沿相同方向旋转，才能保证单元体方位面上的应力与应力圆上半径端点的坐标值相对应；

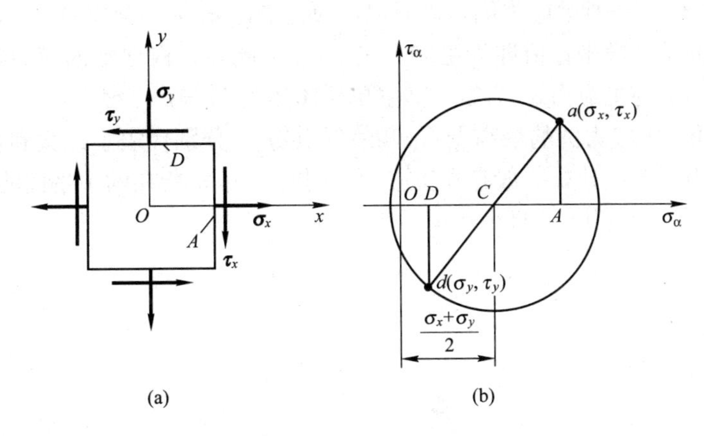

图 11-9　应力圆的画法

（3）**二倍角对应**——应力圆上半径转过的角度，等于单元体上方向面法线旋转角度的二倍。

11.3.2　应力圆的应用

作出应力圆后，单元体内任意斜截面上的应力都对应着应力圆上的一个点。例如，以图 11-10（a）所示单元体为例，当任意斜截面法线 n 与 x 轴夹角为逆时针的 α 时，在应力圆上（见图 11-10（b）），可以从 D 点开始，逆时针沿着圆周转过 2α 圆心角，得到 E 点，则 E 点的坐标就代表以 n 为法线的斜截面上的应力。证明如下：

$$
\begin{aligned}
OF&=OC+CF=OC+CE\cos(2\alpha_0+2\alpha)\\
&=OC+CE\cos 2\alpha_0\cos 2\alpha-CE\sin 2\alpha_0\sin 2\alpha\\
FE&=CE\sin(2\alpha_0+2\alpha)\\
&=CE\sin 2\alpha_0\cos 2\alpha+CE\cos 2\alpha_0\sin 2\alpha
\end{aligned}
$$

图 11-10（b）中，CD 和 CE 都是圆的半径，C 点为圆心，应用式（11-12），上两式可化简为

$$
\begin{aligned}
OF&=OC+CA\cos 2\alpha-AD\sin 2\alpha\\
&=\frac{\sigma_x+\sigma_y}{2}+\frac{\sigma_x-\sigma_y}{2}\cos 2\alpha-\tau_x\sin 2\alpha\\
FE&=AD\cos 2\alpha+CA\sin 2\alpha\\
&=\frac{\sigma_x-\sigma_y}{2}\sin 2\alpha+\tau_x\cos 2\alpha
\end{aligned}
$$

将上式与式（11-1）比较可知

$$OF=\sigma_\alpha,\quad FE=\tau_\alpha$$

即证明 E 点的坐标代表法线倾角为 α 的斜截面上的应力。

利用应力圆，除可以确定任意方位面上的正应力和切应力外，还可以确定主应力的数值、主平面的方位以及最大切应力。应用应力圆上的几何关系，可以得到平面应力状态主应力与最大切应力表达式，结果与 11.2 节所得到的完全一致。这一结论留给读者自己证明。

从图 11-10（b）中所示应力圆可以看出，应力圆与 σ_α 轴的交点 A_1 和 B_1，对应着平面应力状态的主平面，其横坐标值即为主应力 σ_1 和 σ_2。此外，根据平面应力状态及主平面的定义，另一主平面上的主应力 σ_3 为零。其主单元体如图 11-10（c）所示。

图 11-10（b）中应力圆的最高点 G_1 和最低点 G_2，分别代表了最大和最小切应力。不难看出，在切应力最大值处，一般存在正应力。同时，由 σ_1 所在的主平面的法线到 τ_{max} 所在平面的法线应为逆时针的 45°。且大小关系为

$$\left.\begin{matrix}\tau_{max}\\ \tau_{min}\end{matrix}\right\} = \pm\frac{\sigma_1-\sigma_2}{2} \tag{11-13}$$

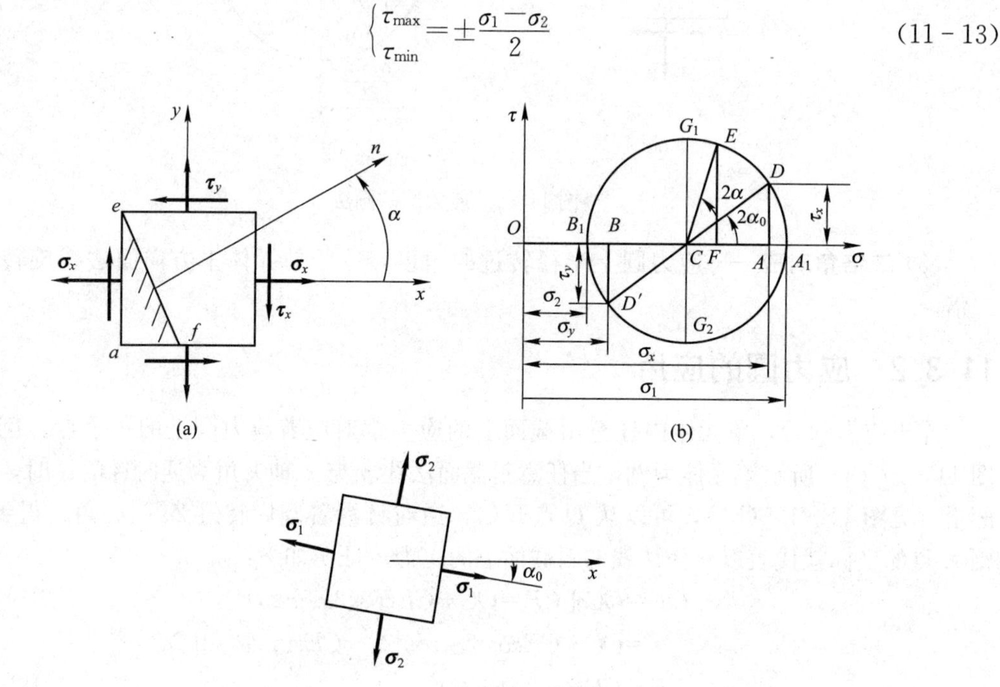

图 11-10　单元体与应力圆的对应关系

还需要指出的是，应力圆的功能主要不是作为图解法的工具用以测量计算某些量。它一方面通过明晰的几何关系帮助读者导出一些基本公式；另一方面，也是更重要的方面是作为一种思考问题的工具，用以分析和解决一些难度较大的应力状态问题。

例 11-5　已知图 11-11（a）所示之平面应力状态，试用图解法求该点的主单元体及最大切应力。图中应力的单位为 MPa。

解：（1）作应力圆。在 $O\sigma_\alpha\tau_\alpha$ 坐标系内，按选定的比例尺，以 $\sigma_x=-30$，$\tau_x=20$ 为坐标确定点 a。以 $\sigma_y=50$，$\tau_y=-20$ 为坐标确定点 d。连接 ad 交 σ_α 轴于点 C，以点 C 为圆心，以 Ca 为半径作圆，如图 11-11（b）所示。由图中几何关系解得圆心坐标

$$OC=\frac{-30+50}{2}=10$$

半径

$$R=\sqrt{\left(\frac{-30-50}{2}\right)^2+20^2}=44.7$$

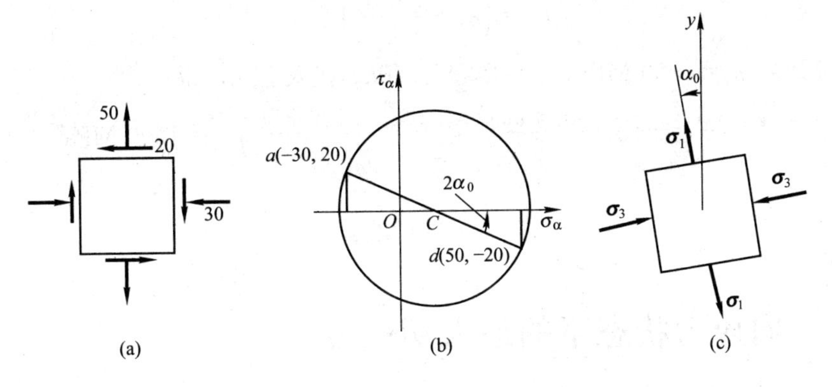

图 11-11　例 11-5 图

（2）求主应力和主平面。由图 11-11（b）可得主应力为

$$\sigma_1 = OC + R = 10 + 44.7 = 54.7\ \text{MPa}$$

$$\sigma_3 = OC - R = 10 - 44.7 = -34.7\ \text{MPa}$$

即三个主应力分别为

$$\sigma_1 = 54.7\ \text{MPa},\quad \sigma_2 = 0,\quad \sigma_3 = -34.7\ \text{MPa}$$

由图 11-11（b）的三角关系得

$$\sin 2\alpha_0 = \frac{\tau}{\text{半径}} = \frac{20}{44.7}$$

$$\alpha_0 = 13.3°$$

主应力与主平面如图 11-11（c）所示。

最大切应力为

$$\tau_{\max} = R = 44.7\ \text{MPa}$$

例 11-6　对于图 11-12（a）中所示之平面应力状态，若要求最大切应力 $\tau' \leqslant 85$ MPa，试求 τ_x 的取值范围。图中应力的单位为 MPa。

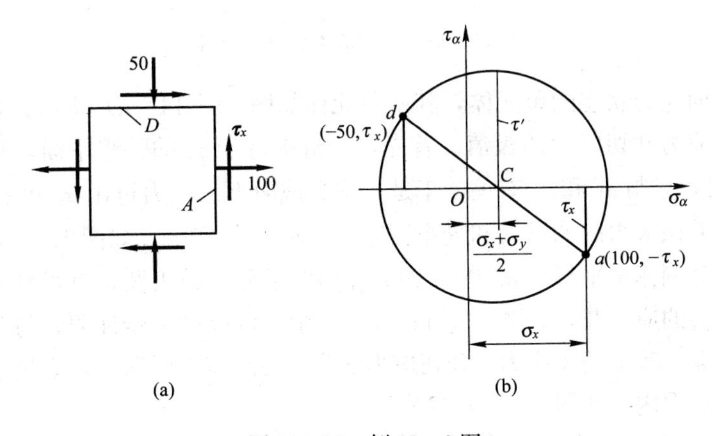

图 11-12　例 11-6 图

解：因为 σ_y 为负值，故所给应力状态的应力圆如图 11-12（b）所示。根据图中的几何关系，可得

$$R^2=\left(\sigma_x-\frac{\sigma_x+\sigma_y}{2}\right)^2+\tau_x^2$$

将$\sigma_x=100$ MPa，$\sigma_y=-50$ MPa，$\tau'=R\leqslant 85$ MPa，代入上式，得

$$\tau_x^2=(\tau')^2-\left(\sigma_x-\frac{\sigma_x+\sigma_y}{2}\right)^2\leqslant\left[85^2-\left(\frac{100+50}{2}\right)^2\right]=1600\ \text{MPa}^2$$

解得

$$\tau_x\leqslant 40\ \text{MPa}$$

11.4 三向应力状态下的最大切应力

对于受力物体内一点处的应力状态，最普遍的情况是所取单元体三对平面上都有正应力和切应力，而且切应力可分解为沿坐标轴的两个分量，如图 11－13（a）所示。图中 x 平面上有正应力σ_x、切应力τ_{xy}和τ_{xz}，切应力的两个下标中，第一个下标表示切应力所在的平面，第二个下标表示切应力的方向。同理，另外两对面上也存在图示的两组应力，这种单元体所代表的应力状态，称为**三向应力状态**（或**空间应力状态**）。在三向应力状态下，主单元体上的三个主应力均不等于零，如图 11－13（b）所示。

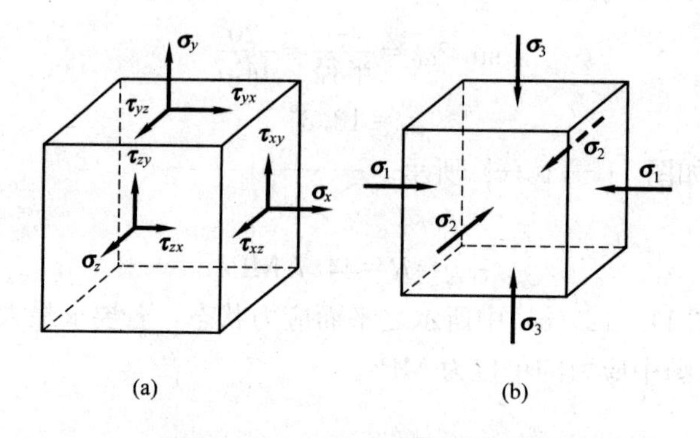

图 11－13　三向应力状态单元体

已知一个三向应力状态的单元体，其主单元体如图 11－14（a）所示。利用应力圆，可确定该点处的正应力和切应力的极值。首先，分析平行于σ_3的一组平面，其任一平面上的应力均与σ_3无关，只与σ_1和σ_2有关，于是，这类截面上的应力可由σ_1和σ_2作出的应力圆上的点来表示，而该应力圆的最大和最小正应力分别为σ_1和σ_2，如图 11－14（b）中所示右侧的小圆。同理分别作出平行于σ_1和σ_2的另外两组平面的应力圆，就得到了对应于这个三向应力状态的完整的应力圆，如图 11－14（b）所示。可以进一步证明，与三个主应力都不平行的一般斜截面，其上的正应力σ和切应力τ值，在总应力圆图中，必位于上述三个应力圆所围成的阴影范围内，如图 11－14（b）所示。

在图 11－14（b）所示的三向应力圆中，该点处的最大切应力等于最大的应力圆上 B 点的纵坐标，为

$$\tau_{\max}=\frac{\sigma_1-\sigma_3}{2}\tag{11－14}$$

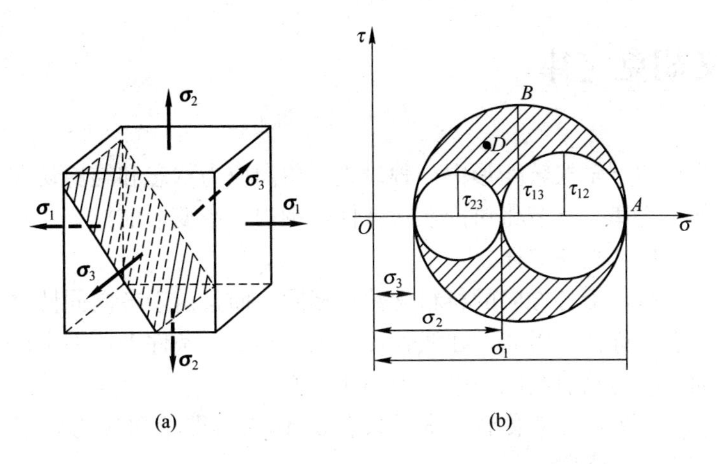

图 11-14 三向应力状态的应力圆

由 B 点的位置可知，最大切应力所在的截面与 σ_1 和 σ_3 主平面各成 45°角。

例 11-7 试根据图 11-15（a）所示单元体各面上的应力，作应力圆，并求出主应力和最大切应力的值及它们的作用面方位。

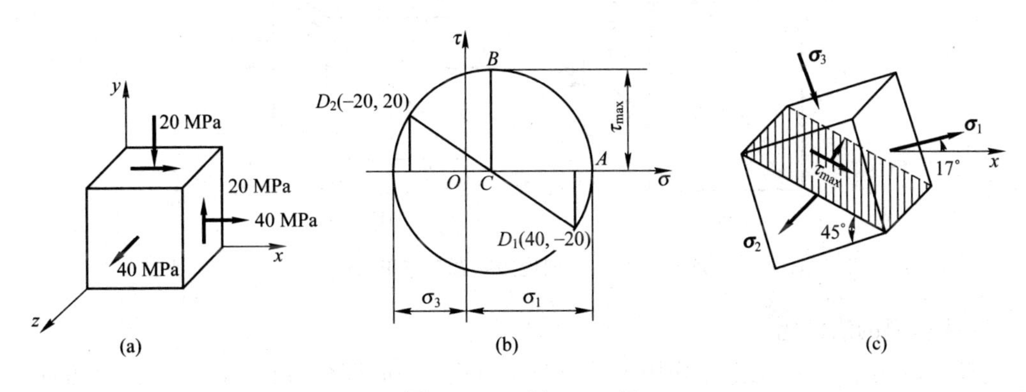

图 11-15 例 11-7 图

解：（1）图中所示单元体的前后两面（z 截面）上无切应力，因而该面上的正应力 $\sigma_z=40$ MPa 为该点处的一个主应力。

（2）平行于 z 轴的各截面上的应力与主应力 σ_z 无关，故可根据 x 截面和 y 截面上的应力画出应力圆。如图 11-15（b）所示。

（3）从应力圆上量得，两个主应力分别为 46 MPa 和 −26 MPa。即得到了包括 $\sigma_z=40$ MPa 在内的三个主应力。按代数值大小分别为

$$\sigma_1=46\ \text{MPa},\quad \sigma_2=40\ \text{MPa},\quad \sigma_3=-26\ \text{MPa}$$

由应力圆得 $2\alpha_0=34°$，$\alpha_0=17°$，由此确定 σ_1 的方向，其主单元体如图 11-15（c）所示。该点的最大切应力

$$\tau_{\max}=CB=36\ \text{MPa}$$

其作用面平行于 σ_2 且与 σ_1 方向成 45°角，如图 11-15（c）所示。

11.5 广义胡克定律

在轴向拉压变形和圆轴扭转变形中，曾讨论了单向应力状态和纯剪切应力状态下描述应力—应变关系的胡克定律，本节将讨论在线弹性范围内、小变形前提下，复杂应力状态下的应力—应变关系，即广义胡克定律。

对于各向同性材料，沿各方向的材料常数均相同。而且由于各向同性材料沿任一方向对于其弹性常数都具有对称性，因此，在线弹性范围、小变形条件下，沿坐标轴方向，正应力只引起线应变，而切应力只引起同一平面内的切应变。

如图 11-16 (a) 所示，如果单元体上只有 σ_x 作用（即单向应力状态），可以引起 x、y、z 三个方向的线应变分别为

$$\varepsilon_x=\frac{\sigma_x}{E},\quad \varepsilon_y=\varepsilon_z=-\nu\frac{\sigma_x}{E} \tag{11-15}$$

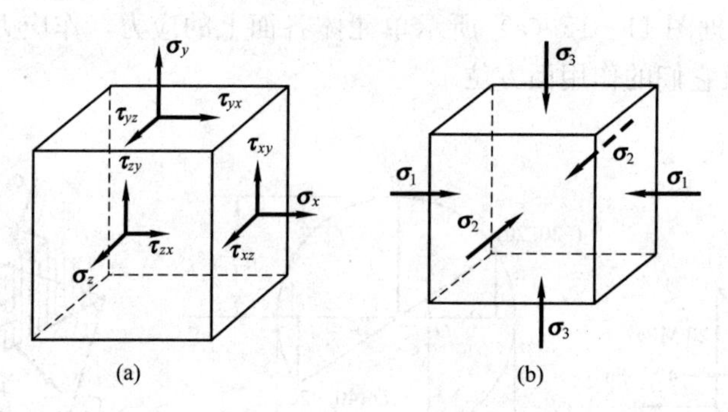

图 11-16　三向应力状态与主单元体

其中，ν 为材料的泊松比。

同理，单元体仅在 σ_y 或 σ_z 作用下的单向应力状态，同样会引起 x、y、z 三个方向的线应变，即

$$\varepsilon_y=\frac{\sigma_y}{E},\quad \varepsilon_x=\varepsilon_z=-\nu\frac{\sigma_y}{E} \tag{11-16}$$

$$\varepsilon_z=\frac{\sigma_z}{E},\quad \varepsilon_x=\varepsilon_y=-\nu\frac{\sigma_z}{E} \tag{11-17}$$

应用叠加原理，将式 (11-15)、(11-16)、(11-17) 中同方向的线应变公式右侧的量相叠加，可以得到在 σ_x、σ_y 和 σ_z 共同作用下，即复杂应力状态下的应力-应变关系为

$$\left.\begin{aligned}\varepsilon_x&=\frac{1}{E}[\sigma_x-\nu(\sigma_y+\sigma_z)]\\ \varepsilon_y&=\frac{1}{E}[\sigma_y-\nu(\sigma_z+\sigma_x)]\\ \varepsilon_z&=\frac{1}{E}[\sigma_z-\nu(\sigma_x+\sigma_y)]\end{aligned}\right\} \tag{11-18}$$

至于切应力，也可利用叠加原理和纯剪切胡克定律，求得

$$\left.\begin{aligned}\gamma_{xy}&=\frac{\tau_{xy}}{G}\\\gamma_{yz}&=\frac{\tau_{yz}}{G}\\\gamma_{zx}&=\frac{\tau_{zx}}{G}\end{aligned}\right\}\tag{11-19}$$

式（11－18）和式（11－19）称为**广义胡克定律**。

（1）在平面应力状态下，若应力 σ_z 为零，则广义胡克定律如下

$$\left.\begin{aligned}\varepsilon_x&=\frac{1}{E}(\sigma_x-\nu\sigma_y)\\\varepsilon_y&=\frac{1}{E}(\sigma_y-\nu\sigma_x)\\\varepsilon_z&=-\frac{\nu}{E}(\sigma_x+\sigma_y)\\\gamma_{xy}&=\frac{\tau_{xy}}{G}\end{aligned}\right\}\tag{11-20}$$

（2）对于主单元体，其表面只有三个主应力 σ_1、σ_2、σ_3，如图 11－16（b）所示，则沿主应力方向只有线应变，这种沿着主应力方向的线应变称为**主应变**，分别记为 ε_1、ε_2、ε_3。此时，广义胡克定律可用主应力和主应变表示为

$$\left.\begin{aligned}\varepsilon_1&=\frac{1}{E}[\sigma_1-\nu(\sigma_2+\sigma_3)]\\\varepsilon_2&=\frac{1}{E}[\sigma_2-\nu(\sigma_3+\sigma_1)]\\\varepsilon_3&=\frac{1}{E}[\sigma_3-\nu(\sigma_1+\sigma_2)]\end{aligned}\right\}\tag{11-21}$$

在 $\sigma_1\geqslant\sigma_2\geqslant\sigma_3$ 的前提下，可以得到 $\varepsilon_1\geqslant\varepsilon_2\geqslant\varepsilon_3$。

对于同一种各向同性材料，广义胡克定律中的三个弹性常数并不完全独立，它们之间存在下列关系：

$$G=\frac{E}{2(1+\nu)}\tag{11-22}$$

对于绝大多数各向同性材料，泊松比一般在 0～0.5 取值，因此，切变模量 G 的取值范围为：$E/3<G<E/2$。

下面讨论体积变化和应力间的关系。已知图 11－17 所示三向应力状态的主单元体，边长分别为 dx、dy 和 dz，变形前单元体的体积为

$$V=dxdydz$$

变形后单元体三个棱边分别为 $dx(1+\varepsilon_1)$，$dy(1+\varepsilon_2)$，$dz(1+\varepsilon_3)$。于是变形后单元体的体积为

$$V_1=dx(1+\varepsilon_1)\cdot dy(1+\varepsilon_2)\cdot dz(1+\varepsilon_3)$$

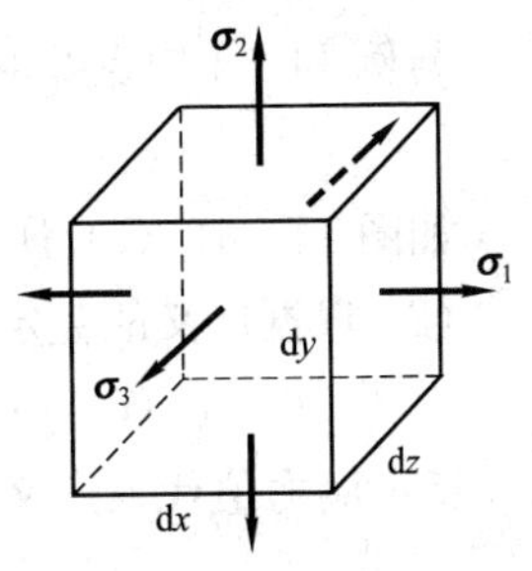

图 11－17　三向应力状态的主单元体

构件在受力变形后，每单位体积的体积变化，称为体应变，用 ε_V 表示。展开上式，略去含有高阶微量 $\varepsilon_1\varepsilon_2$、$\varepsilon_2\varepsilon_3$、$\varepsilon_3\varepsilon_1$、$\varepsilon_1\varepsilon_2\varepsilon_3$ 的各

项，得

$$V_1=(1+\varepsilon_1+\varepsilon_2+\varepsilon_3)\mathrm{d}x\mathrm{d}y\mathrm{d}z$$

则

$$\varepsilon_V=\frac{V_1-V}{V}=\varepsilon_1+\varepsilon_2+\varepsilon_3 \tag{11-23}$$

将广义胡克定律公式（11-21）代入上式，整理后得出

$$\varepsilon_V=\frac{1-2\nu}{E}(\sigma_1+\sigma_2+\sigma_3) \tag{11-24}$$

即任一点处的体应变 ε_V 只与三个主应力之和成正比，至于三个主应力之间的比例，对体应变并无影响。

例 11-8 图 11-18（a）所示结构，已知材料常数为 E、ν，现测得 K 点与轴线成 45° 方向上的应变为 ε，试确定梁上的荷重 $\boldsymbol{F}_P$（设工字钢型号已知）。

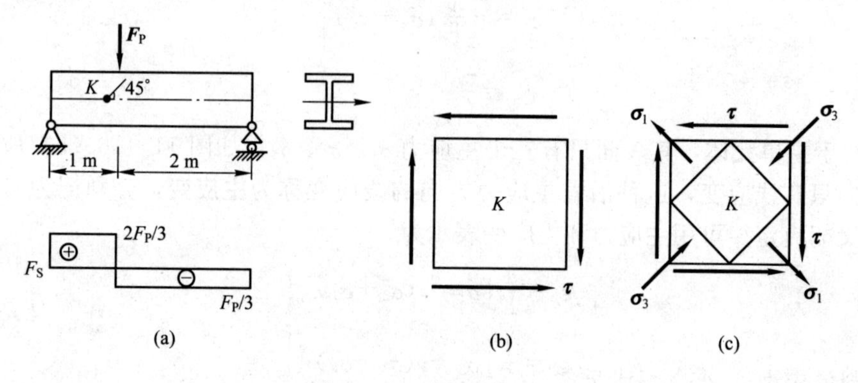

图 11-18　例 11-8 图

解：（1）分析 K 点的应力状态。

在外载荷作用下，梁发生弯曲变形，剪力图如图 11-18（a）所示。K 点所在截面剪力为 $F_S=\dfrac{2F_P}{3}$，K 点位于截面中性轴上，由弯曲时截面上应力的分布特点可知，K 点处正应力为零，只有切应力，处于纯剪切状态。K 点横截面上的切应力方向，与该截面的剪力方向一致，K 点初始单元体如图 11-18（b）所示，其表面切应力为

$$\tau=\frac{F_S S^*}{I_z b}=\frac{2F_P S^*}{3I_z b} \tag{11-25}$$

与例 11-4 中点 2 的应力状态分析结果相同，K 点的三个主应力分别为

$$\sigma_1=\tau,\quad \sigma_2=0,\quad \sigma_3=-\tau$$

如图 11-18（c）所示，主平面外法线与梁轴线成 45°角。

（2）根据广义胡克定律，求解切应力 τ。

由图 11-18（c）所示单元体可知：K 点与轴线成 45°方向上的应变，是最小的主应变 ε_3，将主应力值代入广义胡克定律，由

$$|\varepsilon_3|=\left|\frac{1}{E}[\sigma_3-\nu(\sigma_1+\sigma_2)]\right|=\frac{\tau}{E}(1+\nu)$$

可得

$$\tau=\frac{E\varepsilon_3}{1+\nu}=\frac{E\varepsilon}{1+\nu} \tag{11-26}$$

（3）确定梁上的荷重 $\boldsymbol{F}_{\mathrm{P}}$

将式（11-25）代入式（11-26），即可求出载荷

$$F_{\mathrm{P}}=\frac{3I_z bE\varepsilon}{2S^*(1+\nu)}$$

要点与讨论

在线弹性范围内，当已知变形求力或已知力求变形时，都会用到广义胡克定律，在应用该定律时，要注意判断危险点是单向应力状态还是复杂应力状态，并应用相应的公式。

11.6　复杂应力状态下的应变能密度

11.6.1　应变能与应变能密度

分析图 11-19（a）中所示的三向应力状态的主单元体，其主应力和主应变分别为 σ_1、σ_2、σ_3 和 ε_1、ε_2、ε_3。假设应力和应变都同时自零开始逐渐增加至终值。

根据能量守恒原理，材料在线弹性范围内工作时，单元体三对面上的力（其值为应力与面积之乘积）在各自对应应变所产生的位移上所作之功，全部转变为一种能量，储存于单元体内。这种能量称为**应变能**，用 V_ε 表示。若 $\mathrm{d}V$ 表示单元体的体积，则定义 $V_\varepsilon/\mathrm{d}V$ 为**应变能密度**，用 v_ε 表示。

当材料的应力-应变关系满足广义胡克定律时，在小变形的前提下，相应的力和位移存在线性关系。如图 11-20 所示，这时力所作的功为

$$W=\frac{1}{2}F_{\mathrm{P}}\Delta \tag{11-27}$$

对于弹性体，此功将转变为材料的弹性应变能 V_ε。

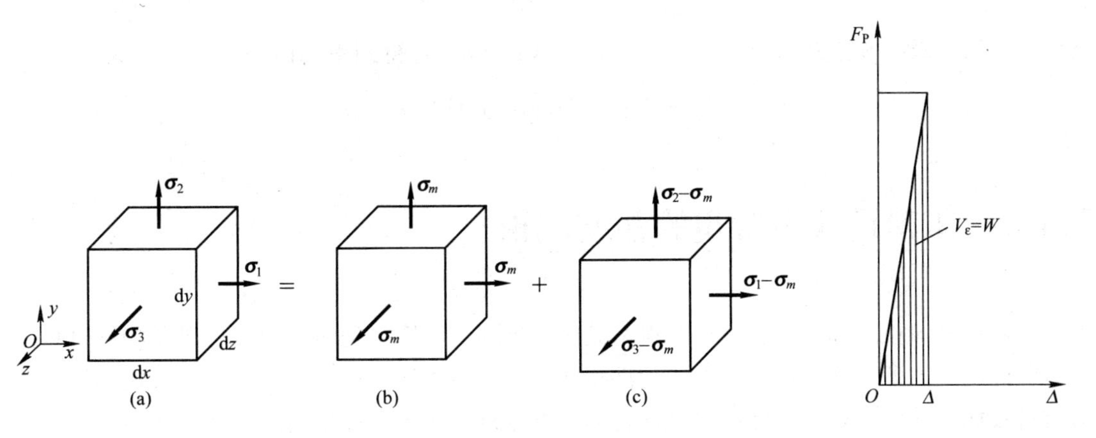

图 11-19　主单元体的分解　　图 11-20　线弹性体应变能

设单元体的三对边长分别为 $\mathrm{d}x$、$\mathrm{d}y$、$\mathrm{d}z$，则作用在单元体三对面上的力分别为 $\sigma_1\mathrm{d}y\mathrm{d}z$、$\sigma_2\mathrm{d}x\mathrm{d}z$、$\sigma_3\mathrm{d}x\mathrm{d}y$，与这些力对应的位移分别为 $\varepsilon_1\mathrm{d}x$、$\varepsilon_2\mathrm{d}y$、$\varepsilon_3\mathrm{d}z$。这些力在各自位

移上所作之功，均可以用式（11－27）计算。于是，作用在单元体上的所有力作功之和为

$$dW=\frac{1}{2}(\sigma_1\varepsilon_1+\sigma_2\varepsilon_2+\sigma_3\varepsilon_3)dxdydz$$

储存于单元体内的应变能为

$$V_\varepsilon=dW=\frac{1}{2}(\sigma_1\varepsilon_1+\sigma_2\varepsilon_2+\sigma_3\varepsilon_3)dV$$

根据应变能密度的定义，并应用广义胡克定律公式（11－21），得到三向应力状态下，总应变能密度表达式为

$$v_\varepsilon=\frac{1}{2E}[\sigma_1^2+\sigma_2^2+\sigma_3^2-2\nu(\sigma_1\sigma_2+\sigma_2\sigma_3+\sigma_3\sigma_1)] \tag{11-28}$$

11.6.2 体积改变能密度与畸变能密度

一般情形下，物体变形时，同时包含了体积的改变与形状的改变。因此，总应变能密度包含相互独立的两种应变能密度。即

$$v_\varepsilon=v_V+v_d \tag{11-29}$$

式中 v_V 和 v_d 分别称为**体积改变能密度**和**畸变能密度**。

将图 11－19（a）所示的用主应力表示的三向应力状态，分解为图 11－19（b）、（c）中所示之两种应力状态的叠加。其中，σ_m 称为**平均应力**，它的数值为

$$\sigma_m=\frac{1}{3}(\sigma_1+\sigma_2+\sigma_3) \tag{11-30}$$

图 11－19（b）中所示为三向等拉应力状态，在这种应力作用下，单元体的体积发生改变，而形状不发生改变。图 11－19（c）中所示之应力状态，将使单元体的形状发生改变，而体积不变，请读者自己证明。

对于图 11－19（b）中的单元体，将式（11－30）代入公式（11－28），求得其体积改变能密度为

$$v_V=\frac{3(1-2\nu)}{2E}\sigma_m^2=\frac{1-2\nu}{6E}(\sigma_1+\sigma_2+\sigma_3)^2 \tag{11-31}$$

将公式（11－28）和公式（11－31）代入公式（11－29），得到单元体的畸变能密度

$$v_d=\frac{1+\nu}{6E}[(\sigma_1-\sigma_2)^2+(\sigma_2-\sigma_3)^2+(\sigma_3-\sigma_1)^2] \tag{11-32}$$

11.7 工程设计中常用的强度理论

构件在轴向拉压和纯弯曲时危险点都处于单向应力状态，通过单向拉压试验测得材料破坏时的许用应力即可建立强度条件；构件扭转时危险点处于纯剪应力状态，通过扭转试验测得材料破坏时的许用切应力即可建立扭转的强度条件。可见，在单向应力状态和纯剪应力状态下，失效状态或强度条件都是以实验为基础的。

但是，实际构件危险点的应力状态往往是复杂应力状态，要通过直接试验来建立强度条件实际上是不可能的。这是因为：一方面复杂应力状态各式各样，单元体的三个主应力可以

有无限多种组合，不可能一一通过实验确定极限应力；另一方面，进行复杂应力状态的试验设备和试件加工相当复杂，技术上难以实现。所以需要寻找新的途径，利用单向应力状态的试验结果建立复杂应力状态的强度条件。

大量的关于材料失效的实验结果以及工程构件强度失效的实例表明，复杂应力状态虽然各式各样，但是材料在各种复杂应力状态下的强度失效的形式大致分为两种：一种是脆性断裂；另一种是塑性屈服，统称为**强度失效**。

对于同一种失效形式，有可能在引起失效的原因中包含着共同的因素。建立复杂应力状态下的强度失效准则，就是提出关于材料在不同应力状态下失效共同原因的各种假说。根据这些假说，就有可能利用单向拉伸的实验结果，建立材料在复杂应力状态下的失效准则。应用失效准则，可以预测材料在复杂应力状态下，何时发生失效，以及如何保证不发生失效，进而建立复杂应力状态下的强度理论。

强度理论既然是推测强度失效原因的一种假说，它是否正确，适用于什么情况，必须由生产实践来检验。经常是适用于某种材料的强度理论，并不适用于另一种材料；在某种条件下适用的理论，却又不适用于另一种条件。

本节将通过对断裂和屈服原因的假说，直接应用单向拉伸的实验结果，建立材料在各种应力状态下的断裂与屈服的强度理论。强度理论分为两类：一类是解释断裂失效的，有最大拉应力理论和最大线应变理论；另一类是解释屈服失效的，有最大切应力理论和畸变能密度理论。

最大拉应力理论（第一强度理论）。最大拉应力理论又称为第一强度理论，最早由英国的兰金（W. J. M. Rankine）提出，这一理论认为最大拉应力是引起材料断裂的主要因素。即认为无论单元体处于什么应力状态，只要最大拉应力 σ_1 达到某一极限值，则材料就发生脆性断裂。在单向拉伸应力状态下，只有 $\sigma_1(\sigma_2=\sigma_3=0)$，而当 σ_1 达到强度极限 σ_b 时，发生断裂。这时上面所指的极限值就是强度极限 σ_b，于是得断裂准则为

$$\sigma_1=\sigma_b \tag{11-33}$$

将 σ_b 除以安全系数 n_b，即得第一强度理论的强度条件为

$$\sigma_1\leqslant\frac{\sigma_b}{n_b}=[\sigma] \tag{11-34}$$

这一理论能较好地解释铸铁、玻璃、石膏、砖石等脆性材料的破坏现象，与实验结果吻合得较好。但没有考虑另外两个主应力的影响，且对没有拉应力的状态（如单向压缩、三向压缩等）无法使用，对塑性材料的屈服失效也无法解释。

最大线应变理论（第二强度理论）。最大线应变理论又称为第二强度理论，最早由马里奥特（E. Mariotte）在17世纪后期提出，这一理论认为最大线应变是引起材料脆性断裂的主要因素。即认为无论单元体处于什么应力状态，只要最大线应变 ε_1 达到某一极限值，材料即发生脆性断裂。假设仍可用胡克定律计算应变，则这个极限值 $\varepsilon_u=\sigma_b/E$。故根据第二强度理论，材料断裂的条件是

$$\varepsilon_1=\sigma_b/E \tag{11-35}$$

由广义胡克定律知

$$\varepsilon_1=\frac{1}{E}[\sigma_1-\nu(\sigma_2+\sigma_3)]$$

代入（11-35）式得断裂准则为

$$\sigma_1-\nu(\sigma_2+\sigma_3)=\sigma_b \tag{11-36}$$

将 σ_b 除以安全系数 n_b，即得第二强度理论的强度条件为

$$\sigma_1-\nu(\sigma_2+\sigma_3)\leqslant[\sigma]=\frac{\sigma_b}{n_b} \tag{11-37}$$

这一理论能较好地解释石料、混凝土等脆性材料受轴向压缩时沿纵向截面开裂的现象，铸铁受拉、压二向应力且压应力较大时，实验结果也与这一理论接近。这一理论考虑了其余两个主应力 σ_2 和 σ_3 对材料强度的影响，在形式上较最大拉应力理论更为完善。但不一定总是合理的，如在二轴或三轴受拉情况下，按这一理论应该比单轴受拉时不易断裂，显然与实际情况并不相符。一般而言，最大拉应力理论适用于脆性材料以拉应力为主的情况，而最大线应变理论适用于压应力为主的情况。

最大切应力理论（第三强度理论） 最大切应力理论又称为第三强度理论，这一理论认为最大切应力是引起材料塑性屈服的主要因素。即认为无论材料处于什么应力状态，只要最大切应力 τ_{max} 达到某一极限值 τ_u，材料即发生塑性屈服。在单向拉伸应力状态下，轴向拉伸实验发生屈服时，横截面上的正应力达到屈服强度，即 $\sigma=\sigma_s$，此时最大切应力

$$\tau_{max}=\frac{\sigma_1-\sigma_3}{2}=\frac{\sigma}{2}=\frac{\sigma_s}{2} \tag{11-38}$$

所以材料发生塑性屈服的条件是 $\tau_{max}=\tau_u=\sigma_s/2$。复杂应力状态下最大切应力为

$$\tau_{max}=\frac{\sigma_1-\sigma_3}{2}$$

上式代入式（11-38）得用主应力表示的屈服准则

$$\sigma_1-\sigma_3=\sigma_s \tag{11-39}$$

将 σ_s 除以安全系数 n_s，即得第三强度理论的强度条件为

$$\sigma_1-\sigma_3\leqslant[\sigma]=\frac{\sigma_s}{n_s} \tag{11-40}$$

最大切应力理论最早由法国科学家库仑（Coulomb）提出，是关于剪断的强度理论，并应用于建立土的破坏条件；1864 年特雷斯卡（Tresca）通过挤压实验研究屈服现象和屈服准则，将剪断准则发展为屈服准则，因而最大切应力理论又称为特雷斯卡准则。试验结果表明，最大切应力理论较圆满地解释了塑性材料的屈服现象，与许多塑性材料在大多数受力情况下发生屈服的实验结果相当符合，也能说明某些脆性材料的剪切断裂。但它没有考虑主应力 σ_2 的影响，在二向应力状态下，与实验结果比较，理论计算偏于安全。这一理论形式简单，所以得到广泛应用。

畸变能密度理论（第四强度理论） 畸变能密度理论又称为第四强度理论，这一理论认为畸变能密度是引起材料塑性屈服的主要因素。即认为无论材料处于什么应力状态，只要畸变能密度 v_d 达到了某一极限值 v_d^0，材料就发生屈服（或剪断）。在单向拉伸应力状态下，拉伸实验至屈服时，$\sigma_1=\sigma_s$、$\sigma_2=\sigma_3=0$，此时的畸变能密度，就是所有应力状态发生屈服时的极限值 v_{du}，利用公式（11-32）化简可得

$$v_{du}=\frac{1+\nu}{6E}[(\sigma_1-\sigma_2)^2+(\sigma_2-\sigma_3)^2+(\sigma_3-\sigma_1)^2]=\frac{1+\nu}{3E}\sigma_s^2 \tag{11-41}$$

同时，对于主应力为 σ_1、σ_2、σ_3 的复杂应力状态，其畸变能密度为

$$v_d=\frac{1+\nu}{6E}[(\sigma_1-\sigma_2)^2+(\sigma_2-\sigma_3)^2+(\sigma_3-\sigma_1)^2]$$

上式代入式（11-41）得用主应力表示的屈服准则为

$$\sqrt{\frac{1}{2}[(\sigma_1-\sigma_2)^2+(\sigma_2-\sigma_3)^2+(\sigma_3-\sigma_1)^2]}=\sigma_s \tag{11-42}$$

将 σ_s 除以安全系数 n_s，即得第四强度理论的强度条件为

$$\sqrt{\frac{1}{2}[(\sigma_1-\sigma_2)^2+(\sigma_2-\sigma_3)^2+(\sigma_3-\sigma_1)^2]}\leqslant[\sigma] \tag{11-43}$$

畸变能密度理论由米泽斯（R. von Mises）于1913年从修正最大切应力准则出发提出的。1924年德国的亨奇（H. Hencky）从畸变能密度出发对这一准则作了解释，从而形成了畸变能密度理论，因此，这一理论又称为米泽斯准则。

1926年，德国的洛德（Lode，W.）通过薄壁圆管同时承受轴向拉伸与内压力时的屈服实验，来验证第四强度理论。他发现对于碳素钢和合金钢等韧性材料，这一理论与实验结果吻合得相当好。其他大量的试验结果还表明，第四强度理论能够很好地描述铜、镍、铝等大量工程韧性材料的屈服状态。

综合公式（11-34）～（11-43），按四个强度理论所建立的强度条件可统一写作

$$\sigma_r\leqslant[\sigma] \tag{11-44}$$

式中，σ_r 是根据不同强度理论所得到的构件危险点处的三个主应力的某些组合，称为**相当应力**。按照从第一强度理论到第四强度理论的顺序，相当应力分别为

$$\left.\begin{aligned}
&\sigma_{r1}=\sigma_1\\
&\sigma_{r2}=\sigma_1-\nu(\sigma_2+\sigma_3)\\
&\sigma_{r3}=\sigma_1-\sigma_3\\
&\sigma_{r4}=\sqrt{\frac{1}{2}[(\sigma_1-\sigma_2)^2+(\sigma_2-\sigma_3)^2+(\sigma_3-\sigma_1)^2]}
\end{aligned}\right\} \tag{11-45}$$

应该指出，按某一强度理论的相当应力，对于危险点处于复杂应力状态的构件进行强度校核时，一方面要保证所用强度理论与这种应力状态下发生的破坏形式相对应，另一方面要求确定许用应力 $[\sigma]$ 时，也必须是相应于该破坏形式的极限应力。

以上介绍了四种常用的强度理论。铸铁、玻璃、石料、混凝土等脆性材料，通常以脆性断裂的形式失效，宜采用第一和第二强度理论。碳钢、铜、镍、铝等韧性材料，通常以塑性屈服的形式失效，宜采用第三和第四强度理论。

例11-9 已知铸铁构件上危险点处的应力状态如图11-21所示。若铸铁拉伸许用应力为 $[\sigma]^+=30$ MPa，试校核该点处的强度是否安全。

解：（1）求解该点的主应力。

对于图示的平面应力状态，可以算得非零主应力为

$$\left.\begin{matrix}\sigma_{max}\\\sigma_{min}\end{matrix}\right.=\frac{\sigma_x+\sigma_y}{2}\pm\frac{1}{2}\sqrt{(\sigma_x-\sigma_y)^2+4\tau_x^2}$$

$$=\left[\frac{10+23}{2}\pm\frac{1}{2}\sqrt{(10-23)^2+4\times(-11)^2}\right]=\begin{matrix}29.28\text{ MPa}\\3.72\text{ MPa}\end{matrix}$$

故三个主应力分别为

$$\sigma_1=29.28\text{ MPa},\quad \sigma_2=3.72\text{ MPa},\quad \sigma_3=0$$

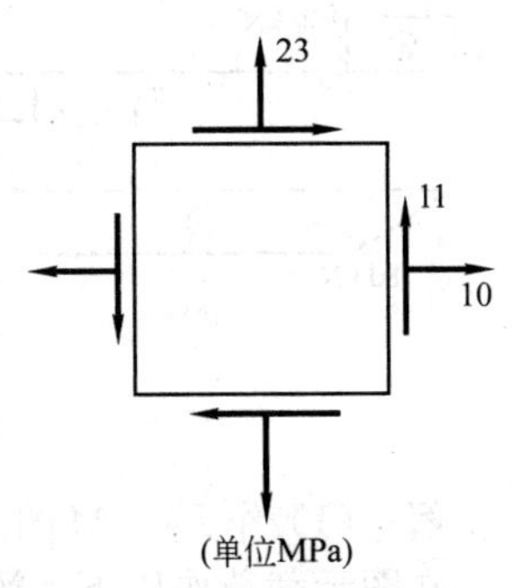

图11-21 例11-9图

（2）选择强度理论进行强度校核。

根据给定的应力状态，在单元体各个面上只有拉应力而无压应力。因此，可以认为铸铁在这种应力状态下可能发生脆性断裂，故采用第一强度理论，即

$$\sigma_1 \leqslant [\sigma]^+$$

显然，

$$\sigma_1 = 29.28\ \text{MPa} < [\sigma]^+ = 30\ \text{MPa}$$

故此危险点是安全的。

例 11－10 某结构上危险点处的应力状态如图 11－22 所示，其中 σ、τ 均已知。材料为钢材，许用应力为 $[\sigma]$。试写出第三和第四强度理论的表达式。

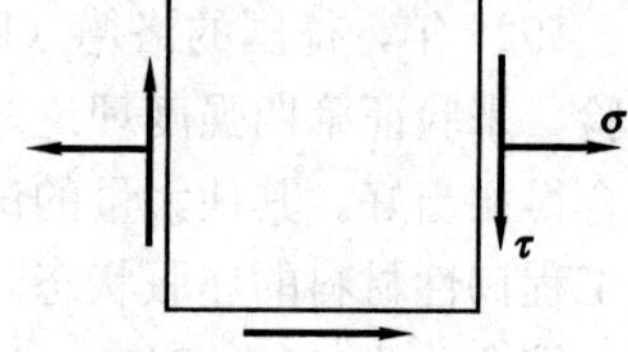

图 11－22 例 11－10 图

解： 图示为一平面应力状态，其非零的主应力为

$$\left.\begin{matrix}\sigma_{max}\\ \sigma_{min}\end{matrix}\right\} = \frac{\sigma}{2} \pm \frac{1}{2}\sqrt{\sigma^2 + 4\tau^2}$$

因为有一个主应力为零，故有

$$\left.\begin{aligned}\sigma_1 &= \frac{\sigma}{2} + \frac{1}{2}\sqrt{\sigma^2 + 4\tau^2}\\ \sigma_2 &= 0\\ \sigma_3 &= \frac{\sigma}{2} - \frac{1}{2}\sqrt{\sigma^2 + 4\tau^2}\end{aligned}\right\}$$

钢材在此应力状态下可能发生屈服，故代入式（11－45），得到第三或第四强度理论的强度条件为

$$\sigma_{r3} = \sqrt{\sigma^2 + 4\tau^2} \leqslant [\sigma] \tag{11－46}$$

$$\sigma_{r4} = \sqrt{\sigma^2 + 3\tau^2} \leqslant [\sigma] \tag{11－47}$$

例 11－11 工字形截面梁受力如图 11－23（a）所示，已知梁的 $[\sigma]=180$ MPa，$[\tau]=100$ MPa 。试按第三强度理论选择工字钢型号。

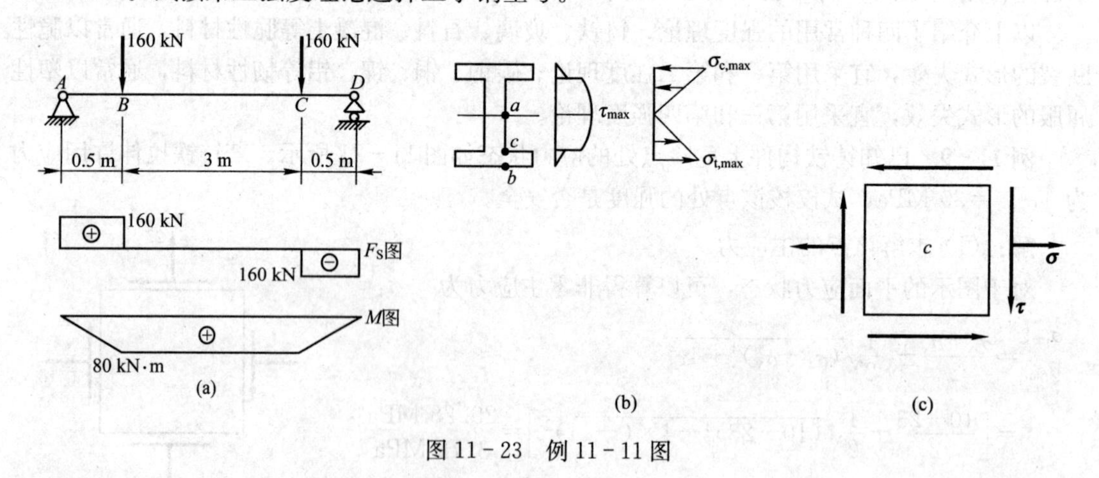

图 11－23 例 11－11 图

解：（1）作 F_S、M 图。

在图示载荷作用下，梁弯曲后的 F_S、M 图如图 11－23（a）所示。由 F_S、M 图可知：梁上 B、C 截面为危险截面，$F_{Smax}=160$ kN、$M_{max}=80$ kN·m。

(2) 按正应力强度条件选择工字钢型号。

由弯曲时危险截面上正应力、切应力分布规律可知，危险截面上可能的危险点分别为 a、b、c 三点，如图 11-23 (b) 所示。

M_{max}截面上的 b 点是全梁正应力最大的点，其切应力为零。由正应力强度条件

$$\sigma_{max}=\frac{M_{max}}{W_z}\leqslant[\sigma]$$

可得

$$W_z\geqslant\frac{M_{max}}{[\sigma]}=\frac{80\times10^3}{180\times10^6}\times10^6=444.44\ \text{cm}^3$$

查型钢表，取 28a 工字钢。

(3) 按切应力强度条件进行校核。

对于 28a 工字钢的截面，由型钢规格表查得

$$I_z=7\ 114\ \text{cm}^4,\quad \frac{I_z}{S^*}=24.62\ \text{cm},\quad b=8.5\ \text{mm}$$

F_{Smax}截面上的 a 点是全梁切应力最大的点，其正应力为零，校核该点的切应力强度

$$\tau_{max}=\frac{F_{Smax}S^*}{I_z\text{b}}=\frac{160\times10^6}{24.62\times10\times8.5}=76.4\ \text{MPa}<[\tau]$$

由此可见，选用 28a 工字钢满足切应力的强度条件。

(4) 用第三强度理论校核。

以上考虑了危险截面上的最大正应力和最大切应力，但对于工字型截面，在腹板与翼缘交界处，正应力和切应力都相当大，且为平面应力状态，因此须用强度理论对这些点进行强度校核。为此，选取 B、C 截面上腹板与下翼缘交界的 c 点，截取出的单元体如图 11-23 (c) 所示，计算 c 点处的正应力和切应力分别为

$$\sigma=\frac{M_{max}y}{I_z}=\frac{80\times10^6\times126.3}{7114\times10^4}=142.03\ \text{MPa}$$

$$\tau=\frac{F_S S^*}{I_z b}=\frac{160\times10^3\times223\times10^3}{7114\times10^4\times8.5}=59\ \text{MPa}$$

第二式中的 S^* 是横截面的下翼缘面积对中性轴的静矩，翼缘的形状可近似视为 $122\times13.7\ \text{mm}^2$ 的矩形，于是

$$S^*=122\times13.7\times\left(126.3+\frac{13.7}{2}\right)=223\times10^3\ \text{mm}^3$$

因为 c 点的应力状态与例 11-10 相同，故可用式 (11-46) 和式 (11-47) 进行强度校核。

用第三强度理论进行强度校核

$$\sigma_{r3}=\sqrt{\sigma^2+4\tau^2}=\sqrt{142.03^2+4\times59^2}=184.65\ \text{MPa}>[\sigma]$$

若用第四强度理论进行强度校核

$$\sigma_{r4}=\sqrt{\sigma^2+3\tau^2}=\sqrt{142.03^2+3\times59^2}=174.97\ \text{MPa}<[\sigma]$$

综合上述计算可见，用第三强度理论校核 c 点的强度是不安全的，但用第四强度理论校核则是安全的，工程中一般认为相当应力不大于许用应力的 5%左右时可以使用，所以可以认为此梁是安全的。比较上述结果，说明用第四强度理论进行设计可以更充分地发挥材料的承载能力。

要点与讨论

利用强度理论，能够对构件进行全面的强度计算。例题 11－11 是梁的强度计算中较复杂的情况，涉及了梁的强度计算中可能遇到的三类危险点。

第一类：正应力危险点，发生在最大弯矩截面的上、下边缘处，如例 11－11 中 B 截面上的 b 点，通常切应力为零，处于单向应力状态。

第二类：切应力危险点，发生在最大剪力截面的中性轴处，如例 11－11 中 B 截面上的 a 点，通常正应力为零，处于纯剪切应力状态。

第三类：正应力、切应力都较大的点，发生在剪力和弯矩都较大的截面的腹板与翼缘交界处，如例 11－11 中 B 截面上的 c 点，处于复杂应力状态，需用强度理论进行相应的强度计算。

以后遇到强度计算问题时，应首先根据已知条件从以上三方面考虑，判断危险点的应力状态类型，才能使问题得到正确的求解。

11.8 薄壁容器的强度计算

图 11－24 所示的承受内压的薄壁容器是化工、热能、石油、航空等工业部门重要的零件或部件。薄壁容器的设计关系着安全生产，关系着生命与国家财产的安全。当这类容器的壁厚 δ 远小于它的直径 D 时（$\delta<D/20$），称为**薄壁容器**。本节研究圆柱形薄壁容器的应力状态，并在此基础上对薄壁容器的强度计算做一简述。

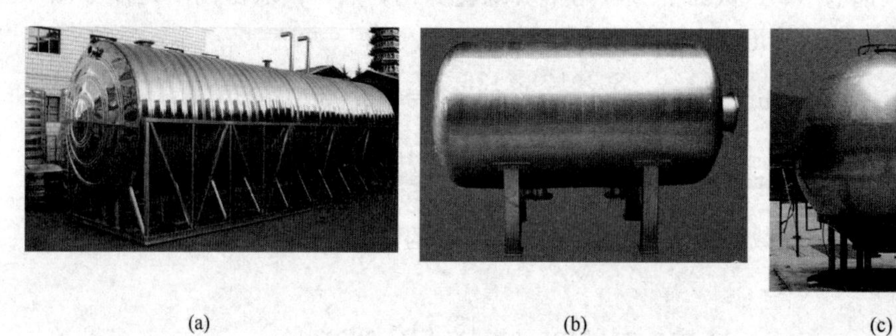

(a) (b) (c)

图 11－24 承受内压的薄壁容器

圆柱形薄壁容器（见图 11－24（a）、(b)）承受内压后，在横截面和纵截面上都将产生正应力。作用在横截面上的正应力沿着容器轴线方向，故称为**轴向应力或纵向应力**，用 σ_m 表示；作用在纵截面上的正应力沿着圆周的切线方向，故称为**周向应力**或**环向应力**，用 σ_t 表示。

因为容器壁较薄，若不考虑端部效应，可认为上述两种应力均沿容器厚度方向均匀分布，且可用平均直径近似代替内径。因此，可以采用力的平衡理论，导出轴向和周向应力与 D、δ、p 的关系式。

若封闭的薄壁容器所受内压力为 p，如图 11－25（a）所示，用横截面将容器截开，取出截面右半侧为研究对象，其受力如图 11－25（b）所示，则沿容器轴线方向的总压力为 $p\times\frac{\pi D^2}{4}$。切开截面的形状为细圆环，其上的应力均匀分布，为 σ_m。

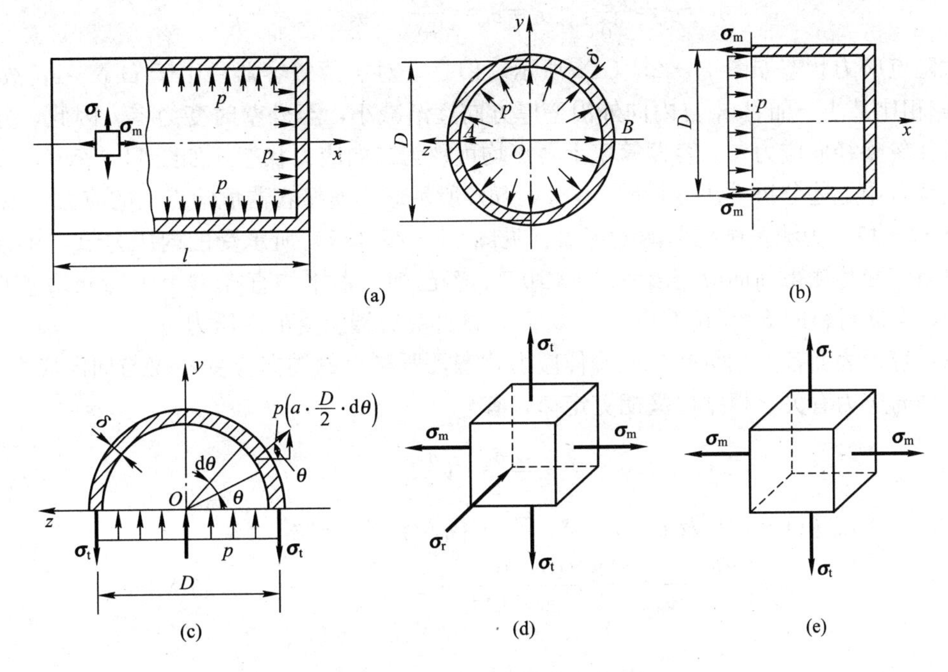

图 11 - 25　对薄壁容器的应力分析

根据平衡方程

$$\sum F_x=0,\quad -\sigma_m(\pi D\delta)+p\times\frac{\pi D^2}{4}=0$$

得轴向应力为

$$\sigma_m=\frac{pD}{4\delta} \tag{11-48}$$

接下来分析环向应力。先用相距为 a 的两个横截面切取容器的圆柱筒身部分，然后用直径纵向平面切开柱筒，取出上半部分，分析受力，如图 11 - 25（c）所示。若容器的纵向截面上应力为 σ_t，均匀分布在两个长为 a、宽为 δ 的矩形截面上，则内力为 $\sigma_t(a\times2\delta)$。在这一部分容器内壁的微分面积 $a\cdot\frac{D}{2}\mathrm{d}\theta$ 上，压力为 $pa\cdot\frac{D}{2}\mathrm{d}\theta$，它在 y 轴上的投影为 $pa\cdot\frac{D}{2}\mathrm{d}\theta\cdot\sin\theta$。积分可求出上述投影的总和为

$$\int_0^{\pi} pa\cdot\frac{D}{2}\sin\theta\mathrm{d}\theta=paD$$

由平衡方程

$$\sum F_y=0,\quad paD-\sigma_t(a\times2\delta)=0$$

得周向应力为

$$\sigma_t=\frac{pD}{2\delta} \tag{11-49}$$

容器内表面上任一点沿径向的正应力为

$$\sigma_r=-p \tag{11-50}$$

σ_r 称为**径向应力**，于是可得圆筒内表面上各点的应力分别为

$$\sigma_1=\sigma_t=\frac{pD}{2\delta},\quad \sigma_2=\sigma_m=\frac{pD}{4\delta},\quad \sigma_3=\sigma_r=-p$$

危险点应力状态如图 11-25（d）所示。但是，对于薄壁容器，由于 $D/\delta\gg1$，故 σ_r 与 σ_m 和 σ_t 相比甚小。而且 σ_r 自内向外沿壁厚方向逐渐减小，至外壁时变为零。因此，分析问题时往往忽略径向应力 σ_r，容器筒壁上各点均可视为二向应力状态，如图 11-25（e）所示。

请读者用上述分析方法分析图 11-24（c）所示球形薄壁容器危险点上的应力状态。

例 11-12 为测量圆柱形薄壁容器（见图 11-25（a））所承受的内压力值，在容器表面用电阻应变片测得周向应变 $\varepsilon_t=350\times10^{-6}$。若已知容器平均直径 $D=500$ mm，壁厚 $\delta=10$ mm，容器材料的 $E=210$ GPa，$\nu=0.25$。试计算容器所受的内压力 p。

解： 容器表面各点均承受二向拉伸应力状态，所测得的周向应变不仅与周向应力有关，而且与轴向应力有关。根据广义胡克定律，有

$$\varepsilon_t=\frac{\sigma_t}{E}-\nu\frac{\sigma_m}{E}$$

将式（11-48）、（11-49）及 ε_t、D、δ、E、ν 代入上式，解得

$$p=\frac{2E\delta\varepsilon_t}{D(1-0.5\nu)}=\frac{2\times210\times10^3\times10\times350\times10^{-6}}{500\times(1-0.5\times0.25)}=3.36\ \text{MPa}$$

思考题

11-1 何谓单向应力状态和二向应力状态？圆轴受扭时，轴表面各点处于何种应力状态？梁横力弯曲时，梁顶面、梁底面及其他各点分别处于何种应力状态？

11-2 一简支梁承受均布载荷作用，如图 11-26 所示。已知在任一截面 $m-m$ 的中性轴上的 A 点处于纯剪切应力状态（见图 11-26（b））。若紧靠 A 点上方，再取 B 点，则其为平面应力状态（见图 11-26（c）），而根据相邻两单元体接触面上的作用反作用定律，B 单元体上的切应力 τ 与 A 单元体上切应力相同，以此类推，可得横截面上的切应力沿截面高度均匀分布。但是在弯曲应力一章已经讨论过，横截面上的切应力沿截面高度呈抛物线分布，两者发生矛盾，试解释其原因。

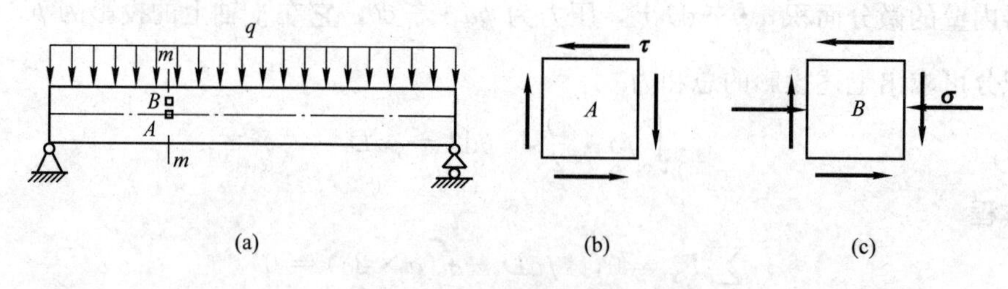

图 11-26 思考题 11-2 图

11-3 对于图 11-27 所示各单元体，表示垂直于纸面的斜截面上应力随 α 角变化的应力圆有何特点？$\alpha=\pm45^\circ$ 两个斜截面上的 σ_α、τ_α 分别为多少？

11-4 对于图 11-28 所示的四种应力状态，请读者分析哪几种是等价的？

11-5 带尖角的轴向拉伸杆如图 11-29 所示。试指出尖角点 A 的应力状态，并分析为什么。

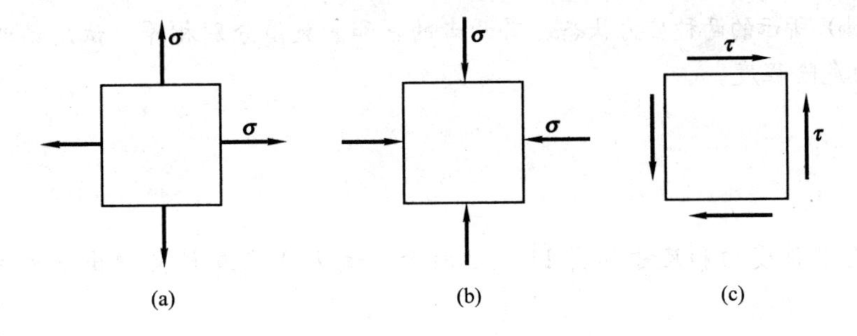

图 11-27 思考题 11-3 图

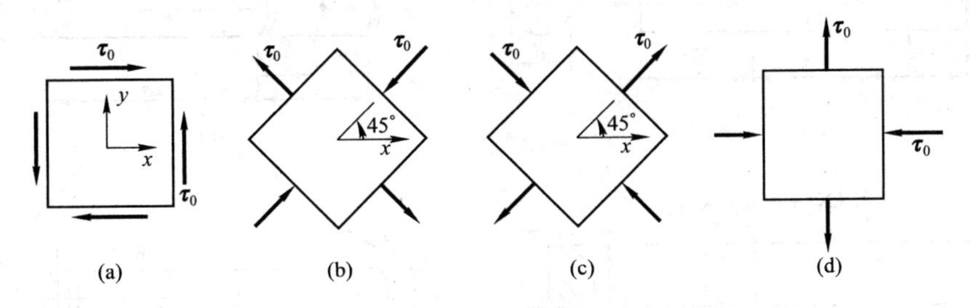

图 11-28 思考题 11-4 图

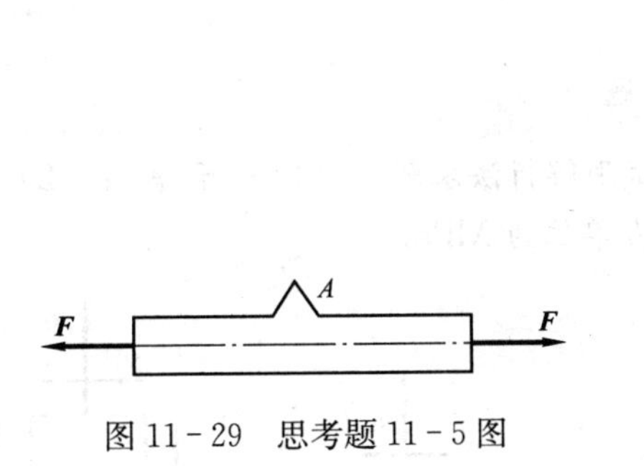

图 11-29 思考题 11-5 图

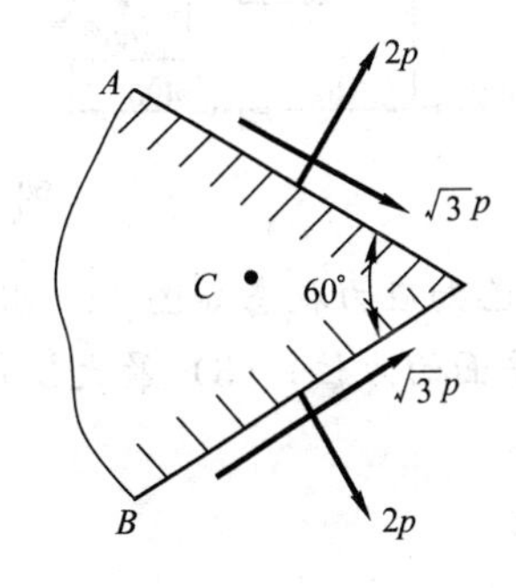

图 11-30 思考题 11-6 图

11-6 如图 11-30 所示，已知 C 点处分别与水平面成 $\pm30^{\circ}$ 的两相交斜面上的应力。试用应力圆求该点的主应力，并画出主应力单元体。

11-7 试问在何种情况下，平面应力状态的应力圆符合以下特征：(1) 一个点圆；(2) 圆心在原点；(3) 与 τ 轴相切？

11-8 试用广义胡克定律，证明弹性常数 E、G、v 间的关系。

11-9 水管在冬天经常有冻裂现象，根据作用与反作用原理，水管壁与管内所结冰之间的相互作用应该相等，试问为什么冰没有被压碎而是水管被冻裂？

11-10 将沸腾的水倒入厚玻璃杯里，玻璃杯内、外壁的受力情况如何？若因此而发生破裂，试问破裂是从内壁开始，还是从外壁开始？为什么？

11-11 塑性材料制成的构件中，有图 11-31 (a)

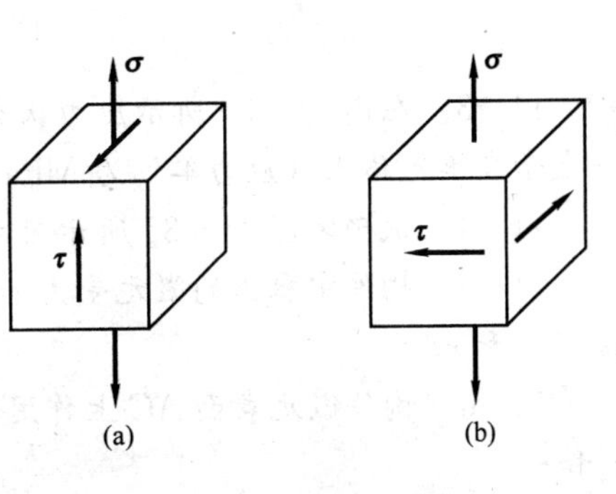

图 11-31 思考题 11-11 图

和图 11－31 (b) 所示的两种应力状态。若两者的 σ 和 τ 数值分别相等，试用第四强度理论分析比较两者的危险程度。

习题

11－1　各构件受力和尺寸如图 11－32 所示，试从 A 点或 B 点取出单元体，并表示其应力状态。

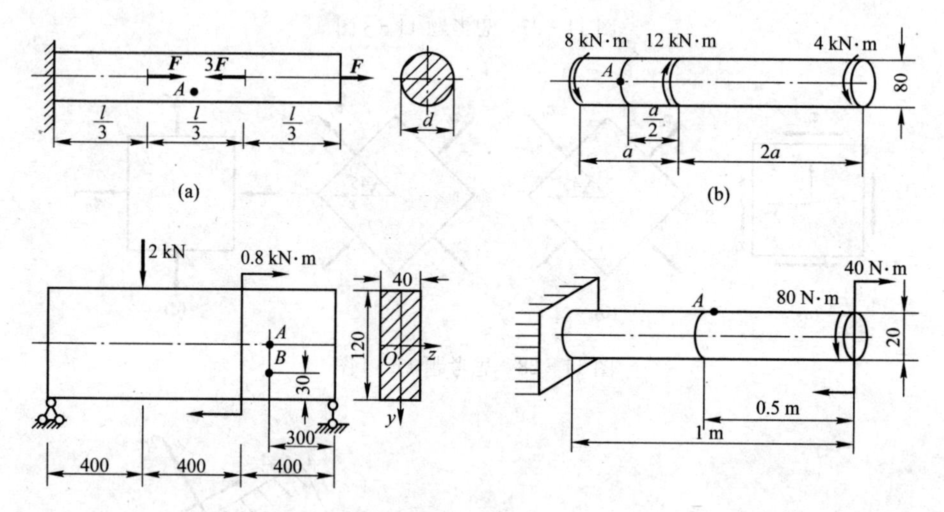

图 11－32　习题 11－1 图

11－2　已知应力状态如图 11－33 所示，试用解析法求解：(1) σ_{30° 和 τ_{30°；(2) 主应力的大小及主平面的方位；(3) 最大切应力（应力单位为 MPa）。

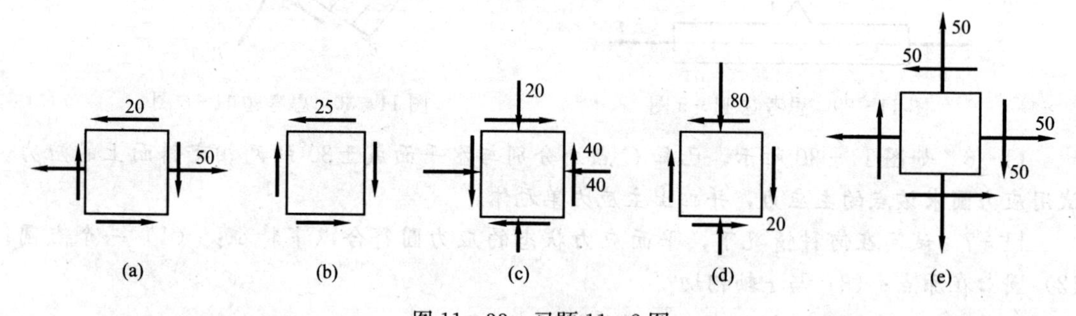

图 11－33　习题 11－2 图

11－3　在图 11－34 所示应力状态中，试用解析法和图解法求出指定斜截面上的应力，并表示在单元体上（应力单位为 MPa）。

11－4　试确定图 11－35 所示应力状态中的主应力和最大切应力（应力单位为 MPa）。

11－5　构件中取出的微元受力如图 11－36 所示，其中 AC 为自由表面（无外力作用），试求 σ_x 和 τ_x。

11－6　构件微元表面 AC 上作用有数值为 14 MPa 的压应力，其余受力如图所示。试求 σ_x 和 τ_x。

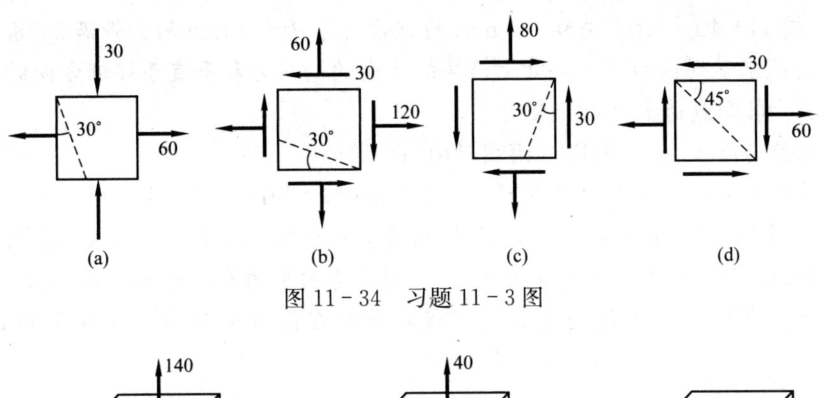

图11-34 习题11-3图

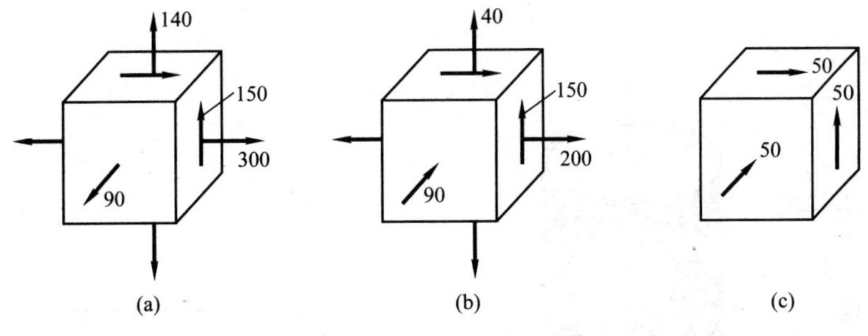

图11-35 习题11-4图

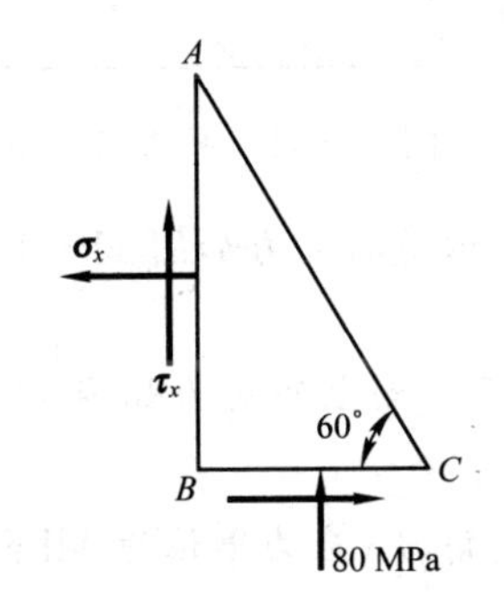

图11-36 习题11-5图

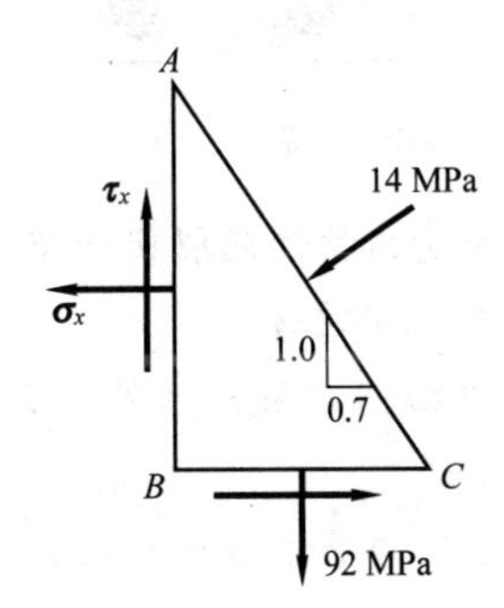

图11-37 习题11-6图

11-7 飞机机翼表面上一点的应力状态如图11-38单元体所示，试求：(1) 主应力及主平面的方位；(2) 最大切应力，并用单元体表示出来。

11-8 已知矩形截面梁某截面上的剪力和弯矩分别为 $F_S=120$ kN，$M=10$ kN·m，试绘出截面上1、2、3、4各点应力状态的单元体，并求其主应力。

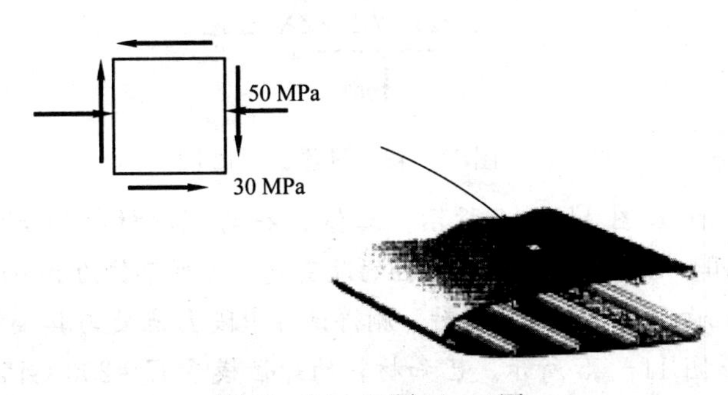

图11-38 习题11-7图

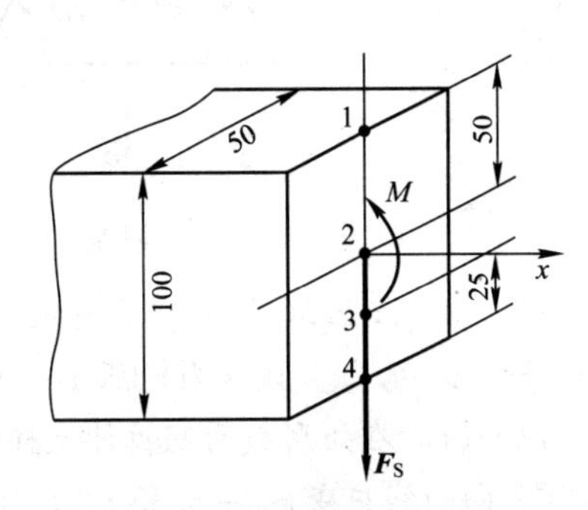

图11-39 习题11-8图

11-9　图 11-40 所示外径为 300 mm 的钢管由厚度为 8 mm 的钢带沿 20°角的螺旋线卷曲焊接而成。试求下列情形下，焊缝上沿焊缝方向的切应力和垂直于焊缝方向的正应力。

(1) 只承受轴向载荷 $F_P=200$ kN；

(2) 只承受内压 $p=5.0$ MPa（两端封闭）；

(3) 同时承受轴向载荷 $F_P=200$ kN 和内压 $p=5.0$ MPa（两端封闭）。

11-10　图 11-41 所示具有刚性端封板的薄壁圆柱体，是由长矩形板绕成圆柱形后，焊接成形的。螺旋线和柱壳母线间的夹角为 35°。圆柱壳的平均直径为 40 cm，壁厚 0.5 cm，内部压力 4 MPa。忽略端封板的局部效应，试求作用在圆柱曲面螺旋焊缝上的正应力和切应力。

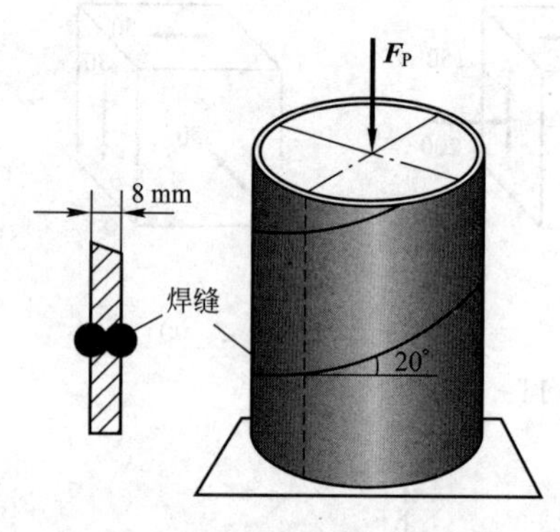

图 11-40　习题 11-9 图

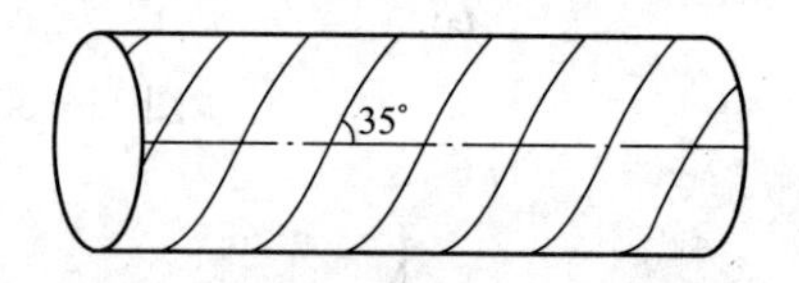

图 11-41　习题 11-10 图

11-11　自平面受力物体内取出一单元体，其上承受的应力如图 11-42 所示，$\tau=\sigma/\sqrt{3}$。试求此点的主应力及主单元体。

11-12　在受力物体的某一点处，交角为 β 的两截面上的应力如图 11-43 所示，试用解析法和图解法求：

(1) 该点处的主应力及主方向；(2) 两截面的夹角 β（应力单位为 MPa）。

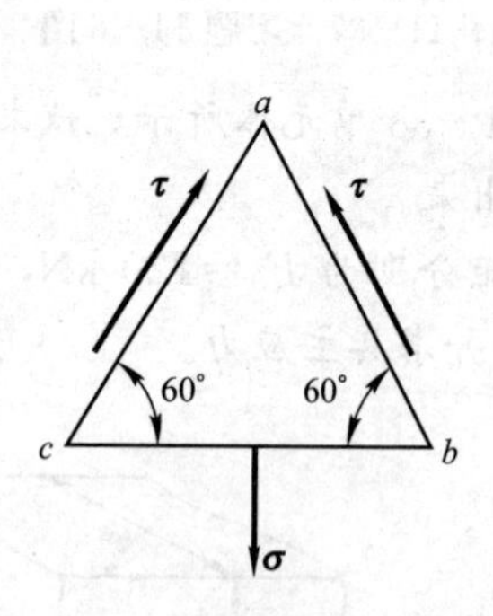

图 11-42　习题 11-11 图

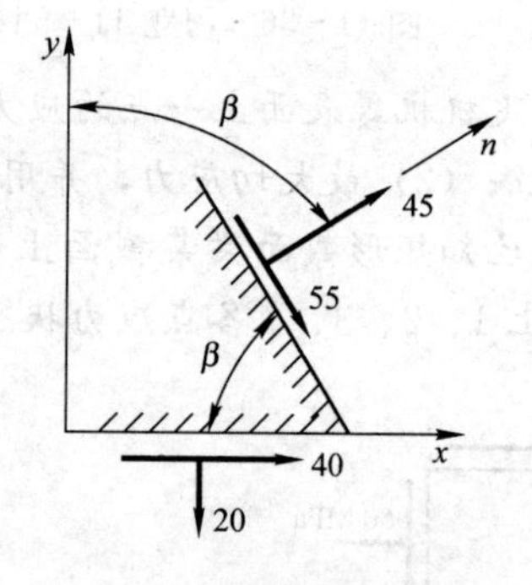

图 11-43　习题 11-12 图

11-13　液压缸及柱形活塞的纵剖面如图 11-44 所示。缸体材料为钢，材料的 $E=210$ GPa，$\nu=0.25$。试求当内压 $p=10$ MPa 时，液压缸平均直径的改变量（长度单位为 mm)。

11-14　在矩形截面钢拉伸试样的轴向拉力 $F=60$ kN 时，测得试样中段 B 点处与其轴线成 30°方向的线应变 $\varepsilon_{30^\circ}=3.35\times10^{-4}$，如图 11-45 所示。已知材料的弹性模量 $E=200$ GPa，试求泊松比 ν。

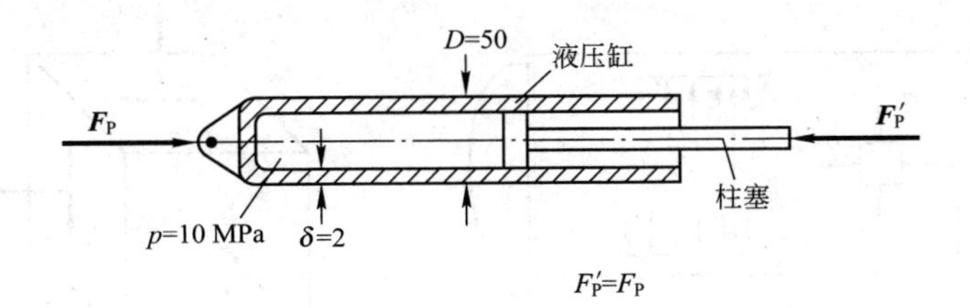

图 11-44 习题 11-13 图

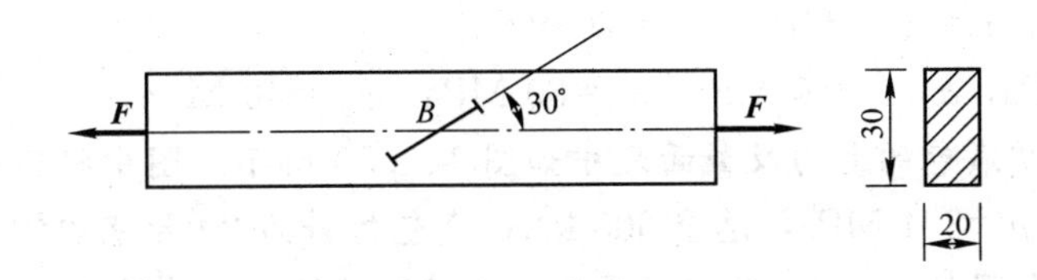

图 11-45 习题 11-14 图

11-15 图 11-46 所示受扭转的圆轴，直径 $d=2$ cm，材料的 $E=200$ GPa，$\nu=0.3$，现用应变仪测得圆轴表面与轴线夹角为 45°方向上的应变 $\varepsilon_{45°}=5.2\times10^{-4}$。试求作用轴上的 m_e。

11-16 有一厚度为 6 mm 的钢板在两个垂直方向受拉，拉应力分别为 150 MPa 和 40 MPa。钢材的弹性模量为 $E=210$ GPa，$\nu=0.25$。试求钢板厚度的减小量。

11-17 测得图 11-47 所示矩形截面梁表面 K 点处线应变 $\varepsilon_{-45°}=50\times10^{-6}$。已知材料 $E=200$ GPa，$\nu=0.25$，试求作用在梁上载荷 $\boldsymbol{F}$ 之值。

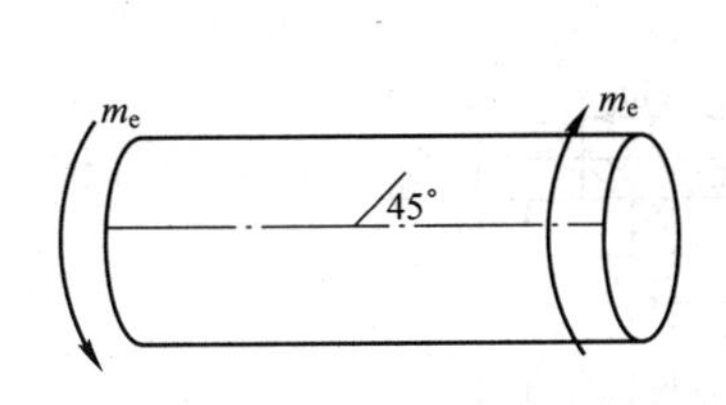

图 11-46 习题 11-15 图

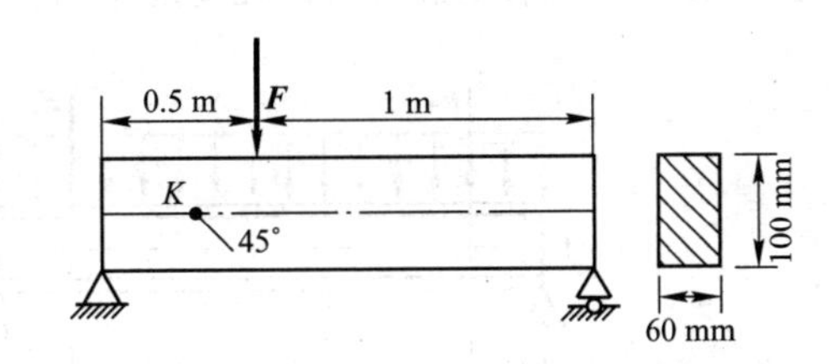

图 11-47 习题 11-17 图

11-18 一长度 $l=3$ m，内径 $d=1$ m，壁厚 $\delta=10$ mm，两端封闭的圆柱形薄壁压力容器，如图 11-48 所示。容器材料的弹性模量 $E=200$ GPa，泊松比 $\nu=0.3$，当承受内压 $p=1.5$ MPa 时，试求：(1) 容器内径、长度及容积的改变；(2) 容器壁内的最大切应力及其作用面。

11-19 铸铁构件上危险点的应力状态如图 11-49 所示，若已知铸铁抗拉许用应力 $[\sigma]^+=30$ MPa。试对下列应力分量作用下的危险点进行强度校核：

(1) $\sigma_x=\sigma_y=\sigma_z=0$，$\tau_{xy}=30$ MPa；

(2) $\sigma_x=10$ MPa，$\sigma_y=18$ MPa，$\sigma_z=0$，$\tau_{xy}=-15$ MPa。

11-20 Q235 钢制构件上危险点的应力状态如图 11-49 所示。若已知钢的 $[\sigma]=160$ MPa。

试对下列应力分量作用下的危险点进行强度校核：

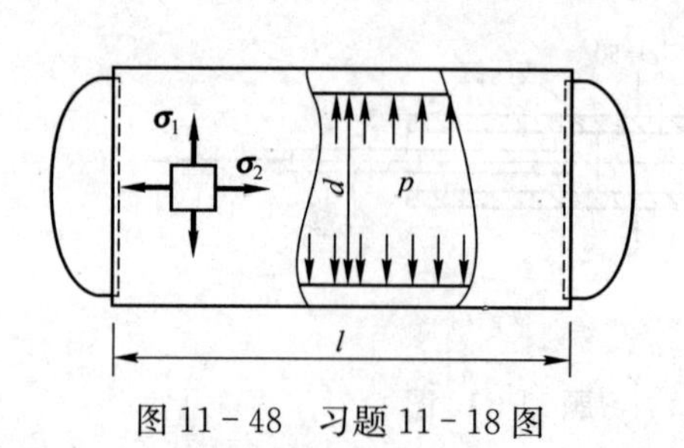

图 11-48 习题 11-18 图

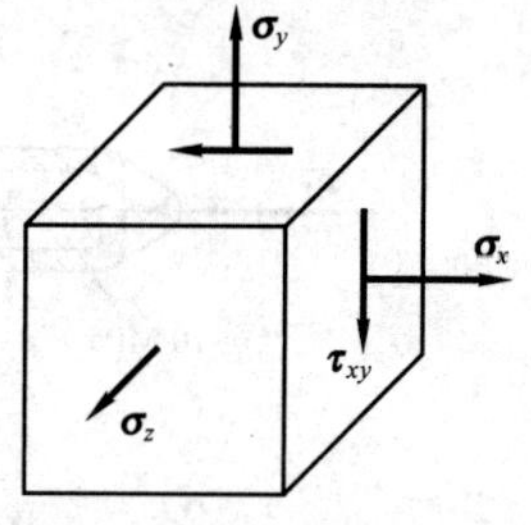

图 11-49 习题 11-19 图

(1) $\sigma_x=\sigma_z=0$，$\sigma_y=120$ MPa，$\tau_{xy}=20$ MPa；

(2) $\sigma_x=20$ MPa，$\sigma_y=-40$ MPa，$\sigma_z=80$ MPa，$\tau_{xy}=40$ MPa。

11-21 某锅炉汽包的受力及截面尺寸如图 11-50 所示。图中将锅炉自重简化为均布载荷。若已知内压 $p=3.4$ MPa，总重 600 kN；汽包材料为 20 号锅炉钢，其屈服强度 $\sigma_s=200$ MPa，要求安全因数 $n_s=2.0$，试用第三强度理论校核汽包的强度。

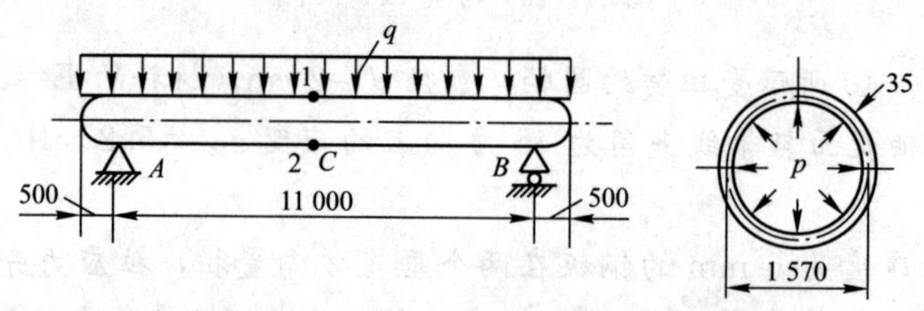

图 11-50 习题 11-21 图

11-22 组合钢梁如图 11-51 所示。已知 $q=40$ kN/m，$F_P=480$ kN，材料的许用应力 $[\sigma]=160$ MPa。试根据第四强度理论对梁的强度作全面校核。

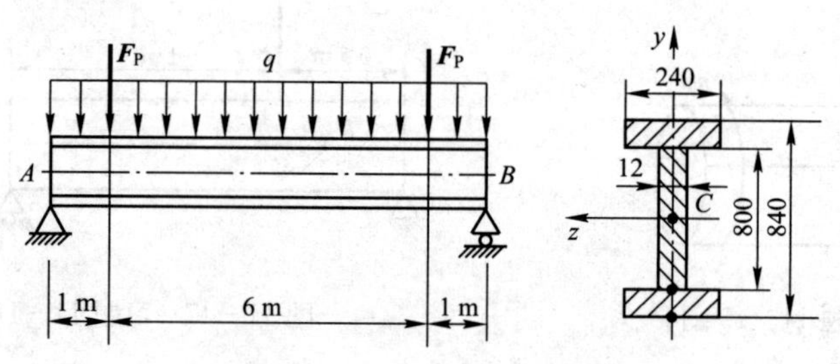

图 11-51 习题 11-22 图

11-23 铸铁薄管如图 11-52 所示。其外径为 220 mm，壁厚 $\delta=10$ mm，承受内压 $p=2$ MPa，两端的轴向压力 $F=250$ kN。铸铁的许用拉应力和许用压应力分别为 $[\sigma_t]=30$ MPa，$[\sigma_c]=90$ MPa，$\nu=0.25$，试用第二强度理论校核薄管的强度。

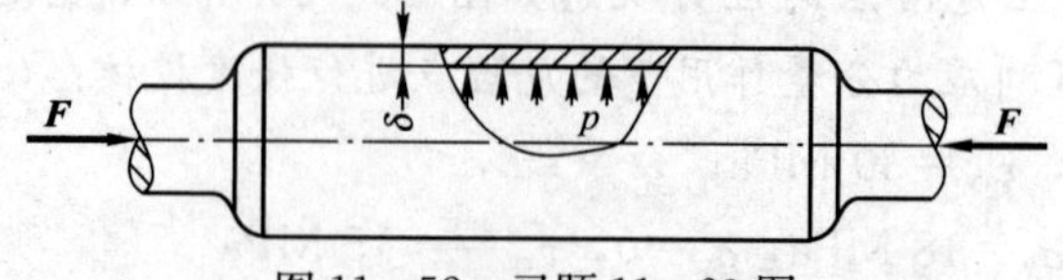

图 11-52 习题 11-23 图

11-24 钢制圆柱体薄壁容器，直径为 800 mm，壁厚 $\delta=4$ mm，$[\sigma]=120$ MPa。试用强度理论确定可能承受的内压力 p。

第12章

组合变形

12.1 概述

前面几章分别讨论了杆件在拉伸（压缩）、剪切、扭转、弯曲等基本变形时的强度和刚度计算。工程结构中的某些构件往往同时发生两种或两种以上的基本变形，若其中有一种变形是主要的，其余变形所引起的应力很小，则构件可按主要的基本变形计算。若几种变形所对应的应力（或变形）属于同一量级，则构件的变形称为组合变形。例如，图12-1（a）所示的烟囱除自重引起的轴向压缩外，还有水平风力引起的弯曲变形；图12-1（b）所示的厂房中吊车立柱除承受轴向压力 $\boldsymbol{F}_1$ 外，还受到偏心压力 $\boldsymbol{F}_2$ 的作用，立柱将发生轴向压缩与弯曲的组合变形；图12-1（c）所示为齿轮传动轴，它承受的是弯曲和扭转的组合变形。

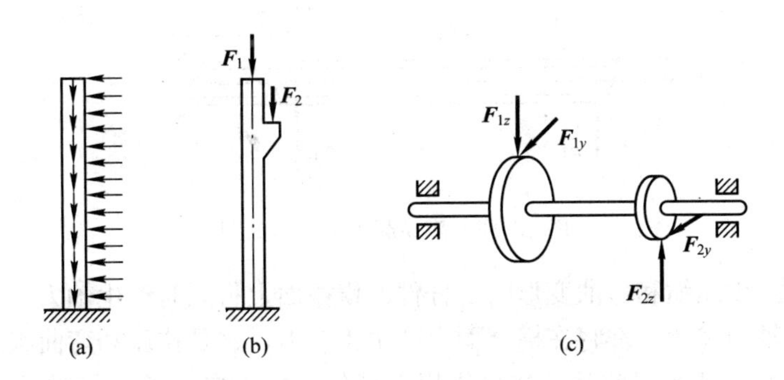

图12-1　构件组合变形的例子

对于发生组合变形的构件，在线弹性范围内、小变形条件下，各个基本变形引起的应力和变形，可以认为是各自独立互不影响的。因此，可先将载荷简化为符合基本变形外力作用条件的外力系，分别计算构件在每一种基本变形下的内力、应力和变形，然后运用叠加原理，综合考虑各基本变形的组合情况，以确定构件的危险截面、危险点的位置及危险点的应力状态，叠加得到组合变形下的应力和变形。

构件组合变形有多种形式，工程中常见的有拉（压）与弯曲的组合、斜弯曲及弯曲与扭转的组合。

12.2 拉（压）与弯曲的组合

12.2.1 拉（压）与弯曲组合的应力

拉伸或压缩与弯曲的组合变形是工程中常见的情况，以图 12-2（a）所示简易起重架为例，其受力简图如图 12-2（b）所示。轴向力 $\boldsymbol{F}_{Ax}$ 及 $\boldsymbol{F}_{x}$ 引起压缩，而横向力 $\boldsymbol{F}_{Ay}$、$\boldsymbol{F}_{y}$、$\boldsymbol{P}$ 引起弯曲，所以横梁 AB 即产生压缩和弯曲的组合变形。

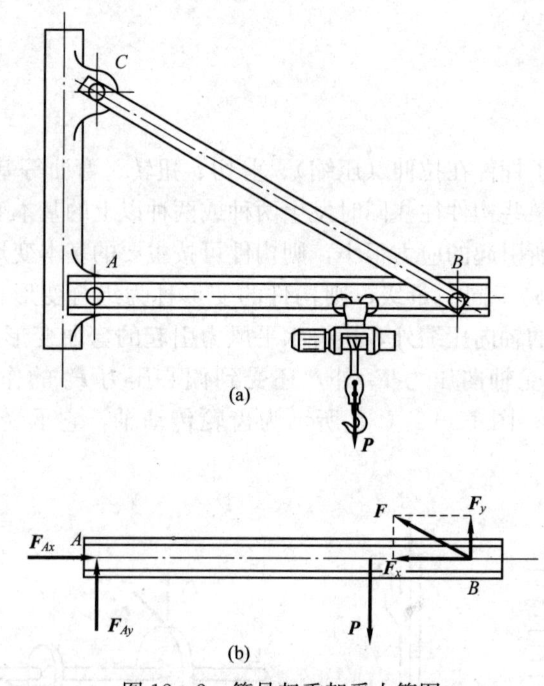

图 12-2 简易起重架受力简图

当杆件同时产生压缩和弯曲变形时，杆件的横截面上将同时产生轴力、弯矩和剪力，忽略剪力的影响，轴力和弯矩都将在横截面上产生正应力，这是拉压和弯曲组合变形的一种情形，如图 12-3（a）所示。此外，如果作用在杆件上的纵向力偏离杆件的轴线，这种情形称为偏心加载，图 12-3（b）所示即为偏心加载的一种情形。这时，如果将纵向力向横截面的形心简化，同样，将在杆件的横截面上产生轴力和弯矩。

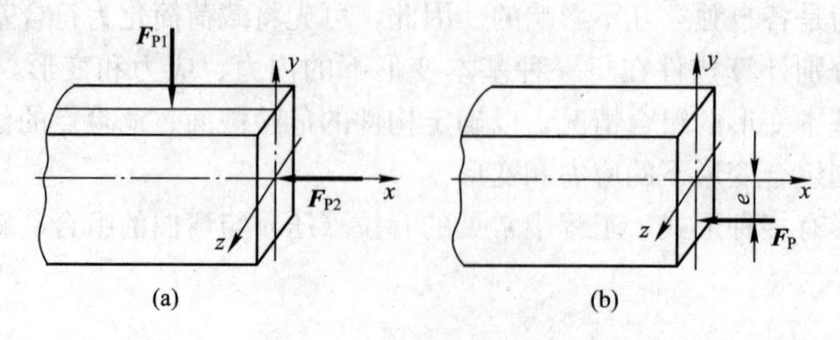

图 12-3 压弯组合与偏心压缩

在梁的横截面上同时产生轴力和弯矩的情形下，根据轴力图和弯矩图，可以确定杆件的危险截面以及危险截面上的轴力 $\boldsymbol{F}_{\mathrm{N}}$ 和弯矩 $M_{\max}$。

图 12－4（a）所示矩形截面悬臂梁，在 $\boldsymbol{F}_x$、$\boldsymbol{F}_y$ 和固定端约束作用下产生拉伸与弯曲的组合变形。

如图 12－4（b）所示，拉伸变形的轴力 $\boldsymbol{F}_{\mathrm{N}}$ 引起的正应力 $\sigma_{(1)}$ 在整个横截面均匀分布；如图 12－4（c）所示，弯曲变形的弯矩 $M_{\max}$ 引起的正应力 $\sigma_{(2)}$ 沿横截面高度呈线性分布。这两个基本变形应力分别为

$$\sigma_{(1)}=\frac{F_{\mathrm{N}}}{A} \tag{12-1}$$

$$\sigma_{(2)}=\frac{My}{I_z} \tag{12-2}$$

应用叠加法，将两种变形分别引起的同一点的正应力（式（12－1）、（12－2））代数相加，叠加后的应力 σ 仍为线性分布，如图 12－4（d）所示，各点应力分别为

$$\sigma=\frac{F_{\mathrm{N}}}{A}\pm\frac{My}{I_z} \tag{12-3}$$

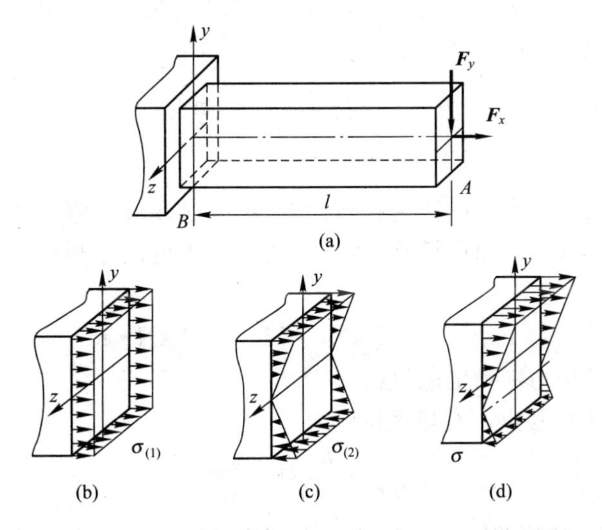

图 12－4 拉弯组合变形杆危险截面上的应力分布

需要注意的是，叠加后的零应力点（即截面中性轴的位置）不再通过截面形心，而是有偏心距；因此，上、下边缘到中性轴的距离不相等，中性轴两侧的拉、压应力分布不再像单纯的弯曲变形那样对称线性分布；最大拉应力和最大压应力仍在横截面的上、下边缘，但数值不等；叠加后危险点仍处于单向应力状态。

对于拉压强度相等的材料，强度条件为

$$\sigma_{\max}\leqslant[\sigma] \tag{12-4}$$

对于拉压强度不相等的材料，设拉、压许用应力分别为 $[\sigma]^{+}$、$[\sigma]^{-}$，强度条件为

$$\sigma_{\max}^{+}\leqslant[\sigma]^{+},\quad \sigma_{\max}^{-}\leqslant[\sigma]^{-} \tag{12-5}$$

例 12－1 三角形托架如图 12－5（a）所示，已知 $F_{\mathrm{P}}=8\ \mathrm{kN}$，梁 AB 为 16 号工字钢，材料的 $[\sigma]=100\ \mathrm{MPa}$，试校核梁 AB 的强度。

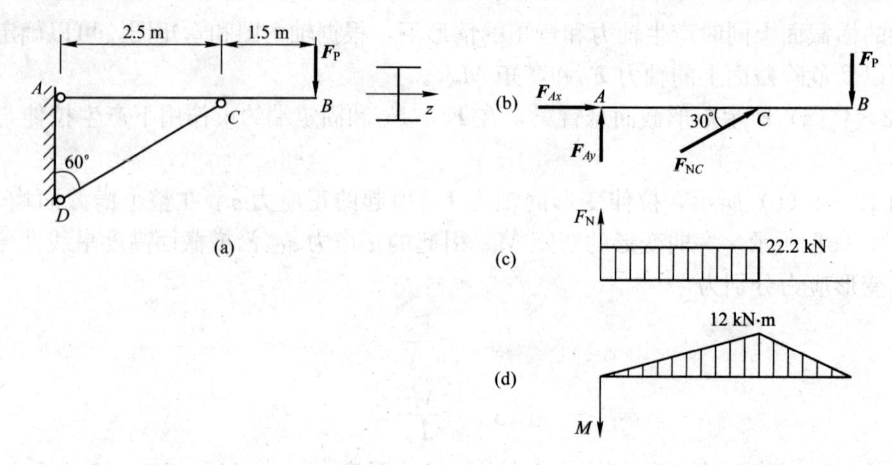

图 12-5 例 12-1 图

解：(1) 求解 CD 杆的内力。

取梁 AB 为研究对象，梁 AB 受力如图 12-5 (b) 所示，对 A 点取矩，由平衡方程

$$\sum M_A=0,\quad F_{NC}\sin 30°\times 2.5-F_P\times 4=0$$

得 CD 杆的内力为

$$F_{NC}=\frac{8\times 4}{2.5\times 0.5}=25.6\ \text{kN}$$

(2) 确定梁 AB 的内力。

由受力分析知，梁 AB 的 AC 段为拉弯组合变形，CB 段为弯曲变形。画梁 AB 的轴力图和弯矩图如图 12-5 (c)、(d) 所示。由图可知，C 点处的左侧截面为危险截面，有最大轴力和最大弯矩

$$F_{N\max}=22.2\ \text{kN},\quad M_{\max}=12\ \text{kN}\cdot\text{m}$$

(3) 分析梁 AB 的应力，确定危险点。

C 截面的上边缘为危险点，有最大拉应力

$$\sigma_{t\max}=\frac{F_{N\max}}{A}+\frac{M_{\max}}{W_z}$$

对于 16 号工字钢，查型钢表得：$A=26.1\ \text{cm}^2$，$W_z=141\ \text{cm}^3$。代入上式，得

$$\sigma_{t\max}=\frac{22.2\times 10^3}{26.1\times 10^{-4}}+\frac{12\times 10^3}{141\times 10^{-6}}=93.61\times 10^6\ \text{Pa}=93.61\ \text{MPa}<[\sigma]$$

所以 AB 梁安全。

要点与讨论：

本例是拉（压）与弯曲组合变形中较常规的问题。首先要根据构件的受力特点，判断发生哪几种基本变形，并画出构件相关的内力图。根据这些内力图，可以直观地判断出构件可能的危险截面及危险点，最后，根据危险点的正应力强度条件进行强度计算。

例 12-2 图 12-6 (a) 所示直径为 d 的均质圆杆 AB，其 B 端为铰链支承，A 端靠在光滑的铅垂墙上。杆件与水平面成 α 角，试确定由杆件自重产生的压应力为最大时的横截面到 A 端的距离 s。

解：(1) 求墙体的支反力。

以杆 AB 为研究对象，设杆件单位长度的重量为 q，墙对杆的水平支反力为 $\boldsymbol{F}$，杆 AB 受力图如图 12-6（b）所示，由平衡方程

$$\sum M_B=0,\quad -Fl\sin\alpha+ql\cdot\frac{l}{2}\cos\alpha=0$$

得
$$F=\frac{ql}{2}\cot\alpha$$

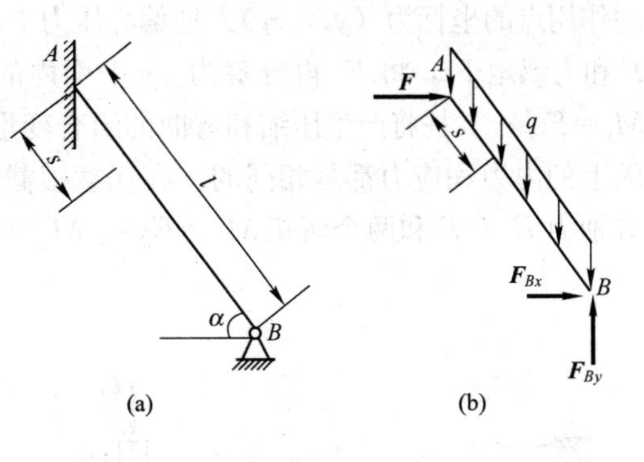

图 12-6 例 12-2 图

（2）分析任意横截面 s 上的内力分量。

杆 AB 由于杆的自重和约束力产生压缩和弯曲的组合变形，任一横截面上会出现轴力和弯矩，其大小分别为

$$F_{\mathrm{N}}=F\cos\alpha+qs\sin\alpha=\frac{ql}{2}\cdot\frac{\cos^2\alpha}{\sin\alpha}+qs\sin\alpha$$

$$M=Fs\sin\alpha-\frac{qs^2}{2}\cos\alpha=\frac{qls}{2}\cos\alpha-\frac{qs^2}{2}\cos\alpha$$

轴力和弯矩均为 s 的函数。

（3）求解任意截面上的应力。

将轴力产生的压应力和弯矩产生的压应力进行叠加，因为弯矩引起了线性分布的正应力，则最大压应力为

$$\sigma=\frac{F_{\mathrm{N}}}{A}+\frac{M}{W}=\frac{4}{\pi d^2}\left(\frac{ql}{2}\cdot\frac{\cos^2\alpha}{\sin\alpha}+qs\sin\alpha\right)+\frac{32}{\pi d^3}\left(\frac{qls}{2}\cos\alpha-\frac{qs^2}{2}\cos\alpha\right)$$

（4）确定杆内压应力最大的横截面的位置。

将上述最大压应力 σ 对 s 求导，并令导数等于零，就得到正应力 σ 的极值点的位置，即

$$\frac{\mathrm{d}\sigma}{\mathrm{d}s}=0,\quad \frac{4}{\pi d^2}q\sin\alpha+\frac{32}{\pi d^3}\left(\frac{ql}{2}\cos\alpha-qs\cos\alpha\right)=0$$

$$s=\frac{l}{2}+\frac{d}{8}\tan\alpha$$

要点与讨论：

本例是拉压与弯曲组合变形中较复杂的问题。构件的轴力图沿构件长度方向线性分布，弯矩图沿构件长度方向为二次抛物线分布。由于轴力图、弯矩图都比较复杂，很难直观地从轴力图、弯矩图判断出危险截面，需要首先确定任意横截面上的最大压应力，然后利用数学求极值的方法，对最大压应力求导，才能找到最大压应力所在的位置。

在分析变形体的自重时，要将自重均匀分布在杆件上，不能像刚体那样将自重简化成一个作用在杆件重心处的集中力。

12.2.2 偏心拉（压）

作用在杆上的外力，当其作用线与杆的轴线平行但不重合时，将引起**偏心拉伸**或**偏心压缩**，如图 12-7 所示。小型压力机的铸铁框架立柱为偏心拉伸（见图 12-7（a）），厂房中支承吊车梁的柱子为偏心压缩（见图 12-7（b））。

图 12-8（a）表示一偏心压缩的立柱，横截面具有两个形心主惯性轴 y 轴和 z 轴，压力 $\boldsymbol{F}$

的作用点的坐标为（y_F，z_F）。把偏心压力 $\boldsymbol{F}$ 向立柱的轴线位置平移，得到沿轴线方向的压力 $\boldsymbol{F}$ 和力偶矩 Fe，将 Fe 再分解为 xy 平面内的弯矩 M_z 及 xz 平面内的弯矩 M_y，且 $M_z=Fy_F$，$M_y=Fz_F$。立柱将产生压缩和弯曲的组合变形，且由立柱端面的受力分析得，立柱任意横截面上的内力和应力都是相同的。在任意横截面上，选一坐标为（y，z）的点 B，在该截面上有轴力 $F_N=F$ 和两个弯矩 $M_z=Fy_F$、$M_y=Fz_F$，这些内力在点 B 处将产生的正应力分别为

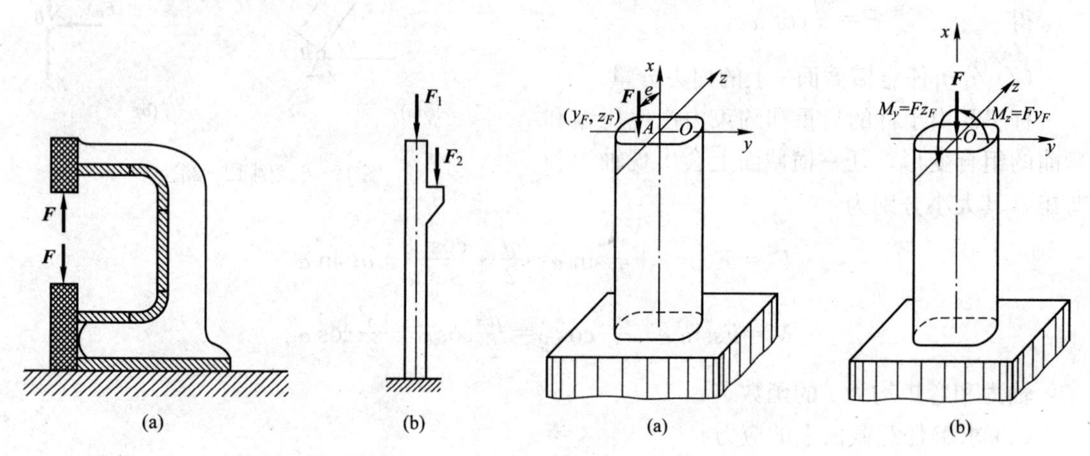

图 12-7　偏心拉伸和偏心压缩　　　　图 12-8　偏心压缩杆件的外力分析

$$\sigma_{(1)}=-\frac{F_N}{A}=-\frac{F}{A} \tag{12-6}$$

$$\sigma_{(2)}=\pm\frac{M_z\cdot y}{I_z}=\pm\frac{Fy_Fy}{I_z} \tag{12-7}$$

$$\sigma_{(3)}=\pm\frac{M_y\cdot z}{I_y}=\pm\frac{Fz_Fz}{I_y} \tag{12-8}$$

将式（12-6）、式（12-7）、式（12-8）三式叠加，得点 B 处的应力为

$$\sigma_B=\sigma_{(1)}+\sigma_{(2)}+\sigma_{(3)}=-\frac{F}{A}\pm\frac{Fy_Fy}{I_z}\pm\frac{Fz_Fz}{I_y} \tag{12-9}$$

显然，当式（12-9）中的三个应力均为负值时，$|\sigma_B|$ 为最大，此时的点 B 为压应力危险点，即

$$\sigma_B=-\left(\frac{F}{A}+\frac{Fz_Fz}{I_y}+\frac{Fy_Fy}{I_z}\right) \tag{12-10}$$

此时，危险点 B（x，y）与受力点 A 位于同一象限内。

式（12-10）中，I_y 和 I_z 分别为横截面对于 y 轴和 z 轴的惯性矩。

利用惯性矩与惯性半径间的关系（见 8.2 节）$I_y=Ai_y^2$，$I_z=Ai_z^2$

式（12-10）可改写为

$$\sigma_B=-\frac{F}{A}\left(1+\frac{z_Fz}{i_y^2}+\frac{y_Fy}{i_z^2}\right) \tag{12-11}$$

式（12-11）表明了压应力在横截面上按线性规律变化。那么，这个线性变化范围的起点在哪里？我们从弯曲应力一章中知道，梁平面弯曲时，横截面上会同时有拉、压两方向应力，其分界线上各点的应力等于零，该分界线称为截面的中性轴，它通过截面的形心，距离中性轴越远，应力值越大。因此可以推得，式（12-11）所表示的压应力变化区域应该从截面的

中性轴开始，离中性轴最远的点应力值最大。对于偏心压缩的杆件，中性轴是否还通过截面的形心呢？下面先来确定中性轴的位置。

令（y_0，z_0）代表中性轴上任一点的坐标，由于中性轴上各点的应力等于零，把 y_0 和 z_0 代入式（12-11），有

$$-\frac{F}{A}\left(1+\frac{z_F z_0}{i_y^2}+\frac{y_F y_0}{i_z^2}\right)=0$$

化简后，即得中性轴的方程为

$$\frac{y_F y_0}{i_z^2}+\frac{z_F z_0}{i_y^2}=-1 \tag{12-12}$$

可见，偏心压缩时，中性轴是一条不通过截面形心的直线，如图 12-9 所示。中性轴与两个坐标轴的截距 a_y、a_z 分别为

$$a_y=-\frac{i_z^2}{y_F},\quad a_z=-\frac{i_y^2}{z_F} \tag{12-13}$$

上式表明，a_y 与 y_F 符号相反，a_z 与 z_F 符号相反，所以中性轴和偏心压力 $\boldsymbol{F}$ 的作用点 A 分别在坐标原点的两侧。中性轴把截面划分为两部分（见图 12-9），以中性轴为界，与受力点 A 同侧的各点受压应力作用，另一侧受拉应力作用，离中性轴最远的点应力最大。

例 12-3 图 12-10 所示夹具，在夹紧零件时，受力 $F_P=2$ kN，已知螺钉轴线与夹具竖杆的中心线距离 $e=60$ mm，设夹具竖杆的横截面尺寸为 $b=10$ mm，$h=24$ mm，材料的 $[\sigma]=160$ MPa，试校核夹具竖杆的强度。

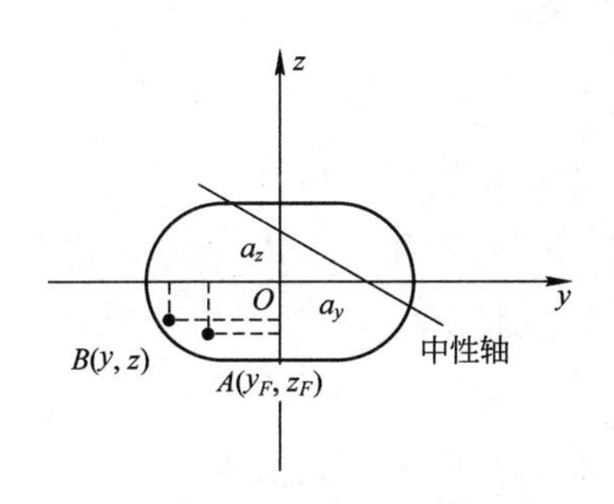

图 12-9 偏心压缩构件截面上中性轴的位置

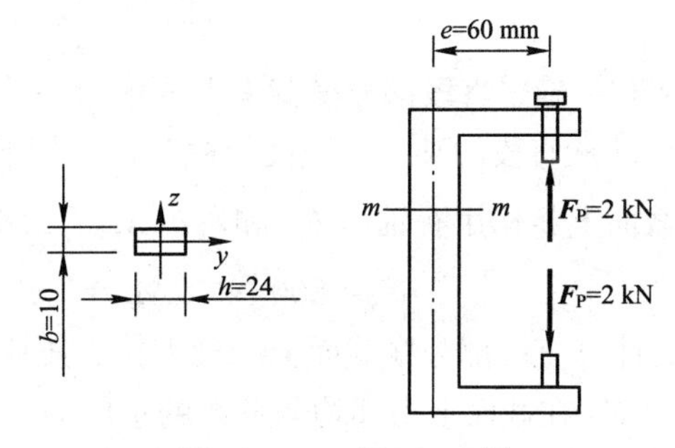

图 12-10 例 12-3 图

解：（1）确定竖杆的内力。

在 $\boldsymbol{F}_P$ 的作用下，竖杆产生偏心拉伸变形。任一横截面上轴力为 F_P 和弯矩为 $M=F_Pe$。

（2）确定危险截面和危险点，进行强度计算。

竖杆各个截面上有相同的轴力和弯矩值，各截面左侧边缘上各点有最大压应力，右侧边缘上各点有最大拉应力，而且最大拉应力数值大于最大压应力数值，因此只需对其最大拉应力进行校核。

$$\sigma_{\text{tmax}}=\frac{F_P}{A}+\frac{F_Pe}{W_z}=\frac{2\times10^3}{10\times24\times10^{-6}}+\frac{2\times10^3\times60\times10^{-3}}{\frac{1}{6}\times10\times24^2\times10^{-9}}$$

$$=133.33\times10^6\ \text{Pa}=133.33\ \text{MPa}<[\sigma]$$

满足强度条件，故夹具竖杆安全。

例 12-4 开口链环由直径 $d=12$ mm 的圆钢弯制而成，其形状如图 12-11（a）所示。链环的受力及尺寸如图所示。试求：（1）链环直段部分横截面上的最大拉应力和最大压应力；（2）中性轴与截面形心之间的距离。

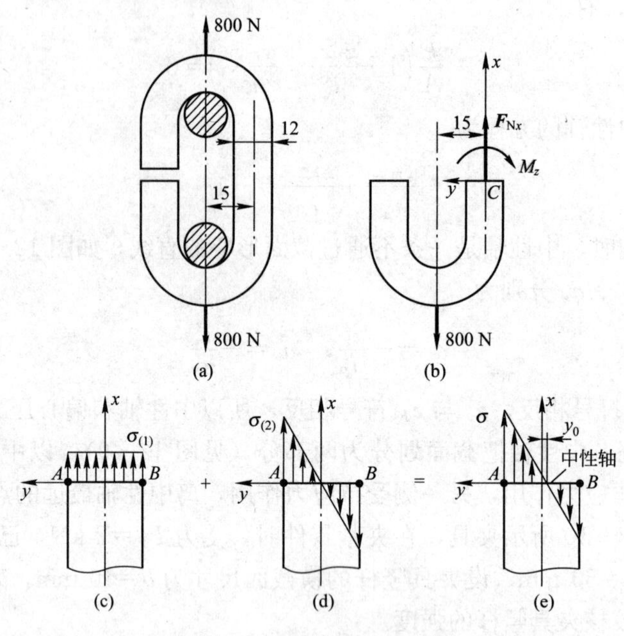

图 12-11 例 12-4 图

解：（1）确定直段部分横截面上的内力。

将链环从直段的某一横截面处截开，分析下半部分受力，如图 12-11（b）所示。根据平衡，截面上将作用有轴力 $\boldsymbol{F}_{\mathrm{N}}$ 和弯矩 M_z。由平衡方程 $\sum F_x=0$ 和 $\sum M_C=0$，得

$$F_{\mathrm{N}}=800\ \mathrm{N},\quad M_z=800\times15\times10^{-3}=12\ \mathrm{N\cdot m}$$

（2）计算直段部分横截面上的最大拉、压应力。

轴力 $\boldsymbol{F}_{\mathrm{N}}$ 在截面上引起均匀分布的正应力，如图 12-11（c）所示，其值为

$$\sigma_{(1)}=\frac{F_{\mathrm{N}}}{A}=\frac{4\times800}{\pi\times12^2}=7.07\ \mathrm{MPa}$$

弯矩 M 在截面上引起线性分布的正应力，如图 12-11（d）所示，最大拉、压应力分别发生在 A、B 两点，其绝对值为

$$\sigma_{(2)}=\frac{M_z}{W_z}=\frac{32\times12\times10^3}{\pi\times12^3}=70.74\ \mathrm{MPa}$$

应用叠加原理，将上述两个应力分量叠加，即得到由载荷引起的链环直段横截面上的正应力分布，如图 12-11（e）所示。从图中可以看出，横截面上的 A、B 二点处分别承受最大拉应力和最大压应力，其值分别为

$$\sigma_{\max}^{+}=\sigma_{(1)}+\sigma_{(2)}=7.07+70.74=77.81\ \mathrm{MPa}$$
$$\sigma_{\max}^{-}=\sigma_{(1)}-\sigma_{(2)}=7.07-70.74=-63.67\ \mathrm{MPa}$$

（3）求解中性轴与形心之间的距离。

令 $\boldsymbol{F}_{\mathrm{N}}$ 和 M_z 引起的正应力之和等于零

$$\sigma=\frac{F_N}{A}+\frac{M_z(-y_0)}{I_z}=0$$

其中，y_0 为中性轴到形心的距离，如图 12-11（e）所示。由上式解出 y_0

$$y_0=\frac{F_N I_z}{M_z A}=\frac{800\times\frac{\pi\times 12^4}{64}}{12\times 10^3\times\frac{\pi\times 12^2}{4}}=0.6\ \text{mm}$$

12.2.3 截面核心

12.2.2 节中已经有了结论：偏心压缩时，截面中性轴不通过截面形心，需按公式（12-12）确定。因此，在偏心载荷作用下，随着载荷作用点位置改变，中性轴可以穿过截面，将截面分为受拉区或受压区；也可以在截面以外，使截面上的正应力具有相同的符号：偏心拉伸时同为拉应力，偏心压缩时同为压应力。后一种情形，对于某些工程（如土木建筑工程）有着重要意义。因为混凝土构件、砖石结构的拉伸强度远远低于压缩强度，所以，当这些构件承受偏心压缩时，总是希望在构件的截面上只出现压应力，而不出现拉应力。这就要求中性轴必须与截面相切或在截面以外，即偏心载荷必须加在离截面形心足够近的地方。对于每一个截面，可以由公式（12-12）和式（12-13）确定一个封闭区域，当压力作用于这一封闭区域内时，截面上只有压应力，这个封闭区域称为**“截面核心”**。

公式（12-13）表明，截距 a_y、a_z 分别与外力作用点的坐标值 y_F、z_F 成反比，y_F、z_F 的绝对值越小，a_y、a_z 的绝对值越大，说明外力作用点距离形心越近，中性轴距离形心越远。当中性轴与截面边缘相切时，整个截面上应力的符号将相同（同为拉应力或压应力）。

为了确定截面核心的边界，只要作直线与截面边界相切，将这一直线作为中性轴，相应地就可应用公式（12-13）找到一个偏心载荷作用点。对应于与截面边界相切的有限条中性轴，即可找到有限个点，这些点相连即可确定截面核心的边界。现以矩形截面和圆形为例，说明确定截面核心的方法。

例 12-5 如图 12-12 所示，短柱的截面为矩形，截面宽为 b、高为 h，试确定截面核心。

解：确定截面核心时，应当先找出与截面边界相切的中性轴所对应的某些加力点，这些点也就是截面核心边界上的某些点。然后再分析截面核心上这些点之间的各点的轨迹，据此即可连成截面核心的边界线。

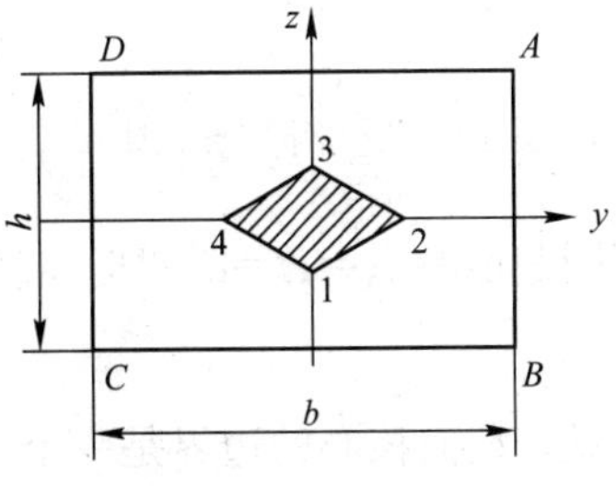

图 12-12 例 12-5 图

已知截面为矩形，先假设中性轴与 AD 边重合，则中性轴在 y、z 轴上的截距分别为

$$a_y=\infty,\quad a_z=\frac{h}{2}$$

代入公式（12-13），得压力 $\boldsymbol{F}$ 作用点 1 的坐标为

$$y_F=0,\quad z_F=-\frac{h}{6}$$

同理，假设中性轴与 DC 边重合，它在 y、z 轴上的截距分别为

$$a_y=-\frac{b}{2},\quad a_z=\infty$$

代入公式（12-13），得压力 **F** 作用点 2 的坐标为

$$y_F=\frac{b}{6},\quad z_F=0$$

用同样的方法，可以确定 3 点和 4 点，将 1、2、3、4 各点连线，可得到一个菱形的封闭区域，即为截面核心，如图中阴影部分所示。

本例中，当截面的中性轴由水平边 AD 逐渐过渡到铅垂边 DC 时，加力点的轨迹是一条什么样的曲线？为此，考察中性轴方程（12-12）

$$\frac{y_F y_0}{i_z^2}+\frac{z_F z_0}{i_y^2}=-1$$

绕角点旋转的中性轴，都通过同一点，这一点具有相同的坐标，如 D 点

$$y_D=-\frac{b}{2},\quad z_D=\frac{h}{2}$$

它们当然满足上述方程，于是有

$$\frac{y_F\left(-\frac{b}{2}\right)}{\frac{b^2}{12}}+\frac{z_F\frac{h}{2}}{\frac{h^2}{12}}=-1$$

化简后得

$$\frac{6z_F}{h}-\frac{6y_F}{b}=-1$$

上式是当中性轴由水平 AD 边逐渐过渡到铅垂 DC 边时，加力点的轨迹方程。这是一直线方程，表明，截面核心边界为一直线。

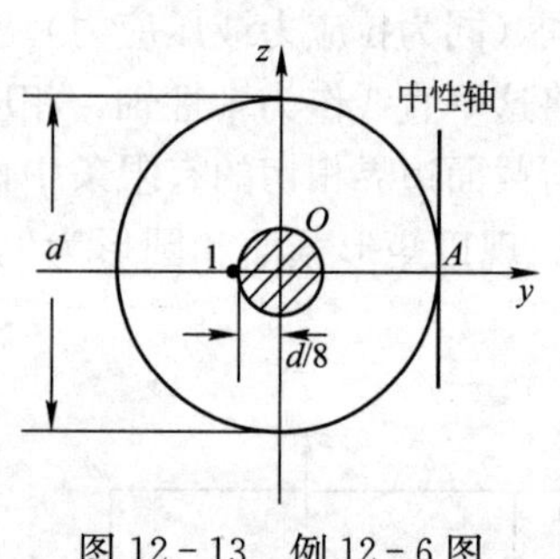

图 12-13　例 12-6 图

例 12-6　如图 12-13 所示，确定直径为 d 的圆形截面的截面核心。

解： 由于圆截面是极对称图形，所以截面核心的边界对于圆心也是极对称的，即为一圆心为 O 的圆。

为确定圆的半径，过 A 点作一条与圆截面周边相切的直线，将其看作中性轴，此时中性轴在 y、z 轴上的截距分别为

$$a_y=\frac{d}{2},\quad a_z=\infty$$

而圆截面的 $i_y^2=i_z^2=d^2/16$，将以上各值代入公式（12-13），得压力 **F** 作用点 1 的坐标为

$$z_F=0,\quad y_F=-\frac{d}{8}$$

可见，截面核心的边界是一个以 O 为圆心，以 $d/8$ 为半径的圆，如图 12-13 所示。

对于一些复杂形状的截面图形，也应用上述类似的方法确定截面核心。

12.3　斜弯曲

12.3.1　斜弯曲的概念

第 9 章分析弯曲应力时，梁的横截面上有一个纵向对称面，当横向载荷作用在纵向对称

面内时，梁变形后的轴线是该平面内的一条平面曲线，梁将产生平面弯曲。但工程实际中，有时横向载荷并不作用在纵向对称面内，如图 12－14（a）所示的情形，梁也将会产生弯曲，但不是平面弯曲，这种弯曲称为**斜弯曲**。还有一种情形也会产生斜弯曲，如图 12－14（b）所示，所有横向载荷都作用在纵向对称面内，但不是同一纵向对称面（梁的截面具有两个或两个以上对称轴）。

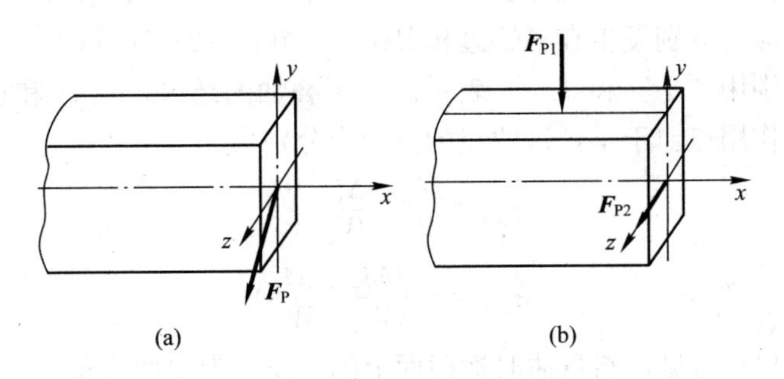

图 12－14　斜弯曲

如房屋建筑中支承屋面的房屋檩条的受力，其受力简图如图 12－15（b）所示，因为屋面载荷为铅垂方向，而檩条倾斜放置在屋架上，故载荷作用线不通过檩条横截面的主轴方向。所以檩条将产生斜弯曲。

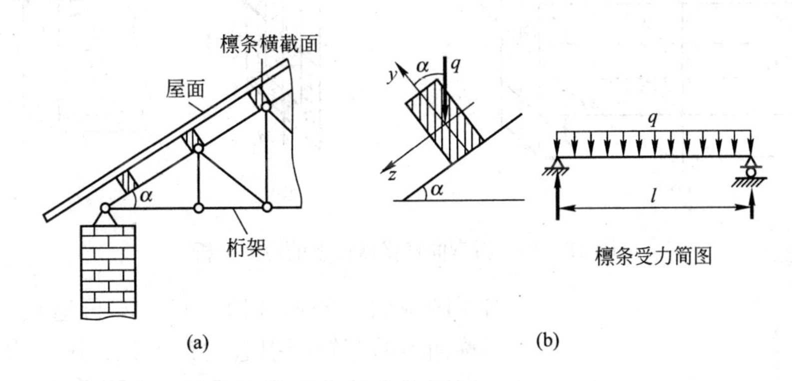

图 12－15　檩条的作用及受力

12.3.2　斜弯曲的应力

对于斜弯曲，在小变形的条件下，可以将斜弯曲分解成两个纵向对称面内的平面弯曲，使之成为两个平面弯曲问题。分别计算两个平面弯曲的应力，然后将两个平面弯曲引起的同一点的应力代数值相加，即得到斜弯曲时的应力。

以矩形截面为例，如图 12－16（a）所示，在两个互相垂直的平面内分别作用水平力 $\boldsymbol{F}_{P1}$ 和铅垂力 $\boldsymbol{F}_{P2}$，$\boldsymbol{F}_{P1}$ 和 $\boldsymbol{F}_{P2}$ 分别在 xz 和 xy 平面内产生平面弯曲。分析可得，两个力均在固定端处产生最大弯矩，其中 $\boldsymbol{F}_{P1}$ 引起 M_y，$\boldsymbol{F}_{P2}$ 引起 M_z，如图 12－16（b）所示。

$$M_y = -F_{P1} \times 2l$$

$$M_z = -F_{P2} \times l$$

梁固定端截面任一点 K（z，y）处由 M_y 和 M_z 引起的正应力为

$$\sigma_{(1)}=\frac{M_y}{I_y}z \quad 和 \quad \sigma_{(2)}=\frac{M_z}{I_z}y$$

由叠加原理，K 点的正应力为

$$\sigma_K=\sigma_{(1)}+\sigma_{(2)}=\frac{M_y}{I_y}z+\frac{M_z}{I_z}y \tag{12-14}$$

在 M_y 作用下最大拉应力和最大压应力分别发生在 AD 边和 CB 边；在 M_z 作用下，最大拉应力和最大压应力分别发生在 AC 边和 BD 边。在图 12-16（b）中，最大拉应力和最大压应力作用点分别用"+"和"−"表示。二者叠加的结果，点 A 和点 B 分别为最大拉应力和最大压应力作用点。于是，这两点的正应力分别为

点 A：

$$\sigma_{\max}^{+}=\frac{M_y}{W_y}+\frac{M_z}{W_z} \tag{12-15a}$$

点 B：

$$\sigma_{\max}^{-}=-\left(\frac{M_y}{W_y}+\frac{M_z}{W_z}\right) \tag{12-15b}$$

由公式（12-14）可见，斜弯曲时横截面上的正应力为线性分布，固定端截面的应力分布图如图 12-16（c）所示。

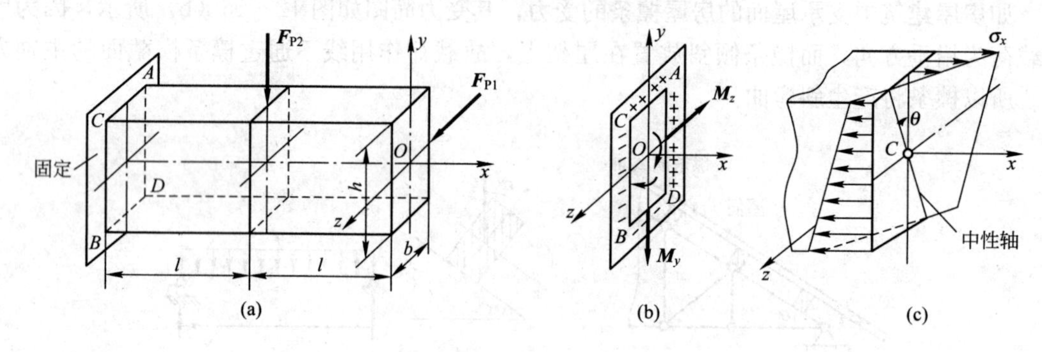

图 12-16 斜弯曲杆横截面上的应力分析

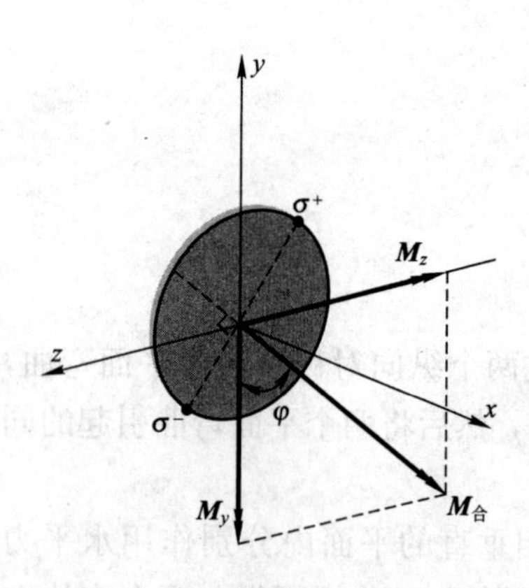

图 12-17 圆截面杆斜弯曲时弯矩的合成

对于圆截面，公式（12-15）不再适用。这是因为，两个对称面内的弯矩所引起的最大拉、压应力不发生在同一点。当圆截面梁发生斜弯曲时，因为过形心的任意轴均为截面的对称轴，所以当横截面上同时作用有两个弯矩时，可以将弯矩求矢量和，这一合矢量仍然沿着横截面的对称轴方向，如图 12-17 所示。所以平面弯曲的公式依然适用。于是，圆截面上的最大拉应力和最大压应力计算公式为

$$\sigma_{\max}^{+}=\frac{M}{W}=\frac{\sqrt{M_y^2+M_z^2}}{W} \tag{12-16a}$$

$$\sigma_{\max}^{-}=-\frac{M}{W}=-\frac{\sqrt{M_y^2+M_z^2}}{W} \tag{12-16b}$$

为确定斜弯曲杆件横截面中性轴的位置，令 y_0、z_0 代表中性轴上任一点的坐标，则由公式（12-14）可得中性轴的方程为

$$\frac{M_y}{I_y}z_0+\frac{M_z}{I_z}y_0=0$$

由上式可见，中性轴是一条通过截面形心的直线。其与 y 轴的夹角 θ 为

$$\tan\theta=\frac{z_0}{y_0}=-\frac{M_z I_y}{M_y I_z}=-\frac{I_y}{I_z}\tan\varphi$$

式中，角度 φ 为横截面上合成弯矩 $M_{合}=\sqrt{M_y^2+M_z^2}$ 的矢量作用线与 y 轴间的夹角（见图 12－17）。对非圆截面杆，通常由于截面的 $I_y\neq I_z$，所以中性轴与合成弯矩 $M_{合}$ 所在的平面并不相互垂直，或者说中性轴并不垂直于加载方向，这是斜弯曲与平面弯曲的重要区别。

例 12－7 一般生产车间所用的吊车大梁，两端由钢轨支撑，可以简化为简支梁，如图 12－18（a）所示。图中 $l=2$ m，大梁由 32a 热轧普通工字钢制成，许用应力 $[\sigma]=160$ MPa。起吊的重物作用在梁的中点，$F_P=80$ kN，并且，作用线与 y 轴之间的夹角 $\alpha=5°$，试校核吊车大梁的强度是否安全。

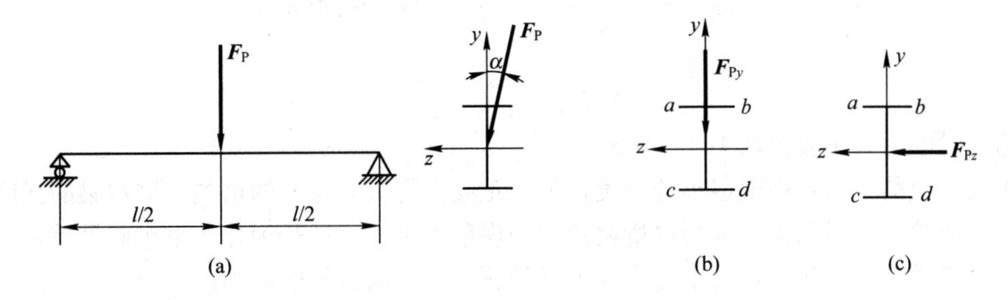

图 12－18　例 12－7 图

解：（1）载荷分解。

将斜弯曲分解为两个平面弯曲的组合：将 $\boldsymbol{F}_P$ 分解为两个分力 $\boldsymbol{F}_{Py}$ 和 $\boldsymbol{F}_{Pz}$，分别如图 12－18（b）和 12－18（c）所示，$\boldsymbol{F}_{Py}$ 和 $\boldsymbol{F}_{Pz}$ 分别在 xy 和 xz 平面内产生平面弯曲。图中

$$F_{Py}=F_P\cos\alpha,\quad F_{Pz}=F_P\sin\alpha$$

（2）确定危险截面上的内力。

根据弯曲内力分析，两个平面弯曲的最大弯矩均在梁跨中截面，分别为

$$M_{\max}^{F_{Py}}=\frac{F_{Py}\times l}{4}=\frac{F_P\cos\alpha\times l}{4}$$

$$M_{\max}^{F_{Pz}}=\frac{F_{Pz}\times l}{4}=\frac{F_P\sin\alpha\times l}{4}$$

（3）计算最大正应力并校核其强度。

梁在 xy 平面内弯曲时，外载荷是 $\boldsymbol{F}_{Py}$（见图 12－18（b）），截面上边缘 ab 上各点承受最大压应力，下边缘 cd 上各点承受最大拉应力；梁在 xz 平面内弯曲时，外载荷是 $\boldsymbol{F}_{Pz}$（见图 12－18（c）），截面右侧角点 b、d 承受最大压应力，左侧角点 a、c 承受最大拉应力。

将两个平面弯曲叠加，角点 c 承受最大拉应力，角点 b 承受最大压应力。因此，b、c 两点都是危险点。这两点的最大正应力数值相等，为

$$\sigma_{\max}=\frac{M_{\max}^{F_{Pz}}}{W_y}+\frac{M_{\max}^{F_{Py}}}{W_z}=\frac{F_P\sin\alpha\times l}{4W_y}+\frac{F_P\cos\alpha\times l}{4W_z}$$

查型钢表得，32a 热轧普通工字钢的 $W_y=70.758\ \text{cm}^3$，$W_z=692.2\ \text{cm}^3$，又 $l=4$ m，$F_P=80$ kN，$\alpha=5°$，将这些数据代入上式得到

$$\sigma_{\max}=\frac{80\times10^3\times\sin 5°\times4}{4\times70.758\times10^{-6}}+\frac{80\times10^3\times\cos 5°\times4}{4\times692.2\times10^{-6}}$$
$$=213.7\times10^6\ \text{Pa}=213.7\ \text{MPa}>[\sigma]$$

而且

$$\frac{\sigma_{\max}-[\sigma]}{[\sigma]}\times100\%=\frac{213.7-160}{160}\times100\%=33.6\%>5\%$$

因此，该吊车梁的强度是不安全的。

要点与讨论：

如果令例中的 $\alpha=0$，即载荷 $\boldsymbol{F}_P$ 沿着 y 轴方向，这时产生 xy 平面内平面弯曲，上述结果（$\sigma_{\max}$）中的第一项变为零。于是梁内的最大正应力为

$$\sigma_{\max}=\frac{80\times10^3\times4}{4\times692.2\times10^{-6}}=115.6\ \text{MPa}$$

$$\frac{213.7-115.6}{213.7}\times100\%=45.9\%$$

比斜弯曲时的最大正应力减小 45.9%。

可见，载荷偏离对称轴很小的角度，最大正应力将会有较大的增加，这对梁的强度是一个很大的威胁，实际工程中应当尽量避免这种现象发生。这就是为什么吊车起吊重物时只能在吊车大梁垂直下方起吊，而不允许在大梁的侧面斜方向起吊的原因。

例 12-8 图 12-19（a）所示圆截面杆的直径为 130 mm，试求杆上的最大正应力及其作用位置。

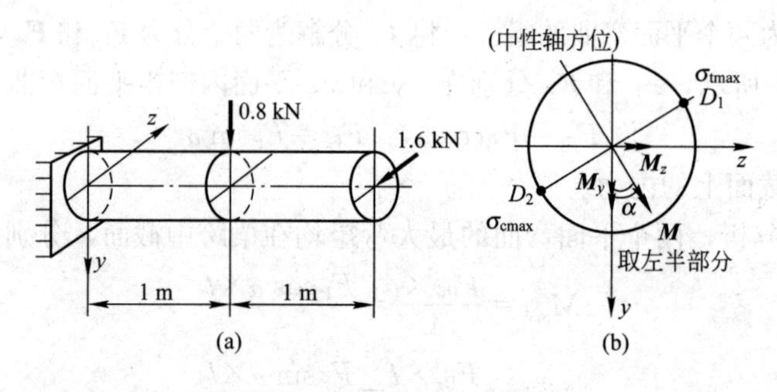

图 12-19 例 12-8 图

解：(1) 确定危险截面上的内力。

杆的左半段为斜弯曲，右半段为平面弯曲。分析可得固定端处为危险截面，将杆沿固定端截面截开，取其左半部分分析内力，截面上有两个弯矩分量，如图 12-19（b）所示，分别为

$$M_z=0.8\times1=0.8\ \text{kN}\cdot\text{m},\quad M_y=1.6\times2=3.2\ \text{kN}\cdot\text{m}$$

固定端截面上合成弯矩的大小为

$$M=\sqrt{M_y^2+M_z^2}=3.3\ \text{kN}\cdot\text{m}$$

同时可求出该合成弯矩的方位，即变形后固定端截面上中性轴的方位，如图 12-19

(b) 所示。

$$\alpha=\arctan\frac{M_z}{M_y}=\arctan\frac{0.8}{3.2}=14.04°$$

(2) 计算杆上的最大正应力。

在合成弯矩的作用下，杆上的最大正应力发生在距离中性轴最远的点，即图 12-19 (b) 所示的 D_1、D_2 点，其正应力为

$$\sigma_{\max}=\frac{M}{W}=\frac{3.3\times10^3\times32}{\pi(0.13)^3}=15.3\ \text{MPa}$$

要点与讨论：

对于圆形截面，由于过圆心的任意轴均为形心主惯性轴，当载荷作用在横截面内且过圆心时，梁只产生平面弯曲。此种情形还包括正方形截面，当横向载荷过横截面形心时，梁将只产生平面弯曲。

当作用于圆形（或正多边形）截面梁的横向载荷位于横截面的不同方向时，可先将各个载荷单独作用时产生的弯矩进行矢量叠加，求出截面上的合成弯矩，也即确定了中性轴的方位。与中性轴垂直的直径的两个端点（距离中性轴最远处），就是该截面上的最大拉应力和最大压应力的作用点。找到危险点后，后续的正应力计算及强度计算与平面弯曲相同。

12.4 扭转和弯曲的组合

扭转与弯曲的组合变形是机械工程中最常见的情况。一般的传动轴，借助于带轮或齿轮传递功率，通常发生扭转与弯曲的组合变形，如图 12-20 (a) 所示。

工作时轮齿上均有外力作用，将作用在轮齿上的力向轴的形心简化即得到与之等效的力和力偶，如图 12-20 (b) 所示。传动轴大多是圆截面的，故本节以圆截面杆为例，讨论杆件发生扭转与弯曲的组合变形时的强度计算。

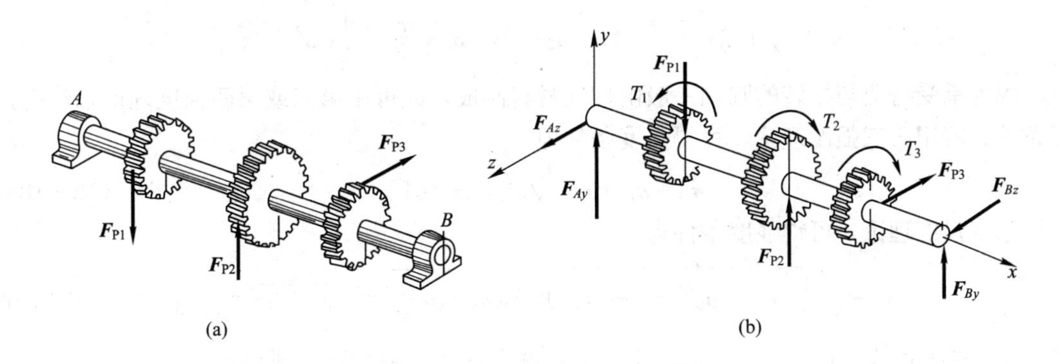

图 12-20 齿轮轴上力的等效简化

图 12-21 (a) 所示水平直角曲拐，在自由端受集中力 $\boldsymbol{F}$ 作用。AB 段为圆截面杆，将 $\boldsymbol{F}$ 向 B 截面形心简化，得到横向力 $\boldsymbol{F}$ 和扭转力偶 Fa，AB 段的受力简图如图 12-21 (b) 所示。AB 段杆发生扭转和弯曲的组合变形，先做出扭矩图和弯矩图，如图 12-21 (c) 所示。

由此可见 A 截面为危险截面，其扭矩和弯矩分别为

$$T=Fa,\quad M=Fl$$

扭矩引起的切应力和弯矩引起的正应力分布如图 12-21（d）所示，由图中可以看出，上下边缘的 C_1、C_2 两点切应力和正应力的绝对值同时取最大值

$$\tau=\frac{T}{W_P},\quad \sigma=\frac{M}{W_z} \tag{12-17}$$

故 C_1、C_2 两点是危险点，其应力状态如图 12-21（e）所示。

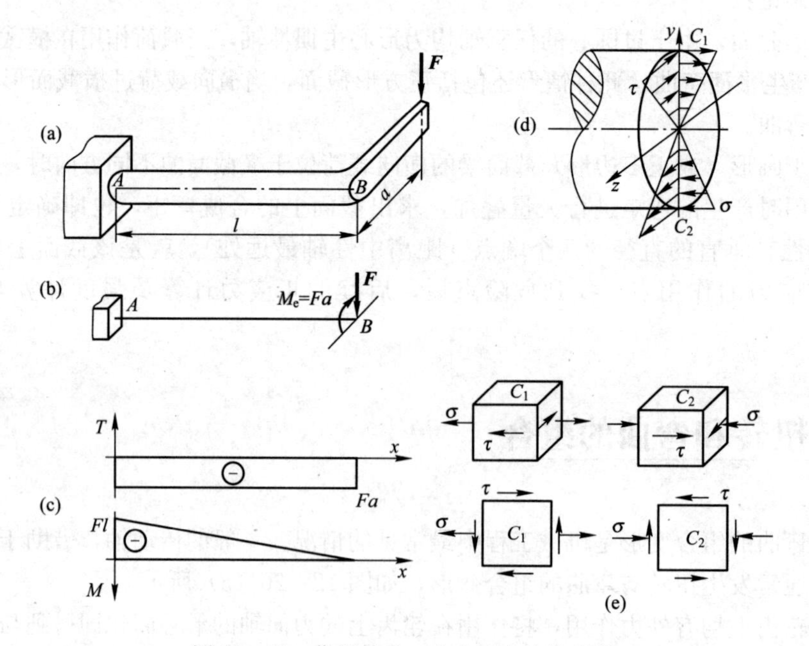

图 12-21　曲拐外力、内力及应力的分析

该两点处于二向应力状态，其三个主应力分别为

$$\sigma_1=\frac{\sigma}{2}+\frac{1}{2}\sqrt{\sigma^2+4\tau^2},\quad \sigma_2=0,\quad \sigma_3=\frac{\sigma}{2}-\frac{1}{2}\sqrt{\sigma^2+4\tau^2}$$

因为承受弯曲与扭转的圆轴一般由韧性材料制成，故可用第三或第四强度理论来建立强度条件。若用第三强度理论，可得强度条件为

$$\sigma_{r3}=\sigma_1-\sigma_3=\sqrt{\sigma^2+4\tau^2}\leqslant[\sigma] \tag{12-18a}$$

若用第四强度理论，可得强度条件为

$$\sigma_{r4}=\sqrt{\frac{1}{2}[(\sigma_1-\sigma_2)^2+(\sigma_2-\sigma_3)^2+(\sigma_3-\sigma_1)^2]}=\sqrt{\sigma^2+3\tau^2}\leqslant[\sigma] \tag{12-18b}$$

将 σ 和 τ 的表达式（12-17）代入以上两式，并考虑到 $W_P=2W$，便得到

$$\sigma_{r3}=\frac{\sqrt{M^2+T^2}}{W}\leqslant[\sigma] \tag{12-19a}$$

$$\sigma_{r4}=\frac{\sqrt{M^2+0.75T^2}}{W}\leqslant[\sigma] \tag{12-19b}$$

工程中除了弯扭组合的杆件外，还有拉（压）和扭转的组合，或者拉（压）、弯曲和扭转的组合变形，可以运用相同的分析方法，用公式（12－18a）、（12－18b）进行强度计算；如果发生斜弯曲与扭转的组合，仍可利用式（12－19a）和式（12－19b）建立强度条件，只是公式中的分子部分应为

$$M_{r3}=\sqrt{M^2+T^2}=\sqrt{T^2+M_y^2+M_z^2} \tag{12-20a}$$

$$M_{r4}=\sqrt{M^2+0.75T^2}=\sqrt{0.75T^2+M_y^2+M_z^2} \tag{12-20b}$$

将式（12－20a）、（12－20b）代入式（12－19a）、（12－19b），则有

$$\sigma_{r3}=\frac{M_{r3}}{W}\leqslant[\sigma] \tag{12-21a}$$

$$\sigma_{r4}=\frac{M_{r4}}{W}\leqslant[\sigma] \tag{12-21b}$$

式中，M_{r3}和M_{r4}分别称为基于第三和第四强度理论的**计算弯矩或相当弯矩**。

例 12－9 图 12－22（a）所示电动机的功率 $P=10$ kW，转速 $n=3\ 000$ r/min，带轮的直径 $D=250$ mm，皮带松边拉力为 $\boldsymbol{F}_P$，紧边拉力为 $2\boldsymbol{F}_P$。电动机轴外伸部分长度 $l=120$ mm，轴的直径 $d=23$ mm。若已知许用应力 $[\sigma]=80$ MPa，试用第三强度理论校核电动机轴的强度。

解：（1）分析受力。

轴的电动机通过带轮输出功率，将皮带拉力向带轮中心简化，可得电机轴外伸段的等效受力图，如图 12－22（b）所示，因而外伸轴段产生扭转和弯曲的组合变形。图中，$T=(2F_P-F_P)\times\dfrac{D}{2}=\dfrac{F_PD}{2}$。

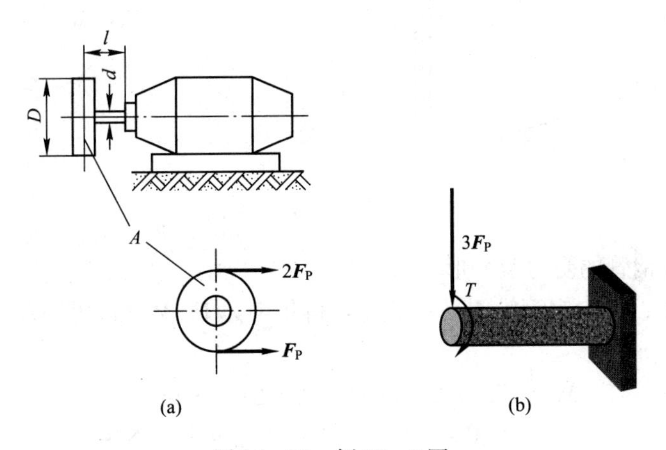

图 12－22 例 12－9 图

作用在带轮上的外加力偶矩为

$$M_e=9\ 549\times\frac{P}{n}=9\ 549\times\frac{10}{3\ 000}=31.83\ \text{N}\cdot\text{m}$$

M_e 等于轴的扭转力矩 T，即

$$\frac{F_PD}{2}=M_e$$

于是，作用在皮带上的拉力为

$$F_P=\frac{2M_e}{D}=\frac{2\times 31.83}{250\times 10^{-3}}=254.64\ \text{N}$$

(2) 确定危险截面。

根据图 12-22 (b) 所示的受力与变形情况分析内力可知，固定端处的横截面为危险截面，其上之弯矩和扭矩分别为

$$M_{max}=3F_P l=3\times 254.64\times 120\times 10^{-3}=91.67\ \text{N}\cdot\text{m}$$

$$T=M_e=31.83\ \text{N}\cdot\text{m}$$

(3) 强度校核。

应用第三强度理论，由公式 (12-19a)，有

$$\sigma_{r3}=\frac{\sqrt{M^2+T^2}}{W}=\frac{\sqrt{(91.67)^2+(31.83)^2}\times 32}{\pi(23\times 10^{-3})^3}=81.24\ \text{MPa}>[\sigma]$$

但
$$\frac{81.24-80}{80}\times 100\%=1.55\%<5\%$$

所以，电动机轴的强度是安全的。

例 12-10 广告牌由钢管支承，如图 12-23 (a) 所示。广告牌自重 $W=150$ N，受到水平风力 $F=120$ N 作用，钢管外径 $D=50$ mm，内径 $d=45$ mm，材料许用应力 $[\sigma]=70$ MPa。试用第三强度理论校核钢管的强度。

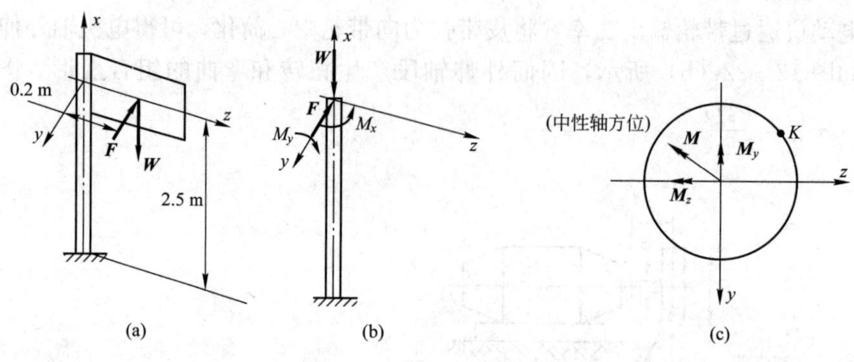

图 12-23 例 12-10 图

解: (1) 分析钢管的受力及变形。

将已知外力 $\boldsymbol{F}$、$\boldsymbol{W}$ 向钢管轴心平移简化，得集中力 $\boldsymbol{F}$、$\boldsymbol{W}$ 和力偶 M_x、M_y，如图 12-23 (b) 所示，其中

$$M_x=F\times 0.2=120\times 0.2=24\ \text{N}\cdot\text{m}$$

$$M_y=-W\times 0.2=-150\times 0.2=-30\ \text{N}\cdot\text{m}$$

上述受力条件使得钢管产生压缩、扭转和斜弯曲的组合变形。

(2) 确定危险截面。

根据内力分析知，固定端截面为危险截面，各内力分量分别为

轴力 $$F_N=-150\ \text{N}$$

扭矩 $$T=M_x=24\ \text{N}\cdot\text{m}$$

在 xy 平面内的弯矩为

$$M_{z\max}=-F\times 2.5=-120\times 2.5=-300\ \text{N}\cdot\text{m}$$

在 xz 平面内的弯矩为

$$M_y=-30\ \text{N}\cdot\text{m}$$

因为截面是空心圆截面，如图 12-23（c）所示，故求得斜弯曲变形的合成弯矩为

$$M=\sqrt{M_{z\max}^2+M_y^2}=\sqrt{(-300)^2+(-30)^2}=301.50\ \text{N}\cdot\text{m}$$

（3）确定危险点进行强度校核。

与例 12-8 分析方法相似，危险点为距离中性轴最远的 K 点，如图 12-23（c）所示。K 点单元体的 x 侧面上有轴力引起的压应力、合弯矩引起的最大压应力和扭转引起的切应力。与图 12-21（e）中点 C_2 的单元体所示情形相同，点 K 处于二向应力状态，其正应力大小为

$$\begin{aligned}\sigma&=\sigma_{(1)}+\sigma_{(2)}=\frac{F_{\text{N}}}{A}+\frac{M}{W}\\&=\frac{150\times4}{\pi(50^2-45^2)\times10^{-6}}+\frac{301.50\times32}{\pi\times50^3[1-(45/50)^4]\times10^{-9}}\\&=71.84\times10^6\ \text{Pa}=71.84\ \text{MPa}\end{aligned}$$

扭转切应力为

$$\tau=\frac{T}{W_{\text{P}}}=\frac{24\times16}{\pi\times50^3[1-(45/50)^4]\times10^{-9}}=2.84\times10^6\ \text{Pa}=2.84\ \text{MPa}$$

应用第三强度理论

$$\sigma_{r3}=\sqrt{\sigma^2+4\tau^2}=\sqrt{(71.84)^2+4\times(2.84)^2}=72.06\ \text{MPa}>[\sigma]$$

但是

$$\frac{\sigma_{r3}-[\sigma]}{[\sigma]}\times100\%=2.94\%<5\%$$

所以钢管满足强度要求，安全。

要点与讨论：

此题是组合变形中较复杂的问题，变形同时涉及了轴向压缩、圆截面斜方向平面弯曲及扭转变形。当构件受力复杂时，受力分析就十分重要。一般情况下，首先将所有外力向所研究构件的轴线或形心进行简化。然后由其等效力系，判断构件的变形形式，并作内力图。由内力图确定危险截面和危险点，最后根据危险点的应力状态，判断危险点是三类强度计算中的哪一类，进行相应的强度计算。

例 12-11 传动轴如图 12-24（a）所示，其左端圆锥直齿轮上作用有轴向力 $F_{\text{Pa}}=1.65$ kN，切向力 $F_{\text{Pt}}=4.55$ kN，径向力 $F_{\text{Pr}}=414$ N；右端圆柱直齿轮压力角 $\alpha=20°$。若已知轴的直径 $d=40$ mm，轴材料的 $[\sigma]=300$ MPa。试按第四强度理论对轴的强度进行强度校核。

解：（1）受力及变形分析。

将作用在两个齿轮上的力向轴线简化，得到如图 12-24（b）所示的计算简图，在轴的左端有力 $\boldsymbol{F}_{\text{Pa}}$、$\boldsymbol{F}_{\text{Pt}}$、$\boldsymbol{F}_{\text{Pr}}$ 和锥齿轮上受力向轴心简化所得的力偶 M_{e}、M_{z0}；在轴的右端有力 $\boldsymbol{F}'_{\text{Pt}}$、$\boldsymbol{F}'_{\text{Pr}}$ 和直齿轮上受力向轴心简化所得的力偶 M_{e}。

轴承 A 处为径向轴承，轴承 B 处简化为止推轴承，则力 $\boldsymbol{F}_{\text{Pa}}$ 与轴承 B 作用使轴 B 点以左产生拉伸变形；力 $\boldsymbol{F}_{\text{Pt}}$、$\boldsymbol{F}'_{\text{Pt}}$ 和两个轴承作用使轴产生 xz 平面内的弯曲变形；力 $\boldsymbol{F}_{\text{Pr}}$、$\boldsymbol{F}'_{\text{Pr}}$、力偶 M_{z0} 和两个轴承作用使轴产生 xy 平面内的弯曲变形；力偶 M_{e} 使轴产生扭转变形。因此，所有外力作用下，轴将产生轴向拉伸、扭转和两个平面弯曲的组合变形。

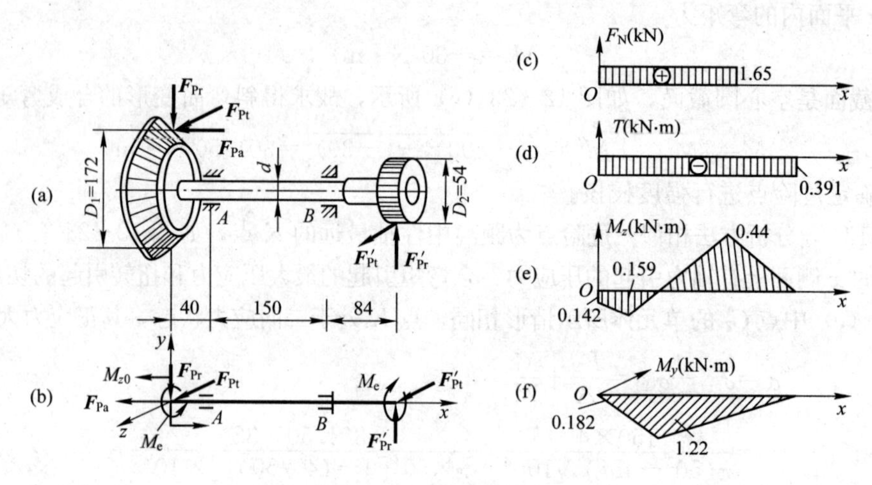

图 12-24　例 12-11 图

轴上受力及外力偶矩的大小分别为

$$M_e=F_{Pt}\times\frac{D_1}{2}=4\ 550\times\frac{172\times10^{-3}}{2}=391\ \text{N}\cdot\text{m}$$

$$M_{z0}=F_{Pa}\times\frac{D_1}{2}=1\ 650\times\frac{172\times10^{-3}}{2}=142\ \text{N}\cdot\text{m}$$

$$F'_{Pt}=\frac{M_e}{D_2/2}=\frac{2\times391}{54\times10^{-3}}=14.48\ \text{kN}$$

$$F'_{Pr}=F'_{Pt}\tan 20°=14.48\times\tan 20°=5.27\ \text{kN}$$

(2) 确定危险截面及其内力分量。

画出所有基本变形对应的内力图，分别如图 12-24 (c)、(d)、(e)、(f) 所示。从内力图可以看出，轴各截面扭矩值相等；轴承 B 以左的截面上轴力相等，B 右侧截面上轴力为零；轴承 B 的截面上弯矩最大，故 B 的左侧截面为危险截面。

危险面上各内力分量分别为相应的

轴力为

$$F_N=F_{Pa}=1\ 650\ \text{N}$$

扭矩为

$$T=M_e=391\ \text{N}\cdot\text{m}$$

在 xy 平面内的弯矩为

$$M_z=440\ \text{N}\cdot\text{m}$$

在 xz 平面内的弯矩为

$$M_y=1\ 220\ \text{N}\cdot\text{m}$$

M_z 和 M_y 的合成弯矩为

$$M=\sqrt{M_z^2+M_y^2}=\sqrt{440^2+1\ 220^2}$$

$$=1\ 297\ \text{N}\cdot\text{m}$$

(3) 计算危险点的应力。

在弯矩引起的拉应力最大的点上，同时还有轴力引起的拉应力和扭矩引起的切应力。故这一点为危险点，其应力状态与图 12－21（e）中点 C_1 的单元体所示情形相同，其上之应力包括：

轴向拉力引起的拉应力为

$$\sigma_{(1)}=\frac{F_N}{A}=\frac{4\times1\ 650}{\pi\times(40\times10^{-3})^2}=1.31\ \text{MPa}$$

合成弯矩引起的最大拉应力为

$$\sigma_{(2)}=\frac{M}{W}=\frac{32\times1\ 297}{\pi\times(40\times10^{-3})^3}=206.42\ \text{MPa}$$

该点上总拉应力为

$$\sigma=\sigma_{(1)}+\sigma_{(2)}=1.31+206.42=207.73\ \text{MPa}$$

危险点处由于扭矩引起的切应力为

$$\tau=\frac{T}{W_P}=\frac{16\times391}{\pi\times(40\times10^{-3})^3}=31.11\ \text{MPa}$$

(4) 强度校核。

根据第四强度理论的强度条件求得

$$\sigma_{r4}=\sqrt{\sigma^2+3\tau^2}=\sqrt{207.73^2+3\times31.11^2}=214.60\ \text{MPa}<[\sigma]=300\ \text{MPa}$$

故轴的强度是安全的。

* 12.5 组合变形的普遍情况

如图 12－25（a）所示的等截面直杆，在任意载荷作用下，研究杆件任一截面 m—m 上的应力时，可用截面 m—m 将杆件分为两部分，考察左段的平衡（见图 12－25（b））。取杆件的轴线为 x 轴，截面的形心主惯性轴为 y 轴和 z 轴。截面 m—m 上的内力系与作用在左段上的载荷组成一空间平衡力系，根据六个静力平衡方程，截面 m—m 上的内力系最终化简为沿坐标轴的三个内力分量 $\boldsymbol{F}_N$、$\boldsymbol{F}_{Sy}$、$\boldsymbol{F}_{Sz}$ 和对坐标轴的三个内力矩分量 T、M_y、M_z。它们与左段上外力之间的关系是

$$\sum F_x=F_N,\quad \sum F_y=F_{Sy},\quad \sum F_z=F_{Sz}$$

$$\sum M_x=T,\quad \sum M_y=M_y,\quad \sum M_z=M_z$$

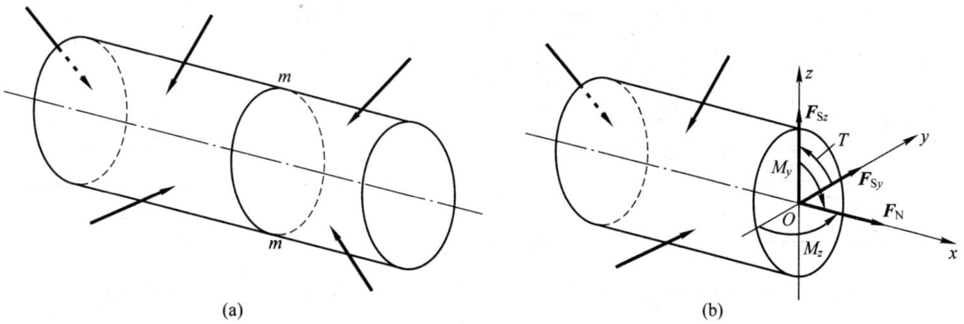

图 12－25 一般组合变形时截面的内力分量

在以上公式中，等号左边表示外力在坐标轴上投影的总和或对坐标轴取矩的总和，而等号右边即为截面上的内力或内力矩分量。

在三个内力分量中，轴力 $\boldsymbol{F}_N$对应着拉伸（压缩）变形，与 $\boldsymbol{F}_N$相对应的正应力可按第 5 章轴向拉伸（压缩）部分计算。剪力 $\boldsymbol{F}_{Sy}$和 $\boldsymbol{F}_{Sz}$分别对应着 xy 和 xz 平面内的剪切变形，产生的切应力可按第 9 章横力弯曲时切应力的计算公式计算。在三个内力矩分量中，T 为扭矩，对应着扭转变形，产生的切应力可按第 6 章的扭转理论计算。M_y 和 M_z 为弯矩，分别对应着 xz 和 xy 平面内的弯曲变形，产生的弯曲正应力可按第 9 章的弯曲理论计算。

将上述内力和内力矩分量所引起的应力叠加，即为组合变形的应力。其中与 $\boldsymbol{F}_N$、M_y、M_z 对应的是正应力，可按代数相加。与 $\boldsymbol{F}_{Sy}$、$\boldsymbol{F}_{Sz}$和 T 对应的是切应力，应按矢量相加。例如

$$\tau=\sqrt{\tau_z^2+\tau_y^2}$$

与横力弯曲的强度计算类似，以上求得的各种应力中，通常与 $\boldsymbol{F}_{Sy}$和 $\boldsymbol{F}_{Sz}$对应的切应力是次要的，有时可以忽略不计。例如，轴类零件的强度计算就是这样处理的。

在上述三个内力和三个内力矩分量中，如有某些分量等于零，就可得到前面讨论的某一种组合变形。例如，当 $T=0$，$F_{Sy}=F_{Sz}=0$ 时，是偏心拉压。当 $F_N=0$，$T=0$ 时，杆件变为在两个纵向对称面内的弯曲的组合，即斜弯曲。又如当 $F_N=0$ 时，就是扭转与弯曲的组合变形。

思考题

12-1 当构件发生弯曲与拉伸（或压缩）组合变形时，在什么条件下可按叠加原理计算其横截面上的最大正应力？

12-2 压力机立柱为箱型截面，如图 12-26 所示。在拉伸和弯曲组合变形时，图(a)、(b)、(c)、(d) 所示四种截面形状中哪一种最合理？

12-3 某工人修理机器时，在受拉的矩形截面杆一侧发现一小裂纹（见图 12-27a)。为防止裂纹扩展，有人建议在裂纹尖端处钻一个光滑小圆孔即可，有人认为除此孔外，还应在其对称位置再钻一个同样大小的圆孔（见图 12-27b)。试问哪一种作法好？为什么？

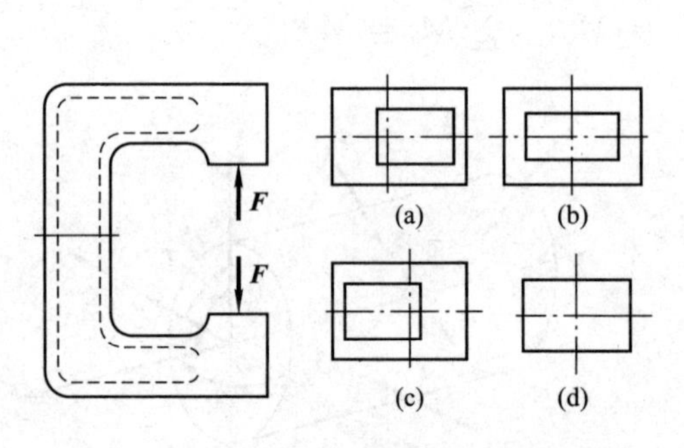

图 12-26 思考题 12-2 图

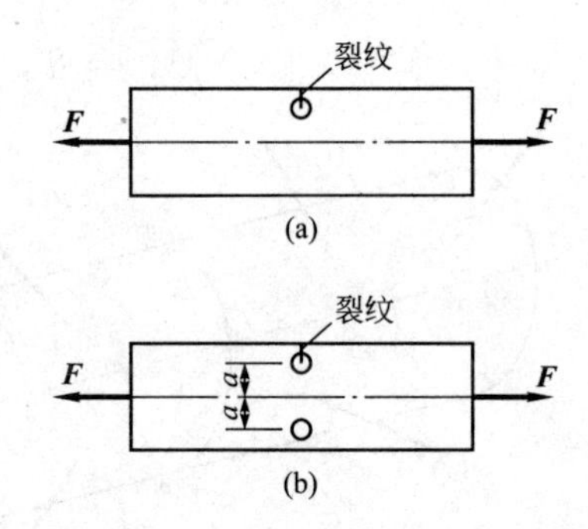

图 12-27 思考题 12-3 图

12-4 决定截面核心的因素是__________。

(A) 载荷的大小和方向 (B) 载荷作用点的位置

(C) 杆件材料的力学性能　　　(D) 杆件截面的形状和尺寸

12-5　关于斜弯曲的主要特征有以下四种答案，试判断哪一种是正确的。

(A) $M_y \neq 0$，$M_z \neq 0$，$F_{Nx} \neq 0$，中性轴与截面形心主轴不一致，且不通过截面形心；

(B) $M_y \neq 0$，$M_z \neq 0$，$F_{Nx} = 0$，中性轴与截面形心主轴不一致，但通过截面形心；

(C) $M_y \neq 0$，$M_z \neq 0$，$F_{Nx} = 0$，中性轴与截面形心主轴平行，但不通过截面形心；

(D) $M_y \neq 0$，$M_z \neq 0$，$F_{Nx} \neq 0$，中性轴与截面形心主轴平行，但不通过截面形心。

正确答案是＿＿＿＿＿。

12-6　悬臂梁的各种截面形状如图 12-28 所示，若 A 端的集中力偶 M_A 的作用平面位于截面图中虚线所示位置（双箭头表示力偶的矢量方向），则哪些梁会发生斜弯曲？哪些梁发生平面弯曲？

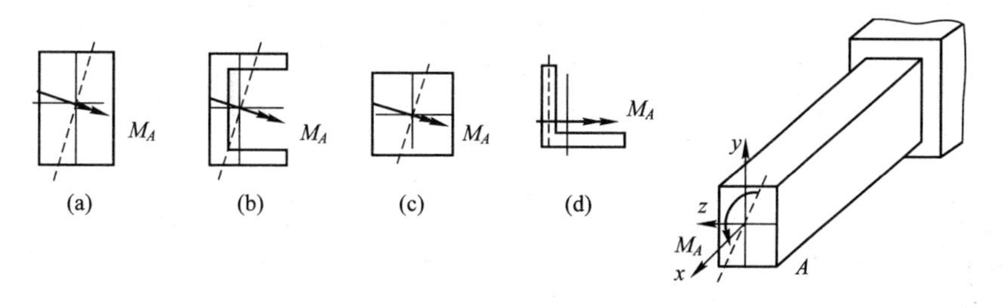

图 12-28　思考题 12-6 图

12-7　对于图 12-29 所示悬臂梁，试问：(1) 外力 $\boldsymbol{F}_2$ 作用截面处梁的中性轴在什么方向？(2) 在固定端处梁的中性轴又大致在什么方向？(3) 在固定端和 $\boldsymbol{F}_2$ 作用截面之间，梁的中性轴的方向是否随横截面位置变化？(4) 该梁自由端的挠度（大小和方向）如何计算？

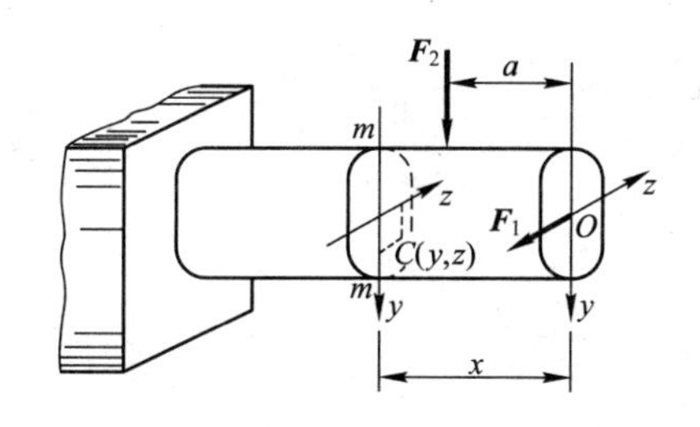

图 12-29　思考题 12-7 图

习题

12-1　试分析图 12-30 所示构件在 A 截面上的内力分量。

12-2　图 12-31 所示起重架的最大起吊重量（包括小车）为 W=40 kN，横梁 AC 由两根 No. 18 槽钢组成，材料为 Q235 钢，$[\sigma]$=120 MPa。试校核梁的强度。

12-3　试求图 12-32 (a) 和 (b) 中所示二杆横截面上的最大正应力及其比值。

12-4　矩形截面悬臂梁左端为固定端，受力如图 12-33 所示，图中尺寸单位为 mm。若已知 F_{P1}=80 kN，F_{P2}=8 kN。求固定端处横截面上 A、B、C、D 四点的正应力。

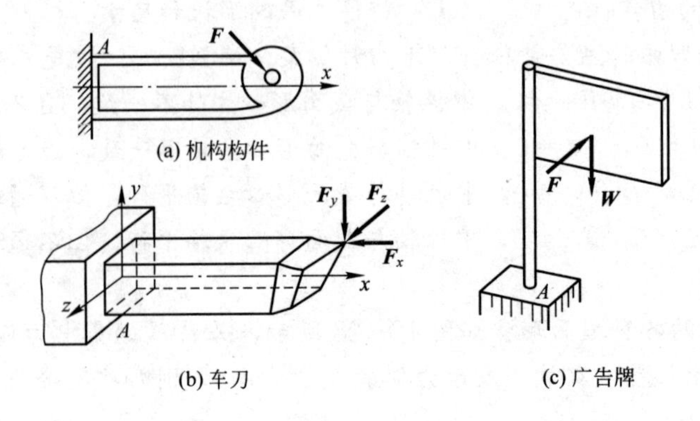

图 12-30　习题 12-1 图

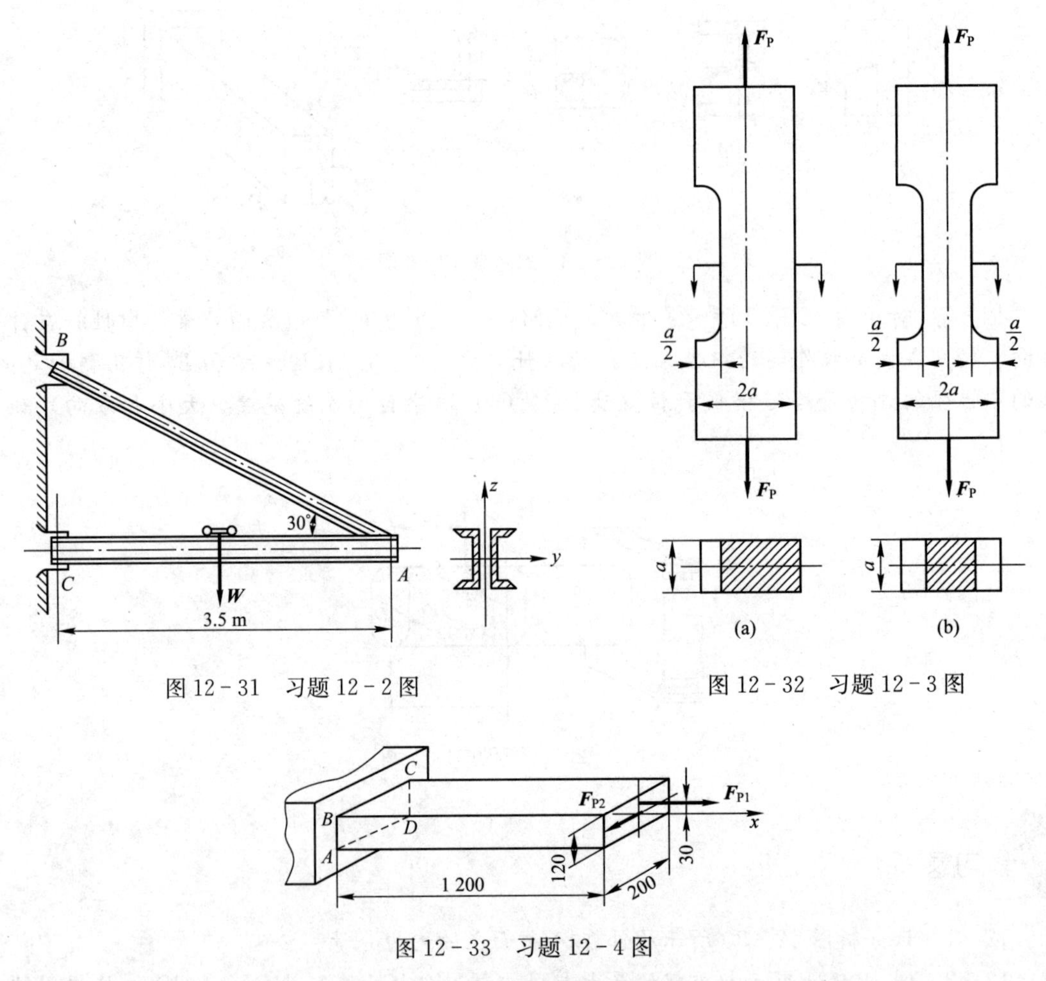

图 12-31　习题 12-2 图

图 12-32　习题 12-3 图

图 12-33　习题 12-4 图

12-5　图 12-34 所示压力机框架，材料为灰铸铁 HT15-33，许用拉应力为 $[\sigma]^{+}=35$ MPa，许用压应力为 $[\sigma]^{-}=80$ MPa。立柱截面尺寸如图所示。试校核立柱的强度。

12-6　拆卸工具的钩爪受力如图 12-35 所示，已知两侧爪臂截面为矩形，材料许用应力$[\sigma]=180$ MPa。试按爪臂强度条件确定拆卸时的最大顶压力 F_{max}。

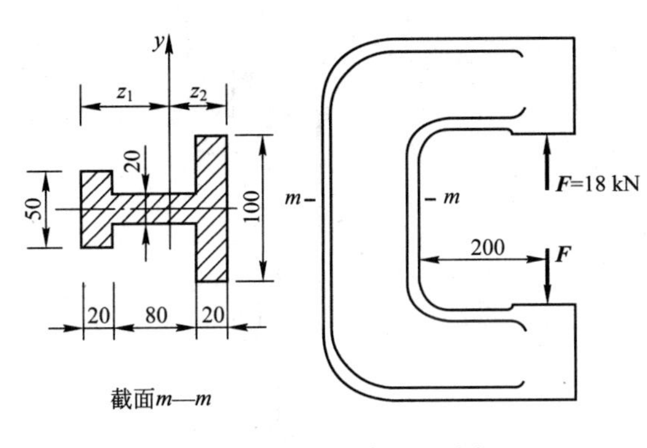

图 12-34 习题 12-5 图

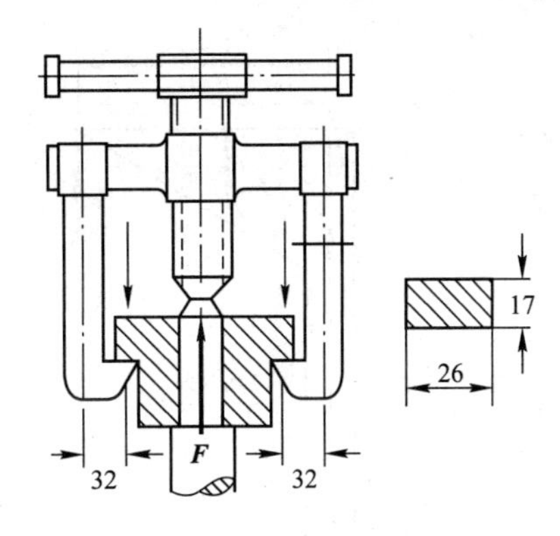

图 12-35 习题 12-6 图

12-7 螺旋夹紧器立臂的横截面为 $a\times b$ 的矩形，如图 12-36 所示。已知该夹紧器工作时承受的夹紧力 $F=16$ kN，材料许用应力$[\sigma]=160$ MPa，立臂厚 $a=20$ mm，偏心距$e=140$ mm。试求立臂宽度 b。

12-8 图 12-37 所示为钻床结构及其受力简图。钻床立柱为空心铸铁管，管的外径为 $D=140$ mm，内、外径之比 $d/D=0.75$。铸铁的拉伸许用应力 $[\sigma]^{+}=35$ MPa，压缩许用应力 $[\sigma]^{-}=90$ MPa。钻孔时钻头和工作台面的受力如图所示，其中 $F_P=15$ kN，力 $\boldsymbol{F}_P$ 作用线与立柱轴线之间的距离（偏心距）$e=400$ mm。试校核立柱的强度是否安全。

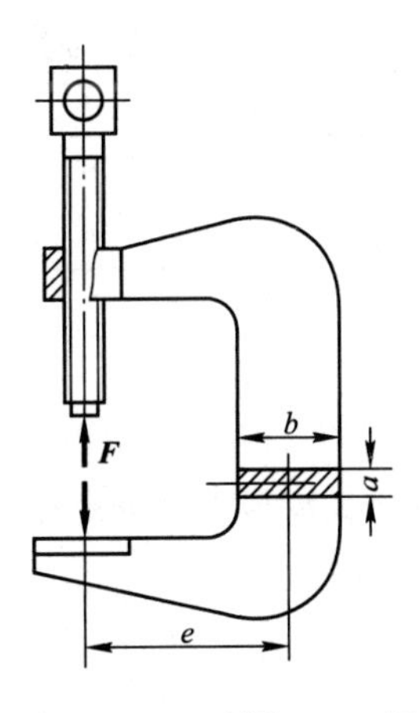

图 12-36 习题 12-7 图

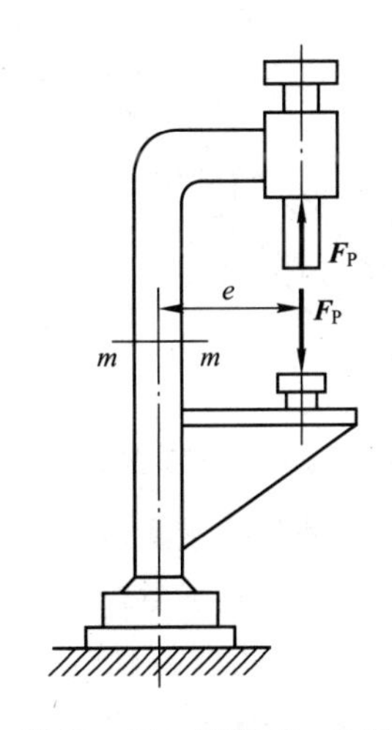

图 12-37 习题 12-8 图

12-9 由 18 号工字钢制成的立柱，受力及尺寸如图 12-38 所示，其中 $F_{P1}=420$ N，$F_{P2}=560$ N，$e_1=1.4$ m，$e_2=3.2$ m，立柱自重引起的载荷如图，试求立柱的最大拉应力和最大压应力。

12-10 图 12-39 所示为承受纵向载荷的人骨的受力简图。试求：(1) 假定骨骼为实心圆截面，确定横截面 B—B 上的最大拉、压应力；(2) 假定骨骼中心部分（其直径为骨骼外直径的一半）由海绵状骨质所组成，忽略海绵状承受应力的能力，确定横截面 B—B 上的最大拉、压应力；(3) 确定 1、2 两种情形下，骨骼在横截面 B—B 上最大压应力之比。

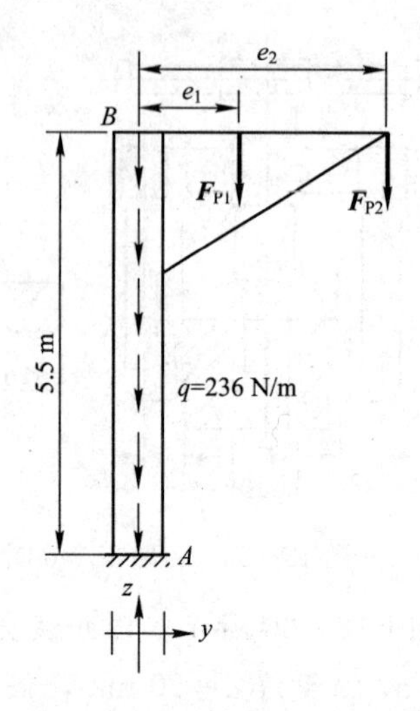

图 12-38 习题 12-9 图

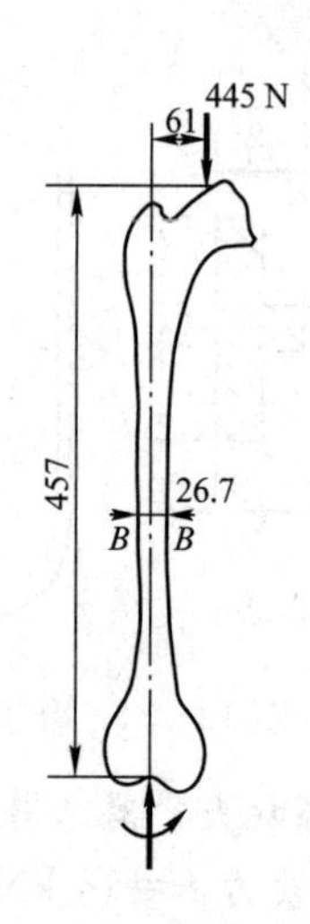

图 12-39 习题 12-10 图

12-11 正方形截面杆一端固定，另一端自由，中间部分开有切槽。杆自由端受有平行于杆轴线的纵向力 $\boldsymbol{F}_{\mathrm{P}}$ 作用。若已知 $F_{\mathrm{P}}=1$ kN，杆各部分尺寸如图 12-40 所示。试求杆内横截面上的最大正应力，并指出其作用位置。

12-12 短柱的截面形状如图 12-41 所示，试确定截面核心。

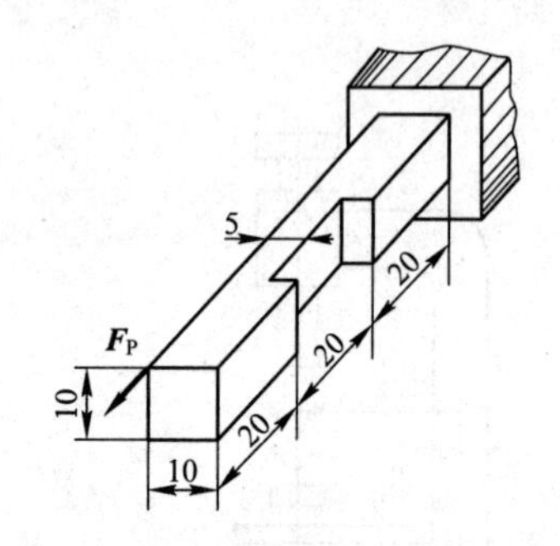

图 12-40 习题 12-11 图

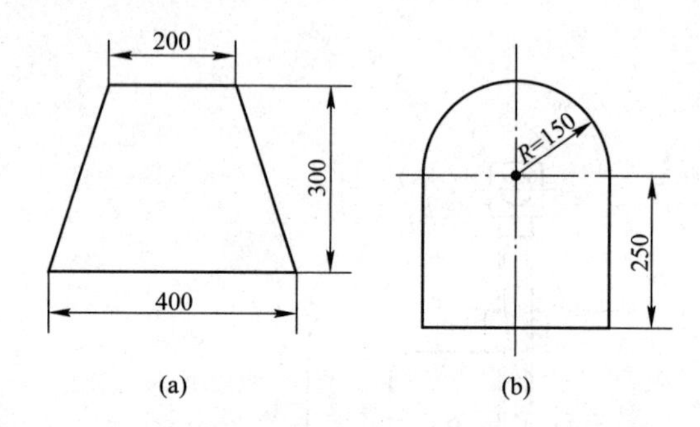

图 12-41 习题 12-12 图

12-13 根据杆件横截面正应力分析过程，中性轴在什么情形下才会通过截面形心？关于这一问题有以下四种答案，请分析哪一种是正确的。

(A) $M_y=0$ 或 $M_z=0$，$F_{\mathrm{N}x}\neq 0$；

(B) $M_y=M_z=0$，$F_{\mathrm{N}x}\neq 0$；

(C) $M_y=0$，$M_z\neq 0$，$F_{\mathrm{N}x}\neq 0$；

(D) $M_y\neq 0$ 或 $M_z\neq 0$，$F_{\mathrm{N}x}=0$。

12-14 图 12-42 所示悬臂梁中，集中力 $\boldsymbol{F}_{\mathrm{P1}}$ 和 $\boldsymbol{F}_{\mathrm{P2}}$ 分别作用在铅垂对称面和水平对称面内，并且垂直于梁的轴线，如图所示。已知 $F_{\mathrm{P1}}=2$ kN，$F_{\mathrm{P2}}=600$ N，$l=1$ m，梁材料的许用应力 $[\sigma]=200$ MPa。试确定以下两种情形下梁的横截面尺寸：(a) 截面为矩形，$h=2b$；(b) 截面为圆形。

12-15 矩形截面悬臂梁受力如图 12-43 所示，其中力 $\boldsymbol{F}_{\mathrm{P}}$ 的作用线通过截面形心。试：(a) 已知 $\boldsymbol{F}_{\mathrm{P}}$、$b$、$h$、$l$ 和 β，求图中虚线所示截面上点 a 处的正应力；(b) 求使点 a 处正应

力为零时的角度β值。

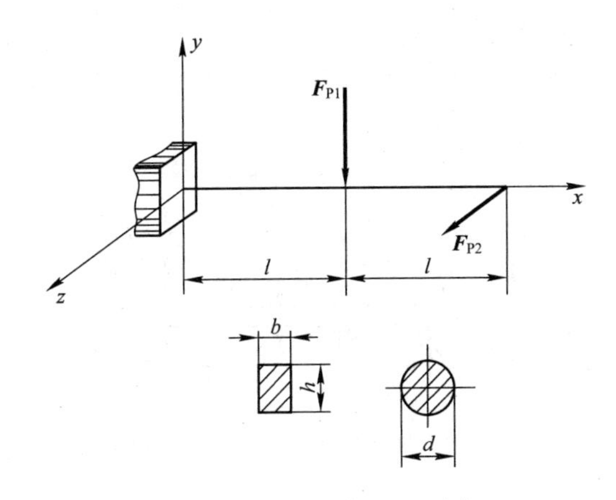

图 12-42 习题 12-14 图

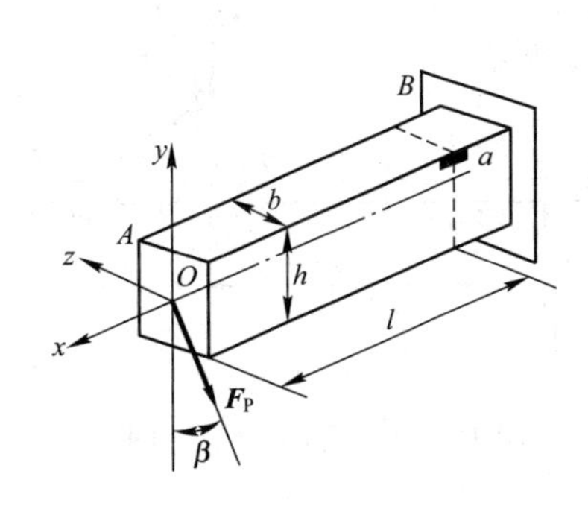

图 12-43 习题 12-15 图

12-16 传动轴受力如图 12-44 所示。若已知材料的 $[\sigma]=120$ MPa，试设计该轴的直径。

12-17 图 12-45 所示齿轮轴 A 端齿轮上作用有径向力 $F_{Ay}=0.5$ kN；切向力 $F_{Az}=2$ kN。B 端装有斜齿轮，其上作用有轴向力 $F_{Bx}=0.45$ kN，径向力 $F_{By}=0.2$ kN，切向力 $F_{Bz}=1.2$ kN。若已知轴的直径 $d=30$ mm，$d_1=40$ mm，材料许用应力 $[\sigma]=80$ MPa。试按第三强度理论校核轴的强度。

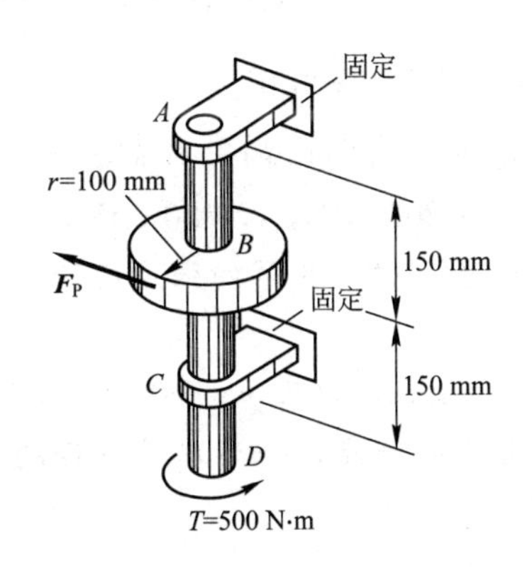

图 12-44 习题 12-16 图

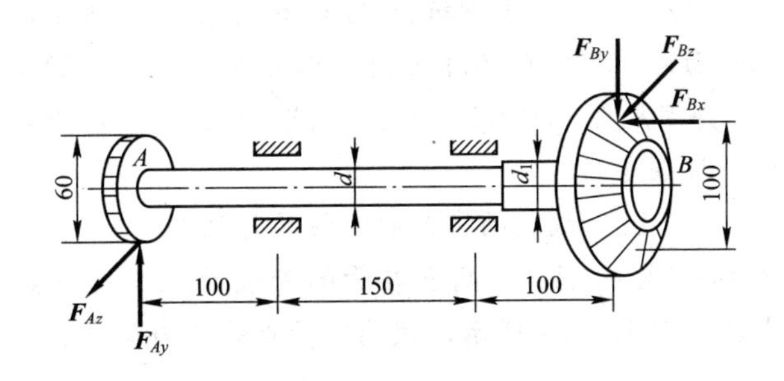

图 12-45 习题 12-17 图

12-18 传动轴如图 12-46 所示，已知带轮的拉力 $F_1=8$ kN，$F_2=4$ kN，带轮的直径 $D=200$ mm，齿轮的节圆直径 $d_0=80$ mm，压力角 $\alpha=20°$。若已知轴的直径 $d=40$ mm，轴材料的 $[\sigma]=120$ MPa。试按第四强度理论校核该传动轴的强度。

12-19 齿轮传动机构如图 12-47 所示，支承 A、B 可分别简化为活动铰支座和固定铰支座，C 处两个齿轮的啮合力可简化为只有切向力。试求机构在平衡状态时，上轴所需的扭矩 T。若材料的 $[\sigma]=120$ MPa。试按第三强度理论设计下轴的直径。

12-20 一端固定的轴线为半圆形的曲杆，其横截面为半径 $r=30$ mm 的圆形，受力情况如图 12-48 所示，$F=1$ kN。试求 B 和 C 截面上危险点处的相当应力 σ_{r3}。

12-21 水平放置的钢制折杆 ABC 如图 12-49 所示，杆为直径 $d=100$ mm 圆截面杆，

AB 杆长 $l_1=3$ m，BC 杆长 $l_2=0.5$ m，许用应力 $[\sigma]=160$ MPa。试用第三强度理论校核此杆强度。

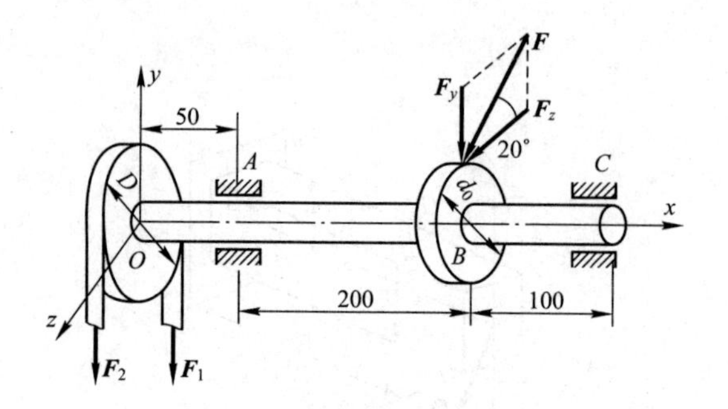

图 12-46　习题 12-18 图

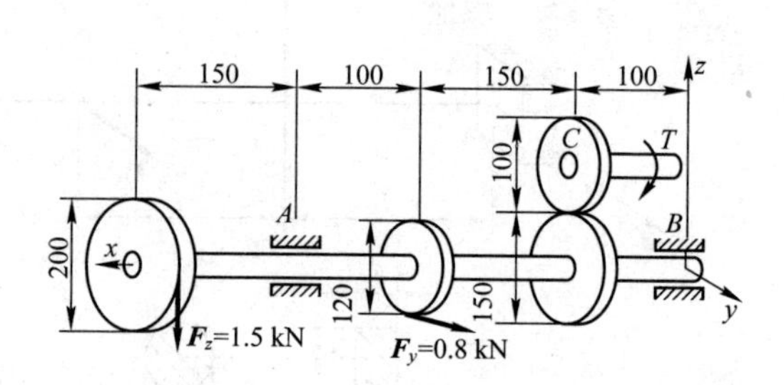

图 12-47　习题 12-19 图

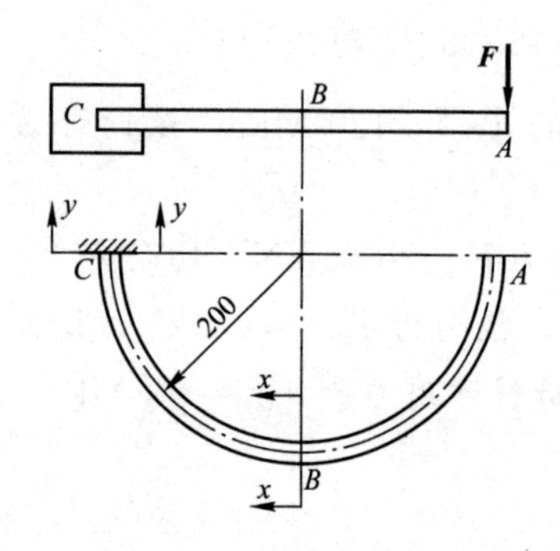

图 12-48　习题 12-20 图

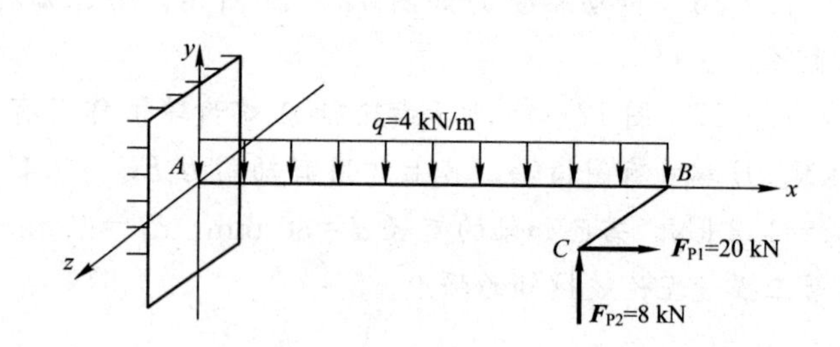

图 12-49　习题 12-21 图

*12-22　低碳钢折杆 ABC 如图 12-50 所示，截面为直径 $d=11$ cm 的圆形截面，位于水平面内，其中 C 为球形铰，铅垂力 $F=27.5$ kN，钢材的 $E=200$ GPa，$G=80$ GPa，$l=2$ m，许用应力 $[\sigma]=170$ MPa。试：(1) 画出危险点的应力状态；(2) 用第四强度理论校核该折杆强度。

12-23　端截面密封的曲管的外径为 100 mm。壁厚 $\delta=5$ mm，内压 $p=8$ MPa，集中力 $F=3$ kN。A、B 两点在管的外表面上，一为截面垂直直径的端点，一为水平直径的端点，如图 12-51 所示，试确定两点的应力状态。

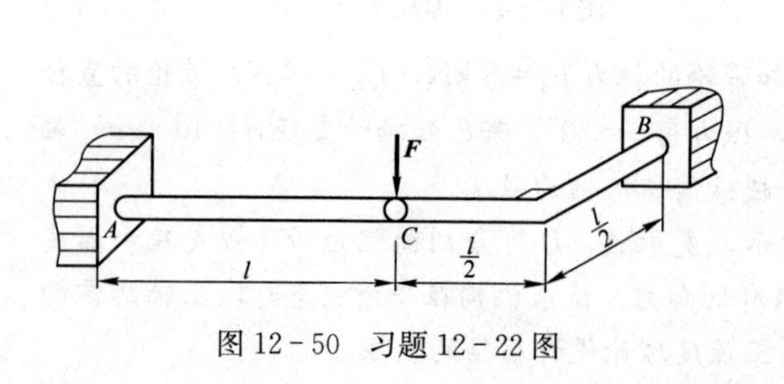

图 12-50　习题 12-22 图

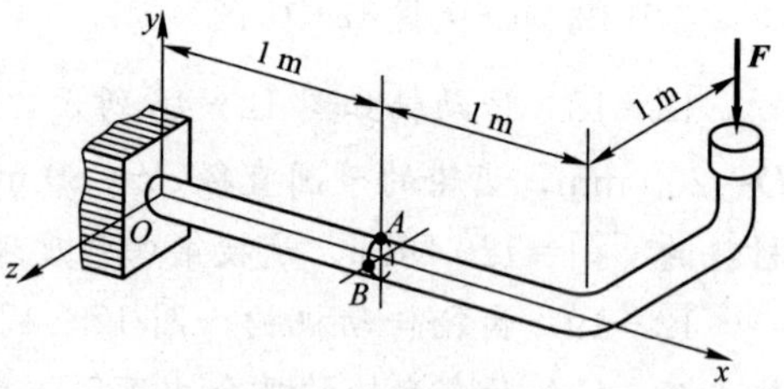

图 12-51　习题 12-23 图

第 13 章

压杆的稳定性问题

13.1 概述

如图 13-1 所示，(a) 图中水塔塔身、(b) 图中汽车前盖支撑杆、(c) 图中建在山谷中的长桥墩，它们有着共同的特点，即轴线的长度远大于横向的尺寸，若不考虑自重，则构件的受力主要来自构件两端的轴向压力。如果压力过大，有可能造成杆件的侧向弯曲或折断，这种失效现象不同于轴向压缩杆件的强度和刚度失效，它会在轴向压缩应力小于屈服极限或强度极限的情况下使构件轴线侧向弯曲或折断，从而大大降低构件的承载能力，而且，这种失效往往具有突发性，常常会产生灾难性后果。如图 13-1 (d) 所示，两根截面形状和尺寸相同，杆长不同的受压木杆，短杆在受压破坏前一般不会有弯曲的现象，但长杆很容易被压弯，然后折断。这说明，两杆虽然受到相同的受力条件，但平衡时长杆维持自身直轴线的

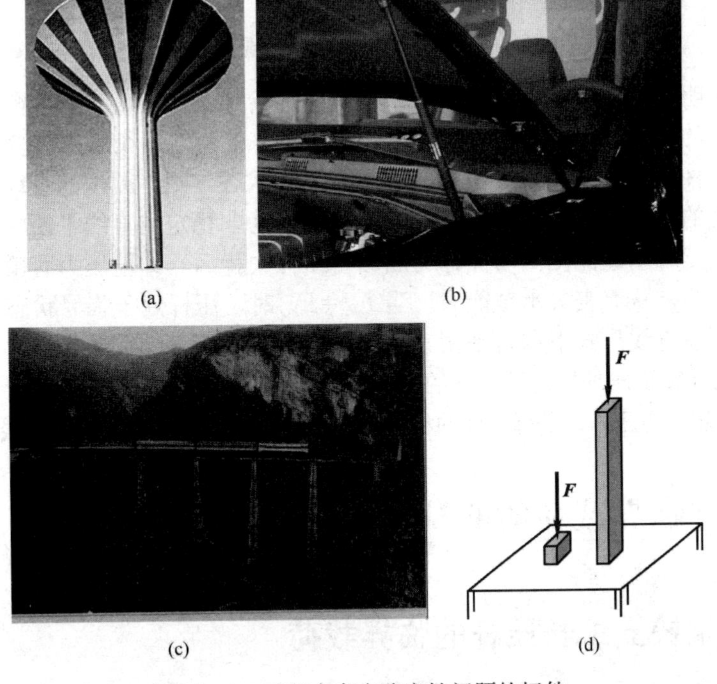

图 13-1　工程中存在稳定性问题的杆件

能力弱于短杆。因此，工程上对于这类构件承载能力的计算不能仅限于强度和刚度方面，还要考虑杆件能否保持为直轴线的工作状态，即压杆直线平衡状态的稳定性问题。本章主要介绍有关压杆稳定性的基本概念和基本计算方法。

稳定和不稳定指的是构件的平衡性质，经得起干扰的平衡状态称为稳定的平衡状态，否则，称为不稳定的平衡状态。

如图 13－2（a）所示，一两端铰支的细长直杆在轴向压力 $\boldsymbol{F}_{P}$ 作用下平衡，当压力较小时对杆施以微小的横向干扰力 $\boldsymbol{Q}$（见图 13－2（b）），杆件会暂时有侧向微弯现象，一旦干扰力消失，杆件将自动恢复为直线的平衡状态（见图 13－2（c）），这表明压杆当前的直线平衡状态是稳定的；如果压力较大，超过了某一极限值，在微小的横向干扰力引起杆件侧弯后（见图 13－2（d）），即使撤除干扰力，杆件也不能自动恢复成原来的直线平衡状态（见图 13－2（e）），这表明压杆此时的直线平衡状态是不稳定的。显然，压杆由稳定的直线平衡形式转变为不稳定的直线平衡形式与压力的大小有关，而且转变过程有两个阶段，即稳定阶段和非稳定阶段。两个阶段的过渡点称作临界点，对应的压力值称为压杆的**临界载荷**，用 $\boldsymbol{F}_{Pcr}$ 表示。

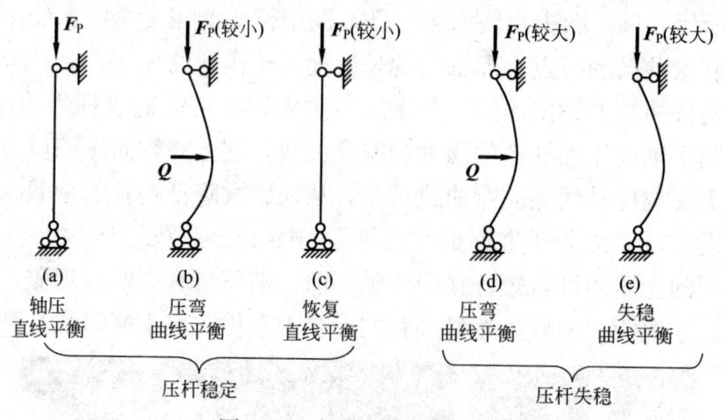

图 13－2 压杆的失稳现象

上述现象说明，当轴向压力值 $F_{P}<F_{Pcr}$ 时，杆件始终保持在直线的平衡状态下承载，称这种平衡是稳定的平衡。当 $F_{P}>F_{Pcr}$ 时，杆件会由原来的直线平衡状态转变为在弯曲的状态下承载，如果杆件没有折断，则保持弯曲的平衡工作状态，则称原来的直线平衡是不稳定的平衡。随着压力的增大，压杆由稳定的直线平衡转变为非稳定的直线平衡的现象称为**丧失稳定**，简称**失稳**，此时引起的侧向弯曲称为屈曲。压杆失稳后，即使压力有微小增加也会导致杆件的大幅度弯曲，从而丧失承载能力。当 $F_{P}=F_{Pcr}$ 时，压杆处于临界状态，在临界载荷作用下，压杆既可在直线形式下保持平衡，又可在微弯的状态下保持平衡。

临界载荷的计算是压杆稳定性设计的主要任务之一，本章所采用的力学计算模型是理想中心压杆。所谓**理想中心压杆**，是指压杆的材料均匀，轴线为直线，压力的作用线与杆轴线重合。

13.2 确定临界载荷的欧拉公式

13.2.1 两端铰支细长压杆的临界载荷

如图 13－3（a）所示，设一轴线为直线的细长压杆两端受铰链约束，轴向压力 $\boldsymbol{F}_{P}$ 稍大于

F_{Pcr}，压杆处于微弯平衡状态（见图 13-3（b）），材料仍处于理想的线弹性范围，抗弯刚度为 EI。

建立直角坐标系如图 13-3（b）所示，任取一 x 截面（见图 13-3（c）），其挠度为 $w=f(x)$。以截面下半部分为研究对象，由杆的平衡关系可知，B 支座有 x 方向约束力 F_P，x 截面上内力有轴向压力和弯矩。弯矩的正负号按 7.2 节中规定，压力 F_P 取正号，挠度以与图中 w 的正方向一致者为正，于是，弯矩与挠度的符号相反，即 M 为正时，w 为负；M 为负时，w 为正。

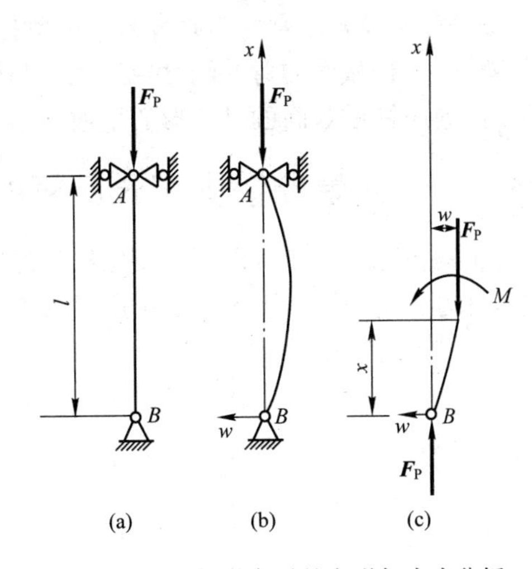

图 13-3　压杆微弯时的变形与内力分析

x 截面的轴向压力大小为 F_P，弯矩为

$$M(x)=-F_P w(x) \tag{13-1}$$

将式（13-1）代入挠曲线近似微分方程式（10-6），得

$$-F_P w(x)=EI\frac{d^2w}{dx^2}$$

即

$$\frac{d^2w}{dx^2}+\frac{F_P}{EI}w=0 \tag{13-2}$$

式（13-2）的通解为

$$w=A\sin\sqrt{\frac{F_P}{EI}}x+B\cos\sqrt{\frac{F_P}{EI}}x \tag{13-3}$$

式中，A、B 为积分常数，可由压杆的位移边界条件和变形状态确定。

对于两端铰支的压杆，两端的位移边界条件为

$$w|_{x=0}=0,\quad w|_{x=l}=0 \tag{13-4}$$

将其代入式（13-3），可求得

$$B=0,\quad \sin\sqrt{\frac{F_P}{EI}}l=0\quad (A\neq 0) \tag{13-5}$$

于是，有

$$\sqrt{\frac{F_P}{EI}}l=n\pi,\quad (n=1,2,\cdots)$$

即

$$F_P=\frac{n^2\pi^2EI}{l^2},\quad (n=1,2,\cdots) \tag{13-6}$$

将 $B=0$ 代入式（13-3），得到压杆的**屈曲位移函数**（又称**屈曲模态函数**）为

$$w=A\sin\sqrt{\frac{F_P}{EI}}x=A\sin\frac{n\pi}{l}x,\quad (n=1,2,\cdots) \tag{13-7}$$

综上所述，当轴向压力 F_P 达到式（13-6）所确定的值时，压杆的轴线将弯曲成由式（13-7）所决定的对应不同模态下的正弦波形曲线。显然，只有当 $n=1$ 时，F_P 可取得最小值，此时，压杆屈曲的挠曲线为半个正弦波形曲线，幅值为 A，称为**屈曲模态幅值**。因此，两端铰支细长压杆的临界载荷为

$$F_{Pcr}=\frac{\pi^2EI}{l^2} \tag{13-8}$$

式（13-8）通常称为临界载荷的**欧拉公式**。式（13-8）表明，两端铰支细长压杆的临界载荷与压杆截面的弯曲刚度成正比，与杆长的平方成反比，对于两端球形铰支压杆，式中的 I 则为压杆横截面的最小形心主惯性矩。

13.2.2 两端非铰支细长压杆的临界载荷

工程实际中，压杆两端的支座约束形式会有不同，如图 13-1（a）、（b）、（c）中的三根压杆可分别表示为图 13-4 中所示的力学模型。

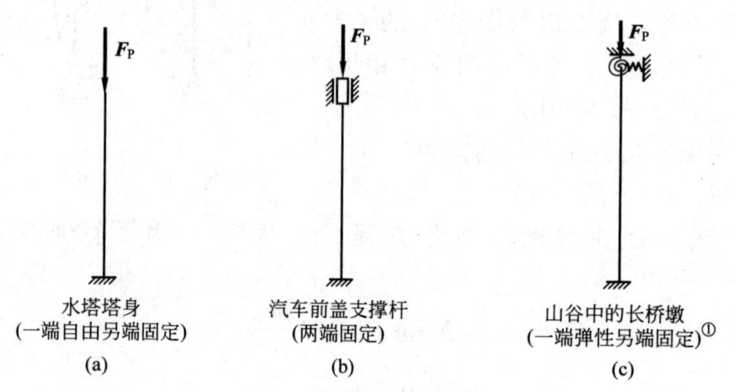

图 13-4 非铰支压杆的约束形式

对于两端非铰支细长压杆的临界载荷公式的推导过程与 13.2.1 节中所述方法相仿，所不同的只是将位移边界条件式（13-4）加以变换。请读者自己完成，此处不再赘述。

通过对公式的对比，不难发现，对于两端受不同约束作用下的理想细长压杆临界载荷的欧拉公式可以写成统一的形式

$$F_{\mathrm{Pcr}}=\frac{\pi^2 EI}{(\mu l)^2} \tag{13-9}$$

式中，μl 称为有效长度，反映了不同压杆屈曲后挠曲线上正弦半波的长度。系数 μ 称为长度因数，反映不同支承条件对临界载荷的影响，其值见表 13-1，表中各压杆原长均为 l。

表 13-1 几种常见细长压杆临界压力的欧拉公式与长度因数

支承情况	两端铰支	一端铰支 另一端固定	两端固定	一端自由 另一端固定	两端固定但可沿 横向相对移动
屈曲时挠曲线形状	F_P A B $\mu l=l$	F_P A B $\mu l=0.7l$	F_P A B $\mu l=0.5l$	F_P A B l $\mu l=2l$	F_P A B $\mu l=0.5l$

① 潘志炎，史方华. 高桥墩稳定性分析. 公路，2004 (9).

续表

支承情况	两端铰支	一端铰支 另一端固定	两端固定	一端自由 另一端固定	两端固定但可沿 横向相对移动
欧拉公式	$F_{pcr}=\dfrac{\pi^2 EI}{l^2}$	$F_{pcr}=\dfrac{\pi^2 EI}{(0.7l)^2}$	$F_{pcr}=\dfrac{\pi^2 EI}{(0.5l)^2}$	$F_{pcr}=\dfrac{\pi^2 EI}{(2l)^2}$	$F_{pcr}=\dfrac{\pi^2 EI}{l^2}$
长度因数μ	$\mu=1$	$\mu=0.7$	$\mu=0.5$	$\mu=2$	$\mu=1$

实际工程中，压杆的约束支座还可以有其他形式，其影响可用μ值来反映，相关设计手册或规范中可以查到各种长度因数的值。

13.3　临界应力、临界应力总图

13.3.1　临界应力与柔度的概念

临界状态下，压杆横截面上的平均应力称为压杆的**临界应力**，用σ_{cr}表示，即

$$\sigma_{cr}=\frac{F_{Pcr}}{A} \tag{13-10}$$

将式（13-9）代入式（13-10），得

$$\sigma_{cr}=\frac{\pi^2 EI}{(\mu l)^2 A} \tag{13-11}$$

令

$$i=\sqrt{\frac{I}{A}} \tag{13-12}$$

i称为压杆横截面的**惯性半径**，是一仅与截面形状和尺寸相关的几何量，量纲为长度的一次方。

再令

$$\lambda=\frac{\mu l}{i} \tag{13-13}$$

λ称为**柔度**或**长细比**，是无量纲量，它综合反映了压杆长度、约束条件、截面尺寸和截面形状对压杆临界应力的影响。

将式（13-12）和式（13-13）代入（13-11）式，得

$$\sigma_{cr}=\frac{\pi^2 E}{\lambda^2} \tag{13-14}$$

上式称为欧拉临界应力公式。该式表明，细长压杆的临界应力与材料弹性常数和柔度有关，材料的弹性模量值越大，临界应力也越大；柔度越大，临界应力越小，且柔度的影响要强于材料弹性常数的影响，可见，柔度是压杆稳定计算中非常重要的参数。

13.3.2　临界应力公式的适用范围

前面推导欧拉公式的前提条件之一是材料为线弹性状态，因此要求压杆的临界应力小于或等于材料的比例极限，即

$$\sigma_{cr}=\frac{\pi^2 E}{\lambda^2}\leqslant\sigma_p \tag{13-15}$$

σ_p 为材料的比例极限。因此，压杆对应的柔度值应为

$$\lambda\geqslant\pi\sqrt{\frac{E}{\sigma_p}} \tag{13-16}$$

令

$$\lambda_p=\pi\sqrt{\frac{E}{\sigma_p}} \tag{13-17}$$

λ_p 是仅与材料的弹性模量和比例极限有关的分界柔度，当压杆的工作柔度值 $\lambda\geqslant\lambda_p$ 时，才可以用欧拉公式计算临界应力；否则，不可用。通常，我们将柔度 $\lambda\geqslant\lambda_p$ 的压杆称为**大柔度杆**或**细长杆**。例如，对于 Q235 钢，可取 $E=206$ GPa，$\sigma_p=200$ MPa，于是

$$\lambda_p=\pi\sqrt{\frac{E}{\sigma_p}}=\pi\sqrt{\frac{206\times10^9\ \text{Pa}}{200\times10^6\ \text{Pa}}}\approx101$$

因此，用 Q235 钢制成的压杆，只有当 $\lambda\geqslant101$ 时，才能够称为大柔度杆或细长杆，可使用欧拉公式。

如果压杆的工作应力 σ 超过了材料的比例极限 σ_p，而未超过材料的屈服极限 σ_s，即

$$\sigma_p<\sigma\leqslant\sigma_s \tag{13-18}$$

由于发生了塑性变形，理论计算比较复杂，工程中大多采用经验公式计算其临界应力，最常用的是直线公式：

$$\sigma_{cr}=a-b\lambda \tag{13-19}$$

其中 a 和 b 为与材料性质有关的常数，单位为 MPa。表 13－2 中列出了几种常用材料的 a 和 b 的值。

表 13－2　直线公式中的材料系数 a、b

材料	a/MPa	b/MPa	材料	a/MPa	b/MPa
Q235 钢	304	1.12	铸铁	332	1.45
铝合金	373	2.15	木材	28.7	0.19

因此，由条件 $\sigma_{cr}\leqslant\sigma_s$ 可得压杆对应的柔度值为

$$\lambda\geqslant\frac{a-\sigma_s}{b} \tag{13-20}$$

令

$$\lambda_s=\frac{a-\sigma_s}{b} \tag{13-21}$$

λ_s 为仅与材料常数和屈服极限有关的分界柔度。例如，Q235 钢压杆，$a=304$ MPa，$b=1.12$ MPa，$\sigma_s=235$ MPa，于是

$$\lambda_s=\frac{a-\sigma_s}{b}=\frac{304-235}{1.12}\approx62$$

通常将柔度满足条件 $\lambda_s\leqslant\lambda<\lambda_p$ 的压杆称为**中柔度杆**或**中长杆**。中柔度杆应使用经验公式计算临界应力，而非欧拉公式。

如果 $\lambda<\lambda_s$，根据式（13－19）和式（13－21）有：$\sigma>\sigma_s$，显然，压杆发生屈服失效，而非稳定性失效，应按照强度计算临界应力。即

$$\sigma_{cr}=\sigma_s \quad 或 \quad \sigma_{cr}=\sigma_b（脆性材料） \tag{13-22}$$

一般地，将柔度 $\lambda<\lambda_s$ 的压杆称为**小柔度杆或短粗杆**。

根据以上分析，压杆的临界应力与柔度有关，不同柔度的压杆不能用相同的公式计算临界应力。图 13－5 称为**临界应力总图**，图中反映了临界应力随柔度而变化的关系。对于中柔度杆和大柔度杆，柔度越大，临界应力越小，表明承载能力越低。

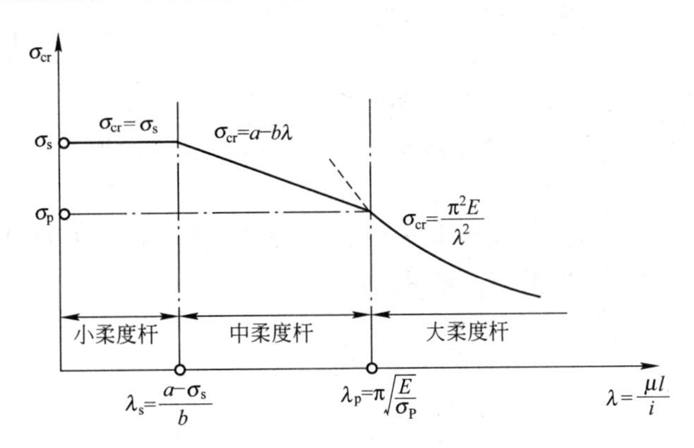

图 13－5　临界应力总图

例 13－1　一材料为 Q235 钢的圆截面细长压杆，两端铰支，长 $l=1.5$ m，直径 $d=50$ mm，$E=200$ GPa。试确定其临界压力和临界应力。

解：（1）计算压杆横截面的惯性矩。

$$I=\frac{\pi d^4}{64}=\frac{\pi\times 50^4}{64}=3.07\times10^5\ \text{mm}^4=3.07\times10^{-7}\ \text{m}^4$$

（2）计算压杆的临界压力。

因为压杆是细长杆，所以由公式（13－8）计算得

$$F_{Pcr}=\frac{\pi^2EI}{l^2}=\frac{\pi^2\times(200\times10^9\ \text{Pa})\times(3.07\times10^{-7}\ \text{m}^4)}{(1.5\ \text{m})^2}=2.69\times10^5\ \text{N}=269\ \text{kN}$$

（3）计算压杆的临界应力

$$\sigma_{cr}=\frac{F_{Pcr}}{A}=\frac{4F_{Pcr}}{\pi d^2}=\frac{4\times2.69\times10^5\ \text{N}}{\pi\times(50\times10^{-3}\ \text{m})^2}=137\times10^6\ \text{Pa}=137\ \text{MPa}<\sigma_s=235\ \text{MPa}$$

计算结果表明，细长杆的承压能力取决于稳定性，而非强度。

例 13－2　试求图 13－6 所示细长压杆的临界压力。已知：杆长 $L=0.5$ m，材料弹性模量 $E=200$ GPa，（a）杆为矩形截面，（b）杆采用等边角钢，尺寸和规格如图所示。

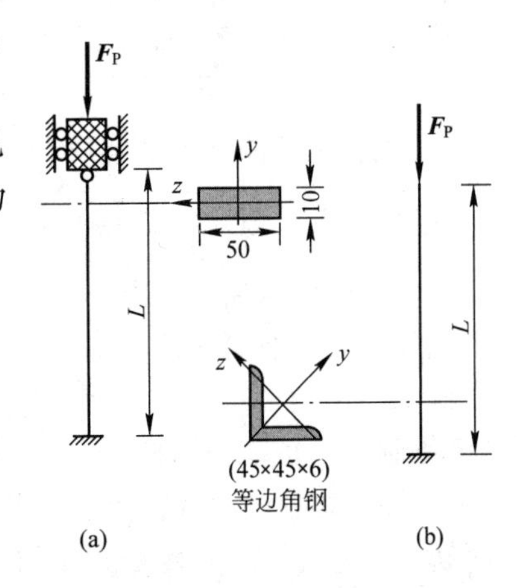

图 13－6　例 13－2 图

解：（1）计算压杆横截面的惯性矩。

（a）杆：矩形截面

$$I_{min}=I_z=\frac{50\times10^3}{12}=4.17\times10^3\ \text{mm}^4=4.17\times10^{-9}\ \text{m}^4$$

（b）杆：等边角钢，规格 45×45×6，查附录 C

$$I_{min}=I_z=3.89\times10^{-8}\ \text{m}^4$$

（2）计算压杆的临界压力。

因为压杆是细长杆，而且支承形式不同，所以由欧拉公式（13-9）计算

(a) 杆：$\mu=0.7$

$$F_{Pcr}=\frac{\pi^2 EI_{min}}{(\mu l)^2}=\frac{\pi^2\times(200\times10^9\ \text{Pa})\times(4.17\times10^{-9}\ \text{m}^4)}{(0.7\times0.5\ \text{m})^2}=6.72\times10^4\ \text{N}=67.2\ \text{kN}$$

(b) 杆：$\mu=2$

$$F_{Pcr}=\frac{\pi^2 EI_{min}}{(\mu l)^2}=\frac{\pi^2\times(200\times10^9\ \text{Pa})\times(3.89\times10^{-8}\ \text{m}^4)}{(2\times0.5\ \text{m})^2}=7.68\times10^4\ \text{N}=76.8\ \text{kN}$$

由计算结果看出，虽然（a）杆的支承系数 μ 小于（b）杆，但由于（a）杆的惯性矩也小于（b）杆，从而使得临界压力随之减小，这说明压杆的截面形状和尺寸都会对临界载荷产生影响。

例 13-3 求图 13-7 所示结构的临界压力。已知：压杆材料为 Q235 钢，$E=200$ GPa，AB 杆为矩形截面，BC 为环形截面，尺寸如图所示。

解：(1) 计算压杆的柔度。

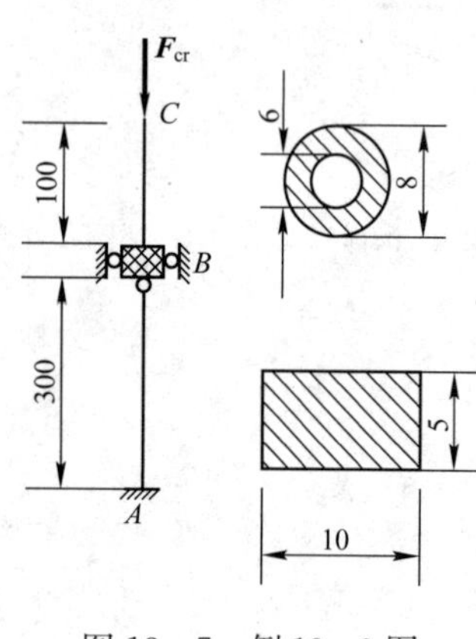

图 13-7 例 13-3 图

AB 杆：矩形截面，$\mu=0.7$

惯性矩 $I_{min}=\frac{10\times5^3}{12}=104.17\ \text{mm}^4$

惯性半径 $i_{min}=\sqrt{\frac{I_{min}}{A}}=\sqrt{\frac{104.17}{10\times5}}=1.443\ \text{mm}$

柔度 $\lambda=\frac{\mu l}{i_{min}}=\frac{0.7\times300}{1.443}=145.5>\lambda_p$，为大柔度杆

BC 杆：环形截面，$\mu=2$

惯性半径 $i=\sqrt{\frac{I}{A}}=\sqrt{\frac{\pi(D^4-d^4)}{64}\Big/\frac{\pi(D^2-d^2)}{4}}$

$=\frac{\sqrt{D^2+d^2}}{4}=\frac{\sqrt{8^2+6^2}}{4}=2.5\ \text{mm}$

柔度 $\lambda=\frac{\mu l}{i}=\frac{2\times100}{2.5}=80$，$\lambda_s<\lambda<\lambda_p$，为中柔度杆。

(2) 计算压杆的临界压力。

AB 杆：因为 AB 杆是大柔度杆，所以由欧拉公式（13-9）计算

$$F_{Pcr}=\frac{\pi^2 EI_{min}}{(\mu l)^2}=\frac{\pi^2\times(200\times10^9\ \text{Pa})\times(104.17\times10^{-12}\ \text{m}^4)}{(0.7\times0.3\ \text{m})^2}=4.66\times10^3\ \text{N}=4.66\ \text{kN}$$

BC 杆：因为 BC 杆是中柔度杆，所以由直线公式（13-19）计算

$$F_{Pcr}=\sigma_{cr}A=(a-b\lambda)\times\frac{\pi(D^2-d^2)}{4}=(304-1.12\times80)\times\frac{\pi(8^2-6^2)}{4}=4.71\times10^3\ \text{N}=4.71\ \text{kN}$$

因为 AB 杆的临界压力小于 BC 杆，为使结构能够安全工作（即两根杆都不失稳），结构的临界压力应取小的值，即 $F_{Pcr}=4.66$ kN。

例 13-4 图 13-8 所示（图 13-8（a）为正视图，图 13-8（b）为俯视图）为一 Q235 钢制成的矩形截面杆，在 A、B 两处为销钉连接。若已知 $l=2\ 300$ mm，$b=40$ mm，$h=60$ mm。材料的弹性模量 $E=205$ GPa。试求此杆的临界载荷。

解：压杆在 A、B 两处为销钉连接，这种约束与球铰约束不同。在正视图平面内屈曲时，A、B 两处可以自由转动，相当于铰链；而在俯视图平面内屈曲时，A、B 两处不能转

动，这时可近似视为固定端约束。又因为是矩形截面，压杆在正视图平面内屈曲时，截面将绕 z 轴转动；而在俯视图平面内屈曲时，截面将绕 y 轴转动。杆件截面对这两个转动轴的惯性矩和惯性半径是不同的。对应柔度较大的轴容易转动，通常称为**弱轴**；对应柔度较小的轴不易转动，称为**强轴**。

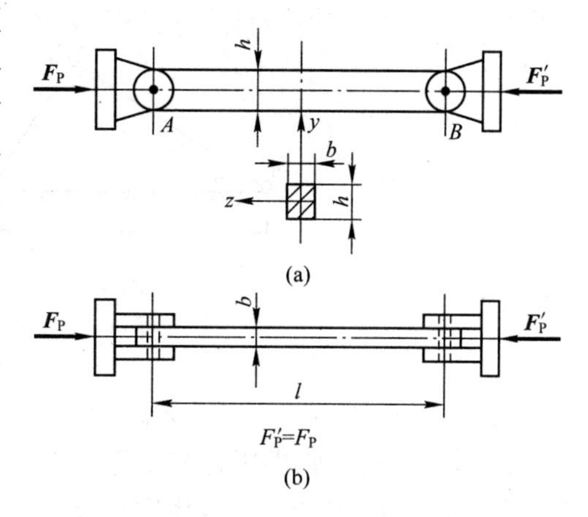

图 13-8　例 13-4 图

根据以上分析，为了计算临界力，应首先计算压杆在两个平面内的柔度，以确定它的弱轴和强轴的方位。

1. 计算柔度

(1) 在正视图平面（见图 13-8 (a)）内：

惯性矩
$$I_z=\frac{bh^3}{12},\quad A=bh,\quad \mu=1.0$$

惯性半径
$$i_z=\sqrt{\frac{I_z}{A}}=\frac{h}{2\sqrt{3}}$$

柔度
$$\lambda_z=\frac{\mu l}{i_z}=\frac{\mu l}{\frac{h}{2\sqrt{3}}}=\frac{(1\times 2\,300\ \text{mm}\times 10^{-3})\times 2\sqrt{3}}{(60\ \text{mm}\times 10^{-3})}=132.8>\lambda_p=101\text{，为大柔度}$$

(2) 在俯视图平面（见图 13-8 (b)）内：

惯性矩
$$I_y=\frac{hb^3}{12},\quad A=bh,\quad \mu=0.5$$

惯性半径
$$i_y=\sqrt{\frac{I_y}{A}}=\frac{b}{2\sqrt{3}}$$

柔度
$$\lambda_y=\frac{\mu l}{i_y}=\frac{\mu l}{\frac{b}{2\sqrt{3}}}=\frac{(0.5\times 2\,300\ \text{mm}\times 10^{-3})\times 2\sqrt{3}}{(40\ \text{mm}\times 10^{-3})}=99.6\text{，}\lambda_s<\lambda_y<\lambda_p=101\text{，为中柔度}$$

比较上述结果，可以看出，$\lambda_z>\lambda_y$，z 轴为弱轴，容易失稳。所以，压杆将在正视图平面内屈曲，且属于细长杆，可以用欧拉公式计算压杆的临界载荷。

2. 计算临界载荷

$$F_{Pcr}=\sigma_{cr}A=\frac{\pi^2 E}{\lambda_z^2}\times bh=\frac{\pi^2\times 205\ \text{GPa}\times 10^9\times 40\ \text{mm}\times 10^{-3}\times 60\ \text{mm}\times 10^{-3}}{132.8^2}$$
$$=275.3\times 10^3\ \text{N}=275.3\ \text{kN}$$

例 13-5　如图 13-9 (a) 所示。已知：各杆的 EI 相同，且均为细长压杆，结构承受的载荷 $\boldsymbol{F}_P$ 与杆 AC 轴线的夹角为 α。试求：α 为多大时，可使 $\boldsymbol{F}_P$ 达到最大值。

解：(1) 计算压杆内力。

以节点 A 为研究对象，分析受力（见图 13-9 (b)）。由平衡条件

$$\sum F_x=0,\quad F_{AB}-F_P\sin\alpha=0$$
$$\sum F_y=0,\quad F_{AC}-F_P\cos\alpha=0$$

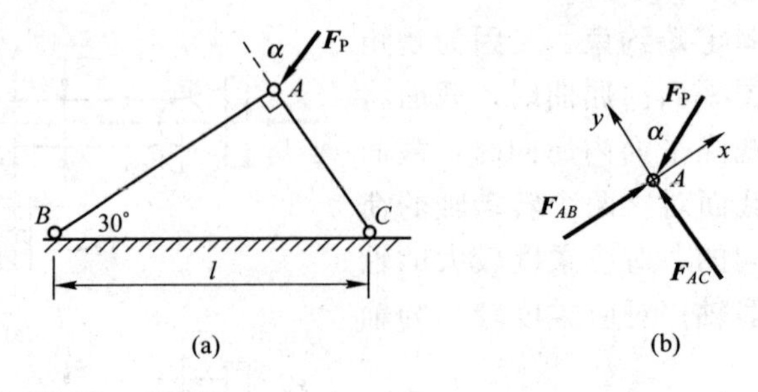

图 13-9 例 13-5 图

求得 $$F_{AB}=F_{P}\sin\alpha,\quad F_{AC}=F_{P}\cos\alpha \tag{13-23}$$

(2) 计算压杆的临界压力和 α 角。

因为压杆均为细长杆，故由欧拉公式可求得

$$F_{AB\text{cr}}=\frac{\pi^2 EI}{(\mu l)^2}=\frac{\pi^2 EI}{(l\cos 30^\circ)^2}=\frac{4\pi^2 EI}{3l^2},\quad F_{AC\text{cr}}=\frac{\pi^2 EI}{(\mu l)^2}=\frac{\pi^2 EI}{(l\sin 30^\circ)^2}=\frac{4\pi^2 EI}{l^2} \tag{13-24}$$

设压杆内力同时达到临界值，则可将式（13-23）代入式（13-24），求得

$$F_{P1}=\frac{4\pi^2 EI}{3l^2\sin\alpha},\quad F_{P2}=\frac{4\pi^2 EI}{l^2\cos\alpha} \tag{13-25}$$

其中，F_{P1} 和 F_{P2} 分别为杆 AB 和 AC 的内力达到临界值时结构能够承受的载荷。结构在不失稳的条件下 $\boldsymbol{F}_P$ 达到最大值，只能是二者相等，即

$$F_{P1}=F_{P2} \tag{13-26}$$

将式（13-25）代入式（13-26），得

$$\tan\alpha=\frac{1}{3},\quad \alpha=18.43^\circ$$

13.4 压杆的稳定性计算

实际的压杆可能会材质不均、有缺陷、轴线不直、压力有微小偏心距等非理想条件，这些情况的存在可使实际临界值低于理想压杆的临界值。为了保证压杆工作状态下的稳定性，类似于构件的强度和刚度计算，在稳定性方面会有一定的安全准则。本节介绍压杆稳定计算的安全因数法。

将压杆的临界压力或临界应力与工作压力或工作应力的比值称为**工作安全因数**，用 n_w 表示。它应大于或等于规定的稳定安全因数 $[n]_{st}$，即

$$n_w=\frac{F_{P\text{cr}}}{F}\geqslant[n]_{st}\quad 或\quad n_w=\frac{\sigma_{cr}}{\sigma}\geqslant[n]_{st} \tag{13-27}$$

上式称为稳定性安全条件。规定的稳定安全因数 $[n]_{st}$ 通常略高于强度安全因数，对于钢材，取 $[n]_{st}=1.8\sim3.0$；对于铸铁，取 $[n]_{st}=5.0\sim5.5$；对于木材，取 $[n]_{st}=2.8\sim3.2$。

压杆稳定性设计一般包括：

(1) 确定临界载荷，当压杆的材料、约束以及几何尺寸已知时，根据三类不同压杆的临

界应力公式确定压杆的临界载荷；

（2）稳定性安全校核，当外加载荷、杆件各部分尺寸、约束以及材料性能均为已知时，验证压杆是否满足稳定性安全条件。

压杆稳定性计算的步骤：

（1）根据压杆的实际尺寸及支承情况，分别计算各个失稳平面内杆件的柔度，得出最大柔度 λ_{max}；

（2）根据 λ_{max}值，选择相应的临界应力公式，计算临界应力或临界压力；

（3）进行稳定性计算或利用稳定性安全条件（式（13-27）），进行稳定校核。

例 13-6　如图 13-10（a）所示一托架，承受载荷 $F=10$ kN，斜撑杆的外径 $D=50$ mm，内径 $d=40$ mm，材料为 Q235 钢，若 $[n]_{st}=3$。问：BD 杆是否稳定。

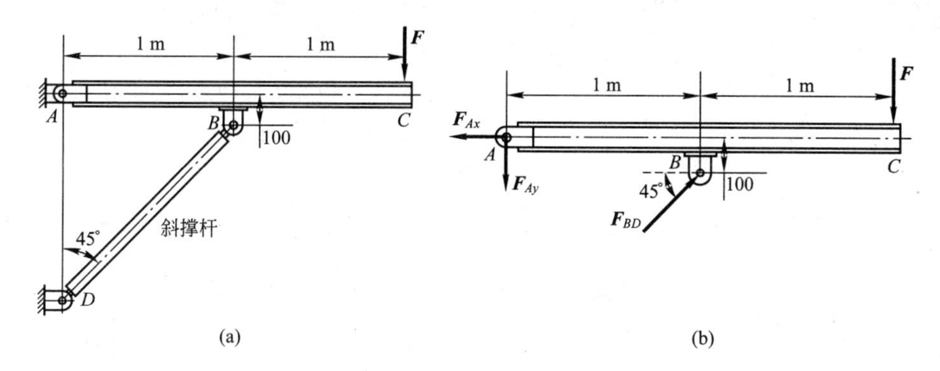

图 13-10　例 13-6 图

解：（1）计算撑杆内力（即工作压力）。

以托架 ABC 为研究对象，分析受力（见图 13-10（b））。由平衡条件，可得

$$\sum M_A=0,\quad F_{BD}\cos 45°\times 100+F_{BD}\sin 45°\times 1\,000-F\times 2\,000=0$$

$$F_{BD}=25.71\text{ kN}$$

（2）计算撑杆的临界压力。

计算惯性半径

$$i=\sqrt{\frac{I}{A}}=\sqrt{\frac{\pi(D^4-d^4)}{64}\Big/\frac{\pi(D^2-d^2)}{4}}=\frac{\sqrt{D^2+d^2}}{4}=\frac{\sqrt{50^2+40^2}}{4}=16.01\text{ mm}$$

计算柔度

$$\lambda=\frac{\mu l}{i}=\frac{1\times 1\,000}{16.01\times\cos 45°}=88.33$$

$$\lambda_s<\lambda<\lambda_p，为中柔度杆$$

利用直线公式（13-19）计算临界应力

$$\sigma_{cr}=a-b\lambda=304-1.12\times 88.33=205.07\text{ MPa}$$

计算临界压力

$$F_{BDcr}=\sigma_{cr}A=\sigma_{cr}\times\frac{\pi(D^2-d^2)}{4}=205.07\times\frac{\pi(50^2-40^2)}{4}=1.45\times 10^5\text{ N}=145\text{ kN}$$

(3) 校核撑杆的稳定性。

计算工作安全因数
$$n_w=\frac{F_{BDcr}}{F_{BD}}=\frac{145}{25.71}=5.64$$

因为 $n_w>[n]_{st}=3$，所以撑杆是稳定的。

例 13-7 图 13-11 (a) 所示为简易起重机，1 杆为实心钢杆，2 杆为无缝钢管，外径 90 mm，壁厚 2.5 mm，杆长 3 m，弹性模量 210 GPa。若将 2 杆视为两端铰支的细长压杆，其稳定安全因数为 3.0。试从 2 杆的稳定性方面计算结构的承载力 $[F_P]$。

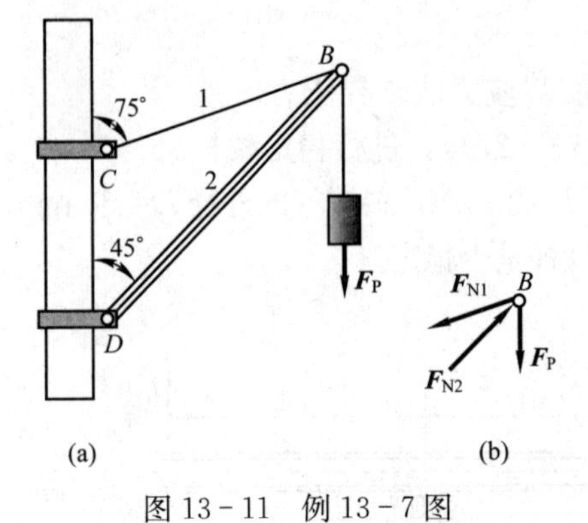

图 13-11 例 13-7 图

解：(1) 计算 2 杆内力。

以节点 B 为研究对象（见图 13-11 (b)），由平衡条件，可求得

$$F_{N1}=1.41F_P(\text{拉力}),\quad F_{N2}=1.93F_P(\text{压力})$$

(2) 计算 2 杆的临界压力。

计算惯性矩

$$I=\frac{\pi(D^4-d^4)}{64}=\frac{\pi(90^4-85^4)}{64}=6.58\times10^5\ \text{mm}^4=6.58\times10^{-7}\ \text{m}^4$$

在纸平面内，将 2 杆考虑为两端铰支的细长压杆，则临界压力为

$$F_{2cr}=\frac{\pi^2EI}{(\mu l)^2}=\frac{\pi^2\times(210\times10^9\ \text{Pa})\times(6.58\times10^{-7}\ \text{m}^4)}{(1\times3\ \text{m})^2}=151.5\times10^3\ \text{N}=151.5\ \text{kN}$$

在垂直纸面的平面内，将 2 杆考虑为 D 端固定、B 端自由的约束，则临界压力为

$$F_{2cr}=\frac{\pi^2EI}{(\mu l)^2}=\frac{\pi^2\times(210\times10^9\ \text{Pa})\times(6.58\times10^{-7}\ \text{m}^4)}{(2\times3\ \text{m})^2}=37.9\times10^3\ \text{N}=37.9\ \text{kN}$$

(3) 计算结构的承载力 $[F_P]$。

由稳定条件式 (13-27) 得

$$n_w=\frac{F_{2cr}}{F_{N2}}\geqslant[n]_{st},\quad \frac{37.9}{1.93F_P}\geqslant3.0$$

$$[F_P]=6.55\ \text{kN}$$

问题：在计算 $[F_P]$ 时，为何临界载荷值取 37.9 kN，而不是 151.5 kN？

13.5 提高压杆稳定性的基本措施

提高压杆的稳定性主要在于提高压杆的临界载荷或临界应力，根据前面的讨论可知，影响临界载荷和临界应力的因素有：柔度、截面形状、几何尺寸、杆件的长度、压杆的约束条件、材料的力学性质等。因此，提高压杆的承载能力可以从上述几方面入手，采取一些有效措施。

1. 尽量减小压杆杆长

由公式 (13-13)、(13-9) 不难看出，当杆长 l 缩短时，柔度减小，临界压力成倍增加。因此，减小杆长可以显著地提高压杆承载能力。例如，图 13-12 (a)、(b) 中所示的两种桁架，①、④杆均为压杆，但图13－12（b）中①、④杆的长度仅为图13－12（a）中①、④杆长度的一半，根据式（13－9），在刚度EI不变的情况下，压杆承载能力提高了4倍。所以，在某些情形下，可以通过改变结构或增加支点的方法达到减小杆长、提高压杆承载能力的目的。

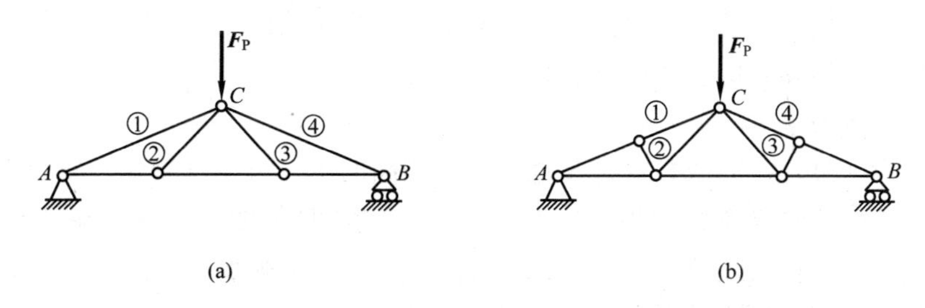

图13－12　减小压杆长度可提高稳定性

2. 合理选择截面形状

由式（13－12）、（13－13）、（13－9）可知，增大惯性矩可以加大惯性半径、减小柔度、增加临界载荷。选择合理的截面形状，可以实现上述要求。但在具体实施时应当注意以下几点。

（1）尽量使截面两个形心主轴惯性矩同时增大。

因为，当压杆两端在各个方向弯曲平面内具有相同的约束条件时，压杆将在刚度最小的主轴平面内屈曲，这时，如果只增加截面某个方向的惯性矩，并不能提高压杆的整体承载能力。因此，有效的办法是将截面设计成中空的（如图13－13（a）中前三个截面），且使$I_{max}=I_{min}=I$或$i_{max}=i_{min}=i$（如图13－13（a）中各截面），可以达到加大横截面的惯性矩或惯性半径，并使截面对各个方向轴的惯性矩或惯性半径均相同的目的。

如果压杆端部在不同的平面内具有不同的约束条件，应采用与约束条件相对应的最大与最小主惯性矩不等的截面（如矩形截面），使主惯性矩较小的平面内具有刚性较强的约束，且尽量使两主惯性矩平面内，压杆的长细比相互接近，即$\lambda_{max}=\lambda_{min}$。

（2）尽量使组合型中心压杆形成整体。

如果中心压杆是由几根型钢组合而成，截面形状为图13－13（a）中后两个截面，压杆在两端受力，每根压杆将成为独立压杆，非常容易造成单杆局部失稳现象。当有一根压杆失稳时，将殃及整体，这种组合的承载能力是较弱的。所以，如图13－13（b）所示，在各杆的外围用缀板或缀条将它们固定在一起，就可以使其形成整体承载的效果，此时，截面的惯

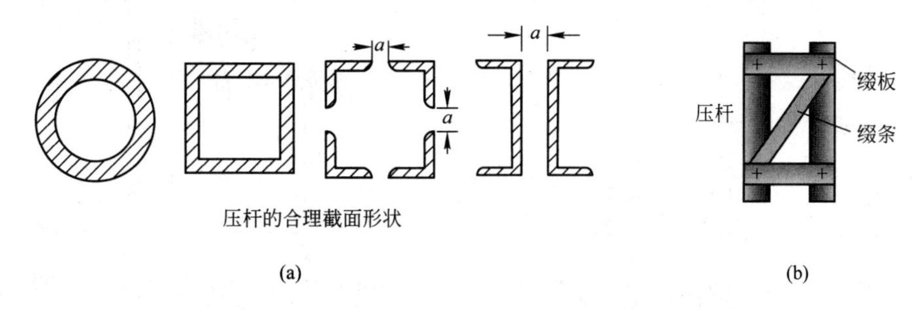

图13－13　选择合理的截面形状可提高压杆的稳定性

性矩按照组合截面计算，可以增大截面的惯性矩；而且由于安置了缀板或缀条，增加了压杆的中间约束，从而达到提高稳定性的目的。

3. 改变压杆的约束条件，增加支承的刚性

压杆的约束条件由长度系数 μ 值反映。由式（13－13）、（13－9）看出，μ 值越低，压杆的柔度值越小，临界载荷越大。例如，将两端铰支的细长杆，改为两端固定约束，则增加了支承的刚性，使临界载荷呈数倍增加。

4. 合理选用材料

根据式（13－9）、（13－14），在其他条件均相同的条件下，选用弹性模量 E 大的材料，可以提高细长压杆的临界应力和临界压力。例如，钢的 E 值要比铸铁、铜及其合金、铝及其合金、混凝土、木材（顺纹）等材料大，因此，钢杆的承载能力要高于其他材质的压杆。

但是，普通碳钢、优质碳钢或合金钢等钢基材料，弹性模量数值大致相等。因此，对于细长杆，若选用高强度钢，并不能较大程度地提高压杆的临界载荷，意义不大，而且造成经济成本的增加。但对于中长杆或粗短杆，其临界载荷与材料的比例极限或屈服强度有关，这时选用高强度钢可提高 σ_p 和 σ_s 及系数 a 的值，使临界载荷有所提高。

思考题

13－1　构件的强度、刚度和稳定性有什么区别？

13－2　压杆因失稳产生的弯曲变形与梁在横向力作用下产生的弯曲变形有何不同？

13－3　为什么矩形截面梁的高宽比通常取 $h/b=2\sim3$，而压杆宜采用方形截面（$h/b=1$）？

13－4　设一两端受球铰链约束的圆截面压杆，$\lambda_p=100$。则压杆长度 l 与直径 d 之比为多大时，才可以应用欧拉公式计算临界载荷？

13－5　如何判断压杆的失稳平面？

13－6　图 13－14 所示为两端球铰链约束细长杆的各种可能截面形状，试分析压杆屈曲时横截面将绕哪一根轴转动？

13－7　图 13－15 所示 4 根圆截面压杆，若材料和截面尺寸都相同，试判断哪一根杆最容易失稳？哪一根杆最不容易失稳？

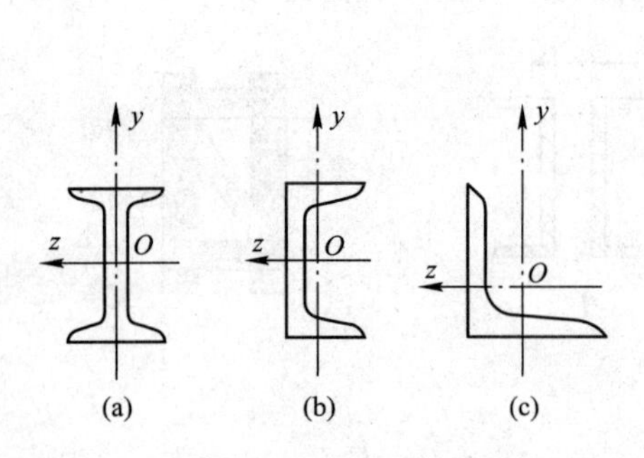

图 13－14　思考题 13－6 图

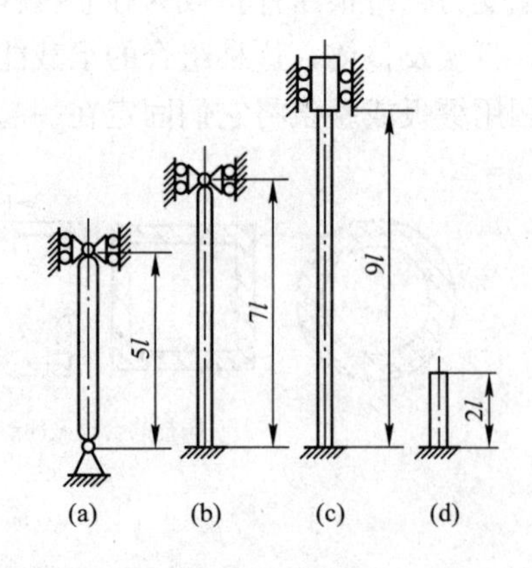

图 13－15　思考题 13－7 图

习题

13-1　图13-16所示四种桁架的几何尺寸、各杆的横截面直径、材料、加力点及加力方向均相同。关于四桁架所能承受的最大外力F_{Pmax}有如下四种结论，试判断哪一种是正确的。

(A) $F_{Pmax}(a)=F_{Pmax}(c)<F_{Pmax}(b)=F_{Pmax}(d)$；

(B) $F_{Pmax}(a)=F_{Pmax}(c)=F_{Pmax}(b)=F_{Pmax}(d)$；

(C) $F_{Pmax}(a)=F_{Pmax}(d)<F_{Pmax}(b)=F_{Pmax}(c)$；

(D) $F_{Pmax}(a)=F_{Pmax}(b)<F_{Pmax}(c)=F_{Pmax}(d)$。

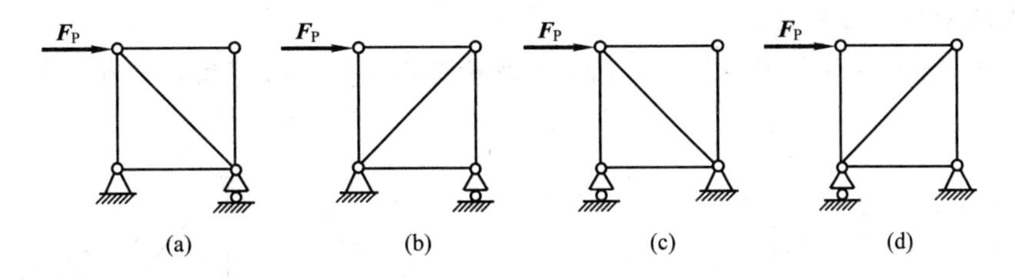

图13-16　习题13-1图

13-2　正三角形截面中心压杆，两端为球铰链约束，当载荷超过临界值，压杆发生屈曲时，横截面将绕哪一根轴转动？现有四种答案，请判断哪一种是正确的。

(A) 绕y轴；

(B) 绕通过形心C的任意轴；

(C) 绕z轴；

(D) 绕y轴或z轴。

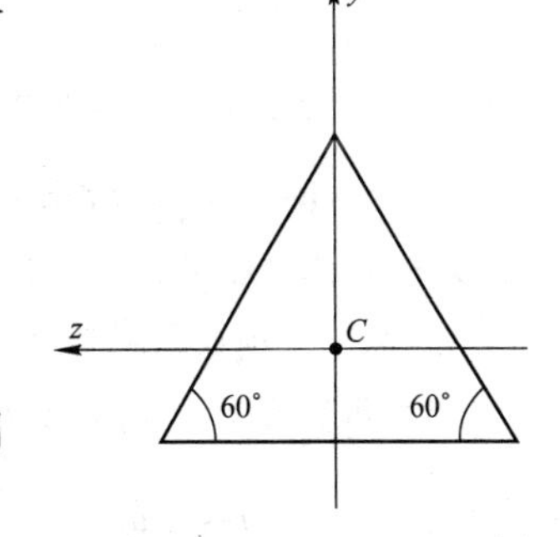

图13-17　习题13-2图

13-3　提高钢制大柔度压杆承载能力有如下方法，试判断哪一种是最正确的。

(A) 减小杆长，减小长度系数，使压杆沿横截面两形心主轴方向的长细比相等；

(B) 增加横截面面积，减小杆长；

(C) 增加惯性矩，减小杆长；

(D) 采用高强度钢。

13-4　根据压杆稳定设计准则，压杆的许可载荷$[F_P]=\frac{\sigma_{cr}A}{[n]_{st}}$。当横截面面积$A$增加一倍时，试分析压杆的许可载荷将按下列四种规律中的哪一种变化。

(A) 增加1倍；

(B) 增加2倍；

(C) 增加1/2倍；

(D) 压杆的许可载荷随着A的增加呈非线性变化。

13－5　图 13－18 所示两根圆截面压杆（a）、（b）在不同约束下承受相同的压力 $\boldsymbol{F}_P$，已知两杆材料相同，截面面积 $A_a=2A_b$，杆长 $l_b=\sqrt{2}l_a$，则两杆的柔度和临界载荷有何种关系，下面四个答案中，哪一个是正确的？

（A）$\lambda_a \neq \lambda_b$，$(F_{Pcr})_a \neq (F_{Pcr})_b$；

（B）$\lambda_a=\lambda_b$，$(F_{Pcr})_a>(F_{Pcr})_b$；

（C）$\lambda_a=\lambda_b$，$(F_{Pcr})_a=(F_{Pcr})_b$；

（D）$\lambda_a=\lambda_b$，$(F_{Pcr})_a<(F_{Pcr})_b$。

13－6　试推导表 13－1 中一端铰支，另一端固定细长压杆的欧拉公式。

13－7　图 13－19 所示正方形桁架结构，由五根圆截面钢杆组成，连接处均为铰链，各杆直径均为 $d=40$ mm，$a=1$ m。材料均为 Q235 钢，$E=200$ GPa，$[n]_{st}=1.8$。试：

（1）求结构的许可载荷；

（2）若 $\boldsymbol{F}_P$ 力的方向与图中相反，问许可载荷是否改变，若有改变应为多少？

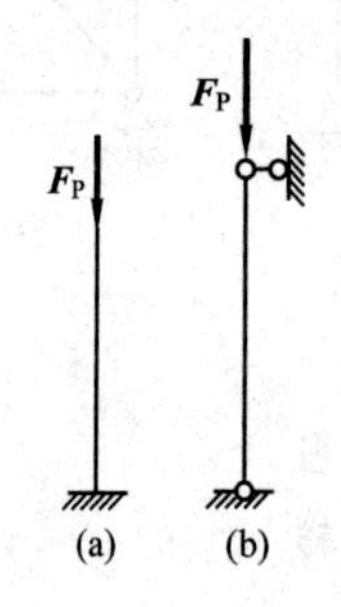

图 13－18　习题 13－5 图

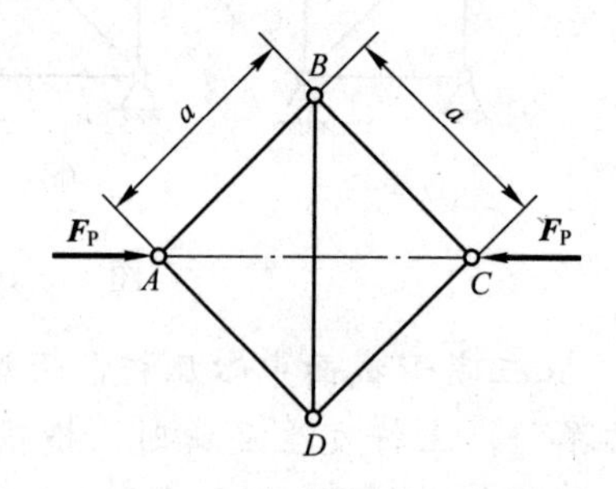

图 13－19　习题 13－7 图

13－8　图 13－20 所示桁架是由抗弯刚度 EI 相同的细长杆组成，若载荷 $\boldsymbol{F}_P$ 与 AB 杆轴线的夹角为 θ，且 $0°\leqslant\theta\leqslant 90°$。试求：载荷 $\boldsymbol{F}_P$ 要小于何值结构不致失稳。

13－9　一钢丝与一根弹性模量为 E 的圆截面直杆连接在一起，使杆呈微弯形态，如图 13－21 所示。已知：圆杆长度为 l，直径为 d。试求钢丝绳的张力。

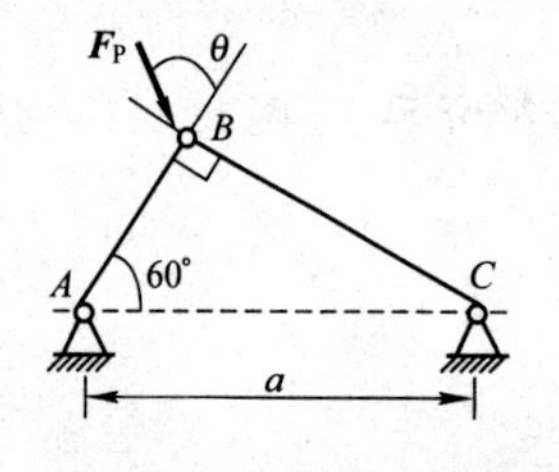

图 13－20　习题 13－8 图

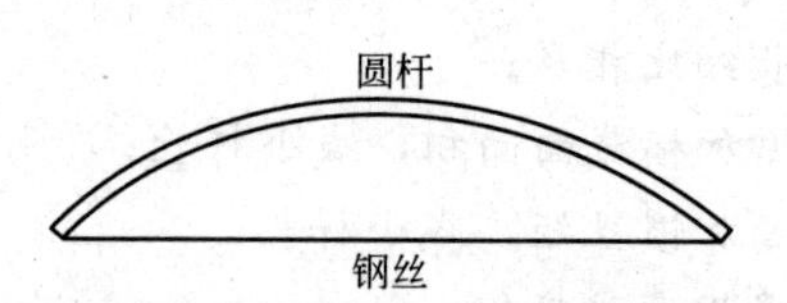

图 13－21　习题 13－9 图

13－10　图 13－22 所示结构，AB 为圆形截面杆，直径 $D=80$ mm；BC 杆为正方形截面杆，边长 $a=70$ mm，两杆变形互不影响，材料均为 Q235 钢，$E=200$ GPa，$L=3$ m，$[n]_{st}=2.5$，试求：$[F_P]$。

13－11　图 13－23 所示结构，杆①、②材料和长度相同，已知：$F=90$ kN，$E=200$ GPa，杆长 $l=0.8$ m，$\lambda_p=99.3$，$\lambda_s=57$，经验公式 $\sigma_{cr}=304-1.12\lambda$ (MPa)，$[n_{st}]=3$。试校核结构的稳定性。

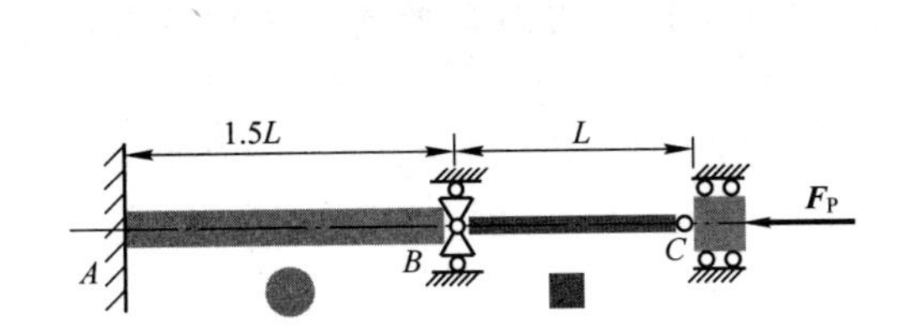

图13-22　习题13-10图

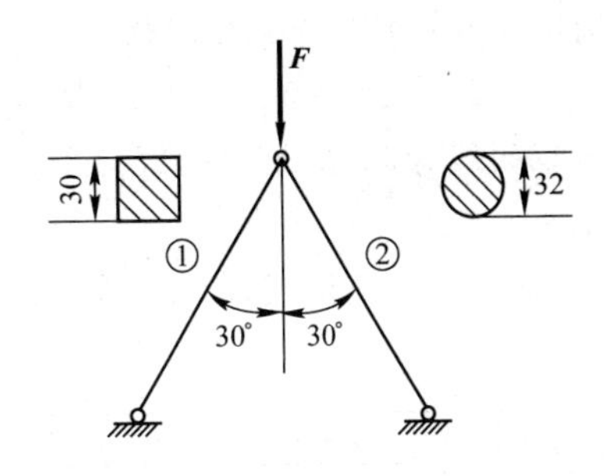

图13-23　习题13-11图

13-12　图13-24所示托架结构中，撑杆为钢管，外径D=50 mm，内径d=40 mm，两端球形铰支，材料为Q235钢，E=206 GPa，λ_p=100，稳定安全系数$[n_{st}]$=3。试根据该杆的稳定性要求，确定横梁上均布载荷集度q之许可值。

13-13　图13-25所示立柱长L=6 m，由两根10号槽钢组成，问：a多大时立柱的临界载荷F_{Pcr}最高，并求其值。已知：材料的弹性模量E=200 GPa，σ_p=200 MPa。

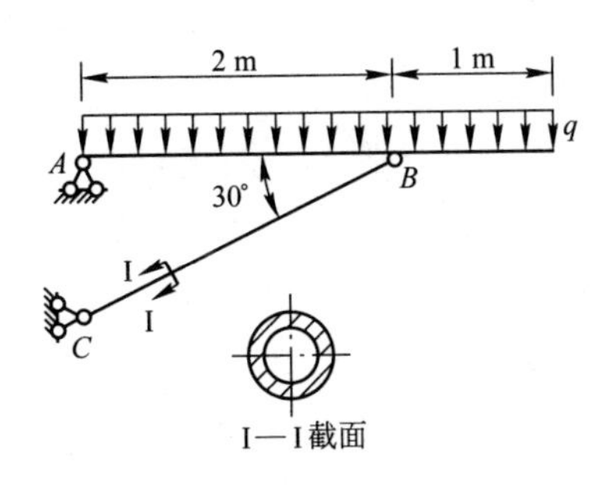

图13-24　习题13-12图

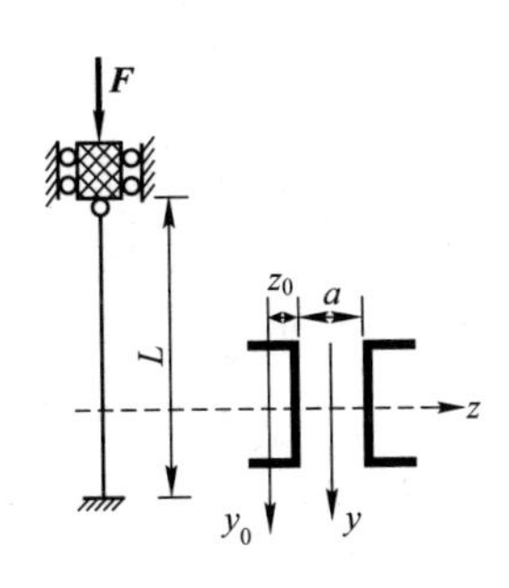

图13-25　习题13-13图

13-14　已知：在如图13-26所示的结构中，梁AB为No.14普通热轧工字钢，CD为圆截面直杆，其直径为d=20 mm，二者材料均为Q235钢。结构受力如图所示，A、C、D三处均为球铰链约束。若已知F_P=25 kN，l_1=1.25 m，l_2=0.55 m，σ_s=235 MPa。强度安全因数n_s=1.45，稳定安全因数$[n]_{st}$=1.8。校核：此结构是否安全？

*13-15　图13-27所示结构用Q275钢制成，求：$[F_P]$。已知：E=205 GPa，σ_s=275 MPa，σ_{cr}=338−1.12λ，λ_p=90，λ_s=50，n=2，$[n]_{st}$=3；AB梁为No.16工字钢，BC为圆形截面杆，d=60 mm。

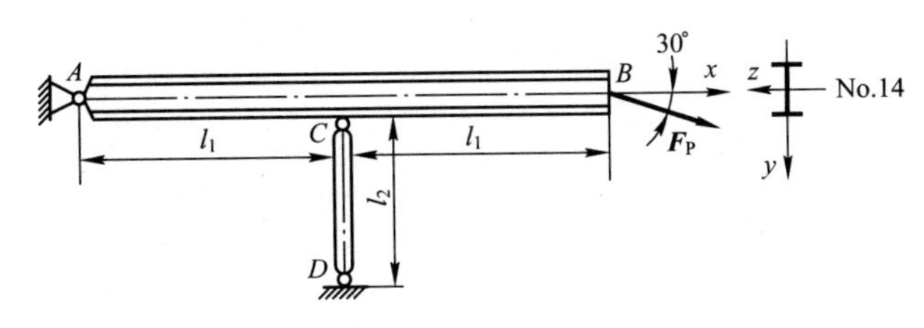

图13-26　习题13-14图

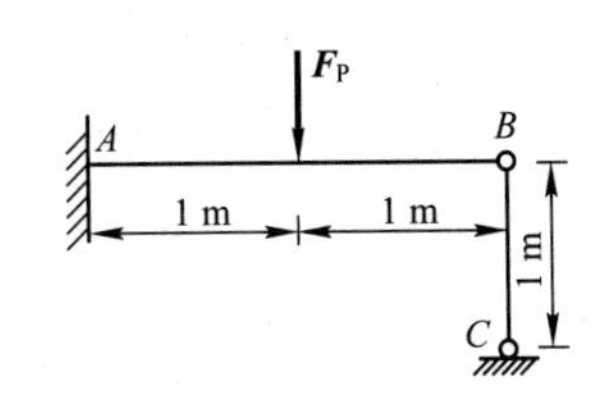

图13-27　习题13-15图

*13-16　图13-28所示结构中，梁与柱的材料均为Q235钢，E=200 GPa，σ_s=240 MPa。均匀分布载荷集度q=24 kN/m。竖杆为两根63 mm×63 mm×5 mm等边角钢（连成一整体）。

试确定梁与柱的工作安全因数。

*13-17　长 $l=5$ m 的 10 号工字钢在温度 0℃时安装在固定支座之间，这时杆不受力，已知钢的线膨胀系数 $\alpha=125\times10^{-7}$(1/℃)，$E=210$ GPa。当温度升高至多少度时，杆将失稳?

(提示：拉压温度应力 $\sigma=\alpha\times\Delta T\times E$，$\Delta T$ 为温差)

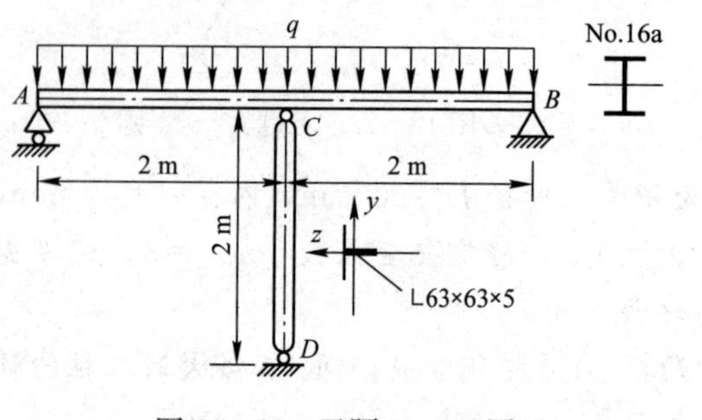

图 13-28　习题 13-16 图

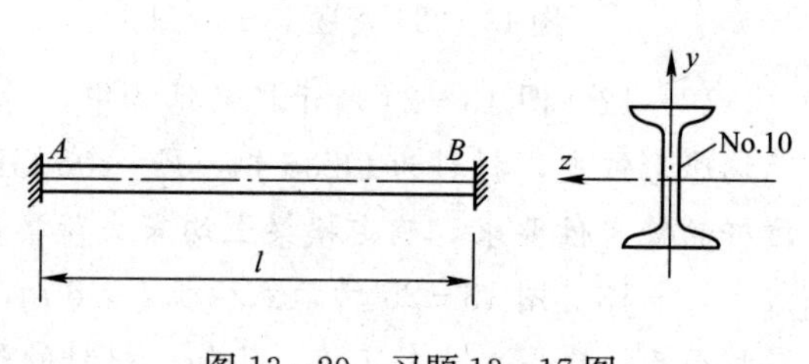

图 13-29　习题 13-17 图

*第 14 章 交变应力 动荷应力

14.1 交变应力

在工程实际中，除了静载荷，还常遇到随时间而作周期性改变的载荷。例如，一对齿轮的轮齿在互相啮合过程中（见图 14-1），其所受载荷从开始的零值变到最大，然后又从最大变到脱离啮合时的零值。齿轮每转一周，轮齿就这样受力一次。又如，当空气压缩机的活塞往复方向都压缩空气时（见图 14-2），活塞杆就受到拉伸、压缩交替变化的载荷。这种随时间而作周期性改变的载荷称为**交变载荷**。由于交变载荷的作用，轮齿或活塞杆内的应力也随时间而作周期性变化，这种随时间作周期性改变的应力称为**交变应力**。

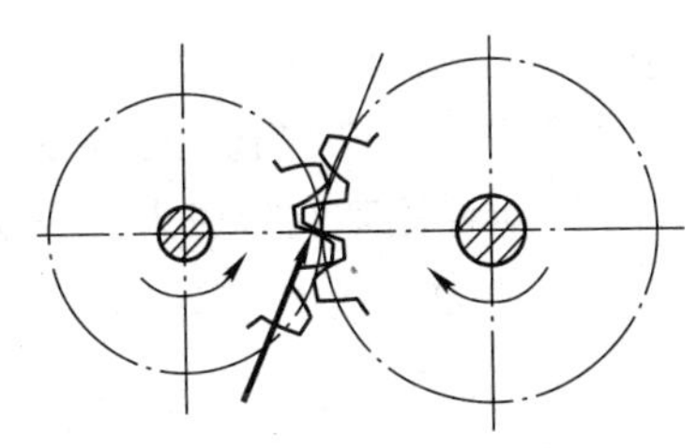

图 14-1 齿轮啮合点受力

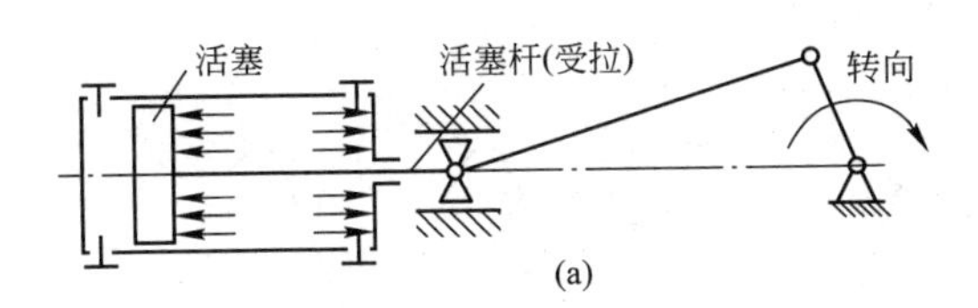

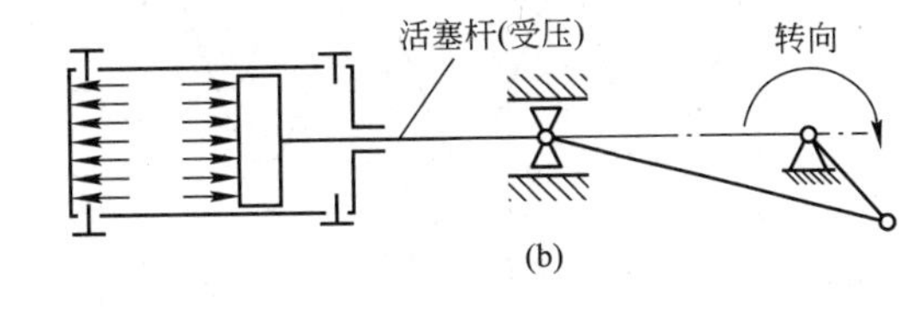

图 14-2 活塞往复运动及活塞杆受力

也有些构件，如图 14-3（a）中的车轴，受力计算模型如图 14-3（b）所示。虽然所受载荷 $\boldsymbol{F}$ 并不随时间变化，但由于轴的转动，轴内任一点 A（除圆心外）至中性轴 z 的垂直

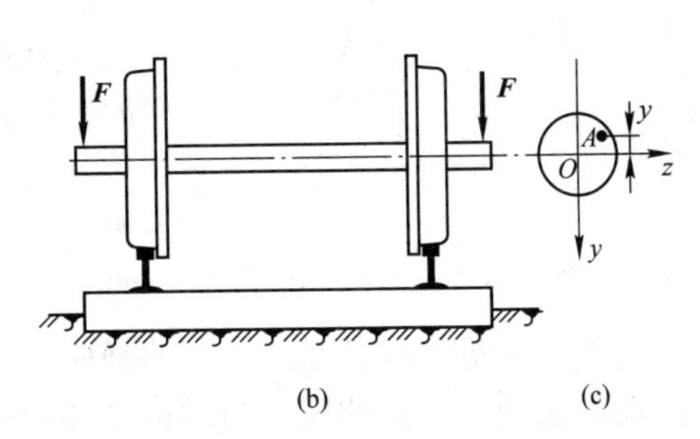

图 14-3 车轴受力

距离 y 是随时间变化的（见图 14-3（c）），因而该点的弯曲正应力 $\sigma=\frac{M}{I_z}y$ 的大小、方向也随时间而作周期性改变，因此，这类构件也是在交变应力作用下工作的构件。

在交变应力作用下，构件的破坏形式与在静应力作用时不同，材料抵抗断裂的极限应力较静载时有明显下降。本节仅介绍一些与交变应力有关的基本概念。

14.1.1 交变应力的类型及其循环特征

为了表示交变应力的变化规律，可以将应力随时间的变化情况绘成如图 14-4 所示的曲线，称为**交变应力谱线**。从图中可以看出：随着时间的变化，应力在一固定的最小值 $\sigma_{\min}$ 和最大值 $\sigma_{\max}$ 之间作周期性的交替变化。应力每重复变化一次的过程称为一个**应力循环**。

应力循环中最小应力 $\sigma_{\min}$ 和最大应力 $\sigma_{\max}$ 之比，可用来表示交变应力的变化特点，称为交变应力的**循环特征**或**应力比**，用符号 r 表示，即

$$r=\frac{\sigma_{\min}}{\sigma_{\max}} \tag{14-1}$$

若 $|\sigma_{\max}|<|\sigma_{\min}|$，则表示为 $r=\frac{\sigma_{\max}}{\sigma_{\min}}$，即比值 r 恒取 $\sigma_{\max}$ 和 $\sigma_{\min}$ 中绝对值较小者作为分子。

工程实际中常遇到的特殊交变应力有两种类型。

(1) **对称循环交变应力**：当 $\sigma_{\max}=-\sigma_{\min}$（见图 14-5），即 $r=-1$ 的交变应力称为对称循环交变应力。例如，车轴的弯曲正应力即为对称循环的交变应力。

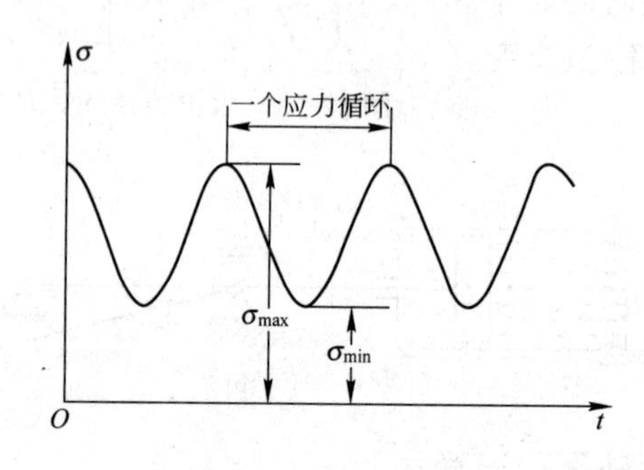

图 14-4 交变应力谱线

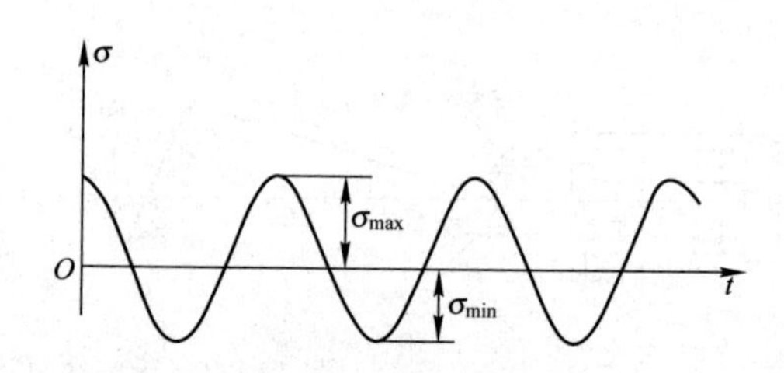

图 14-5 对称循环交变应力谱线

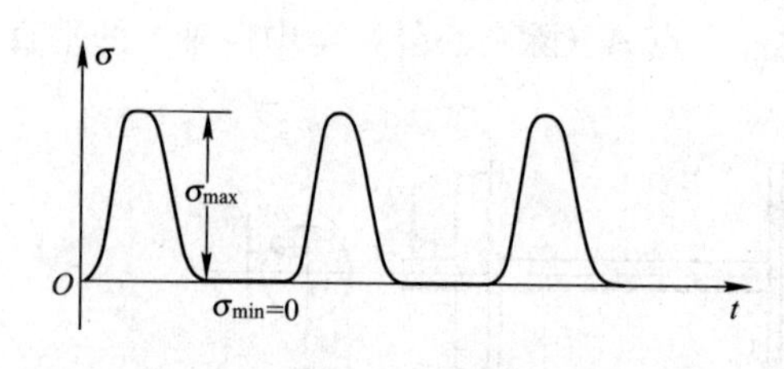

图 14-6 脉动循环交变应力谱线

(2) **脉动循环交变应力**：当 $\sigma_{\min}=0$，$\sigma_{\max}>0$（或 $\sigma_{\max}=0$，$\sigma_{\min}<0$）（见图 14-6），即 $r=0$ 的交变应力称为脉动循环交变应力。如图 14-1 所示齿轮根部的弯曲正应力就属于此类交变应力。

除了上述类型的交变应力外，在工程中还常遇到一些非对称循环的交变应力（$r\neq1$）。如图 14-7（a）所示，梁在电机重力作用下产生弯曲变形，此时，梁危险点已经产生弯曲静应力 σ_{st}；由于电机工作时有转子的偏心转动，梁又产生振动，振动所产生的应力为对称循环交变应力；电机工作时两种应力同时存在，故而将其叠加便得到如图 14-7（b）所示的非对称循环的交变应力曲线。

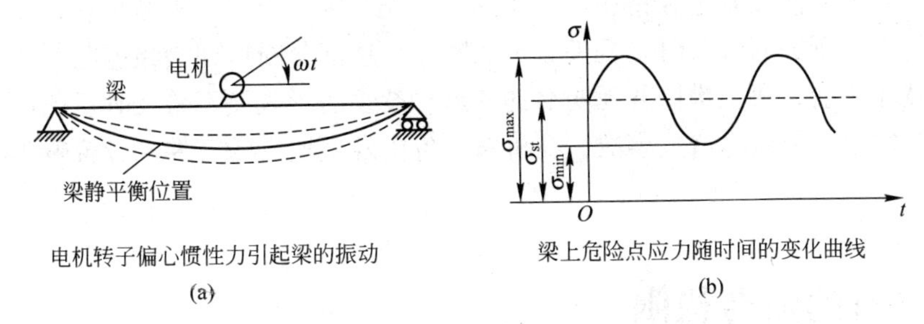

电机转子偏心惯性力引起梁的振动
(a)

梁上危险点应力随时间的变化曲线
(b)

图 14－7　非对称循环交变应力谱线

上面所讨论的交变应力，其应力循环中的最大值和最小值均为一固定值，这一类应力统称为**稳定的交变应力**。但某些构件，如采掘机械、破碎机械中的一些构件，其交变应力的最大值和最小值，并不保持固定，这类交变应力称为**不稳定的交变应力**。在不稳定交变应力中，如最大应力和最小应力的变动不大，也可近似地作为稳定交变应力来处理。

14.1.2　材料在交变应力作用下的破坏特点

与在静应力作用下的破坏相比，金属材料在交变应力作用下的破坏具有以下特点。

(1) 在低应力下发生破坏：材料破坏时的应力值通常要比材料的强度极限低得多，甚至低于屈服极限。

(2) 破坏有一个过程：构件需经若干次应力循环后才突然断裂。

(3) 材料的破坏呈脆性断裂：即使是塑性材料，断裂时也无明显的塑性变形，断裂是突发性的。

(4) 破坏断口表面都存在两个不同的区域：光滑区和粗糙区。图 14－8 (a) 所示为一车轴在交变应力作用下断裂的断口，由图中可明显地看到光滑和粗糙的两个区域，如图 14－8 (b) 所示。

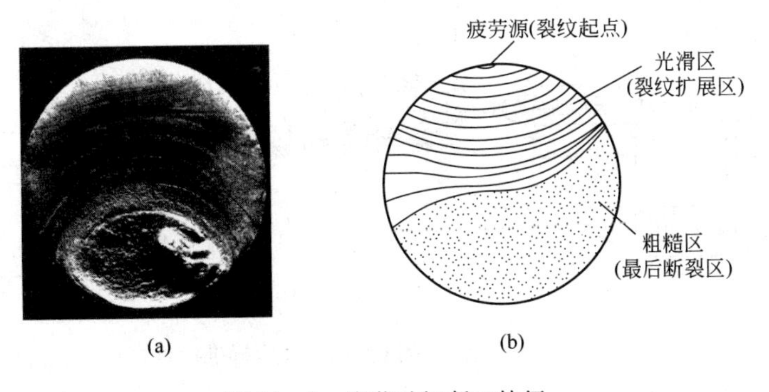

(a)　　(b)

图 14－8　疲劳破坏断口特征

在交变应力作用下，构件所呈现出的上述破坏现象称为**疲劳破坏**。经大量观察发现，疲劳破坏的整个过程经历了裂纹形成、裂纹扩展直到最后断裂几个阶段。当应力循环中的最大应力值超过一定限度时，经过一定的应力循环次数后，首先在应力最大的地方（常发生在应力集中处，习惯称为**疲劳源**）开始形成极细微的裂纹，然后随着应力循环次数继续增加，裂纹逐渐向深处扩展。在裂纹扩展的过程中，由于应力的交替变化，使裂纹两边的表面时而张开，时而压紧，因而彼此摩擦和挤压，逐渐形成了光滑区，当裂纹不断扩展，致使构件有效受力截面不能承受所加的载荷时，构件就突然断裂，这部分断口即为粗糙区。

在疲劳破坏之前，由于构件并无明显的变形，裂纹的形成又不易及时发现，所以疲劳破坏表现为突然发生，很容易造成事故。在机械设备中发生损坏的零件，疲劳破坏占相当大的比例。

14.2 材料的疲劳极限

绝大多数机械零件（尤其是轴类零件）的断裂属于疲劳失效。疲劳失效时的应力要比静载下的极限应力（屈服极限或强度极限）低，因此，疲劳失效的极限应力就不能用屈服极限或强度极限来衡量，而需要重新测定。

14.2.1 疲劳极限

材料的疲劳极限是通过疲劳试验测定的。实践表明，材料抵抗对称循环交变应力的能力最弱，因此，测定交变应力作用下材料的极限应力一般是在弯曲疲劳试验机上进行的。

图 14-9（a）所示为试验机的示意图。将被测材料制成图 14-9（c）或（d）所示的标准试样安装在实验机的套筒式夹头之间，夹头处作用有测试载荷 $\boldsymbol{F}$，夹头到轴承的距离为 a。试样固定好以后，与心轴组成整体，静载下产生弯曲变形，弯矩图如图 14-9（b）所示，试样为纯弯曲变形，弯矩为 Fa。电动机转动时带动试样和心轴一起转动，此时，试样危险点处产生对称循环交变应力，试样的转动圈数可由与电动机相连的计数器记录，转动 1 圈表示完成 1 次应力循环。交变应力变化曲线如图 14-5 所示，其中$\begin{matrix}\sigma_{max}\\ \sigma_{min}\end{matrix}=\pm\dfrac{Fa}{W_{min}}$，危险点应力随测试载荷 $\boldsymbol{F}$ 而变。

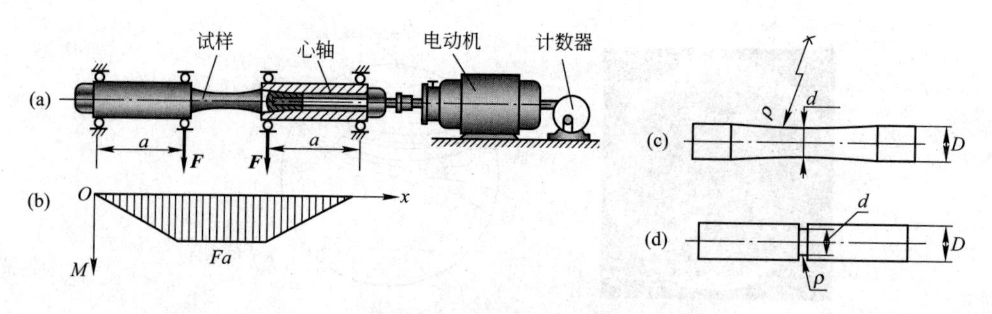

图 14-9 弯曲疲劳试验机与疲劳标准试件

试验时，调整载荷的大小，使第一根试样的最大弯曲正应力约为材料强度极限 σ_b 的 0.5～0.6 倍，经过一定循环次数后疲劳断裂，记录下最大应力 $\sigma_{max,1}$，以及循环次数 N_1，N_1 称为在应力 $\sigma_{max,1}$ 作用下的**疲劳寿命**。而后，逐渐减小每根试样的最大应力，重复第一根试样的试验过程。随着最大应力的减小，试样疲劳寿命将相应增加。以疲劳循环次数 N 为横坐标、最大应力 σ_{max} 为纵坐标建立直角坐标系，如图 14-10 所示，将每次测得的 σ_{max} 和 N 绘于坐标系中，并连接成光滑的曲线，称为**应力—疲劳寿命曲线**或 $\boldsymbol{S-N}$ **曲线**。

由 $S-N$ 曲线可以看出，当最大应力降低到某一数值后，曲线接近水平直线。说明当最大应力降低到水平渐近线对应的应力值时，材料循环无数次都不会发生疲劳失效，该应力值称为材料在对称循环弯曲交变应力下的**疲劳极限或持久极限**，用 σ_{-1} 表示。疲劳极限是材料承受交变应力时的危险应力，其值随材料而异。

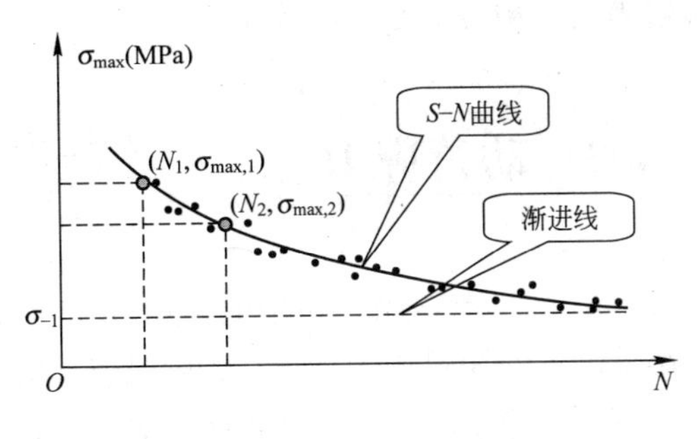

图 14-10 疲劳—寿命曲线

一般地，疲劳试验的过程很长，不可能获得完整的 $S-N$ 曲线。通常用在规定疲劳寿命条件下对应的应力值作为材料的疲劳极限，也称为**条件疲劳极限**。如钢材一般取 $N=10^7$ 次，有色金属取 $N=5\times10^8$ 次。

各种材料的疲劳极限值可在有关手册中查到。疲劳极限以符号 σ_r、τ_r 表示，脚标 r 表示循环特征。

14.2.2 影响疲劳极限的主要因素

用于测定材料疲劳极限的试样均是光滑的试样，它与实际构件是有差别的。实验研究表明，构件的疲劳极限不仅与材料的性能有关，而且与构件的外形、截面尺寸以及表面加工质量等因素密切相关。下面简要介绍这些因素的影响。

1. 构件外形的影响

由于使用及加工工艺的要求，构件上常带有圆角、小孔、凸肩、键槽等，在外力作用下，这些地方将引起应力集中，而应力集中会促使疲劳裂纹的形成，裂纹逐渐扩展以致造成构件破坏。所以有疲劳源的构件，其疲劳极限比相同尺寸的光滑试样为低。

2. 构件尺寸的影响

实验表明，疲劳极限将随构件尺寸的增大而降低。这是因为构件尺寸愈大，材料包含的缺陷相应增加，产生疲劳裂纹的可能性就愈大，因而疲劳极限降低。

3. 构件表面加工质量的影响

试验表明，构件表面的加工质量对构件的疲劳极限有很大影响。构件加工后产生的表面刀痕、擦伤等可引起应力集中，因而表面光洁度愈低（或表面粗糙度愈高），疲劳极限值降低愈多。

另外，若考虑构件的工作环境，如温度、腐蚀介质等因素的影响，疲劳极限将有所降低。

若要提高构件的疲劳极限，关键在于减小应力集中，一般可采取下列措施。

首先，设计构件时应采用合理的受力形式和结构形式，减小构件的最大工作应力。尽可能避免构件截面尺寸和外形突然改变。对截面尺寸有改变的地方，保持一定的圆角或过渡段，以减小应力集中的程度。其次，对构件中最大应力处，可适当提高表面的光洁度，以减小刀具切痕所造成的应力集中的影响，也可对构件表面进行氰化、氮化等化学处理，使表层得到强化；或进行滚压、喷丸等处理，使表面层冷作硬化；此外，对经常与腐蚀介质接触的构件，可在构件表面镀上防护层，防止锈蚀。

对于在交变应力作用下构件的强度计算方法与静载荷下相同，只是许用应力由材料的疲劳极限除以相应的安全系数获得。

14.3 动荷应力

第4章至第13章，讨论的是构件在静载荷作用下的应力计算。所谓**静载荷**，是指载荷缓慢地由零增加到某一数值，然后保持不变或变动很小，并认为构件内各质点的加速度等于零。例如，静水压力、房屋对地面的压力，以及匀速上升和下降时重物对起重机钢绳的拉力等都是静载荷。反之，若载荷使构件中的各质点产生了加速度，这种载荷称为**动载荷**。在动载荷作用下，构件内各点产生的应力称为**动荷应力**或**动应力**。实验表明，在动载荷作用下，如杆件的动应力不超过比例极限，胡克定律仍然适用；动载荷作用下构件的应力和变形计算，仍采用静载荷下的计算公式，但需要考虑动载荷效应。以下就动静法与能量法在动荷应力计算问题中的应用做简单介绍。

14.3.1 应用动静法计算动荷应力

对于一个质量为 m、加速度为 $\boldsymbol{a}$ 的运动质点，将 $-m\boldsymbol{a}$ 定义为作用于该质点的**惯性力**，惯性力的方向与加速度 $\boldsymbol{a}$ 的方向相反。

根据牛顿第二定律 $\sum \boldsymbol{F}=m\boldsymbol{a}$，可得

$$\sum \boldsymbol{F} - m\boldsymbol{a} = \boldsymbol{0} \tag{14-2}$$

式中，$\sum \boldsymbol{F}$ 为质点受到的所有主动力与约束力的合力，$-m\boldsymbol{a}$ 即为惯性力。

式（14－2）表示，质点在主动力、约束力和惯性力共同作用下，保持“平衡”，这就是**达朗贝尔原理**。根据该原理可以将变速运动质点视为平衡质点，用静力学的方法求解问题，这种方法称为**动静法**。动静法是将动力学问题在形式上转化为静力学问题来处理的方法。构件作等加速度直线运动、等角速度转动或等角加速度转动时，通常采用动静法计算。

例 14－1 一长度为 $l=12$ m 的32a号工字钢梁，单位长度质量为 $m=52.7$ kg/m，用两根横截面积为 $A=1.12$ cm² 的钢绳起吊，如图14－11（a）所示。设起吊过程中的加速度为 $a=10$ m/s²，求工字钢梁中最大动应力及钢绳的动应力。

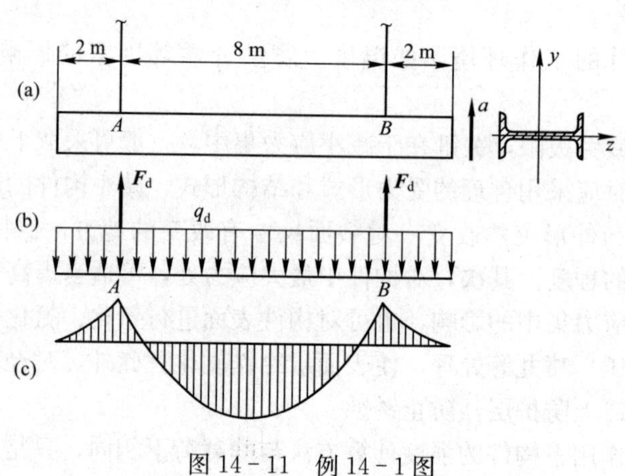

图14－11 例14－1图

解：（1）选取研究对象，画受力图。

取工字钢梁为研究对象，如图 14－11（b）所示，作用于其上的力有钢绳拉力 $\boldsymbol{F}_d$，梁单位长度自重 $q=mg$。

（2）分析运动，加惯性力。

工字钢梁以加速度 $\boldsymbol{a}$ 上升，即梁内各点都有相同的加速度 $\boldsymbol{a}$，故梁内等质量质点均有相等的惯性力，由于介质的连续性，所以，梁上的惯性力为均布力，其载荷集度为

$$q_I=ma$$

根据达朗贝尔原理，作用于梁上的拉力 $\boldsymbol{F}_d$、钢梁自重 q 与惯性力 q_I 构成一组平衡力系。

钢梁自重与惯性力均为均布力，将其合成后，可得总均布力的载荷集度为

$$q_d=q+q_I=mg+ma=m(g+a)$$

（3）建立坐标系，列平衡方程，求钢绳动拉力 $\boldsymbol{F}_d$。

由图 14－11（b）可列出平衡方程

$$\sum F_y=0,\quad 2F_d-q_d l=0 \tag{14-3}$$

解得

$$F_d=\frac{1}{2}q_d l=\frac{1}{2}m(g+a)l$$

动反力 $\boldsymbol{F}_d$ 由两部分组成，一部分是由重力引起的，即静反力

$$F_{st}=0.5mgl$$

另一部分是由加速度引起的，称为**附加动反力**。

由于

$$\frac{F_d}{F_{st}}=\frac{\frac{1}{2}m(g+a)l}{\frac{1}{2}mgl}=1+\frac{a}{g}=\text{常数} \tag{14-4}$$

可令

$$K_d=1+\frac{a}{g} \tag{14-5}$$

K_d 称为**动荷因数**。于是由式（14－4）得

$$F_d=K_d F_{st}$$

即钢绳动荷拉力 F_d 等于静荷拉力 F_{st} 乘以动荷因数 K_d。

（4）求钢绳动荷应力 σ_d。

由于

$$\sigma_d=\frac{F_d}{A}=\frac{K_d F_{st}}{A}=K_d\sigma_{st} \tag{14-6}$$

式中，σ_{st} 为钢绳截面**静荷应力**。可见，钢绳动荷应力 σ_d 等于静应力 σ_{st} 乘以动荷因数 K_d。在许多工程问题中，动荷应力与静应力之间的关系，都可按上式用动荷因数表示出来，再由

$$\sigma_d=K_d\sigma_{st}\leqslant[\sigma] \tag{14-7}$$

建立强度条件计算动载作用下的强度问题。式（14－7）中，［σ］为材料在静载时的许用应力。

经上述分析，由

$$\sigma_{st}=\frac{F_{st}}{A}=\frac{0.5mgl}{1.12\times10^{-4}}=\frac{0.5\times52.7\times9.8\times12}{1.12\times10^{-4}}=27.67\ \text{MPa}$$

$$K_d=1+\frac{a}{g}=1+\frac{10}{9.8}=2.02$$

可求得钢绳动荷应力为

$$\sigma_d = K_d \sigma_{st} = 55.89\ \text{MPa}$$

(5) 计算工字钢中最大动应力 σ'_d。

先计算由工字钢梁自重引起的最大静应力，再由式（14－6）求出最大动应力。

画出梁在自重作用下的弯矩图，如图14－11（c）所示。最大弯矩位于钢梁中点截面上，其值为

$$M_{stmax} = F_{st} \times 4 - q_{st} \times 6 \times 3 = 3\ 098.76\ \text{N} \cdot \text{m}$$

由型钢表查得32a号工字钢 $W_z = 70.758\ \text{cm}^3$，故工字钢中最大静应力为

$$\sigma'_{st} = \frac{M_{stmax}}{W_z} = \frac{3\ 098.76 \times 10^3}{70.758 \times 10^3} = 43.79\ \text{MPa}$$

工字钢中最大动应力为

$$\sigma'_d = K_d \sigma'_{st} = 2.02 \times 43.79 = 88.46\ \text{MPa}$$

对于等加速度直线运动构件，动荷因数均按式（14－5）计算，动荷因数反映了加速度对构件内力、应力、变形的影响。

例14－2 图14－12（a）所示一平均半径为 R 的飞轮，绕通过轮心且垂直于飞轮平面的轴作匀速转动，转动平面为水平面。已知飞轮的角速度为 ω，轮缘部分的横截面面积为 A，材料的密度为 ρ。求轮缘横截面上的正应力。

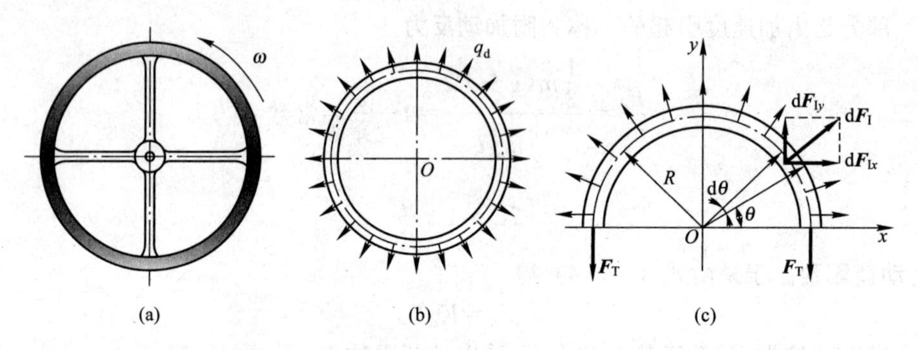

图14－12 例14－2图

解：(1) 分析飞轮受力及运动，加惯性力。

由于轮缘上各点具有向心加速度

$$a_n = R\omega^2$$

故在转动平面内，飞轮具有射线状的均布惯性力 q_d，如图14－2（b）所示。

$$q_d = A\rho a_n = A\rho R\omega^2 \tag{14-8}$$

(2) 分析飞轮轮缘横截面上的轴力。

由于飞轮结构与受力对称，可用直径截面将飞轮截为两个半环，分析其中一半，如图14－12（c）所示，其中 $\boldsymbol{F}_T$ 为环向拉力——飞轮轮缘横截面上的轴力。选取图示坐标系，

由 $\sum F_y = 0$ 得

$$2F_T = \int_0^{\pi} q_d \sin\theta \cdot R\mathrm{d}\theta \tag{14-9}$$

将式（14－8）代入式（14－9）得

$$F_T = A\rho\omega^2 R^2 \tag{14-10}$$

(3) 计算飞轮轮缘横截面上的动应力。

$$\sigma_d = \frac{F_T}{A} = \rho\omega^2 R^2 \tag{14-11}$$

若将飞轮轮缘上各点的切向线速度 $v = R\omega$ 代入式（14－11），则轮缘横截面上的正应力为

$$\sigma_d = \rho v^2 \tag{14-12}$$

可见，轮缘环内动应力主要受飞轮转速的影响，与横截面尺寸无关。由上式可建立飞轮的强度条件为

$$\sigma_d = \rho v^2 \leqslant [\sigma] \tag{14-13}$$

从而，可计算出飞轮边缘的极限速度为

$$v \leqslant \sqrt{\frac{[\sigma]}{\rho}} \tag{14-14}$$

飞轮的轮缘速度取决于材料的性质，与几何尺寸无关。

例 14－3　如图 14－13 所示，轴 AB 上装有飞轮，飞轮的转速 $n=100$ r/min，转动惯量 $J=0.5$ kN・m・s^2，轴的直径 $d=100$ mm，刹车时，使轴在 10 秒内均匀减速至停止。求：轴内最大动应力。

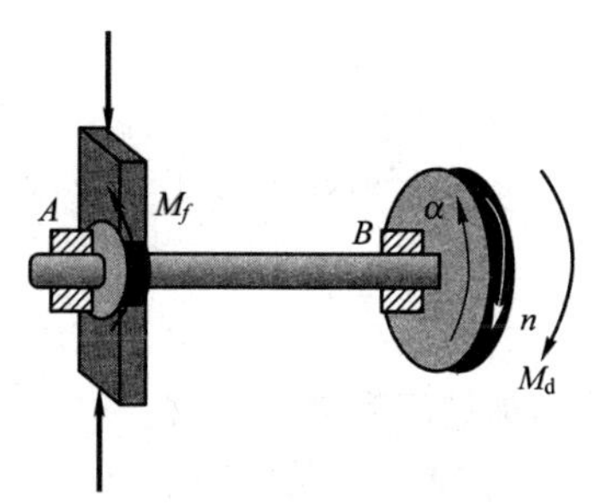

图 14－13　例 14－3 图

解：(1) 分析整体受力及运动，加惯性力。

刹车时，轴的左端刹车盘处受摩擦力偶 M_f 作用。系统匀减速刹车，角加速度为

$$\alpha = \frac{\omega_t - \omega_0}{t} = \frac{0 - \pi n/30}{10} = -\frac{\pi}{3} \ (1/\text{s}^2)$$

角加速度的转向与飞轮转速方向相反。根据达朗贝尔原理，在飞轮上可加一个与角加速度转向相反的惯性力偶，惯性力偶矩为

$$M_d = -J\alpha = -0.5 \times \left(-\frac{\pi}{3}\right) = \frac{\pi}{6} \text{ kN} \cdot \text{m}$$

M_f 与 M_d 共同作用下，轴平衡，并产生扭转变形。

(2) 计算轴内最大动内力。

轴内各截面的动扭矩均为

$$T_d = M_d = \frac{\pi}{6} \text{ kN} \cdot \text{m}$$

根据扭转变形构件横截面的应力分布规律可得，圆轴表面各点有最大动应力，为

$$\tau_{d,\max} = \frac{T_d}{W_p} = \frac{\pi/6}{\pi d^3/16} = \frac{\pi \times 16 \times 10^6}{\pi \times 100^3 \times 6} = 2.67 \text{ MPa}$$

结论：上述三种动荷应力的分析均采用动静法，动静法的关键在于加惯性力。

14.3.2　应用能量法计算动荷应力

当运动物体碰到一静止的构件时，物体的运动受阻而在瞬间停止运动，则称构件受到冲击作用。例如，重锤打桩，锻锤与锻件的接触撞击，用铆钉枪进行铆接，高速转动的飞轮突

然刹车，桥墩被车辆或船只撞击等都属于冲击现象。冲击载荷作用时间极短，受冲击构件内各点的加速度极大，难以计算，故不能采用动静法，而用能量法，这是一种近似解法。对受冲击的杆件内各点的动应力的计算基于下列基本假定：

(1) 不计冲击物的变形，而将被冲击物视为弹性体；

(2) 冲击物与构件接触后无回弹；

(3) 构件的质量（惯性）与冲击物相比很小，可忽略不计，冲击应力瞬时传遍整个构件；

(4) 材料服从胡克定律；

(5) 冲击过程中，声、热等能量损耗很小，可略去不计，只计算机械能和应变能的变化。

根据能量守恒定律：冲击开始时刻，系统的动能 T_0、势能 V_0 和应变能 $V_{\varepsilon 0}$ 之和等于冲击完成时刻的动能 T_1、势能 V_1 和应变能 $V_{\varepsilon 1}$ 之和。即

$$T_0+V_0+V_{\varepsilon 0}=T_1+V_1+V_{\varepsilon 1}$$

将上式各项重新组合后，得

$$(T_0-T_1)+(V_0-V_1)=V_{\varepsilon 1}-V_{\varepsilon 0}$$

上式左侧表示系统冲击过程中机械能的改变量，右侧为系统冲击过程中被冲击物所增加的应变能，为动应变能。记 $\Delta T=T_0-T_1$，$\Delta V=V_0-V_1$，$V_{\varepsilon d}=V_{\varepsilon 1}-V_{\varepsilon 0}$，于是有

$$\Delta T+\Delta V=V_{\varepsilon d} \tag{14-15}$$

式（14-15）表明，**在冲击过程中，冲击系统动能和势能的变化量应等于被冲击物体内所增加的应变能**。

例 14-4 如图 14-14 所示，物体自高度为 h 处自由落下，打在梁跨中点，使梁受到冲击。设物体的质量为 m，梁的质量和物体质量相比很小，可以忽略不计，梁的抗弯刚度为 EI，抗弯截面模量为 W。求物体对梁的冲击载荷 $\boldsymbol{F}_d$，梁在冲击过程中的最大挠度 Δ_d 与最大应力 σ_d。

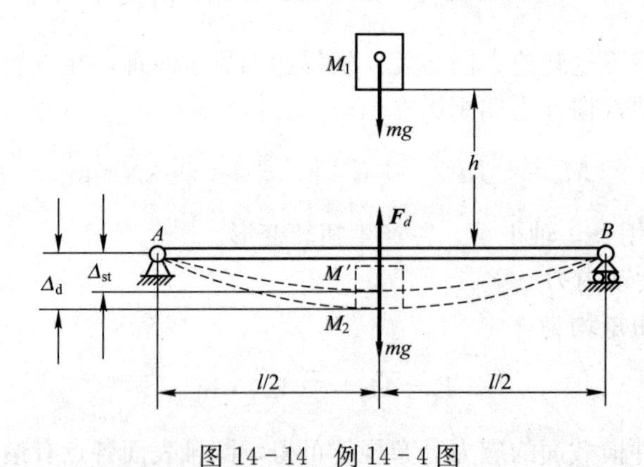

图 14-14 例 14-4 图

解：(1) 计算冲击过程中的机械能。

冲击初始时刻，梁 AB 于水平位置与物体接触，系统动能为 mgh，势能为零，初始应变能为零。

冲击完成时刻，梁 AB 弯曲至最大挠度 Δ_d，应变能为 $V_{\varepsilon d}$，系统动能为零，势能为 $-mg\Delta_d$。由式（14-15）得

$$mgh+mg\Delta_d=V_{\varepsilon d} \tag{14-16}$$

(2) 计算梁的应变能与动荷因数

当梁受到冲击时，受动载荷 $\boldsymbol{F}_d$ 作用，产生弯曲变形，储存应变能。材料服从胡克定律，则冲击完成时的应变能为

$$V_{\varepsilon d}=\frac{1}{2}F_d\Delta_d \tag{14-17}$$

在线弹性范围内，动载荷 F_d、动变形 Δ_d、动应力 σ_d 分别与静载荷 F_{st}、静变形 Δ_{st}、静应力 σ_{st}成正比，即

$$K_d=\frac{F_d}{F_{st}}=\frac{\Delta_d}{\Delta_{st}}=\frac{\sigma_d}{\sigma_{st}} \tag{14-18}$$

式中，K_d 称为动荷因数，它反映冲击时产生的最大载荷、变形、应力比静载作用下对应量增大的倍数。$F_{st}=mg$，由弯曲变形可知

$$\Delta_{st}=\frac{mgl^3}{48EI} \tag{14-19}$$

将式 (14-18) 代入式 (14-17) 后再代入式 (14-16) 并整理，得

$$\Delta_d^2-2\Delta_{st}\Delta_d-2\Delta_{st}h=0$$

由此求得

$$\Delta_d=\Delta_{st}\left[1\pm\sqrt{1+\frac{2h}{\Delta_{st}}}\right]$$

因为冲击变形量应大于静变形量，故上式右端根号前应取正号，即

$$\Delta_d=\Delta_{st}\left[1+\sqrt{1+\frac{2h}{\Delta_{st}}}\right] \tag{14-20}$$

将式 (14-20) 代入式 (14-18)，可得动荷因数为

$$K_d=1+\sqrt{1+\frac{2h}{\Delta_{st}}} \tag{14-21}$$

(3) 求梁的冲击载荷、动挠度、动应力。

将式 (14-21) 代入式 (14-18)，可求得梁所受冲击载荷为

$$F_d=K_dF_{st}=\left(1+\sqrt{1+\frac{2h}{\Delta_{st}}}\right)mg$$

冲击后梁的最大挠度为

$$\Delta_d=K_d\Delta_{st}=\left(1+\sqrt{1+\frac{2h}{\Delta_{st}}}\right)\frac{mgl^3}{48EI}$$

梁横截面上最大动应力为

$$\sigma_d=K_d\sigma_{st}=\left(1+\sqrt{1+\frac{2h}{\Delta_{st}}}\right)\frac{mgl}{4W}$$

对受冲击载荷作用的构件进行强度计算时，通常仍按材料在静载荷下的许用应力来建立强度条件，即构件的最大冲击应力不得超过材料在静载荷下的许用应力值。

结论：当物体自由下落冲击一弹性体时，动荷因数均可由公式 (14-21) 计算。

例 14-5　在例 14-3 中，如果突然刹车。试求：轴内最大动应力。已知：轴的剪切弹性模量 $G=80$ MPa，轴长 $l=1$ m。

解： 突然刹车，系统受到冲击，用能量法求解。

刹车时，系统势能为零，动能的改变量为

$$\Delta T=\frac{1}{2}J\omega^2 \tag{14-22}$$

其中
$$\omega=\frac{\pi n}{30}$$

刹车时，轴产生扭转变形，储存的应变能为

$$V_{\varepsilon d}=\frac{1}{2}T_d\varphi=\frac{T_d^2 l}{2GI_P} \tag{14-23}$$

其中，T_d 为轴横截面上的动扭矩。

将式（14-22）、（14-23）代入式（14-15），可求得

$$T_d=\omega\sqrt{\frac{JGI_P}{l}}$$

于是，由扭转变形可得，轴内最大动应力为

$$\tau_{d,\max}=\frac{T_d}{W_p}=\frac{\omega}{W_p}\sqrt{\frac{JGI_P}{l}}=\frac{\pi n}{30}\sqrt{\frac{2GJ}{Al}}=1\ 057\ \mathrm{MPa}$$

扭转冲击时，轴内最大动应力与轴的体积和转动惯量有关。

思考题

14-1　在交变应力作用下，金属构件疲劳破坏的断口有什么特征？疲劳破坏的过程怎样？何谓材料的疲劳极限？如何确定？

14-2　何谓对称循环交变应力和脉动循环交变应力？

14-3　循环特征的意义是什么？

14-4　何谓交变载荷？举一两个实例说明，并说明其循环特征。

14-5　影响构件疲劳极限的主要因素有哪些？为什么说应力集中是导致疲劳破坏的主要根源？

14-6　动载荷与静载荷有何区别？

14-7　计算动荷应力一般采用什么方法？

14-8　动荷因数有何意义？

习题

14-1　图 14-15 所示 No. 20a 普通热轧槽钢以等减速度下降，若在 0.2 s 时间内速度由 1.8 m/s 降至 0.6 m/s，已知 $l=6$ m，$b=1$ m。试求槽钢中最大的弯曲正应力。

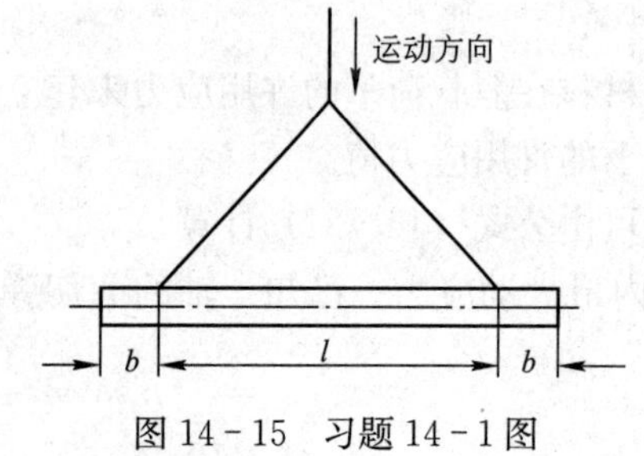

图 14-15　习题 14-1 图

14-2　图 14-16 所示重物质量 $m=5\ 000$ kg。以加速度 $a=9.8\ \mathrm{m/s^2}$ 向上提升，已知 $A_{\mathrm{I}}=8\ \mathrm{cm^2}$，$A_{\mathrm{II}}=20\ \mathrm{cm^2}$；试求 σ_{I} 及 σ_{II}。

14-3　图 14-17 所示 AD 轴以等角速度 ω 转动，在轴的纵向对称面内，于轴线的两侧有两个重为 $\boldsymbol{F}_P$ 的

偏心载荷，求轴内最大弯矩。

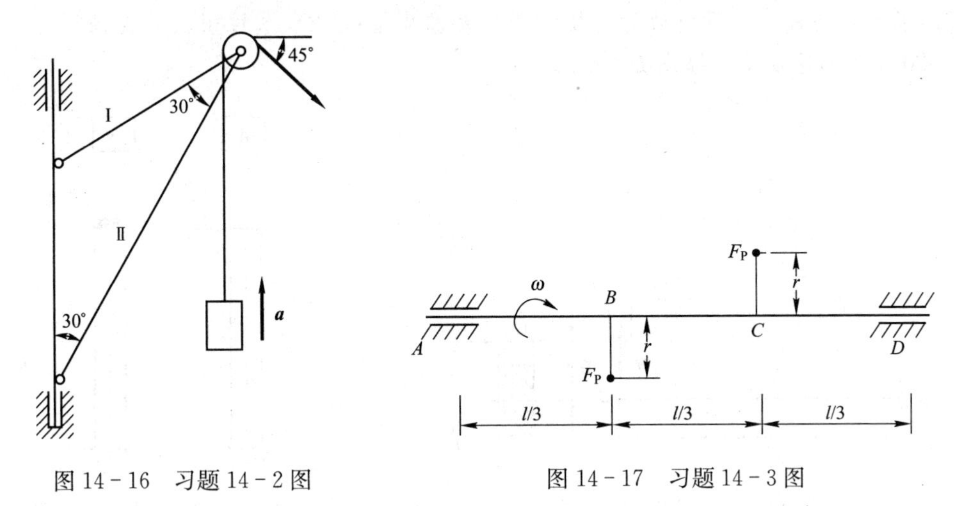

图 14－16　习题 14－2 图　　　　图 14－17　习题 14－3 图

14－4　如图 14－18 所示，绞车 C 安装在两根平行放置的 20a 号工字钢梁上，绞车将质量 $m_1=5\ 000$ kg 的重物以匀加速提起。已知在开始的 3 s 内重物升高的距离为 $h=10$ m，绞车的质量 $m_2=500$ kg，$l=4$ m，$[\sigma]=156.8$ MPa。试校核梁的强度。

14－5　图 14－19 所示卷扬机，起吊重物重量 $F_{P1}=40$ kN，以等加速度 $a=5$ m/s^2 向上运动。鼓轮重量为 $F_{P2}=4\ 000$ N，鼓轮直径 $D=1.2$ m，鼓轮安装在轴的中点。若轴长 $l=1$ m，轴材料的许用应力 $[\sigma]=100$ MPa。试：按第三强度理论设计轴径。

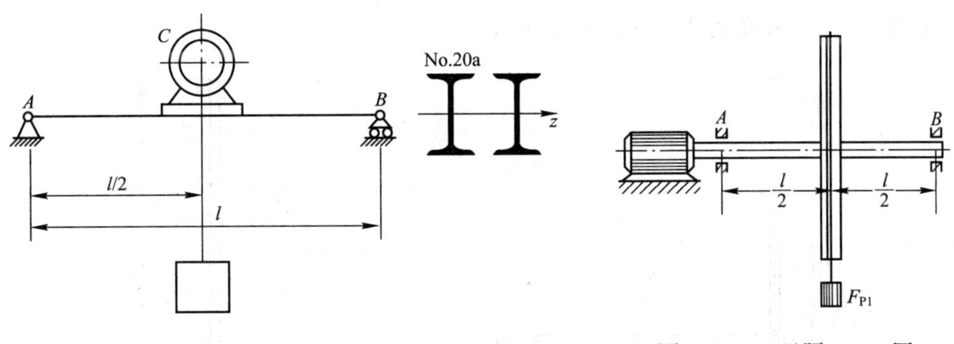

图 14－18　习题 14－4 图　　　　图 14－19　习题 14－5 图

14－6　图 14－20 所示结构中，已知：弹簧刚度系数为 k，拉杆抗拉压刚度为 EA，长为 l，重为 F_P 的重物自 h 处自由下落到拉杆底部的水平托盘上。求：拉杆的冲击应力。

14－7　图 14－21 所示悬臂木梁 AB，A 端固定，自由端 B 的上方有一重物自由落下，撞击到梁上。已知：重物高度为 40 mm，重量 $W=1$ kN，梁长 $l=2$ m，梁弹性模量 $E=10$ GPa，截面为 120 mm×200 mm 的矩形。试求：(1) 梁所受的冲击载荷；(2) 梁横截面上的最大冲击正应力与最大冲击挠度。

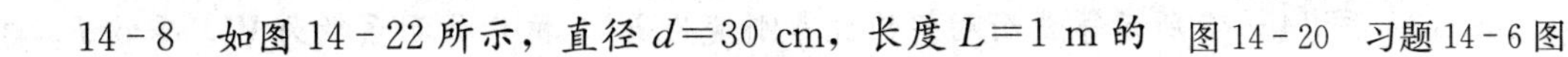

14－8　如图 14－22 所示，直径 $d=30$ cm，长度 $L=1$ m 的

图 14－20　习题 14－6 图

圆木桩，下端固定，材料 E=10 GPa。重为 W=5 kN 的重锤从离木桩顶为 h=1 m 的高度自由落下。求下列两种情况下的动荷因数：(1) 无橡皮垫；(2) 木桩顶放置直径 d_1=15 cm，厚度 t=20 mm 的橡皮垫，橡皮 E=8 MPa。

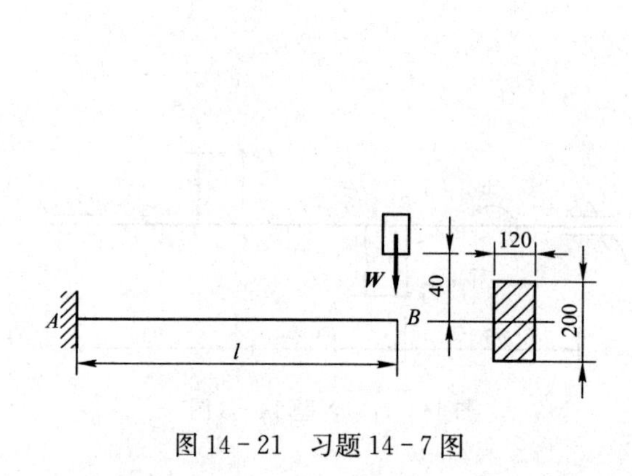

图 14-21　习题 14-7 图

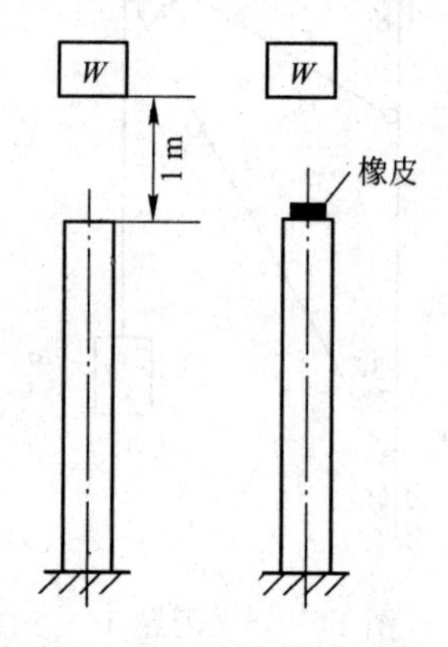

图 14-22　习题 14-8 图

14-9　图 14-23 所示结构中，重量为 mg 的物体 C 可绕 A 轴（垂直于纸面）做定轴转动，重物在铅垂位置时具有水平速度 $\boldsymbol{v}$，然后冲击到 AB 梁的中点。梁的长度为 l，材料的弹性模量为 E；梁横截面的惯性矩为 I，弯曲截面系数为 W，如果 l、E、mg、I、W、v 均为已知，求梁 AB 内的最大弯曲正应力。

14-10　图 14-24 所示铅直圆杆 AB，下端固定，长度为 l，抗弯截面系数为 W，抗弯刚度为 EI。在 C 点处被一质量为 m 的物体沿水平方向冲击，已知 $AC=a$，物体 m 与杆接触时的速度为 $\boldsymbol{v}$，试求杆在危险点处的冲击应力。

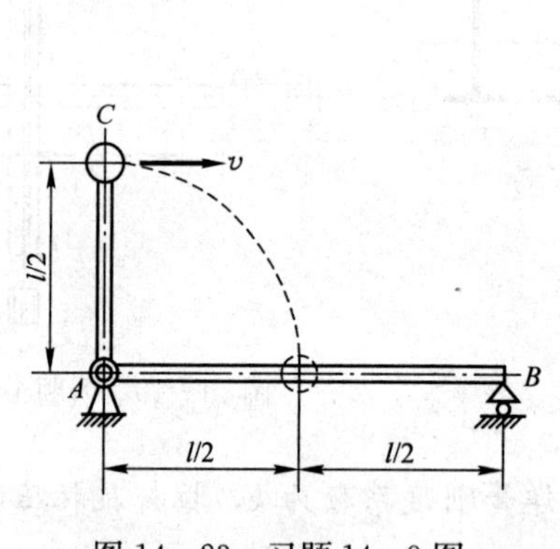

图 14-23　习题 14-9 图

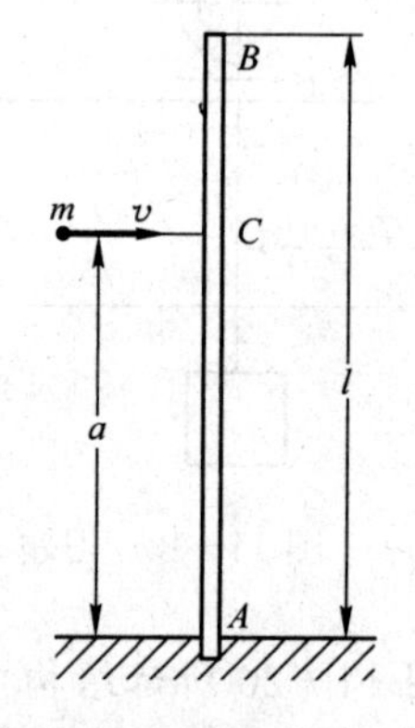

图 14-24　习题 14-10 图

14-11　对于例 14-5 中的冲击系统，已知：圆盘直径 D=200 mm，重量 F_P=500 N；AB 轴的直径 d=60 mm；长度 l=1 m，轴每分钟的转数 n=120 r/min，轴材料的切变模量 G=82 GPa。求：当 A 端突然刹车时，轴内的最大剪应力。

14-12　绞车起吊重量为 W=50 kN 的重物，以等速度 v=1.6 m/s 下降；当重物与绞车之间的钢索长度 l=2.4 m 时，突然刹住绞车。若钢索横截面积 A=1 000 mm^2。求：钢索内的最大正应力（不计钢索自重）。

14-13　图 14-26 所示等截面刚架的抗弯刚度为 EI，抗弯截面系数为 W，重物 F_P 自由下落时，求刚架内 σ_{dmax}（不计轴力）。

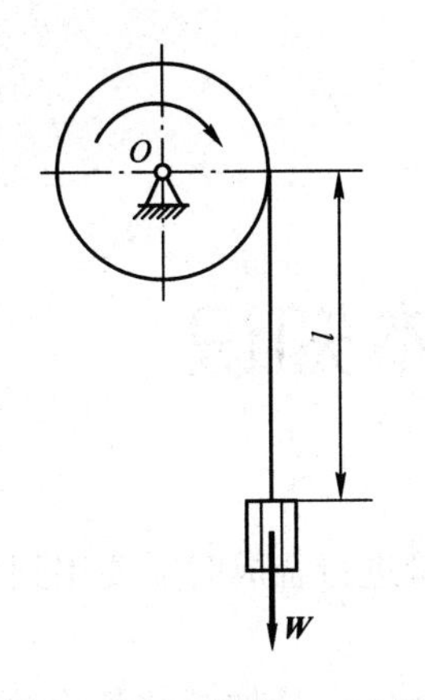

图14-25　习题14-12图

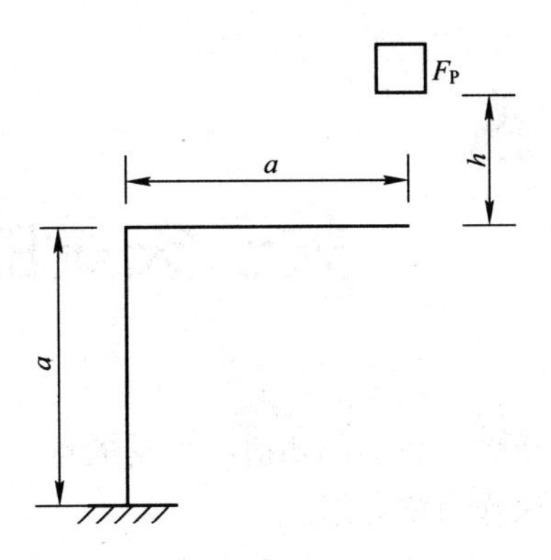

图14-26　习题14-13图

附录 A

关于矢量的基本知识

在受力分析中，我们都知道，力是矢量，对力矢量进行合成时需要用到矢量运算，下面就矢量运算方法作简要介绍。

矢量（Vector）是一个具有大小与方向的量。两个矢量的加减法符合平行四边形法则。如图 A-1 所示，记两矢量为

$$\boldsymbol{a}=a_x\boldsymbol{i}+a_y\boldsymbol{j}+a_z\boldsymbol{k},\quad \boldsymbol{b}=b_x\boldsymbol{i}+b_y\boldsymbol{j}+b_z\boldsymbol{k}$$

则两矢量可进行如下运算。

1. 两矢量的点积（数量积）

$$\boldsymbol{a}\cdot\boldsymbol{b}=ab\cos\theta=a_xb_x+a_yb_y+a_zb_z$$

两矢量点积后是一个数量。

两矢量的点积可以用来表示一个矢量在另一个矢量方向上的投影。比如，$\boldsymbol{a}\cdot\boldsymbol{i}$表示$\boldsymbol{a}$矢量在$x$轴上的投影。

两矢量的点积也可以用矩阵来表示。若$\boldsymbol{A}$、$\boldsymbol{B}$矩阵分别表示$\boldsymbol{a}$、$\boldsymbol{b}$矢量，记作

$$\boldsymbol{A}=[a_x\quad a_y\quad a_z]^{\mathrm{T}},\quad \boldsymbol{B}=[b_x\quad b_y\quad b_z]^{\mathrm{T}}$$

那么

$$\boldsymbol{a}\cdot\boldsymbol{b}=\boldsymbol{A}^{\mathrm{T}}\boldsymbol{B}=[a_x\quad a_y\quad a_z]\cdot[b_x\quad b_y\quad b_z]^{\mathrm{T}}=a_xb_x+a_yb_y+a_zb_z$$

2. 两矢量的叉积（矢量积）

如图 A-2 所示，两矢量作叉积运算后，获得一个新的矢量。

$$\boldsymbol{c}=\boldsymbol{a}\times\boldsymbol{b},\quad \boldsymbol{b}\times\boldsymbol{a}=-\boldsymbol{c}$$

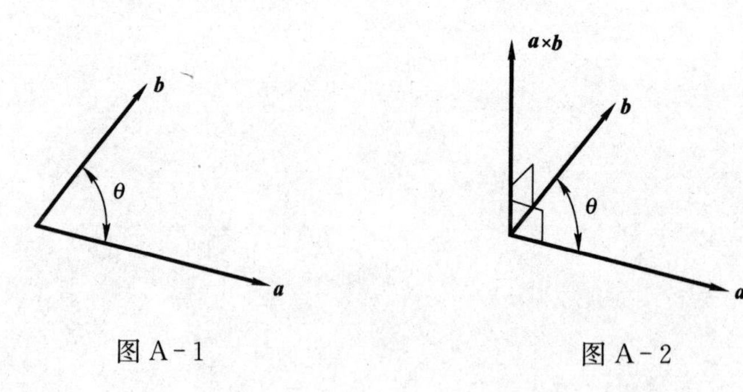

图 A-1　　图 A-2

新矢量的方向遵循右手定则。

$$c=|\boldsymbol{a}\times\boldsymbol{b}|=ab\sin\theta$$

$$\boldsymbol{c}=\boldsymbol{a}\times\boldsymbol{b}=\begin{vmatrix}\boldsymbol{i} & \boldsymbol{j} & \boldsymbol{k}\\ a_x & a_y & a_z\\ b_x & b_y & b_z\end{vmatrix}=c_x\boldsymbol{i}+c_y\boldsymbol{j}+c_z\boldsymbol{k}$$

其中，$c_x=a_yb_z-a_zb_y$，$c_y=a_zb_x-a_xb_z$，$c_z=a_xb_y-a_yb_x$。

两矢量叉积的几何意义：大小为以 $\boldsymbol{a}$、$\boldsymbol{b}$为边的平行四边形的面积。

两矢量叉积的矩阵表示：$\boldsymbol{C}=\widetilde{\boldsymbol{A}}\boldsymbol{B}$。其中，$\widetilde{\boldsymbol{A}}$ 是矩阵 $\boldsymbol{A}$ 的反对称矩阵，为

$$\widetilde{\boldsymbol{A}}=\begin{bmatrix}0 & -a_z & a_y\\ a_z & 0 & -a_x\\ -a_y & a_x & 0\end{bmatrix}$$

于是

$$\boldsymbol{C}=\widetilde{\boldsymbol{A}}\boldsymbol{B}=\begin{bmatrix}0 & -a_z & a_y\\ a_z & 0 & -a_x\\ -a_y & a_x & 0\end{bmatrix}\begin{bmatrix}b_x\\ b_y\\ b_z\end{bmatrix}=\begin{bmatrix}a_yb_z-a_zb_y\\ a_zb_x-a_xb_z\\ a_xb_y-a_yb_x\end{bmatrix}$$

3. 三矢量的混合积

$$(\boldsymbol{a}\times\boldsymbol{b})\cdot\boldsymbol{c}=\begin{vmatrix}\boldsymbol{i} & \boldsymbol{j} & \boldsymbol{k}\\ a_x & a_y & a_z\\ b_x & b_y & b_z\end{vmatrix}\cdot\boldsymbol{c}=\begin{vmatrix}a_x & a_y & a_z\\ b_x & b_y & b_z\\ c_x & c_y & c_z\end{vmatrix}$$

因为矢量的混合积是一个数量，其几何意义为：大小为以 $\boldsymbol{a}$、$\boldsymbol{b}$和$\boldsymbol{c}$为棱的平行六面体的体积。所以还有

$$\boldsymbol{a}\cdot(\boldsymbol{b}\times\boldsymbol{c})=\boldsymbol{a}\cdot\begin{vmatrix}\boldsymbol{i} & \boldsymbol{j} & \boldsymbol{k}\\ b_x & b_y & b_z\\ c_x & c_y & c_z\end{vmatrix}=\begin{vmatrix}a_x & a_y & a_z\\ b_x & b_y & b_z\\ c_x & c_y & c_z\end{vmatrix}$$

$$=\boldsymbol{c}\cdot(\boldsymbol{a}\times\boldsymbol{b})=\boldsymbol{b}\cdot(\boldsymbol{c}\times\boldsymbol{a})$$

4. 三矢量的两重叉积

$$\boldsymbol{a}\times(\boldsymbol{b}\times\boldsymbol{c})=(\boldsymbol{c}\cdot\boldsymbol{a})\boldsymbol{b}-(\boldsymbol{b}\cdot\boldsymbol{a})\boldsymbol{c}$$

附录 B

简单截面图形的几何性质

截面图形	面积	形心位置	惯性矩	抗弯截面系数	惯性半径
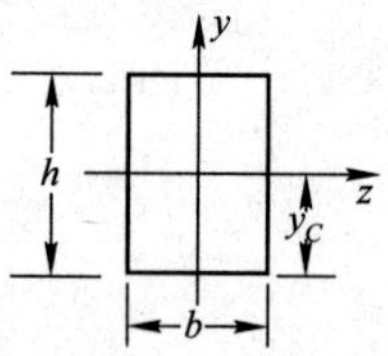	bh	$y_C=\frac{h}{2}$	$I_z=\frac{bh^3}{12}$ $I_y=\frac{hb^3}{12}$	$W_z=\frac{bh^2}{6}$ $W_y=\frac{hb^2}{6}$	$i_z=\frac{h}{\sqrt{12}}$ $i_y=\frac{b}{\sqrt{12}}$
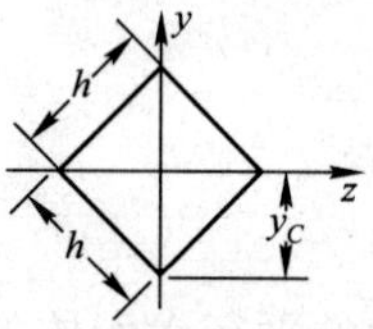	h^2	$y_C=\frac{h}{\sqrt{2}}$	$I_z=I_y=\frac{h^4}{12}$	$W_z=W_y=\frac{h^3}{\sqrt{72}}$	$i_z=i_y=\frac{h}{\sqrt{12}}$
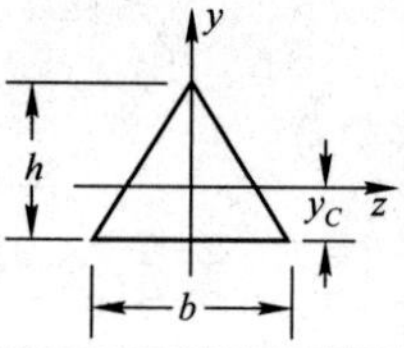	$\frac{bh}{2}$	$y_C=\frac{h}{3}$	$I_z=\frac{bh^3}{36}$ $I_y=\frac{hb^3}{48}$	$W_z=\frac{bh^2}{24}$ $W_y=\frac{hb^2}{24}$	$i_z=\frac{h}{\sqrt{18}}$ $i_y=\frac{h}{\sqrt{24}}$
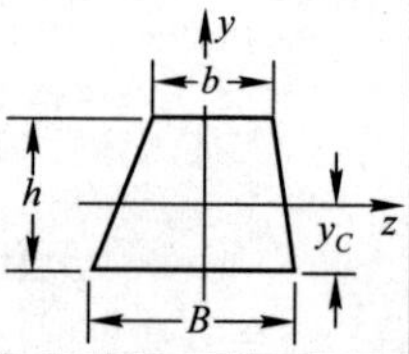	$\frac{(B+b)h}{2}$	$y_C=\frac{(B+2b)h}{3(B+b)}$	$I_z=\frac{B^2+4Bb+b^2}{36(B+b)}h^3$	$W_{z下}=\frac{B^2+4Bb+b^2}{12(B+2b)}h^2$ $W_{z上}=\frac{B^2+4Bb+b^2}{12(2B+b)}h^2$	$i_z=\frac{\sqrt{B^2+4Bb+b^2}}{\sqrt{18}(B+b)}h$
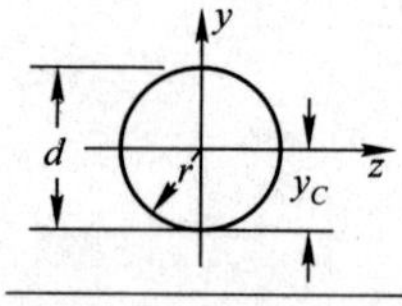	$\pi r^2=\frac{\pi d^2}{4}$	$y_C=r=\frac{d}{2}$	$I_z=I_y=\frac{\pi r^4}{4}=\frac{\pi d^4}{64}$	$W_z=W_y=\frac{\pi r^3}{4}=\frac{\pi d^3}{32}$	$i_z=i_y=\frac{r}{2}=\frac{d}{4}$
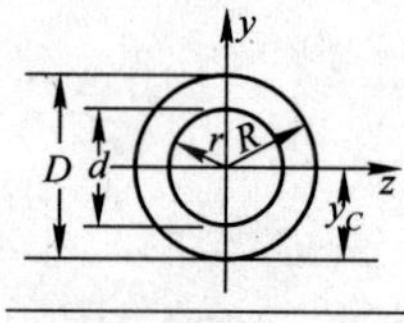	$\pi(R^2-r^2)$ $=\frac{\pi}{2}(D^2-d^2)$	$y_C=R=\frac{D}{2}$	$I_z=I_y$ $=\frac{\pi}{4}(R^4-r^4)$ $=\frac{\pi}{64}(D^4-d^4)$	$W_z=W_y$ $=\frac{\pi}{4R}(R^4-r^4)$ $=\frac{\pi}{32D}(D^4-d^4)$	$i_z=i_y$ $=\frac{1}{2}\sqrt{R^2+r^2}$ $=\frac{1}{4}\sqrt{D^2+d^2}$
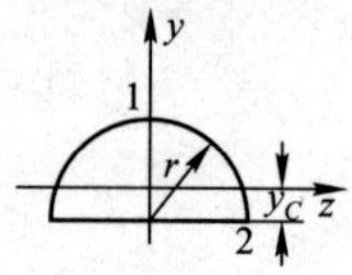	$\frac{\pi r^2}{2}$	$y_C=\frac{4r}{3\pi}$ $\approx 0.424r$	$I_z=\left(\frac{1}{8}-\frac{8}{9\pi^2}\right)\pi r^4$ $\approx 0.110r^4$ $I_y=\frac{\pi r^4}{8}$	$W_{z_1}\approx 0.191r^3$ $W_{z_2}\approx 0.259r^3$ $W_y=\frac{\pi r^3}{8}$	$i_z=0.264r$ $i_y=\frac{r}{2}$

附录 C

型　钢　表

表 C-1　热轧等边角钢（GB 9787—88）

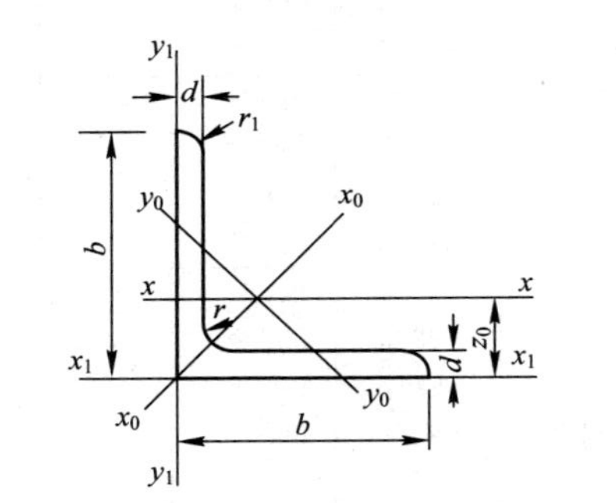

符号意义：

b—边宽度；　　I—惯性矩；

d—边厚度；　　i—惯性半径；

r—内圆弧半径；　　W—截面系数；

r_1—边端内圆弧半径；　　z_0—重心距离。

角钢号数	尺寸/mm			截面面积/cm²	理论重量/(kg/m)	外表面积/(m²/m)	参考数值										z_0/cm
							$x-x$			x_0-x_0			y_0-y_0			x_1-x_1	
	b	d	r				I_x/cm⁴	i_x/cm	W_x/cm³	I_{x0}/cm⁴	i_{x0}/cm	W_{x0}/cm³	I_{y0}/cm⁴	i_{y0}/cm	W_{y0}/cm³	I_{x1}/cm⁴	
2	20	3	3.5	1.132	0.889	0.078	0.40	0.59	0.29	0.63	0.75	0.45	0.17	0.39	0.20	0.81	0.60
		4		1.459	1.145	0.077	0.50	0.58	0.36	0.78	0.73	0.55	0.22	0.38	0.24	1.09	0.64
2.5	25	3		1.432	1.124	0.098	0.82	0.76	0.46	1.29	0.95	0.73	0.34	0.49	0.33	1.57	0.73
		4		1.859	1.459	0.097	1.03	0.74	0.59	1.62	0.93	0.92	0.43	0.48	0.40	2.11	0.76
3.0	30	3	4.5	1.749	1.373	0.117	1.46	0.91	0.68	2.31	1.15	1.09	0.61	0.59	0.51	2.71	0.85
		4		2.276	1.786	0.117	1.84	0.90	0.87	2.92	1.13	1.37	0.77	0.58	0.62	3.63	0.89

续表

角钢号数	尺寸/mm			截面面积/cm²	理论重量/(kg/m)	外表面积/(m²/m)	参考数值									
							$x-x$			x_0-x_0			y_0-y_0			x_1-x_1	z_0/cm
	b	d	r				I_x/cm⁴	i_x/cm	W_x/cm³	I_{x0}/cm⁴	i_{x0}/cm	W_{x0}/cm³	I_{y0}/cm⁴	i_{y0}/cm	W_{y0}/cm³	I_{x1}/cm⁴	
3.6	36	3	4.5	2.109	1.656	0.141	2.58	1.11	0.99	4.09	1.39	1.61	1.07	0.71	0.76	4.68	1.00
		4		2.756	2.163	0.141	3.29	1.09	1.28	5.22	1.38	2.05	1.37	0.70	0.93	6.25	1.04
		5		3.382	2.654	0.141	3.95	1.08	1.56	6.24	1.36	2.45	1.65	0.70	1.09	7.84	1.07
4.0	40	3	5	2.359	1.852	0.157	3.59	1.23	1.23	5.69	1.55	2.01	1.49	0.79	0.96	6.41	1.09
		4		3.086	2.422	0.157	4.60	1.22	1.60	7.29	1.54	2.58	1.91	0.79	1.19	8.56	1.13
		5		3.791	2.976	0.156	5.53	1.21	1.96	8.76	1.52	3.10	2.30	0.78	1.39	10.74	1.17
4.5	45	3	5	2.659	2.088	0.177	5.17	1.40	1.58	8.20	1.76	2.58	2.14	0.90	1.24	9.12	1.22
		4		3.486	2.736	0.177	6.65	1.38	2.05	10.56	1.74	3.32	2.75	0.89	1.54	12.18	1.26
		5		4.292	3.369	0.176	8.04	1.37	2.51	12.74	1.72	4.00	3.33	0.88	1.81	15.25	1.30
		6		5.076	3.985	0.176	9.33	1.36	2.95	14.76	1.70	4.64	3.89	0.88	2.06	18.36	1.33
5	50	3	5.5	2.971	2.332	0.197	7.18	1.55	1.96	11.37	1.96	3.22	2.98	1.00	1.57	12.50	1.34
		4		3.897	3.059	0.197	9.26	1.54	2.56	14.70	1.94	4.16	3.82	0.99	1.96	16.69	1.38
		5		4.803	3.770	0.196	11.21	1.53	3.13	17.79	1.92	5.03	4.64	0.98	2.31	20.90	1.42
		6		5.688	4.465	0.196	13.05	1.52	3.68	20.68	1.91	5.85	5.42	0.98	2.63	25.14	1.46
5.6	56	3	6	3.343	2.624	0.221	10.19	1.75	2.48	16.14	2.20	4.08	4.24	1.13	2.02	17.56	1.48
		4		4.390	3.446	0.220	13.18	1.73	3.24	20.92	2.18	5.28	5.46	1.11	2.52	23.43	1.53
		5		5.415	4.251	0.220	16.02	1.72	3.97	25.42	2.17	6.42	6.61	1.10	2.98	29.33	1.57
		8		8.367	6.568	0.219	23.63	1.68	6.03	37.37	2.11	9.44	9.89	1.09	4.16	47.24	1.68
6.3	63	4	7	4.978	3.907	0.248	19.03	1.96	4.13	30.17	2.46	6.78	7.89	1.26	3.29	33.35	1.70
		5		6.143	4.822	0.248	23.17	1.94	5.08	36.77	2.45	8.25	9.57	1.25	3.90	41.73	1.74
		6		7.288	5.721	0.247	27.12	1.93	6.00	43.03	2.43	9.66	11.20	1.24	4.46	50.14	1.78
		8		9.515	7.469	0.247	34.46	1.90	7.75	54.56	2.40	12.25	14.33	1.23	5.47	67.11	1.85
		10		11.657	9.151	0.246	41.09	1.88	9.39	64.85	2.36	14.56	17.33	1.22	6.36	84.31	1.93
7	70	4	8	5.570	4.372	0.275	26.39	2.18	5.14	41.80	2.74	8.44	10.99	1.40	4.17	45.74	1.86
		5		6.875	5.397	0.275	32.21	2.16	6.32	51.08	2.73	10.32	13.34	1.39	4.95	57.21	1.91
		6		8.160	6.406	0.275	37.77	2.15	7.48	59.93	2.71	12.11	15.61	1.38	5.67	68.73	1.95
		7		9.424	7.398	0.275	43.09	2.14	8.59	68.35	2.69	13.81	17.82	1.38	6.34	80.29	1.99
		8		10.667	8.373	0.274	48.17	2.12	9.68	76.37	2.68	15.43	19.98	1.37	6.98	91.92	2.03

续表

角钢号数	尺寸/mm			截面面积/cm^2	理论重量/(kg/m)	外表面积/(m^2/m)	参考数值										z_0/cm
							$x-x$			x_0-x_0			y_0-y_0			x_1-x_1	
	b	d	r				I_x/cm^4	i_x/cm	W_x/cm^3	I_{x0}/cm^4	i_{x0}/cm	W_{x0}/cm^3	I_{y0}/cm^4	i_{y0}/cm	W_{y0}/cm^3	I_{x1}/cm^4	
7.5	75	5	9	7.412	5.818	0.295	39.97	2.33	7.32	63.30	2.92	11.94	16.63	1.50	5.77	70.56	2.04
		6		8.797	6.905	0.294	46.95	2.31	8.64	74.38	2.90	14.02	19.51	1.49	6.67	84.55	2.07
		7		10.160	7.976	0.294	53.57	2.30	9.93	84.96	2.89	16.02	22.18	1.48	7.44	98.71	2.11
		8		11.503	9.030	0.294	59.96	2.28	11.20	95.07	2.88	17.93	24.86	1.47	8.19	112.97	2.15
		10		14.126	11.089	0.293	71.98	2.26	13.64	113.92	2.84	21.48	30.05	1.46	9.56	141.71	2.22
8	80	5	9	7.912	6.211	0.315	48.79	2.48	8.34	77.33	3.13	13.67	20.25	1.60	6.66	85.36	2.15
		6		9.397	7.376	0.314	57.35	2.47	9.87	90.98	3.11	16.08	23.72	1.59	7.65	102.50	2.19
		7		10.860	8.525	0.314	65.58	2.46	11.37	104.07	3.10	18.40	27.09	1.58	8.58	119.70	2.23
		8		12.303	9.658	0.314	73.49	2.44	12.83	116.60	3.08	20.61	30.39	1.57	9.46	136.97	2.27
		10		15.126	11.874	0.313	88.43	2.42	15.64	140.09	3.04	24.76	36.77	1.56	11.08	171.74	2.35
9	90	6	10	10.637	8.350	0.354	82.77	2.79	12.61	131.26	3.51	20.63	34.28	1.80	9.95	145.87	2.44
		7		12.301	9.656	0.354	94.83	2.78	14.54	150.47	3.50	23.64	39.18	1.78	11.19	170.30	2.48
		8		13.944	10.946	0.353	106.47	2.76	16.42	168.97	3.48	26.55	43.97	1.78	12.35	194.80	2.52
		10		17.167	13.476	0.353	128.58	2.74	20.07	203.90	3.45	32.04	53.26	1.76	14.52	244.07	2.59
		12		20.306	15.940	0.352	149.22	2.71	23.57	236.21	3.41	37.12	62.22	1.75	16.49	293.76	2.67
10	100	6	12	11.932	9.366	0.393	114.95	3.01	15.68	181.98	3.90	25.74	47.92	2.00	12.69	200.07	2.67
		7		13.796	10.830	0.393	131.86	3.09	18.10	208.97	3.89	29.55	54.74	1.99	14.26	233.54	2.71
		8		15.638	12.276	0.393	148.24	3.08	20.47	235.07	3.88	33.24	61.41	1.98	15.75	267.09	2.76
		10		19.261	15.120	0.392	179.51	3.05	25.06	284.68	3.84	40.26	74.35	1.96	18.54	334.48	2.84
		12		22.800	17.898	0.391	208.90	3.03	29.48	330.95	3.81	46.80	86.84	1.95	21.08	402.34	2.91
		14		26.256	20.611	0.391	236.53	3.00	33.73	374.06	3.77	52.90	99.00	1.94	23.44	470.75	2.99
		16		29.627	23.257	0.390	262.53	2.98	37.82	414.16	3.74	58.57	110.89	1.94	25.63	539.80	3.06
11	110	7	12	15.196	11.928	0.433	177.16	3.41	22.05	280.94	4.30	36.12	73.38	2.20	17.51	310.64	2.96
		8		17.238	13.532	0.433	199.46	3.40	24.95	316.49	4.28	40.69	82.42	2.19	19.39	355.20	3.01
		10		21.261	16.690	0.432	242.19	3.38	30.60	384.39	4.25	49.42	99.98	2.17	22.91	444.65	3.09
		12		25.200	19.782	0.431	282.55	3.35	36.05	448.17	4.22	57.62	116.93	2.15	26.15	534.60	3.16
		14		29.056	22.809	0.431	320.71	3.32	41.31	508.01	4.18	65.31	133.40	2.14	29.14	625.16	3.24

续表

角钢号数	尺寸/mm			截面面积/cm²	理论重量/(kg/m)	外表面积/(m²/m)	参考数值										z₀/cm
							$x-x$			x_0-x_0			y_0-y_0			x_1-x_1	
	b	d	r				I_x/cm⁴	i_x/cm	W_x/cm³	I_{x0}/cm⁴	i_{x0}/cm	W_{x0}/cm³	I_{y0}/cm⁴	i_{y0}/cm	W_{y0}/cm³	I_{x1}/cm⁴	
12.5	125	8	14	19.750	15.504	0.492	297.03	3.88	32.52	470.89	4.88	53.28	123.16	2.50	25.86	521.01	3.37
		10		24.373	19.133	0.491	361.67	3.85	39.97	573.89	4.85	64.93	149.46	2.48	30.62	651.93	3.45
		12		28.912	22.696	0.491	423.16	3.83	41.17	671.44	4.82	75.96	174.88	2.46	35.03	783.42	3.53
		14		33.367	26.193	0.490	481.65	3.80	54.16	763.73	4.78	86.41	199.57	2.45	39.13	915.61	3.61
14	140	10	14	27.373	21.488	0.551	514.65	4.34	50.58	817.27	5.46	82.56	212.04	2.78	39.20	915.11	3.82
		12		32.512	25.522	0.551	603.68	4.31	59.80	958.79	5.43	96.85	248.57	2.76	45.02	1 099.28	3.90
		14		37.567	29.490	0.550	688.81	4.28	68.75	1 093.56	5.40	110.47	284.06	2.75	50.45	1 284.22	3.98
		16		42.539	33.393	0.549	770.24	4.26	77.46	1 221.81	5.36	123.42	318.67	2.74	55.55	1 470.07	4.06
16	160	10	16	31.502	24.729	0.630	779.53	4.98	66.70	1 237.30	6.27	109.36	321.76	3.20	52.76	1 365.33	4.31
		12		37.441	29.391	0.630	916.58	4.95	78.98	1 455.68	6.24	128.67	377.49	3.18	60.74	1 639.57	4.39
		14		43.296	33.987	0.629	1 048.36	4.92	90.95	1 665.02	6.20	147.17	431.70	3.16	68.24	1 914.68	4.47
		16		49.067	38.518	0.629	1 175.08	4.89	102.63	1 865.57	6.17	164.89	484.59	3.14	75.31	2 190.82	4.55
18	180	12	16	42.241	33.159	0.710	1 321.35	5.59	100.82	2 100.10	7.05	165.00	542.61	3.58	78.41	2 332.80	4.89
		14		48.896	38.383	0.709	1 514.48	5.56	116.25	2 407.42	7.02	189.14	625.53	3.56	88.38	2 723.48	4.97
		16		55.467	43.542	0.709	1 700.99	5.54	131.13	2 703.37	6.98	212.40	698.60	3.55	97.83	3 115.29	5.05
		18		61.955	48.634	0.708	1 875.12	5.50	145.64	2 988.24	6.94	234.78	762.01	3.51	105.14	3 502.43	5.13
20	200	14	18	54.642	42.894	0.788	2 103.55	6.20	144.70	3 343.26	7.82	236.40	863.83	3.98	111.82	3 734.10	5.46
		16		62.013	48.680	0.788	2 366.15	6.18	163.65	3 760.89	7.79	265.93	971.41	3.96	123.96	4 270.39	5.54
		18		69.301	54.401	0.787	2 620.64	6.15	182.22	4 164.54	7.75	294.48	1 076.74	3.94	135.52	4 808.13	5.62
		20		76.505	60.056	0.787	2 867.30	6.12	200.42	4 554.55	7.72	322.06	1 180.04	3.93	146.55	5 347.51	5.69
		24		90.661	71.168	0.785	3 338.25	6.07	236.17	5 294.97	7.64	374.41	1 381.53	3.90	166.65	6 457.16	5.87

注：截面图中的 $r_1=\frac{1}{3}d$ 及表中 r 值的数据用于孔型设计，不作为交货条件。

表 C-2 热轧不等边角钢（GB 9788—88）

符号意义：

B—长边宽度；　b—短边宽度；

d—边厚度；　r—内圆弧半径；

r_1—边端内圆弧半径；　I—惯性矩；

i—惯性半径；　W—截面系数；

x_0—重心距离；　y_0—重心距离。

角钢号数	尺寸/mm				截面面积/cm^2	理论重量/(kg/m)	外表面积/(m^2/m)	参考数值													
								$x-x$			$y-y$			x_1-x_1		y_1-y_1		$u-u$			
	B	b	d	r				I_x/cm^4	i_x/cm	W_x/cm^3	I_y/cm^4	i_y/cm	W_y/cm^3	I_{x1}/cm^4	y_0/cm	I_{y1}/cm^4	x_0/cm	I_u/cm^4	i_u/cm	W_u/cm^3	$\tan\alpha$
2.5/1.6	25	16	3	3.5	1.162	0.912	0.080	0.70	0.78	0.43	0.22	0.44	0.19	1.56	0.86	0.43	0.42	0.14	0.34	0.16	0.392
			4		1.499	1.176	0.079	0.88	0.77	0.55	0.27	0.43	0.24	2.09	0.90	0.59	0.46	0.17	0.34	0.20	0.381
3.2/2	32	20	3		1.492	1.171	0.102	1.53	1.01	0.72	0.46	0.55	0.30	3.27	1.08	0.82	0.49	0.28	0.43	0.25	0.382
			4		1.939	1.522	0.101	1.93	1.00	0.93	0.57	0.54	0.39	4.37	1.12	1.12	0.53	0.35	0.42	0.32	0.374
4/2.5	40	25	3	4	1.890	1.484	0.127	3.08	1.28	1.15	0.93	0.70	0.49	6.39	1.32	1.59	0.59	0.56	0.54	0.40	0.386
			4		2.467	1.936	0.127	3.93	1.26	1.49	1.18	0.69	0.63	8.53	1.37	2.14	0.63	0.71	0.54	0.52	0.381
4.5/2.8	45	28	3	5	2.149	1.687	0.143	4.45	1.44	1.47	1.34	0.79	0.62	9.10	1.47	2.23	0.64	0.80	0.61	0.51	0.383
			4		2.806	2.203	0.143	5.69	1.42	1.91	1.70	0.78	0.80	12.13	1.51	3.00	0.68	1.02	0.60	0.66	0.380
5/3.2	50	32	3	5.5	2.431	1.908	0.161	6.24	1.60	1.84	2.02	0.91	0.82	12.49	1.60	3.31	0.73	1.20	0.70	0.68	0.404
			4		3.177	2.494	0.160	8.02	1.59	2.39	2.58	0.90	1.06	16.65	1.65	4.45	0.77	1.53	0.69	0.87	0.402
5.6/3.6	56	36	3	6	2.743	2.153	0.181	8.88	1.80	2.32	2.92	1.03	1.05	17.54	1.78	4.70	0.80	1.73	0.79	0.87	0.408
			4		3.590	2.818	0.180	11.45	1.79	3.03	3.76	1.02	1.37	23.39	1.82	6.33	0.85	2.23	0.79	1.13	0.408
			5		4.415	3.466	0.180	13.86	1.77	3.71	4.49	1.01	1.65	29.25	1.87	7.94	0.88	2.67	0.78	1.36	0.404
6.3/4	63	40	4	7	4.058	3.185	0.202	16.49	2.02	3.87	5.23	1.14	1.70	33.30	2.04	8.63	0.92	3.12	0.88	1.40	0.398
			5		4.993	3.920	0.202	20.02	2.00	4.74	6.31	1.12	2.71	41.63	2.08	10.86	0.95	3.76	0.87	1.71	0.396
			6		5.908	4.638	0.201	23.36	1.96	5.59	7.29	1.11	2.43	49.98	2.12	13.12	0.99	4.34	0.86	1.99	0.393
			7		6.802	5.339	0.201	26.53	1.98	6.40	8.24	1.10	2.78	58.07	2.15	15.47	1.03	4.97	0.86	2.29	0.389

续表

角钢号数	尺寸/mm				截面面积/cm²	理论重量/(kg/m)	外表面积/(m²/m)	参考数值												
								$x-x$			$y-y$			x_1-x_1		y_1-y_1		$u-u$		
	B	b	d	r				I_x/cm⁴	i_x/cm	W_x/cm³	I_y/cm⁴	i_y/cm	W_y/cm³	I_{x1}/cm⁴	y_0/cm	I_{y1}/cm⁴	x_0/cm	I_u/cm⁴	i_u/cm	W_u/cm³	tan α
7/4.5	70	45	4	7.5	4.547	3.570	0.226	23.17	2.26	4.86	7.55	1.29	2.17	45.92	2.24	12.26	1.02	4.40	0.98	1.77	0.410
			5		5.609	4.403	0.225	27.95	2.23	5.92	9.13	1.28	2.65	57.10	2.28	15.39	1.06	5.40	0.98	2.19	0.407
			6		6.647	5.218	0.225	32.54	2.21	6.95	10.62	1.26	3.12	68.35	2.32	18.58	1.09	6.35	0.98	2.59	0.404
			7		7.657	6.011	0.225	37.22	2.20	8.03	12.01	1.25	3.57	79.99	2.36	21.84	1.13	7.16	0.97	2.94	0.402
(7.5/5)	75	50	5	8	6.125	4.808	0.245	34.86	2.39	6.83	12.61	1.44	3.30	70.00	2.40	21.04	1.17	7.41	1.10	2.74	0.435
			6		7.260	5.699	0.245	41.12	2.38	8.12	14.70	1.42	3.88	84.30	2.44	25.37	1.21	8.54	1.08	3.19	0.435
			8		9.467	7.431	0.244	52.39	2.35	10.52	18.53	1.40	4.99	112.50	2.52	34.23	1.29	10.87	1.07	4.10	0.429
			10		11.590	9.098	0.244	62.71	2.33	12.79	21.96	1.38	6.04	140.80	2.60	43.43	1.36	13.10	1.06	4.99	0.423
8/5	80	50	5	8	6.375	5.005	0.255	41.96	2.56	7.78	12.82	1.42	3.32	85.21	2.60	21.06	1.14	7.66	1.10	2.74	0.388
			6		7.560	5.935	0.255	49.49	2.56	9.25	14.95	1.41	3.91	102.53	2.65	25.41	1.18	8.85	1.08	3.20	0.387
			7		8.724	6.848	0.255	56.16	2.54	10.58	16.96	1.39	4.48	119.33	2.69	29.82	1.21	10.18	1.08	3.70	0.384
			8		9.867	7.745	0.254	62.83	2.52	11.92	18.85	1.38	5.03	136.41	2.73	34.32	1.25	11.38	1.07	4.16	0.381
9/5.6	90	56	5	9	7.212	5.661	0.287	60.45	2.90	9.92	18.32	1.59	4.21	121.32	2.91	29.53	1.25	10.98	1.23	3.49	0.385
			6		8.557	6.717	0.286	71.03	2.88	11.74	21.42	1.58	4.96	145.59	2.95	35.58	1.29	12.90	1.23	4.18	0.384
			7		9.880	7.756	0.286	81.01	2.86	13.49	24.36	1.57	5.70	169.66	3.00	41.71	1.33	14.67	1.22	4.72	0.382
			8		11.183	8.779	0.286	91.03	2.85	15.27	27.15	1.56	6.41	194.17	3.04	47.93	1.36	16.34	1.21	5.29	0.380
10/6.3	100	63	6	10	9.617	7.550	0.320	99.06	3.21	14.64	30.94	1.79	6.35	199.71	3.24	50.50	1.43	18.42	1.38	5.25	0.394
			7		11.111	8.722	0.320	113.45	3.20	16.88	35.26	1.78	7.29	233.00	3.28	59.14	1.47	21.00	1.38	6.02	0.394
			8		12.584	9.878	0.319	127.37	3.18	19.08	39.39	1.77	8.21	266.32	3.32	67.88	1.50	23.50	1.37	6.78	0.391
			10		15.467	12.142	0.319	153.81	3.15	23.32	47.12	1.74	9.98	333.06	3.40	85.73	1.58	28.33	1.35	8.24	0.387
10/8	100	80	6	10	10.637	8.350	0.354	107.04	3.17	15.19	61.24	2.40	10.16	199.83	2.95	102.68	1.97	31.65	1.72	8.37	0.627
			7		12.301	9.656	0.354	122.73	3.16	17.52	70.08	2.39	11.71	233.20	3.00	119.98	2.01	36.17	1.72	9.60	0.626
			8		13.944	10.946	0.353	137.92	3.14	19.81	78.58	2.37	13.21	266.61	3.04	137.37	2.05	40.58	1.71	10.80	0.625
			10		17.167	13.476	0.353	166.87	3.12	24.24	94.65	2.35	16.12	333.63	3.12	172.48	2.13	49.10	1.69	13.12	0.622
11/7	110	70	6	10	10.637	8.350	0.354	133.37	3.54	17.85	42.92	2.01	7.90	265.78	3.53	69.08	1.57	25.36	1.54	6.53	0.403
			7		12.301	9.656	0.354	153.00	3.53	20.60	49.01	2.00	9.09	310.07	3.57	80.82	1.61	28.95	1.53	7.50	0.402
			8		13.944	10.946	0.353	172.04	3.51	23.30	54.87	1.98	10.25	354.39	3.62	92.70	1.65	32.45	1.53	8.45	0.401
			10		17.167	13.476	0.353	208.39	3.48	28.54	65.88	1.96	12.48	443.13	3.70	116.83	1.72	39.20	1.51	10.29	0.397

续表

角钢号数	尺寸/mm				截面面积/cm²	理论重量/(kg/m)	外表面积/(m²/m)	参考数值															
								$x-x$			$y-y$			x_1-x_1		y_1-y_1		$u-u$			
	B	b	d	r				I_x/cm⁴	i_x/cm	W_x/cm³	I_y/cm⁴	i_y/cm	W_y/cm³	I_{x1}/cm⁴	y_0/cm	I_{y1}/cm⁴	x_0/cm	I_u/cm⁴	i_u/cm	W_u/cm³	$\tan\alpha$
12.5/8	125	80	7	11	14.096	11.066	0.403	277.98	4.02	26.86	74.42	2.30	12.01	454.99	4.01	120.32	1.80	43.81	1.76	9.92	0.408
			8		15.989	12.551	0.403	256.77	4.01	30.41	83.49	2.28	13.56	519.99	4.06	137.85	1.84	49.15	1.75	11.18	0.407
			10		19.712	15.474	0.402	312.04	3.98	37.33	100.67	2.26	16.56	650.09	4.14	173.40	1.92	59.45	1.74	13.64	0.404
			12		23.351	18.330	0.402	364.41	3.95	44.01	116.67	2.24	19.43	780.39	4.22	209.67	2.00	69.35	1.72	16.01	0.400
14/9	140	90	8	12	18.038	14.160	0.453	365.64	4.50	38.48	120.69	2.59	17.34	730.53	4.50	195.79	2.04	70.83	1.98	14.31	0.411
			10		22.261	17.475	0.452	445.50	4.47	47.31	146.03	2.56	21.22	913.20	4.58	245.92	2.12	85.82	1.96	17.48	0.409
			12		26.400	20.724	0.451	521.59	4.44	55.87	169.79	2.54	24.95	1 096.09	4.66	296.89	2.19	100.21	1.95	20.54	0.406
			14		30.456	23.908	0.451	594.10	4.42	64.18	192.10	2.51	28.54	1 279.26	4.74	348.82	2.27	114.13	1.94	23.52	0.403
16/10	160	100	10	13	25.315	19.872	0.512	668.69	5.14	62.13	205.03	2.85	26.56	1 362.89	5.24	336.59	2.28	121.74	2.19	21.92	0.390
			12		30.054	23.592	0.511	784.91	5.11	73.49	239.06	2.82	31.28	1 635.56	5.32	405.94	2.36	142.33	2.17	25.79	0.388
			14		34.709	27.247	0.510	896.30	5.08	84.56	271.20	2.80	35.83	1 908.50	5.40	476.42	2.43	162.23	2.16	29.56	0.385
			16		39.281	30.835	0.510	1 003.04	5.05	95.33	301.60	2.77	40.24	2 181.79	5.48	548.22	2.51	182.57	2.16	33.44	0.382
18/11	180	110	10	14	28.373	22.273	0.571	956.25	5.80	78.96	278.11	3.13	32.49	1 940.40	5.89	447.22	2.44	166.50	2.42	26.88	0.376
			12		33.712	26.464	0.571	1 124.72	5.78	93.53	325.03	3.10	38.32	2 328.38	5.98	538.94	2.52	194.87	2.40	31.66	0.374
			14		38.967	30.589	0.570	1 286.91	5.75	107.76	369.55	3.08	43.97	2 716.60	6.06	631.95	2.59	222.30	2.39	36.32	0.372
			16		44.139	34.649	0.569	1 443.06	5.72	121.64	411.85	3.06	49.44	3 105.15	6.14	726.46	2.67	248.94	2.38	40.87	0.369
20/12.5	200	125	12		37.912	29.761	0.641	1 570.90	6.44	116.73	483.16	3.57	49.99	3 193.85	6.54	787.74	2.83	285.79	2.74	41.23	0.392
			14		43.867	34.436	0.640	1 800.97	6.41	134.65	550.83	3.54	57.44	3 726.17	6.62	922.47	2.91	326.58	2.73	47.34	0.390
			16		49.739	39.045	0.639	2 023.35	6.38	152.18	615.44	3.52	64.69	4 258.86	6.70	1 058.86	2.99	366.21	2.71	53.32	0.388
			18		55.526	43.588	0.639	2 238.30	6.35	169.33	677.19	3.49	71.74	4 792.00	6.78	1 197.13	3.06	404.83	2.70	59.18	0.385

注：1. 括号内型号不推荐使用；2. 截面图中的 $r_1=\frac{1}{3}d$ 及表中 r 的数据用于孔型设计，不作为交货条件。

表 C-3 热轧工字钢（GB 706—88）

符号意义：

h—高度；　　r_1—腿端圆弧半径；

b—腿宽度；　　I—惯性矩；

d—腰厚度；　　W—截面系数；

t—平均腿厚度；　　i—惯性半径；

r—内圆弧半径；　　S—半截面的静矩。

型号	尺寸/mm						截面面积/cm²	理论重量/(kg/m)	参考数值						
									$x-x$				$y-y$		
	h	b	d	t	r	r_1			I_x/cm⁴	W_x/cm³	i_x/cm	$I_x:S_x$/cm	I_y/cm⁴	W_y/cm³	i_y/cm
10	100	68	4.5	7.6	6.5	3.3	14.3	11.2	245	49	4.14	8.59	33	9.72	1.52
12.6	126	74	5	8.4	7	3.5	18.1	14.2	488.43	77.529	5.195	10.85	46.906	12.677	1.609
14	140	80	5.5	9.1	7.5	3.8	21.5	16.9	712	102	5.76	12	64.4	16.1	1.73
16	160	88	6	9.9	8	4	26.1	20.5	1 130	141	6.58	13.8	93.1	21.2	1.89
18	180	94	6.5	10.7	8.5	4.3	30.6	24.1	1 660	185	7.36	15.4	122	26	2
20a	200	100	7	11.4	9	4.5	35.5	27.9	2 370	237	8.15	17.2	158	31.5	2.12
20b	200	102	9	11.4	9	4.5	39.5	31.1	2 500	250	7.96	16.9	169	33.1	2.06
22a	220	110	7.5	12.3	9.5	4.8	42	33	3 400	309	8.99	18.9	225	40.9	2.31
22b	220	112	9.5	12.3	9.5	4.8	46.4	36.4	3 570	325	8.78	18.7	239	42.7	2.27
25a	250	116	8	13	10	5	48.5	38.1	5 023.54	401.88	10.18	21.58	280.046	48.283	2.403
25b	250	118	10	13	10	5	53.5	42	5 283.96	422.72	9.938	21.27	309.297	52.423	2.404
28a	280	122	8.5	13.7	10.5	5.3	55.45	43.4	7 114.14	508.15	11.32	24.62	345.051	56.565	2.495
28b	280	124	10.5	13.7	10.5	5.3	61.05	47.9	7 480	534.29	11.08	24.24	379.496	61.209	2.493
32a	320	130	9.5	15	11.5	5.8	67.05	52.7	11 075.5	692.2	12.84	27.46	459.93	70.758	2.619
32b	320	132	11.5	15	11.5	5.8	73.45	57.7	11 621.4	726.33	12.58	27.09	501.53	75.989	2.614
32c	320	134	13.5	15	11.5	5.8	79.95	62.8	12 167.5	760.47	12.34	26.77	543.81	81.166	2.608

续表

型号	尺寸/mm						截面面积/cm^2	理论重量/(kg/m)	参考数值						
									$x-x$				$y-y$		
	h	b	d	t	r	r_1			I_x/cm^4	W_x/cm^3	i_x/cm	$I_x:S_x$/cm	I_y/cm^4	W_y/cm^3	i_y/cm
36a	360	136	10	15.8	12	6	76.3	59.9	15 760	875	14.4	30.7	552	81.2	2.69
36b	360	138	12	15.8	12	6	83.5	65.6	16 530	919	14.1	30.3	582	84.3	2.64
36c	360	140	14	15.8	12	6	90.7	71.2	17 310	962	13.8	29.9	612	87.4	2.6
40a	400	142	10.5	16.5	12.5	6.3	86.1	67.6	21 720	1 090	15.9	34.1	660	93.2	2.77
40b	400	144	12.5	16.5	12.5	6.3	94.1	73.8	22 780	1 140	15.6	33.6	692	96.2	2.71
40c	400	146	14.5	16.5	12.5	6.3	102	80.1	23 850	1 190	15.2	33.2	727	99.6	2.65
45a	450	150	11.5	18	13.5	6.8	102	80.4	32 240	1 430	17.7	38.6	855	114	2.89
45b	450	152	13.5	18	13.5	6.8	111	87.4	33 760	1 500	17.4	38	894	118	2.84
45c	450	154	15.5	18	13.5	6.8	120	94.5	35 280	1 570	17.1	37.6	938	122	2.79
50a	500	158	12	20	14	7	119	93.6	46 470	1 860	19.7	42.8	1 120	142	3.07
50b	500	160	14	20	14	7	129	101	48 560	1 940	19.4	42.4	1 170	146	3.01
50c	500	162	16	20	14	7	139	109	50 640	2 080	19	41.8	1 220	151	2.96
56a	560	166	12.5	21	14.5	7.3	135.25	106.2	65 585.6	2 342.31	22.02	47.73	1 370.16	165.08	3.182
56b	560	168	14.5	21	14.5	7.3	146.45	115	68 512.5	2 446.69	21.63	47.17	1 486.75	174.25	3.162
56c	560	170	16.5	21	14.5	7.3	157.85	123.9	71 439.4	2 551.41	21.27	46.66	1 558.39	183.34	3.158
63a	630	176	13	22	15	7.5	154.9	121.6	93 916.2	2 981.47	24.62	54.17	1 700.55	193.24	3.314
63b	630	178	15	22	15	7.5	167.5	131.5	98 083.6	3 163.38	24.2	53.51	1 812.07	203.6	3.289
63c	630	180	17	22	15	7.5	180.1	141	102 251.1	3 298.42	23.82	52.92	1 924.91	213.88	3.268

注：截面图和表中标注的圆弧半径 r、r_1 的数据用于孔型设计，不作为交货条件。

表 C-4 热轧槽钢（GB 707—88）

斜度1:10

符号意义：

h—高度；　　r_1—腿端圆弧半径；

b—腿宽度；　　I—惯性矩；

d—腰厚度；　　W—截面系数；

t—平均腿厚度；　　i—惯性半径；

r—内圆弧半径；　　z_0—$y-y$ 轴与 y_1-y_1 轴间距。

型号	尺寸/mm						截面面积/cm^2	理论重量/(kg/m)	参考数值							
									$x-x$			$y-y$			y_1-y_1	
	h	b	d	t	r	r_1			W_x/cm^3	I_x/cm^4	i_x/cm	W_y/cm^3	I_y/cm^4	i_y/cm	I_{y1}/cm^4	z_0/cm
5	50	37	4.5	7	7	3.5	6.93	5.44	10.4	26	1.94	3.55	8.3	1.1	20.9	1.35
6.3	63	40	4.8	7.5	7.5	3.75	8.444	6.63	16.123	50.786	2.453	4.50	11.872	1.185	28.38	1.36
8	80	43	5	8	8	4	10.24	8.04	25.3	101.3	3.15	5.79	16.6	1.27	37.4	1.43
10	100	48	5.3	8.5	8.5	4.25	12.74	10	39.7	198.3	3.95	7.8	25.6	1.41	54.9	1.52
12.6	126	53	5.5	9	9	4.5	15.69	12.37	62.137	391.466	4.953	10.242	37.99	1.567	77.09	1.59
14a	140	58	6	9.5	9.5	4.75	18.51	14.53	80.5	563.7	5.52	13.01	53.2	1.7	107.1	1.71
14b	140	60	8	9.5	9.5	4.75	21.31	16.73	87.1	609.4	5.35	14.12	61.1	1.69	120.6	1.67
16a	160	63	6.5	10	10	5	21.95	17.23	108.3	866.2	6.28	16.3	73.3	1.83	144.1	1.8
16	160	65	8.5	10	10	5	25.15	19.74	116.8	934.5	6.1	17.55	83.4	1.82	160.8	1.75
18a	180	68	7	10.5	10.5	5.25	25.69	20.17	141.4	1 272.7	7.04	20.03	98.6	1.96	189.7	1.88
18	180	70	9	10.5	10.5	5.25	29.29	22.99	152.2	1 369.9	6.84	21.52	111	1.95	210.1	1.84
20a	200	73	7	11	11	5.5	28.83	22.63	178	1 780.4	7.86	24.2	128	2.11	244	2.01
20	200	75	9	11	11	5.5	32.83	25.77	191.4	1 913.7	7.64	25.88	143.6	2.09	268.4	1.95

续表

型号	尺寸/mm						截面面积/cm^2	理论重量/(kg/m)	参考数值							
									$x-x$			$y-y$			y_1-y_1	z_0/cm
	h	b	d	t	r	r_1			W_x/cm^3	I_x/cm^4	i_x/cm	W_y/cm^3	I_y/cm^4	i_y/cm	I_{y1}/cm^4	
22a	220	77	7	11.5	11.5	5.75	31.84	24.99	217.6	2 393.9	8.67	28.17	157.8	2.23	298.2	2.1
22	220	79	9	11.5	11.5	5.75	36.24	28.45	233.8	2 571.4	8.42	30.05	176.4	2.21	326.3	2.03
25a	250	78	7	12	12	6	34.91	27.47	269.597	3 369.62	9.823	30.607	175.529	2.243	322.256	2.065
25b	250	80	9	12	12	6	39.91	31.39	282.402	3 530.04	9.405	32.657	196.421	2.218	353.187	1.982
25c	250	82	11	12	12	6	44.91	35.32	295.236	3 690.45	9.065	35.926	218.415	2.206	384.133	1.921
28a	280	82	7.5	12.5	12.5	6.25	40.02	31.42	340.328	4 764.59	10.91	35.718	217.989	2.333	387.566	2.097
28b	280	84	9.5	12.5	12.5	6.25	45.62	35.81	366.46	5 130.45	10.6	37.929	242.144	2.304	427.589	2.016
28c	280	86	11.5	12.5	12.5	6.25	51.22	40.21	392.594	5 496.32	10.35	40.301	267.602	2.286	426.597	1.951
32a	320	88	8	14	14	7	48.7	38.22	474.879	7 598.06	12.49	46.473	304.787	2.502	552.31	2.242
32b	320	90	10	14	14	7	55.1	43.25	509.012	8 144.2	12.15	49.157	336.332	2.471	592.933	2.158
32c	320	92	12	14	14	7	61.5	48.28	543.145	8 690.33	11.88	52.642	374.175	2.467	643.299	2.092
36a	360	96	9	16	16	8	60.89	47.8	659.7	11 874.2	13.97	63.54	455	2.73	818.4	2.44
36b	360	98	11	16	16	8	68.09	53.45	702.9	12 651.8	13.63	66.85	496.7	2.7	880.4	2.37
36c	360	100	13	16	16	8	75.29	50.1	746.1	13 429.4	13.36	70.02	536.4	2.67	947.9	2.34
40a	400	100	10.5	18	18	9	75.05	58.91	878.9	17 577.9	15.30	78.83	592	2.81	1 067.7	2.49
40b	400	102	12.5	18	18	9	83.05	65.19	932.2	18 644.5	14.98	82.52	640	2.78	1 135.6	2.44
40c	400	104	14.5	18	18	9	91.05	71.47	985.6	19 711.2	14.71	86.19	687.8	2.75	1 220.7	2.42

注：截面图和表中标注的圆弧半径 r、r_1 的数据用于孔型设计，不作为交货条件。

附录 D 主要专业名词的中英文对照表

A

安全因数（safety factor）

B

变形（deformation）

变形效应（effect of deformation）

比例极限（proportional limit）

变形协调方程（compatibility equations）

变截面梁（beams of variable cross section）

薄壁杆件（thin-walled rods）

不稳定的（unstable）

本构方程（constitutive equation）

本构关系（constitutive relation）

C

材料力学（mechanics of materials）

材料的强度（strength of materials）

超静定（statically indeterminate）

脆性材料（brittle materials）

纯弯曲（pure banding）

纯剪应力状态（stress state of the pure shear）

长度系数（coefficient of 1ength）

长细比（slenderness ratio）

持久极限（endurance limit）

冲击（impact）

冲击载荷（impact load）

D

等效力系（equivalent forces system）

多余约束（redundant constrains）

单元体（element）

单向应力状态（one dimensional state of stress）
动静法（method of dynamic equilibrium）
动能（kinetic energy）
动摩擦力（kinetic friction force）
动摩擦因数（kinetic friction factor）
动载荷（dynamic load）
动应力（dynamics stress）
动荷系数（coefficient in dynamic load）
对称面（symmetric plane）
等强度梁（beams of constant strength）
大柔度杆（long columns）
对称循环（symmetrical reversed cycle）

E
二力构件（two-force members）
二向应力状态（state of biaxial）
二力平衡原理（equilibrium principle of two forces）

F
分布力（distributed force）
分力（components）
非自由体（non-free body）
分离体（free body）
附加力偶（additional couple）

G
刚体（rigid body）
刚化原理（principle of rigidization）
刚度（stiffness）
刚架（rigid frame）
公理（axiom）
构件（element）
光滑圆柱铰链（smooth cylindrical pin）
固定端（fixed ends）
干摩擦（dry friction）
滚动摩擦（rolling friction）
滚动摩阻（rolling resistance）
滚动摩阻力偶（rolling resistance couple）
滚动摩阻系数（coefficient of rolling resistance）

杆（bars）
各向同性（isotropy）
各向异性（anisotropy）
干扰力（disturbing force）
各向同性假定（isotropy assumption）
惯性矩（moment of inertia）
惯性积（product of inertia）
惯性半径（radius of gyration）
广义胡克定律（generalization Hooke law）
工作应力（working stress）

H
合力（resultant force）
合力矩（moment of resultant force）
合力偶（resultant couple）
合力偶矩（moment of resultant couple）
汇交力系（concurrent forces）
滑移矢量（sliding vector）
滑动摩擦（sliding friction）
滑动轴承（sliding bearing）
桁架（truss）
胡克定律（Hooke law）
横向弯曲（transverse bending）
横向变形（lateral deformation）
环向应力（hoop stress）
滑移线（slip-lines）

J
集中力（concentrated force）
集中载荷（concentrated load）
集中力偶（concentrated couple）
简化（reduction）
简化中心（center of reduction）
矩心（centre of moment）
铰链（hinge）
径向轴承（radial bearing）
节点（node）
节点法（method of joints）
结构（structure）

静力学（statics）
静载荷（static load）
静摩擦（static friction）
静摩擦力（static friction force）
静摩擦因数（static friction factor）
静应力（static stress）
静定结构（statically determinate structure）
静不定结构或超静定结构（statically indeterminate structure）
静不定次数（degree of the statically indeterminate structure）
静矩、一次矩（static moment）
均匀连续性假定（homogenization and continuity assumption）
剪应力状态（shearing state of stress）
剪切（shearing）
剪切变形（shear deformation）
剪应力（shearing stress）
剪应变（shearing strain）
剪切面（shearing surface）
剪力方程（equation of shearing force）
剪力图（diagram of shearing force）
剪切弹性量（shear modulus）
剪切胡克定律（Hooke's law in shear）
剪应力互等定理（pairing principle of shear stresses）
剪力流（shearing stress flow）
挤压（bearing）
挤压应力（bearing stress）
挤压面（bearing surface）
颈缩（necking）
局部平衡（local equilibrium）
简支梁（simple supported beam）
截面（sections）
截面法（method of section）
截面收缩率（reduction of area）
截面二次矩（second moment of an area）
计算弯矩、相当弯矩（equivalent bending moment）
计算应力、相当应力（equivalent stress）
交变应力（alternative stress）
极惯性矩（second polar moment of an area）
极限应力（limited stress）
极限速度（limited velocity）

极限转速（limited rotational velocity）
畸变能（distortion energy）
畸变能密度（strain-energy density corresponding to the distortion）

K

空间力系（forces of space）
空间任意力系（three dimensional force system）
库伦摩擦定律（Coulomb law of friction）
抗扭截面系数（section modulus in torsion）
抗弯截面系数（section modulus in beading）
控制面（control cross-section）

L

力学（mechanics）
理论力学（theoretical mechanics）
理想约束（ideal constraint）
力（force）
力矢（force vector）
力的三要素（three factors of force）
力的大小（magnitude of a force）
力的方向（direction of a force）
力的作用点（a sense of a force）
力的作用线（a line of action of a force）
力系（system of forces）
力多边形（force polygon）
力偶（couple）
力偶臂（arm of couple）
力偶矩（moment of a couple）
力偶矩矢（moment vector of couple）
力偶作用面（active plane of couple）
力偶系（system of couples）
力系的简化（reduction of force system）
力矩（moment of force）
力对点之矩（moment of force about a point）
力对轴之矩（moment of force about an axis）
力臂（moment arm）
力螺旋（wrench）
零力杆（null force bar）
力学性能（mechanical properties）

拉伸与压缩（tension or compression）
梁（beam）
临界点（critical point）
临界载荷（critical load）
临界应力总图（figures of critical stresses）
临界应力（critical stress）
裂纹（crack）

M
摩擦（friction）
摩擦角（angle of friction）
摩擦力（friction force）
摩擦因数（factor of friction）
名义屈服极限（offset yielding stress）
脉动循环交变应力（pulsating alternative stress）

N
内力（internal forces）
牛顿定律（Newton's laws）
扭转（torsion）
扭矩（twist moment）
扭矩图（torque diagram）
扭转角（angle of twist）
扭转刚度（torsion rigidity）
挠度（deflection of beam）
挠曲线（deflection curve）
挠曲线近似微分方程（approximately differential equation of the deflection curve）

O
欧拉公式（Euler's formula）

P
平面力系（coplanar forces）
平行力系（parallel forces）
平面一般力系（coplanar force system）
平衡（equilibrium）
平衡力系（equilibrium force system）
平衡方程（equilibrium equations）
平面桁架（coplanar truss）
平移（translation）

平面假定（plane assumption）
平面应力状态（plane state of stresses）
平均应力（average stress）
平行移轴定理（parallel axis theorem）
偏心拉伸（eccentric tension）
偏心压缩（eccentric compression）
疲劳（fatigue）
疲劳极限（fatigue limit）
泊松比（Poisson Ratio）

Q
全约束力（total reaction）
强度（strength）
强度极限（strength limit）
强度理论（strength theory）
屈服（yield）
屈服应力（yield stress）
屈服极限（yield limit）
屈曲（buckling）
翘曲（warping）

R
任意力系（general force system）
柔度（compliance）

S
矢量（vector）
矢径（position vector）
受约束体（constrained body）
受力图（free-body diagram）
塑性变形（plastic deformation）
三向应力状态（state of triaxial stress）
失效（Failure）
失稳（lost stability）

T
投影（project）
弹性（elasticity）
弹性变形（elastic deformation）
弹性极限（elastic limit）

弹性模量（杨氏模量）(modulus of elasticity or Young modulus)
条件屈服应力（conditional yield stress）
体积改变能密度（strain-energy density corresponding to the change of volume）

W
位移（displacement）
外力（external forces）
外伸梁（overhanding beam）
弯曲（bend）
弯矩（bending moment）
弯矩方程（equation of bending moment）
弯矩图（diagram of bending moment）
弯曲刚度（flexural rigidity）
弯曲正应力（normal stress in bending）
弯曲剪应力（shearing stress in bending）
弯曲中心、剪切中心（shearing center）
稳定性（stability）
稳定性条件（stability condition）
稳定性设计（stability design）
稳定的（stable）
稳定安全因数（safety factor for stability）
稳定许用应力（allowable stress for stability）

X
形心（centroid of an area）
形心轴（centroidal axis）
协调（compatibility）
许用应力（allowable stress）
许可载荷（allowable load）
悬臂梁（cantilever beam）
斜弯曲（skew bending）
相当系统（equivalent system）
相当应力（equivalent stress）
小柔度杆（short columns）

Y
运动效应（effect of motion）
约束（constraint）
约束反力（constraint reaction）

应力（stresses）
应力分析（stress analysis）
压杆或柱（column）
杨氏模量（Young modulus）
应变（strain）
应力-应变曲线（stress-strain curve）
永久变形（permanent deformation）
应变能（energy）
应变能密度（strain energy density）
应力集中（stress concentration）
延伸率（percentage elongation）
应力状态（stress-state）
应力圆（stress circle）
应变能（strain energy）
应变能密度（strain-energy density）
应力强度（stress strength）
压杆稳定性的静力学准则（statical criterion for elastic stability）
有效长度（effective length）
应力循环（stress cycle）
应力比（stress ratio）
应力幅值（stress amplitude）
应力-寿命曲线、$S-N$ 曲线（stress-cycle curve）
有效应力集中因数（efective stress concentration factor）
约束扭转（constraint torsion）

Z
作用线（line of action）
自由体（free body）
主动力（active forces）
轴承（bearing）
轴向力（axial force）
周向力（hoop force）
止推轴承（thrust bearing）
转动（rotation）
载荷（load）
质点（particle）
质点系（system of particle）
质量（mass）
质心（center of mass）

重力（gravity）
重心（center of gravity）
主动力（active force）
主矢（principal vector）
主矩（principal moment）
自锁（self-locking）
自由矢量（free vector）
自由体（free body）
作用与反作用（action and reaction）
轴（shaft）
轴向载荷（axial force）
轴向拉伸与压缩（axial tension and axial compress）
轴力（axial force）
轴向内力（axial internal force）
轴向应力（longitudinal stress）
轴力图（axial force diagram）
组合变形（complex deformation）
组合截面（complex area）
正应变、线应变（normal strain）
正应力（normal stress）
自由扭转（free torsion）
主轴（principal axes）
主惯性矩（principal moment of inertia of an area）
主轴平面（plane including principal axis）
中性层（neutral layer）
中性轴（neutral axis）
主平面（principal plane）
主单元体（principal element）
主应力（principal stress）
主方向（principal directions）
主应变（principal strain）
最大应力（maximum stress）
最小应力（minimum stress）
最大拉应力准则（maximum tensile stress criterion）
最大拉应变准则（maximum tensile strain criterion）
最大剪应力准则（maximum shearing stress criterion）

附录 E

习题答案

第 1 章　静力学基本概念及物体的受力分析

1-1　③ $\boldsymbol{F}_1+\boldsymbol{F}_2$

1-2　② 共面三力若平衡，必汇交于一点

1-3　③ 加减平衡力系原理；④ 力的可传性原理；

1-4　③ 136.6 N；② 70.0 N

1-5　① 0

1-6　$F_x=-40\sqrt{2}$ N，$F_y=30\sqrt{2}$ N，$F_z=50\sqrt{2}$ N。

第 2 章　力系的简化

2-1　$F/\sqrt{2}$；$6\sqrt{2}F/5$。

2-2　$F_z=F\cdot\sin\varphi$；$F_y=-F\cdot\cos\varphi\cdot\cos\theta$；$M_x(\boldsymbol{F})=F(b\cdot\sin\varphi+c\cdot\cos\varphi\cdot\cos\theta)$

2-3　-60 N；320 N·m

2-4　$M_x(\boldsymbol{F})=0$，$M_y(\boldsymbol{F})=-Fa/2$；$M_z(\boldsymbol{F})=\sqrt{6}Fa/4$

2-5　$M_x(\boldsymbol{F})=160$ N·cm；$M_z(\boldsymbol{F})=100$ N·cm

2-6　(a) $M_O(\boldsymbol{F})=Fl\sin\alpha$；　(b) $M_O(\boldsymbol{F})=Fl\sin\alpha$；

(c) $M_O(\boldsymbol{F})=-F(l_1+l_3)\sin\alpha-Fl_2\cos\alpha$；　(d) $M_O(\boldsymbol{F})=F\sin\alpha\sqrt{l_1^2+l_2^2}$

2-7　$M_z(\boldsymbol{F})=-101.42$ N·m

2-8　合力大小 $F_R=50$ N，合力的方向余弦：$\cos(\boldsymbol{F}_R,\boldsymbol{i})=0.6$，$\cos(\boldsymbol{F}_R,\boldsymbol{j})=-0.8$
合力的作用线至 O 点的距离：$d=6$ m

2-9　主矢：$\boldsymbol{F}'_R=\boldsymbol{0}$；主矩：大小 $M_C=50$ kN·m，$\boldsymbol{M}_C$ 沿 x 轴负方向

2-10　主矢 $\boldsymbol{F}'_R=-F\cdot\frac{1}{\sqrt{2}}\boldsymbol{i}-F\cdot\frac{1}{\sqrt{2}}\boldsymbol{j}+F\cdot\sqrt{2}\boldsymbol{k}$

主矩 $\boldsymbol{M}_O=\frac{1}{\sqrt{2}}3Fa\boldsymbol{i}$；$\boldsymbol{F}'_R$不垂直 $\boldsymbol{M}_O$，所以简化后的结果为力螺旋。

2-11　$b=c$，$a=0$

2-12　向 B 简化主矢 $F'_R=50\sqrt{2}$ N，$\boldsymbol{F}'_R$与 y 轴垂直
主矩 $M_B=2.5$ N·m，$\boldsymbol{M}_B$ 沿 x 轴正向

2-13　(a) $F_B=\frac{3}{2}F$；(b) $F_B=\frac{3}{\sqrt{2}}F$；(c) $F_B=\frac{24}{8+2\sqrt{3}}F$

2-14 $M=\frac{1}{4}\sqrt{2}RL$

第3章 力系的平衡方程及其应用

3-1 $F_{Ax}=0$，$F_{Ay}=6$ kN，$M_A=12$ kN·m

3-2 $\beta=\arctan\left(\frac{1}{2}\tan\theta\right)$

3-3 $F_A=-15$ kN；$F_B=40$ kN；$F_D=15$ kN

3-4 $F_{Ax}=0$；$F_{Ay}=-48.33$ kN；$F_B=100$ kN；$F_D=8.33$ kN

3-5 $F_{Ax}=F_{Bx}=F_{Dx}=0$；$F_{Ay}=-\frac{M}{2a}$；$F_{By}=-\frac{M}{2a}$；$F_{Dy}=\frac{M}{a}$

3-6 $F_{Ax}=1\ 200$ N，$F_{Ay}=150$ N；$F_{RB}=1\ 050$ N；$F_{BC}=-1\ 500$ N(压力)

3-7 $F_{Ax}=200\sqrt{2}$ N，$F_{Ay}=2\ 083$ N；$M_A=-1\ 178$ N·m；
$F_{Dx}=0$，$F_{Dy}=-1\ 400$ N

3-8 $F_{Dx}=-qa$，$F_{Dy}=-\frac{1}{2}qa$

3-9 $F_{Ax}=-qa$，$F_{Ay}=F_P+qa$，$M_A=(F_P+qa)a$；
$F_{BAx}=\frac{1}{2}qa$，$F_{BAy}=F_P+qa$；$F_{BCx}=-\frac{1}{2}qa$，$F_{BCy}=-qa$

3-10 $F_{A,BC}=\frac{M_3}{d_1}$，$F_{A,DC}=\frac{M_2}{d_1}$；$F_{D,AB}=0$，$F_{D,CD}=\frac{M_2}{d_1}$，$F_{D,CB}=\frac{M_3}{d_1}$；
$M_1=\frac{d_3}{d_1}M_3+\frac{d_2}{d_1}M_2$

3-11 $M=2$ kN·m；$F_{Ax}=F_{Bx}=F_{Ay}=0$，$F_{Az}=8/3$ kN，$F_{Bz}=4/3$ kN

3-12 $F_{NA}=0.039F_P$，$F_{NB}=F_P$，$F_{CA}=0.144F_P$，$F_{BD}=0.288F_P$

3-13 $F_1=-5.333F$，$F_2=2F$，$F_3=-1.667F$

3-14 ED 为零杆，$F_{CD}=-0.866F$

3-15 $F_4=21.83$ kN，$F_5=16.73$ kN，$F_7=-20$ kN，$F_{10}=-33.66$ kN

3-16 $F_1=-\frac{4}{9}F$，$F_2=-\frac{2}{3}F$，$F_3=0$

3-17 (1) 木箱平衡；(2) $F_{max}=1\ 443$ kN

3-18 $e=\frac{a}{2f_s}$

3-19 $M_{min}=0.212F_Pr$

3-20 $F_{Pmax}=208$ N

第4章 材料力学基础

4-1 轴力 $F_{Nx}=20$ kN，剪力 $F_{Sy}=4$ kN，弯矩 $M_y=10$ kN·m，$M_z=-6$ kN·m，扭矩 $M_x=-4$ kN·m

4-2 $E=\frac{Fl}{A(l_1-l)}$

4 - 3 (C)

4 - 4 (C)

4 - 5 $\varepsilon_{aOB}=2.5\times10^{-4}$；$\gamma_B=2.5\times10^{-4}$ rad

第5章 轴向拉伸、压缩与剪切

5 - 1 $\sigma_{1-1}=-50$ MPa；$\sigma_{2-2}=-25$ MPa；$\sigma_{3-3}=25$ MPa

5 - 2 $\sigma_{60^\circ}=25$ MPa，$\tau_{60^\circ}=-43.30$ MPa

5 - 3 $\sigma_{max}=69.44$ MPa$<[\sigma]$

5 - 4 $d=82.31$ mm

5 - 5 $[F_p]=68.7$ kN

5 - 6 $b\geqslant116$ mm，$h\geqslant162$ mm

5 - 7 安全

5 - 8 (a) $\Delta l=1.06$ mm；(b) $\Delta l=0.088$ mm

5 - 9 $\Delta L=-0.2$ mm

5 - 10 $\sigma_1=88$ MPa；$\sigma_2=66$ MPa

5 - 11 $\Delta_{Ay}=1.37$ mm

5 - 12 $\Delta_{By}=3.33$ mm

5 - 13 $F_{N1}=F_{N2}=\dfrac{\delta E_1A_1E_3A_3\cos^2\alpha}{l(2E_1A_1\cos^3\alpha+E_3A_3)}$；$F_{N3}=\dfrac{2\delta E_1A_1E_3A_3\cos^3\alpha}{l(2E_1A_1\cos^3\alpha+E_3A_3)}$

5 - 14 $\sigma_{AB}=\sigma_{AC}=\dfrac{F_p}{2\sqrt{2}A}$，$\sigma_{AD}=\dfrac{F_p}{2A}$

5 - 15 $F_{NAC}=\dfrac{7}{4}F_P$，$F_{NBD}=-\dfrac{5}{4}F_P$，$F_{NCD}=-\dfrac{1}{4}F_P$

5 - 16 $\sigma_{max}=120$ MPa(压)

5 - 17 $[F]=153.3$ kN

5 - 18 $\tau_1=61.1$ MPa，$\tau_2=50.93$ MPa

5 - 19 $d=14$ mm

5 - 21 $[F_P]=292$ kN

5 - 22 $[F_P]=1\ 100$ kN

5 - 23 $\tau=52.6$ MPa，$\sigma_{bs}=90.9$ MPa，$\sigma=167$ MPa

第6章 扭 转

6 - 1 $T_1=3$ kN·m $T_2=-2$ kN·m

6 - 3 $\tau_{max}=16\ m/\pi d_2^3$

6 - 4 AB段$\tau_{max}=43.6$ MPa BC段$\tau_{max}=47.7$ MPa $\varphi_{max}=2.271\times10^{-2}$ rad

6 - 5 $\tau_{外}=208.4$ MPa，$\tau_{内}=156.3$ MPa

6 - 6 $\tau_{Emax}=16.54$ MPa，$\tau_{Hmax}=22.69$ MPa，$\tau_{Cmax}=21.98$ MPa

6 - 7 (1) $\tau_{max}=61$ MPa (2) $\tau=48.9$ MPa

(3) 将第1个轮子放在2、3轮中间。提高梁的强度。

6－8 $d_1 \geqslant 88.6$ mm $d_2 \geqslant 74.7$ mm $d \geqslant 74.7$ mm

6－9 $d_1 \geqslant 45.6$ mm $D \geqslant 171$ mm

6－10 $\tau_{max}=49.4$ MPa$<[\tau]$

6－13 卸载后 轴：$\tau_{max}=21.86$ MPa；薄壁圆筒：$\tau_{max}=6.38$ MPa

第7章 弯曲内力（略）

第8章 平面图形的几何性质

8－1 (a) $S_x=24\times10^3$ mm^3；(b) $S_x=42.25\times10^3$ mm^3

8－2 $S_x=\frac{2}{3}r^3$，$\bar{y}=\frac{4r}{3\pi}$，$I_y=I_z=\frac{\pi r^4}{8}$

8－3 $I_x=\frac{a^4}{12}$

8－4 (a) $I_x=5.37\times10^7$ mm^4；(b) $I_x=9.05\times10^7$ mm^4

8－5 (a) $I_x=1.337\times10^7$ mm^4；(b) $I_x=1.987\times10^8$ mm^4

8－6 $I_x=188.9a^4$，$I_y=190.4a^4$

8－7 $a=111$ mm

8－8 $I_{xy}=4.98\times10^5$ mm^4

8－9 $\alpha_0=4°24'$，$I_{x_0}=2.31\times10^7$ mm^4，$I_{y_0}=0.237\times10^7$ mm^4

第9章 弯曲应力

9－1 $\sigma_A=2.54$ MPa(拉应力) $\sigma_B=1.62$ MPa(压应力)

9－2 平放：$\sigma_{max}=3.91$ MPa 竖放：$\sigma_{max}=1.95$ MPa 比较：$\frac{\sigma_{平放}}{\sigma_{竖放}}=2.0$

9－3 $\sigma_{max}=105$ MPa

9－5 $m-m$ 截面：$\sigma_A=-7.4$ MPa，$\sigma_B=4.9$ MPa，$\sigma_C=0$，$\sigma_D=7.4$ MPa

$n-n$ 截面：$\sigma_A=9.3$ MPa，$\sigma_B=-6.2$ MPa，$\sigma_C=0$，$\sigma_D=-9.3$ MPa

9－6 $F=47.4$ kN

9－7 $\Delta l=\frac{ql^3}{2bh^2E}$

9－8 选择 No. 120a 工字钢

9－9 $[q]=15.68$ kN/m

9－10 选择 No. 16 工字钢

9－12 $d_{max}=115$ mm

9－13 $\delta=27$ mm

9－14 $n=3.7$

9－15 $\sigma_{max}^{+}=60.2$ MPa$>[\sigma]$ 梁不安全

9－16 $y_C=55.45$ mm；$I_Z=7.856\times10^6$ mm^4；$\sigma_{tmax}=114$ MPa；$\sigma_{cmax}=133$ MPa

$S_z^*=85\ 287$ mm^3；$\tau_{max}=11.94$ MPa

9－17 $[F]=122$ kN；$\Delta l=0.25$ mm

第10章 弯曲变形

10-1 (a) $\theta_A=-\dfrac{F_pa^2}{EI}$，$w_A=\dfrac{7F_pa^3}{6EI}$

(b) $\theta_c=-\dfrac{Pl_1}{EI_1}\left(\dfrac{l_1}{2}+l_2\right)-\dfrac{Pl_2^2}{2EI_2}$

$y_c=-\dfrac{P}{3E}\left(\dfrac{l_1^3}{I_1}+\dfrac{l_2^3}{I_2}\right)-\dfrac{Pll_1l_2}{EI_1}$

10-2 (a) $\theta_A=-\dfrac{M_eL}{3EI}$，$w_c=\dfrac{M_eL^2}{16EI}$

(b) $\theta_A=-\dfrac{Pa^3}{12EI}$，$f_c=\dfrac{F_pa^3}{6EI}$

10-3 (a) $\theta_A=0$，$w_c=\dfrac{2qa^4}{3EI}$

(b) $\theta_A=\dfrac{qL^3}{48EI}$，$w_c=\dfrac{qL^4}{128EI}$

10-4 $w_B=-\dfrac{L^2}{2R}$

10-5 (a) $y_A=-\dfrac{F_pl^3}{6EI}$，$\theta_B=-\dfrac{9F_pl^2}{8EI}$

(b) $y_A=-\dfrac{F_pa}{6EI}(3b^2+6ab+2a^2)$，$\theta_B=\dfrac{F_pa(2b+a)}{2EI}$

10-6 (a) $f_c=\dfrac{qal^2}{8EI}(l+2a)(\downarrow)$，$\theta_c=-\dfrac{ql^2}{8EI}(l+4a)(\searrow)$

(b) $f_c=\dfrac{qa^4}{6EI}(\downarrow)$，$\theta_c=-\dfrac{5qa^3}{24EI}(\searrow)$

10-7 $w_c=45\ \text{mm}(\downarrow)$

10-8 $f_D=\dfrac{5Fa^3}{6EI}(\downarrow)$

10-9 $f_y=\dfrac{l^3}{6EI}(8F\sin\alpha-3F\cos\alpha)(\uparrow)$

10-10 $x=0.17l$

10-11 $I_z\geqslant 976.56\ \text{cm}^4$ 选 No. 16 工字钢

10-12 $\theta_A=5.37\times10^{-3}$ rad 不安全

10-13 (a) $F_{R_B}=\dfrac{5F_p}{16}(\uparrow)$；(b) $F_{R_B}=\dfrac{11F_p}{16}(\uparrow)$；(c) $F_{R_B}=\dfrac{17}{16}qL(\uparrow)$

10-14 $H_A=0$ $R_A=\dfrac{3}{4}F(\downarrow)$ $M_A=\dfrac{Fl}{4}(\nearrow)$ $R_B=\dfrac{7}{4}F(\uparrow)$

10-15 $\theta_c=\dfrac{7M_0l}{24EI}(\nwarrow)$

10-16 $\delta=8.17\times10^{-4}\dfrac{qL^4}{EI}$

10-17 $R_{Ax}=ql(\leftarrow)$，$R_{Ay}=\dfrac{ql}{8}(\downarrow)$，$M_A=\dfrac{3ql^2}{8}(\searrow)$，$R_C=\dfrac{ql}{8}(\uparrow)$

10－18 $F_{N_1}=\frac{5}{8}F$(拉)，$F_{N_2}=\frac{3}{8}F$(拉)

第11章 应力状态 强度理论

11－1 (a) $\sigma_A=-\frac{8F}{\pi d^2}$；

(b) $\tau_A=79.6$ MPa；

(c) $\tau_A=0.42$ MPa，$\sigma_B=2.1$ MPa，$\tau_B=0.3$ MPa；

(d) $\sigma_A=50$ MPa，$\tau_A=50$ MPa

11－2 (a) $\sigma_{30^\circ}=20.18$ MPa，$\tau_{30^\circ}=31.65$ MPa，$\sigma_1=57.02$ MPa，$\sigma_2=0$，$\sigma_3=-7.02$ MPa，$\alpha_0=-19.33^\circ$，$\tau_{max}=32.04$ MPa；

(b) $\sigma_{30^\circ}=-21.65$ MPa，$\tau_{30^\circ}=12.5$ MPa，$\sigma_1=25$ MPa，$\sigma_2=0$，$\sigma_3=-25$ MPa，$\alpha_0=-45^\circ$，$\tau_{max}=25$ MPa；

(c) $\sigma_{30^\circ}=-0.36$ MPa，$\tau_{30^\circ}=-28.66$ MPa，$\sigma_1=11.23$ MPa，$\sigma_2=0$，$\sigma_3=-71.23$ MPa，$\alpha_0=52.02^\circ$，$\tau_{max}=41.23$MPa；

(d) $\sigma_{30^\circ}=-37.32$ MPa，$\tau_{30^\circ}=44.64$ MPa，$\sigma_1=4.72$ MPa，$\sigma_2=0$，$\sigma_3=-84.72$ MPa，$\alpha_0=-13.28^\circ$，$\tau_{max}=44.72$ MPa；

(e) $\sigma_{30^\circ}=6.70$ MPa，$\tau_{30^\circ}=25$ MPa，$\sigma_1=100$ MPa，$\sigma_2=\sigma_3=0$，$\alpha_0=45^\circ$，$\tau_{max}=50$ MPa；

11－3 (a) $\sigma_\alpha=37.5$ MPa，$\tau_\alpha=38.97$ MPa；(b) $\sigma_\alpha=49.05$ MPa，$\tau_\alpha=10.98$ MPa；

(c) $\sigma_\alpha=-5.98$ MPa，$\tau_\alpha=19.64$ MPa；(d) $\sigma_\alpha=0$，$\tau_\alpha=30$ MPa；

11－4 (a) $\sigma_1=390$ MPa，$\sigma_2=90$ MPa，$\sigma_3=50$ MPa，$\tau_{max}=170$ MPa；

(b) $\sigma_1=290$ MPa，$\sigma_2=-50$ MPa，$\sigma_3=-90$ MPa，$\tau_{max}=190$ MPa；

(c) $\sigma_1=50$ MPa，$\sigma_2=-50$ MPa，$\sigma_3=-50$ MPa，$\tau_{max}=50$ MPa；

11－5 $\sigma_x=-26.67$ MPa；$\tau_x=-\tau_y=-46.19$ MPa

11－6 $\sigma_x=37.97$ MPa；$\tau_x=-74.25$ MPa

11－7 $\sigma_1=14.05$ MPa，$\sigma_2=0$，$\sigma_3=-64.05$ MPa，$\alpha_0=-25.1^\circ$，$\tau_{max}=39.05$ MPa，$\alpha_1=19.9^\circ$

11－9 (a) $\sigma_\alpha=-24.06$ MPa；$\tau_\alpha=-8.76$ MPa

(b) $\sigma_\alpha=50.97$ MPa；$\tau_\alpha=-14.66$ MPa

(c) $\sigma_\alpha=26.90$ MPa；$\tau_\alpha=-23.42$ MPa

11－10 $\sigma_\alpha=133.7$ MPa $\tau_\alpha=37.6$ MPa

11－11 $\sigma_1=\sigma$、$\sigma_2=0$、$\sigma_3=-\sigma/3$

11－12 $\sigma_1=118.3$ MPa、$\sigma_2=3.72$ MPa、$\sigma_3=0$；$\alpha_0=-22.1^\circ$；$\beta=59^\circ$

11－13 $\Delta D=2.74\times10^{-2}$ mm

11－14 $v=0.32$

11－15 $M_e=125.6$ N·m

11－16 $\Delta h=1.36\times10^{-3}$ mm

11－17 $F=48$ kN

11-18 (a) $\Delta d=0.319$ mm，$\Delta l=0.225$ mm，$\Delta V=1\ 680\ \text{cm}^3$

(b) $\tau_{\max}=37.5$ MPa 作用面垂直横截面，并与径向截面及容器表面成45°。

11-19 (a) $\sigma_1=30$ MPa，$\sigma_2=0$，$\sigma_3=-30$ MPa；安全

(b) $\sigma_1=29.52$ MPa，$\sigma_2=0$，$\sigma_3=-1.52$ MPa；安全

11-20 (a) $\sigma_1=127.08$ MPa，$\sigma_2=0$，$\sigma_3=-7.08$ MPa；

$\sigma_1-\sigma_3=134.16\ \text{MPa}<[\sigma]$ 安全

(b) $\sigma_1=80$ MPa，$\sigma_2=40$ MPa，$\sigma_3=-60$ MPa $\sigma_1-\sigma_3=140\ \text{MPa}<[\sigma]$ 安全

11-21 危险截面 $M_{\max}=750$ kN·m；周向应力 $\sigma_t=\frac{pD}{2\delta}=76.3$ MPa

轴向应力 $\sigma_x=\sigma_x(p)+\sigma_x(M)=49.1$ MPa 三个主应力分别为

$\sigma_1=76.3$ MPa，$\sigma_2=49.1$ MPa，$\sigma_3=0$ $\sigma_{r3}=76.3\ \text{MPa}<[\sigma]=\frac{\sigma_s}{n_s}=100$ MPa 安全

11-22 $\sigma_{\max}=158\ \text{MPa}<[\sigma]$；$\tau_{\max}=73.5$ MPa，$\sigma_{r4}=127\ \text{MPa}<[\sigma]$

$M=620$ kN·m，$F_s=640$ kN 处 $\sigma=116.7$ MPa，

$\tau=46.3$ MPa，$\sigma_{r4}=141.6\ \text{MPa}<[\sigma]$ 安全

11-23 $\sigma_{r2}=20.52$ MPa

11-24 按第三强度理论：$p=1.2$ MPa；按第四强度理论：$p=1.385$ MPa

第12章 组合变形

12-2 $\sigma_{\max}=121$ MPa，超过许用应力0.75%，故仍可使用。

12-3 (a) $\sigma_a=\frac{4}{3}\cdot\frac{F_P}{a^2}$；(b) $\sigma_b=\frac{F_P}{a^2}$，$\frac{\sigma_a}{\sigma_b}=\frac{4}{3}$

12-4 $F_N=80$ kN，$M_y=9.6$ kN·m，$M_z=2.4$ kN·m

$\sigma_A=-13.67$ MPa，$\sigma_B=-3.67$ MPa，$\sigma_C=20.33$ MPa，$\sigma_D=10.33$ MPa

12-5 $[\sigma]^+_{\max}=31.72\ \text{MPa}<[\sigma]^+$，$[\sigma]^-_{\max}=36.24\ \text{MPa}<[\sigma]^-$，安全

12-6 $F_{\max}=19$ kN

12-7 $\sigma_{t\max}=163.3$ MPa；$\sigma_{c\max}=163.3$ MPa

12-8 $b=67.3$ mm

12-9 A 截面有最大压应力，$\sigma_{c\max}=12.25$ MPa；

B 截面有最大拉应力，$\sigma_{t\max}=11.9$ MPa。

12-10 (a) $\sigma^+_{\max}=13.73$ MPa，$\sigma^-_{\max}=-15.32$ MPa

(b) $\sigma^+_{\max}=14.43$ MPa，$\sigma^-_{\max}=-16.55$ MPa

(c) $\frac{\sigma_2^-}{\sigma_1^-}=1.08$

12-11 $\sigma_{\max}=140$ MPa，最大正应力位于中间开有切槽的横截面的左上角点 A。

12-13 (D)

12-14 (a) $b\geqslant32.08$ mm；(b) $d\geqslant49.14$ mm

12-15 (a) $\sigma_a=\frac{6lF_P}{b^2h^2}(b\cos\beta-h\sin\beta)$；(b) $\beta=\arctan\frac{b}{h}$

12-16 $T=68$ N·m；$d\geqslant37.58$ mm

12－17 $\sigma_{r3}=81.0\ \mathrm{MPa}$ 安全。

12－18 $\sigma_{r4}=119.77\ \mathrm{MPa}$ 安全。

12－19 $d\geqslant 28.4\ \mathrm{mm}$

12－20 B 截面：$\sigma_{r3}=83.9\ \mathrm{MPa}$；$C$ 截面：$\sigma_{r3}=145.8\ \mathrm{MPa}$

12－21 $\sigma_{r3}=136.6\ \mathrm{MPa}<[\sigma]$ 安全。

12－22 A 截面 $\sigma=176\ \mathrm{MPa}$，超过 $[\sigma]$ 3.5%，小于 5%，故安全；
B 截面 $\sigma_{r4}=162\ \mathrm{MPa}$，安全。

12－23 A 点：$\sigma_x=125\ \mathrm{MPa}$，$\sigma_z=72\ \mathrm{MPa}$，$\tau_{xz}=-44.4\ \mathrm{MPa}$
B 点：$\sigma_x=36\ \mathrm{MPa}$，$\sigma_y=72\ \mathrm{MPa}$，$\tau_{xy}=-40.4\ \mathrm{MPa}$

第 13 章 压杆的稳定性问题

13－1 (A) $F_{Pmax}(a)=F_{Pmax}(c)<F_{Pmax}(b)=F_{Pmax}(d)$

13－2 (B) 绕通过形心 C 的任意轴

13－3 (A) 减小杆长，减小长度系数，使压杆沿横截面两形心主轴方向的长细比相等

13－4 (D) 压杆的许可载荷随着 A 的增加呈非线性变化

13－5 (B) $\lambda_a=\lambda_b$，$(F_{Pcr})_a>(F_{Pcr})_b$

13－7 (1) $[F_P]=187.6\ \mathrm{N}$；(2) $[F_P]=68.9\ \mathrm{N}$

13－8 $F_P\leqslant\dfrac{4\pi^2 EI}{3a^2}$

13－9 $F_N\leqslant\dfrac{\pi^2 Ed^4}{64l^2}$

13－10 $[F_P]=160\ \mathrm{kN}$

13－11 安全

13－12 $[q]=5.1\ \mathrm{kN/m}$

13－13 $a=44\ \mathrm{mm}$，$F_{Pcr}=444\ \mathrm{kN}$

13－14 安全

13－15 $[F_P]=51.5\ \mathrm{kN}$

13－16 梁的工作安全因数：$n=3.03$；柱的工作安全因数 $n_{st}=2.31$

13－17 $\Delta T=29.3\ ℃$

*第 14 章 交变应力 动荷应力

14－1 $\sigma_{dmax}=59.1\ \mathrm{MPa}$

14－2 $\sigma_{\mathrm{I}}=359\ \mathrm{MPa}$，$\sigma_{\mathrm{II}}=179\ \mathrm{MPa}$

14－3 最大弯矩在 B 截面上 $M_{max}=\dfrac{F_P l}{3}\left(1+\dfrac{r\omega^2}{3g}\right)$

14－4 $\sigma_d=137\ \mathrm{MPa}$

14－5 $d\geqslant 159.5\ \mathrm{mm}$

14－6 $\sigma_d=\left[1+\sqrt{1+\dfrac{2h}{\left(\dfrac{F_P}{k}+\dfrac{F_P l}{EA}\right)}}\right]\dfrac{F_P}{A}$

14-7 $F_{d,max}=6$ kN，$\sigma_{d,max}=15$ MPa，$y_{d,max}=20$ mm

14-8 (1) $K_d=532$，(2) $K_d=53.4$

14-9 $\sigma_{d,max}=\dfrac{mgl}{4W}\left(1+\sqrt{1+\dfrac{48EI(v^2+gl)}{mg^2l^3}}\right)$

14-10 $\sigma_d=\dfrac{mga^3}{3EI}$

14-11 $\sigma_{d,max}=48.4$ MPa

14-12 $\sigma_{d,max}=1\ 119.4$ MPa

14-13 $\Delta_{st}=\dfrac{4F_Pa^3}{3EI}$，$K_d=1+\sqrt{1+\dfrac{3EIh}{2F_Pa^3}}$，$\sigma_{dmax}=K_d\sigma_{st}=\left(1+\sqrt{1+\dfrac{3EIh}{2F_Pa^3}}\right)\dfrac{F_Pa}{W}$

参 考 文 献

[1] 税国双. 理论力学. 北京：清华大学出版社；北京交通大学出版社，2009.

[2] 哈尔滨工业大学理论力学教研室. 理论力学（Ⅰ）. 6版. 北京：高等教育出版社，2002.

[3] 范钦珊，刘燕，王琪. 理论力学. 北京：清华大学出版社，2004.

[4] 贾书惠. 理论力学. 北京：清华大学出版社，2004.

[5] 刘鸿文. 材料力学. 4版. 北京：高等教育出版社，2004.

[6] 孙训方，方孝淑，关来泰. 材料力学（Ⅰ）（Ⅱ）. 孙训方，胡增强修订. 4版. 北京：高等教育出版社，2002.

[7] 胡增强. 材料力学习题解析. 北京：中国农业机械出版社，1983.

[8] 单辉祖，谢传锋. 工程力学：静力学与材料力学. 北京：高等教育出版社，2004.

[9] 范钦珊，蔡新. 材料力学：土木类. 北京：清华大学出版社，2006.